U0209168

中国 SKA 科学报告

武向平　主编

科学出版社

北京

内 容 简 介

国际大科学工程——平方公里阵列（Square Kilometre Array, SKA）是人类有史以来建造的最大射电天文望远镜，将开辟人类认识宇宙的又一新纪元。SKA集传统射电天文干涉技术和现代相控雷达技术为一体，体现诸多当代科学技术的最新和最高成就。SKA将由世界诸多国家科学与技术人员共同参与和协作建造、共同运行和管理维护，是超越国界的全球大科学装置，是人类在21世纪创造的又一个奇迹。作为中国的SKA科学报告，本书首先介绍了SKA的科学目标、技术指标和管理模式，随后介绍了中国参与SKA的背景、现状和必要性，最后重点阐述了中国SKA科学目标、突破方向、实施方案和技术路线。

本书可供专业天体物理学工作者和工程技术人员参考，也可作为青年学生和管理人员了解国际和国内SKA情况的入门资料。

图书在版编目(CIP)数据

中国SKA科学报告/武向平主编. —北京：科学出版社，2019.11
ISBN 978-7-03-062979-1

I. ①中… II. ①武… III. ①射电望远镜-研究报告-中国 IV. ①TN16

中国版本图书馆CIP数据核字(2019) 第246496号

责任编辑：刘凤娟 郭学雯／责任校对：彭珍珍
责任印制：肖 兴／封面设计：无极书装

科学出版社 出版
北京东黄城根北街16号
邮政编码：100717
http://www.sciencep.com

北京汇瑞嘉合文化发展有限公司 印刷
科学出版社发行 各地新华书店经销
*
2019年11月第 一 版 开本：787×1092 1/16
2019年11月第一次印刷 印张：24 1/2
字数：567 000
定价：198.00元
(如有印装质量问题，我社负责调换)

前　言 *

在宏伟科学目标的驱动下即将实施的 SKA 是人类有史以来建造的最大射电天文望远镜,将开辟人类认识宇宙的又一新纪元。SKA 集传统射电天文干涉技术和现代相控雷达技术为一体,体现诸多当代科学技术的最新和最高成就。SKA 将把信息、通信和技术(简称 ICT)运用至极值,并推动全球制造、通信、计算、能源等一系列产业的迅速发展。SKA 将由世界诸多国家科学与技术人员共同参与和协作建造、共同运行和管理维护,将是超越国界的全球大科学装置,是人类在 21 世纪创造的又一个奇迹。

SKA 作为下一代的射电望远镜,将以巨大的接收面积获得极高的灵敏度,将以千公里的基线获得极高的空间分辨率,将以纳秒级的采样获得精细的时间结构,将以 $10\mathrm{Pbit\cdot s^{-1}}$ 的速率产生超越全球互联网总量的数据。大视场、多波束、高动态、高分辨、大数据等一系列新概念催生的 SKA,将颠覆射电天文学的传统研究手段,给天文学研究带来革命性的理念。

大科学装置孕育重大的科学发现。SKA 将揭示宇宙中诞生的第一代天体,重现宇宙从黑暗走向光明的历史进程;SKA 将以宇宙中最丰富的元素氢为信使,绘制最大的宇宙三维结构图;SKA 将检验暗物质和暗能量的基本属性,有助于驱散笼罩在 21 世纪自然科学上空的两朵乌云;SKA 将发现银河系几乎所有的脉冲星,并有望发现第一个黑洞-脉冲星对,对引力理论做精确的检验;SKA 将对数百颗毫秒脉冲星精准测时,发现来自超大质量黑洞的引力波;SKA 将重建宇宙磁场的结构,探知宇宙磁场的源头;SKA 将揭开原始生命的摇篮,并寻找茫茫宇宙深处的知音;SKA 也将探知未知的宇宙,带来全新的发现。其中任何一个问题的突破,都将带来自然科学的重大革命。

作为 SKA 大家庭的一员,中国 SKA 科学团队将在秉承国际合作开展大科学研究的前提下,努力开拓前沿科学领域,追求卓越科学目标。经广泛征询、充分论证和顶层设计,确立了中国 SKA 清晰的科学目标和发展路线图:在 SKA1 实施阶段,确保两个优先突破领域和若干具有特色的研究方向——概括为 "2+1" 推进战略。此发展战略与国际 SKA1 遴选的优先科学目标高度契合,我们需要在国际合作和竞争的复杂背景下,精心组织,集中优势,确保中国 SKA 的科学收益和利益最大化。

优先突破领域之一:中国 SKA 科学团队将继承十多年从事低频射电探索 "宇宙第一缕曙光" 的经验,利用 SKA1 低频射电阵列 1 000h 的定点观测数据,直接抓捕宇宙第一代天体再电离的身影,再现宇宙的黎明。中国 SKA 科学团队同时参加大天区的低频巡天,汇聚来自宇宙早期的微弱中性氢信号,从统计上揭示宇宙再电离时期的宇宙整体结构特性。

优先突破领域之二:中国 SKA 科学团队将积极参与脉冲星的搜寻,并致力于发现毫秒脉冲星、脉冲星-脉冲星系统、脉冲星-黑洞系统等具有特别重要科学价值的事例以用于检验引力理论。中国 SKA 科学团队将长期参加并力图主导脉冲星阵列的测时工作,逐步成为发现超大质量黑洞并合引力波辐射的主要贡献者。

---

* 本书的执行助理为中国科学院国家天文台 SKA 科学部黄滟。

若干具有特色的研究方向：① 中国 SKA 科学团队将充分利用 SKA 极高灵敏度和大面积巡天的优势，开展中性氢 21cm 宇宙学研究，揭示从黑洞、星系动力学直至宇宙大尺度结构的性质，检验暗物质和暗能量的特性；② 中国 SKA 科学团队将利用 SKA 快速巡天和极高时间分辨率的优势，探究暂现源（如快速射电暴、伽马暴、引力波源、黑洞）的物理本质，揭示宇宙极端天体的秘密；③ 中国 SKA 科学团队将绘制从星云到宇宙大尺度的磁场结构，追溯宇宙各层次的磁场起源。

围绕核心科学目标的实施，中国 SKA 科学团队的研究内容将由十一个科学研究方向构成。由中国科学院牵头，联合高校和各研究院所，在多年建设和运行 SKA 探路者设备积淀的基础上，广泛开展深入和实质性的国际合作，特别是与 SKA1 两个台址国（澳大利亚和南非）和各 SKA 探路者联合体建立伙伴关系，在 SKA1 全部建成之前的五年里，打下坚实的合作基础并掌握数据处理的关键技术。中国 SKA 科学团队将致力于推动和建设 SKA 区域中心，使中国成为未来 SKA 的国际重要科学研究中心。

SKA 是迄今国际天文学领域建造的最庞大和最先进的设备，将承载射电天文学未来 50 年的发展命脉，推动国际 ICT 的迅猛发展，产生多项重大原创科学发现，促进大科学研究的国际化进程。作为 SKA 主要成员国之一的中国，将以大国的风范和责任，以及对卓越科学目标势在必得的追求，在其中发挥越来越重要的主导作用，获得丰厚的科学回报。参加 SKA 是中国天文学发展的里程碑和长远的全球布局，中国 SKA 科学团队肩负时代重任，将迎难而上，不负使命，迎接挑战，在探索未知和神秘宇宙中创造奇迹和辉煌！

目　　录

第 1 章　SKA 及其科学目标*

1.1　SKA 概况

国际大科学工程——平方公里阵列 (Square Kilometre Array, SKA) 是由全球超过 10 个国家合资建造的世界最大综合孔径射电望远镜阵列，台址位于澳大利亚、南非及南部非洲 8 个国家的无线电宁静区域，由分布在 3 000km 范围内的约 2 500 面 15m 口径碟形天线（高频）、250km 范围内的 250 个直径约 60m 的致密孔径阵列（中频）以及 130 万个对数周期天线组成的稀疏孔径阵列（低频）组成，其等效接收面积达平方公里级，频率覆盖范围为 50MHz~20GHz。SKA 建成后将比目前最大的射电望远镜阵列 JVLA 的灵敏度提高约 50 倍，巡天速度提高约 10 000 倍。

早在 1993 年，包括中国在内的 10 国天文学家联合倡议筹划建造下一代射电望远镜 SKA。经过近 20 年的持续发展，2011 年，由包括中国在内的 7 国作为创始成员国，成立了 SKA 独立法人机构——国际 SKA 组织 (SKA Organization, SKAO)。目前 SKAO 有 13 个成员国（澳大利亚、加拿大、中国、印度、意大利、新西兰、南非、西班牙、瑞典、荷兰、英国、法国和德国）。SKAO 设成员国大会及董事会，作为最高决策机构，同时设有科学与工程咨询委员会、战略和业务发展委员会、财务委员会，以及若干科学工作组和工作包联盟等。2019 年 3 月 12 日，中国、英国、南非、澳大利亚、荷兰、意大利、葡萄牙共 7 国政府正式签署 SKA 天文台公约，标志着国际 SKA 组织正式开启向政府间国际组织过渡的进程，该 7 国也成为该国际组织的创始成员国。

SKA 是宏伟科学目标主导的射电望远镜阵列，经各国科学家共同进行科学目标凝练，形成了五大科学目标：① 宇宙黎明和黑暗时期探测；② 星系演化、宇宙学与暗能量研究；③ 孕育生命的摇篮；④ 利用脉冲星和黑洞进行引力的强场检验；⑤ 宇宙磁场的起源和演化。五大科学目标又细化为 16 个方向：宇宙 "黑暗时期" 与中性氢探测、第一代恒星探测、第一代超大质量黑洞探测、暗能量探测、星系演化、近邻宇宙的大尺度结构、银河系磁场、超新星遗迹与星系团的磁场、星系际磁场、宇宙早期的磁场、利用脉冲星直接探测引力波、黑洞自旋的测量、引力理论的强场检验、原初行星盘观测、早期生命分子探测、地外文明搜寻等。随着相关研究不断深入，SKA 的科学目标也在不断调整和凝练，但 SKA 始终致力于回答宇宙的一些最基本问题，例如，"宇宙的第一缕曙光"、宇宙的结构形成、引力的本质、宇宙中的生命起源，这些问题必将开辟人类认识宇宙的新纪元。

SKA 可能孕育的重大科学发现包括：① 再现宇宙黎明和再电离，即 "宇宙的第一缕曙光"；② 利用毫秒脉冲星的测时阵列发现超大质量黑洞的引力波；③ 利用脉冲星双星系统，或脉冲星-黑洞双系统精确检验引力理论；④ 利用中性氢对宇宙实施 CT 扫描观测，了解宇宙结构和暗物质、暗能量的性质；⑤ 揭示宇宙生命的起源。另外，由于重大科学发现的不可

＊本书主编根据国际 SKAO 公开资料、国内 SKA 论证资料以及学术论文整理，不再一一注明出处。

预见性，SKA 投入运行后，其超级巡天能力和灵敏度，必然蕴含大量 "计划外" 的科学发现。对 SKA 相关科学目标和关键技术的研究，将能促进天文前沿研究和方法创新，大幅提升天文、基础物理、信息科学等基础科学的研究水平。

　　SKA 分为建设准备阶段（2012~2021 年）、建设第一阶段（SKA1，2021~2028 年）和建设第二阶段（SKA2，2028 年后）。2015 年 3 月，SKAO 第 17 次董事会批准了 SKA1 的基线设计方案。SKA1 由位于南非约 133 面碟形天线阵和位于澳大利亚的 13 万只对数周期天线组成的低频孔径阵构成。SKA1 建造和十年运行费用为 16 亿 ~ 17 亿欧元。

　　SKA 建设时间表及运行框架分别如图 1.1.1 和图 1.1.2 所示。

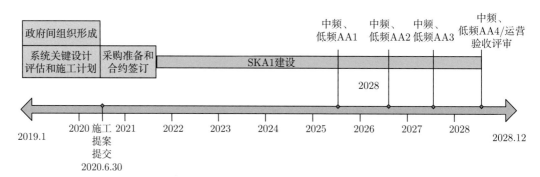

图 1.1.1   SKA 建设时间表（来源：SKAO）

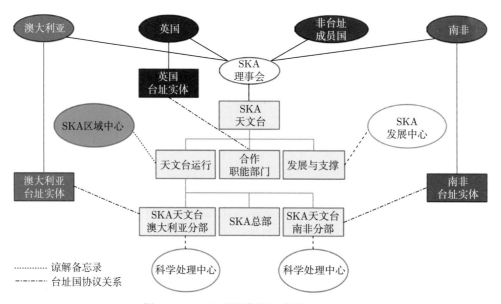

图 1.1.2   SKA 运行框架（来源：SKAO）

1.2   SKA 主要科学目标

　　SKA 是以追求卓越科学目标驱动的国际大科学工程，国际射电天文界对 SKA 的科学目标也已经进行了长达 20 年的研究。SKA 科学目标的制订和可行性由国际天文界各领域的科学家自愿参加和承担，并从开始的 11 个专业工作组演化到目前的 8 个专业工作组：

(1) 天文生物学：生命摇篮。

(2) 星系演化：连续谱。

(3) 宇宙磁场。

(4) 宇宙黎明和再电离。

(5) 宇宙学。

(6) 星系演化：中性氢。

(7) 脉冲星：引力的强场检验。

(8) 暂现源。

2013 年 7 月，SKAO 第 10 次董事会上，考虑各成员国的现实能力，将 SKA1 建设成本的上限定为 6.5 亿欧元。这样，对有限经费下的 SKA1 所要实施的首要和主要科学目标就需要重新审定。2014 年 7 月 8 日，SKAO 董事会批准了 SKA1 科学目标优先级选择程序。由 SKAO 的科学评审委员会 (SRP) 和科学与工程咨询委员会 (SEAC)，根据详细的评分标准和流程对科学目标进行评估，给出了 SKA1 阶段 13 个优先的科学目标，具体如表 1.2.1 所示。

表 1.2.1 SKA1 以优先级排序实施的首要科学目标

科学工作组	科学目标	SKA1 子阵
宇宙黎明和再电离	1. 宇宙再电离直接成像观测	SKA1-low
脉冲星	2. 高精度计时——引力波探测	SKA1-low SKA1-mid
脉冲星	3. 脉冲星搜寻——引力理论检验	SKA1-low SKA1-mid
宇宙黎明和再电离	4. 宇宙再电离功率谱	SKA1-low
中性氢	5. 红移 0.8 内中性氢宇宙	SKA1-mid
宇宙磁场	6. 全天磁场	SKA1-mid
暂现源	7. 快速射电暴等变源	SKA1-low SKA1-mid
宇宙学	8. 限制初期非高斯性和超视距尺度引力检验	SKA1-mid
中性氢	9. 近邻中性氢星系	SKA1-mid
生命摇篮	10. 揭示尘埃生长的图像	SKA1-mid
连续谱	11. 宇宙的恒星形成史	SKA1-mid
中性氢	12. 银河系中性氢和介质	SKA1-mid
宇宙学	13. 角相关函数——探测非高斯性和物质偶极分布	SKA1-mid

SKA1 排在前两位的优先科学目标概况为：利用中性氢 21 cm 辐射进行宇宙黎明 (CD) 和再电离 (EoR) 成像及功率谱测量；脉冲星搜寻及利用高精度毫秒脉冲星计时和脉冲星双系统进行引力波探测和引力理论检验。具体内容如下所述。

宇宙再电离成像 利用 50~200MHz 不同频率的成像观测，直接展示红移 6~27 宇宙再电离的图像 (对应角尺度 5~300 角分)，揭示宇宙第一代恒星或黑洞的形成及气体再电离的复杂过程，重现宇宙从黑暗走向光明的历史。SKA1-low 将分别观测 5 个 20deg^2 (平方度) 的天区，仅在 100~200MHz 高频端实施 (低于 100 MHz 时噪声过高)，频率分辨率为 0.1MHz，定点观测时间为 1 000h，在 10MHz 带宽时探测极限大约 1mK。与目前正在运行的 SKA 探路者相比，SKA1-low 是唯一可实现宇宙再电离成像观测的试验装置，具有重大历史意义，将其排在 SKA1 的首要科学目标之首位，其重要性可见一斑。

宇宙再电离功率谱测量 利用 SKA 低频阵列的大面积天区巡天观测，可以统计探测红移 6~27 的 21cm 信号功率谱，给出三维中性氢的分布或 CT 图像，其峰值信噪比约为 100，波数 k 的范围为 0.02~1.0Mpc^{-1}。低波数的限制源于 uv 覆盖小于 30 的可视度函数将被去除，以降低前景大尺度结构的"泄露"污染，对应约 2° 的角尺度或 300Mpc 的物理尺度（在 150MHz 时）。但在 SKA1 阶段，由于基线和灵敏度所限，$k > 0.1$Mpc^{-1}（即小尺度）的功率谱无法探测，所以再电离的可探测功率谱范围被局限在一个很窄的波数内：$k = 0.02$~0.1Mpc^{-1}，尚未达到探测再电离全部区域的程度。只有在 SKA2 时代，才能真正达到 $k = 1.0$Mpc^{-1}（迷你暗晕（mini-halo）尺度），从而揭示再电离区域的统计特性。相对于 SKA1，SKA2 对小尺度的探测灵敏度能提高几乎一个量级。

脉冲星搜寻   利用 SKA1-low 的大视场、多波束、高灵敏度等特点进行全天脉冲星搜寻，预计将发现超过现有脉冲星（2 600 颗左右）一个数量级的新脉冲星（约 40 000 颗），其中可能包含 2 000 颗左右的毫秒脉冲星（现有 300 颗左右）、数百颗的脉冲星双星系统，甚至是第一个脉冲星-黑洞双星系统，为精确检验引力理论提供绝佳的实验室，包括首次检验黑洞的无毛定理。另外，SKA1 将有望发现银河系中心的第一颗脉冲星和第一颗河外脉冲星！

利用脉冲星高精度计时探测引力波   由于毫秒脉冲星的旋转频率非常稳定，可通过对大量毫秒脉冲星测时观测，提取脉冲到达时间残差信号的四极成分，直接获取超大质量双黑洞的引力波背景信息。利用 SKA1 中频阵列（SKA1-mid）所能提供的高精度及 SKA1-low 监测星际环境，可以把现有脉冲星测时精度提高 100 倍，在小于 10ns 的精度上，对多个毫秒脉冲星及脉冲双星同时进行高精度和快速计时，在纳赫兹（nHz）频率范围探测引力波天空，并进行引力的强场检验。另外，毫秒脉冲星空间分布均匀，利用脉冲星测时探测引力波提供了测量引力波极化的可能与机遇，将开辟检验引力理论的新途径。

其他主要科学目标如下所述。

生命摇篮   这是最具有社会影响力和满足人们好奇心的研究方向，包含了三项任务：① 探测原初行星盘，获得 100pc 以下尺度雪或冰的图像，发现类地球的行星和适合人类聚居的第二家园；② 通过谱线分析，在茫茫宇宙中寻找生命构成的最基本成分——氨基酸；③ 监听上万颗临近恒星系统，尝试截获地外文明雷达通信信号。

宇宙磁场   揭示从星系到宇宙大尺度结构的二维宇宙磁场结构，以每平方度 300 格点的精度绘出法拉第旋转量（rotation measure）的数值。利用法拉第旋转测量，立体绘制宇宙中延展源（如星系、星系群、星系团）的高精度磁场结构，分辨率从 100pc（距离 14Mpc）到 1kpc（红移 0.13）。

为了实现这些首要或主要的科学目标，SKA 的设计和建造需要同时满足以下条件。

首要科学目标之一：宇宙黎明和再电离探测。此科学目标将由 SKA 低频阵列完成，其应具备：

（1）工作频率 50~200MHz（对应红移 6~27）；

（2）主瓣光滑；

（3）极低的旁瓣；

（4）大视场（在频率 100MHz 时约 10°）；

（5）庞大的天线接收面积以保证充足的面亮度灵敏度（约 1mK）；

（6）大量短基线的密集型布局，在角分量级的分辨率上保障足够的成像能力；

（7）同时兼顾长基线天线分布以保障瞬时优质成像能力（前景去除）；

（8）极高的频率分辨率（1kHz，射频干扰（RFI）去除）且频率相应平滑和长期稳定；

（9）干涉阵列时间同步精度 100ns。

首要科学目标之二：脉冲星及相关科学目标。此科学目标将由中低频阵列合作完成，低频用于搜寻，中高频用于监测：

（1）密集型天线分布确保极高的探测灵敏度；

（2）极高时间分辨率和精度（优于 50ns）；

（3）在十年的时间尺度保持时间系统稳定；

（4）大视场或多波束以保证同时监测上百颗脉冲星。

主要科学目标（成像）：连续谱巡天。此科学目标涉及银河系和河外星系，中低频阵列均可实施和承担：

（1）长基线布局以获取较高的角分辨率，降低混淆噪声（confusion noise）；

（2）极低且平滑的天线旁瓣，以确保图像反演的精度；

（3）均匀的 uv 覆盖布局；

（4）优良的极化探测性能。

主要科学目标（时域）：暂现源。此科学目标中低频均可实施：

（1）对触发（trigger）的快速响应；

（2）大数据存储和快速传输能力；

（3）高精度空间定位能力。

总之，实现 SKA 的首要和主要科学目标，需要同时满足高质量成像和高时间分辨两种观测模式，大规模天线阵列、密集型核心区域、充足的基线长度、高精度时间同步、高频率分辨、优良的极化性能、极低的天线旁瓣以及大数据处理是 SKA 设计所要满足的主要指标和特征。

1.3 SKA 主要技术设计指标

目前 SKA1 的技术方案，特别是低频阵列尚未完全确定，在不考虑经费限制的前提下，我们概括基准 SKA1 版的主要技术指标。

SKA1 包括建于南非的中频天线阵列（SKA1-mid）和建于澳大利亚的低频孔径阵列（SKA1-low）。SKA1-mid 包括新建 133 面反射面天线以及在建 SKA 先导单元 MeerKAT 的 64 面反射面天线，频率覆盖 350MHz～13.8GHz（天线设计到 20GHz），面积为 33 000m^2，最长基线长度为 154km。SKA1-low 由约 512（站）×256（对数周期天线）个天线组成，频率覆盖 50～350MHz，面积约 0.4km^2，最长基线为 65km。SKA1 的基本参数概括在表 1.3.1 中。

SKA 采用了中心密集并向外围螺旋延展的基本布阵方案，主要是源于优先科学目标（宇宙黎明和再电离探测、脉冲星搜寻）对高灵敏度的要求，以及前景去除和抑制混淆噪声对高分辨率的要求。虽然更长的基线利于科学目标的实现，但会同时增加建设成本。SKA1-low 和 SKA1-mid 的天线布局设计见图 1.3.1 ～ 图 1.3.5。

表 1.3.1   SKA1 主要技术指标

参数	SKA1-low	SKA1-mid
频率范围/GHz	0.05~0.35	0.35~20
基准频率/GHz	0.11	1.67
灵敏度（A_{eff}/T_{sys}）/($m^2 \cdot K^{-1}$)(基准频率)	550	1 500（包括 MeerKAT）
视场/deg^2（基准频率）	14	0.33
最高分辨率/角秒（基准频率）	7	0.25
单元阵列主频范围/GHz	0.1~0.2	0.35~20
单元阵列尺寸/m	35	15
单元阵列数目	512（规划） 476（实施）	133+64 (MeerKAT) 130（实施）
每单元阵列天线数	256	1
最长基线/km	65（规划） 40（实施）	154（规划） 120（实施）

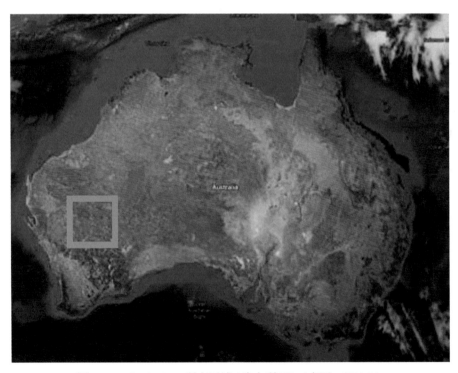

图 1.3.1   SKA1-low 所在区域（澳大利亚）（来源：SKAO）

　　SKA 天线布局在遵守中心（< 3km）密集，外围稀疏（对数空间均匀）的大原则下，另一个基本原则是天线位置的随机性，特别是对于 SKA1-low，不仅每一台站（station）位置随机，台站内部的 256 个双极化天线位置也必须随机排列，这样最大限度地保证了 uv 的均匀覆盖和对旁瓣的最大抑制。图 1.3.6 和图 1.3.7 比较了模拟 SKA1-mid 瞬时观测所获得的 "脏图"（dirty map）和甚大阵（VLA）A+B+C+D 构型给出的同一源结果对比，图 1.3.8 和图 1.3.9 给出了 SKA1-low 的结果与目前运行的 SKA 探路者 LOFAR-INTL 的观测结果比较。可见，SKA 不论是在灵敏度上还是在分辨率上，都远优于目前的同类射电望远镜干涉阵列。

图 1.3.2 SKA1-mid 所在区域（南非）（来源：SKAO）

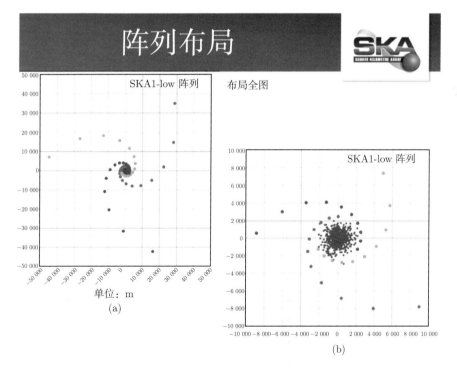

图 1.3.3 SKA1-low 阵列布局 (a)，中心区域 (b)（来源：SKAO）

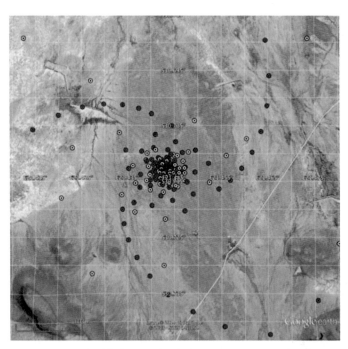

图 1.3.4 SKA1-mid 阵列的中心区域，白点是 MeerKAT 天线（来源：SKAO）

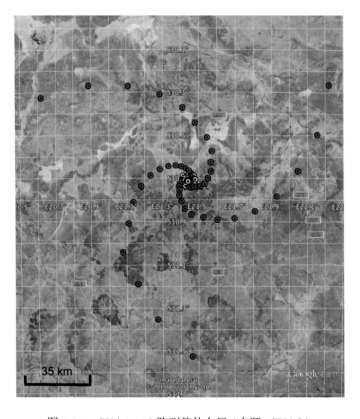

图 1.3.5 SKA1-mid 阵列整体布局（来源：SKAO）

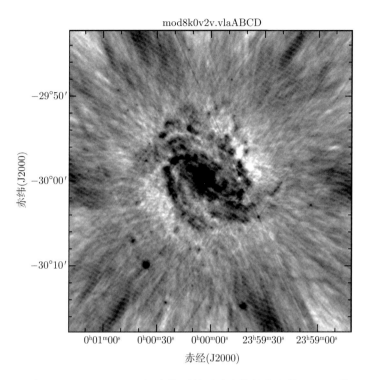

图 1.3.6   SKA1-mid 与 VLA A+B+C+D 组合构型的瞬时成像能力比较: VLA 结果（来源: SKAO）

图 1.3.7   SKA1-mid 与 VLA A+B+C+D 组合构型的瞬时成像能力比较: SKA1-mid 结果

（来源: SKAO）

modl8k0v2s.lofari

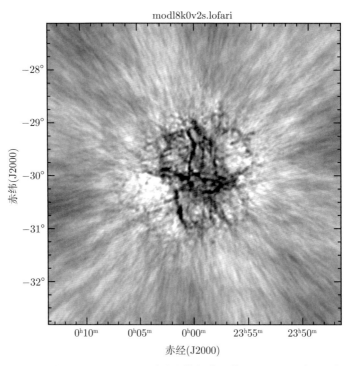

图 1.3.8　SKA1-low 与 LOFAR-INTL 瞬时成像能力比较：LOFAR 结果（来源：SKAO）

modl8k0v2s.ska1

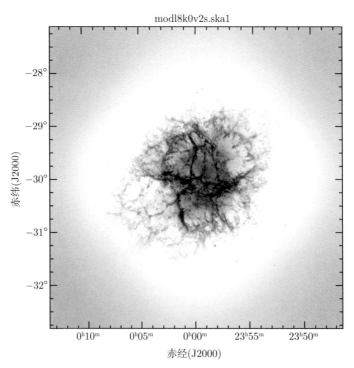

图 1.3.9　SKA1-low 与 LOFAR-INTL 瞬时成像能力比较：SKA1-low 结果（来源：SKAO）

若定义点源灵敏度为望远镜有效接收面积（A）与系统温度（T_{eff}）之比，定义空间分辨率为观测波长（λ）与望远镜基线（L）之比，定义巡天速度为望远镜灵敏度的平方与有效视场（FoV）之积，则与目前国际同类型最大射电望远镜阵 JVLA 相比，SKA1-mid 的灵敏度是 JVLA 的 8 倍，分辨率是 JVLA 的 4 倍，巡天速度是 JVLA 的 170 倍。与我国新近建成的 500m 口径球面射电望远镜（FAST）相比，SKA1-mid 的灵敏度略低于 FAST，但视场是 FAST 的 22 倍，分辨率是 FAST 的 528 倍，巡天速度是 FAST 的 18 倍。SKA1-low 与目前国际同类型最大低频阵 LOFAR 相比，灵敏度是 LOFAR 的 6.1 倍，分辨率是 LOFAR 的 1.3 倍，巡天速度是 LOFAR 的 28 倍。SKA1 建成后就能成为占据世界领先地位的射电望远镜阵列。SKA1 和 SKA2 的点源观测灵敏度及巡天速度与其他望远镜的比较如图 1.3.10 和图 1.3.11 所示。

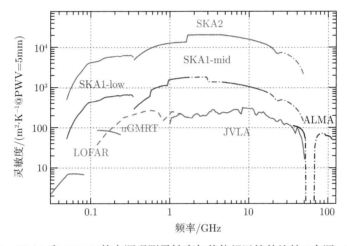

图 1.3.10　SKA1 和 SKA2 的点源观测灵敏度与其他望远镜的比较（来源：SKAO）

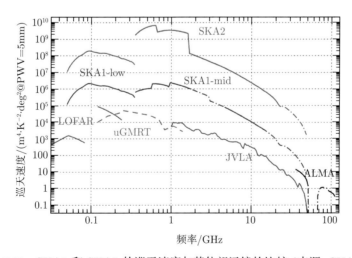

图 1.3.11　SKA1 和 SKA2 的巡天速度与其他望远镜的比较（来源：SKAO）

SKA 体现着当代 ICT 技术的最大集成：每一天线接收到的信号被放大和滤波后就立即被数字化，有效保障了数据的最大动态范围、实时识别和去除 RFI 效果以及相控多波束的实施。当然，作为一个诸多小单元集成的庞大系统，高度数字化程度也使得 SKA 将生产全世界最大的数据流。按照简单的公式估算: 数流 = 天线 $^2 \times$ 采样率 $\times$ 通道 $\times$ 波束 $\times$ 极化,仅 SKA-low 的 130 万只对数周期天线就将输出每秒约 10Pbit 的数据, 远超出全世界的因特网流量, 甚至达到目前全球因特网数流的 100 倍! 这也要求计算机的信号处理能力比此高出 1 000 倍, 即 E-MACs, 同时催生了对 E-flops 级高性能计算的需求, 进而对绿色能源的需求。仅从这一角度讲, SKA 又被喻为 "数字" 或 "软件" 望远镜。SKA 数据流量和处理见表 1.3.2。

表 1.3.2　SKA 数据流量和处理

单元	SKA1	SKA2
碟形天线	133	2500
孔径阵列	$\sim 130\ 000$	$\sim 1\ 300\ 000$
信号传输	$\sim 1\text{Pb·s}^{-1}$	$\sim 10\text{Pb·s}^{-1}$
科学数据输入	$\sim 1\text{TB·s}^{-1}$	$\sim 1\text{PB·s}^{-1}$
信号处理	$\sim$E-MACs	$\sim$E-MACs
高性能计算	> 100 Pflops	$\sim$E-flops
数据存储	EB	EB
电力需求	~ 10MW	~ 50MW

注: b 代表 bit; B 代表 byte; M, T, P, E 分别代表 10^6, 10^{12}, 10^{15}, 10^{18}。

经前端数据采集系统处理 (包括数字化、多波束、相关运算) 后交给科学家用于科学研究的数据量实际上并没有那么 "恐怖", 各系统产生的科学数据流是:

SKA1-low (不包括再电离数据)　　　　　3Gbit·s^{-1}

再电离观测 (仅此一项)　　　　　　　　22Gbit·s^{-1}

SKA1-mid　　　　　　　　　　　　　　9Gbit·s^{-1}

合计　　　　　　　　　　　　　　　　34Gbit·s^{-1}=370TB·d^{-1}=130PB·a^{-1}

由此可见, 宇宙再电离实验主导着目前的 SKA 数据流量。这些数据将会保存在 SKA-low 所在国澳大利亚, 因而并未纳入目前的 SKA 科学数据处理器 (SDP) 工作方案中, 是否能够有效将其传输至各区域数据中心尚没有明确方案。再电离观测大概是目前唯一需要保留原始可视度 (visibility) 函数的科学目标, 其背后的原因是 RFI 和前景点源去除的需要, 否则难以到达 10^5 的动态范围。

1.4　国际 SKA 科学白皮书简介

SKAO 曾两度编写并出版 SKA 科学白皮书 (*SKA Science Book*): 第一版 *Science with the Square Kilometre Array*, 由 Carrilli 和 Rawlings 主编, 2004 年由 New Astronomy Reviews 出版。全书分为介绍、主要科学项目和科学章节三个部分。11 年后的 2015 年, SKAO 对第一版进行大幅度的扩充和更新, 收录论文基于 2014 年在意大利西西里召开的 SKA 科学大会, 出版了以 *Advancing Astrophysics with the Square Kilometer Array* 为标题、上下两卷的 SKA 科学白皮书 (图 1.4.1), 共包括了 135 章内容, 由来自 31 个国家的 1 213 位作者撰写, 共计 2 000 页, 总质量 8.8kg, 涵盖了宇宙学、宇宙再电离时期探测、脉冲星物理、宇宙磁场、生命摇篮等相关科学内容。为了便于了解国际 SKA 科学白皮书所涉及的内容, 以及与中国

SKA 科学报告的衔接和比较,下面列出国际 SKA 科学白皮书的所有目录。应该指出,此次更新出版的 SKA 科学白皮书,尽管内容丰富,覆盖面极其广泛,但仍然不能全面反映 SKA 科学目标的顶层设计,基本上是收录西西里会议的所有论文,按照研究领域归类。随着 SKA 的进一步推进,有望再次更新和完善。

图 1.4.1   2015 年更新的 SKA 科学白皮书(来源: SKAO)

全书除 main session 以外,共包括 9 章。

(1)Epoch of Reionisation (再电离)

(2)Cosmology (宇宙学)

(3)Fundamental Physics with Pulsars (脉冲星相关物理)

(4)The Transient Universe (暂现源宇宙)

(5)The Continuum Universe(连续谱宇宙)

(6)Magnetism (磁场)

(7)The Cradle of Life (生命摇篮)

(8)The Hydrogen Universe (中性氢宇宙)

(9)Synergies and Other Science (多波段协同和其他科学)

具体内容为(为准确理解原文未做翻译):

Main session:

• Advancing Astrophysics with the Square Kilometre Array

Session 1: Epoch of Reionisation

• The Cosmic Dawn and Epoch of Reionisation with SKA

• Probing the First Galaxies and Their Impact on the Intergalactic Medium through 21-cm Observations of the Cosmic Dawn with the SKA

• Synergy of CO/[CII]/Lya Line Intensity Mapping with the SKA

• Cosmic Dawn and Epoch of Reionization Foreground Removal with the SKA

• 21-cm forest with the SKA

• Epoch of Reionization modelling and simulations for SKA

• SKA - EoR correlations and cross-correlations: kSZ, radio galaxies, and NIR background

- Bulk Flows and End of the Dark Ages with the SKA
- HI tomographic imaging of the Cosmic Dawn and Epoch of Reionization with SKA
- Constraining the Astrophysics of the Cosmic Dawn and the Epoch of Reionization with the SKA
- Cosmology from EoR/Cosmic Dawn with the SKA
- The physics of Reionization: processes relevant for SKA observations
- All-sky signals from recombination to reionization with the SKA
- Imaging HII Regions from Galaxies and Quasars During Reionisation with SKA

Session 2: Cosmology

- Overview of Cosmology with the SKA
- Cosmology from HI galaxy surveys with the SKA
- Cosmology with SKA Radio Continuum Surveys
- Cosmology from a SKA HI intensity mapping survey
- Cross correlation surveys with the Square Kilometre Array
- HI galaxy simulations for the SKA: number counts and bias
- Weak gravitational lensing with the Square Kilometre Array
- Measuring baryon acoustic oscillations with future SKA surveys
- Cosmology on the Largest Scales with the SKA
- Real time cosmology - A direct measure of the expansion rate of the Universe with the SKA
- Weak Lensing Simulations for the SKA
- Measuring redshift-space distortion with future SKA surveys
- Testing foundations of modern cosmology with SKA all-sky surveys
- Topology of neutral hydrogen distribution with the Square Kilometre Array
- Cosmology with galaxy clusters: studying the Dark Ages and the Epoch of Reionization in the SKA era
- Foreground Subtraction in Intensity Mapping with the SKA
- Model-independent constraints on dark energy and modified gravity with the SKA
- Stacking of SKA data: comparing uv-plane and and image-plane stacking

Session 3: Fundamental Physics with Pulsars

- Pulsar Science with the SKA
- Gravitational Wave Astronomy with the SKA
- Understanding pulsar magnetospheres with the SKA
- Understanding the Neutron Star Population with the SKA
- A Cosmic Census of Radio Pulsars with the SKA
- Three-dimensional Tomography of the Galactic and Extragalactic Magnetoionic Medium with the SKA
- Testing Gravity with Pulsars in the SKA Era

- Probing the neutron star interior and the Equation of State of cold dense matter with the SKA
- Observing Radio Pulsars in the Galactic Centre with the Square Kilometre Array
- Pulsar Wind Nebulae in the SKA era
- Pulsars in Globular Clusters with the SKA

Session 4: The Transient Universe

- The Transient Universe with the Square Kilometre Array
- The SKA View of Gamma-Ray Bursts
- Incoherent transient radio emission from stellar-mass compact objects in the SKA era
- SKA as a powerful hunter of jetted Tidal Disruption Events
- Fast Transients at Cosmological Distances with the SKA
- The SKA contribution to GRB cosmology
- Time domain studies of Active Galactic Nuclei with the Square Kilometre Array
- Core-collapse and Type Ia supernovae with the SKA
- Thermal radio emission from novae & symbiotics with the Square Kilometre Array
- Investigations of supernovae and supernova remnants in the era of SKA
- The SKA and the Unknown Unknowns
- Early Phase Detection and Coverage of Extragalactic and Galactic Black Hole X-ray Transients with SKA

Session 5: The Continuum Universe

- Revealing the Physics and Evolution of Galaxies and Galaxy Clusters with SKA Continuum Surveys
- The star-formation history of the Universe with the SKA
- Exploring AGN Activity over Cosmic Time with the SKA
- SKA studies of nearby galaxies: star-formation, accretion processes and molecular gas across all environments
- Identifying the first generation of radio powerful AGN in the Universe with the SKA
- Cluster Radio Halos at the crossroads between astrophysics and cosmology in the SKA era
- Non-thermal emission from galaxy clusters: feasibility study with SKA
- The SKA view of cool-core clusters: evolution of radio mini-halos and AGN feedback
- Morphological classification of radio sources for galaxy evolution and cosmology with the SKA
- Radio Observations of Star Forming Galaxies in the SKA era
- The SKA view of the Interplay between SF and AGN Activity and its role in Galaxy Evolution
- Strong Gravitational Lensing with the SKA
- The Astrophysics of Star Formation Across Cosmic Time at >10 GHz with the Square

Kilometre Array

- The SKA Mid-frequency All-sky Continuum Survey: Discovering the unexpected and transforming radio-astronomy
- The physics of the radio emission in the quiet side of the AGN population with the SKA
- Radio investigation of Ultra-Luminous X-ray (ULX) Sources in the SKA Era
- The SKA and Galaxy Cluster Science with the Sunyaev-Zel'dovich Effect
- Astronomy Below the Survey Threshold in the SKA Era
- Unravelling lifecycles and physics of radio-loud AGN in the SKA Era

Session 6: Magnetism

- Using SKA Rotation Measures to Reveal the Mysteries of the Magnetised Universe
- Studies of Relativistic Jets in Active Galactic Nuclei with SKA
- Structure, dynamical impact and origin of magnetic fields in nearby galaxies in the SKA era
- Unravelling the origin of large-scale magnetic fields in galaxy clusters and beyond through Faraday Rotation Measures with the SKA
- Measuring magnetism in the Milky Way with the Square Kilometre Array
- Filaments of the radio cosmic web: opportunities and challenges for SKA
- Probing the nature of Dark Matter with the SKA
- Using Tailed Radio Galaxies to Probe the Environment and Magnetic Field of Galaxy Clusters in the SKA Era
- SKA studies of in situ synchrotron radiation from molecular clouds
- Broadband Polarimetry with the Square Kilometre Array: A Unique Astrophysical Probe
- Mega-parsec scale magnetic fields in low density regions in the SKA era: filaments connecting galaxy clusters and groups
- Cluster magnetic fields through the study of polarized radio halos in the SKA era
- Magnetic Field Tomography in Nearby Galaxies with the Square Kilometre Array
- Kinematics and Dynamics of kiloparsec-scale Jets in Radio Galaxies with SKA
- Giant radio galaxies as probes of the ambient WHIM in the era of the SKA
- Measuring Magnetic Fields Near and Far with the SKA via the Zeeman Effect
- Stacking for Cosmic Magnetism with SKA Surveys
- SKA Deep Polarization and Cosmic Magnetism
- Statistical methods for the analysis of rotation measure grids in large scale structures in the SKA era

Session 7: The Cradle of Life

- SKA and the Cradle of Life
- Searching for Extraterrestrial Intelligence with the Square Kilometre Array
- Protoplanetary disks and the dawn of planets with SKA

- The impact of SKA on Galactic Radioastronomy: continuum observations
- Maser Astrometry with VLBI and the SKA
- Magnetospheric Radio Emissions from Exoplanets with the SKA
- Radio Jets in Young Stellar Objects with the SKA
- Complex organic molecules in protostellar environments in the SKA era
- Studies of Anomalous Microwave Emission (AME) with the SKA
- OH masers in the Milky Way and Local Group galaxies in the SKA era
- The ionised,radical and molecular Milky Way: spectroscopic surveys with the SKA
- SKA tomography of Galactic star-forming regions and spiral arms

Session 8: The Hydrogen Universe

- HI Science with the Square Kilometre Array
- Exploring Neutral Hydrogen and Galaxy Evolution with the SKA
- The SKA view of the Neutral Interstellar Medium in Galaxies
- Galactic and Magellanic Evolution with the SKA
- Connecting the Baryons: Multiwavelength Data for SKA HI Surveys
- Observations of the Intergalactic Medium and the Cosmic Web in the SKA era
- Galaxy Formation & Dark Matter Modelling in the Era of the Square Kilometre Array
- Cool Outflows and HI absorbers with SKA
- The SKA as a Doorway to Angular Momentum
- The Physics of the Cold Neutral Medium: Low-frequency Radio Recombination Lines with the Square Kilometre Array

Session 9: Synergies and Other Science

- Very Long Baseline Interferometry with the SKA
- Lunar detection of ultra-high-energy cosmic rays and neutrinos with the Square Kilometre Array
- Synergy between the Large Synoptic Survey Telescope and the Square Kilometre Array
- Euclid & SKA Synergies
- Delivering SKA Science
- Precision measurements of cosmic ray air showers with the SKA
- SKA synergy with Microwave Background studies
- Synergistic science with Euclid and SKA: the nature and history of Star Formation
- Multiple supermassive black hole systems: SKA's future leading role
- Star and Stellar Cluster Formation: ALMA-SKA Synergies
- The connection between radio and high energy emission in black hole powered systems in the SKA era
- Enhancing Science from Future Space Missions and Planetary Radar with the SKA
- Synergies between SKA and ALMA: observations of Nearby Galaxies
- Multi-wavelength, Multi-Messenger Pulsar Science in the SKA Era

- Overview of Complementarity and Synergy with Other Wavelengths in Cosmology in the SKA era
- Extragalactic jets in the SKA era: solving the mystery of Ultra High Energy Cosmic Rays?
- Enabling the next generation of cm-wavelength studies of high-redshift molecular gas with the SKA
- Solar and Heliospheric Physics with the Square Kilometre Array
- Square Kilometre Array key science: a progressive retrospective

第 2 章　中国参与 SKA 科学研究基础

安　涛　陈学雷　程岭梅　黄　滟　秦　波　武向平*

2.1　中国射电天文学历史回顾

我国射电天文研究始于中华人民共和国成立以后，起步较晚，受当时经济基础与技术水平的制约，国内射电天文观测设备落后国际约 30 年。1958 年 4 月 19 日，中苏两国在海南岛进行的日环食射电天文多波段联合观测，首次将射电望远镜技术和微波遥感技术引入国内，推动了我国射电天文学开局和射电天文队伍的迅速组建。1958 年 7 月，我国将苏方留赠的两台厘米波射电望远镜安装在北京沙河，使沙河站成为国内第一个射电观测站。1959 年，国内开始组建射电天文组，并开始进行射电望远镜的研制和相关人才的培养。早期主要进行太阳射电的观测，建设了一些观测太阳射电的小型设备，20 世纪 80 年代后，经过老一辈天文学家的不懈努力，1984 年，在北京密云建成了我国最早的米波综合孔径望远镜。该系统由 28 面口径为 9m 的网状天线组成，基线最长为 1 160m，目前该综合孔径望远镜已停止使用。之后陆续建成了投资过千万元的中型设备：青海德令哈 13.7m 毫米波射电望远镜、上海佘山 25m 射电望远镜和新疆乌鲁木齐南山 25m 射电望远镜。相较于国际水平，虽然这些设备在规模上处于中小水平，但在巡天与监测等课题方向都做出了国际水平的成果，为我国射电天文的科学研究、技术储备、人才培养做出了重要贡献。进入 21 世纪后，随着我国综合国力的不断增强，我国射电天文学进入了一个新的发展时期。为瞄准宇宙黑暗时期的 "第一缕曙光探测"，2004 年，在新疆天山建设了专用低频望远镜阵列 21CMA（21 Centimeter Array），成为世界上最早投入 "宇宙第一缕曙光探测" 的射电望远镜阵列。为满足我国深空探测的需求，2008 年，上海启动 65m 射电望远镜（天马望远镜，TM）的建设，该望远镜已于 2012 年落成并投入使用，成为目前亚洲最大的全可动射电望远镜，这也为在国内建造更大口径全可动射电望远镜积累了宝贵经验。在太阳射电方面，新近建成由低频阵（0.4~2.0GHz，40 个 4.5m 天线）和高频阵（2.0~15.0GHz，60 个 2.0m 天线）两个综合孔径阵列组成的国际新一代射电日像仪，在 0.4~15GHz 频带上能同时以约百毫秒量级的高时间分辨率、最高可达 1 角秒量级的高空间分辨率和 500 多个频率通道的高频率分辨率对太阳进行每日 8h 以上的连续成像观测，图像动态范围可达 25dB。为实现跨越式发展，2007 年，国家发展改革委正式批复 500m 口径球面射电天文望远镜（FAST）立项，2016 年 9 月，我国独立建设的具有自主知识产权的目前世界最大的单口径射电望远镜 FAST 竣工，FAST 的建成及科学目标的实现是中国射电天文界在未来 10 年赶超世界一流水平的重大机遇。

2006 年，以探月工程测轨和数据接收为首要目标，我国建成了北京密云 50m 口径和云南昆明 40m 口径射电望远镜。至此，中国自己的甚长基线干涉（VLBI）观测网 CVN 初步

---

* 组稿人。

成形, 由四个 VLBI 站 (北京密云站、乌鲁木齐南山站、云南昆明站、上海佘山站) 和一个数据处理中心 (上海) 组成。位于我国国土边缘的这四个站构成 6 条测量基线, 而乌鲁木齐和上海构成的基线长度大于 3 200km, 提供了中国 VLBI 网观测的最高分辨率。该网已成功实施我国月球探测工程 "嫦娥一号" "嫦娥二号" "嫦娥三号" 卫星 VLBI 测轨任务, 并正在积极筹备、实施探月工程三期和火星、金星探测等项目。CVN 观测在上海天马望远镜加入以后, 性能有了很大提升。将来 FAST 调试成功并投入使用后, 在单天线观测领域将发挥举足轻重的作用, 其加入 CVN 观测后将使网络的整体性能发生质的飞跃, CVN 未来在深空探测和射电天文研究方面将发挥更重要的作用。

随着射电天文望远镜硬件的建设, 我国射电天文研究也发展迅速, 队伍日益壮大。1958年底, 我国研究人员借助中苏联合日环食观测这一契机, 结合向苏方学习的射电天文技术, 在沙河站举办了全国性的第一期射电天文训练班, 参与培训的人员大部分留在了射电天文岗位。此后, 国外留学深造人员陆续归国加入射电研究队伍, 使得我国射电研究力量不断增强。目前射电研究力量主要集中在中国科学院国家天文台 (简称国家天文台)、中国科学院上海天文台 (简称上海天文台)、中国科学院紫金山天文台 (简称紫金山天文台)、中国科学院新疆天文台 (简称新疆天文台)、中国科学院云南天文台 (简称云南天文台) 等台站和观测基地, 另外还有部分高校, 如北京大学、南京大学、北京师范大学等。研究方向主要涵盖了宇宙学、星系形成与演化、银河系结构、分子云与恒星形成、脉冲星等多个领域, 不但注重射电天文技术的发展, 而且还开展多学科交叉, 诸如地球动力学、探月工程 VLBI 测轨等天文应用研究。一方面, 依托国内已有设备和实验室的支持, 为国内射电天文发展提供了深厚基础; 另一方面, 借助国外先进设备和积极参与国际射电天文项目合作, 促使我们一步步向国际前沿迈进, 不断缩小我国射电天文与国际水平的差距。

2.2   中国单口径射电望远镜

随着我国综合国力的不断增强, 国内射电天文研究发展迅速。伴随着一些新的射电技术和制造技术的应用, 单口径望远镜往更大口径、更宽频率覆盖和更高灵敏度的接收系统发展。目前国内主要的单口径射电望远镜情况见表 2.2.1。

表 2.2.1   中国已建成的单口径射电望远镜

名称	口径/m	工作频段/GHz	地点	建成年份
佘山	25	1.5~22	上海佘山	1986
德令哈	13.7	85~115	青海德令哈	1990
南山	25	0.32~22	新疆乌鲁木齐南山	1993
昆明	40	2.3/8.3	云南昆明	2006
密云	50	2.3/8.3	北京密云	2006
天马	65	1~50	上海佘山	2012
FAST	500	0.07~5	贵州平塘大窝凼	2016

2.2.1   佘山 25m 射电望远镜

自 1986 年建成后主要开展 VLBI 联测观测, 承担着欧洲 VLBI 网 (EVN) 和 IVS 组织的天体物理和天体测量观测、上海天文台的亚太空间地球动力学项目观测、探测卫星轨道监测和数据接收。该望远镜自 1997 年下半年参加 VSOP 观测以来，观测时间逐年增多，质量也不断提高，已成为 VSOP 观测计划的主要地面站之一，取得了许多有科学价值的观测结果。VSOP 首批观测结果发表在《科学》上，佘山 25m 射电望远镜参加了其中大部分观测。特别是在 "嫦娥一号" "嫦娥二号" 的 VLBI 测定轨中发挥了重要作用。

2.2.2 青海德令哈 13.7m 毫米波望远镜

该望远镜建成于 1990 年，是目前我国毫米波段射电天文观测的唯一大型设备。近年来，应用了天线副面主动控制、锁相调制信号接收、三维波束测量与定位、结构倾斜测量等技术，提高了天线指向跟踪精度，改善了光学系统的成像质量及波束效率，显著提高了望远镜的性能和工作效率。2002 年开始使用的 3mm 波段多谱线接收系统，使望远镜数据产出率实现了量级的提高。2010 年 11 月初，开始在 13.7m 毫米波望远镜上安装超导成像频谱仪，望远镜的探测能力比原来提高了几十倍，成为宇宙和天体巡天的利器，在天体起源、太阳系、大气科学等领域为国内外科学家提供有力的研究支撑。超导成像频谱仪是国际上第一台基于边带分离混频原理的毫米波多波束接收机，也是我国射电天文领域研发的第一台多波束接收设备，在研制过程中研发了多项国际领先的毫米波探测技术。设备的成功安装是我国毫米波天文探测技术的又一次历史性突破。

该望远镜能进行 CO 等谱线及连续谱的观测，可以开展和正在开展的课题包括星际分子云、恒星形成区分子气体分布的观测研究，高光度冷红外源和大质量恒星形成区的样本观测，云–云碰撞天体研究，MSX、Spizter (GLIMPSE) 源的证认，高速外向流、UC HII 区、阿雷西博（Arecibo）巡天发现的甲醇脉泽源的 CO 分子谱线证认，SiO 脉泽、原行星状星云、超新星遗迹与宇宙射线源、分子云核的高激发谱线观测，以及河外星系的分子谱线观测等。最新研制的 1GHz 带宽的多比特数字快速傅里叶变换 (FFT) 频谱仪具有宽带、高分辨率、高动态范围和稳定性，以及系统可重构等特点，为在河外星系的分子谱线观测、高频谱分辨观测、深度探测等方面提供了新的探测空间。

2.2.3 新疆天文台南山 25m 射电望远镜

该望远镜于 1993 年建成，2010 年完成了 1GHz 工作带宽、9bit 采样精度、8 192 通道的高分辨率多功能数字终端和 1.3cm 接收机的研制，噪声温度为 16K，两者均达到世界先进水平。目前可以在 92cm、49cm、30cm、18cm、13cm、6cm、3.6cm 和 1.3cm 等 8 个波段开展 VLBI 观测。从全球射电望远镜的布局可看出，南山 25m 射电望远镜处于欧亚大陆腹地，填补了射电望远镜分布方面的空缺，对国际和国内 VLBI 网的布局和组网观测非常有利，是国际 VLBI 网（EVN 和 IVS 等）的重要成员。在单天线观测方面建立了脉冲星消色散终端系统、以自相关频谱仪为核心的分子谱线终端系统、6cm 波段的偏振观测系统等。南山 25m 射电望远镜可开展 VLBI 天体物理、天体测量、测地学、航天器定轨及地球空间环境的 VLBI 观测研究等。作为单天线观测可开展脉冲星脉冲到达时间、辐射特性和星际闪烁研究，厘米波分子谱线研究，射电暂现源研究，射电源流量监测和偏振巡天研究等。

2.2.4　北京密云 50m 口径和云南昆明 40m 口径射电望远镜

这两部望远镜主要承担我国探月工程卫星下行的科学数据接收任务和 VLBI 测轨工作。联合天马 65m、佘山 25m 射电望远镜以及南山 25m 望远镜建成了我国厘米波段 VLBI 网，参与完成了嫦娥探月工程除发射段外的各个轨道段的测轨任务，在世界上首次将 VLBI 技术实时应用于航天工程，提高了我国自身的 VLBI 天文研究和应用能力。云南昆明 40m 射电望远镜作为单天线，配备有国际领先水平的脉冲星接收终端，利用其在 S 波段开展脉冲星观测，已初步建立了脉冲星到达时间测量系统。为更好地开展天文观测研究工作，云南昆明 40m 射电望远镜于 2016 年 6 月完成了换馈系统改造，新增加了 C 波段和 KU 波段馈源。并于 2016 年 10 月参加了 EVN 在 C 波段（5cm 和 6cm）的网络监测实验，在两次实验中均获得了条纹，并且在高数据率的观测模式下（数据率 2Gbit·s^{-1}）也成功得到条纹。

2.2.5　天马望远镜（上海 65m 射电望远镜）

该望远镜建成于 2012 年，是中国目前口径最大、波段最全的一台全方位可动的高性能射电望远镜。其采用修正型卡塞格伦反射面天线，主反射面直径为 65m，焦径比为 0.32，副反射面直径为 6.5m，其主反射面的安装采用了国内首创的主动调整技术。天马望远镜工作波段从最长 21cm 到最短 7mm 共 8 个波段，工作波段多，工作频率高，接收带宽宽，涵盖了开展射电天文观测的全部厘米波波段和部分长毫米波波段，最高工作频段为 43GHz（7mm 波长），是国内首个可以工作在 7mm 波长的射电望远镜。

天马望远镜凭借其高灵敏度和宽频率覆盖范围等优势，将在分子谱线天文、脉冲星、暗弱射电源（包括射电耀变体、微类星体、X 射线双星等）等观测研究中发挥极其重要的作用。目前探测到了包括长碳链分子 HC7N 在内的许多重要分子的发射和一些新的羟基脉泽源，探测到包括北天周期最短毫秒脉冲星在内的一批脉冲星，发现了目前的研究热点——"银心磁星"具有周期跃变现象等，取得了一批重大的射电天文观测成果。另外，天马望远镜将作为国内外 VLBI 网的一个强大单元，增强高分辨率 VLBI 观测的能力。天马望远镜还提升了我国深空探测的定轨能力，今后数年内，将作为主力测站继续为我国的探月工程、火星探测以及更遥远的深空探测提供精确定位和定轨的科技支撑。

2.2.6　500m 口径球面射电望远镜（FAST）

FAST 是 2007 年国家发展改革委正式批复建设的，具有中国独立自主知识产权，且是世界上已建成的口径最大、最具威力的单天线射电望远镜，已于 2016 年 9 月 25 日竣工，目前处于系统调试阶段。建成后，其灵敏度、天区覆盖面积和测量精度将大大超越世界上已建成的其他单口径射电望远镜。FAST 与国际上已有的巨型单口径射电望远镜相比，有三项主要特色：利用贵州省境内喀斯特地貌中的天然洼坑作为台址；洼坑内铺设数千块单元，构成 500m 球冠状主动反射面，球冠反射面在射电源方向形成 300m 口径瞬时抛物面，使望远镜接收机能与传统抛物面天线一样处在焦点上；采用轻型索拖动机构和并联机器人，实现接收机的高精度定位。其馈源舱内配置覆盖频率为 70MHz~3GHz 的多波段、多波束馈源和接收机系统，并且将针对科学目标发展不同用途的终端设备。

FAST 的建成，将有能力将中性氢观测延伸至宇宙边缘，重现宇宙演化图像，限制暗物质和暗能量性质，寻找第一代诞生的天体。预计，FAST 能用一年观测时间发现约 4 000 颗脉冲星，有望发现亚毫秒脉冲星（夸克星），发现第一个河外旋臂星系的脉冲星，发现中子星–黑洞双星系统，根据开普勒定律最简单直接地证实黑洞的存在。FAST 的绝对灵敏度有潜力使脉冲星测时的观测精度由目前的几百纳秒提高至几十纳秒，精确测定毫秒脉冲星到达时间，检测超大质量黑洞辐射的引力波。FAST 作为最大的单元加入国际 VLBI 网，为双星系统和太阳系外行星系统成像，探测遥远星系活动核心的未知领域。FAST 还将力求发现最远的羟基超脉泽、最大的有机大分子，实现对系外行星射电探测的历史性突破等。

2.3 中国射电干涉阵列

2.3.1 国际大环境简述

国际上射电天文学发端于 20 世纪 30 年代初。干涉仪作为早期射电天文观测设备两大发展方向之一，自 20 世纪 50 年代发展起，大幅提高了射电观测的分辨率和精度，并促成了 20 世纪 60 年代末 VLBI 测量技术的发明，地面与空间 VLBI 项目的发展，更是带来了天文观测空间分辨率的飞跃式发展。20 世纪 70 年代至 20 世纪 90 年代后期，射电天文学的中心经历了从厘米波到毫米和亚毫米波段的变迁。进入 21 世纪，分米波、米波甚至更长波段的低频射电重新成为热点，新一批干涉阵项目得以提出与建成，其中包括 SKA 等下一代大型射电设备及其先导项目，为射电天文开启了一个新时代。

进入 21 世纪，国际上射电天文研究进入以阿塔卡马毫米波阵列（Atacama Large Millimeter Array，ALMA）、SKA 为代表的新一代装置带来全新发现的时代。目前，射电干涉阵列主要包括综合孔径干涉阵列和 VLBI 阵列。

1）综合孔径干涉阵列

综合孔径干涉以追求高分辨率和高灵敏度为主要目标，如美国 VLA、英国 MERLIN、印度 GMRT 等厘米波综合孔径干涉设备。其中，VLA 的灵敏度、分辨率和波段覆盖最具竞争力，在射电天文界产生了巨大影响。这一设备目前已为 JVLA，其性能将与下一代空间和地面的大型望远镜形成互补。世界上主要综合孔径和 VLBI 射电望远镜阵列见表 2.3.1。

ALMA 是一个大型国际合作毫米亚毫米波射电干涉阵列（图 2.3.1）。最长基线达 14km，工作频率为 30~950GHz；分辨率可达 0.01 角秒，连续谱灵敏度为几个微央斯基。这些都使 ALMA 成为无与伦比的冷宇宙成像与谱线观测设备。与其他射电天文设备相比，ALMA 更多地关注热发射、天体化学和宇宙生命环境。目前 ALMA 在只有一部分天线运行的情况下已经成为当前天文界最有影响力的天文台，在其所覆盖的各个领域都有重大发现。

2）VLBI 阵列

VLBI 测量技术起源于 20 世纪 60 年代。VLBI 观测研究的两个公认的令人瞩目的成就要数 1971 年首次发现活动星系核（AGN）3C279 中的视超光速运动和 1995 年检测到星系 NGC4258 中央超大质量黑洞周围吸积盘的开普勒运动。经过 50 多年的发展，VLBI 观测技术日臻成熟，能提供当前天文观测中最高的分辨率，因此在高分辨率天体物理、高精度天体测量和深空探测领域具有显著的优势和广泛的应用，是探索致密天体细微结构的最有效工具。

表 2.3.1 世界上主要综合孔径和 VLBI 射电望远镜阵列

名称	阵型,单元口径	频段	国家	建成年份
WSRT	14 单元综合孔径阵,单元口径 25m	0.117~8.65GHz	荷兰	1970
MERLIN	7 单元综合孔径阵	0.151~24GHz	英国	1987
ACTA	6 单元综合孔径阵,单元口径 22m	1.25~106GHz	澳大利亚	1988
VLA	27 单元综合孔径阵,单元口径 25m	10~50GHz	美国	1973
GMRT	30 单元综合孔径阵,单元口径 45m	0.05~1.5GHz	印度	1995
SMA	8 单元综合孔径阵,单元口径 6m	180~700GHz	美国	2003
VERA	双波束,4 台单口径 20m	2.2~43GHz	日本	2002
KVN	3 单元,单元口径 20m	2.2~150GHz	韩国	2007
ATA	350 单元综合孔径阵,单元口径 6.1m×7.0m	0.5~11.2GHz	美国	2007
ALMA	66 单元综合孔径阵,单元口径 12m 和 7m	30~950GHz	智利	2011
EVN	18 单元 VLBI 阵	0.3~43GHz	欧亚非等 10 国	1980
APT	27 单元 VLBI 阵	0.3~110GHz	亚太 9 个国家	1991
VLBA	10 单元 VLBI 阵,单元口径 25m	0.312~90.0GHz	美国	1993
LOFAR	24 核心单元 14 海外单元 (48+96 只天线组成)	10~80 MHz 120~240MHz	荷兰	2012
21CMA	81 个单元阵列(127 只天线组成)	50~200MHz	中国	2007
MWA	256 单元(16 只天线组成)	70~230MHz	澳大利亚	2018
LWA	1 单元(257 只天线组成)	10~88MHz	美国	2012
PAPER	64 单元(一只天线)	100~200MHz	美国/南非	2009
ASKAP	36 单元12m 口径天线	700~1800MHz	澳大利亚	2012
MeerKAT	64 单元13.5m 口径天线	0.58~1.015GHz 1~1.75GHz 8~14.5GHz	南非	2017

图 2.3.1 大型的国际合作毫米亚毫米波射电干涉阵列 ALMA

国际主要的地面 VLBI 网络包括美国的 VLBA、欧洲的 EVN、东亚地区日本和韩国的

KaVA、澳大利亚的 LBA、俄罗斯的低频 VLBI 阵以及中国的 CVN 等。以上 VLBI 网大多数工作在厘米波段，已经普遍达到了毫角秒的分辨率。

2.3.2 未来发展规划

从射电天文研究的发展趋势来看，先进的观测设备都着眼于更高的空间和谱线分辨率及更高的灵敏度，以利于发现和研究更暗弱的天体和更精细的结构。

在过去 80 年间射电天文设备的空间分辨本领提高了 9 个量级，从 20 世纪 40 年代到可预计的 2020 年，灵敏度将提高 100 万倍，灵敏度趋势定律还将继续延伸。用更大的视场和快速天区覆盖获得更多的样本，以更高的动态范围提供天体更清晰的图像，提高接收宽带、谱分辨率和偏振测量检测等使人们最大限度地发现天体的内在规律的各个侧面及新的物理过程。归纳起来，射电天文装备的发展方向有：① 向大集光面积、高灵敏度的方向发展；② 向更高分辨率新型干涉阵技术发展；③ 向全波段发展；④ 向以观测宇宙学为代表的新兴领域发展；⑤ 向大规模快速成像技术及数字化技术方向发展；⑥ 向极地发展。目前国际上有多项更具挑战性的射电天文大工程正在建造或计划中。

综合孔径将进入以 ALMA、SKA 为代表的新时代。

VLBI 将朝着追求更清晰（更高分辨率）、更弱（更高灵敏度）、更远（更遥远宇宙）、更快（更大的视场、更快的巡天速度）以及新的发现空间（新的频段）的方向发展。

具体来说，未来 10~20 年，以 ALMA 和 SKA 为核心将分别引领射电天文向毫米波/亚毫米波以及分米波/米波波段发展；近年来，美国提出了一个名为下一代 VLA (ngVLA) 的雄心勃勃的战略规划，目标是建设一个由 256 个 18m 口径射电望远镜组成的阵列，工作频率连续地从 1.2GHz 到 116GHz，无缝连接 SKA 低频和 ALMA 高频的间隙，从而在科学上形成有效的补充。ngVLA 还有一项更加庞大的计划是通过 ngVLA 把北半球现有的 VLBI 网（包括 VLBA, EVN 和 CVN）联合起来，与南天 SKA 呼应。这些具有划时代意义的超级望远镜代表着地面射电望远镜阵列的最高水平，几乎完整地覆盖了整个射电波段，为了解宇宙的多样性提供更为丰富的资料。

2.3.3 国内现状

1）发展历程

我国射电天文研究起步与国际相比较晚，射电干涉阵列的发展也经过了一个历程。但发展至今，我国在设备上已逐步取得进展，在数目与规模上逐步增加，并逐渐形成我国射电干涉阵列格局。

20 世纪 80 年代后，经过老一辈天文学家的不懈努力，1984 年在密云建成了我国最早的米波综合孔径望远镜，开启了国内综合孔径干涉阵列的发展。为瞄准宇宙再电离时期的 "第一缕曙光探测"，2004 年起在新疆天山建设了专用低频望远镜阵列 21CMA，成为世界上最早投入 "宇宙第一缕曙光探测" 的射电望远镜阵列。

中国从 20 世纪 70 年代开始发展 VLBI 技术，经过 40 多年的努力和不断积累，已建成了 5 站 1 中心的中国 VLBI 网，包括上海（佘山和天马站）、乌鲁木齐、密云、昆明站和上海数据处理中心。

此外，我国射电天文领域也利用国际大型射电干涉观测设备，为世界射电天文学做出过许多有价值的贡献，积累了研究基础。比如，上海天文台国际天文研究小组，利用美国甚长基线阵（VLBA）获得了世界上第一张 3.5mm 波长银河系中心人马座 A 的高分辨率图像，为迄今最接近该黑洞的"射电照片"，这一研究成果刊登在英国《自然》杂志上。国际评价说："这是天文学家第一次看到如此接近黑洞中心的区域，也终于找到了迄今为止最令人信服的证据，支持了'银河系中心存在超大质量黑洞'的观点。"南京大学和上海天文台领导的国际天文研究团队，用 VLBA 观测银河系英仙臂大质量分子云核中的甲醇分子脉泽，并采用太阳和地球的距离为基线的三角视差方法，精确地测定了离地球约 6 370 光年的一个大质量分子云核的距离和运动速度。它是迄今为止在天文学中精确测定的最远天体距离，通过对这个分子云距离和速度的精确测定，解决了在天文学里银河系旋涡结构中离太阳最近英仙臂距离的长期争论，其结果有力地支持了银河系密度波理论，相关结果发表在美国《科学》杂志上。国家天文台的致密天体和弥散介质团组，利用美国甚大阵（VLA）、德国 100m 天线以及澳大利亚 64m 天线对银河系中的脉冲星进行偏振观测，使人们对银河系磁场的认知发展成为整体图像，建立了银盘的整体模型，首次对银河系银晕给出磁场强度定量估计，为研究高能宇宙线起源和传播提供了基本前提。瑞典昂萨拉（Onsala）空间天文台与上海天文台领导利用 EVN 对星系 Swift J1644+57 的黑洞吞噬恒星引发的爆发事件进行了三年的跟踪观测，探测到"新生"射电喷流并限定了喷流的速度，该发现开启了对宁静星系中央超大质量黑洞被激活后产生"新生"喷流研究的窗口。

近 5 年来，中美在射电天文特别是 VLBI 方面加强合作，中国对 VLBA 的运行提供部分支持，同时中国天文学家获得每年 100h 的 VLBA 观测时间，研究课题广泛分布在银河系中心超大质量黑洞、M87 星系黑洞、活动星系核致密结构、窄线赛弗特 I 型星系、伽马射线活动星系核、双黑洞、脉冲星、天体脉泽等，快速提升中国年轻学者的 VLBI 研究水平。

2）目前设备情况

随着我国综合国力的不断增强，国内射电天文研究发展迅速，射电干涉阵列也得到很好发展，目前国内主要射电干涉阵列情况见表 2.3.2。

表 2.3.2　中国目前运行的射电干涉阵列

名称	口径/m	工作频段	地点	建成年份
21CMA	81×16	50～200MHz	新疆	2007
日像仪	40×4.5 60×2	0.4～2.0GHz, 2.0～15.0GHz	内蒙古	2014
天籁阵列	3×15(宽)×40(长)16×6	0.35～1.4 GHz	新疆	2015

宇宙再电离时期探测专用望远镜 21CMA 是世界上最早投入"宇宙第一缕曙光探测"的专用低频射电望远镜阵列，致力于描绘宇宙中第一代发光天体的诞生历史，探测宇宙黑暗时代和再电离时代，填补宇宙演化史上目前鲜为人知的红移 6～27 的"沙漠"空白地带。21CMA 由分布在东西 6km 和南北 4km 两条基线上的 10 287 只对数周期天线组成，工作波段覆盖了包括调频广播在内的 50～200MHz 范围，最高空间分辨率可达 3 角分，可以接收来自宇宙红移 6～27 的中性氢辐射。21CMA 固定指向北极天空，可以每天 24h 不间断地收集来自围绕北极约 $100\deg^2$ 范围内的宇宙天体信息，在短时间内提高这一天区的探测灵敏度。"宇宙第一缕曙光"的寻找是对人类探测宇宙的极限挑战：仅有 10mK 的信号湮没在 1 000K 的银河系和前景射电源的背景中，去除前景并提取宇宙微弱信号极其

困难。

天籁（Tianlai）阵列　是我国自主研制的用于暗能量探测的专用射电望远镜阵列，使用数字化波束合成和综合孔径成像技术，已于 2015 年初步建成并投入使用，包括 96 个双极化单元（192 个干涉单元）的阵列。目前该项目已在大规模数据相关处理等硬件研发、前景噪声去除方法与算法的编制、大型圆柱阵列天线和宽带馈源制造等多方面取得了突破性的进展。

21CMA 及天籁阵列的详细介绍可参见 2.4 节和 2.5 节。

新一代厘米−分米波射电日像仪　是 2009 年由国家重大科研装备研制项目支持的，总经费为 6 510 万元。由低频阵（0.4~2.0GHz，40 个 4.5m 天线）和高频阵（2.0~15.0GHz，60个 2.0m 天线）两个综合孔径阵列组成，总共 100 面天线排列在方圆 10km^2 的三条旋臂上。采用了世界最佳性能的超宽带、双圆极化馈源，可实现多频点快速成像的先进高速大规模数字相关接收技术，并采用了通过光纤实现长距离和宽带模拟信号传输等先进技术，使得射电日像仪在超宽频带下同时具有高时间、高空间和高频率分辨率观测的能力。在 0.4~15GHz频带上能同时以约百毫秒量级的高时间分辨率、最高可达 1 角秒量级的高空间分辨率和 500多个频率通道的高频率分辨率对太阳进行每天 8h 以上的连续成像观测，图像动态范围可达25dB。

此外，国内一些单口径射电望远镜参与了 VLBI 观测，组成了我国 VLBI 网（CVN），成为国际 VLBI 网的重要成员。

叶叔华院士在 20 世纪 70 年代最早提出建设中国 VLBI 网，并首先在上海佘山建成一架 25m 口径 VLBI 望远镜，经过 40 年的发展，中国 VLBI 网已初具规模。我国已初步建立了包括 5 个观测站和 1 个数据处理中心的厘米波段 VLBI 网：上海天马 65m（2012 年建成）和佘山 25m 射电望远镜（1986 年），乌鲁木齐南山 25m 望远镜（1993 年），由于嫦娥工程的需要建立的密云 50m 望远镜（2006 年）、云南昆明 40m 望远镜（2006 年）和上海 VLBI 数据处理中心。位于我国国土边缘的这五个站构成 10 条测量基线，而乌鲁木齐和上海构成最长基线，超过 3 200km，提供了中国 VLBI 网观测的最高分辨率。上海天文台和新疆天文台的VLBI 站作为亚洲、欧洲和国际 VLBI 网的重要成员，地理位置非常关键，提供了欧洲 VLBI网的最长基线，也经常参加国际实时 VLBI 联测。昆明望远镜近几年也开始逐步参加国际VLBI 联测。这些中小型观测设备使我国初步具备了射电天文的实测基础，其中有一些设备达到了国际先进水平，它们的运行和不断更新相当程度地改善了国际 VLBI 网观测天体的能力。上海两个台站已经实现了电子 VLBI（e-VLBI）的观测能力，并且参加欧洲 VLBI 网（EVN）的 e-VLBI 常规化观测。中国科学院的 VLBI 测量网和我国航天测控网联合，已圆满地完成了我国月球探测工程 "嫦娥一号" "嫦娥二号" "嫦娥三号" 卫星返回试验 VLBI 测轨和定位任务，积累了航天工程的一些经验，并正在积极筹备、实施探月工程三期和火星探测等深空探测任务，将承担我国首次火星探测卫星的 VLBI 测定轨任务，在火星大气、引力场等方面开展研究。上海相关处理机作为 IVS 相关处理中心之一，还承担着国际测地 VLBI 网观测数据的相关处理任务，参加观测的台站总数达 19 个，分布于全球的各大板块，大部分国外数据通过高速光纤传输到位于上海佘山的上海相关处理机。CVN 也开展了一些天体物理和天体测量观测，在活动星系核、黑洞吸积的 X 射线双星、脉冲星、黄道带校准源等方向取得了一些成果。已于 2016 年 9 月落成的 FAST 主要以单天线模式运行，其核心课题是中性氢巡天和脉冲星搜寻，在后期计划中，FAST 将考虑配备 VLBI 终端设备，届时 FAST 将是国际上一个关键的 VLBI 台站，将来 FAST 及准备建设的新疆奇台 110m 望远镜（QTT）加入 CVN 观测，必将使整个网络的整体性能发生质的提升。

VLBI 相关的高新技术发展在推动天体物理和天体测量研究中发挥了强大的驱动作用，这一点在射电天文中颇具特色。依托中国科学院射电天文重点实验室，上海天文台建立了 VLBI 技术实验室，独立自主地研发了用于探月工程的多台站硬件相关处理机和软件相关处理机，并逐步扩展到天体物理和天体测量数据处理；独立研制了数字基带转换器，已在国内 VLBI 台站普遍配置安装；掌握了实时 VLBI 技术，这是探月卫星测定轨的关键技术之一。国家天文台、上海天文台、新疆天文台建立了微波实验室，拥有微波接收机系统研制和测试条件，并为 FAST、天马望远镜、乌鲁木齐 25m 望远镜、奇台 110m 望远镜等开发了一系列馈源和接收机。这些技术不仅保证了国内设备以优越的性能参加国际 VLBI 网，而且在国内新建台站建设和现有台站的升级改造上发挥了重要作用。

3）与国际射电装置的差距

经过几十年的长期发展，尽管我国在射电天文观测设备、技术和基础科学等领域取得了很大的进展，在服务国家重大需求中也发挥了重要作用，但与发达国家相比，我们还有一定乃至较大的差距。射电天文领域总体的望远镜数目、受望远镜口径大小影响的观测灵敏度与分辨率，以及配套设备的研发能力的差距，对射电干涉阵列的整体发展也有一定的牵制。

此外，随着近几年几个大型射电望远镜及阵列（密云 50m、昆明 40m、贵州 FAST、上海天马、内蒙古日像仪、新疆天籁计划、南极天文台、新疆奇台望远镜的预研究）的建设，射电天文的经费投入增长很快，从事射电天文科学研究和技术研发的人员也增加很多，而且新增了望远镜运行维护队伍。但是，人才培养的速度仍然落后于实际需求。并且，与近几年天文学科的快速发展相比，高校的射电天文教育和研究队伍相对薄弱，高校缺乏单独运行或与天文台共建共有的射电设备，对学科布局和人才培养有一定制约。

2.4   中国 SKA 低频探路者：21CMA*

2.4.1   科学背景

追溯宇宙演化的长河，随着 137 亿年前大爆炸的余晖逐渐散去，宇宙曾经历过一段漫长的黑暗时期。忽然有一天，在宇宙的深处，诞生了第一代发光天体，这些天体的光芒逐步照亮了整个宇宙，从此给我们的宇宙带来了蓬勃的生机。能否让人们亲眼看见宇宙从黑暗走向光明的整个过程？能否让人们看到宇宙中诞生的第一缕曙光？今天，天文学家正在努力实现人类的这一梦想。

人们今天所能观测到的最遥远宇宙"边界"是大爆炸遗留下的余晖。当这些余晖冷却下来后，宇宙中主要的物质成分是暗物质，以及中性的氢和氦。虽然此时恒星尚未形成，但处于基态的中性氢因其自身电子自旋取向的不同形成了一个微小的能级差别：6×10^{-6}eV，对应的

---

* 此章节参考自陆埮所著现代天体物理（下），2014 年由北京大学出版社出版。

光子频率为 1 420GHz 或波长为 21cm。所以，人们曾天真地期望黑暗时代的宇宙在 21cm 波段是可观测的。然而，微弱的中性氢 21cm 辐射很不幸地湮没在宇宙大爆炸背景辐射的余晖中，除非存在一种机制能够破坏中性氢 21cm 辐射和宇宙大爆炸背景辐射之间的平衡——其中一种机制就来自宇宙中第一代发光天体的诞生！

当第一批恒星发出的光芒照亮了宇宙时，周围的中性氢就会被电离，从而破坏中性氢 21cm 辐射与宇宙背景辐射之间的平衡，我们就会真正观测到来自宇宙黑暗时代中性氢的辐射。反过来，则可间接探测到宇宙中诞生的第一批发光天体并描绘出宇宙从黑暗走向光明的整个过程以及第一代恒星诞生的全部历史。

由于宇宙的膨胀，在宇宙黑暗时代发出的 21cm 辐射的波长已经被拉伸到了米波波段，而这正是电视和调频广播的波段，所以，强大的人为干扰使得人们难以在地球上找寻到一片电波环境宁静的净土。同时，来自遥远宇宙的中性氢辐射亮温度仅相当于 10mK 的光源，这更给寻找 "宇宙的第一缕曙光" 的工作带来了相当大的挑战。

为了率先探测到 "宇宙的第一缕曙光"，过去十年间，国际上诸多以小天线集成而起的庞大射电阵列相继诞生，代表设备包括 21CMA，LOFAR，MWA，PAPER 以及正在建设的 HERA 和下一代大型低频射电阵 SKA-low 等。未来五年，人们很可能拨开迷雾看到 "宇宙的第一缕曙光"，把宇宙学研究推向另一个黄金时代。自 2004 年起，中国的天文学家深入中国西部，在新疆天山深处海拔 2 650 m 的高原上架起了 10 287 面天线，组成 50 000m² 的巨大阵列，开启了 "宇宙第一缕曙光探测" 这一庞大的科学实验。

2.4.2 21CMA 设备和台址

若要成功探测到宇宙再电离的信号，就必须同时满足以下条件：① 标准宇宙学预测，发生在红移 6~25 的宇宙再电离过程所导致的中性氢辐射表面亮度仅有 10mK 左右，要探测到比今天宇宙微波背景温度还低两个量级的宇宙中性氢辐射，就要求望远镜必须具备巨大的接收面积，即望远镜口径必须十分庞大；② 处于红移 10 附近的典型宇宙再电离结构（尺度大约 10Mpc）在天空最大延展几个角分，在 21cm 辐射被红移后的米波波段观测时，要分辨一个 5 角分的结构，望远镜口径就需达到 2km 以上；③ 探测宇宙再电离的窗口是频率为 50~200MHz 或波长为 1.5~6m，此波段已经被人类严重 "污染"，人们熟知的调频广播就位于 88~108MHz，加之电视台和民航以及卫星通信的干扰，探测 "宇宙第一缕曙光" 的望远镜必须布设在远离人类活动的地区，最理想的台址当然是月球背面。若要同时满足①和②所要求的大接收面积、高分辨率，并且兼顾经费的制约，探测宇宙再电离信号的设备就只能采用综合孔径射电干涉望远镜的形式，即以布设在长基线上的诸多小望远镜实现所有功能。此探测方式已经有数十年的经验积累，在理论和技术上都不存在难以克服的困难。

中国西部幅员辽阔、人迹罕至的地区甚多，存在优良的无线电宁静区域。经过实地勘探和监测，最终确定将中国用于 "宇宙第一缕曙光探测" 的低频望远镜阵列 21CMA 布设在新疆天山深处、行政区划归属于巴音郭楞蒙古自治州和静县阿拉沟乡的乌拉斯台查汗村，台址位于海拔 2 650m 的高原上（乌拉斯台），中心地理坐标是北纬 42°56′ 和东经 86°41′，四周由海拔 3 000m 以上的群山所环绕，可以作为天然屏障阻挡来自周边地区的电磁辐射，山间东西、南北走向的两条平坦山谷正好适合布设望远镜的两条正交基线。实地测量表明，周围的无线电干扰主要来自低轨卫星数据传输 137MHz、民航通信 121MHz、流星遗迹和过境飞机所散射的周边城市（主要是乌鲁木齐和库尔勒）FM 调频广播信号等。除了低轨卫星外，其他时变干扰都可以在后续数据处理时予以剔除。因此，乌拉斯台地区是难得的低频射电天文优良观测台址。

2.4.3　21CMA 天线系统

21CMA 的基本接收单元是长度为 2.2m、由 16 对阵子组成的对数周期天线，具备宽波段、低造价，以及易于制造和安装三大特点。虽然为天线设计的最佳工作波段是 70~200MHz，但天线依然可以有效地覆盖 50~300MHz 的更宽波段。所有天线指向北天极，每 127 只对数周期天线合成一个天线组，该天线组又简称为 pod 或工作站。沿北天极方向俯视，每一天线组是一个边长为 10.5m 的正六边形。考虑到乌拉斯台的地理纬度修正，实际布设的天线组东西延伸 18.186m，南北延长 30.836m，呈一个沿南北方向拉伸了的六边形。各单元天线间以低噪声电缆相连接，以保证来自北天极方向信号的相位完全相同来确定各段电缆线的长度，中心频率设定在 150MHz，此技术即简单的相控阵（phased array）概念。在 150MHz，每一组天线等效接收面积为 218m^2，相当于一部 16.7m 口径的射电望远镜。天线固定性指向北天极，可以使我们每天 24h 不间断地观测同一天区，易于在短时间内探测到暗弱天体及其结构，并且造价相对低廉。不过，由此带来的问题是，望远镜不能观测天空的其他目标源，北极视场中缺少很好的射电定标源。

21CMA 有两条基线：东–西基线 2.74km 和南–北基线 4.1km，组成一个偏心的 T 形结构，基线的长度和选择 T 形排列主要是基于科学目标，同时受限于乌拉斯台的地形。此外，两条相互垂直的基线又细分为东（E）、西（W）、南（S）、北（N）四条子基线，每条子基线的有效长度都是 1 370m（南北方向需考虑纬度的投影修正），其上各自布设 20 组天线，这 20 组天线的间距从 20m 至 1 370m 不等，但均是 20m 的整数倍以形成诸多冗余基线。同时，E，W，S 和 N 子基线的天线组分布方式完全相同，等价于把 E 基线在 W，S 和 N 方向复制了三次。这样，尽管 21CMA 在实施干涉成像时共有 3 160 条瞬时基线，但是其中的独立基线只有 212 条。诸多冗余基线的设计为自校准和测量 21cm 天空角功率谱提供了便利。在 21CMA 原设计方案施工完成后，我们又在 E 方向延长线 4 646m 处增加了一组天线 E21，使得 E-W 方向基线总长度达到 6km，极大地提高了 21CMA 的角分辨率（达 1 角分）。

概括来说，21CMA 在 E-W 和 S-N 两条基线上分布着 41 ＋ 40 个天线组，每组阵列由 127 面对数周期天线组成，因此 21CMA 共有阵列 81 组计天线 10 287 面。每一天线均通过环氧树脂管和钢板钢钎固定在地面并永久指向北极，这样地球的转动并不影响天线的指向。值得特别指出的是，所有 21CMA 的天线均可以围绕指向北极的轴旋转 90°，从而进行极化的测量，当然这种极化测量需要手工完成天线旋转的调整。极化测量对研究宇宙再电离特别是扣除前景银河系影响十分重要。21CMA 分布在 E-W 基线上的部分天线和天线阵列分布分别如图 2.4.1 和图 2.4.2 所示。

图 2.4.1　21CMA 分布在 E-W 基线上的部分天线

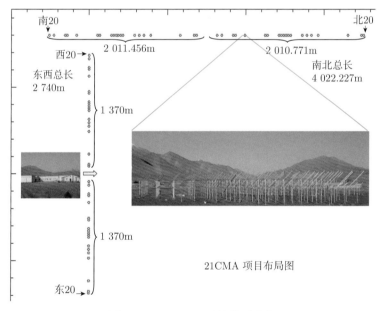

图 2.4.2　21CMA 天线阵列分布

2.4.4　21CMA 信号接收系统

21CMA 的特点是，虽然单元天线成本低，但是考虑到庞大的天线总数（10 287 面），为每一只天线安装一个接收系统将变得不现实。例如，为了降低系统噪声提取宇宙信号，理想的做法是在每一天线的馈电端安置低噪声放大器（LNA）。虽然单只 LNA 的成本最终可被控制在 500 元左右，但若乘以 10 287，整个阵列仅 LNA 一种器件的造价就达到 500 万元，这还没有包括滤波器和中级放大器。而如果再对每一天线信号单独进行数值化，每一模数转换器（ADC）在采样率为 400MHz 和数字精度仅为 8bit 时，成本就已经达到一万多元一块，于是单 ADC 一项总预算就是 2 亿元，上述这些费用对于尚在发展中的中国天文学研究而言是很难实现的目标，而国际同类设备如 LOFAR 则在巨额经费投入下完成了对每一天线的数字化和移相。

受经费的制约，目前 21CMA 的单元天线仅在东西 40 组阵列和南北 2 组阵列安装了 LNA，即目前仅 42 组天线具备良好观测条件。为 21CMA 特别设计的 LNA 工作波段为 50～200MHz，噪声温度为 50K，增益为 22.5dB，平坦度小于 0.5dB，驻波系数 VSWR 小于 1.5:1，隔离度为 −80dB，经特殊工艺处理后可以在野外无保护情况下使用，特别是能够适应乌拉斯台地区的巨大温差变化（−40～40°C）、常年的风沙和夏季的雷雨。

经第一级前置 LNA 放大后的天线信号再次经过低噪声电缆传输以"四合一"叠加的方式最终进入接收电路板，经 50～200MHz 带通滤波、两级 27.5dB 中级放大、两次 50～200MHz 滤波后，送入光发射机，信号通过连接每一天线阵列至控制中心的光缆传输至室内光接收机，最终恢复模拟电信号进入 ADC。整个接收机的总放大率为 87.5dB，其中包括了 10dB 的光发射机增益。由于一组天线内所使用电缆线总长度超过 1km，所以信号衰减主要来自电缆，且随频率改变。来自天线的信号输送至接收机前最大衰减在 1.1dB（50MHz）～2.0dB（200MHz）变化，当 127 面天线的信号经大量电缆合成后，所产生的等效系统噪声温度在高于 150MHz 的频段甚至超过了银河系噪声温度（大约 300K），这就是为什么必须尽可能使用大量的前置 LNA 增强来自宇宙的信号并降低系统噪声温度。实测表明，当 LNA 前置后，21CMA 接收系统温度可以控制在 60K 左右，这主要由 LNA 自身的物理温度决定。

2.4.5　21CMA 数据采集系统

进入采集系统的模拟信号通过 ADC 被数字化，我们采用的是与北京华力创通科技股份有限公司联合开发研制的 APEX-PCI-5111 单通道 ADC，采样率为 400MSPS，精度为 8bit，信噪比大于 40dB。给系统提供同步的时钟是一产生 400MHz 正弦波的信号源，稳定度优于百万分之一，我们采用级联功率分配回路把 400MHz 时钟信号分成 96 个通道，配给每一只 ADC。同时采用类似的方法把一个由计算机串行接口控制的触发器所产生的触发信号分为 81 个通道并转换成 TTL 控制信号配置给每一个 ADC，其失真度小于 1%，延迟小于 1ns，重复触发相位差错小于一个时钟周期。

21CMA 采集系统由 83 台双核 Intel（R）Xeon（TM）服务器组成，CPU 主频为 3.60GHz，内存为 12GB，采用 Infiniband（无限带宽）技术通过 81 只 MHQH191B-XTR 高速网卡与 96 口高速交换机 GRID DIRECTOR 4200 相连接，以满足 81 路天线阵列节点数据两两相关形成的 3 240 组基线的要求。目前 21CMA 采集系统把 200MHz 带宽分为 8 192 个频率通道，频率分辨率为 24.4kHz。这样，采集系统所要瞬时处理的实际互相关和自相关数目达到 $3\,240 \times 8\,192 \approx 2.7 \times 10^7$ 组。

21CMA 的数据采集流程如下：每一组天线的信号经 ADC 数字化，在 8 192 通道上以软件形式实施离散 FFT，经 Infiniband 网络与其他服务器通信，完成互相关和自相关运算，然后累加各基线和各频率通道的相关数据，每间隔约 3s 把相关数据写入硬盘。目前 21CMA 的数据存储阵列由 16 块容量各 2TB 的硬盘构成，在 E-W 基线 40 组天线运行时每天产生的数据量为 1.2TB，在所有基线全部工作的状态下，数据量达每天 3.5TB，这些硬盘最后运至北京进行后续数据处理。

2.4.6 技术难关和挑战

除了人为干扰,要探测强度比宇宙前景低 5 个量级的宇宙再电离信号,对目前的观测宇宙学而言的确是一个巨大的挑战! 在 50~200MHz 波段,低频宇宙主要被银河系同步辐射和自由-自由辐射所掩盖,其次是宇宙射电源(包括射电星系、活动星系核、星系团等)的贡献。按照目前的流行观点,虽然这些前景辐射远大于来自宇宙再电离的中性氢信号,但前景为连续辐射,在谱空间无明显的特征和结构,而来自宇宙再电离区域的中性氢辐射是一条明显的发射线或吸收线,只要我们在谱空间移去一个光滑的幂律成分,就可以消除前景的影响,具体操作既可以在像空间,也可以在 uv(傅里叶)空间甚至是在功率谱空间实现。

进行以上操作的前提是,所有亮射电源必须全部被正确剔除,即所谓扣除亮点源。否则由点源产生的随机高斯噪声就会远大于宇宙背景信号。然而,要扣除亮点源则存在操作上的困难:首先,要把一个亮源在像空间完全扣除,传统的方法是通过建模移去一个椭圆高斯分布。对于一个亮度为 10~100Jy 的典型亮源,即便扣除的精度达到 5 个量级以上,其残差仍足以影响待测宇宙背景信号。所以一般认为,应该先在 uv 空间移去所有亮源的影响,这要求在像空间对亮源进行识别,然后返回 uv 空间扣除。另一种方法是直接对 uv 空间的每一个像素(pixel)进行沿频率空间移去平滑成分的操作,然后对残差构建功率谱。即便如此,我们依然面临大动态范围的挑战,即把亮源的残差抑制到 5 个量级以下可能是失败的。

即使上述方法是可行的,进一步的挑战是,由于望远镜的旁瓣所带入视场的场外射电源将会产生明显的结构,如果观测视场不够大,则无法证认这些场外的源并扣除其通过旁瓣产生的影响。增大视场所带来的问题是动态范围的降低:由于综合孔径成像依赖空间的 FFT 及其格点化技术,为了保持高的动态范围和空间分辨率,我们不可能为增大的视场无限制地增加格点的数目,目前的计算机储存和运算能力将把我们限制在一维格点数不超过大约 16 384 的水平上。所以,我们将局限于平衡视场和动态范围之间的关系。

低频射电干涉成像的另一困难是电离层的干扰:当基线超过大约 1km 时,基线两端接收到的来自同一光源的两条光线由于经历电离层的路径不同而受到不同的扰动,可能会导致严重的相位差改变,使得信号失去相干性,如果不对此进行修正,则无法成像。目前尚不存在完美的技术手段来实施这种改正,构造电离层模型和利用不同频率信息是目前流行的手段,但都有其局限性。

根据简单的波长除以天线口径(λ/D)估计,低频射电望远镜的视场一般都不太小(典型值是几十平方度),此时,小视场二维近似将失效,必须采用三维 FFT 实现成像。虽然这不存在数学上的模糊之处,但目前的计算机能力让我们无法完成当每个纬度上的格点数极大时(如 2 048)的三维 FFT,特别是涉及自校准时,耗时甚长不可接受。

最后一点,要达到探测 10mK 的典型灵敏度,相比较于天线及接收系统大约 60K 的噪声温度,需要长达数年的时间积分。对于 21CMA,在带宽为 0.1MHz 和效率百分之百的情况下,仅仅统计上测量角功率谱而不是分辨单个的再电离区域,我们也大约需要 1 年以上的积分时间。对于 100MHz 以下的更低频率波段,时间还会更长,况且目前 21CMA 受限于计算机的运算和数据传输能力，即使在增配图形处理器（GPU）后效率也只有 50%。

2.4.7　21CMA 数据处理流程

21CMA 经过两年的试运行，特别是科技部 973 计划项目支撑下的设备升级改造后，已经处于常规数据采集阶段，常年运行时间大于 80%，数据源源不断地运抵北京国家天文台总部实施后期处理，基本完善了数据处理软件和流程，其主要部分如下所述。

数据编辑　以丢弃坏数据的简单方式除去常规干扰源，包括火车通话、飞机通信和散射、卫星数据传输等；对可视度函数实部和虚部进行分离，以 24h 为一个区间给出每一频道的数据分布，剔除 4σ 以外的数据点，保证可视度函数满足热噪声所服从的高斯分布，这一步基本消除了所有偶发干扰信号。最后，对所有基线实施光程差改正，去除由电缆、光缆和器件，甚至温度和气压变化所带来的相位移动。

图像处理　对 6 144 个间隔 24.4kHz、范围为 50~200MHz 的频率通道进行 uv 累加，提高灵敏度和增加信噪比，最终经 FFT 形成"脏图"。为了消除旁瓣的影响，我们的视场扩展至围绕北极天空 60° 的范围，这样 Cas A 和 Cyg A 等著名亮源进入北极天区的旁瓣得以通过洁化（CLEAN）而消除。当仅仅使用东–西基线观测时，我们并不需要进行三维 FFT，这样极大地节约了图像处理的时间。另外，由于我们视场中心参考点是北天极，波束呈很好的圆对称性。然而，正如我们前面指出，一般情况下大视场对应的是小动态范围，传统综合孔径方法仅能获得动态范围为 1 000 左右的图像，显然不能满足我们探测宇宙再电离的要求。我们正在尝试利用目前一些改进的点源旁瓣去除方法，以期提高动态范围至 10^5，此类方法已经在其他望远镜如 MWA 的应用中获得了成功。21CMA 获得的围绕北极天空 $100\deg^2$ 的低频图像如图 2.4.3 所示。

图 2.4.3　21CMA 获得的围绕北极天空 $100\deg^2$ 的低频图像

角功率谱　21CMA 的首选目标不是描绘一幅漂亮的低频射电天空图像而挖掘出宇宙再电离的背景，而是直接在 uv 空间获得宇宙再电离时期在每一频率上的角功率谱。这种手段可以使我们尽快地达到很高的灵敏度，从而在统计上获得宇宙再电离时期的物质分布。要获得宇宙背景的角功率谱，首先要去掉所有亮源产生的泊松噪声，所以，我们仍然需要证认每一点源的位置并从 uv 空间将其扣除。我们建立的角功率谱包括未被分辨的宇宙点源、银河系和背景再电离信号，由于前景各天体在不同频率上的辐射来自同一射电源，角功率谱在频率空间至少是缓变的，而再电离背景则是来自不同宇宙时期和不同结构，其角功率谱在频率空间会有剧烈起伏，我们在总角功率谱中减去一个平滑成分就可以去掉前景的影响而获得宇宙背景角功率谱。

2.4.8 展望

微波背景辐射作为观测宇宙学的鼎盛时代，必将在未来十年被探测宇宙黑暗时期和宇宙再电离所取代，21CMA 将为此做出自己独特的贡献，并在观测宇宙学的历史上写下自己辉煌的一页。通过持续不断地坚韧努力和奋斗，我们已经独立完成了初步的低频射电干涉图像处理软件，并以此为基础，发表了 21CMA 北极天空 5° 以内的包含 600 多个源的第一个射电源星表。21CMA 发展起来的技术和积累的经验，将是我们未来使用 SKA 低频阵列探测宇宙黎明和再电离的基础，作为中国唯一的 SKA 低频探路者，21CMA 的历史功绩将不会磨灭。

2.5　中国 SKA 中频探路者：天籁

天籁（Tianlai）实验是国家天文台为了探索暗能量射电探测关键技术开展的一项实验研究。该实验的目标是使用 21cm 强度映射方法观测红移 0~3 的宇宙大尺度结构，并利用其中的重子声波振荡（BAO）特征作为标准尺，精确测量宇宙膨胀历史从而探测暗能量 (Chen，2011；Chen，2012，2015；Xu et al.，2015)，也可用于探测宇宙暴胀产生的非高斯性等特征信号 (Xu et al.，2015, 2016)。该阵目前包括 3 台 40m 长、15m 宽的柱形抛物反射面天线（含 96 个双极化馈源）和 16 面 6m 碟形天线（图 2.5.1），其中柱形天线阵是我国目前干涉单元最多的射电干涉阵。天籁实验是国际上第二个建成的暗能量射电探测实验。

图 2.5.1　天籁碟形和柱形天线实验阵列

天籁阵列是由大量单元组成的干涉阵，其采用的技术与 SKA 具有很大相似性，可以视为 SKA 的探路者实验。可以利用该阵对 SKA 所需的大型干涉阵海量数据处理方法进行实际的检验，并培养有关的科学和技术人才（陈学雷和施浒立，2013；中国科学院，2014）。

2.5.1 科学目标

暗能量约占宇宙总密度的 70%，且具有驱动宇宙加速膨胀的奇特性质，探索暗能量的本质是当前自然科学中公认的重大问题。暗能量与普通物质的相互作用极其微弱，难以直接观测，因此对暗能量的实验研究主要是通过对示踪天体的观测，精确测量不同红移处宇宙膨胀速度和结构增长因子的变化，间接地推测暗能量性质。但这容易受到天体本身性质变化的影响，引入未知的系统误差，例如，Ia 型超新星对宇宙距离的测量中超新星本身绝对光度的变化、重子声波振荡测量中大尺度结构的偏袒系数等，因此需要采用多种手段进行对比分析，才能排除或减小这些因素的影响。目前已开展的暗能量观测，主要采用光学手段。利用射电手段进行观测，由于采用不同的观测手段和示踪天体，其系统误差因素不同，与光学观测有良好的互补性。

射电探测暗能量的原理是，中性氢可产生波长约为 21cm 的射电辐射，经红移后波长变为 $21(1+z)$cm。通过观测各方向和波长的射电辐射，可以获得中性氢的三维分布。在大尺度上中性氢的分布和物质总密度成正比，因此通过这一观测可以测量宇宙大尺度结构功率谱。在宇宙大爆炸时期电离态的重子物质与背景辐射光子形成耦合流体，其声波振荡即所谓重子声波振荡在大尺度结构功率谱上留下振荡峰，可以用作宇宙距离测量的标准尺。不同红移的大尺度结构功率谱测量可以得到重子声波振荡数据哈勃（Hubble）图，用于限制暗能量。

星系际介质再电离以后中性氢主要分布在星系中。传统射电巡天方法逐个观测每个中性氢星系，获得星系大尺度结构分布，但是这要求望远镜具有较高的分辨率，在射电波段用单天线较难实现。使用干涉阵观测可以提高角分辨率，但因高红移星系信号微弱，为了观测，需要很长的积分时间，要完成大面积巡天难度很大。近年来提出的一种新的观测方式是强度映射（intensity mapping），即以较低角分辨率进行观测，每一像素内包含有很多星系，通过其总的 21cm 辐射强度获得中性氢大尺度分布信息。这种观测模式与再电离实验类似，但针对中等红移（$0 < z < 3$），对应频率为 1.4~0.35GHz。为了实现高阶重子声波振荡峰（第三阶约 0.5°）观测，所需的观测阵列应具有 10 角分的角分辨率。为了实现这样的角分辨率，所需的望远镜阵列尺度为 100~150m 见方。目前专门的强度映射实验有加拿大的 CHIME 实验、我国的天籁、南非的 HIRAX、英国的 BINGO 实验等。另外还有利用现有望远镜 GBT、Parkes 等进行观测。SKA 也拟开展强度映射观测。如果这一方法取得成功，理论上其暗能量状态方程测量精度可与 Euclid 卫星等 "第四阶段"（stage IV）实验相当。

除了重子声波振荡外，这些实验也可通过红移空间畸变检验修改引力模型，探测大尺度结构中的原初非高斯性从而检验宇宙暴胀模型、探索宇宙起源。由于专门针对这一目标进行设计，在探索暗能量、宇宙暴胀模型等方面的强度映射实验，如 CHIME、天籁等可以达到甚至超过 SKA1 的精度，而所需费用则远低于 SKA1。另外，为进行强度映射观测设计的阵列（如天籁阵等）一般都具有较大的视场，因此也适合进行变源（如活动星系核、快速射电暴（FRB）等）监测及射电巡天等研究。图 2.5.2 为重子声波振荡峰对应的尺度和角分辨率。

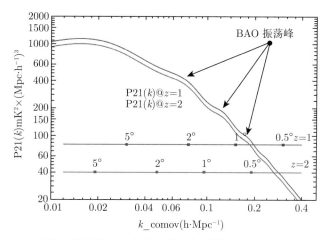

图 2.5.2   重子声波振荡峰对应的尺度和角分辨率（Ansari et al., 2012)

这一方法的主要困难在于前景辐射，其中银河系同步辐射强度约为 21cm 信号的 10^5 倍，此外还有河外射电源、星际介质热辐射等前景。理论上，可以根据前景辐射随频率缓变而 21cm 信号随频率快速变化的特点减除前景，提取 21cm 信号，但这对系统的稳定性、动态范围、标校方法、数据处理等都提出了很高要求。

2.5.2   基本设计和实验现状

由于减除前景的巨大难度，目前世界上各强度映射实验和再电离实验中都还未能真正探测到 21cm 信号。因此，首先需要进行探索实验，发现存在的问题和解决的方法，争取实现 21cm 信号探测的突破。我国开展的天籁实验的设想是，首先建成小规模实验阵列（为全规模实验的 5%～10%），对关键技术进行实验探索，待取得一定程度的进展和成功后，再扩大规模。天籁计划第一期为小规模的探路者实验，主要进行基本原理和技术的实验验证。

经全国范围选址后，天籁项目最终选定了电磁环境优越的新疆巴里坤县红柳峡站址 (图 2.5.3)。其中，包括机房和生活区的站房建在大红柳峡村，便于值班人员生活，而天线则建在直线距离 6km 外的山中，之间用长度约 8km 的光纤相连，以避免站房设备干扰。全部设备已于 2015 年建成，并于 2016 年通过了技术验收。

图 2.5.3   站房和天线区

天籁阵列为射电干涉阵列，由反射面天线将电波汇聚到馈源将其引入电路，经低噪声放大器初级放大后，射频信号转换为光信号并用光纤传输到中心机房，再转换回电信号，经过变频、放大、数字采样、FFT、互相关和积分，获得干涉显示度信号，保存下来供进一步的离线分析。离线分析则主要包括干扰的识别和标记，信号的相位和幅度校准，进而完成成图、前景减除和功率谱估计等。

天籁柱形阵列为并列的南北方向固定式柱形抛物反射面，其馈源沿柱面焦线排布。柱形反射面将宽度方向的电波汇聚，因此阵列中任一馈源的瞬时视场是一个沿着南北方向经过天顶的窄条，随着地球旋转扫过整个北半球天空。若干个这样排列的柱形上的各个馈源形成干涉阵列。目前已建成的柱形阵包括 3 个柱形，每个长 40m，宽 15m，分别配置了 31 个、32 个和 33 个馈源，间距为 41.3cm、40cm、38.75cm。这样非均匀间隔是为了减弱阵列栅瓣。柱形天线阵列及其瞬时视场如图 2.5.4 所示。

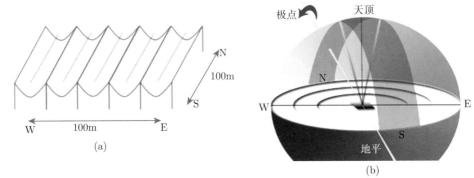

图 2.5.4   柱形天线阵列（a）及其瞬时视场（b）

天籁碟形阵列由 16 面 6m 抛物面天线组成。这些天线的巡天观测模式也是指向子午圈上某一高度（纬度），通过漂移扫描进行巡天，因此原则上只要配备一个转动轴就可以了。不过，为了便于实验和调试，还是配置了两个转动轴，可以指向任意方向。阵列的布置为较为紧密的双层错开同心环形，以获得较好的 uv 覆盖。与柱形阵相比，碟形天线阵瞬时视场较小，需要转动天线指向才能完成巡天，但碟形天线响应较为规则，极化也比较对称。哪一种天线更为适合 21cm 巡天，还有待实验检验。天籁碟形阵列天线排布如图 2.5.5 所示。

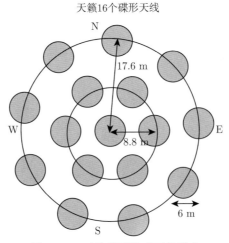

图 2.5.5   天籁碟形阵列天线排布

就技术而言，天籁阵列的主要挑战在于其数据采集和处理系统。由国家天文台和中国科学院自动化研究所联合研制的数据采集处理系统由现场可编程逻辑门阵列（FPGA）和数字信号处理器（DSP）组成，采用 RapidIO 数据通信与交换，采样频率为 250 MSPS，14bit 采样，可完成模数转换、FFT、互相关等，在能耗比等方面达到了较先进的水平。由于这一工作所展示的实力，该团队也被邀请参加 SKA-mid 相关机的研制。

2.5.3 天籁发展计划与 SKA

SKA 系统中，有些技术是较为成熟的，而真正具有挑战性且与科学产出关系特别密切的是海量干涉数据的采集以及这些数据的处理与科学分析，包括干扰识别、定标校准、干涉成图、前景减除等。天籁阵列与 SKA 都是多单元、小口径（大 N 小 D）的射电干涉阵，在这些科学技术的关键方面，天籁与 SKA 有很强的相似性，可谓形不似而神似。天籁实验是国内的实验，能够对干涉阵整体系统进行验证。工程规模不大，在运行和调整上十分灵活，同时其本身的观测又具备较高的科学价值，特别有利于进行技术探索和人才培养，可以作为 SKA 的探路者实验。天籁的发展计划如下所述。

（1）现有探路者实验系统：构建完整的软硬件系统和数据处理管线，从而获得大型干涉阵列的实际经验。这些已基本完成，在此基础上将开展巡天观测，并发展自动干扰去除、精确定标校准、大视场干涉成像 (Zhang et al.，2016a；Zhang et al.，2016b)、前景减除与 21cm 信号探测等关键技术。

（2）升级探路者实验系统：考虑到目前 21cm 观测尚有较大不确定性，应首先结合 SKA 配套验证项目，以中等规模的投资，对天籁探路者实验进行升级，改进实验精度，实现关键技术突破。升级主要包括下述内容：① 由于经费限制，现有的柱形天线上仅安装了一半馈源和相应的电子设备，还空着一半的柱形天线长度未用，因此天线总接收面积较小。建议将其规模增倍，使接收单元增加到约 200 个，以利用全部柱形天线面积。② 柱形天线视场大，非常适合进行快速射电暴探测，拟改进数据采集和处理系统，使其能实时进行快速射电暴的探测，尽早产出科学成果。③ 在较远处（几百米到 1km）再建两个柱形反射面，与现有三个柱形合成，一方面可以改善对射电点源的分辨率，提高前景减除能力，另一方面可以提高快速射电暴定位精度。这一阶段的目标是取得科学成果，并争取 21cm 探测的突破。

（3）全规模阵列：更长远的计划是，在探路者实验取得成功的基础上，将阵列扩大至全规模阵列，精确测量北半球天空，实现暗能量探测，这与南半球的 SKA 也具有很好的互补性。

2.6 中国射电天文学研究队伍和方向

经过多年的科研实践、人才培养和国际合作研究，在射电天文学研究方面，我国拥有了一批在国内外有影响力的学术带头人和优秀创新研究群体。截至 2015 年，具有固定职位从事射电天文相关研究的人数约 390，其中约 80% 的科研人员集中在中国科学院天文系统，包括国家天文台（包括总部、云南天文台、新疆天文台）、上海天文台、紫金山天文台、中国科学院高能物理研究所。高校射电天文研究队伍规模较小，约占总数的 20%，主要分布在北京大学、南京大学、中国科学技术大学、北京师范大学、清华大学、上海交通大学、贵州大学、广州大学等研究单位。按研究工作性质分，从事天体物理课题研究的人员约占 45%，而从事射电天文技术方法研究、射电望远镜研制及运行支撑的人员约占 55%。

在前沿课题研究方面，国内近年的发展迅速。在充分利用国内现有的射电天文设备的同时，还积极通过竞争争取世界上最先进的望远镜观测时间，在各个层次天文目标（行星和太阳系、恒星和脉冲星、星系和星系核、宇宙学）的射电天文研究领域开展研究。从队伍规模看，行星和太阳系相关研究约占 10%，恒星和脉冲星约占 40%，星系和星系核研究约占 25%，宇宙学研究约占 25%。

行星和太阳系　　太阳物理部分的研究，国内从 20 世纪 80 年代起，由国家天文台、紫金山天文台和云南天文台陆续建成了全国太阳射电频谱观测网和太阳射电宽带动态频谱仪，在研究太阳耀斑爆发活动方面发挥了重要作用。新建成的新一代厘米–分米波射电日像仪作为国际太阳物理领域的领先设备，极大地促进了太阳物理相关研究的发展。行星方面的研究国内开展有限，北京大学研究小组目前在推进与行星形成有关的原行星盘–星周盘的研究，探讨大质量恒星的原行星盘。

恒星和脉冲星　　紫金山天文台、北京大学、南京大学、国家天文台、北京师范大学和上海天文台等的研究组开展了对恒星形成区分子气体与尘埃的多波段观测研究。北京大学小组对脉冲星、夸克星等方面的理论和观测研究具有长期积累，带动了国家天文台和新疆天文台的脉冲星研究小组，开展了对脉冲星及其超新星遗迹的观测和应用研究。新疆天文台的脉冲星观测研究包括脉冲星脉冲到达时间（包括自转特性、时间噪声、周期跃变、自行等）观测研究、脉冲星射电多波段辐射特性（包括脉冲星平均轮廓特性、频谱、单个脉冲特性、巨脉冲等）观测研究、星际闪烁观测研究和银河射电暂现源观测研究。国家天文台的研究小组利用国际一流望远镜对银河系中的脉冲星进行了大量的偏振观测，建立了银河系的整体磁场模型；国家天文台人员还对超新星遗迹进行了大量的射电观测和多波段研究。

星系和星系核　　国家天文台、上海天文台和新疆天文台开展了对活动星系核和射电星系的 VLBI 偏振观测和 VLBI（包括空间 VLBI）巡天等的多波段观测研究，探索中央黑洞、吸积盘、射电喷流性质以及喷流对星系演化的影响。国家天文台和新疆天文台先后进行了关于射电变源的监测。上海天文台小组对银河系中心大质量黑洞开展了一系列的观测及研究，包括高（时间和空间）分辨率的毫米波 VLBI 观测，多历元的长期流量变化的监测以及多波段频谱测量等。紫金山天文台小组开展了关于星系的形成和演化的多波段观测。

宇宙学　　国家天文台和上海天文台等研究课题组曾承担科技部 973 项目"宇宙第一缕曙光探测"，基于 21CMA 长期开展宇宙黑暗时期、宇宙黎明和再电离时期的研究，发表了背景天空的低频射电源星表，奠定了参与 SKA 低频宇宙再电离实验的基础。国家天文台、中国科学院高能物理研究所、清华大学、中山大学等的"天籁实验"研究组利用 21cm 谱线的强度映射方法观测宇宙大尺度结构，利用重子声波振荡特征精确测量暗能量。清华大学等单位在宇宙再电离的数值模拟等方面取得了显著成绩，提供了参与 SKA 低频实验的理论支持。

2.7 中国参加 SKA 的历史必然性

中国是国际 SKA 组织的创始成员国。作为崛起中的科技大国，中国参加 SKA，是历史的必然。这一判断，是基于中国天文的具体国情，尤其是中国射电天文的现有大科学装置。

理由一：中国已拥有世界最大单口径射电望远镜 FAST。FAST 于 2016 年 9 月建成，脉冲星和中性氢等前沿领域是 FAST 的核心科学目标。FAST 与 SKA 的科学目标高度重合，FAST 的灵敏度已十分接近 SKA1-mid。FAST 集成了当今中国射电天文技术的最高成就，而 SKA 则代表了世界射电天文的未来发展方向。

理由二：中国是世界上首个建成并运行 "宇宙第一缕曙光探测" 低频干涉阵列（21CMA）的国家，即使是今天，全世界拥有这样的低频阵的国家也是屈指可数的。21CMA 以探测宇宙再电离为唯一科学目标，与 SKA1-low 的科学目标高度一致。作为中国 SKA 探路者，21CMA 积累的十年宝贵数据和经验，以及依托 21CMA 所发展起来的低频射电天空的数据处理技术和研究团队，客观上已为我国参加 SKA 做好了前期准备工作。

理由三："中国制造" 在 SKA 建设过程中所展现的强大国际竞争力，可以使我国主要以实物的形式出资参加 SKA。

理由四：中国是 SKA 的首倡国之一，也是曾经的 SKA 台址候选国。中国全程参与了 SKA 的所有历程，其间也孕育出了中国自己的 FAST 望远镜，尽管两者工作原理完全不同。

总之，以 FAST 和 21CMA 为代表的单口径和干涉阵列两类射电望远镜，与未来的 SKA 形成了高度互补，这种 "承前启后" 的清晰脉络展现出：参加 SKA 是中国射电天文必然的战略选择。

2.8 中国天文参与 SKA 的国际竞争力分析

SKA 作为未来全球性能最卓越的射电天文装置，必将带来大量科学突破，而这些科学突破必将在各国优秀科学家之间的竞争中，尤其是对望远镜时间的竞争中产生。

根据 SKAO 规则，未来的 SKA 望远镜使用，将在望远镜时间与投资比例挂钩原则的同时，引入科学优先原则，即 SKA 各成员国之间存在竞争。因此，如何最大限度地争取望远镜时间，是确保我国未来 SKA 科学回报的关键，而这其中最根本的，是提升我国科学家的科学竞争力。

1）中国天文国际竞争力分析

图 2.8.1～ 图 2.8.3 显示了以发表 SCI 论文数以及论文引用数作为评价指标所表征的是 SKA 各国天文学科的科学竞争力。

从发表论文总数来看，中国天文处于各国的中上游，表现出了较强竞争力。但引用数方面，中国处于中下游，尤其是，在最能反映论文国际学术影响力的单篇论文平均引用率这一指标上，中国天文的竞争力较弱，只强于印度，这与我国的经济实力相比，差距明显，还有较大的提升空间。

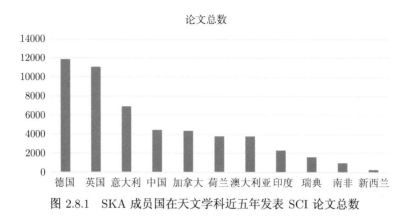

图 2.8.1 SKA 成员国在天文学科近五年发表 SCI 论文总数

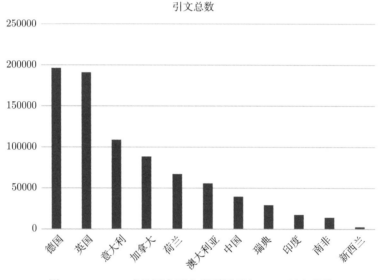

图 2.8.2 SKA 成员国在天文学科近五年 SCI 引文总数

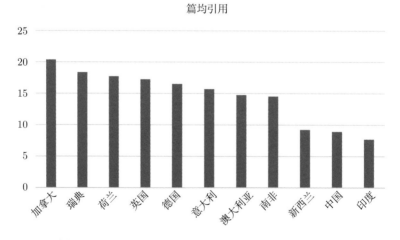

图 2.8.3 SKA 成员国在天文学科近五年 SCI 篇均引用

2）中国射电天文国际竞争力的具体分析

图 2.8.4 ~ 图 2.8.8（图片来源：谭宗颖等，《射电天文学发展态势国际比较——基于文献计量的分析》，2015 年 6 月）显示了在射电天文领域排名前 20 的国家，在过去的 25 年时间里，发表的 SCI 论文数在世界的份额、论文引用、排名等数据随时间的变化，时间以 5 年为一个间隔。（注：由于论文存在多个作者的情况，只要该论文有某国作者，则此论文均计入各国数据，因而存在一篇论文重复计入多个国家统计数据的情况，因此，图中的论文数份额的总和超过 100%）。

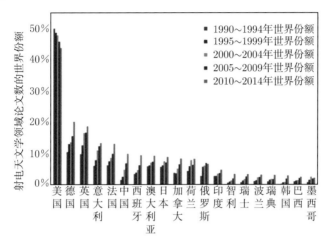

图 2.8.4 过去 25 年射电天文学 SCI 论文前 20 位的国家

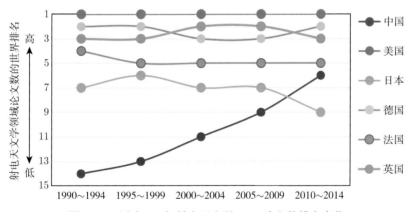

图 2.8.5 过去 25 年射电天文学 SCI 论文的排名变化

从图中可见，中国射电天文发表的论文总数，目前在全球排名第 6。尤其突出的是，在过去 25 年中，中国射电天文发展极为迅速，国际排名急速提升，是发展最快的科学家群体之一。在总引用数方面，排名相对靠后，列全球第 12。但同样地，在过去 25 年中，这一排名也是处于迅速提升的通道。在最具影响力的论文（以全球最高被引用的 top5% 的论文衡量）总数方面，中国射电天文的排名列全球第 13 名。

中国射电天文的起点虽低，却发展迅猛。相信随着以 FAST 为代表的中国射电天文大科学装置的投入使用，中国射电天文必将迎来一个新的大发展时期，中国射电天文必将以新的姿态，在更高的起点上，迎接 SKA 时代的到来。

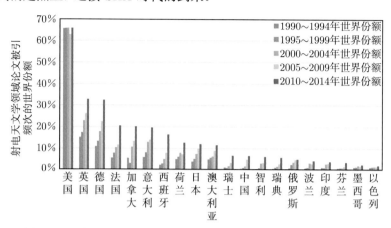

图 2.8.6　过去 25 年射电天文学 SCI 论文引用排名前 20 名的国家

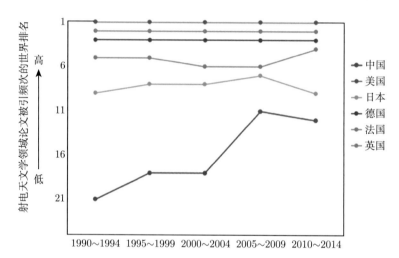

图 2.8.7　过去 25 年射电天文学 SCI 论文引用排名的变化情况

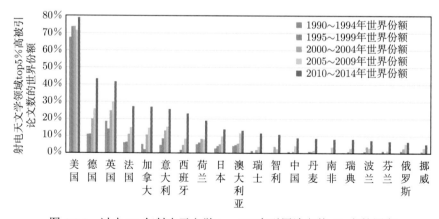

图 2.8.8　过去 25 年射电天文学 top 5% 高引用论文前 20 名的国家

2.9 中国射电天文设备发展战略

2015 年,中国科学院数理学部启动了 "我国地面天文大科学装置的科学布局" 的战略发展课题,其中武向平院士负责组织射电天文设备的调研工作。经广泛征求意见、实地考察和充分研讨,形成了我国地面射电天文设备的发展建议。

中国射电天文学虽然起步较晚,但随着中国综合国力的增强以及两代射电天文学家的不懈努力,已经建设了一批中小型的射电天文设备,并自主设计和建造了 FAST 这样的大型地面射电装置,在射电天文学研究领域做出了一批有影响力的成果,培养了一支小而精悍,集理论、观测和技术为一体的队伍。伴随着中国参加 SKA,中国射电天文学将开启新的征程。

中国射电天文学未来十年的地面大型设备发展战略是:在国内立足世界上最大的单口径望远镜 FAST,在国际积极参与世界上最大的射电干涉阵列 SKA,开拓射电望远镜单口径和干涉阵列、国内自主和国际合作联合共赢的局面,在此基础上,重点建设南极天文台,占领地理和科学的双重制高点;积极推动新疆奇台 110m 望远镜立项建设,打造连接欧亚大陆射电天文设备的重要支点;强化中国 CVN 的建设,在服务国家战略需求的同时,开拓科学研究空间;提升 CVN 特别是 FAST 在国际 VLBI 中的权重和地位,积极参与国际大型射电望远镜设备的建设和合作。

为配合射电大科学装置的建设和适应国际合作,亟待建设和扩大射电天文学专业人才队伍,应该在有条件的大学设置天文学专业,扩大本科生和研究生招生规模,并积极引进和接纳国际优秀射电天文学青年科技工作者。建议调整国内天文学研究队伍的结构,使之与射电大科学装置的建设和国际发展的趋势相匹配。

未来十年,随着 FAST 和 SKA 的相继建成和投入运行,中国射电天文学将迎来一次蓬勃发展的大好时机。我们一定要抓住机遇,迅速组建队伍,瞄准前沿科学问题,实现中国射电天文学的跨越式发展。

继 2015 年实施的 "我国地面天文大科学装置的科学布局" 调研后,2016 年,由叶叔华院士和武向平院士牵头,中国科学院数理学部针对 SKA 的实施,又启动了 "我国低频射电天文学发展战略" 的课题,深度思考中国参与 SKA 的机遇和挑战,并对中国低频射电科学队伍和配套设施建设提出咨询意见。希望这两份咨询报告可以为中国在 SKA 国际背景下的射电天文发展起到积极的指导作用。

参 考 文 献

陈学雷, 施浒立. 2013. 物理, 42(1): 3

崔向群, 武向平. 2017. "我国地面天文大科学装置的科学布局" 咨询研究报告. 北京: 中国科学院学部

陆埫. 2014. 现代天体物理(下). 北京: 北京大学出版社: 381

南仁东, 张海燕, 张莹, 等. 2016. FAST 工程建设进展. 天文学报, 57(6): 23

中国科学院. 2014. 2014 科学发展报告. 北京: 科学出版社: 34

中国科学技术协会, 中国天文学会. 2008. 2007 - 2008 天文学学科发展报告. 北京: 中国科学技术出版社

Ansari R, Campagne J E, Colom P, et al. 2012. arXiv: 1209.3266

Chen X. 2011. SSPMA, 41: 1358

Chen X. 2012. Proceeding of the 2nd Galileo-Xu Guangqi Meeting, 12: 256

Chen X. 2015. AAPPS Bulletin, 25: 29

Xu Y, Hamann J, Chen X. 2016. PhRvD, 94: 123518

Xu Y, Wang X, Chen X. 2015. ApJ, 798: 40

Zhang J, Ansari R, Chen X, et al. 2016a. MNRAS, 461: 1950

Zhang J, Zuo S-F, AnSari R, Chen X, et al. 2016b. RAA, 16: 158

第3章 中国 SKA 科学团队及目标

3.0 引　言

2011 年起，中国射电天文界以 "top-down" 的被动方式逐步地介入和接纳了 SKA。与长期以来国际上宏伟科学目标驱动 SKA 的形势相比，最初几年间，我国工业部门利益和技术推动的积极性远远高过天文学家对科学的需求。的确，在参与明确科学目标主导下的 SKA 之时，我们不是非要提出自己所谓 "别具特色" 的科学目标，而是要在国际竞争的环境下抢夺同一科学问题上的第一发现权，这对目前中国射电天文学仍然是一个挑战。特别是，即使我们确立了这些 "高大上" 的科学目标，我们还面临处理科学数据的难题，如何迅速转化 SKA 的原始观测数据为科学发现，我们还显得经验不足和十分被动。综合孔径望远镜 SKA 所基于的干涉原理，虽经 70 年的发展，但今天仍未形成一门完备的理论体系。与经验雄厚的老牌射电强国如英国、澳大利亚、荷兰、美国、德国等国相比，应对像 SKA 这样的中低频射电干涉阵列，我们还停留在经验积累的原初学习阶段。过去五年间，我们一直面临着 SKA 科学目标选择和数据处理的双重压力和挑战。

2011~2014 年，围绕中国参与 SKA 的科学目标和关键技术问题，在科技部和中国科学院的领导和组织下，中国射电天文学界组织了一系列多种形式的学术研讨会，与国际 SKA 知名专家、国内各相关单位学术及技术专家（包括来自中国电子科技集团有限公司、高性能计算的知名企业等单位）以及参与 SKA 国际谈判的管理专家广泛地交流了意见，分析了中国参与 SKA 的基础和前景，逐步形成了以确保丰硕科学回报为唯一原则的战略指导思想。

2014 年 4 月 16~17 日，在上海天文台召开了 "SKA 科学目标及相关重要问题研讨会"，这是中国参与 SKA 道路上的一个重要里程碑，会议确立了中国 SKA"2+1" 的优先和首要科学目标：① 利用中性氢探测宇宙黎明和再电离时期，即所谓 "宇宙第一缕曙光探测"；② 寻找脉冲星并以此精确检验引力理论和实施引力波探测；③ 若干重要天体物理方向，包括中性氢宇宙、暂现源、磁场和地外文明探测等。这与 2014 年 12 月由 SKAO 组织的优先科学目标的投票结果完全一致，我们在欣慰的同时也感到巨大的压力，即中国 SKA 科学团队必须在与国际同行的激烈竞争中实施我们的 SKA 优先科学方案和达到我们的科学目标。

2015 年 12 月，在中国科学院有关领导的授权下，由武向平院士牵头，初步形成了围绕 "2+1" 科学目标的十一个研究方向和课题组，并概括了各方向的 "研究内容"、"技术挑战" 和 "研究基础"。2016 年 8 月，科技部在贵阳召开 "SKA1 可行性研究与分析报告研讨会"，进一步讨论了当前中国参与 SKA 面临的一系列科学和技术难题，明确了任务和分工。2016 年 12 月 26~28 日，在中国 SKA 首席科学家武向平院士的倡议下，中国 SKA 科学团队在上海天文台组织了规模最大的一次中国 SKA 科学方案论证会，除了科技部和中国科学院的主管领导，来自全国 20 多家研究院所的 150 多位科学家共聚一堂，在三天的时间里广泛、深入和坦诚地讨论了 SKA 涉及的各类科学问题和中国在 SKA1 阶段可能的突破和部署，形成了中国 SKA 科学报告课题和方向的基础。2017 年 12 月 21~22 日，中国 SKA 团队在上海天文台召开了第二届中国 SKA 科学年度研讨会，对原有的科学方案进行凝练和完善，提出了各个方向的 "优先课题" 和 "预期成果"。本章所述的就是根据首席科学家设计和部署，各领域协调人精心组织、汇集形成的十个研究方向和一个特色领域，它们是中国 SKA 科学报告的核心和最重要组成部分。

3.1 研究方向一：宇宙黎明和再电离探测

安 涛 陈学雷 顾俊骅 毛晓春 茅 奕 武向平* 徐海光 徐怡冬 张 乐 郑 倩

3.1.0 研究队伍和课题概况

协 调 人： 武向平 研究员 中国科学院国家天文台/上海天文台
主要成员： 安 涛 研究员 中国科学院上海天文台
　　　　　 陈学雷 研究员 中国科学院国家天文台
　　　　　 程 程 博士后 清华大学
　　　　　 顾俊骅 副研究员 中国科学院国家天文台
　　　　　 郭 铨 研究员 中国科学院上海天文台
　　　　　 李毅超 博士后 南非西开普大学（University of the Western Cape）
　　　　　 马寅哲 副教授 南非夸祖鲁–纳塔尔大学（University of KwaZulu-Natal）
　　　　　 毛晓春 副研究员 中国科学院国家天文台
　　　　　 茅 奕 助理教授 清华大学
　　　　　 王婧颖 博士后 南非西开普大学（University of the Western Cape）
　　　　　 徐海光 教 授 上海交通大学
　　　　　 徐晓东 博士后 南非开普敦大学（University of Cape Town）
　　　　　 徐怡冬 副研究员 中国科学院国家天文台
　　　　　 岳 斌 研究员 中国科学院国家天文台
　　　　　 张 乐 副教授 上海交通大学
　　　　　 郑 倩 副研究员 中国科学院上海天文台
联 络 人： 黄 滟 工程师 中国科学院国家天文台 huangyan@bao.ac.cn

研究内容 宇宙黎明和再电离时期探测被 SKA1 列为首要科学目标之一，将利用 SKA-low 在 50~200MHz 的巡天和定点两种观测模式，期望直接探测到宇宙的再电离区域和统计上给出宇宙黎明和再电离的功率谱，发现宇宙第一批发光天体，揭示宇宙从黑暗走向光明的历史，获得宇宙结构形成从线性向非线性演化的进程。这项研究将会带来观测宇宙学领域革命性的发现和推动宇宙学研究的巨大进步。

技术挑战 来自宇宙黎明和再电离时期的中性氢信号仅有 1~10mK，湮没在比其高出 5 个量级的宇宙强大前景之中，要获得如此之微弱的中性氢信号，除了借助 SKA-low 大接收面积、大视场并且长时间的积分观测外，我们还需要面临的技术挑战是：① 前景识别和去除；② 大视场综合孔径成像；③ 高动态图像获取；④ 校准和电离层改正；⑤ 仪器效应扣除；⑥ 噪声抑制和灵敏度提升；⑦ 海量数据处理；等等。

---

* 组稿人。

研究基础 过去十年间，通过自主建设国内 SKA 探路者 21CMA 和参与国际合作，积累了一定的低频射电干涉图像处理经验，理解并初步掌握前景（包括 RFI）的去除技术和难点，正在组织技术力量研究大视场的高动态和多波束图像获取。期望在 SKA1 数据获取前完成国内的 SKA 低频图像数据软件和硬件建设。

优先课题 ① 深度低频成像：瞄准 SKA1 的首要科学目标，利用 SKA1-low 深度 1 000h 5 个 20deg^2 天区的成像观测，深入研究暗弱宇宙在 100~200MHz 的特性，研究降低各种系统噪声包括前景和仪器效应的方法，在 20deg^2 视场上获得动态范围 5 个量级的低频射电优质图像；② 低频巡天和统计：积极参与 SKA1-low 的中度（50h）和浅度（10h）大视场巡天观测，研究宇宙射电源的统计特性，获取比目前 SKA 低频探路者灵敏度高两个量级的 50~200 MHz 射电天空的功率谱。

预期成果 ① 在 100~200MHz 波段，期望获得第一幅宇宙再电离的直接图像，揭开宇宙再电离的奥秘；② 在 50~200MHz 低频波段，统计获得 0.02~0.1Mpc^{-1} 尺度上的宇宙黎明和再电离时期中性氢功率谱。

3.1.1 基础理论

宇宙中第一代发光天体的形成与氢的再电离是宇宙结构形成与演化历史中的重要阶段。根据现有的理论图像，宇宙黑暗时期末期微小的原初扰动逐渐增长并形成暗物质晕，气体在其中进一步冷却凝聚形成第一代恒星、星系和黑洞，而这些第一代发光天体产生的紫外线和 X 射线辐射将周围的气体电离，形成电离氢区，这些电离氢区逐渐增大、并合，最终相互贯通而导致整个宇宙的再电离。在这一阶段，宇宙中气体的密度分布、电离状态、气体温度、化学丰度等都发生着复杂的变化，进而决定了下一代结构形成的环境与初始条件。因此，宇宙黎明与再电离过程的研究对理解宇宙早期结构形成乃至整个星系形成与演化的历史都有着重要意义。

然而，宇宙中的第一代发光天体是如何形成的？何时形成的？再电离时期的主要电离源有哪些？是恒星还是吸积黑洞？它们具有怎样的性质和辐射特征？暗物质衰变和湮灭等在这一过程中是否有重要作用？星系际介质的温度如何演化？电离氢区的尺度与成团性又有怎样的特征？再电离进行过程中的哪些反馈过程起了主导作用？受限于对高红移宇宙观测的困难、宇宙学尺度动态范围的辐射转移数值模拟的计算复杂性，我们对再电离时期的许多关键物理过程尚不清楚。

对中性氢的 21cm 谱线发射或吸收信号的探测，是目前对再电离时期星系际介质的电离状态、温度演化和各种早期结构的最直接而有效的观测手段，也是 SKA 的最重要的科学目标之一。21cm 层析 (tomography) 观测以宇宙微波背景（CMB）辐射为背景辐射源，探测不同红移处的氢原子对 21cm 波长光子的吸收或发射信号（Madau et al.，1997；Yue et al.，2009），即可获得星系际介质的三维演化图像。几个不同红移处理论预期的 21cm 信号如图 3.1.1 所示。还可以对再电离时期的大尺度电离氢区进行直接成像观测，从而更为直接地提取电离区大小与形态的特征。另外，借助高红移的强射电点源（如高红移的类星体、伽马暴余晖等）作为背景源，沿视线方向上的中性氢在它们的光谱上产生吸收线信号，即 21cm 吸收线丛（又称"21cm 森林"）（Xu et al.，2009; Xu et al.，2011）。SKA 作为下一代高性能射电望远镜阵列，通过这些红移 21cm 信号的探测，可以为解答上述关键问题提供重要的观测依据。

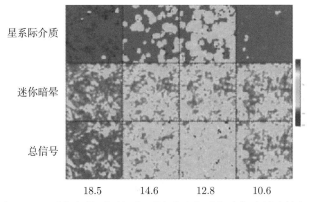

图 3.1.1   再电离前不同红移下星系际介质和迷你暗晕中性氢对
21cm 信号的贡献（Yue et al.，2009）

1. 第一代发光天体及电离源的形成与性质

第一代恒星是在没有任何重元素的情况下，分子氢或原子氢在暗晕中冷却后形成的。关于第一代恒星的形成过程和性质（如质量），目前的理论还有很大的不确定性（中国科学院，2010）。不过，第一代发光天体直接和间接产生的 Lyman alpha（Lyα）光子在中性氢气体中发生反复共振散射，导致气体中氢原子自旋温度偏离当时的背景辐射温度。因此，在再电离早期气体还没有被恒星和类星体产生的 X 射线背景加热之前，有可能产生强 21cm 吸收信号（Chen and Miralda-Escudé，2004）。在第一代恒星附近，较强的 Lyα 光子也能通过散射改变氢原子自旋温度，从而产生可观测的 21cm 信号（Chen and Miralda-Escudé，2008）。SKA 的 21cm 层析观测如能探测到这些 21cm 吸收或发射信号，可以获得关于第一代恒星和星系的重要信息（Ahn et al.，2015）。

关于最终导致氢再电离的电离源，目前的主流观点认为是高红移星系中的恒星，另一种可能则是黑洞吸积盘。特别是，宇宙早期的氢原子冷却暗晕中可能形成直接坍缩黑洞，质量为太阳质量（$M_\odot$）的 $10^4 \sim 10^6$ 倍。岳斌等发现，这为观测上的宇宙红外背景辐射扰动超出提供了一种合理的解释，且预言的 X 射线背景强度与现有观测相符 (Yue et al.，2013)；但形成直接坍缩黑洞所需要的条件较为苛刻，它们仅在一段特定的时期内可以大量形成 (Yue et al.，2014)。目前人们对此的研究还很初步，关于它们的数量、辐射性质、对再电离是否有贡献等还不能回答。所幸的是，直接坍缩黑洞能产生原子氢的 3cm 脉泽线 (Dijkstra et al.，2016)，通过未来的 SKA 进行探测，有望给出上述问题的答案。

2. 再电离与 21cm 理论

从大尺度上看，星系际介质的再电离过程与结构形成有着密切的关系。"电离泡泡" 模型 (bubble model) (Furlanetto et al.，2004) 是当前的主流理论，该模型利用随机场的漫游集（excursion set）理论，描述了再电离早期的电离氢区增长过程，并给出了与数值模拟符合较好的结果。然而 "电离泡泡" 是一个个孤立的电离氢区，再电离晚期电离氢区相互渗透融合时该模型就难以使用了，徐怡冬等在泡泡模型基础上发展了描述再电离晚期的中性氢 "岛屿"模型 (Xu et al., 2014) 和准数值模拟程序 ——IslandFAST (Xu et al., 2017)，该准数值模拟得到的电离场演化如图 3.1.2 所示。

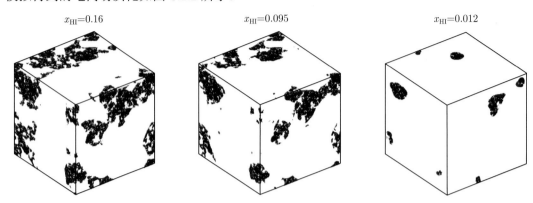

图 3.1.2 IslandFAST 模拟的中性氢 "岛屿"（Xu et al., 2017）

另外，张骏、茅奕等则发展了再电离的线性扰动理论 (Zhang et al., 2007; Mao et al., 2015)。这些模型通过 SKA 的 21cm 层析观测，包括对电离氢区与中性氢岛屿的直接成像和功率谱观测，并与再电离模型作比较，能够揭示再电离时期的星系际介质的状态以及电离源（如星系、类星体、激波、衰变或湮灭的暗物质等）的性质，从而帮助我们理解宇宙早期的结构形成与再电离过程，并有望限制宇宙学参数。

电离区相互并合、渗透的过程也是宇宙中性氢分布的拓扑结构发生相变的过程，因此拓扑分析是研究电离区分布的重要工具。中性氢分布的亏格曲线可以很好地区分不同的电离状态，并区分不同的再电离模型，能帮助我们了解再电离的过程 (Wang et al., 2015a)。因此，基于未来 SKA 的 21cm 层析观测，对 21cm 亮温度的拓扑分析将是刻画再电离过程的一个十分有潜力的工具 (Wang et al., 2015b)。

"21cm 森林" 观测与层析观测互补，是对视线方向上各种结构在早期不同演化阶段特征的有效探针。在高红移亮源（类星体或伽马暴余晖）的射电光谱上，弥散星系际介质中的中性氢原子的 21cm 吸收使得光谱流量密度产生整体性压低，小尺度非线性结构，如迷你暗晕、矮星系等，会在光谱上产生窄而密的吸收线，其吸收线深度及轮廓直接取决于该非线性结构内部气体的密度轮廓、温度分布、电离状态，以及附近气体的下落速度等，"21cm 森林" 为研究宇宙早期的迷你暗晕提供了独一无二的观测手段。大尺度的电离氢区则会在光谱上产生一段较宽的突起。"21cm 森林" 观测的主要挑战在于高红移强射电源的搜寻和高灵敏度的流量密度测量。SKA 具有巨大的巡天面积和空前的射电观测灵敏度，SKA1 的低频阵列将具有灵敏度参量 $A_{\mathrm{eff}}/T_{\mathrm{sys}} = 559\mathrm{m}^2 \cdot \mathrm{K}^{-1}$，SKA2 的低频阵列将达到 $A_{\mathrm{eff}}/T_{\mathrm{sys}} \sim 2\,500\mathrm{m}^2 \cdot \mathrm{K}^{-1}$，将十分有利于实现 "21cm 森林" 的观测 (Xu et al., 2010; Xu et al., 2011)。由于 SKA1-low 的光谱分辨率可达 1kHz，而 21cm 吸收线的宽度及谱线间距均普遍大于 1kHz，因此谱线计数是可行的。特别是如果我们能够把多条谱线进行叠加，将有希望得到谱线的平均轮廓特征，从而揭示宇宙早期非线性结构的物理状态。

3.1.2 数值模拟

1. 引言

随着宇宙的膨胀，宇宙从原初的高温高密的等离子体状态进入到一个漫长的"黑暗时期"，这时宇宙中没有发光的天体而只有充斥宇宙的中性气体。在黑暗时期，较高密度区域逐渐聚集更多的冷暗物质而形成暗晕，而暗晕则吸引了气体的聚集，最终孕育了第一代恒星和类星体，形成了第一代星系。这些第一代的恒星或类星体在黑暗之中划出第一缕曙光，它们被统称为"第一代发光体"，而它们形成的这个时期被称为"宇宙的黎明"。那么，第一代发光体是如何形成并发光的？宇宙黎明何时出现？寻找这个基础性疑团已经成为观测天文学最重要的科学目标之一。

第一代发光体发出的紫外光子和 X 射线光子多数被星系内部的星际介质吸收，但是仍会有部分光子逃逸出来，进入广袤的星系际介质。这些光子能量高于氢原子基态电离能 13.6eV，它们逐渐将星系之间的中性氢气体电离。在红移 $z=6$ 左右，星系际气体基本都被高度电离。这个过程被称为"宇宙再电离"，发生在宇宙年龄几亿到十亿年之间。所以，宇宙黎明标志了第一代发光体形成的时期，而宇宙再电离则标志了宇宙结构形成过程中最后一个主要的物质形态转变过程。

探测这个时期最重要的办法是观测来自早期宇宙氢原子的红移 21cm 谱线。21cm 谱线是氢原子基态超精细能级间的跃迁辐射，波长在 21cm，但是由于宇宙膨胀，来自再电离时代（红移 6~40）的 21cm 辐射在我们接收时的波长在 1.4~8.6m 范围（对应 200~34MHz 频率范围）。这个时期的中性氢弥散在星系际介质里，所以通过对这个波段的红移 21cm 辐射进行巡天观测，我们可以直接获得宇宙早期中性氢的分布图像，从而揭示宇宙早期结构形成的物理过程及宇宙再电离的物理机制。

利用红移 21cm 谱线对宇宙中性氢的分布做三维映射已经成为射电天文学的国际前沿方向。目前已有很多 21cm 再电离观测实验，包括中国的 21CMA，欧洲的 LOFAR，美国的 EDGES，澳大利亚的 MWA，美国与南非合作的 PAPER，印度的 GMRT，这些第一代实验的测量至今还只能对 21cm 功率谱的信号值的上限做出限制。然而，下一个十年将有望成为 21cm 观测的黄金时代：国际合作的 SKA 望远镜低频阵列（SKA-low）将在 2022 年左右开始第一阶段的工程建设并在几年后开始采集数据。SKA-low 已经确立了两个与宇宙黎明和再电离有关的具体的科学目标作为它最重要的科学目标，即来自再电离的 21cm 成像，以及来自宇宙黎明和再电离的 21cm 功率谱的测量，并将为之做优化设计。正在进行中的第一代 21cm 再电离实验、即将于 2020 年开始进行的 SKA 和美国主导推进中的中性氢再电离时代阵列（HERA）望远镜，都有可能在不远的将来第一次成功探测到来自宇宙再电离时代的 21cm 谱线信号，这将是宇宙学发展历史中又一个里程碑式的发现。

那么一旦发现之后，如何对 21cm 信号做科学解释将是一个困难而复杂的问题，这取决于宇宙黎明的理论研究能否回答这样一个重要问题：第一代发光体的不同模型如何影响来自宇宙再电离时代的 21cm 信号？为此，全数值模拟是最精确的工具，但缺点是耗费大量超级计算机的核时，只能对少量的情况进行模拟计算。同时，半数值模拟虽然有很多近似，但是运行极快，可以探索更多模型，并在将来能够直接对观测数据进行模型的参数拟合。因此，结合数值模拟和半数值模拟的长处，就有望解决宇宙黎明的重要理论问题。理想的做法是把全数值模拟的结果作为标准，将半数值模拟的结果与之比照，从而改进半数值模拟程序，得到系统误差范围，从而确认半数值模拟程序在可控制的误差范围内良好工作的物理条件。然后开展大量半数值模拟来计算不同的第一代星系和黑洞作为电离源在 21cm 信号上的预言值，寻找不同的模型在 21cm 信号上的特征痕迹，从而探索在未来的 21cm 信号观测中对第一代发光体的性质进行限制的科学途径。

2. 全数值模拟

目前国内的宇宙再电离数值模拟刚刚起步，而国际上此类工作已经开展了 16 年，发展了 3 类算法和 20 个软件。这 3 类算法如下所述。

（1）光束追踪（ray-tracing）算法：这种算法把光源和格点两两相连，沿光线计算由光致电离带来的光学深度，从而更新光强和氢的电离度。这种算法的发展最为成熟，包括很多工作，如 Abel 等（1999）、Fryxell 等（2000）、Sokasian 等（2001）、Razoumov 等（2002，2005）、Mellema 等（2006）、Susa（2006）、McQuinn 等（2007）、Trac 和 Cen（2007）、Pawlik 和 Schaye（2008，2011）、Hasegawa 和 Umemura（2010）、Kruip 等（2010）、Petkova 和 Springel（2011）的工作。原则上，这种算法的计算速度会正比于 $N_s \cdot N_g$（其中，N_s 是光源数目，N_g 是格点数目），因为当电离源增多时，计算速度会有所下降（趋向正比于 N_g^2），但是某些算法通过采取优化，比如合并光束（如 Trac 和 Cen（2007）、Pawlik 和 Schaye（2008，2011）的工作），声称可以得到近似线性正比于 N_g 的定标率。

（2）蒙特卡罗（Monte Carlo）方法：这种方法与光束追踪办法在物理上是一样的，区别在于这种办法从光源随机向不同方向发射随机能量的光子包，然后追踪光子包随着光致电离引起的消耗。这种办法的工作包括 Ciardi 等（2001）、Maselli 等（2003，2009）、Semelin 等（2007）、Altay 等（2008）的工作。这种办法由于对方向的取样（即从每个光源发出光子包的数目）小于光束追踪办法，需要人为测试取样饱和的值。但是仍然会出现由取样不足带来的电离波前（ionization front）不连续的情况。

（3）矩方法（moment method）：这种方法将辐射转移方程改写为两组分量方程，将求解含具体方向的光强变为求解对方向积分后的标量（光能量密度）、矢量（光流量密度）和张量（爱丁顿张量）。这种办法的工作包括 Gnedin 和 Abel （2001）、Whalen 和 Norman（2006）、Aubert 和 Teyssier （2008，2010）、Finlator 等（2009）的工作。这种办法的好处是运算速度与电离源的数目无关，缺点在于求解上一级矩需要事先知道下一级矩的大小，因此这种方法是不自我闭合的，需要以某种人为的处理办法事先近似计算爱丁顿张量，而已有的处理办法都是只能基于在同一时刻的电离氢分布近似得到。

所有这些传统算法和软件均依赖于假设光子在中性氢气体中的自由程短，因此只对紫外光子作为电离传播光子的情况严格适用。事实上，紫外光子只对再电离的中晚期起主要作用，但是在再电离早期，氢原子的自旋温度耦合作用依靠 Lyα 光子，气体温度加热由 X 射线光子起主导作用。因此绝大多数已有的全数值模拟都没有考虑 Lyα 光子和 X 射线效应，而是集中在一种理想情况：高自旋温度极限。之前公认的看法是这种理想情况至少会在再电离时代绝大部分的时间里都是成立的，因为 Lyα 耦合需要的能量远小于 X 射线加热需要的能量，又远小于氢原子的电离能。然而，Rennan Barkana 团队（Fialkov et al.，2014）指出星系际气体很有可能在很晚的时候才被加热，因此高自旋温度极限很有可能直到更晚的时间都一直失效。这种情况要求全数值模拟必须更好地考虑这个效应才能对未来的观测数据做出正确的科学解释。也有团组试图将已有算法直接拓展到 X 射线光子传播的情况（Baek et al., 2010; Friedrich et al., 2012），但是均面临计算上的困难，例如，所需计算时间资源或内存资源发散的情况，技术上很难实现。这些本质上是算法的不适用性造成的。

最近，茅奕团队发展了一套新的辐射转移数值模拟算法（Mao et al., 未发表）——"快速傅里叶光束追踪方法"（Fast Fourier Ray-Tracing Method, F^2-Ray），并正在自主开发基于这套算法的数值模拟软件。这套算法的目的是精确又相对快速地去做 X 射线的辐射转移数值模拟以及 X 射线对星系际介质中的气体加热效应。F^2-Ray 算法反常规地在傅里叶空间（而不是实空间）考虑辐射转移方程，找到它在傅里叶空间的一般形式解，同时注意到电离率的计算并没有用到光子沿传播方向的信息，而仅仅是光子能量密度（即光强对方向的积分）。因此新算法直接得到了光子能量密度在傅里叶空间的一般形式解。F^2-Ray 模拟中的每一步都可以分为两部分：在傅里叶空间进行的辐射转移模拟；在实空间进行的非平衡态的电离平衡方程、热平衡方程的计算。初步测试表明，这套模拟程序对于 X 射线的辐射转移模拟，能相对传统光束追踪程序相当大地改进计算速度。

3. 半数值模拟

由于全数值模拟耗费大量计算资源，国际上已经发展了很多半数值模拟程序，它们利用一些手段近似地找到电离区域。在半数值模拟领域，我国已经有了很好的工作。

国际上流行的几款半数值模拟软件均基于 "漫步集电离模型"（excursion set model of reionization）（Furlanetto et al., 2004），其基本思路是忽略辐射转移的复杂计算，而仅利用漫步集暗物质晕模型来计算某一球形区域内的坍缩率，如果坍缩率大于某一人为设定的阈值，那么将认为此区域为电离区，否则仍为中性区。基于此模型的半数值模拟软件在不同程度上利用了此标准来标定电离格点，在具体技术上略有不同。这些软件包括 21cmFAST（Mesinger et al., 2011），simFAST21（Santos et al., 2010），Rennan Barkana 团队开发的软件（Fialkov et al., 2014）。另外，IslandFAST 是陈学雷团组的徐怡冬、岳斌和陈学雷自主开发的软件（Xu et al., 2017）。它可以模拟再电离进行到晚期的情况，预言大尺度的低密度的中性区域（"中性岛"）的尺度分布及演化，同时考虑了多种吸收系统对梳理再电离进程以及电离光子背景场强度的影响。

与此同时，茅奕团组正在开发基于另一种不同假设的半数值模拟软件（Mao et al., 未发表）。在大尺度上，它基于线性微扰电离理论（Zhang et al., 2007），其思路是将辐射转移方程在大尺度上线性化后在傅里叶空间得到解析解，从而计算电离氢的涨落相对暗物质涨落的偏差。然而，由于电离泡的共动尺度在几十 Mpc，线性微扰电离理论被认为只在较大尺度（$k < 0.1\mathrm{Mpc}^{-1}$）适用。

虽然这些半数值程序都能很好地工作，但是明确它们各自的系统误差是非常重要的，这需要通过将它们与全数值模拟结果进行比对。这些比对结果对于未来 21cm 实测数据分析是有现实意义的，因为 21cm 数据分析不可能去大量做全数值模拟，而只能用经济实惠的半数值模拟程序去做蒙特卡罗分析得到观测数据的科学解释。因此，确认半数值模拟程序良好工作的物理条件，即这些程序有适当、可控的精度时的工作区间，是至关重要的。

4. 什么样的数值模拟软件对于 SKA1-low 是直接相关的？

SKA1-low 的科学目标是探测来自再电离（50~200MHz）的图像和测量再电离的功率谱。SKA1-low 的红移测量范围是 6~28 的 21cm 信号，但是灵敏度更高的波段还是集中在红移 6~12。这就决定了 SKA1 最需要的数值模拟软件包括如下内容。

（1）全波段辐射转移模拟软件：传统辐射转移数值模拟软件只对紫外光子作为电离传播光子的情况严格适用。如果 X 射线对气体的加热发生较早，那么再电离过程和气体加热过程是分离的，我们可以只用传统软件模拟再电离的中晚期。否则，数值模拟必须加入 X 射线甚至 Lyα 的辐射转移，才能很好地模拟它们对 21cm 信号的效应。因此，对于 SKA1-low 的科学解释，全波段辐射转移模拟软件是必要的。茅奕团队的 F²-Ray 很好地解决了 X 射线的辐射转移，正在加入适用于紫外光子传播的基于矩方法的辐射转移模块，使之成为全波段适用的软件。

（2）半数值模拟发展而成的数据处理软件：多数半数值模拟软件或多或少已经近似地加入了 X 射线和 Lyα 的效应，但是由于尚没有可靠的全数值模拟结果，半数值模拟的精度无法确定。一旦精度确定之后，这些软件都可以嵌入 SKA1 21cm 观测的数据分析流程里，承担科学解释的任务。为此，需要在这些半数值软件的基础上开发出 MCMC 软件（Greig and Mesinger，2015），或是应用机器学习的算法（Shimabukuro et al.，2017），从而快速在参数空间取样。

3.1.3　低频观测设备

宇宙黎明和再电离探测包括三种研究手段：① 全天总功率的测量（global signature）；② 统计测量二维（角）或三维功率谱（power spectrum）；③ 直接对再电离区域实施成像观测。除了第三种直接成像的方式仅能由 SKA 完成外，过去十年间，国际上针对前两种探测方式兴建了（或准备建设）一批低频探测设备，其中许多设备被誉为 "SKA 探路者"。下面，我们分别介绍这些低频设备。

1. 全天总功率探测设备

1）EDGES

EDGES（Experiment to Detect the Global EoR Signature）设备位于澳大利亚西部射电宁静的 Murchison 天文台，包含一个工作在 50~100MHz 的低频段天线和一个工作在 100~200MHz 的高频段天线，频谱分辨率为 6.1kHz，旨在测量再电离信号的全天总功率。EDGES 使用一种由两块矩形金属板构成的薄板天线（图 3.1.3），地面铺设大面积的金属网用来消除电磁反射，使得天线的频谱响应非常平缓。天线的接收器装在一个恒温盒中，其中的低噪声放大器持续地在天线信号及两个参考信号之间切换，由此消除仪器响应随时间的变化。2010 年，该项目利用 EDGES 观测三个月获得的 100~200MHz 全天功率谱，率先给出了宇宙再电离时标的有效约束，该结果发表于《自然》杂志（Bowman and Rogers，2010）。2017 年，该项目公布了经过绝对定标的 90~190MHz 弥散射电辐射的测量结果（Mozdzen et al.，2017）以及利用高频段天线的观测结果约束宇宙再电离模型（Monsalve et al.，2017）的结果。最近，EDGES 在 70MHz 附近检测到一个 500mK 的吸收谷（Bowman et al.，2018），如果被证实，那么它将是人类第一次发现的宇宙黎明信号，具有划时代的意义。

图 3.1.3　EDGES 的高频段薄板天线（摘自http://loco.lab.asu.edu/edges/）

2）BIGHORNS

BIGHORNS（Broadband Instrument for Global Hydrogen Reionization Signal）是一个全天低频射电总功率谱测量系统，设计时注重简单、低功耗以及可移动性，可以根据环境及需要更换测量地点。BIGHORNS 最初采用现成的双锥形天线，自 2014 年改用自行设计的圆锥形对数螺旋天线 (图 3.1.4)，典型工作频率为 70~300MHz，地面铺设了金属网用来减少电磁反射。天线信号经过前端放大后使用同轴电缆传输至远处的数据处理系统进一步处理得到功率谱。天线与前端放大器之间、同轴电缆与后端处理系统之间均设置了衰减器帮助减少信号在传输电缆两端的反射而产生的噪声（Sokolowski et al.，2015）。该系统目前放置在澳大利亚西部的 Murchison 射电天文台，为将要建设的 SKA1-low 监测当地的射频干扰（如 FM广播及电视信号）。测试显示该系统还能帮助预测大气对流层活动所产生的干扰（Sokolowski et al.，2016）。

(a)   (b)

图 3.1.4　BIGHORNS 最初采用的双锥形天线（a）和目前使用的圆锥形对数螺旋天线（b）（Sokolowski et al.，2015）

3）SCI-HI

SCI-HI（Sonda Cosmológica de las Islas para la Detección de Hidrógeno Neutro）是一个旨在测量 21cm 再电离信号的全天平均亮温度的单天线实验。该实验所设计的芙蓉型（HIbiscus）天线，通过将方形板分割成斜梯形面构建而成，工作频段为 40~130MHz，其中在 55~90MHz 上天线的耦合效率超过 90%。天线的主瓣半峰全宽在 70MHz 约为 55°，并且随频率变化很小。整个实验设备能直接使用电池驱动，具有非常好的可移动性。2013 年 6 月，SCI-HI 实验在墨西哥的偏僻小岛 Isla Guadalupe 上开展了为期两周的观测，结果显示 FM 广播的干扰仍然略强于银河系前景，经过处理后的系统误差及前景残留仍高出 21cm 信号 1~2 个数量级（Voytek et al., 2014）。项目成员正在继续改进实验设备，并计划到射电更宁静的地点（例如，墨西哥的两个更偏远小岛 Isla Socorro 和 Isla Clarión、南非的 Marion 岛）采集数据，以期将系统误差降低至 21cm 信号强度之下。图 3.1.5 为 SCI-HI 安装在 Isla Guadalupe 小岛的芙蓉型天线。

图 3.1.5　SCI-HI 安装在 Isla Guadalupe 小岛的芙蓉型天线（Voytek et al., 2014）

4）LEDA

LEDA（Large Aperture Experiment to Detect the Dark Ages）实验致力于探测源自宇宙大爆炸之后约一亿年的黑暗时期（红移 15~30）的中性氢辐射，帮助了解与约束宇宙的结构形成以及第一代恒星及黑洞的形成模型。LEDA 借用了 LWA（见下文）的两个站点：位于美国新墨西哥州国立射电天文台（National Radio Astronomy Observatory）的 LWA1（LWA-NM）和位于美国加利福尼亚州欧文斯谷射电天文台（Owens Valley Radio Observatory）的 LWA2（LWA-CA），且基于 FPGA 构建了独立的数据采集与处理系统（Kocz et al., 2015）。LWA-NM 站点有 256 个偶极天线随机布满 110m×100m 的椭圆区域，并在站点之外 200~500m 范围内额外布置了若干偶极天线帮助测量全天总功率。LWA-CA 站点基于 LWA-NM 的经验建造，扩大了站点内天线的间隔以提升成像能力，这对仪器校准和前景辐射建模非常关键。另外，LWA-NW 和 LWA-CA 两个站点的测量结果也可以相互校验，共同给出更准确的全天射电功率测量结果。图 3.1.6 为 LEDA 借用的 LWA-NM 和 LWA-CA 天线站点。

(a)   (b)

图 3.1.6　LEDA 借用的 LWA-NM（a）和 LWA-CA（b）天线站点

（http://www.tauceti.caltech.edu/leda/）

5）SARAS

SARAS（Shaped Antenna measurement of the background RAdio Spectrum）坐落于印度班加罗尔（Bangalore）以北 80km 处的 Gauribidanur 天文台，是一个单天线相关频谱仪，旨在精确测量宇宙射电背景辐射及再电离信号在前景天空频谱上的微弱特征。SARAS 采用一种长度约为 1m 的倍频胖偶极子天线，工作频段为 87.5~175MHz。天线距离地面约 0.81m，地面铺有电磁吸收材料，该设计使得天线的方向响应随频率变化很小。在观测过程中，SARAS 会在天线信号以及参考信号之间反复切换测量，修正系统响应随时间的变化，并实现系统的绝对定标（Patra et al.，2013）。SARAS 的实验结果在 2015 年公布，提供了 110~175MHz 波段射电频谱的绝对天空亮度和谱指数，并对 150MHz 全天图提供了更精确的校准（Patra et al.，2015）。目前，第二代实验 SARAS2 已经重新设计完成并通过实验室测试，工作频率扩展至 40~200MHz，有效覆盖宇宙再电离时期及黑暗时期的信号测量，系统灵敏度也显著提升至 mK 水平，预期能实现对 21cm 信号的全天总功率的准确测量（Singh et al.，2017）。图 3.1.7 为 SARAS 胖偶极子相关频谱仪以及重新设计的 SARAS2 的天线。

(a)   (b)

图 3.1.7　SARAS 胖偶极子相关频谱仪（a）以及重新设计的 SARAS2 的天线（b）

（http://www.rri.res.in/DISTORTION/saras.html）

6）DARE

DARE（Dark Ages Radio Explorer）是美国国家航空航天局（NASA）提出的探测宇宙黑暗时期的空间望远镜计划，通过测量全天平均的 21cm 信号频谱，揭示第一代恒星、黑洞和星系形成过程，约束宇宙再电离模型。该计划将探测器发射至月球低空轨道（轨道高度约 125km），利用月球阻挡源自地球和太阳的电磁干扰，拥有绝佳的电磁环境，使得探测灵敏度达到约 1mK。DARE 使用一对双锥形偶极子天线，能实现相互垂直的两种偏振模式的同时测量，探测频率为 40～120MHz，频率分辨率为 10kHz。结合 CMB 探测器及地面望远镜的经验，DARE 探测器将具有良好的频谱响应以及稳定可控的系统校准。按照计划，DARE 将于 2023 年左右发射升空（Burns et al.，2017）。图 3.1.8 为 DARE 空间探测器设计图。

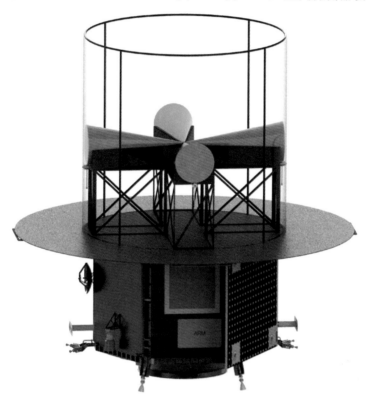

图 3.1.8　DARE 空间探测器设计图（http://lunar.colorado.edu/dare/）

2. 功率谱探测设备

1）LOFAR

LOFAR（Low-Frequency Array）是由荷兰 ASTRON 天文台设计和建造的创新性的低频干涉阵列，由工作在 10～90MHz 波段的低频段天线（LBA）和工作在 110～250MHz 波段的高频段天线（HBA）两部分组成。LOFAR 共有 51 个站点，其中 24 个站点分布在半径 2km 的核心区，14 个站点呈螺旋状分布在外围区域，还有 13 个国际站点分布在德国、法国、瑞士、英国、波兰和爱尔兰，基线长达 1 500km。荷兰境内的 38 个站点各包含 96 个 LBA 和 48 个 HBA，13 个国际站点每个包含 96 个 LBA 和 96 个 HBA。LOFAR 于 2012 年建设完成并开始观测，采用了数字多波束合成技术，能实现多目标跟踪观测，以及显著提高巡天效率，为 SKA1-low 提供有力技术支持（van Haarlem et al., 2013）。LOFAR 已经完成北天 120~168MHz 的深度巡天 LoTSS（Shimwell et al., 2017）。目前，LOFAR 正在提议 2.0 升级计划。图 3.1.9 为 LOFAR 核心区域。

图 3.1.9　LOFAR 核心区域

（https://www.astron.nl/telescopes/lofar）

2）MWA

MWA（Murchison Widefield Array）位于澳大利亚西部的 Murchison 射电天文台，是 SKA1-low 的探路者阵列。该阵列的主要科学目标包括宇宙再电离信号探测、河内及河外射电源、暂现源和空间天气研究。MWA 工作在 80~300MHz 频段，使用一种双偏振偶极子天线，每个站点包含 16 面按 4×4 排列的天线。

所有天线均固定指向天顶，工作时通过调控各天线的时延来控制波束合成与指向（Tingay et al., 2013）。MWA 的特点为大视场和高表面亮度灵敏度。自 2007 年开建，于 2012 年完成了一期 128 个站点的建设，并于 2017 年底完成了二期 128 个新站点的扩建工作。MWA 一期最主要的成果为 GLEAM 巡天（GaLactic and Extragalactic All-sky MWA Survey），其数据已于 2017 年发布（Hurley-Walker et al., 2017）。作为唯一覆盖南天的低频射电巡天，GLEAM 将为 SKA1-low 的巡天工作提供校准指导和星表的交叉证认。同时 MWA 也将会为 SKA1-low 的宇宙再电离探测任务提供更精准的天空模型和天区指导。目前，MWA 二期已投入使用并开展观测。图 3.1.10 为 MWA 的一个站点。

3）LWA

LWA（Long Wavelength Array）是一个正在建设于美国新墨西哥州中部的大型低频干涉阵列，将由 53 个分布远达 400km 的站点组成，每个站点的大小约 100m×100m 并且包含 256 对双极化天线，总接收面积达 1km²（在 10MHz 处），工作在非常低频的 10~88MHz 波段，这是我们目前了解最少的射电波段（Ellingson et al., 2009）。借助其高灵敏度（达 mJy）和高角分辨率（达数个角秒），LWA 将打开这一个新射电窗口，研究宇宙高能粒子加速机制、早期宇宙及其演化、暂现源、银河系星际介质、太阳活动及电离层性质等。LWA 采用的大站点设计使其更适合研究银河系的大尺度结构。LWA 的第一个站点 LWA1 位于 VLA 附近，已于 2009 年建设完成，并于 2011 年开始正式观测（Ellingson et al., 2013）；其他站点正在积极建设之中。LWA 亦采用数字波束合成技术，但其创新之处在于每个站点均可独立使用并成像。目前已使用 LWA1 巡天获得了 35~80MHz 北天图像（角分辨率为 4.7°~2.0°）（Dowell et al., 2017）。图 3.1.11 为 LWA 的第一站点 LWA1。

图 3.1.10　MWA 的一个站点，包含 16 个天线
（http://www.mwatelescope.org/multimedia/images）

图 3.1.11　LWA 的第一个站点 LWA1，包含 256 对天线
（http://www.phys.unm.edu/~lwa/index.html）

4）21CMA

21CMA（21 Centimeter Array）是我国开展"宇宙第一缕曙光探测"的低频射电干涉阵

列，位于中国西部天山深处的乌拉斯台，环绕在四周的高山能提供宁静的射电环境。21CMA 的 81 个天线阵呈 T 形分布在东西向约 6km、南北向约 4km 的基线上，每个天线阵包含 127 根对数周期天线，工作频率为 50~200MHz，频率分辨率为 24.4kHz，合成角分辨率达 1 角分（在 200MHz 处），采用模拟波束合成固定观测北天极半径约 5° 的天区（Zheng et al., 2016）。21CMA 已于 2006 年建设完成，并于 2009 年升级了新型低噪声放大器和基于 GPU 的数据采集系统，目前已积累多年的观测数据。21CMA 作为中国的 SKA 探路者项目之一，项目成员开发了完整的数据处理流程及软件，提出了射频干涉探测及抑制新方法（Huang et al., 2016），探测并编录了北天极视场内的 624 个射电源（Zheng et al., 2016）。目前，21CMA 正在改造升级数字多波束合成系统，以实现多目标跟踪观测，掌握低频脉冲星的搜寻技术。详见 2.4 节。

5）PAPER

PAPER（Precision Array for Probing the Epoch of Reionization）是一个专门设计用于测量宇宙再电离信号的功率谱的低频干涉阵列，其原型阵列位于美国 Green Bank 附近，分别在 2005 年和 2008 年建设了 4 个和 8 个天线单元，用于测试和改进天线等硬件设备。随后在南非卡鲁（Karoo）射电保护区建设科学阵列，于 2011 年建成 64 个天线单元并投入观测。PAPER 的天线工作频段为 100~200MHz，其频谱响应非常光滑，能够尽可能避开前景对再电离信号的干扰；规则排列的天线提供了大量冗余基线，不仅显著提高了对再电离信号的探测灵敏度，还能有效帮助仪器校准。PAPER 的波束固定指向天顶，亦减少了系统校准困难。基于时延频谱（delay-spectrum）的处理方法，直接从观测数据导出再电离信号的功率谱，能有效避开前景污染。PAPER 的观测结果给出了再电离信号在红移 $z = 8.4$ 处的目前最佳功率谱约束（Ali et al., 2015）。在 HERA（见下文）立项之后，PAPER 作为其第一期建设并入 HERA 项目。图 3.1.12 为 PAPER 位于南非卡鲁的天线阵列。

图 3.1.12　PAPER 位于南非卡鲁的天线阵列
（https://discovermagazine.com/sitefiles/resources/image.aspx?item=
{74DFEB6C-93C7-4779-818F-B8A8F56C915B}&mw=900&mh=600）

6）HERA

HERA（Hydrogen Epoch of Reionization Array）由美国在南非卡鲁射电天文保护区建造，可被视为继 MWA、PAPER 等低频射电探路者阵列之后设计和技术趋于成熟的第二代宇宙再电离时期探测阵列（de Boer et al., 2017）。该阵列由一个尺寸为 300m 的正六边形核心区以及外围区构成。核心区中规则地布置了 320 面直径为 14m 的固定式抛物面碟形天线，外围区则分散布置 30 面同样的天线。HERA 的观测频率为 50～250MHz，首要科学目标是通过研究天空信号二维功率谱的再电离窗口（即受银河系等各类前景污染源影响较小的区域）精确测量再电离信号，描绘宇宙再电离时期以及之前的宇宙大尺度结构。HERA 的阵型和天线设计保证了它能够为宇宙 21cm 信号的观测提供高灵敏度，易于借助大量冗余基线进行系统校准，在需要时可启用快速傅里叶变换望远镜（FFTT）观测模式（虽然阵列中的天线数目并不大）。由此带来的主要弱点是角分辨率较低，能够测量的功率谱模式较少，栅瓣效应较明显。目前 HERA 的第一期 37 个单元天线已经安装完毕并开始试观测，第二期的 128 个单元也已开始建设，是 SKA1-low 的有力竞争者。图 3.1.13 为 HERA 已安装完成的 19 面天线，以及核心区 320 面天线的分布设计。

(a)   (b)

图 3.1.13　HERA 已安装完成的 19 面天线 (a)；核心区 320 面天线的分布设计 (b)
（https://www.skatelescope.org/news/hera-ska-precursor/；DeBoer et al, 2017）

7）MITEoR

美国麻省理工学院（MIT）Tegmark 团队所设计和运行的 MITEoR（MIT Epoch of Reionization）阵列工作于 100～200MHz（覆盖两个频宽为 25MHz 的频段），是实现 FFTT 这一概念的第一个先导阵列（Zheng et al., 2014）。阵列包含 64 个全同的双极化单元天线（与 MWA 阵列天线的设计一致），具有 128 个极化信号通道，按 8 行 8 列周期性地排布在同一个平面上。这样就可通过对各单元天线所得信号进行快速空间傅里叶变换，直接实现大视场天空成像（这是因为阵列中任意一个单元天线所记录的信号为其视场内天空信号的二维傅里叶变换）。与基于单元天线间两两相关运算的传统相关干涉仪相比，MITEoR 的计算复杂度和数据存储量分别由 $O(N_A^2)$ 降为 $O(N_A\log_2 N_A)$ 和 $O(N_A)$，可极大降低运行成本，有利于实现大视场和大集光面积。此外，阵列中的冗余基线也可被用来进行相关运算，为系统提供自校准。数年来基于 MITEoR、MWA 和 LOFAR 所开展的实验和模拟表明，MITEoR 的快速傅里叶变换观测流程和算法是可行的。MITEoR 的第一幅 128～175MHz 北天空天图（分辨率约为 2°）也已经于 2017 年发表（Zheng et al., 2017）。MITEoR 的经验表明，FFTT 这一阵型设计能够为未来的 21cm 宇宙学提供良好的技术支持。图 3.1.14 为 MITEoR 天线阵列。

图 3.1.14 MITEoR 天线阵列（Zheng et al.，2014）

3.1.4 低频干涉阵列核心技术

SKA1 低频孔径阵列（LFAA）的工作频段目前设计为 50~350MHz*，覆盖了理论预计的宇宙再电离时期中性氢 21cm 线红移之后的频率范围。在本小节中，我们将概述 LFAA 所涉及的主要核心技术，包括射电数字相关技术以及数字波束合成技术两个方面。

1）射电数字相关技术

SKA 对于宇宙再电离时期的探测主要可以分为两个方面，即成图和功率谱测量。这两者的数据处理都是以可视度函数为原始观测数据开始的。所谓可视度函数是指天线阵中任意两个天线之间信号的相关结果。从某种程度上说，射电干涉望远镜的观测就是从天线上采集原始电压信号并计算可视度函数的过程（通常是在线计算的）。这一计算过程是由相关机完成的。

射电干涉望远镜的相关机最初是基于模拟器件实现的，随着电子技术和计算机技术的进步，数字相关已经成为射电干涉望远镜的主流技术，而 SKA 的相关机也将基于数字技术来实现。为了计算任意一对天线单元上采集到的数字信号时间序列的相关函数，可以首先在时间域直接计算相关函数，然后再变换到频率域，也可以首先将原始的时间序列变换到频域，再利用傅里叶变换的相关定理通过计算乘积的方法计算每个频率通道内的相关函数。基于这两种方法实现的相关机分别被称为 XF 相关机和 FX 相关机。它们产生的结果是等价的，但是由于实现细节的不同，在具体应用中所带来的优缺点也各不相同。根据 SKAO 官方出版的 *The SKA: an Engineering Perspective* 中的相关章节（Bunton，2004），SKA 更倾向于采用 FX 相关机。以下对 SKA 将要采用的 FX 相关机的原理及其在 SKA 背景之下的若干重要参数带来的影响进行综述。

射电干涉望远镜所包含的所有天线单元（station）中任取两个可以组合成一条基线。相关机的功能就是计算望远镜中每条基线所含的两个单元上采集到的信号的相关结果。FX 相关机内部的计算步骤如下：

（1）模拟-数字转换器（ADC）不间断地对天线单元上接收到的模拟电压信号进行量化，并将量化得到的数字时间序列存入一个先进先出（FIFO）缓冲区；

---

* https://www.skatelescope.org/lfaa。

（2）从每一个天线单元对应的缓冲区中取出一定长度的片段，切分为一系列等长的子序列，并对每一个子序列进行通道化计算，得到信号在每个通道中心频率附近的复振幅，这一步通常是利用傅里叶变换得到；

（3）遍历所有的可能的天线单元对 (i,j) 和频率通道 n，计算第 n 个频率通道内，第 i 个天线单元的复振幅和第 j 个天线单元的复振幅的共轭的乘积，并累加到一个寄存器内；

（4）若累加次数尚未达到设定要求，则跳转至步骤（2）继续累加，否则进入步骤（5）；

（5）将寄存器内的数据存盘、清零，若观测完成则结束，否则回到步骤（2）。

为了具体实现 FX 相关机，需要分别实现频率变换器（通常基于傅里叶变换或者数字滤波器组）、复数乘法器以及累加器。图 3.1.15 显示的是一种基本的 FX 相关机实现的逻辑结构。

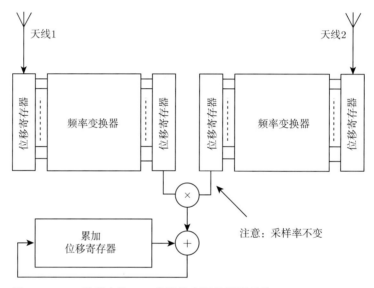

图 3.1.15　一种基本的 FX 相关机实现的逻辑结构（Bunton, 2004）

两个天线上接收到的信号首先通过频率变换器变换到频域，然后依次遍历所有频率通道，计算复数乘积，并将结果累加到一个寄存器中；当累加次数达到设定要求，就将结果输出

以上描述了对于单条基线中两个天线单元上的信号进行相关计算的算法。而在实际的数据采集中，一个由 N 个天线单元组成的干涉望远镜，每一个时间点、每一个频率通道内需要计算的互相关函数的个数为 $N(N-1)/2$，再算上 N 个自相关函数，总共需要计算 $N(N+1)/2$ 个相关函数，也就是说大致正比于 N^2。随着望远镜中天线单元数的增加，运算量将按平方律增加。当望远镜达到 SKA 的规模时（LFAA 有 512 个天线单元，频率通道数可以达到 65 536），其相关机的计算负载是巨大的。而设计一个单个的能够满足要求的相关器件的难度极大，为此，不论是未来的 SKA，还是现有的 SKA 的诸多探路者项目，如我国的 21CMA，都必须采取某种负载分摊的策略，将巨大的运算量分摊到众多小的计算单元上。这里的计算单元可以是通用计算机，也可以是经过编程的 FPGA，或者是专门设计的 ASIC 芯片。关于计算单元内部的具体实现，由于涉及过多细节，在此不再赘述。以下只讨论可能的负载分摊策略。

因为可视度函数是关于时间、频率和基线这三个维度的，所以最显而易见的方法就是按照这三个维度进行切割和分摊。按照目前的情况看，SKA 更有可能将采集到的信号分为不同的子频带，将不同子频带内的计算任务交由不同的计算单元来完成，从而实现计算负载分摊。仍然是在 SKAO 官方出版的 *The SKA: an Engineering Perspective* 中的相关章节（Bunton，2004）中提出了一种基于带宽切分的计算负载分摊方案。其实现的逻辑结构如图 3.1.16 所示。每个天线上采集到的信号首先经过采样量化，生成数字时间序列再编组送入信号路由器。一个阵列中可以放置多个信号路由器，每个路由器只处理一部分天线的信号。它们的功能是相同的，即将每一个与之连接的天线的信号分割为不同的子频带，并将来自不同天线、属于同一个子频带的信号打包发送到负责处理该子频带的相关设备上。在后续步骤中，每一个相关设备只计算它所负责的子频带，从而实现了计算任务的分割和负载分摊。这样处理的好处是它很自然地将数据分成了不同的频率范围，而不同频率范围的数据在科学数据分析上可能有不同的用途。这样在后续的科学数据处理中，只需要处理感兴趣的频带即可，降低了后续处理的计算量和输入输出负担。

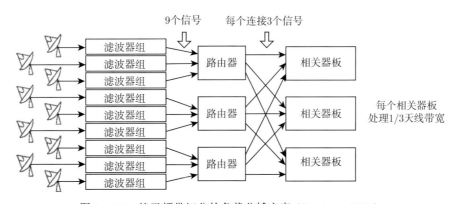

图 3.1.16　基于频带切分的负载分摊方案（Bunton，2004）

一个假想的 9 天线单元干涉阵列中每 3 个天线共享一个信号路由器；在信号路由器的内部，原始信号被切分为 3 个子带，属于相同子带但来自不同天线的信号被发送到同一个相关器上进行相关计算；3 个相关器分别输出属于自己子带宽内的相关结果

除了上述按照带宽对数据进行分割实现计算负载分摊的方案之外，还有其他的选项，例如，在通道化之前，可以首先对一个积分时间片断内的时间序列数据进行时域分割，然后将来自不同天线，但是属于同一个子时间片断的数据发送到同一个相关器上计算片断内的相关结果，最后将所有的结果在一个中心节点上进行汇总存储。按照基线进行分割的方法与之类似但较少被采用，在此不再赘述。

由于 SKA 望远镜的规模是前所未有的，它产生的观测数据的速率也是空前巨大的。为了给后续科学数据处理所要求的计算能力提供一个定量的测算依据，在此根据 SKAO 公布的 *SKA1 System Baseline V2 Description* 中的 SKA 运行参数给出 SKA 观测过程中产生数据速率的一个估算。

首先，SKA1-low 将包含 N_s=512 个天线单元（SKA1-low 所含天线的总数是 1.31×10^5，所以 SKA1-low 的每个天线单元包含大约 255 个天线，在波束合成完成之后，每个天线单元

任意一个波束输出 N_p=4 个斯托克斯 (Stokes) 参量分量)。假定时间分辨率为 $\tau = 0.1s$, 且整个工作带宽被切分为 N_c=65 536 个频率通道。假设最终的观测数据是以单精度浮点数格式存储, 那么每一个数占用 W=4B 的存储空间。总共 N_s=512 个天线单元, 原则上最多可以组成 N_B=131 328 条基线 (包含自相关)。由此产生的观测结果 (也就是可视度函数) 的数据率 DR=$2WN_pN_cN_B/\tau$=9.9PB·h^{-1}, 观测 24h 累计产生 237.9PB 数据。按照一块硬盘存储 4TB 数据计, 这些数据将装满将近 6 万块硬盘, 硬盘本身的总体积相当于 0.7 个标准集装箱, 质量可达 30t。当然这是按照 SKA1-low 满负荷运行给出的估算, 在实际观测中并不一定会采取满负荷运行的观测策略。在 *SKA1 System Baseline V2 Description* 中假定基线数目取 18 000 (相当于 190 个天线单元参与观测) 的条件下给出了一个估计。按照这里给出的计算公式, 这一条件下的数据率为 DR=1.36PB·h^{-1}, 24h 观测产生的数据约为 32PB。这相当于 8 000 块 4TB 容量硬盘。需要注意的是, 上述计算结果仅仅是针对一个波束的情况, 如果有多个波束同时观测, 则总数据率为各波束数据率之和。

2) 数字波束合成技术

SKA 的孔径阵 (在 SKA1 阶段就是 SKA1-low) 没有可动的机械结构, 为了实现对不同天区的观测和对特定目标的跟踪, 需采用波束合成技术。不论具体实际如何, 波束合成技术的最核心思想是调整一个天线单元内部各分立天线之间信号的相对时延 (有时候为了改善波束形状还要调整幅度), 并将时延之后的信号叠加。如果一个单元内部任意两个位置坐标为 x_i, x_j 的天线上的信号的时延差 $\Delta\tau = \dfrac{(x_j - x_i)}{c} \cdot n$ (实际上往往还会对某个基准天线的时延加以固定), 则合成产生的波束的相位中心将指向由单位向量 n 所确定的天空方向。调整单元内部的分立天线上接收到的信号的时延可以借助基于模拟电路的可调延迟线完成, 也可以在对信号进行采样之后利用数字信号处理的方法完成。模拟和数字波束合成技术各有利弊。总体而言, 模拟系统更为简单、造价更低廉; 而数字系统虽然更为复杂和昂贵, 但是在灵活性和稳定性方面要远远优于模拟系统。与此同时, 数字信号可以无损地复制成多路进行分别处理, 故相对而言实现多波束观测更为容易。

由于采样得到的数字时间序列信号在时域是离散的, 直接对信号作时间轴平移操作只能实现采样间隔整数倍的时延。要实现任意大小的时延并不像其看起来的那么简单。这一问题要么采取超采样的方法加以克服, 要么更常见地可以借助以下数学上的处理 (Laakso et al., 1996) 来解决。对于从单个天线上采集到的数字信号, 如果我们先忽略时间变量上的离散性, 那么它可以表达为一个实数域上的一元函数 $x(t)$。为了使它发生大小为 Δt 的时延, 从而成为一个新的函数 $x'(t) \equiv x(t - \Delta t)$, 可以用一个偏移的狄拉克函数去卷积 $x(t)$ 而得到

$$x'(t) \equiv x(t - \Delta\tau) = x(t) * \delta(t - \Delta\tau) = \int_{-\infty}^{+\infty} x(t')\delta(t - \Delta\tau - t')\mathrm{d}t$$

等价地, 根据傅里叶变换的时移定理, $x'(t)$ 的傅里叶变换 $X'(\nu) = X(\nu)\mathrm{e}^{\mathrm{j}2\pi\nu\Delta\tau}$, 相当于原始信号的傅里叶变换和一个以频率为变量的相因子函数的乘积。这一计算在频率 ν 离散化的条件下很容易实现, 而采样间隔并不约束频率间隔的下限。对频率离散化最直接的方法就是离散傅里叶变换 (DFT), 这就是频域波束合成的原理。另外, 在考虑频率离散化和带宽受

限的条件下，这一频域的乘积可被转换为原始时域信号和一个时域 sinc 函数的卷积，即

$$x'(n) \equiv x(n - \Delta\tau) = x(n) * \frac{\sin[\pi(n - \Delta\tau)]}{\pi(n - \Delta\tau)}$$

由于 sinc 函数在时域是近似紧致的（从而可以被截断而不产生大的误差），所以这一卷积可以被实现为一个数字有限脉冲响应（FIR）滤波器。这就是时域数字波束合成的数学基础。尽管频域方法和时域方法在数学上是等价的，但是它们两者在技术上的具体实现方法却是不同的。如前所述，时域方法可以通过数字信号处理理论中经典的 FIR 滤波器实现，频域方法则可以将计算过程分为频率通道化，计算其与相因子的乘积，以及结果归并（即将来自不同天线、频率相等的数据相加）这三个主要步骤，如果最终希望还原回时间域，则还需要计算一步傅里叶逆变换，否则这一结果可以直接发送到下一级计算步骤。需要注意的是，频域方法所用到的相因子和时域方法用到的 FIR 滤波器系数都是随着波束指向而变的，也就是说一般是时变的。在具体的实现硬件上，两种方法都可以分别用通用计算机、FPGA 以及专用 ASIC 芯片完成。

根据 SKAO 官方公布的 *Aperture Arrays for the SKA: the SKADS White Paper*，SKA 的孔径阵列倾向于采用数字频域波束合成技术。采用这一技术路线的好处是，频域波束合成方法得到的结果是频域空间的，如果将这一结果送入相关机，就省去了相关机中的频率通道化计算步骤。根据 van Veen 和 Buckley (1988) 所述，一个典型的频域数字波束合成器的实现框图如图 3.1.17 所示。

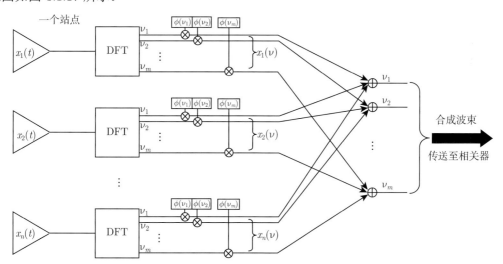

图 3.1.17　根据 van Veen 和 Buckley (1988) 所述，一个典型的频域数字波束合成器的实现框图
从一个天线单元内部的 n 个单个天线上分别采集得到的数字时间序列 $(x_1(t), x_2(t), \cdots, x_n(t))$ 首先经过离散傅里叶变换，再分别被乘上由天线位置、频率和波束指向计算得到的相位因子，再分别对相同频率、不同天线的数据进行加和，得到波束合成的结果

以波束合成的方法进行观测确实有很多优点，然而也使得后续的数据处理，特别是仪器的校准更为复杂。例如，相比较于全可动碟形天线，波束合成望远镜的波束形状随波束指向的改变更为明显；又如，波束合成系统中单元内部的独立天线上的信号是分别采集的，各天

线采集时钟相位的抖动带来的噪声大小以及对观测数据的影响都是需要关注的。

3.1.5　数据处理

SKA 在低频波段的首要科学目标是利用中性氢的 21cm 辐射或吸收探测宇宙的黎明时期和再电离时期，确定宇宙中第一代天体（恒星和黑洞）的形成，重现宇宙从黑暗走向光明的历史，其中包含三个主要研究方向：

（1）宇宙黎明和再电离的全天总强度（global signature）；

（2）统计测量 21cm 宇宙背景的起伏，即功率谱；

（3）宇宙再电离的直接成像观测。

宇宙再电离探测也是诸多 SKA 探路者设备如 21CMA、GMRT、PAPER、LOFAR、MWA 等的首要或主要科学目标。然而，由于受到分辨率和灵敏度的限制，这些先驱望远镜对宇宙再电离时期的探测主要集中在通过统计的方法测量宇宙低频空的功率谱。另外，还有一些实验瞄准了 21cm 信号全天总功率的探测，如 EDGES、SCI-HI 等。而 SKA-low 以其极高的灵敏度和分辨率不仅可以对宇宙黎明时期以及再电离时期的信号进行统计探测，还可以对其实施直接成像观测。随着近年来低频射电的发展，借助于已经运行的 SKA 先驱望远镜和其他低频望远镜阵列，我们已经积累了丰富的低频数据处理经验。

宇宙再电离信号是非常微弱的（1~10mK），比起前景信号要低 4~5 个数量级，因此这就要求我们的数据采集具有很高的动态范围。而要移除前景射电源的污染，就需要建立真实可靠的前景模型，这就要求望远镜具有尽可能高的分辨率。比起 SKA 先驱望远镜，SKA 更高的灵敏度和分辨率为探测宇宙再电离信号提供了更大的可能性。然而，随着 SKA 灵敏度、分辨率的提高，以及所要采集和处理的数据量的增大，其大视场、带宽、高分辨率以及多波束技术，都对我们的硬件和数据处理软件提出了更高和更具有挑战性的要求。

1）干扰去除（RFI removal）

随着科技的发展，越来越多的电子干扰为低频射电观测带来了很大的困难，射电宁静区域变得越来越少，因此射频干扰（Radio Frequency Interference, RFI）信号的识别和去除在低频射电处理中是非常关键的。强的 RFI 可能出现在某一个特定频率，如电视基站、飞机、雷达、卫星信号等；也可能出现在某一个特定时间但频带较宽，如闪电、高压电缆等。通常，在时间频率和极化上，RFI 都具有复杂的结构，并且在幅度上具有很大的动态范围。对于不同类型的 RFI，我们并没有有效的方法对其进行统一的处理。并且，相对于目前已经存在的 SKA 先驱望远镜而言，SKA 具有更多的接收单元和接收面积，并具有更高的灵敏度。因此，我们需要更加有效的方法对 RFI 进行识别和去除。

针对不同类型的 RFI，其识别和去除可以分为在数据进行相关运算前进行以及在数据进行相关运算之后进行。相对于在数据进行相关计算后进行 RFI 的识别和去除，在数据进行相关运算之前进行 RFI 的去除可以保证更好的时间分辨率和频率分辨率。在数据处理的过程中，首先对相关运算前的数据进行 RFI 的识别和去除。基本的方法包括 χ^2 统计 (Weber et al., 1997)、Neyman-Person detector（Leshem et al., 2000）、CUSUM 方法（Baan et al., 2004）等。经过相关运算前的干扰识别和去除之后，依然存留的 RFI 将在接下来数据进行相关运算之后进行进一步的识别和去除。对于相关运算之后的数据，很多射电数据处理软件，如 AIPS、AIPS++、MIRIAD、CASA 等都有软件包来进行 RFI 的识别和去除，但通常需要很大成分的人眼识别。

面对未来 SKA 的大数据量，RFI 的识别和去除无法采用人眼识别的方法，因此更为准确高效的自动化处理流程必不可少。结合 AIPS++ 中的 FLAGR 软件包，天文学家已设计出相对自动化的流程（Bhat et al., 2005），其程序可以自动形成限制条件，进行数据平滑和干扰线的识别。为了进一步提高 RFI 识别的准确度和效率，天文学家也进行了许多算法上的探索和改进。Offringa 等 (2010) 对许多相关后数据的 RFI 识别和去除算法进行了比较，他们指出 SumThreshold 方法是目前较为精确的算法，这种方法是在时间-频率空间对信号进行拟合，其准确率与人眼识别的效果相当。同时，这种方法具有比较高的运算速度，而且不需要在运算前进行初始数据模型的建立和输入。基于 SumThreshold 方法，LOFAR 开发出了自动化的 RFI 识别和去除程序流程，并在 LOFAR 的射电环境下进行了测试，得到了比较理想的处理效果。如果在保证较快的运算速度的情况下，RFI 的识别和去除只在斯托克斯分量 i 上进行。如果为提高准确度，RFI 的识别和去除也可以在天线不同的极化方向上进行，而实践证明，某些 RFI 仅会出现在其中的某一个极化方向上。基于这些方法，LOFAR 形成了对 RFI 进行自动化处理的软件包 AOFLAGGER（Offringa et al., 2013）。类似 AOFLAGGER 软件包，目前 GMRT（Prasad and Chengalur, 2012）使用 FLAGCAL 进行 RFI 的处理，ATCA 使用 PIEFLAG（Middelberg, 2006）和 MIRFLAG（Lenc, 2010）进行 RFI 的处理。目前 MWA 的数据处理使用 LOFAR 的 RFI 处理软件包 AOFLAGGER 进行 RFI 的识别和去除。虽然时间和频率分辨率的提高可以减小 RFI 去除过程中有效数据的损失，但是所需处理的数据量相对增加，因此权衡计算成本的前提下，我们尽可能地提高时间和频率的分辨率。

由于 SKA 的大数据量，我们在 RFI 去除的这一步所要考虑的除了计算方法，还有计算速度和计算成本。如果 RFI 的去除可以与下面的校准过程和成像过程相结合，那么就可以减少输入输出的数据量。但由于不同的科学目标对于数据校准和成像的不同需要，故而在程序设计上，我们也应该考虑如何才能将 RFI 的去除与其他的数据处理步骤更好地结合，以使得数据处理的过程更为有效。

2）数据校准

在射电干涉阵列数据处理的过程中，对观测数据进行精确的校准（calibration）才能使我们得到有科学价值的分析结果。我们对观测数据进行校准是为了尽可能地去除仪器设备本身的影响以及电离层的影响。校准过程中的误差，也会传递到下面的数据处理过程中。因此在进行宇宙再电离探测时，数据的校准非常重要，同时也需要我们对系统本身有很好的认识和了解。

数据校准的过程是对每一个接收单元进行幅度校准和相位校准，即拟合一个复数的增益因子对每一个接收单元进行改正，使观测到的射电源具有准确的位置和流量。然后，使用亮度较大的定标源通过带通改正来平滑中频（intermediate frequency）响应。在完成相位定标和增益校准之后，可以使用自校准（self-calibration）对相位和增益进行微调，可以进一步改善成像效果。通过数据的校准，我们需要尽可能地减小数据相位的误差和幅度的误差。

在进行校准的过程中，我们需要使用天空模型和天线波束模型。在 SKA 数据处理的过程中, 有限的信息会导致拟合因子的不准确。对于天空模型的要求, 除了理想的点源之外, 我们不仅希望模型中包含复杂的展源 (extended sources), 而且也希望模型能够包含流量很低的致密源 (compact sources)。目前并没有理想的天空模型可以满足 SKA 数据处理的要求, 我们需要使用长基线从而达到高的分辨率以建立理想的天空模型。除此以外, 建立准确的 SKA 天线波束模型也是非常困难的。不准确的天空模型及天线波束模型的输入会导致不精确的数据校准。

在校准的过程中, 我们对不同方向进行波束的拟合, 并且对不同频率进行带通拟合。我们通常使用平滑的多项式来进行带通处理, 然而这种处理方法在带通形态发生突然变化时产生的残差会导致最终校准数据的偏差。通过对 SKA 低频极化天线单元的测试, 我们发现了其存在着很明显的频谱结构 (de Lera Acedo et al., 2015)。如果不能对数据进行很好的校准, 这些频谱结构将在数据中产生残留信号。

3) 大视场成像

目前的先驱望远镜仅可以对宇宙再电离信号进行统计上的分析, 而 SKA 低频望远镜可以对宇宙再电离进行直接成像观测。在成像过程中, 大视场成像 (wide field imaging) 问题是 SKA 低频数据处理中最大的难点之一。进行大视场成像对于计算机硬件有很高的要求, 据估计, 为满足大视场成像的运算需求, 建设其硬件设施所产生的费用接近 SKA 低频全部预算的一半。在处理大视场成像时天线基线处于不同平面所产生的偏差, 我们采用 w 项投影 (w-projection) 的方法进行修正。并且, 在数据处理方法上, 我们要解决大视场、高分辨率、高动态范围以及多波束技术等问题。

（1）校准问题。在大视场中包含了大量的射电源, 以及源于大气层和仪器的影响, 这些信号都随方向、时间和频率变化。因此, 对于大视场成像而言, 对不同的观测方向进行有效的校准是非常关键的。直至目前, 基于 peeling 概念的校准方法是对于这种校准唯一有效的方法。对于 SKA 大视场数据处理的校准过程, 我们仍然需要开发更为准确有效的方法, 降低计算成本并且提高计算精度。

（2）高动态范围。在宇宙黎明时期和再电离时期的数据分析和处理过程中, 高质量的图像有利于我们建立更好的天空模型, 有助于我们对观测数据进行更好的校准, 并且在提取再电离信号的过程中可以更好地去除前景源的影响。在 SKA 成像的过程中, 为了提高图像的动态范围, 我们需要对数据进行比较精确的校准和理想的退卷积运算, 并且我们需要所测量的可视度函数数据具有比较好的 uv 覆盖。在再电离探测中, 如果视场中包含了很亮的源用于数据的校准, 由于亮源的存在, 我们虽然达到了很高的动态范围, 但是所得到的图像并没有达到理论上估计的噪声水平。然而, 如果视场中仅存在弱源, 进行数据校准之后, 图像可以达到预计的噪声水平, 但是却不能达到很高的动态范围。

（3）带宽问题。在进行大视场成像的过程中, 像平面中有限的带宽使得可视度函数数据在径向产生拖尾现象 (radial smearing), 而其程度随离视场中心的距离的增大而加强。在进行谱线形式观测和成像时, 我们可以采用在很窄的频带内分别进行格点化的方法来避免带宽造成的拖尾现象。然而, 根据 VLA 目前的观测, 在高角分辨率的情况下, 带宽拖尾现象依然很难避免。因此我们要在处理 SKA 数据的过程中寻找有效的方法解决带宽所造成的拖尾现象。

（4）指向问题。SKA 天线的波束采用的是相控阵波束（phased array beams）。在 SKA 望远镜进行观测时，由于要跟踪天空中的某一特定指向，其波束合成的权重也是变化的。这就导致整个视场内波束形状的变化，从而导致所成的图像发生扭曲变形，尤其是在接近视场边缘的区域。指向的误差也会造成主瓣边界处增益和相位的改变，从而可能引起观测到的源的结构改变。

（5）主瓣边缘问题。在大视场成像的过程中，处于主瓣边缘的源所产生的波纹状结构 (ripples) 会对视场中心产生影响，因此在处理的过程中，需要对这些源进行有效去除。

（6）电离层改正及积分时间选取。对于像 SKA 这样的大视场望远镜，在成像的过程中需要根据天线的不同指向进行相位的改正。在大视场三维成像的过程中，我们要考虑电离层三维结构的影响，对电离层折射因子的三维傅里叶变换会导致源的相位的扭曲（Koopmans，2010）。图像相位的扭曲也与波长相关，因此我们还需要考虑使用比较短的积分时间。由于电离层改变的时间尺度一般在几十秒，因此选择更长的积分时间可能导致图像在某种程度上失去相关性。在给定带宽的情况下，积分时间的选择决定了图像的信噪比。

（7）定标源问题。相对于所选择的积分时间，如果亮的定标源之间的距离过大，其之间的弱源可能会失去部分相关性，从而导致其成像出现被污染（smearing）的情况。因此，积分时间的选择决定了视场中所选择的亮的定标源在保证成像过程中不会被污染的情况下其之间的距离。并且，在再电离数据校准过程中，Patil 等 (2016) 通过对 LOFAR 数据的分析，认为只使用亮源进行数据的校准，可能造成其他信号如弥散射电前景信号的压低，从而为数据引入多余的噪声。因此，如何选取适当的定标源仍然是 SKA 数据处理中需要解决的问题之一。

4）实时成像系统（real time system）

对于 SKA 这样的射电阵列，我们在处理大数据量的时候，要根据我们的计算能力尽可能高效地得到有价值的运算结果。因此，提出了实时成像的数据处理流程。尤其对于宇宙的再电离时期及黑暗时期的探测，实时成像的数据处理流程非常重要，可以为观测者提供实时的反馈，在更短的时间内得到校准的数据和图像，从而有利于我们对数据处理过程进行优化。在实时成像的过程中，不同多频率的图像可以被并行处理。在实时成像的过程中，天空模型可以从 uv 数据中被提取，从而减少了傅里叶变换过程中格点化的影响，从而更易于处理校准过程中方向性的问题和天线主瓣随时间变化的问题。根据天空模型校准 uv 数据，所得到的校准参数反馈到成像过程中。从 uv 数据中提取天空模型之后所产生的残差图可以用来进一步更新天空模型，使得成像过程中源的旁瓣可以更好地被移除。

5）机遇与挑战

SKA 更高的灵敏度和分辨率为探测宇宙再电离信号提供了更大的可能性，同时其大视场、带宽、高分辨率以及多波束技术，都对我们的硬件和数据处理软件提出了很大挑战。我们不仅要建设硬件设施以满足其数据采集、存储及处理的需求，还需要不断探索更为有效的数据处理方法以使得 SKA 的数据得到最为有效的利用，从而实现我们对宇宙黑暗时期及再电离时期探测的科学目标。面对大数据量，我们需要自动化的 RFI 去除流程，对大视场进行精确有效的数据校准，解决大视场成像过程中目前所面临的技术困难。并且，我们也要借助于实时成像系统等手段，在更短的时间里对数据处理过程进行检验及改善。

3.1.6　前景去除

在利用 21cm 谱线重构宇宙演化并测量相应的物质功率谱中，最大的制约因素是能否准确地扣除银河系和河外星系产生的前景辐射污染。前景辐射主要由银河系和河外星系产生的同步辐射、自由–自由辐射、河外射电点源等组分构成。由于 21cm 信号非常微弱，而前景污染比 21cm 信号约大 4 个数量级，因此能否从数据中精确扣除前景污染源至 mK 量级，对成功探测 21cm 信号至关重要。

国际上对前景扣除这一棘手问题已经开展了大量的研究，特别是在最近的十年中提出了不同的解决方案。然而，这些前景扣除方法各具优缺点，并有可能对信号估计产生偏差。这些算法根据前景模型的依赖性大致可以分为两大类：盲算法和非盲算法。现就主流理论分析如下。

（1）实际观测中较多使用盲分析（blind analysis）策略，也可看作是非参数化（non-parametric）方法。由于依赖于具体前景模型的参数化方法所得到的干净天图对模型的假设和选取非常敏感，而前景模型本身具有很大的不确定度，因此，国际上主流的方法是尽量使用不依赖于模型假设的盲分析方法。这类方法的优点是仅仅通过数据本身，就可根据成分之间的统计性质自动分离出各个成分，而不依赖于对具体前景模型和频率的平滑性假设。这些方法主要包括：

（a）常用的主成分分析（PCA）方法已经被模拟和实际观测证明具有较好的前景扣除能力 (de Oliveira-Costa et al., 2008)。另一种类似的方法——奇异值分解（SVD），已经成功地应用于 GBT 数据分析中。通过计算观测数据中频率–频率相关矩阵的本征矢并移除前几个具有最大本征值的本征前景成分，被证明可有效地扣除前景污染 (Chang et al., 2010)。但此方法的缺点是对扣除成分的选择具有一定人为任意性。同时，被扣除的前景成分中也可能含有 21cm 信号，虽然通过计算机模拟的方法可以检测 21cm 信号的损失率并加以修正 (Paciga et al., 2011)，但此过程也依赖于对信号性质的先验假设。

（b）最近提出的利用 K-L 变换滤掉前景污染，也被成功地应用于 CHIME 实验的模拟数据分析中。然而，这个方法在进行 K-L 时，实际上也部分地依赖于假设的前景模型 (Shaw et al., 2014)。这些先验模型本身的不确定性，会导致微弱信号提取失败或显著地增加信号的不确定度。

（c）快速独立成分分析（FASTICA）也是一种非常有潜力的前景扣除方法。它只假设辐射源之间的非相关性，然后最大化非高斯性或者负熵从而分离出不同的独立成分 (Chapman et al., 2012)。缺点是分离出的组分并不具有实际的物理对应成分，很难判断是否无偏地扣除了全部的前景。

（d）由于信号和噪声具有相似的统计特性，因此其无法区分噪声和 21cm 信号，使恢复的信号失真。另外，相关成分分析（CCA）(Bonaldi and Brown, 2015) 也被应用于再电离的前景扣除。通过利用二阶统计性质，模拟显示其在未来的 SKA 观测数据中可有效地扣除前景污染。广义形态成分分析（GMCA）(Ghosh et al., 2015) 利用形态的多样性和稀疏性以区分不同的前景成分，分析一般在小波空间下完成。其他方法，例如，利用统计上的一些高阶量；skewness 扣除前景 (Harker et al., 2009a)，根据沿视线方向温度曲线的变化度，使用非参数化的 Wp 平滑技术 (Harker et al., 2009b) 扣除前景。

（e）另外，我们也发展了一套非参数化的半盲源分离算法 HIEMICA(Zhang et al., 2016)。此算法基于贝叶斯（Bayes）框架并结合独立成分，通过 EM（Expectation-Maximization）技术，即通过 EM 的反复迭代计算使似然函数最大化从而有效地获得 21cm 信号的最佳后验估计。此算法可以看作是将 CMB 前景扣除中的 SMICA 算法从二维扩展到三维。相比以往的研究，此算法的最大优点是：① 完整包含了射电干涉观测中的所有仪器效应；② 对前景的扣除并不依赖先验模型，算法可自动给出不同前景组分对频率的依赖关系和各组分的角功率谱；③ 即使在低信噪比的区域（SNR<1），也能可靠地对微弱的 21cm 信号功率谱做出无偏估计；④ 同时可自洽地估算出信号误差；⑤ 具有较小的计算复杂度。基于小天区（$(30\times30)\,\mathrm{deg}^2$）模拟的数据，我们发现在仅考虑系统噪声的情况下，HIEMICA 算法获得的 21cm 功率谱在各个尺度上都明显优于传统的 PCA 算法。

（2）虽然非参数化的源分离盲算法具有较小先验假设的优势，但通过拟合前景模型分离出宇宙学信号的算法仍值得进一步研究。这是因为基于拟合的参数化算法和非参数化的源分离算法互为补充，并可相互之间检验以提高结果的可靠性。另外，拟合前景的算法可加深理解不同前景组分在空域和频域的确切物理分布，而这是非参数化源分离算法所不具备的。由于前景频谱被认为是非常光滑的连续谱，随频率缓慢变化，而 21cm 信号却随着频率急剧地振荡，因此原则上可以通过扣除缓慢变化的成分达到扣除前景污染的目的。国际上主要是通过多项式拟合和前景模板拟合。例如，在实空间或者 uv-平面对沿视线方向的信号的频率依赖关系进行函数拟合 (Wang et al., 2006)。但这些方法过强地依赖于平滑性假设，而且如果选取过多的多项式，反而会将信号扣除。就实际观测而言，测量过程中仪器本身对信号的响应依赖于观测频率且很难被精确地校准，因此很大程度上会破坏平滑性，这就导致以平滑性假设为前提的算法在实际应用中有可能失效。另外，由于基线的长度会随频率变化，因此，利用射电干涉阵列的综合孔径波束（synthesized beam）观测会导致在二维柱形功率谱空间中产生一个楔形区域的污染，即所谓的模混合（mode-mixing）。模混合将极大地限制 21cm 信号的观测范围和精度。

另外，由于仪器系统误差的存在，在观测过程中前景辐射的极化部分可能会泄露到非极化的 21cm 信号，从而显著影响功率谱的测量。由于法拉第旋转极化辐射在频率空间并不平滑，另外大视场的射电阵列很难通过实际观测进行准确的实时定标校准，因此在实际观测中极化前景的泄露成分会在频率方向上产生快速振荡的虚假 21cm 信号，从而使 21cm 信号的测量产生偏差。其他的系统误差，例如，增益（gain）和波束幅宽在频域上产生的随机变化，都有可能引入虚假的 21cm 信号，从而使前景扣除算法失效。相关的研究仍处在起步阶段 (Shaw et al., 2014)，亟待深入系统的研究。

综上所述，通常使用的光滑函数或多项式的拟合、主成分分析或奇异值分解和 K-L 变换等算法都分别依赖于前景辐射谱的平滑性假设、频率方向强相关性假设和具体前景辐射分布的先验假设，而且仪器的系统误差也与前景扣除纠缠在一起。因此，针对 SKA 巡天，我们将整合并发展现有的前景扣除技术，建立相应的数据处理管线。通过天图的仿真模拟和真实的数据分析，完整地掌握各个算法的适用范围和扣除能力，最终得到高置信度的 21cm 天图和功率谱。因此，我们将编写全过程仿真模拟程序模拟 SKA 射电干涉阵列的观测。此程序将包含完整的仪器观测效应、巡天策略、电离层的影响、RFI 等。整个数据处理管线的示意图见图 3.1.18。

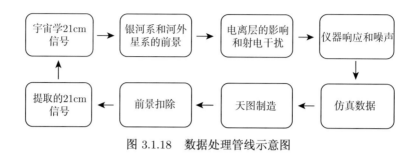

图 3.1.18　数据处理管线示意图

另外，我们将严格完备地模拟各个尺度上的全天区（曲面天场）辐射，尽可能高精度地还原前景的复杂度，比如，结合 GSM 模型 (de Oliveira-Costa et al.，2008)、最新的 Haslam 天图 (Remazeilles et al.，2015) 和 PLANCK 天图模型，并考虑小尺度上的辐射涨落和频率相干长度的不确定性 (Santos et al.，2005) 以及幂律谱随天区的变化趋势 (Davies et al.，2006) 等。我们将利用上述仿真程序对模拟的天场进行观测，以生成时间流数据，并最终得到在不同观测频率下的可视度函数数据。基于此，我们将应用各种前景扣除算法进行数据处理，以精确地检验各算法对 21cm 信号的恢复精度。同时，我们也将探索基于蒙特卡罗技术的算法研究，例如，吉布斯采样和哈密顿–蒙特卡罗算法。我们计划利用数值模拟产生的观测数据对各种算法的有效性进行研究，并最终将其应用于 SKA 的数据分析中。这些算法相互独立，又互相补充，将极大地提高 21cm 信号探测的可靠性。

3.1.7　前景大尺度弥散源

在探测宇宙黎明和再电离实验中，对前景去除影响较严重的一类源是大尺度的弥散射电源，特别是星系团和纤维状的宇宙大尺度结构。在形态上，不仅这些大尺度面源和背景再电离区域的大小类似，而且在统计上都呈现非高斯分布。除了前景源遵从连续谱的特性（这是我们目前在宇宙黎明和再电离探测实验里剔除星系团和宇宙大尺度结构的唯一有效方法），实际上我们还需要与其他波段结合（如光学、X 射线、宇宙微波背景数据），对前景星系团进行识别和研究。另外，宇宙黎明和再电离实验也给研究前景星系团物理和宇宙大尺度结构带来了新的活力，将从更低的能段揭示出星系团和宇宙大尺度结构的信息。

1. 星系团内的星系际介质射电展源

星系团由成百上千个成员星系、弥漫于成员星系之间的星系际介质（IGM）以及在质量上占压倒优势的暗物质（占总引力质量的 80%~90%）共三大部分构成，是宇宙中目前已知的能够靠自身引力束缚，且能达到平衡态的最大天体系统。星系团既是星系形成和演化的重要场所，也是构成宇宙大尺度结构的基元天体之一。

在目前可观测的星系团发光物质中，IGM 占据了 70%~90%，其温度达数千万度，辐射几乎全部集中在软 X 射线波段。另外，在一些星系团的 IGM 中也探测到了由相对论性电子体系产生的射电同步辐射。此类射电辐射源的空间尺度大，呈弥漫展源状，但是并非因成员星系的活动（如 AGN、星爆等）而产生。尽管相对于银河系射电前景，星系团 IGM 射电展源比较微弱，但仍比待测宇宙 21cm 信号强 2~3 个数量级（Zaroubi, 2013）（图 3.1.19）。此外，该前景成分还具有尺度较大（目前观测到的射电展源尺度通常为数个角分，部分邻近源或强源可达数十角分）、强度分布和频谱形状复杂、数目较多等特点，恰好对角分–亚角分尺度上的待测宇宙再电离信号产生严重干扰。如何精确地扣除这一干扰成分，是一项亟待解决的重大挑战。

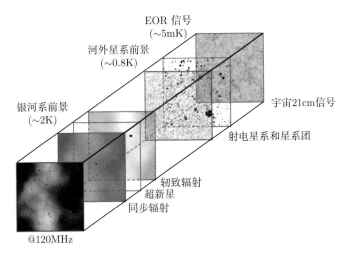

图 3.1.19　120 MHz 低频波段的宇宙再电离 21cm 信号及各类前景示意图（Zaroubi, 2013）

在低频波段，前景天空比待探测的宇宙 21cm 信号高出 4~5 个数量级；即便是本节所讨论的星系团 IGM 射电展源，也比再电离信号强数百倍

星系团 IGM 射电展源的存在表明，星系团 IGM 除了包含高温热等离子气体，还存在一个非热成分。当前主流观点认为，产生星系团 IGM 射电辐射的这些相对论性电子主要起源于星系团并合所导致的湍流或激波加速，而非由 AGN 直接产生。星系团 IGM 射电展源区内相对论性电子的空间密度（$\sim 10^{-10} \mathrm{cm}^{-3}$）和能量密度（小于 IGM 热气体内能的 1%）均很低，但电子能量却很高（洛伦兹因子 $\gamma \gg 10^3$），导致在星系团微弱（0.1~1μG）的大尺度磁场之中能够产生可被观测的同步辐射（Feretti et al., 2012）。由于能量越高的相对论性电子对同步辐射谱的高频部分贡献越大，同时能量越高的电子因同步辐射和对 CMB 光子的逆康普顿散射而能量衰减也越快，所以星系团 IGM 的射电辐射将更容易在几十至几百 MHz 的中低频射电波段被观测到（图 3.1.20）。

目前，已在大约 1/3 的星系团中发现了复杂的 IGM 射电展源。根据其位置、尺度、形态、谱型、偏振等特性，大致可以分为射电晕、射电遗迹和微射电晕三大类（表 3.1.1，图 3.1.21）。

未来中低频射电天文窗口被全面打开时，将在更多星系团中探测到此类射电展源，无疑能为研究宇宙再电离时期的前景建模工作提供宝贵信息，并能帮助我们更好地研究和理解星系团 IGM 磁场这一尚未探明的重要物理量、星系团并合成长的历史、AGN 与 IGM 间的相互作用等难题。所以可以断定，星系团 IGM 将是未来 10~20 年中低频射电天文的前沿热点之一。

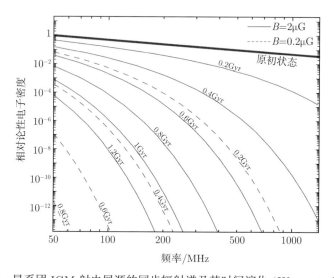

图 3.1.20　星系团 IGM 射电展源的同步辐射谱及其时间演化（Wang et al., 2010）

相对论性电子在磁场中运动产生射电同步辐射，还因对 CMB 光子的逆康普顿散射而损失能量，导致射电频谱的高频部分衰减相比低频部分快

表 3.1.1　星系团 IGM 射电展源的分类和基本特性

类型	星系团类型	位置	尺度量级	形态	偏振
射电晕	并合星系团	中央（非投影效应）	Mpc	规则	无
射电遗迹	并合/弛豫星系团	外围	Mpc	不规则	有（强）
微射电晕	弛豫冷核星系团	中央（常伴中央射电星系）	数百 kpc	规则	无

2. 超星系团、大尺度纤维状结构中的 IGM

近几十年来对 CMB、宇宙大尺度结构、基于超新星观测而引入的宇宙加速膨胀现象的持续研究为 ΛCDM 模型的建立及其成功奠定了坚实基础。除这些现象外，ΛCDM 模型还能合理、自洽、简洁地解释弱引力透镜效应统计特性、CMB 极化、重子声波振荡、Planck 温度功率谱等进入 21 世纪以来陆续发现的新现象，因此已成为大爆炸宇宙论的标准模型。然而，ΛCDM 模型所预言的宇宙中重子物质的数量十分巨大，但在星系和星系团中已经观测到的重子物质仅占其 10%—— 重子物质失踪之谜（Bregman, 2007）。一种合理的推断，同时也是数值模拟的结果是，这些失踪的重子分布星系和星系团之间的广大空间之中，特别是在纤维状的宇宙网络上，温度为 $10^5 \sim 10^7$K，称为温热星系际介质（WHIM）。

近十几年来，借助于对类星体光谱金属吸收线的研究和 Lyα 巡天等手段确定了 WHIM 的存在，又借助 X 射线观测、SZ 效应观测（Planck Collaboration et al., 2013）确定了它们确实分布在星系团外围和星系之间的纤维状网络结构上。然而，至此仍有 30%～40% 的失踪重子下落不明（Shull et al., 2012）。这些重子物质的温度应该在 10^6K 附近，不足以产生强的光学、紫外线和 X 射线特征。另外，在中低频射电波段已经提出若干探测 WHIM 的方法，其中主要有以下两种。

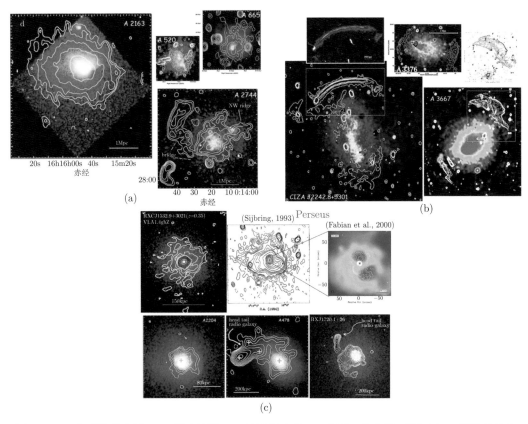

图 3.1.21 典型的射电晕 (a)、射电遗迹 (b) 及微射电晕 (c) 图像（等高线）叠加于 X 射线图像上
（Brunetti and Jones，2014）

（1）中性氢 21cm 线探测法：在 $z < 6$ 时，宇宙虽已高度电离，但在宇宙纤维结构中仍会残存少量中性氢，其分布与 WHIM 密切关联。这些中性氢信号将主要出现在频率大于约 200MHz 的 SKA 中频观测窗口内。若能探测到这些中性氢信号并对其进行分析，就能推知 WHIM 的分布。Horii 等（2017）的模拟结果表明，SKA1-mid 阵列累积观测约 1 000h，便有把握探测到宇宙纤维结构中星系内的中性氢信号；然而，对于纤维结构中弥散的中性氢则无能为力。要解决这个问题，必须在有效扣除前景干扰的前提下，将 SKA1-mid 阵列的灵敏度再提升 10 倍。

（2）同步辐射测量法：宇宙纤维结构中除了有极微弱的磁场（10～100nG），还存在较高马赫数（～6）的激波，因此通过扩散激波加速机制产生的相对论性电子，会在中低频射电天空中形成微弱的同步辐射展源。Vazza 等（2015）通过模拟说明，这些低亮度射电展源可被 SKA1-low 的深场观测发现。据此，就能对相对论性电子、磁场、WHIM 的分布进行约束。

3. 探测各类 IGM 的挑战以及由 SKA 带来的机遇

星系团 IGM 射电展源是典型的低表面亮度射电展源。已探知的星系团 IGM 射电展源的表面亮度在 1.4 GHz 往往只有 0.1～1μJy·arcsec^{-2}（arcsec，角秒），基本接近现有射电巡天观测的灵敏度极限。在几十至几百 MHz 的中低频波段，射电展源的表面亮度会有所上升，再结合其频谱在中低频波段随时间衰减较慢，可知在中低频射电波段将能观测到更多以及更暗的 IGM 射电展源，能更有效地开展系统性研究。

目前已投入使用的中低频设施（如 GMRT，LOFAR，MWA 等）的分辨率和灵敏度相当有限，其视场大小与分辨率相互制约，使得所能开展的巡天观测的灵敏度通常只能达到 $\sim 0.1 \mu Jy \cdot arcsec^{-2}$，显然不能满足系统地探测、分类、理解星系团 IGM 射电展源的要求（Kale et al.，2016）。同时，为研究星系团 IGM 射电展源对探测宇宙再电离信号工作的影响，需对其尽可能细致地建模。因此，我们必须在几十至几百 MHz 频段实现角秒乃至亚角秒的空间分辨率。

据此，为了有效研究星系团 IGM 射电展源，观测设备需同时满足下列要求：高灵敏度（探测暗源）、大视场（有效覆盖整个星系团以及开展快速深度巡天）、多波束（对感兴趣的多个目标进行快速的深度观测）、高空间分辨率（分辨空间结构细节）、宽频率覆盖且具备多频段（研究辐射谱型），以及高精度偏振测量（研究磁场分布）。SKA1-low 阵列的灵敏度将比目前已有设备高至少 1 个数量级（$\sim 0.01 \mu Jy \cdot arcsec^{-2}$），同时兼具高空间分辨率（$\sim 7$ 角秒）和大视场（$\sim 20 \deg^2$），是未来唯一能够为星系团 IGM 射电展源的研究提供指标保障的射电观测设备。

对于超星系团、大尺度纤维状结构中的 IGM，其射电展源的表面亮度低于星系团射电展源数倍至 1 个量级以上，因此要求更长的观测时间积累以及更高的观测灵敏度。从这个意义上讲，SKA 将能很好地保障星系团 IGM 射电展源的研究，同时也能打开研究超星系团和大尺度纤维结构 IGM 的机会之门。

4. 科学目标与研究内容

未来 10~20 年利用 SKA 阵列在几十至几百 MHz 的中低频射电波段研究各类 IGM，主要的科学目标可凝练为以下几点：

（1）对星系团 IGM 射电展源进行高精度仿真建模，研发扣除此前景成分的有效算法，扩大再电离信号探测窗口；

（2）回答 IGM 射电展源内相对论性电子从何而来，又是如何被加速的这两个关键问题；

（3）揭示超星系团、大尺度纤维状结构中的 IGM 分布，评估其射电辐射对探测再电离信号的影响，同时尝试解决重子物质失踪之谜；

（4）获得星系团 IGM 中磁场分布的详细信息，并揭示其起源与演化，理解 AGN 对星系团 IGM 的反馈机制。

与目前的 SKA 探路项目相比，SKA1-low 阵列的灵敏度将提升约 1 个数量级、空间分辨率将提升至少数倍。据此测算，通过 SKA1-low 的全天连续谱巡天和定点观测，将能发现数千个星系团射电晕，以及与射电晕数目相当的射电遗迹和微射电晕，极大地丰富星系团 IGM 射电展源数据库，非常有利于形成完备或较完备样本来开展系统性研究。利用 SKA 并结合已有的高频射电、光学、X 射线等多波段数据，将能完成下面几项工作。

（1）为探测宇宙再电离信号提供前景建模和扣除的技术支持。在低频射电波段探测宇宙再电离信号时，星系团 IGM 射电展源的辐射是除银河系辐射外，强度与河外射电源（各类 AGN、射电星系、星暴星系等）同量级的重要前景干扰源，比待测宇宙 21cm 信号强 2~3

个数量级。此外，星系团 IGM 射电展源的辐射还具有延展、强度分布和频谱形状上的复杂子结构、数目较多等特点，对待测宇宙再电离信号造成重大干扰。如何精确地扣除这一干扰成分，是目前的重大挑战。除了较为传统的小波等算法外，可采取的算法包括完全盲源分析（如独立成分分析、形态学成分分析等），以及基于弱先验信息的盲源分析（如稀疏成分分析）。这些算法对展源和点源所体现的优缺点各不相同，需要逐一测试和梳理。通过研究星系团 IGM 射电辐射，可以优化前景模型，扩大再电离信号探测窗口，更有效地约束宇宙再电离时期的参数。

（2）揭示星系团 IGM 射电展源中相对论性电子的来源和加速机制。目前，解释星系团 IGM 射电展源成因的模型主要有两个。① 初级电子模型/再加速模型：星系团并合产生的湍流或激波加速电子至相对论性；② 次级电子模型/强子模型：星系团内的相对论性质子发生非弹性碰撞而持续注入次级相对论性电子。前者能解释诸多观测结果，但是初级电子从何而来？后者能解决电子来源问题，但部分预言与观测不符。

借助 SKA 观测到的大量星系团 IGM 射电展源，并结合 X 数据，从全局和细节两方面着手，分析和理解射电晕强度分布-X 射线晕强度分布、射电晕功率-X 射线晕功率、射电遗迹–激波特征、微射电晕–冷锋、IGM 射电展源-AGN 等多项指标间的关联，由此判断和约束相对论性电子的来源和加速机制模型。

（3）揭示超星系团、大尺度纤维状结构 IGM 分布。凭借空前的灵敏度，SKA 有能力探测到来自超星系团内星系团之间的弥漫射电辐射，以及位于星系团之外的宇宙纤维状网络结构。通过研究超星系团、大尺度纤维状结构内的 IGM 分布，帮助解开重子物质失踪之谜，以及理解星系团的形成和演化与大尺度结构间的关系。同时，评估来自这些大尺度结构的射电辐射对再电离信号探测的可能影响，能够帮助进一步改善前景模型，提高再电离信号探测的可靠性。

（4）绘制星系团磁场分布，理解 AGN 对星系团 IGM 反馈的机制。通过以法拉第旋转测量结合偏振测量来研究大量背景偏振源，将能较精确地还原星系团 IGM 磁场的三维分布，了解其强度、偏振度、子结构如何分布，形成坚实的观测约束。进而开展理论和数值模拟研究，解释 IGM 磁场的形成机制和演化模式，帮助理解相对论性电子的加速机制。

时至今日，尽管学术界的主流一直相信抑制星系团 IGM 快速冷却的机制是来自 AGN 的加热，但 AGN 如何向星系团 IGM 输送能量的细节还完全不为人所知。通过综合分析 IGM 射电展源辐射、中央 AGN 活动，并结合磁场分布信息，可建立更为清晰的 AGN 反馈模型。近 10 年来在星系团这一宇宙中最大引力束缚体的气体热力学研究领域内一直缺乏有效的着力点。利用 SKA 对星系团 IGM 射电展源开展的研究，将能以大量新的观测事实为基础，极大推动这一领域的进步。

3.1.8 中国部署

宇宙黎明和再电离探测是 SKA1 的两大优先科学目标之一，在参与这一课题上，所有成员国的科学家均处在平等的地位，即我们将处在与国际同行公平、激烈竞争的国际大环境下，部署并实施中国的宇宙黎明和再电离探测战略。我们的目标和措施如下所述。

（1）主导 SKA1-low 五个定点观测的宇宙再电离区域中的至少一个天区，集中力量获取这一天区的高质量、高动态、高分辨率、高灵敏度的图像；详尽研究天区所有前景源的特性并予以剔除；应用不同前景方法去除点源、弥散源和未分辨的源；研究 SKA1 空间响应（旁瓣）和频率响应以及稳定性对图像的影响并消除；研究各种噪声和成像方法（RFI、校准、白噪声、混淆极限、反卷积噪声、格点化、加权等）对低频成像的影响；研究对比各种大视场成像的方法（三维 FFT、小视场拼接、w-term 近似等）。我们应该提前调研并提供 SKA1 应该定点实施观测的宇宙再电离天区，结合光学、X 射线、红外、射电等现有资料，排除存在复杂结构的天区（如银河系旋臂、星系团、大尺度结构、超新星遗迹、恒星形成区等），并提出 SKA1 最佳射电夜晚的观测方案。提前组织数据处理队伍，利用 21CMA、MWA 等低频射电设备进行充分培训，使得在获得 SKA1-low 的观测数据后可以高效处理，争取获得第一发现权。

（2）积极参与宇宙黎明和再电离的功率谱观测，掌握并主导其中一种关键技术，如前景去除、未分辨源的分离、三维窗口功率获取等。宇宙黎明和再电离功率谱是基于大面积天区的统计，对于实时剔除 RFI、瞬时定标校准、前景源去除、噪声抑制、仪器响应分析等都有很高的要求。同时，这项任务观测时间长、数据量大、处理过程复杂，因而均不可能由任何一个小课题组单独承担，各国团队的协作极其重要，这给我们参加这项大规模的统计测量提供了机遇和可能，只要我们掌握了其中一项或几项核心技术，我们就取得了分享数据和成果的权力。对此，我们将利用 SKA 低频探路者，如 21CMA、MWA、LOFAR 等先期获得的数据进行学习、分析，培养数据处理队伍，以尽快应对未来在 SKA1 低频阵列实施的宇宙黎明和再电离统计观测。我们注意到，SKA1 在低频进行的这项工作数据量庞大，大部分数据仅能保存在台址国澳大利亚，我们现在作为 MWA 成员国将会为未来开展 SKA1 宇宙电离的数据处理提供便利和积累经验。

（3）技术层面要做好充分准备，围绕 SKA-low 的大视场、多波束和高动态成像，我们要对现有设备实施非常有限的技术升级改造，以期尽快掌握 SKA-low 的多波束技术。我们应该避免大规模、长周期、大投资再建设所谓 SKA 探路者的思想，积极应对和迎接真正 SKA 数据的到来。我们要实质性地与 MWA、LOFAR、LWA 和 HERA 开展合作，积极主动学习、消化、掌握和发展低频射电成像与功率谱统计技术。

参 考 文 献

中国科学院. 2010. 2010 科学发展报告

Abel T, Norman M L, Madau P. 1999. ApJ, 523: 66

Ahn K, Mesinger A, Alvarez M A, Chen X. 2015. PoS (AASKA14), 1557

Ali Z S, Parsons A R, Zheng H, et al. 2015. ApJ, 809: 61

Altay G, Croft R A C, Pelupessy I. 2008. MNRAS, 386: 1931

Aubert D, Teyssier R. 2008. MNRAS, 387: 295

Aubert D, Teyssier R. 2010. ApJ, 724: 244

Baan W A, Fridman P A, Millennar R P. 2004. AJ, 128: 933

Baek S, Semelin B, Di Matteo P, Revaz Y, Combes F. 2010. A&A, 523: A4

Bhat N D R, Cordes J M, Chatterjee S, Lazio T J W. 2005. RaSc, 40(5): 1341-1355

Bowman J D, Rogers A E E. 2010. Nature, 468: 796

Bowman J D, Rogers A E E, Monsalve R A, et al. 2018. Nature, 564: E35

Bonaldi A, Brown M L. 2015. MNRAS, 447: 1973

Bregman J N. 2007. ARA&A, 45: 221

Brunetti G, Jones T W. 2014. IJMPD, 23: 1430007-1430098

Bunton J D. 2004. ExA, 17: 251

Burns J O, Lazio J, Bale S, et al. 2017. ApJ, 844: 33

Chang T, Pen U, Bandura K, Peterson J B. 2010. Nature, 466: 463

Chapman E, Abdalla F B, Harker G, et al. 2012. MNRAS, 423: 2518

Chen X, Miralda-Escudé J. 2004. ApJ, 602: 1

Chen X, Miralda-Escudé J. 2008, ApJ, 684: 18

Ciardi B, Ferrara A, Marri S, Raimondo G. 2001. MNRAS, 324: 381

Davies R D, Dickinson C, Bandav H J, et al. 2006. MNRAS, 370: 1125

de Boer D R, Parsons A R, Aguirre J E, et al. 2017. PASP, 129: 045001

de Lera Acedo E, Razavi-Ghods N, Troop N, Drought N, Faulkner A J. 2015. ExA, 39: 567

de Oliveira-Costa A, Tegmark M, Gaensler B M, et al. 2008. MNRAS, 388: 247

Dijkstra M, Sethi S, Loeb A. 2016. ApJ, 820: 15

Dowell J, Taylor G B, Schinzel F K, et al. 2017. MNRAS, 469: 4537

Ellingson S W, Clarke T E, Cohen A, et al. 2009. Proceedings of the IEEE, 97: 1421

Ellingson S W, Taylor G B, Craig J, et al. 2013. IEEE, 61: 2540

Feretti L, Giovannini G, Govoni F, Murgia M. 2012. A&ARv, 20: 54

Fialkov A, Barkana R, Visbal E. 2014. Nature, 506: 197

Finlator K, Özel F, Davé R. 2009. MNRAS, 393: 1090

Friedrich M M, Mellema G, Iliev I T, Shapiro P R. 2012. MNRAS, 421: 2232

Fryxell B, Olson K, Ricker P, et al. 2000. ApJ, 131: 273

Furlanetto S R, Zaldarriaga M, Hernquist L. 2004. ApJ, 613: 1

Ghosh A, Koopmans L V E, Chapman E, Jelic V. 2015. MNRAS, 452: 1587G

Gnedin N Y, Abel T. 2001. New Astronomy, 6: 437

Greig B, Mesinger A. 2015. MNRAS, 449: 4246

Harker G J A, Zaroubi S, Thomas R M, et al. 2009a. MNRAS, 393: 1449

Harker G, Zaroubi S, Bernardi G, et al. 2009b. MNRAS, 397: 1138

Hasegawa K, Umemura M. 2010. MNRAS, 407: 2632

Horii T, Asaba S, Hasegawa K, Tashiro H. 2017. arXiv:1702. 00193

Huang Y, Wu X P, Zheng Q, et al. 2016. RAA, 16: 36

Hurley-Walker N, Callingham J R, Hancock P J, et al. 2017. MNRAS, 464: 1146

Kale R, Dwarakanath K S, Vir Lal D, Bagchi J, Paul S, Malu S, Datta A, Parekh V, Sharma P, Pandey-Pommier M. 2016. JApA, 37: 31

Kocz J, Greenhill L J, Barsdell B R, et al. 2015. JAI, 4: 1550003

Koopmans L V E. 2010. ApJ, 718: 963

Kruip C J H, Paardekooper J P, Clauwens B J F, Icke V. 2010. A&A, 515: A78

Laakso T I, Valimaki V, Karjalainen M, Laine U K. 1996. IEEE, 13: 30

Lenc E. 2010. in Proc.Of ISKAF2010, 37

Leshem A, van der Veen A J, Boonstra A J. 2000. ApJS, 131: 355

Madau P, Meiksin A, Rees M J. 1997. ApJ, 475: 429

Mao Y, D'Aloisio A, Wandelt B D, Zhang J, Shapiro P R. 2015. PRD, 91: 083015

Maselli A, Ciardi B, Kanekar A. 2009. MNRAS, 393: 171

Maselli A, Ferrara A, Ciardi B. 2003. MNRAS, 345: 379

McQuinn M, Lidz A, Zahn O, Dutta S, Hernquist L, Zaldarriaga M. 2007. MNRAS, 377: 1043

Mellema G, Iliev I T, Alvarez M A, Shapiro P. 2006. New Astronomy, 11: 374

Mesinger A, Furlanetto S, Cen R. 2011. MNRAS, 411: 955

Middelberg E. 2006. PAS, 23(2): 64

Monsalve R, Rogers A, Bowman J, et al. 2017. ApJ, 847: 64

Mozdzen T J, Bowman J D, Monsalve R A, et al. 2017. MNRAS, 464(4): 4995

Offringa A R, de Bruyn A G, Biehl M, Zaroubi S, et al. 2010. MNRAS, 405(1): 155

Offringa A R, de Bruyn A G, Biehl M, Zaroubi S, et al. 2013. A&A, 549: A11

Paciga G, Chang T C, Gupta Y, et al. 2011. MNRAS, 413: 1174

Patil A H, Yatawatta S, Zaroubi S, Koopmans L V E, et al. 2016. MNRAS, 463: 4317

Patra N, Subrahmanyan R, Raghunathan A, et al. 2013. ExA, 36: 319

Patra N, Subrahmanyan R, Sethi S, et al. 2015. APJ, 801: 138

Pawlik A H, Schaye J. 2008. MNRAS, 389: 651

Pawlik A H, Schaye J. 2011. MNRAS, 412: 1943

Petkova M, Springel V. 2011. MNRAS, 412: 935

Planck Collaboration, Ade P A R, Aghanim N, et al. 2013. A&A, 550: A134

Prasad J, Chengalur J. 2012. ExA, 33: 157

Razoumov A O, Cardall C Y. 2005. MNRAS, 362: 1413

Razoumov A O, Norman M, Abel T, Scott D. 2002. ApJ, 572: 695

Remazeilles M, Dickinson C, Bandaw A J, et al. 2015. MNRAS, 451: 4311

Santos M G, Cooray A, Knox L. 2005. ApJ, 625: 575

Santos M G, Ferramacho L, Silva M B, Amblard A, Cooray A. 2010. MNRAS, 406: 2421

Semelin B, Combes F, Baek S. 2007. A&A, 474: 365

Shaw J R, Sigurdson K, Pen U L, et al. 2014. ApJ, 781: 57

Shimabukuro H, Semelin B. 2017. MNRAS, 468: 3869

Shimwell T W, Röttgering H J A, Best P N, et al. 2017. A&A, 598: A104

Shull J M, Smith B D, Danforth C W. 2012. ApJ, 759: 23

Singh S, Subrahmanyan R, Udaya Shankar N, et al. 2017. preprint, arXiv:1710.01101

Sokasian A, Abel T, Hernquist L E. 2001. New Astronomy, 6: 359

Sokolowski M, Tremblay S E, Wayth R B, et al. 2015. PASA, 32: 4

Sokolowski M, Wayth R B, Ellement T. 2016. arXiv: 1610.04696

Susa H. 2006. Publ. Astron. Soc., 58: 445

Taylor G B, Ellingson S W, Kassim N E, et al. 2012. JAI, 01(01): 1250004

Tingay S J, Goeke R, Bowman J D, et al. 2013. PASA, 30: e007

Trac H, Cen R, 2007. ApJ, 671: 1

van Haarlem M P, Wise M W, Gunst A W, et al. 2013. A&A, 556: A2

van Veen B D, Buckley K M. 1988. IEEE, 5: 4

Vazza F, Ferrari C, Bonafede A, Brüggen M, Gheller C, Braun R, Brown S. 2015. PoS(AASKA14), 97

Voytek T C, Natarajan A, Garcia J, et al. 2014. ApJL, 782: L9

Wang J, Xu H, Gu J, An T, Cui H, Li J, Zhang Z, Zheng Q, Wu X P. 2010. ApJ, 723: 620

Wang X, Tegmark M, Santos M G, Knox L. 2006. ApJ, 650: 529

Wang Y, Park C, Xu Y, Chen X, Kim J. 2015a. ApJ, 814: 6

Wang Y, Xu Y, Wu F, Chen X, Wang X, Kim J, Park C, Lee K G, Cen R. 2015b. PoS(AASKA14), 1473

Weber R, Faye C, Biraud F, Dansou J, et al. 1997. A&AS, 126: 161

Whalen D, Norman M. 2006. ApJS, 162: 281

Xu Y, Chen X, Fan Z, Trac H, Cen R. 2009. ApJ, 704: 1396.

Xu Y, Ferrara A, Chen X. 2011. MNRAS, 410: 2025

Xu Y, Ferrara A, Kitaura F S, Chen X. 2010. Sci China Ser G, 53: 1124.

Xu Y, Yue B, Chen X. 2017, APJ, 844: 117

Xu Y, Yue B, Su M, Fan Z, Chen X. 2014. ApJ, 781: 97

Yue B, Ciardi B, Scannapieco E, Chen X. 2009. MNRAS, 398: 2122

Yue B, Ferrara A, Salvaterra R, Xu Y, Chen X. 2013. MNRAS, 433: 1556

Yue B, Ferrara A, Salvaterra R, Xu Y, Chen X. 2014. MNRAS, 440: 1263

Zaroubi S. 2013. ASSL, 396: 45

Zhang J, Hui L, Haiman Z. 2007. MNRAS, 375: 324

Zhang L, Karakci A, Sutter P M, et al. 2016. Astrophys.J.Suppl, 222: 3

Zheng Q, Wu X P, Johnston-Hollitt M, et al. 2016. ApJ, 832: 190

Zheng H, Tegmark M, Buza V. et al. 2014. MNRAS, 445: 1084

Zheng H, Tegmark M, Dillon J S, et al. 2017. MNRAS, 465: 2901

3.2　研究方向二：中性氢巡天和宇宙学研究

陈学雷* 　冯珑珑　林伟鹏　秦　波　王　峰　王有刚　吴锋泉

张　俊　张鹏杰　赵公博　朱维善

3.2.0　研究队伍和课题概况

协 调 人：	陈学雷　研究员	中国科学院国家天文台
主要成员：	范祖辉　教　授	北京大学
	冯珑珑　教　授	中山大学
	高　亮　研究员	中国科学院国家天文台
	巩　岩　研究员	中国科学院国家天文台
	郭　宏　研究员	中国科学院上海天文台
	郭　琦　研究员	中国科学院国家天文台
	郭宗宽　研究员	中国科学院理论物理研究所
	洪　涛　助理研究员	中国科学院国家天文台
	胡　丹　副教授	北京师范大学
	黄志琦　教　授	中山大学
	李　然　副研究员	中国科学院国家天文台
	林伟鹏　教　授	中山大学
	秦　波　研究员	中国科学院国家天文台
	孙士杰　工程师	中国科学院国家天文台
	田海俊　副教授	三峡大学
	王　峰　教　授	广州大学
	王　杰　研究员	中国科学院国家天文台
	王　岚　副研究员	中国科学院国家天文台
	王　乔　副研究员	中国科学院国家天文台
	王　涛　博　士	南京大学
	王　鑫　博　士	中山大学
	王有刚　副研究员	中国科学院国家天文台
	王钰婷　副研究员	中国科学院国家天文台
	吴锋泉　副研究员	中国科学院国家天文台
	夏俊卿　教　授	北京师范大学
	张　骄　博　士	山西大学
	张　俊　教　授	上海交通大学
	张　乐　副教授	上海交通大学
	张　鑫　教　授	东北大学

---

* 组稿人。

张巨勇	教　授	杭州电子科技大学
张鹏杰	教　授	上海交通大学
赵公博	研究员	中国科学院国家天文台
朱维善	讲　师	中山大学

联　络　人：　陈学雷　研究员　　　中国科学院国家天文台 xuelei@bao.ac.cn

研究内容　使用 SKA1-mid 阵列和 SKA1-low 阵列开展中性氢星系巡天和流强图像巡天、河外连续谱射电源巡天、引力透镜巡天。通过理论分析和数值模拟，研究中性氢分布及其 21cm 信号特点以及在宇宙学上的应用，并结合射电源计数和 SKA 的引力透镜观测，揭示宇宙大尺度结构的分布特征和演化，研究暗能量、暗物质的性质，宇宙极早期的暴胀过程，检验修改引力理论，测量中微子质量等。

技术挑战　对中性氢流强图像巡天来说，与宇宙黎明和再电离探测的情况类似，需要从前景辐射和热噪声中提取出微弱的中性氢信号。弱引力透镜观测也需要非常精密且可控的成像方法，结合望远镜实际情况，发展观测设计、精密定标校准和数据处理方法，包括：① 增益、偏振、波束等的高精度定标校准；② 干扰和前景辐射的识别与去除；③ 高动态、大天区范围成图和精密测量功率谱等统计量；④ 海量数据处理；⑤ 对干涉阵可视度数据的引力透镜分析等。

研究基础　我国已自主建成国内的 SKA 探路者天籁实验阵列和世界最大的单天线望远镜 FAST，可以对许多重要的技术和数据处理方法进行实验、积累经验，掌握了 RFI 识别、定标校准、射电成像、前景减除等主要数据处理方法，积累了巡天观测数据处理经验。通过国际合作，在相关领域也积累了经验和培养了人才。我国学者在宇宙微波背景（CMB）辐射、星系大尺度结构、引力透镜等研究中提出和发展了多种数据处理方法，使用国外公开发表或合作获得的数据取得了许多科学成果。

优先课题　① 中性氢功率谱和重子声波振荡（BAO）测量。精确测量中性氢的功率谱，利用其中的重子声波振荡信号，精确测量宇宙距离和膨胀速度，探测暗能量、暗物质，测量中微子质量等。深入研究和参与 SKA1 利用干涉阵和单天线模式进行中红移的中性氢流强图像巡天及中性氢星系的方法、策略和误差来源，以及减除前景的数据处理方法。② 宇宙学原理和原初非高斯性及检验。宇宙学原理即宇宙在大尺度上是均匀各向同性的，是宇宙学研究广泛使用的基本假设；许多非暴胀起源模型、相互作用暴胀场模型等预言宇宙原初扰动可能有很强的非高斯性，因此对宇宙学原理和原初非高斯性的检验对于探索宇宙起源有极重要的意义。参与 SKA1 巡天观测，通过多种观测手段对原初非高斯性进行检验，包括各种互相关函数或功率谱、高阶相关函数或功率谱、闵可夫斯基泛函、引力透镜统计、星系团统计，以及针对 CMB 冷斑和热斑方向的观测等。

预期成果　① 测量再电离后时期不同红移的中性氢功率谱；② 通过中性氢和连续谱观测，用星系计数、互相关等多种方法，对宇宙学原理和原初非高斯性进行大范围、高精度的检验。

3.2.1　巡天设计

SKA 的观测将包括若干具有多方面科学目标、占用时间较多的大型巡天观测，以及针对特定天体、使用较少时间的自由申请观测。对于宇宙学研究而言，前者往往更为重要。SKA1 包括中频阵 SKA1-mid 和低频阵 SKA1-low（原来还有类似中频阵的巡天阵 SKA1-sur, 因经费限制目前暂不启动）。其中，SKA1-low 由阵子天线组成阵列，观测频带为 50~350MHz，主要针对宇宙再电离研究，其巡天观测也可用于高红移宇宙大尺度结构研究。SKA1-mid 是由单馈源碟形天线构成的阵列，目前打算建设 133 个 15m 碟形天线，加上 MeerKAT 需要建设的 64 个碟形天线，共计 197 个口径大概 15m 的碟形天线，频率覆盖 350MHz~14GHz，其中目前拟首先配备的馈源和接收机是频带 1（350~1 050MHz）、频带 2（950~1 760MHz）和频带 5（4.6~13.8GHz）。与宇宙学研究关系密切的中性氢和连续谱巡天观测将主要使用其中的频带 1 和频带 2。

　　由于观测时间是有限的，SKA 将设置几个不同深度和广度的大型巡天，可用于不同的科学领域研究。大体上将包括：① 全天（南半球可见天区）或大部分天区（10 000~31 000deg^2）的大面积巡天；② 兼顾面积和深度（500~1 000deg^2）的中深度巡天；③ 20~40deg^2 的深场巡天。目前，最终的巡天方案还没有确定，几种可能方案见表 3.2.1。

表 3.2.1　五种通用巡天的几个可能方案

（取自 SKAO Science Team: "SKA1 Generic Surveys", SKA-SCI-GSR-001）

巡天	频率/MHz	面积/deg^2	时间/h
Mid-A	950~1 760	31 000	8 000
Mid-A1	350~1 050	15 000	8 000
Mid-A2	950~1 760	20 000	8 000
Mid-B	950~1 760	500	4 000
Mid-B1	950~1 760	1 000	4 000
Mid-C	950~1 760	20	2 000
Mid-C1	950~1 769	40	2 000
Mid-D	4 600~13 800	480/Gal	2 000
Low-A	50~350	31 000	10 000

　　对宇宙学研究而言，所考虑的巡天主要包括中性氢巡天和连续谱巡天。中性氢巡天又包括星系巡天和强度映射巡天，连续谱巡天则包括普通的连续谱巡天和弱引力透镜巡天。

　　1）中性氢星系巡天

　　这是最传统的中性氢巡天方式，SKA 作为干涉阵具有较高的角分辨率，它可以准确地得到每个星系的红移和其内的中性氢分布。但是，由于中性氢的谱线信号比较弱，探测的红移和星系数量相对来说比较低。目前除个别例外，只探测到红移 < 0.2 的一些星系。在 SKA1 阶段，中性氢星系全天巡天预期将把红移深度提高到 0.5 左右，探测到 5×10^6 个中性氢星系，而深场巡天则可观测到更高红移的星系，用于研究星系的红移演化。未来 SKA2 的规模是 SKA1 的 10~15 倍，可完成红移 < 2 的中性氢星系巡天，探测到 9×10^8 个中性氢星系。与现代的大型光学星系红移巡天（如 SDSS、DESI 等）相比，上述 SKA1 的中性氢星系全天巡天深度较低，但它反映的将是星系中的冷气体（中性氢）成分，而光学巡天主要反映的是星系中的恒星成分，因此这种巡天可与光学星系红移巡天进行对照分析。

　　2）中性氢强度映射巡天

　　为了提高中性氢巡天的深度，研究中性氢大尺度结构，可采取低角分辨率的中性氢强度映射（Intensity Mapping, IM）巡天。这种巡天的每个像素中包含许多星系，通过观测每个像素内所有星系中性氢辐射的整体积分效应，获得中性氢大尺度（远大于像素尺度）上的分布。这种巡天不需要很高的角分辨率，只需达到探测大尺度结构中的重子声波振荡或其他感兴趣的特征尺度即可。强度映射巡天具有较快的巡天速度，较短时间内就可达到很大的巡天体积，通过重子声波振荡、红移空间畸变等，可以敏感地限制暗能量和修改引力的模型，另外，也可用于研究在超大尺度上的物理，如空间曲率、原初非高斯性的精确测量、暴胀模型限制、中微子质量测量等。图 3.2.1 为目前和未来一些巡天的巡天体积的比较。

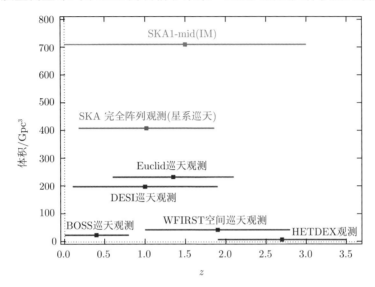

图 3.2.1 目前和未来一些巡天的巡天体积的比较（Santos et al., 2015）

SKA1-mid（IM）就是指中性氢强度映射巡天

但是，与专门设计用于进行强度映射巡天的天籁、CHIME、HIRAX 等实验相比，SKA 要兼顾多种应用并实现高角分辨率，因此 SKA1 的短基线较少，难以完全靠使用干涉模式进行强度映射巡天。为此，拟采用单天线模式进行强度映射巡天，即将 SKA1 阵当作约 200 个单独天线使用，为此，SKA1-mid 需提供天线自相关数据（通常的干涉成像中只使用互相关而不用自相关数据）。同时，可利用干涉数据成图所得的点源进行流量定标。这种观测模式如能成功，将使 SKA1-mid 在宇宙学研究中发挥重要作用，但此前这种模式没有实际观测的先例，其可行性有待验证。我国的天籁阵、FAST 均将强度映射观测作为重要的科学目标，而且在过去几年中也使用美国 GBT 望远镜、澳大利亚帕克斯（Parkes）望远镜进行了单天线强度映射巡天实验，有较好的积累和实验基础。

3）连续谱星系巡天

河外星系的射电连续谱辐射主要来自宇宙线电子在其磁场中运动时产生的同步辐射，而这些宇宙线电子主要来自恒星形成和 AGN 吸积过程。同步辐射在低频相当明亮，频谱为幂律型，不易被尘埃影响且便于做 K-改正，因此很方便进行计数巡天，但由于频谱上没有什么特征，其红移不容易确定。SKA 的全天连续谱巡天探测极限可达微央斯基的水平，这将产生一个红移分布宽广、密度高的源表，据估计 1（10）μJy·rms 的源面密度可达 $6.5（1.2）\times10^{4}\mathrm{deg}^{-2}$。

利用这一射电源表，可以利用多示踪物（multi-tracer）互相关，限制原初非高斯性和引力模型，也可以测量可见宇宙中物质分布的偶极矩，检验宇宙学原理，这些独特的科学应用都被列入 SKA 的优先科学目标。SKA 用单天线（SD）和干涉仪（Int）模式观测的垂直视线方向波数和红移如图 3.2.2 所示。图 3.2.3 为 SKA 连续谱星系巡天观测物质大尺度分布偶极矩示意图。

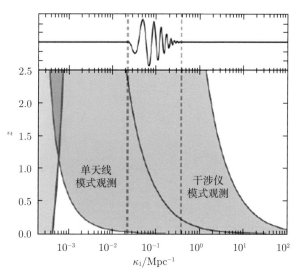

图 3.2.2　SKA 用单天线 (SD) 和干涉仪 (Int) 模式观测的垂直视线方向波数和红移

图 3.2.3　SKA 连续谱星系巡天观测物质大尺度分布偶极矩示意图

4）弱引力透镜巡天

利用连续谱巡天获得的高面密度射电源作为背景源，也可以进行弱引力透镜重建。弱引力透镜巡天本质上与连续谱巡天相同，但在其数据处理方面，为了从源的变形精确测量剪切场，与一般的成像观测相比有一些不同的要求，因此单独作为一个巡天。1μJy·rms 的巡天所获得的源面密度（∼20 角分 $^{-2}$）与同期的光学弱引力巡天相比，具有相当好的竞争力和互补性。到 SKA2 阶段，在 1GHz 频率的灵敏度可以达到 100nJy，面密度将超过 Euclid。另外，由于射电波段的点扩散函数是可以解析预言的，从极化和 HI 旋转曲线中还可以得到星系内禀椭率相关性（intrinsic alignment）附加的信息，因此有助于降低最终制约测量精度的系统误差。

我们要研究理清 SKA 各种巡天在宇宙学方面的科学目标和应用，影响精度的关键因素和误差来源，以及数据处理的特点，参与其巡天设计。

SKA 巡天将是其宇宙学研究的主要数据来源，而考虑到有限的总观测时间，这些巡天很可能是根据 SKA 望远镜的特点和科学目标进行综合设计，由多国团队合作共同进行，并按照技术专长进行任务分工。我们需要尽早投入力量积极参与，才能在该项研究中取得主动。

3.2.2　数据处理

SKA 的宇宙学观测中，中性氢强度映射观测与再电离时期的观测类似，需要考虑远大于 21cm 信号的前景辐射减除处理，这是一个很大的挑战。所采用的处理方法，与 3.1.5 小节中所讨论的方法类似，这里就不赘述了。不过中频波段与低频波段相比，电离层的折射较弱，碟形天线本身也有视场限制，而且相比再电离时期而言，我们对再电离后的中性氢分布理论也更有把握。因此，这部分的观测和数据处理难度可能会稍低于再电离观测。另外，弱引力透镜信号的处理，与一般成像处理不同，对像素的剪切变形非常敏感，这将在 3.2.7 小节中讨论。下面讨论一般的成像处理。

SKA 属于射电综合孔径望远镜，在数据处理中，SKA 的成像过程与常规的方法一致，通常包括：① 数据的标记（flag），识别出其中有干扰或其他问题的数据；② 数据的定标校准；③ 将 uv 平面上曲线分布的可视化函数数据栅格化，以便进行傅里叶变换；④ 综合成像，包括使用 CLEAN 或其他退卷积算法消除波束影响，获得洁图。

考虑到 SKA 空前的数据量与处理要求，当前的成像处理要满足科学研究的要求，重点需要开展：① 观测数据的归档与存储技术，满足科学数据中心的建设要求；② 实时（或高性能）数据自主标记技术的研究，自动剔除有问题的可见度数据，满足后续数据处理的要求；③ 大尺寸（> 2^{16} 像素）Gridding 算法与子块处理方法研究；④ 大视场成像算法与对比研究，系统研究当前在大视场成像中 A Projection、A Projection/W Stacking、AW Projection、Faceting、Snapshot imaging、W Stacking 和 w-projection 等方法，研究可能的最优结果；⑤ 并行 CLEAN 算法相关研究，在传统的 GPU, MPI 并行方法上，探索新一代分布计算框架的实现方法；⑥数据处理 PIPELINE 的实现，以满足科学数据中心数据要求。

SKA 的成像处理存在巨大的挑战。如果要达到 SKA 的科学目标，则 SKA 成像需要具有 10^7 的动态范围，与当前已有的 JVLA、LOFAR 等望远镜不同，SKA 成像中必须改正所有会影响成像的因素。此外，与一般的干涉仪成像不同，SKA 大视场成像仍存在一系列的问题。为了 FFT 的处理过程需要，需要进行网格化处理。SKA 成像网格可能需要大至 $2^{16} \times 2^{16}$（即 64 000×64 000），在这样大的范围下，FFT 存在问题，需要进行划分子块进行处理。此外，对表 3.2.2 中的算法在高性能并行计算中的可用性仍存在诸多讨论。总体来看，SDP 的科学数据处理将极大地推动信息技术的发展，同时 SDP 的数据处理也存在巨大的挑战。

表 3.2.2　处理宽视场成像的一些不同算法

方法	算法基本原理	内存	CPU
A Projection	在傅里叶空间里通过天线束来卷积	低	低
A Projection/ W Stacking	在傅里叶空间中，改正图像或天线束的相位平面	高	低
AW Projection	天线束与相位平面在傅里叶空间中卷积	低	高
Faceting	将天空分解为若干小的、可以适用 FFT 的区域	低	高
Snapshot imaging	将数据分成若干时间块，视每一块中当 uv 插值到同一图像平面时 w 是线性变换的	低	高
W Stacking	在图像空间中，应用 w-dependent 相位平面相乘	高	低
w-projection	在傅里叶空间中，用 w-dependent 相位平面卷积	低	高

我国已经建造了多台综合孔径射电望远镜，在数据处理方面有着几十年的算法和软件研发过程，以及丰富的实践经验；21CMA、天籁、明安图日像仪等综合孔径射电望远镜项目，在数据处理方面也具有一定的基础。

3.2.3　数值模拟

为了评估 SKA 所能取得的观测效果和科学成果，设计其观测策略和数据处理流程，比较观测与力量预言，分析其可能的统计和系统误差，必须对其观测进行多种数值模拟。数值模拟有不同的目的和逼真程度，有的侧重对天体特性的模拟，有的则侧重对观测过程的模拟。本小节主要讨论对宇宙再电离后的大尺度结构及其 SKA 观测的模拟。

微小的原初密度涨落被引力不稳定性所放大，最终形成不同尺度上的宇宙网络和暗物质晕等结构，气体被吸积到暗晕中，经历激波加热、气体电离，然后再经由辐射冷却，最后以冷气体流的方式进入暗晕中心。由于角动量守恒，冷却的气体会形成气体盘，不稳定性导致气体云分裂、坍缩而形成恒星。在大质量恒星演化的晚期，由于辐射和超新星爆炸，会有大量的气体和金属被反馈到恒星际介质中，部分气体甚至被抛射到星系外围，星系的形成与演化就是由这些过程决定的。但是这些复杂的物理过程的很多细节并不清楚，主要原因是缺乏对冷气体的主要成分 HI 的观测。因此，中性氢的 21cm 辐射，不仅是探测宇宙早期再电离时期的最有效探针，同时在理解从星际介质的小尺度物理到星系大尺度动力学上也具有独特的作用。在即将到来的 SKA 时代，从银河系及近邻星系的细致观测和大样本统计，到高红移星系的深度研究，将为一些重要科学问题，特别是中性氢的生命周期问题的解决提供契机。这主要包括中性氢在宇宙网络中如何分布和演化，星系如何从星系际介质中获得气体，它们之间又如何相互影响，星系中的恒星形成过程如何被气体吸积所控制，恒星形成的反馈作用如何影响星际介质，AGN 的反馈作用等。而在更大尺度上，我们更为关心大尺度环境特别是星系相互作用对气体的影响。借助 SKA 的强大观测能力，结合包含重子物理的流体力学模拟研究，我们期待在这些问题的回答上取得显著的进展。也只有更好地理解这些问题，才能获得准确的宇宙学精密测量结果。

宇宙中不同尺度上 HI 的分布的研究一般借助数值模拟和半解析模型。关于半解析模型研究部分，可参考 "HI 星系动力学和星系演化"，这里对数值模拟工作进行介绍，包括星系、星系际介质，以及 SKA 观测的模拟。

1. 星系形成模拟

现有的宇宙学模拟多采用多体模拟+半解析模型，但多体模拟只能得到暗物质分布，得不到星系的具体物理性质，而且在暗晕中心等区域也需要考虑占主导的重子物质过程的影响。因此，在星系形成模拟中都采用包含了气体和恒星形成的流体动力学模拟方法，同时自洽地计算暗物质结构形成、气体激波加热与冷却、恒星的形成与反馈，甚至加入 AGN 反馈。这类模拟中，对气体物理的处理，一般都采用平滑粒子流体动力学（SPH）的方法，如 Gadget2。但这种模拟一直存在各种问题：一方面，各种重子过程和恒星演化都是亚网格（subgrid）的、参数化的，不一定物理，参数也未必合理；另一方面，由于模拟精度不足或者对气体物理过程缺乏了解，一直无法重现盘星系的形成。最近，采用移动网格（moving mesh）技术或者优化的 SPH 技术，星系形成的直接模拟取得了突破性进展，例如，ILLUSTRICS（Vogelsberger et al.，2014）和 EAGLE（Schaye et al.，2015）模拟，终于在高分辨宇宙学流体模拟中重现了盘星系的形成、星系的结构形态分布和中性氢质量函数等，图 3.2.4 中给出了 ILLUSTRICS 模拟得到的星系形态。这些模拟计算量巨大，并且还存在一些问题，例如，重子反馈过程不够有效，小质量星系的分辨率不够，所预言的星系光度函数与观测结果不符等。单个暗晕的高分辨流体数值模拟，例如，NIHAO 模拟（Wang et al.，2015），提供了更高精度的结果，可以用来更加细致地研究星系中的恒星形成和气体分布，但无法用于产生大规模巡天的模拟样本。

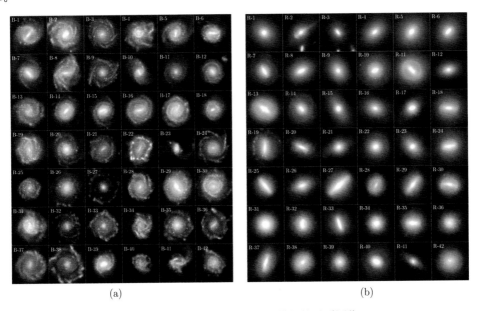

(a)　　　　　　　　　　　　　　　(b)

图 3.2.4　ILLUSTRICS 数值模拟的星系图像

(a) 蓝星系；(b) 红星系

当前科学上一个关键问题是高红移星系盘的形成。流行的星系形成理论图像是首先通过吸积形成盘星系，然后通过星系并合，发生大规模的星暴，并最终停止恒星形成，形成球状恒星系统。虽然星系并合确实发生，但最近的高红移观测和相应的理论表明，并合并非是完成星系和恒星形成的主要方式。高红移星系盘尽管在其形态上类似低红移星系盘，但在物理性质上有显著差异。数值模拟表明，星系并合并不能产生我们所期待的转动盘的型态和运动学性质。高红移处并合诱发恒星活动的典型例子是亚毫米波星系，但其密度显著低于恒星形成星系。理论上需要回答剧烈恒星活动是如何在高红移（$z \sim 2$）星系盘上发生的。

对孤立盘的模拟由于缺少大尺度的气体供给，限制了对向中心核球迁移和并合等过程的跟踪；而宇宙学尺度上的模拟缺乏足够的分辨率，无法给出盘的分裂图像。不过，如上所述，随着自适应网格技术的引入，相关模拟工作已获得关键性的进展，对核心物理的了解也更为深入。我们拟用超级计算机，直接模拟更大宇宙体积星系的形成和演化，并运用到 SKA 的模拟研究中。

2. 星系际介质模拟

1）背景

重子物质约占宇宙临界密度的 4.9%，其中一小部分目前为星系中的恒星和气体成分（~10%），其余大部分位于星系际空间，即星系际介质。星系际介质的分布与宇宙密度扰动增长、再电离等演化密切相关，星系际介质既为星系形成提供气体来源，又接收星系风、AGN 等反馈作用（Meiksin, 2009）。迄今为止，对星系际介质分布及结构的观测，几乎都来自于类星体光谱的 Lyα 吸收。SKA 射电望远镜阵，以及 LOFAR 等设备的投入使用，将为星系际介质的观测开启潜能巨大的全新窗口。对于再电离时期，请参考 3.1.2 小节，这一小节主要讨论中低红移时期（主要为红移 2 以下）的星系际介质分布与模拟。

在中低红移，宇宙学流体模拟研究认为星系际介质主要分布在宇宙网络（cosmic web）的纤维状（filaments）与墙状（walls/sheets）结构中，其密度明显低于星际介质密度（Cen and Ostriker, 1999; Dave et al., 2001）并被紫外背景辐射高度电离，但这些结构尚未被观测所发现。近年来有研究提出，约一半的星系际介质位于星系所在暗物质晕维里半径内，与星际介质紧密作用，又称为 CGM（Circum-Galactic Medium）。根据数值模拟与中性氢柱密度探测极限联合分析，SKA 预期可以探测到红移 2 以下的 CGM 成分，且有可能观测到纤维状等大尺度结构（Popping et al., 2015）。然而，目前已有的星系际介质及 CGM 模拟结果存在明显的不确定性。这将对巡天策略选择，以及与后续观测数据进行对比分析有不可忽略的影响。例如，对于纤维状结构中的密度分布，近两年模拟所得典型密度为宇宙平均密度的 5~6 倍，低于通常解析研究和部分早期模拟中的 10~30 倍；而纤维状结构的长度、半径等尺寸，受到模拟区域大小、分辨率的显著影响（Cautun et al., 2014）。

2）研究内容

为获得高精度的 IGM 与 CGM 中性氢分布，需要开展高精度的数值模拟研究，考察上述物理过程与数值因素对星系际介质属性的影响，来优化观测方案。具体问题与内容如下所述。

（1）星系际介质中的大尺度湍流。

Shandarin 和 Zeldovich（1989）在早期研究宇宙结构形成时就意识到，在非线性扰动区重子物质的扰动演化与无碰撞粒子类似，其动力学性质非常类似于不可压缩流体中惯性区完全发展的湍流，然而不可压缩流体和宇宙重子物质的动力学在本质上是不同的。为了理解这种内禀上可能的联系，我们曾证明重子流体的增长模式可以用随机力驱动的 Burgers 方程来描述，可在大 Raynolds 数情况下诱发 Burgers 湍流。另一方面，自 Kolmogorov 在 1941

年提出湍流的间隙性标度关系以来，湍流理论的一个最重要近代发展是推广的广义标度律，发展湍流的间隙性由它的奇异耗散结构的 Hausdorff 维数和间隙指数的等级关系决定。借助高精度宇宙学数值模拟样本，已经证实这在宇宙重子物质中同样成立，且其 Hausdorff 维数为 1，这意味着宇宙重子物质的奇异耗散结构为二维薄片，即 Zeldovich 预言的薄饼片状结构。该结果也说明大尺度上重子物质处于一种准平衡态，并与宇宙学模型无关。利用高分辨暗物质–流体混合型宇宙学数值模拟，可以细致分析宇宙网络中气体的运动学和空间分布特征。近期的研究工作表明，如果以质量比例作为标准，在红移 $z \sim 2$，宇宙将经历从二维薄饼主导到一维纤维状结构主导的转变。红移 $z \sim 2$ 是星系形成和演化的重要时期，星系中的恒星形成同时经历了气体冷–热吸积模式的转变。显然，吸积模式和气体分布环境的相关性对理解星系的形成和演化具有关键性的作用。

在结构形成的引力坍缩框架中，重子物质的速度旋度场不能由引力场产生，但可以通过弯曲激波产生，而在星系团尺度的引力坍缩过程中，气体中激波的产生是必然的。旋度场会通过级联过程逐步分裂成小尺度的涡丝结构，并且最终发展成大尺度的湍流。湍流中的随机速度场对大尺度的物质输运和能量耗散过程以及引力成团将产生显著的影响。湍流的产生有其重要的宇宙学应用：① 随机速度场产生的湍流压将阻止重子物质的坍缩，并随着尺度的减小而增强，这将导致小尺度上物质的重子比例偏离核合成给出的原初比例；② 湍流压并不改变星系际物质的状态方程，但直接影响类星体的 Lyα 吸收线的线宽，这将有助于解释观测得到的 HI 和 HeII 的线宽比；③ 湍流运动增强物质、动量和能量的输运，湍流的能量最终耗散为热运动，并改变非线性成团物质中的能量平衡方案，为解决过冷却（over-cooling）问题提供了一个可能的机制；④ 星系团尺度的湍流是宇宙线加速的重要机制，它与弥漫射电辐射有关；⑤ 有观测证据表明，星系团外围偏离流体静力学平衡，而非热压所占比例可能高达 50%，其重要来源就是大尺度湍流，它同时是导致星系团质量估计中出现偏袒的原因；⑥ 湍流中的涡丝结构可以放大宇宙中的磁场种子，一个可能的后果是磁场强度与重子比例反相关，等等。正因为如此，宇宙大尺度湍流的大规模数值模拟目前受到越来越多的关注，并成为星系形成和演化、宇宙大尺度结构研究的热点，而在观测上，对星系中中性氢气体分布和速度场的高分辨率观测，特别是对星际介质和星系大尺度湍流结构的精细解析，无疑将对理解相关问题提供有价值的线索。

（2）纤维状与墙状结构的形成与追踪。

星系形成的标准热吸积模型在解释星系的演化特征时遇到了本质上的困难。而近年来数值模拟和分析模型指出，更为合理的气体来源是通过宇宙网络中纤维结构的冷气体流获得的。对暗晕中维里激波的流体稳定性的分析表明，存在一个临界暗晕质量 M_{shock}，当暗晕的质量 $M < M_{shock}$ 时，冷气体流在暗晕内不能形成稳定的激波，而直接落入星系盘上，这种冷气体吸积模式提供了星系盘上恒星形成的最有效方式。数值模拟发现，这种冷流吸积模式可能非常普遍。在高红移处，由于致密的纤维状气体流的存在，气体晕中存在着密度落差高对比的区域，高密度以及快速的辐射冷却使得激波不易形成和传播。这种致密的纤维状气体流连接了中心星系的外围和下落的重子物质。而在低红移的时候，情况发生了变化，虽然气体流中最致密的部分在维里半径内还存在，但是在暗晕的更内部这些气体已经被激波加热到维里温度，最终的结果是冷吸积和热吸积共同存在以供应星系的气体盘。冷流模型对观

测得到的星系分布的双峰性和过渡特征提供了一个更为自然的解释。

纤维状和墙状结构的形成过程，对应于从弱非线性到中高度非线性过程的演化，这些结构对周围物质的吸积会激发强弱不一的激波产生。能否精确捕捉这些激波的形成与发展，将影响相关结构中 IGM 的密度、温度等物理属性（Zhu et al., 2013），改变中性氢柱密度分布的统计特征。纤维状与墙状结构的统计特征，依赖于密度扰动发展，随红移而演化。宇宙学参数取值、模拟区域大小、分辨率等因素均会影响模拟中密度扰动的增长过程。相关数值模拟与 SKA 观测对比，将有可能揭示中低红移所谓"消失的重子物质"之谜（Fukugita and Peebles, 2004; Shull et al., 2012）。

（3）星系从 IGM 与 CGM 中的吸积过程和反馈作用。

Kereš 等（2005）与 Dekel 等（2009）基于模拟与解析分析提出，星系从 IGM 及 CGM 中吸积气体时，同时存在冷、热两种成分。这一模型较传统热吸积模型能更好地解释星系双峰分布等观测。然而，目前尚未有冷吸积流以及团块（clumpy）吸积的直接观测证据。上述模型并未考虑星系的大尺度环境因素；使用的光滑粒子流体及自适应网格等方法均是对高密度区域实现高分辨解析，与中低密度区域的分辨率并不匹配，而激波形成，加热与冷却等过程对分辨率敏感，因而上述模型中的冷吸积流的可靠性与持续性需要进一步数值模拟研究检验。SKA 对星系附近的中性氢分布观测，将检验 Kereš 等与 Dekel 等的吸积模型，同时为其他潜在的吸积模型提供机遇。

星系中恒星形成的反馈及 AGN 作用会改变 IGM 和 CGM 的物理属性，除密度、速度、温度外，还有金属丰度，因而影响 IGM 和 CGM 中性氢柱密度分布。因目前星系宇宙学流体数值模拟的最高分辨率尚远大于恒星与 AGN 尺度，相关反馈过程均是通过亚网格的人为经验公式实现，以符合观测所得的星系恒星质量函数等整体统计性质。但单一的反馈模型，往往难以同时匹配不同红移或不同的统计性质（Oppenheimer and Dave, 2006; Stinson et al., 2006）。SKA 对星系附近的中性氢分布观测与数值模拟的对比，将有力地揭示反馈过程的图像。

3）方法手段

围绕以上研究内容，需要基于 SPH、MUSCL、PPM、WENO（Feng et al., 2004）等格式，继续发展高精度流体与引力数值求解方法，以及相应的高效率并行程序；利用大尺度高精度宇宙流体数值模拟，追踪不同宇宙环境中星系际介质的动力学过程与热历史；在此基础上，通过再模拟（resimulation），模拟星系际介质与星系的吸积与反馈相互作用。将 SKA 与其他射电观测，以及多波段数据结果对比，检验优化模型。预期相关模拟要求为：大尺度模拟，区域大小为 200~500Mpc，分辨率 < 100kpc；再模拟，区域大小为 10Mpc，分辨率为 2.5 ~ 5kpc。

3. 模拟观测

SKA 的中性氢巡天包括 HI 星系巡天和 HI 的强度映射巡天，计划观测到 10^9 个（SKA1 中约为 10^6 个）HI 星系以及中性氢的大尺度分布图像（Blyth et al., 2015）。从中性氢的 21cm 辐射到经过 SKA 多个天线相干得到的图像，是一个非常复杂的过程，如何估计观测极限和系统误差，如何与理论预言结果比较并限制理论模型，这些都需要利用数值模拟以及模拟观测来进行系统性的研究，并为系统设计和调整提供参考。下面介绍目前 SKA 中性氢星系巡天产生模拟图像的过程（Klöckner et al., 2010）。

根据 SKA 的设计，在 21cm 波段，其系统等效流量密度（System Equivalent Flux Density, SEFD）为

$$\text{SEFD} = 2kT_{\text{sys}}/\eta A$$

其中，η 为天线综合孔径效率。这样，图像的灵敏度为

$$\Delta t = \text{SEFD}/[N(N-1)N_{\text{Stokes}}t\Delta\nu]^{1/2}$$

其中，N 是天线数目；N_{Stokes} 是斯托克斯参量数目；t 是积分时间；$\Delta\nu$ 是频带宽度。

1）SKA 模拟观测

一个理想的图像模拟，是从天文观测源的信号出发，通过单个天线增益放大得到电流信号，并经过多个天线信号相干涉后形成图像。这个过程非常复杂，而且计算起来非常昂贵。一个可行的替代做法是，利用相干观测模拟来定义实用的观测灵敏度极限，并与理论估算结果比较。图 3.2.5 给出了 SKA 图像模拟的步骤概况。

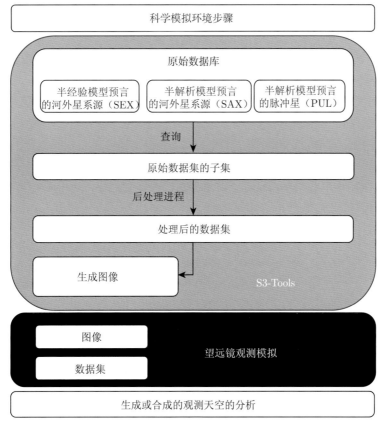

图 3.2.5　SKA 图像模拟的步骤概况图

在图 3.2.5 中，灰色的盒子展示了产生理论射电天图的步骤，这些结果可以作为望远镜模拟包（黑色盒子）的输入。望远镜模拟包将利用射电天图产生系列模拟观测数据，并用于最后的分析和处理。在图中，SEX、SAX、PUL 分别表示半经验模型预言的河外星系源、半

解析模型预言的河外星系源和脉冲星。复杂形态的源,例如,全天空模型(global sky model)以及宇宙早期再电离(Epoch of Reionization, EoR)信号都作为图像,以备使用。

SEX 源只提供了红移 20 以内的、$(20×20)$ deg^2 天区内的河外星系的射电辐射连续背景,而不包含每个星系的内部信息。这里包括了 5 种射电源:射电宁静 AGN(36 132 566 个源,1 个核)、射电噪 FRI 类 AGN(23 853 132 个源,1 个核和 2 个射电瓣)、射电噪 FRII 类 AGN(2345 个源,1 个核,2 个射电瓣和 2 个热斑)、宁静恒星形成星系(1 个盘,207 814 522 个源)、星暴星系(1 个盘,7 267 382 个源)。SAX 源包括了运用星系形成的半解析模拟,并利用 Millennium(千禧年)数值模拟(Springel et al., 2005)结果(两种盒子的大小分别是 500 Mpc/h 和 62.5Mpc/h)产生的星系样本,其中的冷氢(HI 加 H_2)质量大于 $10^8 M_\odot$。在红移 1 处,这两个模拟盒子对应的视场(FoV)大小分别约为 $(12×12)$ deg^2 和 $(96×96)$ deg^2(取 $h = 0.73$);在红移 2 处,对应的视场大小分别变小为 $(7.5×7.5)$ deg^2 和 $(60×60)$ deg^2。这个盒子的数值模拟结果,已经不太适合用于产生未来 SKA2 中性氢星系巡天(约 3/4 全天天区)的输入星表,那需要体积巨大的数值模拟。

同时,由于目前的处理软件是利用 AIPS 来处理图像的,数组的大小受限为 255 个元素,因此,必须把图像分解成多个小图像进行处理,计算量很大。目前阶段,完成一个大视场的模拟观测图像不太现实,也没有必要。但是在未来的 SKA 模拟观测中,有必要采用一个大规模的星系数值模拟,来产生输入图像并进行模拟观测处理。需要指出的是,在以上的模拟观测中,并没有考虑天空背景噪声。在实际的模拟观测中,需要加入一个高斯噪声。给定一个探测灵敏度,如 3μJy,如果需要 3σ 探测,则需要加入 1μJy 的背景噪声。低于该探测极限的信号源,将无法被探测到。

图 3.2.6 是 1999 年 SKA 科学白皮书中(Taylor and Braun, 1999)给出的一个模拟得到的哈勃深场中的 21cm 射电图像,其中,射电源是从 1μJy 以上的已知源中抽取的,积分时间为 8h,5σ 的探测极限达到 100nJy。这个模拟图像中,包含 2 700 个源。图中,蓝色的是星暴星系,而红色的是射电星系和 AGN。

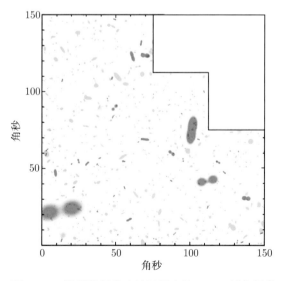

图 3.2.6 模拟得到的哈勃深场中的 21cm 射电图像

2）适用于 SKA 中性氢星系巡天的宇宙学数值模拟

Blyth 等（2015）列出了 SKA 的灵敏度极限，并建议了几个 SKA1 巡天计划，其中的 SKA1 浅度巡天面积大约为 10 000deg^2，角分辨率为 10 角秒。而 Popping 等（2015）建议的 SKA1-mid 的 HI 巡天，面积达到 20 000deg^2，角分辨率为 15 角秒，巡天累计 1 0000h，预计可以探测到 55 万个 HI 星系。如果该巡天的最高红移达到 $z = 0.5$，要求宇宙学多体数值模拟盒子边长至少达到 413Mpc/h（$h = 0.73$）。同时，如果要求分辨中性氢质量达到 $10^7 M_\odot$ 的星系，其暗晕最小质量需要达到 $10^{10} M_\odot$，每个暗晕至少含有 30 个暗物质粒子，这要求暗物质粒子的总质量为 $3×10^8 M_\odot$，而总粒子数达到 178.5 亿，即约为 2 613^3，力的软化因子为 4kpc/h。这样的模拟，虽然昂贵，但在当前的超级计算平台上还是比较容易完成的。如果要求模拟更小质量的 HI 星系，难度将迅速提高。

对于星系形成的直接宇宙学流体模拟，由于包含了气体冷却、恒星形成、恒星反馈，甚至 AGN 反馈的模拟，要求计算精度很高，计算量巨大，还无法做到很大的模拟体积（目前最大的模拟盒子边长为 100Mpc/h）和动态范围，存在局限性，还不能用于 HI 星系大规模巡天的直接模拟观测。而且，为了避免小模拟区域不能代表宇宙平均物质分布（即所谓宇宙方差（cosmic variance）），需要模拟的盒子足够大。因此，接近宇宙视界甚至超过视界的数值模拟，只能采用多体模拟，而使用半解析模型来产生模拟 HI 星系。针对未来的 SKA2 全天模拟，巡天面积超过 30 000deg^2，最大红移达到 2，宇宙学多体模拟的盒子边长至少为 1 443Mpc/h。为了避免周期性边界效应，实际上要求模拟盒子还要更大一些。我们国内的计算宇宙学联盟，在 2009 年就已经完成了含有约 300 亿粒子、模拟盒子边长为 1Gpc/h 的"盘古"模拟（Li et al., 2012），目前正在计划进行含 8 000^3（5 120 亿）粒子、模拟盒子边长为 3Gpc 的大规模数值模拟（总粒子数超过 Millennium XXL 模拟和 Horizon 模拟），将可以用于产生 SKA 的模拟 HI 星系样本。随着 E 级超级计算机的研制成功，未来数万亿粒子规模的数值模拟也将得到应用，但是对海量数据存储和大规模数据后处理，提出了巨大的挑战。

在完成宇宙学数值模拟后，还需要利用不同模拟红移的输出来制作观测光锥（lightcone），才能作为 SKA 模拟巡天观测的输入，进行模拟得到中性氢 21cm 图像，并最终用于相关的统计分析。100deg^2 的 SKA 早期中性氢星系观测光锥的制作，可以参见 Obreschkow 和 Meyer（2014）的文章。观测光锥的制作，需要大量的模拟红移输出，这对于特大规模的数值模拟是个严重的问题（要求大量数据存储空间、长时间的数据 IO 和大量的后处理计算机时），最好的解决办法是在模拟的同时制作观测光锥，减少模拟时间成本，同时降低数据存储压力。

同时，为了检验各种修改引力理论以及暗能量模型，还有必要运行这些宇宙学模型下的数值模拟，进行模拟观测，最终与 SKA 的观测结果比较，以区分各种模型。

3.2.4 中性氢宇宙学

在大尺度上，中性氢是物质大尺度结构分布的示踪物。通过对中性氢大尺度结构的观测，利用其中的重子声波振荡和红移空间畸变等效应，可以精确测量不同红移宇宙膨胀速度的演化，以及宇宙结构增长的演化，从而对暗能量模型和引力模型进行精确测量和检验。

1. 暗能量与修改引力

解释宇宙的加速膨胀是现代科学中最大的挑战之一。加速膨胀意味着，或者宇宙中 70%

左右的能量是由一种具有负压强的"暗能量"提供的，或者是广义相对论在宇宙学尺度上需要修正。暗能量的物理性质主要由其压强 P 与能量密度 ρ 的比值，即状态方程 w 决定。不同的暗能量模型可以用 w 进行分类。比如，在 ΛCDM 模型中，暗能量为真空能，$w = -1$。真空能作为暗能量有严重的理论困难，比如精细调节问题（fine-tuning problem）（Weinberg,1989）。动力学暗能量模型则可以在一定程度上解决这个问题。在动力学暗能量模型中，w 是红移 z 的函数，即 w 随时间演化。特别地，$w > -1$ 对应"精质"（quintessence）模型（Ratra et al., 1988）；$w < -1$ 对应"幽灵"（phantom）模型（Caldwell, 2002）；而 w 在演化过程中越过 -1 则为"精灵"（quintom）模型（Feng et al., 2005）。从天文观测中探测暗能量的动力学行为对研究暗能量的性质至关重要。比如，根据 No-Go 定理，如果 w 越过 -1 则说明暗能量有内禀自由度，即暗能量不是由单一组分构成的。这对于研究暗能量本质有重要意义。图 3.2.7 是根据现有的天文观测数据（包括超新星、重子声波振荡、微波背景辐射等）得到的非参数化暗能量状态方程重建结果（Zhao et al., 2012; Zhao et al., 2017）。如图 3.2.7 所示，状态方程参数 w 显示随时间演化的迹象，其统计显著度分别为 2.5 个（2012 年数据）和 3.5 个（2016 年数据）标准偏差。根据 SKA2 阵列的探测能力，预期可在 5 个标准偏差水平上检验暗能量动力学。

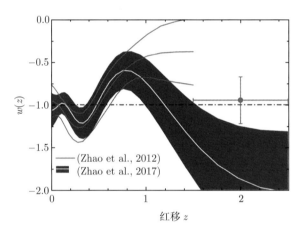

图 3.2.7   利用 2012 年和 2016 年天文观测数据得到的非参数化暗能量状态方程重建结果

(Zhao et al., 2012; Zhao et al., 2017)

重子声波振荡（BAO）是由于重子和光子在宇宙早期的相互耦合，星系（或类星体）在引力作用下形成的一种特殊的三维成团性特征结构（Peebles and Yu, 1970; Sunyaev and Zeldovich, 1970; Eisenstein and Hu, 1998）。该结构主要体现在星系的两点关联函数或者三维功率谱中：星系在 BAO 特征尺度（约 150 Mpc）上的成团性具有局域突出特征 (Cole et al., 2005; Eisenstein et al., 2005)。由于 BAO 特征尺度在理论上受到宇宙膨胀历史的影响且在观测上基本不受系统误差影响，BAO 特征尺度被称为宇宙标准尺，是测量宇宙几何以及暗能量状态方程等重要宇宙学参数的关键探针之一。利用 Alcock-Paczynski 效应（Alcock and Paczynski, 1979），BAO 观测可以被用来测量特定红移处的哈勃参数 H 和角直径距离 D_A。BAO 的理论和观测发现在 2014 年被授予邵逸夫奖。

基于 SDSS-III 项目的 BOSS 巡天（2009~2014）是目前世界上已经完成的最大规模的光

学星系红移巡天。该巡天通过在红移 0.8 以下对约一百万颗星系进行光谱测量，得到了精确的 BAO 距离测量，并由此得到高红移分辨率的哈勃图（Zhao et al., 2017）。未来的地面以及空间星系巡天项目将在很大程度上提高 BAO 观测精度。与光学巡天相比，SKA 等中性氢红移巡天（SKA HI redshift survey）由于巡天体积大等优势，将在 BAO 测量方面达到或超过大型光学巡天。SKA 中性氢巡天可以得到精确而丰富的红移信息，因此类似 SDSS 星系红移巡天，SKA 中性氢巡天可以在多个红移区间内提供三维功率谱测量。该观测量中包含关键的暗能量或者修改引力的信息。图 3.2.8 显示根据模拟得到的 SKA HI 巡天一期（SKA1，黑实线）和二期（SKA2，红色实线）预期观测到的星系分布（图 3.2.8(a)）和偏袒因子（图 3.2.8(b)）。

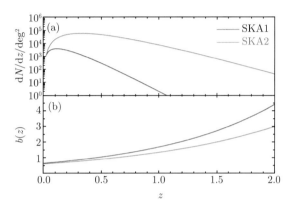

图 3.2.8　SKA HI 巡天一期 (SKA1) 和二期 (SKA2) 预期观测到的星系分布 (a) 和偏袒因子 (b)（Zhao et al., 2015）

图 3.2.9 显示目前和未来大尺度结构巡天得到的哈勃参数 H 和角直径距离 D_A 的精度

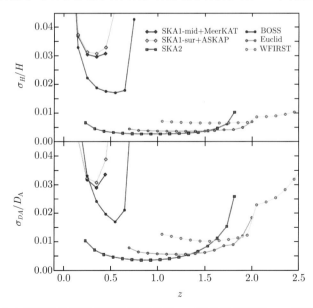

图 3.2.9　目前和未来大尺度结构巡天得到的哈勃参数 H 和角直径距离 D_A 精度比较 (Abdalla et al., 2015)

比较。SKA1-mid 阵列和 SKA1-sur 阵列的星系巡天 BAO 测距能力低于 BOSS 巡天，但 SKA2 具有与空间望远镜 Euclid、WFIRST 等相当，或者更强的 BAO 测量能力。这对于暗能量等宇宙学前沿研究将起到巨大的推动作用 (Abdalla et al., 2015; Zhao et al., 2015)。

红移空间畸变（RSD）是由星系在引力势的作用下发生运动，即所谓本动（peculiar motion）而导致的星系在红移空间中（即利用红移反推距离）的成团性随视线方向改变的效应（Kaiser, 1987）。RSD 效应是测量宇宙结构增长率的最重要探针之一。由于 BAO 和 RSD 效应分别测量宇宙的背景和扰动演化，所以二者互补。RSD 还是检验引力和测量中微子质量的重要手段。

图 3.2.10 显示不同巡天利用 RSD 探测测量宇宙结构增长率 $f\sigma_8$ 的精度比较。如图所示，SKA1-mid 阵列和 SKA1-sur 阵列在低红移（$z < 0.5$）具备超过 BOSS 巡天的 RSD 探测能力，而 SKA2 在红移 1.5 以下的 RSD 观测能力超过了 Euclid、WFIRST 等空间项目。因此，SKA2 建成后将对引力的宇宙学检验和中微子质量测量等研究方面提供重要的观测支持（Zhao et al., 2015; Raccanelli et al., 2015; Abdalla et al., 2015）。

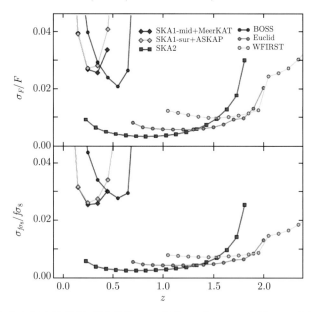

图 3.2.10   目前和未来大尺度结构巡天得到的 AP 参数 F 和 RSD 参数 $f\sigma_8$ 的精度比较 (Abdalla et al., 2015)

图 3.2.11 比较了 SKA 和 Euclid 巡天对暗能量状态方程参数 w_0, w_a 的限制能力。

在检验爱因斯坦引力方面，实验上可以通过测量有效牛顿常数和引力滑移 (gravitational slip) 对于理论预言值 1 的偏离来实现 (Zhao et al., 2009)。图 3.2.12 和图 3.2.13 分别给出对于暗能量状态方程和修改引力参数的主成分分析结果。如图 3.2.12 所示，SKA1 (2) 在叠加 DES(Dark Energy Survey) 的引力透镜数据和 Planck 卫星的 CMB 数据后，可以很好地限制 3（5）个暗能量状态方程的主成分。其中限制最好的主成分的误差在 2% 左右。对于修改引力，如图 3.2.13 所示，叠加 SKA HI 数据可以在很大程度上改善对修改引力参数的限制。具体地，SKA1 (2) 在叠加 DES 的引力透镜数据和 Planck 卫星的 CMB 数据后，可以把 3 (8)

个修改引力参数限制到 1% 的精度以内。

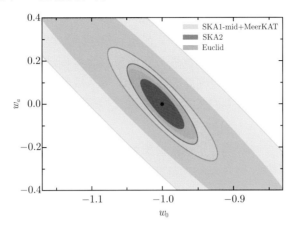

图 3.2.11 根据 SKA 和 Euclid 巡天参数模拟得到的暗能量状态方程参数 w_0, w_a 的 68%CL 限制 (Abdalla et al., 2015)

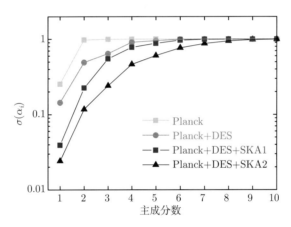

图 3.2.12 暗能量状态方程的主成分分析 (Zhao et al., 2015)

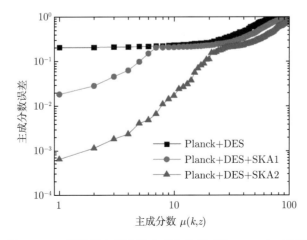

图 3.2.13 修改引力参数的主成分分析 (Zhao et al., 2015)

2. 非高斯性

宇宙原初的微小密度扰动起源于暴胀时期，经引力不稳定性逐渐增长而形成今天宇宙中的各种结构。原初密度扰动的特征把今天的可观测宇宙与极早期宇宙中的物理过程联系起来。慢滚暴胀模型预言了极为接近高斯分布的原初密度扰动场，其非高斯程度在今天的探测精度以下；另有许多暴胀模型则能导致可观测的非高斯性（Bartolo et al., 2004; Chen, 2010）。观测上对宇宙原初非高斯性的限制能帮助我们理解暴胀过程，区分不同的暴胀模型，从而探究宇宙的结构起源。

目前已发展出多种不同的观测手段，以限制宇宙原初非高斯性的幅度，即非线性参量 f_{NL}，例如，CMB 的角功率双谱（bispectrum）观测、星系分布的高阶关联函数测量、稀有天体的数密度测量，以及暗物质晕的大尺度成团性观测等。结合星系巡天对大尺度成团性的观测和威尔金森微波各向异性探测器（Wilkinson Microwave Anisotropy Probe, WMAP）对 CMB 的 9 年观测数据，Giannantonio 等（2014）针对局域（local）非高斯形式得到 $-37 < f_{NL} < 25$（95% 置信区间）。目前对 f_{NL} 的最强限制来自于 Planck 卫星对 CMB 角功率双谱的测量，即 $f_{NL}^{local} = 2.7 \pm 5.8$，$f_{NL}^{equil} = -42 \pm 75$ 和 $f_{NL}^{ortho} = -25 \pm 39$（68% 置信区间）（Planck Collaboration et al., 2014）。

宇宙原初密度扰动的非高斯性会造成暗物质示踪体的偏袒因子在大尺度上呈现尺度依赖、红移依赖的特性。利用该效应，我们可以通过测量暗物质示踪体分布的大尺度功率谱来限制原初非高斯性。另外，原初非高斯性也可通过物质分布的双谱来测量。暗物质示踪体分布的双谱包含了宇宙原初密度分布的非高斯成分、非线性引力演化的贡献，以及示踪体的非线性偏袒因子的贡献。红移越高，其中原初非高斯成分的贡献越大。星系的大尺度巡天正是利用了以上两种探针来限制宇宙原初的非高斯性。以宇宙中的中性氢作为暗物质的示踪体，利用强度映射观测模式，能以更高的巡天效率对更大的天区、更宽的红移范围进行大尺度结构测量。

利用尺度依赖的中性氢偏袒因子，Camera 等（2013）研究了 SKA-mid 阵列的 21cm 强度映射观测对原初非高斯性的限制。假设 SKA1-mid 具有 250~1 000MHz 的频率覆盖（$0.5 < z < 4.5$），30 000deg^2 的巡天面积，以及 30K 的系统温度，积分 10 000h，将能达到 $\sigma(f_{NL}^{loc}) \sim 2$。未来的 SKA2 通过干涉，将能达到 $\sigma(f_{NL}^{loc}) \lesssim 1$。

利用 21cm 强度映射观测对中性氢的功率谱进行测量，我们估算了 SKA-mid 干涉阵对 21cm 功率谱的测量误差，进而计算了未来观测对宇宙原初非高斯性所能达到的限制程度。对于 SKA1-mid，强度映射观测将使用单天线的自相关模式，同时利用干涉阵做校准。假设巡天面积为 20 000deg^2，积分 5 000h，SKA1-mid 的双谱测量对 f_{NL} 的限制将达到 $\sigma(f_{NL}^{loc}) = 45.7$ 和 $\sigma(f_{NL}^{eq}) = 214.3$（偏袒因子为自由参数），或 $\sigma(f_{NL}^{loc}) = 15.3$ 和 $\sigma(f_{NL}^{eq}) = 61.8$（固定偏袒因子）。未来的 SKA2 则将达到 $\sigma(f_{NL}^{loc}) = 6.6$ 和 $\sigma(f_{NL}^{eq}) = 55.4$（偏袒因子为自由参数），或 $\sigma(f_{NL}^{loc}) = 2.2$ 和 $\sigma(f_{NL}^{eq}) = 10.9$（固定偏袒因子）。

由于大尺度巡天给出物质分布的三维信息，对于在功率谱或双谱上产生振荡信号的特定暴胀模型，大尺度结构巡天观测能够比二维 CMB 观测提供更多的信息（Chen et al., 2016; Ballardini et al., 2016）。而 21cm 强度映射观测相比于星系巡天能更高效地覆盖大巡天体积，因此将能够对这些特定的暴胀模型给出更强的限制（图 3.2.14）（Xu et al., 2016）。针对共振模型和势能跳变模型，分别考虑实际观测中有限巡天体积导致的窗函数的影响，以及前景扣除对观测有效信息量的影响，计算表明，SKA-mid 的中性氢 21cm 强度映射观测能够极大地提高对原初非高斯性的限制程度。特别是利用尺度依赖的中性氢偏袒因子的功率谱测量，对于低频振荡的共振模型和较为陡峭的势能跳变模型，SKA 能够达到比宇宙微波背景辐射观测高几个数量级的测量精度。

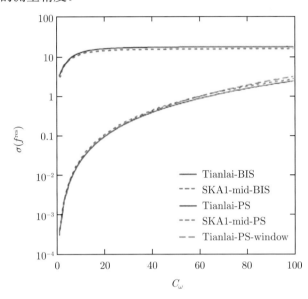

图 3.2.14　SKA 中性氢巡天可对暴胀振荡特征给出比 CMB 强几个数量级的限制（Xu et al., 2016）

3. 中性氢形态拓扑

对于中性氢分布，除了星系计数、相关函数与功率谱、高阶相关函数与功率谱等统计方式，等密度面的闵可夫斯基泛函 (Minkowski functional) 提供了更多的描述大尺度分布形态特征的方法，其中一个泛函等价于拓扑（亏格）。拓扑统计量不随坐标的变化，结构的拉伸、压缩、扭曲以及旋转而改变。在低红移，中性氢追随暗物质的分布，中性氢的拓扑结构（亏格）可以作为 "标准尺"。这样就可以利用亏格来探测距离–红移关系，从而区分不同的暗能量模型和修改的引力理论。拓扑方法可以测量原初的非高斯性。与两点关联函数的方法相比，拓扑测量受非线性引力演化，星系和暗物质之间的偏差，以及红移畸变的影响很小。在高红移，中性氢的拓扑结构可以区分不同的再电离时期，以及相同再电离时期的不同再电离模型。

图 3.2.15 显示了从亏格曲线估算的非高斯性参量 f_{NL} 的测量误差。在这里，我们将 SDSS、BOSS、DESI、SKA 的巡天进行了比较，得到的 f_{NL} 的测量误差是 20，这个数值可以与 CMB 给出的极限数值相比拟，因此，中性氢的拓扑结构在限制原初非高斯性方面有很大的潜力。

随着结构增长，宇宙大尺度的拓扑结构基本上是稳定的。在线性增长区间，只要平滑尺度是相同的，A 基本上是一个守恒量（图 3.2.16）（Park et al., 2005），因此可以利用这一特性来测量红移–距离的关系，从而限制暗能量的状态方程。图 3.2.17 给出了 HI 强度映射巡天给出的暗能量参数的限制。对于修改的引力模型，结构的增长率和广义相对论理论下的结构增长率是不同的。在某些修改的引力模型下，增长率是尺度依赖的，这将导致亏格曲线的变化（Wang et al., 2012）。SKA2 的中性氢巡天会将 B_0 限制到 5×10^{-5}（标准参数是 10^{-4}）。这比当前对 B_0 的限制 1.1×10^{-3} 提高很多。

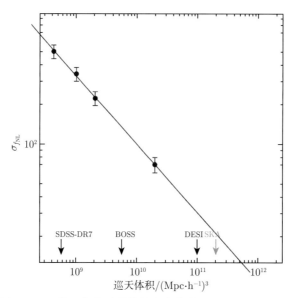

图 3.2.15   从亏格曲线估算的非高斯参量 f_{NL} 的测量误差

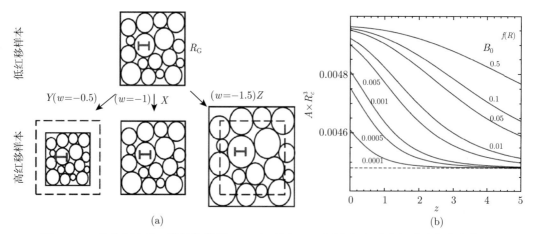

图 3.2.16   作为标准尺下的结构数据 (a)；在不同 B_0 下亏格幅度随着红移演化的变化 (b)

拓扑是一种很好的描述随机场的工具。它对探测非高斯性十分敏感，而且不受非线性、星系和暗物质之间的偏差，以及红移畸变的影响。SKA 具有很高的灵敏度，可以突破目前的观测限制。我们可以用拓扑的分析方法对 SKA 的中性氢的巡天数据进行分析。这样的研究可以限制原初的非高斯性、暗能量的状态方程以及修改的引力模型。在电离时期，中性氢的拓扑分析可以区分不同的电离状态以及刻画再电离的模型，帮助我们真正了解再电离的过程。

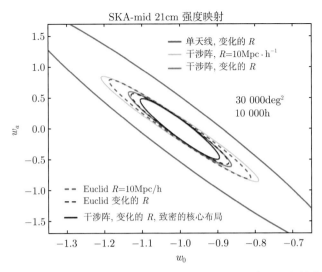

图 3.2.17　SKA1-mid 的 HI 的映射强度巡天给出的暗能量参数的限制

4. 21cm 吸收线与宇宙膨胀

一种近年来日益引起关注的宇宙学观测是宇宙膨胀率（the expansion rate of the universe），即哈勃参量（Hubble parameter-$H(z)$）。其优势在于，它无须通过积分，可以直接与宇宙学参量建立联系。与超新星光度距离等相比，避免了积分导致的信息损失。因此哈勃参量方法成为 SN、BAO、CL 和 WL 等观测数据之外限制宇宙学参量尤其是暗能量的另一条有效途径。哈勃参量 $H(z)$ 可以通过 Sandage-Loeb（SL）效应（Yuan et al., 2015）观测得到。SL 效应也称红移拖坠（redshift drift）原理：对宇宙中同一颗星系或者类星体辐射穿过星系际介质中性氢云产生的吸收谱线的频率进行长时间间隔的观测，测量其谱线频率的移动或者红移的变化，宇宙膨胀所致的变化为

$$\dot{z} = (1+z)H_0 - H(z)$$

据此可测量出宇宙膨胀率，即哈勃参量 $[H(z)]$。进一步通过哈勃定律

$$\dot{v} = c\dot{z}/(1+z)$$

得出中性氢云的速度变化，从而最终测出中性氢云所在红移处宇宙的加速度。

中性氢的温度很低（$T < 80K$），谱线宽度为 2km·s^{-1}。与星系发射线相比，21cm 线较窄，更便于观测微小的速度变化。宇宙膨胀加速度大约为 1mm·s^{-1}·a^{-1}，这相当于在一年的间隔中增加了蚂蚁爬行的速度，测量难度极大，需要极高的观测精度。SL 效应观测的系统效应包括两部分：① 观测者的固有加速度，量级在 7mm·s^{-1}·a^{-1}，可以通过银河坐标系中的脉冲星计时和河外射电源的固有运动消除 (Zakamska et al., 2005; Xu et al., 2012)；② 中性氢的本动速度，数值模拟结果表明量级为 0.001mm·s^{-1}·a^{-1}(Liske et al., 2008)，因此可以忽略。图 3.2.18 为 SKA 所覆盖的宇宙加速膨胀的红移范围内 (350~1 050MHz, 950MHz)，对在红移 z 处的源连续观测 12 年，在各种宇宙学模型下其谱线频率的理论变化。红移 $z = 0.5$

附近典型频率变化为 0.1Hz, 对应于红移变化 10^{-10}, 或者速度变化 $3cm·s^{-1}$。SKA1 的频率分辨率为 kHz 量级, 为了探测到上述变化, 需要观测大量的中性氢吸收线系统, 通过统计分析获得所需的精度。

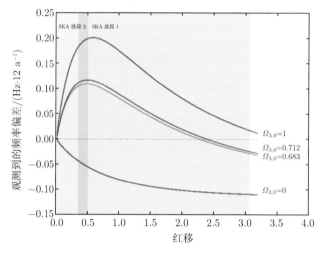

图 3.2.18　不同红移的 SL 效应

目前已经观测到的 21cm 吸收线源大概有十几个, 总体数量不多, 主要原因是目前设备的灵敏度跟不上或者巡天速度跟不上。SKA1 可以进行 21cm 吸收线的盲巡, 使样本数量获得数量级的提高, 这本身也有很多重要的科学应用, 例如, 研究 AGN 内禀性质、射电喷流与气体的关系、中性氢气体的运动等。进一步可利用这些样本进行 SL 效应的长时间观测, 最终直接测量宇宙膨胀率和加速度。与传统的通过距离观测相比, 基于 SL 效应的宇宙加速膨胀测量是一种直接测量方法, 无须假定哥白尼原理、爱因斯坦方程等, 可以独立地证实暗能量的存在与否, 以及区分标准 LCDM 宇宙模型和其他修改引力模型; 与其他观测联合还可以消除宇宙学参量的简并, 改进品质因子。

3.2.5　中性氢模型检验

1. 暗物质性质

暗物质问题是 21 世纪人类面对的最重大的科学问题之一。自 20 世纪 30 年代以来, 各个波段的天文观测表明, 宇宙中暗物质的存在证据已相当确凿。但是, 人类对暗物质粒子的基本性质却知之甚少。目前, 全世界已有大量的暗物质探测实验正在进行, 但是暗物质粒子尚未发现。暗物质在宇宙空间中的分布蕴含了暗物质粒子的信息, 特别是, 暗物质在星系及以下尺度的空间分布, 尤其是暗物质卫星星系 (即暗物质子结构) 的分布, 对揭示暗物质粒子性质、检验冷暗物质模型具有极其重要的价值。从观测角度, 冷暗物质与温暗物质模型的表现在宇宙大尺度上是一致的。其区别体现在小尺度 (星系及以下尺度): ① 冷暗物质比温暗物质存在多得多的子结构; ② 冷暗物质的中心密度轮廓比温暗物质的更加陡峭。图 3.2.19 是冷暗物质与温暗物质模型分别对银河系、M31、M33 的暗物质结构所做的数值模拟。显然, 温暗物质的子结构远小于冷暗物质。而实际观测到的银河系的卫星星系的空间分布, 比冷暗物质的预言少了 1~2 个数量级, 显示出尖锐的矛盾。另外, 这些观测似乎与温暗物质模型的预言符合得更好。因此，探测暗物质的子结构，对限定暗物质粒子的基本性质具有极为重要的意义。但如何能区分两种暗物质模型，对观测则是巨大的挑战。因为目前的设备很难探测暗物质的子结构。

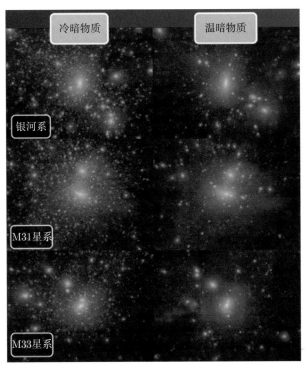

图 3.2.19　冷暗物质与温暗物质模型预言的银河系（MW）、M31、M33 星系的暗物质子结构

　　星系的中性氢 21cm 辐射所成的射电图像，与用光学望远镜所观测到的图像可以非常不同：21cm 成像往往延伸的空间范围更大，更为重要的是，一些在光学观测下非常暗弱的星系，其 21cm 的射电图像却可以相对明亮得多。图 3.2.20 显示了部分近邻星系在 21cm 射电波段和光学波段所成像的明显差异。中性氢为我们提供了一种新的手段：利用中性氢的21cm 辐射，去寻找在光学波段很难被看到的矮星系，从而来检验暗物质粒子究竟是过去一直认为的冷暗物质，还是最近提出的温暗物质。不过，重子物质的反馈对矮星系中的中性氢含量的影响，是一个复杂的过程。尤其是质量较小的矮星系中的中性氢，可能受到各种物理过程的影响而被大量剥离，这对于利用 21cm 中性氢探测矮星系是一个挑战。

　　在射电波段，新一代巨型射电装置 SKA 同时具备的四大优势：①高灵敏度；②高空间分辨率；③大视场；④高探测效率，为我们探索暗物质粒子基本性质提供了新的机遇。通过对矮星系的中性氢观测，去追踪近邻大星系周围的子结构或卫星星系，并可能 "看到" 这些可能在光学波段几乎是 "全黑" 的卫星星系。高灵敏度的 21cm 中性氢探测，为发现矮星系、探测暗物质子结构打开了一个新的窗口。

　　图 3.2.21 给出了 SKA 对中性氢的探测能力。作为对比，我们同时给出了 FAST 望远镜（绿色）、SKA1-mid（红色）及 SKA2（蓝色）分别在积分时间 1min（虚线）和 10h（实线）对近邻宇宙中的中性氢的探测极限。可见，SKA1-mid 积分 10h，即可在 10Mpc 的距离探测

到质量约为 $2 \times 10^5 M_\odot$ 的中性氢。SKA 同时具有大视场和高分辨率的优势。SKA 的视场远大于 FAST，虽然 FAST 的灵敏度与 SKA1-mid 相当，但 SKA1-mid 的观测效率将远远高于 FAST。而未来的 SKA2 由于有效接收面积和视场都有数量级的提高，因此将具有无与伦比的中性氢巡天效率。

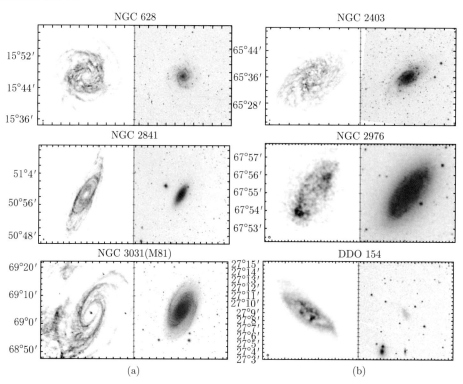

图 3.2.20   一些近邻星系分别在 21cm 射电波段 (a) 和光学波段 (b) 的成像对比，显示两个波段所成像之间的巨大差异

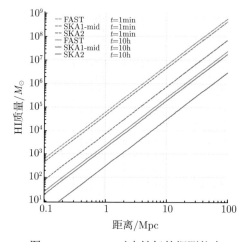

图 3.2.21   SKA 对中性氢的探测能力

作为比较，图中分别画出了 FAST（绿色）、SKA1-mid（红色）、SKA2（蓝色）在积分时间 1min（虚线）和 10h（实线）下的中性氢探测能力

利用高精度的数值模拟同时加入重子物质及其反馈过程，可以模拟出银河系、本星系群以及近邻宇宙的暗物质和中性氢的分布，从而为 SKA 的中性氢巡天提供模拟数据。图 3.2.22 给出了利用目前最高分辨率的星系数值模拟 Aquarius 模拟（模拟中的粒子总质量为 $1.37 \times 10^4 M_\odot$）得到的类似银河系的大星系及其子结构中中性氢的空间分布。

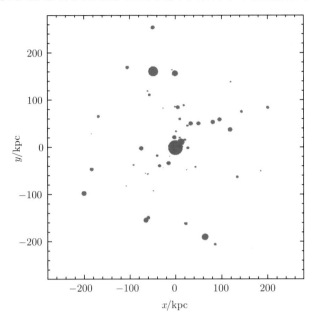

图 3.2.22　Aquarius 数值模拟给出的银河系质量星系周围的卫星星系中性氢分布

图中点的大小对应中性氢质量大小

利用 SKA1-mid 对 ~10Mpc 以内的大量星系（几十个）进行深度曝光，将可能在 21cm 射电波段发现一定数量的 "光学黑" 的矮星系（暗物质子结构）。未来的 SKA2 无疑将具有更加强大的发现能力。因此，我们有可能利用射电方法，用 SKA 探索暗物质粒子的基本性质，区分冷暗物质/温暗物质模型。

2. 星系形成与演化

1）关键问题

（1）中性氢在暗物质晕中的分布是怎样的？

（2）中性氢是如何参与星系形成过程的？

冷气体是星系形成过程中非常关键的成分，它参与了星系形成和演化的许多过程，包括气体的吸积、恒星形成、气体的剥离等。而冷气体的主要成分是中性氢，分为原子氢与分子氢两种形态。人们发现，分子氢与星系的恒星形成率有很好的相关性，而原子氢与恒星形成率之间只有很弱的相关（Wong and Blitz, 2002; Bigiel et al., 2008）。分子氢没有很强的谱线，是很难观测的，而原子氢则可以通过 21cm 发射线直接观测到。对中性氢从原子氢到分子氢转变的研究，可以帮助我们进一步理解星系形成和演化的过程。

过去的十多年里，国际上已经有一些大天区的中性氢 21cm 发射线巡天，主要包括 HIPASS（Meyer et al., 2004）和 ALFALFA（Giovanelli et al., 2005）巡天等。人们已经得到了关于近邻宇宙中性氢质量函数的分布,从而估计出中性氢的平均密度,这对于研究重子成分占物质成分比例是很有帮助的。然而这些中性氢星系巡天受限于望远镜技术水平和设备地点等问题,仅局限在有限的频率范围,测量的红移范围也局限在近邻宇宙(红移小于0.1),无法观测高红移星系的中性氢成分。未来的 SKA 项目将会提供一个前所未有的机会,可以测量宇宙更早时期中性氢的分布,这对于研究星系形成和演化而言是无法替代的。

目前国际上已经开展或计划了一些 SKA 先导项目的中性氢巡天,例如,澳大利亚的ASKAP 项目里就有两个关于中性氢巡天的项目,即 WALLABY(Wide-field ASKAP L-Band Legacy All-Sky Blind Survey)(Koribalski, 2012)和 DINGO(Deep Investigations of Neutral Gas Origins)(Meyer, 2009)。他们将分别探测深至红移 0.26 和红移 0.4 的中性氢选择星系。而南非的 MeerKAT 项目里也有探测高红移星系(深至红移 1)的 LADUMA(Looking at the Distant Universe with the MeerKAT Array)(Holwerda et al., 2012)项目。可以预见,随着这些 SKA 先导项目的执行,在未来的十年、二十年内,我们对于中性氢选择星系的形成和演化的了解将会有一个巨大的进步。

对星系里中性氢分布和演化以及它们所处环境的研究,可以极大地帮助我们理解星系形成和演化模型。理论上,我们可以通过流体数值模拟和半解析模型来研究星系中气体和恒星成分共同演化的过程。在流体数值模拟中,中性氢成分是通过后期处理的方式加入恰当的物理过程,从而可以在大尺度上统计地研究中性氢分布(Duffy et al., 2012; Dave et al., 2013)。而在半解析模型里,通常是利用经验的关系式来把冷气体分为分子氢和原子氢。这两种研究方法都各有利弊,虽然可以帮助我们在某种程度上理解中性氢的分布和演化,但是它们都在不同程度上与宇宙中中性氢的真正分布有所偏差。然而目前的中性氢巡天数据有太多的局限性,不论是覆盖的天区大小,还是红移深度,都与精确宇宙学的要求相差甚远,所以未来的 SKA 项目将会极大地推动这一领域的发展。

2)中性氢分布的理论模型

如果我们把中性氢也看成星系自身的性质,那么我们可以类比于星系的其他性质来开展中性氢的研究,例如,星系的中性氢质量分布函数。之前的中性氢巡天如 HIPASS 和 AL-FALFA 虽然测量了低至 $10^6 M_\odot$ 的中性氢分布(图 3.2.23),但是这些测量实际上是在非常小的体积内得到的,很容易受到宇宙方差的影响。利用未来 SKA 的大面积、大体积的中性氢巡天,可以更准确地测量低质量的中性氢质量函数。特别是这些低质量的中性氢对估计宇宙里中性氢的总量分布至关重要。另外,不同红移中性氢质量函数分布的演化,很大程度上与宇宙中星系的恒星形成等相关。通过不同红移的测量,我们可以得到不同质量中性氢随时间的演化。目前在这一方面的测量数据还是空白,只有理论研究数据,有待于未来的 SKA 中性氢项目填补这一空白。

国际上对星系恒星质量与暗晕质量关系的研究已经较为成熟,它可以大致地由一个双幂律的函数形式描述(Moster et al., 2010)。然而,对星系的中性氢质量与暗晕质量关系的研究还比较缺乏。有一些研究成果是利用流体数值模拟和半解析模型来估计它们之间的关系,但是这些研究相互之间也存在很大的差异(图 3.2.24),所以直接利用观测数据来估计这一关系式显得尤为重要。

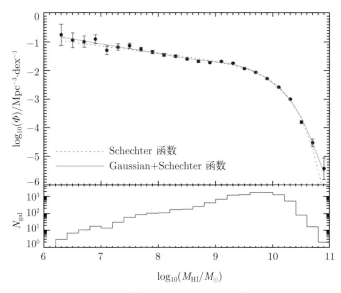

图 3.2.23 ALFALFA 巡天所测量的中性氢质量函数（Martin et al., 2010）

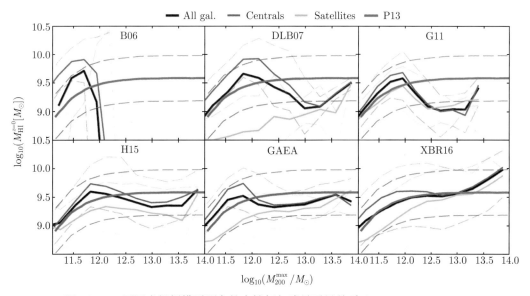

图 3.2.24 不同半解析模型预言的中性氢与暗晕质量关系（Zoldan et al., 2017）

一方面，建立中性氢质量和暗晕质量关系意味着我们可以估计宇宙里中性氢密度与暗物质密度之间的比例，从而限制宇宙学模型。当然，由于目前的观测数据还局限于低红移、小体积的中性氢巡天，这样的数据存在着较大的体积效应，很难构建一个准确的暗物质理论模型来建立暗物质与中性氢之间的关联。而中性氢丰富的星系有很大一部分都是比较暗的矮星系，对它们的弱引力透镜效应测量存在非常大的误差，这也导致很难估计它们所在暗晕的质量。在未来的 SKA 巡天中，由于样本体积的扩大，我们将有可能准确地测量中性氢的分布，从而利用中性氢选择星系的成团性分析，来进一步估计中性氢选择星系所在的暗晕质量（Guo et al., 2015）。另一方面，有了中性氢–暗晕质量关系之后，我们就可以对比它与恒星–暗晕质量关系的不同，从而推测出在星系形成和演化过程中，星系自身的中性氢和恒星之间相互的影响。比较不同红移处的中性氢–恒星–暗晕质量关系可以对星系形成和演化模型提供重要的限制。传统上，人们大多数只是利用测量到的星系恒星质量函数来校准流体数值模拟和半解析模型，而有了更加准确的中性氢质量以及中性氢–暗晕质量之后，我们可以更好地限制不同的星系形成和演化模型。

3.2.6　连续谱观测

1. 通过 SKA 星系计数重构弱引力透镜

1）关键问题

本课题拟解决的关键科学问题是通过 SKA 星系计数中的引力透镜放大的偏袒因子（lensing magnification bias），重构弱引力透镜效应。具体研究目标如下：

（1）应用我们发明的 ABS 方法到 SKA 星系计数中，通过放大的偏袒因子效应重构弱引力透镜功率谱；

（2）通过重构的弱引力透镜功率谱，与宇宙切变（cosmic shear）得到的功率谱交叉验证，限制宇宙学参数。

2）引言

弱引力透镜导致了多个观测效应，原则上都可以用来测量弱引力透镜。目前成熟的方法有基于星系形状改变的 cosmic shear 测量和 CMB lensing。而基于星系数目变化（weak lensing magnification bias）的测量方法，则进展缓慢，因为放大的偏袒因子远小于星系内禀的、空间关联的数目变化（intrinsic galaxy clustering）。通过在红移空间分离的背景星系（类星体）–前景星系互相关测量，已经实现了放大的偏袒因子的高信噪比测量。但是该互相关正比于前景星系的偏袒因子，很难从第一性原理精确计算，因此其宇宙学应用受到了很大限制，无法与宇宙切变得到的引力透镜功率谱相比拟。

通过一系列的研究（Zhang and Pen, 2005; Yang and Zhang, 2011; Yang et al., 2015; Zhang et al., 2016; Yang et al., 2017），我们发现，能够通过星系计数重构弱引力透镜功率谱。基本思路是通过放大的偏袒因子与星系内禀成团性的不同亮度（flux）的依赖关系，在星系（相对）亮度空间实现两者的分离。2015 年之前，鉴于星系内禀成团性的复杂程度，我们的研究采用了确定性偏差（deterministic bias）的先验假设；2016 年，我们发明了 ABS 算法，不再依赖于确定性偏差甚至任何关于星系成团性的先验假设。该算法直接操作于测量到的不同亮度区间的星系互关联功率谱，解析地得到弱引力透镜功率谱。在星系测量噪声可以忽略的极限下，可以严格证明，弱引力透镜功率谱的解唯一、ABS 算法无偏，且不依赖于任何星系成团性的假设；在星系测量噪声存在的情况下，我们引入了依赖观测噪声的截断，模拟数据的检验证实 ABS 方法对第四代宇宙学巡天依然可行，并能够达到与宇宙切变比拟的测量精度。

3）SKA 与基于放大的偏袒因子的弱引力透镜重构

ABS 算法的核心要求是，星系角功率谱的测量统计涨落（散粒噪声导致的统计涨落）要小于弱引力透镜功率谱。因此，通过星系计数重构弱引力透镜功率谱，需要星系数密度高、面积大、红移深。第四代成像（imaging）巡天均满足这些要求，能够实现弱引力透镜功率谱的精确重构。第四代光谱巡天因为星系数密度较低,虽然也能够实现该测量,但是测量精度显著降低。SKA 巡天中既有中性氢星系,又有射电连续谱星系,均能够用来重构弱引力透镜。

图 3.2.25 展示的是不同巡天参数下红移 1 处弱引力透镜功率谱重构精度的预研结果。我们固定星系功率谱以及弱引力透镜功率谱(图中粗实线),加入相应测量噪声,产生模拟数据,然后通过 ABS 算法重构出弱引力透镜功率谱(图中细实线)。我们研究了三种测量噪声的情况,该噪声反比于天空面积的平方根、反比于总星系数,等价地说,是反比于天空面积的平方根、反比于星系数(面)密度。

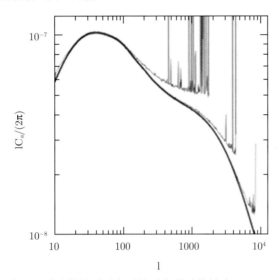

图 3.2.25 基于星系计数的弱引力透镜功率谱重构精度(Yang et al., 2017)

粗实线是输入的红移 1 的弱引力透镜功率谱,细实线是 ABS 算法重构出的功率谱;三种情况对应三种星系成团性的测量噪声:情况 1(最好情况)对应 10 000deg² 10 亿星系,情况 3(最差情况)对应 2.5 亿星系,情况 2(中间情况)对应 5 亿星系

(1)情况 1 是我们研究的最好情况,对应于最低的噪声,针对的是 10 000deg² 天区 10 亿星系的情况,能够在多极矩 $\sim$5 000 以下精确重构输入的弱引力透镜功率谱。进一步的研究表明,在该尺度以下,功率谱测量的系统误差小于统计误差,因此在统计上是无偏的。

(2)情况 2 对应噪声变为情况 1 的 2 倍(例如,星系数目降低 2 倍;或者星系数目降低到 9 亿,同时天区增大到 30 000deg²),则只能在多极矩 $\sim$2 000 以下重构弱引力透镜。

(3)情况 3 对应噪声变为情况 1 的 4 倍(例如,星系数目降低 4 倍;或者星系数目降低到 4.3 亿,同时天区增大到 30 000deg²),则只能在多极矩 $\sim$300 以下重构弱引力透镜。

按照目前的规划,SKA 相 2 的中性氢星系巡天有望在 30 000deg² 和红移 $\sim$2 以下测量 9 亿星系,大致对应图 3.2.25 中的情况 2。因为星系数目随流量下限快速增加,如果改变巡天测量,缩小天区面积,则有可能在总巡天时间不变的情况下降低星系成团性的测量噪声,从而提高弱引力透镜重构精度。

按照目前的规划,最有希望实现弱引力透镜精确重构的是 SKA 射电连续谱巡天。它能够测量 30 000deg² 天区中红移 4 以下的 10 亿 $\sim$50 亿射电星系。如果能够实现 50 亿星系测量，则其弱引力透镜重构精度将大致对应于情况 1，甚至更好，从而实现多极矩 5 000 以下的弱引力透镜精确测量。但是，连续谱星系的一个问题是没有红移信息，限制了其宇宙学应用。这一缺陷的改善依赖于随动（follow up）巡天来测量射电星系的红移。因为弱引力透镜不需要精确的光谱红移，可以利用 LSST 等望远镜实现快速的测光红移测量。

这里要强调的是，弱引力透镜功率谱重构精度的估计依赖于星系偏袒因子、星系光度函数等输入参数，需要针对每个巡天逐一估计，上述分析只能视为粗略的预估。

另外，也可以通过与 CMB 引力透镜，宇宙切变做互相关提取出宇宙放大（放大的偏袒因子）的信息。互相关中主要的污染是引力透镜与星系内禀分布的互相关。如何模型无关，而且干净地消除该污染，也是重要的研究方向。因为 SKA 天区、LSST 天区与 Planck 卫星高度重合，该互相关测量原则上可以达到很高的信噪比，值得继续探索。

可能的研究课题：

（1）对 SKA 巡天进行预研，估计 ABS 算法精度，发展数据处理管线；

（2）对 SKA 数据进行分析，通过 ABS 算法从星系计数中重构弱引力透镜；

（3）研究从星系分布–弱引力透镜（CMB 引力透镜、宇宙切变等）互相关中提取宇宙放大–引力透镜互相关的方法。

2. kSZ-CMB 互相关

1）关键问题

本课题拟解决的关键科学问题是通过 kSZ 层析（Kinetic Sunyaev Zel'dovich tomography）技术，结合 SKA 巡天数据，测量 kSZ 效应。具体研究目标如下：

（1）结合 SKA 巡天数据和 CMB 数据，实现 kSZ 层析，测量 kSZ 效应；

（2）通过 kSZ 效应，研究星系际介质的空间分布与红移演化，限制视界尺度扰动。

kSZ 效应是由宇宙中自由电子逆康普顿散射 CMB 光子而造成的 CMB 温度变化，其能量来源是电子集体运动（bulk motion）的动能。它是一种重要的次级 CMB 效应，造成的 CMB 温度变化正比于自由电子密度，因此提供了探测 "失踪" 重子和星系际介质、研究再电离等重要天体物理问题的新途径。因为它同时正比于自由电子集体的本动速度，所以也提供了探索视界尺度扰动、哥白尼原理和永恒暴胀等重要宇宙学问题的新途径。

kSZ 效应面临的主要问题是其测量。因为它与原初的（primary）CMB 同为黑体谱，所以无法在频率空间与原初的 CMB 分离，因此只能通过其空间分布特性加以区分。但是，在 ~10 角分及更大尺度上，原初的 CMB 主导；在小尺度上，热的（thermal）SZ 效应、宇宙红外背景等主导。因此，kSZ 效应的测量非常困难，即使是 ACT、SPT 等目前最高分辨率的多波段 CMB 实验，都没有实现 kSZ 效应的精确测量。

kSZ 层析技术提供了有效分离 kSZ 效应、实现精确测量的可行途径。针对不同的 kSZ 效应，有不同的实现方式和观测要求。①传统 kSZ 效应正比于电子本动速度沿视线方向的投影，因此不同距离处的贡献可能相互抵消。这一方面导致了 kSZ 效应的微弱，加大了其测量难度；另一方面又提供了干净的 kSZ 效应提取方法。通过三维大尺度结构观测（星系光谱红移巡天、中性氢强度映射等），可以估算出电子本动速度的分布，由此可以构造合适的权重函数，提取出 kSZ 信号。该方法已经应用到了 ACT/ACTPol、Planck、SPT 等数据上，结合 SDSS/BOSS 光谱红移巡天，在 2~4σ 置信度上探测到了 kSZ 效应。目前，该 kSZ 层析主要受限于光谱巡天。SKA 等第四代光谱巡天项目将覆盖更大或更深的天区，得到更高数密度的三维星系分布，将把 kSZ 效应的测量精度提高至少一个数量级（Shao et al., 2011）。

2）SKA 与 kSZ 层析

SKA 在实现 kSZ 层析、精确测量 kSZ 效应方面具备独特而显著的优势。

（1）最全的光谱红移覆盖。

SKA-mid 将测量从红移 0 到红移 2~3 的中性氢星系的三维分布，以及更宽红移范围的中性氢分布（强度映射）。SKA-low 则将测量红移 6 以上的中性氢三维分布。因此，其红移覆盖远超过 BigBOSS/DESI、PFS、WFIRST、Euclid 等第四代项目。一方面，因为 kSZ 效应的信号主要集中在高红移，所以 kSZ 层析的测量精度也将显著提高；另一方面，我们能够全局性地通过 kSZ 效应测量 IGM 从红移 0 到红移 ~10 的演化。

（2）最大的天区覆盖。

SKA-mid 将覆盖约 30 000deg² 天区，为计划中光谱红移巡天的最大天区覆盖。它将完全覆盖 ACT、SPT 等地面 CMB 试验的观测天区，并与 Planck 卫星空间 CMB 巡天重合 30 000deg²。对于传统 kSZ 效应而言，它降低了 kSZ 测量的宇宙方差，提高了对 IGM 的限制精度。对于非传统 kSZ 效应而言，加大了对视界尺度扰动的搜索面积，从而能够更加全面地检验永恒暴胀、哥白尼原理等宇宙学基础问题。因为该方面的应用不需要精确红移，SKA 射电连续谱巡天得到的海量射电星系也可以利用。

（3）较高的星系数密度。

kSZ 效应集中在小尺度，所以 kSZ 层析也受限于小尺度的 kSZ-LSS 测量精度，需要较高的星系数密度。SKA-mid 有望在 30 000deg² 天区测量近 1 亿颗中性氢星系。其星系数密度高于 BigBOSS/DESI（14 000deg² 天区、2 000 万星系）和 PFS（1 500deg² 天区、400 万星系），可与 Euclid、WFIRST 相比拟（图 3.2.26）。

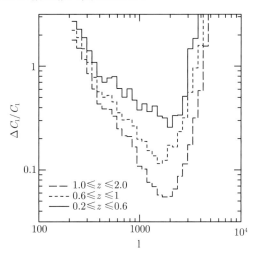

图 3.2.26 对 Planck 卫星巡天 +BigBOSS/DESI 巡天的 kSZ 层析测量精度的预估（Shao et al., 2011）

总测量可以达到 ~50σ；相比 BigBOSS/DESI，SKA 的红移更广（$0 < z < 10$），天区覆盖面积更大（~2 倍），星系数目更多（~5 倍），因此对传统 kSZ 效应的总测量精度将超过 ~100σ

基于以上优势，我们期待 SKA 结合 CMB 巡天，将以前所未有的精度测量各种 kSZ 效应（晚期宇宙的传统 kSZ 效应、零散的再电离（patchy reionization）造成的 kSZ 效应、视界尺度扰动造成的非传统 kSZ 效应等）。例如，对 BigBOSS/DESI+Planck 预研结果（Shao et al., 2011）做简单外推，SKA+Planck 将传统 kSZ 效应的测量精度提高到 1% 以上，并且覆盖从 0~3 的红移范围。

在探索视界尺度扰动产生的非传统 kSZ 效应方面，SKA 的连续谱巡天更具优势。该巡天有望在 30 000deg^2 天空测量 10 亿 ~50 亿射电连续谱星系，可在天区面积和星系数目上与 LSST 相比拟。因此，SKA+Planck 对永恒暴胀产生的视界尺度扰动的参数 A、B 的限制将与 LSST+Planck 的限制相当（Zhang and Johnson, 2015），从而对宇宙起源机制做出有用的限制（图 3.2.27）。

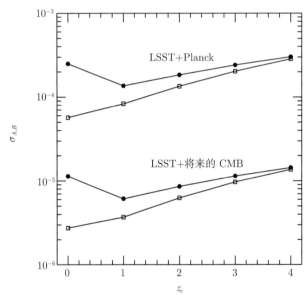

图 3.2.27   对 LSST+Planck 限制永恒暴胀参数的预估（Zhang and Johnson, 2015）

SKA 中的中性氢巡天和射电星系连续谱巡天都适用于该方面研究；SKA 连续谱巡天的星系数目、红移分布、天区覆盖与 LSST 相当，因此，将达到类似的精度

可能的研究课题：

（1）利用 SKA 的巡天参数，对 kSZ 层析进行预研；

（2）利用 SKA 数据，实现 kSZ 层析测量。

3. ISW 效应

CMB 辐射光子在传播过程中会遇到引力势阱的影响。在加速膨胀的宇宙中，引力势阱渐趋平坦，使得 CMB 光子落入引力势阱时获得的能量大于爬出引力势阱时失去的能量，从而影响 CMB 光子温度涨落的各向异性，这就是晚期的积分 Sachs-Wolfe（简称 ISW）效应。晚期 ISW 效应对 CMB 温度涨落各向异性的影响主要体现在较大的观测尺度上，这给直接观测晚期 ISW 效应带来了很大的困难。一方面，晚期 ISW 效应是一种次级效应，相对于 CMB 温度涨落各向异性的主要部分非常小；另一方面，受宇宙方差影响，其观测精度无法满足直接探测要求。目前最有效的探测晚期 ISW 效应信号的方法是研究 CMB 温度涨落与宇宙大尺度结构物质能量密度涨落的互关联性质。在较大观测尺度上, CMB 温度涨落中的其他效应都与宇宙大尺度结构密度涨落没有互关联性质, 所以通过互关联性可以把晚期 ISW 效应的信息提取出来, 这也极大地降低了观测中的系统误差, 更有利于探测晚期 ISW 效应的信号。

现阶段最精确的宇宙微波背景辐射观测是欧洲空间局的 Planck 卫星实验观测数据。在宇宙大尺度结构巡天观测方面, 一个好的巡天观测需要具备以下几点: ① 观测的目标数量要尽可能多, 以减小泊松误差项的影响; ② 巡天观测的体积要尽可能大, 红移要尽可能深, 以最大化地提高关联性的信号; ③ 巡天观测所覆盖的天区要尽可能大, 以减小覆盖天区太小所产生的影响。SKA 巡天可以很好地满足这些条件, 因此将是未来用于开展和 CMB 之间互关联研究的最有效的巡天实验之一。基于 CMB 和 SKA 巡天实验数据之间的互关联性质, 我们可以有效探测晚期 ISW 效应, 研究暗能量的动力学性质及可能的修改引力理论, 因为它们可以在宇宙演化晚期推动宇宙加速膨胀, 与晚期 ISW 效应的产生直接相关。除此之外, 该互关联性质另一个重要应用是研究早期宇宙, 测量原初扰动非高斯性。原初扰动非高斯性会修改偏移参数, 使其不再只是红移的函数, 可以随着观测尺度 k 而改变 (即 bias(z, k))。所以, 非零的原初扰动非高斯性就会在较大的观测尺度上修改 CMB 温度涨落各向异性和宇宙大尺度结构物质能量密度涨落之间的互关联性质。之前利用美国 NVSS 射电巡天实验数据的研究结果表明, 高红移射电巡天可以更精确地限制原初扰动非高斯性。

最后, SKA 实验还可以用于开展暗物质方面的研究。来自银河系以外的各向同性伽马射线背景中绝大部分以弥散背景的形式存在, IGRB (Isotropic Gamma-Ray Bursts) 的起源是非常重要的天体物理基本问题。除了可能来自宇宙大尺度结构形成过程中激波所加速的高能粒子辐射外, 还有可能来自暗物质湮灭或衰变所辐射的高能伽马光子, 所以费米伽马射线空间望远镜 (FERMI) 的一个重要的科学目标就是利用伽马射线的观测来研究暗物质的性质。利用 SKA 观测到的宇宙大尺度结构的能量密度涨落的信息, 结合费米望远镜观测到的伽马射线流强涨落的分布信息, 可以分析它们之间的互关联性质。而该互关联性质是与暗物质的质量、湮灭率和寿命等关键性质直接相关的。

4. 利用 SKA 寻找和研究宇宙早期的星系团

1) 关键问题

(1) 如何有效寻找宇宙早期的大质量星系团?

(2) 如何利用星系团来限制宇宙原初扰动的非高斯过程?

(3) 星系团环境是如何影响其大质量成员星系的形成与演化的?

2) 高红移星系团研究的现状

星系团是宇宙中最大的引力束缚系统, 它们示踪最大的暗物质晕和最致密的星系环境, 因此星系团的研究对于限制宇宙学模型和探索环境对星系演化的影响都有重要意义。相对于目前认知比较充分的近邻宇宙中的星系团 (被大质量椭圆星系主导), 宇宙早期 (红移 $z \geqslant 2$) 的星系团数量稀少而且其中的大质量星系恒星形成活动仍然非常活跃, 因此高红移星系团对宇宙学和环境因素如何影响星系演化两方面的限制能力都较强。近年来, 随着深场巡天的飞速发展, 寻找和研究高红移星系团已成为河外天文学的新的热点。

尽管已经有大量的观测资源用来寻找高红移星系团，但目前光谱证认的红移 2 左右的星系团数量仍然非常有限（个位数）。另外，虽然相当数量的更高红移的类星系团结构相继被发现，但这类结构大部分仍然处于星系团前身（proto-clusters）的演化阶段，即还未形成星系团尺度（总质量达到 $\sim 10^{14} M_\odot$）的暗物质晕，具体体现在星系团成员分布较为分散，没有延展的热气体（X 射线）辐射，并未形成完全维里化的系统。这些特征导致这类结构自身对宇宙学（暗物质晕的质量难以确定）和星系演化影响（星系环境仍然不能类比星系团）的限制都有限。

作为高红移星系团研究领域的一个突破进展，我们最近利用 Hubble、Herschel、IRAM-NOEMA、ALMA、VLA 等大型望远镜的数据发现了已知宇宙中最早形成的星系团 —— CLJ1001（$z = 2.51$）（Wang et al., 2016）。这一发现将星系团形成的历史向前推进了将近 7 亿年。除了其令人咋舌的距离外，CLJ1001 还代表着一类新的星系团系统，其主要特征是星系团中心被大质量恒星形成星系主导，有别于之前发现的星系团（被宁静星系或者红星系主导）。因为恒星形成率与远红外光度线性相关，这类新的、被大质量恒星形成星系主导的星系团最主要的观测特征是明显的远红外发射超出。而因为星系的射电（1.4GHz 连续谱）辐射与远红外光度紧密相关（均示踪星系的恒星形成活动），因此这类星系团在射电波段的明显观测特征是有很强的射电点源的超出。尤其是考虑到这类星系团同时呈现很强的射电 AGN 的活动，因此其在射电波段的超出甚至比远红外更为明显。这一观测特征已经被我们通过 VLA 的数据所证实（Daddi, et al., 2017）。这一特征为 SKA 寻找高红移星系团提供了契机。

3）基于 SKA 的具体的研究课题：寻找高红移星系团，探索其对宇宙学演化以及星系演化对环境的依赖性

正如图 3.2.28 所示，CLJ1001 所代表的这类红移在 2~3 的星系团的显著特征是具有较强

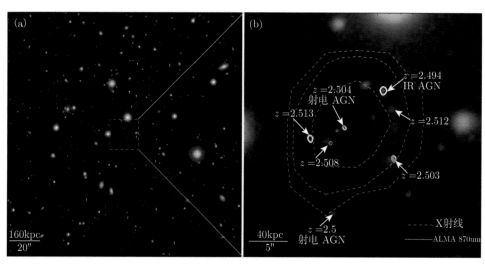

图 3.2.28　星系团 CLJ1001 成员星系的分布（Wang et al., 2016）

该星系团中同时具有大质量恒星形成星系（有较强的远红外、亚毫米波和射电辐射）和射电 AGN（较强的射电辐射）的超出，两者结合的结果是在射电波段（1.4GHz 连续谱）显示显著的点源的聚集，已被我们的后续观测证实 (Daddi, et al., 2017)

的恒星形成和超大质量黑洞增长（活动星系核，AGN）的活动，这些特征使得其在射电波段呈现显著的电源的聚集。其典型的成员星系的射电辐射可以较容易地被 SKA 探测到（积分时间 ~1h）。SKA 的灵敏度和大视场使得其成为寻找高红移星系团的最有效的工具。我们推算 SKA 的 1 000deg² 的巡天面积可以探测到 200~2 000 个类 CLJ1001 的系统，对这一大样本、高红移星系团的后续研究将会给星系团和星系演化的研究带来革命性的变化，并最终解答环境如何影响星系演化这一星系宇宙学最基本的问题。另外，这类高红移的星系团示踪宇宙早期最大质量的暗物质晕，其数密度以及星系团的最大质量对宇宙学参数（尤其是宇宙原初扰动的非高斯过程）非常敏感，是为数不多的在高红移能直接检验和限制宇宙学的工具之一。图 3.2.29 是我们利用 CLJ1001 的质量来限制宇宙学模型的例子。利用我们预计 SKA 能够探测到的 200~2 000 个类 CLJ1001 的系统，能够给出更为精确的限制。另外，对 SKA 探测到的大样本星系团的后续观测研究（包括光谱证认、成员星系的质量、恒星形成率和气体含量等），也可以对（星系团）环境是如何影响星系演化这一基本问题给出最关键的限制。

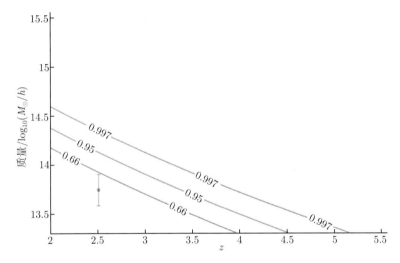

图 3.2.29 CLJ1001（红移 $z = 2.5$）处对宇宙学的限制（Wang et al.，未发表）

三条不同颜色的实线分别代表 1σ、2σ 和 3σ 置信度下能够排除 Lambda-CDM (Planck 2015 会聚) 的曲线

3.2.7 引力透镜

1. SKA 弱引力透镜宇宙学研究

宇宙中物质分布的不均匀性对时空度规产生扰动，造成光线传播路径的微小偏折，这使得我们观测到的星系的光度、形状相比于其内禀量有微小改变，称为弱引力透镜效应。弱引力透镜效应的本质是引力，因此是研究暗物质、暗能量、引力性质等基本物理问题的重要探针（Fu and Fan, 2014）。弱引力透镜效应信号微弱，所造成的星系形变剪切量为 $\gamma \sim 0.01$，远小于星系内禀椭率 $\varepsilon \sim 0.3$。因此弱引力透镜研究需要观测大量星系，利用统计分析方法提取宇宙学信息，源星系数目越多，信号的统计精度越高。同时引力透镜效应与大尺度结构性质和距离有关，因此敏感地依赖于源星系红移分布，利用不同红移段的源星系进行分析，可有效增加宇宙学信息量。

　　SKA 长基线观测可以达到分辨率 ~0.5 角秒, 从而可以高精度测量星系形状, 进行弱引力透镜宇宙学研究。相比于光学观测, 在射电波段观测到的星系多为恒星形成星系, 其红移分布可延展至更高红移（Brown et al., 2015）, 则利用弱引力透镜分析我们将能够构建高红移宇宙大尺度结构, 进而开展宇宙学研究。对于 SKA 引力透镜观测, 虽然源星系数密度低于光学巡天, 但其具有更大天区、更高红移的优势（Harrison et al., 2016）。同时, 与光学弱引力透镜观测进行互相关分析, 可有效地降低仪器系统误差的影响。利用 SKA 射电观测开展弱引力透镜研究的另一重要优势为, 根据偏振和旋转速度观测有望限制星系内禀椭率相关性, 从而有效地降低其对弱引力透镜宇宙学研究的影响（Camera et al., 2016）。

　　在弱引力透镜宇宙学研究中, 常用的分析方法为计算星系椭率两点相关（与功率谱分析等价）, 不考虑星系内禀椭率相关, 则 2pt 直接反映了弱引力透镜剪切信号的相关（Kilbinger et al., 2013; Abbott et al., 2016; Hidebrandt et al., 2017）。另外, 2pt 相关分析无法完全揭示宇宙大尺度结构的所有特征, 特别是其非高斯性, 而这含有非线性结构形成过程或原初非高斯性的重要信息。一个自然的拓展是进行高阶相关分析（Fu et al., 2014）。另一快速发展的统计分析方法为峰值统计（Liu et al., 2015; Liu et al., 2016; Kacprzak et al., 2016）。图 3.2.30 显示了我们利用 CFHT Stripe 82 剪切观测数据构建的 convergence 场的例子, 从中可以得到峰值计数。研究表明, 高峰与大质量暗晕密切相关, 因此是敏感的宇宙学探针。对于高峰统计, 我们建立了从理论模型到观测分析及宇宙学限制的平台, 应用于现有观测, 充分证实了峰值统计的宇宙学意义, 以及与相关分析的互补性（Liu et al., 2016; Fan et al., 2010; Shan et al., 2012; Liu et al., 2014; Liu et al., 2016; Yuan et al., 2017）。

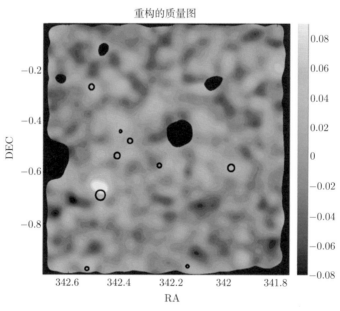

图 3.2.30　利用 CFHT Stripe 82 数据构建的会聚场, 黑圈表示该天区已知的星系团（Liu et al., 2016）

利用 SKA 高红移和大天区优势，结合 2pt、3pt 相关，以及峰值统计，我们可以得到丰富的宇宙学信息，包括宇宙学参数限制、限制引力性质、研究原初非高斯扰动等。针对 SKA1-early, SKA1 和 SKA2（相应参数列于表 3.2.3），我们进行了初步的研究，利用 Fisher 分析，计算了对宇宙学参数的限制能力。图 3.2.31(a) 展示了预期的功率谱，图 3.2.31(b) 显示了对应的不同信噪比的峰的数目分布，这里我们假设源星系位于固定红移处，$z_{\rm s} = z_{\rm m}$。对于 SKA2，我们在图 3.2.32 亦显示了 2 个红移区间（$z_{\rm s} = 0.9$, $n_{\rm g} = 5$ 角分$^{-2}$ 和 $z_{\rm s} = 2.5$, $n_{\rm g} = 5$ 角分$^{-2}$）的层析的结果。带误差棒的数据点为从我们的光线追踪（ray-tracing）模拟中

表 3.2.3 SKA 弱引力透镜巡天参数

巡天	Sky 覆盖面积 $A/\deg^2$	星系的数密度 $n_{\rm g}$	中位红移 $z_{\rm m}$
SKA1-early	1 000	3.0	1.0
SKA1	5 000	2.7	1.0
SKA2	30 940	10	1.6

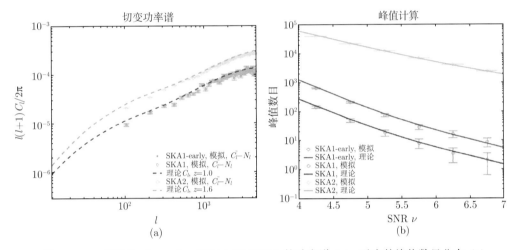

图 3.2.31 对应 SKA1-early、SKA1 和 SKA2 的功率谱 (a)，对应的峰值数目分布 (b)

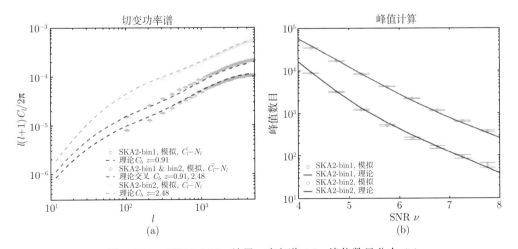

图 3.2.32 SKA2 2-bin 结果，功率谱 (a)，峰值数目分布 (b)

得到的结果，不同的线为相应的理论预言。其中功率谱从 CAMB 非线性功率谱计算得到，峰值数目为我们的模型预言（Yuan et al., 2017），其发展了原有的模型（Brown et al., 2015），加入了大尺度结构的投影效应。可以看出，理论预言与模拟结果很好地符合。我们将利用理论模型进行 Fisher 计算。

图 3.2.33 显示了与图 3.2.31 对应的对（Ω_{m}，σ_8）的限制结果。可以清晰地看出，从

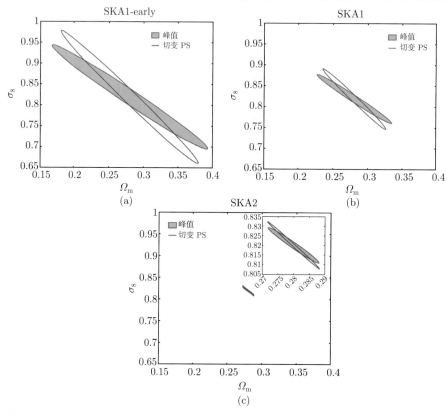

图 3.2.33   利用图 3.2.31 所示功率谱（蓝）和峰值分布（红）对（Ω_{m}，σ_8）的限制结果

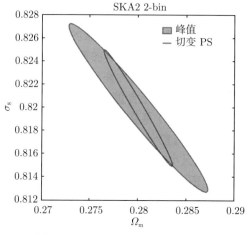

图 3.2.34   SKA2 2-bin 的限制结果

SKA1-early 到 SKA2，宇宙学限制能力极大增强，峰值统计与功率谱分析对参数限制的简并方向不同，二者结合将会有效地增加限制精度。图 3.2.34 显示了与图 3.2.32 对应的 SKA2 2-bin 的结果。我们看到，结合图 3.2.33(b) 功率谱和峰值计数，所得结果与 2-bin 功率谱结果（图 3.2.34 蓝色等高线，包括自相关和互相关）相当。另一方面，从图 3.2.34，我们看到对于 2-bin 层析的分析，功率谱的限制能力更强。但系统误差，如切变测量误差、测光红移误差等，对峰值统计与功率谱分析的影响不同，二者结合可对系统误差进行自校正。对此，我们将进行详细研究。

　　下面图 3.2.35 和图 3.2.36 显示了相应的含有暗能量状态方程参数的 4 参数限制结果。

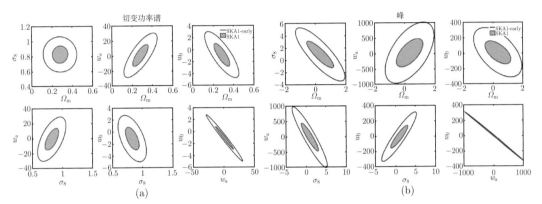

图 3.2.35　针对 SKA1-early（蓝）和 SKA1（红）的限制结果

(a) 功率谱；(b) 峰值计数

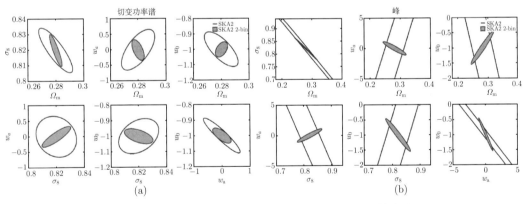

图 3.2.36　针对 SKA2（蓝）和 SKA2 2-bin（红）的结果

(a) 功率谱；(b) 峰值计数

　　图 3.2.37 显示了在 SKA2 2-bin 分析中（4 参数），利用功率谱和峰值计数所得到的对 (w_0, w_a) 的限制的对比。我们看到，功率谱可以给出更强限制，但二者简并方向不同，加入峰值统计，将会进一步提高对暗能量状态方程参数的限制。

　　上述初步分析充分显示了利用 SKA 弱引力透镜观测进行宇宙学研究的重要性，我们将展开更加详细的研究，以充分挖掘其宇宙学意义。

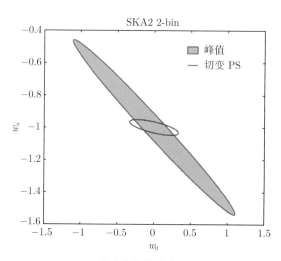

图 3.2.37   SKA2 2-bin 对于暗能量状态方程参数 (w_0, w_a) 的限制

2. SKA 射电干涉阵列的弱引力透镜效应精确测量

不同于光学波段的成像过程，SKA 通过不同天线对之间的射电波段的干涉信号进行测量，所得到的图像可以大致看作所覆盖天区的傅里叶变换，即空间频率面 (u, v) 上的部分取样。地球的自转增加了频率面上的采样点。通常频率面上的采样是不完整的，且采样点的位置分布不规则。如何从这些傅里叶空间的不规则采样点精确重构天文图像，是射电观测领域的一个经典问题。而弱引力透镜效应在统计上对天体图像形状造成只有百分之一左右的系统形变，可见其测量对图像重构的精确度具有很高的要求。如何利用 SKA 射电波段的干涉信号精确测量弱引力透镜信号，是当前急需解决的问题。目前主要有两条路线。

（1）通过 CLEAN（Hogbom, 1974; Schwarz, 1978; Clark, 1980; Cornwell, 1983）或 MEM（Cornwell and Evans, 1985）等方法重构天体图像，然后可以使用许多光学波段已有的弱引力透镜测量方法对图像的形状进行测量。这条路线中主要需要考虑的是 CLEAN 或 MEM 所还原的天体图像的真实性以及准确性。目前看，这些方面还有许多提升的空间。比如，目前最常用的 CLEAN 方法对于延展源的形状重构还不是很理想。CLEAN 的图像重构原理并不具有数学上的严格形式，这使得其重构图像上的噪声性质难以理解。从技术角度来说，频率空间的有限且不规则的采样点并不可能完全决定图像的完整形式，所以在图像还原这一问题上必须加入不同的边界或限制条件，比如，限制像素亮度都为正值，最大熵原理等。这些因素使得目前图像重构方法的数学形式都为高度非线性，且存在一定量的假设和近似。这些因素都不利于弱引力透镜效应的测量。这些方面需要新的想法。

（2）另一条可能更有效且准确的路径是直接在空间频率面 (u, v) 上进行图像拟合和弱引力透镜效应的测量。这一方面已经有过成功的尝试（Chang and Refregier, 2002; Chang et al., 2004）。主要想法是，在星系位置已知的情况下同时参数化视场内所有的星系的形状，并将图像转化成频率空间 (u, v) 平面上的信号，与实际信号进行拟合。星系形态的参数化可以采用 Shapelets 或 disk+bulge（Rivi et al., 2016）的形式。每个星系对应 5~6 个自由参数需要拟合。这种方法需要同时拟合视场中的所有源，对于小视场低密度的观测数据，例如，FIRST 射电巡天（Becker et al., 1995; White et al., 1997），这样的尝试是成功的；而对于 SKA 来说，这种方法需要巨大的计算量，而且并不清楚随着星系的数密度增加，相近邻的图像是否会有干扰，造成假的弱引力透镜信号的空间关联。这一方面需要数值模拟来检验。频率空间的图像拟合类方法的弱引力透镜测量精度，目前还受限于地球电离层和对流层的湍流现象造成的点扩散函数，以及对图像形状的先验性假定。这些问题需要进一步研究。

重点研究课题：

（1）对于 SKA 的不同阶段，详细研究利用弱引力透镜不同分析方法进行宇宙学研究可达到的精度，包括参数限制、引力性质、原初非高斯性等；

（2）详细研究系统误差的影响，特别是结合不同的剪切测量方法，分析误差对宇宙学研究带来的偏差，从而对测量方法精度提出要求；

（3）研究利用功率谱分析和峰值统计对误差进行自校正的可行性；

（4）基于频率空间的弱引力透镜效应精确测量方法的发展。

3.2.8 中国部署

我国宇宙学理论方面的研究力量相当雄厚，目前国内很多研究所和高校都有这方面的研究方向。虽然很多研究人员此前并未开展射电天文方面的研究，但如果积极加以组织，可以在较短时间内转入 SKA 的宇宙学研究，在巡天设计和误差预测、数值模拟、宇宙学参数测量和模型检验方法、引力透镜等方面发挥重要作用，使我国在这一方向上迅速成为较强的力量。因此，应发挥这一优势，及时吸引、组织我国宇宙学领域的研究人员参与 SKA 研究。

射电干涉阵的观测和数据处理本身都相当复杂，SKA 又是规模空前的射电干涉阵，因此有必要从多方面进行验证，以便深入理解干涉阵列关键技术和数据处理方法。参与国外实验可以较快地学习、交流，开展国内自主实验则更有利于完整地理解整个系统。21CMA 和天籁等国内阵列为进行这种实践提供了很好的机会，是我国参与 SKA 的优势。我们建议，充分利用我国已建成的天籁实验阵列，适当升级，成为 SKA 的中国验证系统。

天籁阵列与 SKA 一样采用了大数量、小口径的设计思路，并针对中性氢强度映射巡天、暗能量射电探测设计，有具体的科学目标，适合对大规模干涉阵数据处理、中性氢强度映射巡天观测、前景减除等方法进行充分验证。对天籁阵列进行升级改造，通过实验掌握大型干涉阵数据处理分析方法，这与 SKA 虽非"形似"但却"神似"。现有的天籁柱形阵包括 3 台柱面天线，长 15m，宽 40m，扣除两侧各 5m 边缘区，每台柱面应配 64 个接收单元（馈源）进行观测。目前每台柱面仅配备了 32 个接收单元，尚有扩充空间。拟对其升级，配齐 64 个馈源及相应的电子学接收设备和相关器，以更好地开展综合成像、多波束合成等观测，进行中性氢巡天实验。另外，利用其视场大（$160\deg^2$）的优势，可以开展快速射电暴、引力波电磁对应体等暂现源的监测。现有三个柱面距离很近，便于前景减除，但受角分辨率限制，快速射电暴定位精度较低（约 $1°$），拟在不同方向、相距 $1\sim2$km 处增建两个柱面，利用多频率观测，可实现角分量级的定位精度。

参 考 文 献

Abbott T, et al. 2016. PRD, 94: 022001

Abdalla F B, Bull P, Camera S, et al. 2015. PoS (AASKA14), 17

Alcock C, Paczynski B. 1979. Nature, 281: 358

Ballardini M, Finelli F, Fedeli C, Moscardini L. 2016. JCAP, 10: 041

Bartolo N, Komatsu E, Matarrese S, Riotto A. 2004. PhR, 402: 103

Becker R H, White R L, Helfand D J. 1995. ApJ, 450: 559

Bigiel F, et al. 2008. ApJ, 136: 2846

Blyth S L, et al. 2015. PoS (AASKA14), 128

Brown M L, et al. 2015. PoS(AASKA14), arXiv: 1501.03828

Caldwell R R. 2002. Phys. Lett. B, 545: 23

Camera S, et al. 2016. MNRAS, 464: 4747

Camera S, Santos M G, Ferreira P G, Ferramacho L. 2013. PhRvL, 111: 171302

Cautun M, van de Weygaert R, Jones B J T, Frenk C S. 2014. MNRAS, 441: 2923

Cen R Y, Ostriker J P. 1999. ApJ, 514: 1

Chang T C, Refregier A. 2002. ApJ, 570: 447

Chang T C, Refregier A, Helfand D J. 2004. ApJ, 617: 794

Chen X. 2010. AdAst, 2010: 72

Chen X, Dvorkin C, Huang Z, Namjoo M H, Verde L. 2016. JCAP, 11: 014

Clark B G. 1980. A&A, 89: 377

Cole S, et al. 2005. MNRAS, 362: 505

Cornwell T J. 1983. A&A, 121: 281

Cornwell T J, Evans K F. 1985. A&A, 143: 77

Daddi E, et al. 2017. ApJL, 846: 31

Dave R, et al. 2013. MNRAS, 434: 2645

Dave R, Cen R, Ostriker J P, et al. 2001. ApJ, 552: 473

Dekel A, Birnboim Y, Engel G, et al. 2009. Nature, 457: 451

Duffy A R, et al. 2012. MNRAS, 420: 2799

Eisenstein D J, et al. 2005. ApJ, 633: 560

Eisenstein D J, Hu W. 1998. ApJ, 496: 605

Fan Z H, et al. 2010. ApJ, 719: 1408

Feng B, Wang X, Zhang X. 2005. Phys. Lett. B, 607: 35

Feng L L, Shu C W, Zhang M P. 2004. ApJ, 612: 1

Ford A B, et al. 2016. MNRAS, 459: 1745

Fu L P, et al. 2014. MNRAS, 441: 2725

Fu L P, Fan Z H. 2014. RAA, 14: 1061

Fukugita M, Peebles P J E. 2004. ApJ, 616: 643

Giannantonio T, Ross A J, Percival W J, et al. 2014. PhRvD, 89: 023511

Giovanelli R, et al. 2005. AJ, 130: 2598

Gunn J E, Peterson B A. 1965. ApJ, 142: 1633

Guo Q, et al. 2015. MNRAS, 454: 550

Harrison I, et al. 2016. MNRAS, 463: 3674

Hidebrandt H, et al. 2017. MNRAS, 465: 1454

Hogbom J A. 1974. A&AS, 15: 417

Holwerda B W, Blyth S L, Baker A J. 2012. IAUS, 284: 496

Kacprzak T, et al. 2016. MNRAS, 463: 3653

Kaiser N. 1987. MNRAS, 227: 1

Kereš D, Katz N, Weinberg D H, Davé R. 2005. MNRAS, 363: 2

Kilbinger M, et al. 2013. MNRAS, 430: 2200

Klöckner H R, et al. 2009. arXiv:1001.0502

Koribalski B S. 2012. Publ. Astron. Soc. Australia, 29: 359

Li M, et al. 2012. ApJ, 761: 151

Liske, et al. 2008. MNRAS, 386: 1192

Liu J, et al. 2015. PRD, 91: 063507

Liu X K, et al. 2014. ApJ, 784: 31

Liu X K, et al. 2015. MNRAS, 450: 2888

Liu X K, et al. 2016. PRL, 117: 051101

Martin A M, et al. 2010. ApJ, 723: 1359

Meiksin A A. 2009. RvMP, 81: 1405

Meyer M. 2009. Par. ConfE. 15

Meyer M J, et al. 2004. MNRAS, 350: 1195

Moster B, et al. 2010. ApJ, 710: 903

Obreschkow D, Meyer M. 2014. arXiv:1406.0966

Oppenheimer B D, Dave R. 2006. MNRAS, 373: 1265

Park C, Kim J, Gott J R. 2005. ApJ, 633: 1

Peebles P J E, Yu J T. 1970. ApJ, 162: 815

Planck Collaboration, Ade P A R, Aghanim N, et al. 2014. A&A, 571: A24

Popping A, et al. 2014. arXiv:1501.01077

Popping A, et al. 2015. RvMP, 61: 185

Raccanelli A, Bull P, Camera S, et al. 2015. PoS (AASKA14), 031

Ratra B, Peebles P L E. 1988. PhRvD, 37: 3406

Rivi M, et al. 2016. MNRAS, 463: 1881

Santos M G, Bull P, Alonso D, et al. 2015. PoS (AASKA14), 19

Schaye J, et al. 2015. MNRAS, 446: 521

Schwarz U J. 1978. A&A, 65: 345

Shan H Y, et al. 2012. ApJ, 748: 56

Shandarin S F, Zeldovich Y B. 1989. RvMP, 61: 185

Shao J, Zhang P, Lin W. Jing Y, Pan J. 2011. MNRAS, 413: 628

Shull J D, Smith B D, Danforth C W. 2012. ApJ, 759: 23

Springel V, et al. 2005. Nature, 435: 629

Stinson G, Seth A, Katz N, Wadsley J, Governato F, Quinn T. 2006. MNRAS, 373: 1074

Sunyaev R A, Zeldovich Y B. 1970. Ap & SS, 7: 3

Taylor A R, Braun R. 1999. Science with Square Kilometer Array

Vogelsberger M, et al. 2014. Nature, 509: 177

Wang L, et al. 2015. MNRAS, 454: 83

Wang X, Chen X, Park C. 2012. ApJ, 747: 48

Weinberg S. 1989. RvMP, 61: 1

Werk J K, et al. 2016. ApJ, 833: 54

White R L, et al. 1997. ApJ, 475: 479

Wong T, Blitz L. 2002. ApJ, 569: 157

Xu M H, Wang G L, Zhao M. 2012. A&A, 544: A135

Xu Y, Hamann J, Chen X. 2016. PhRvD, 94: 123518.

Yang X H, et al. 2017. ApJ, 848: 60

Yang X, Zhang J, Yu Y, Zhang P. 2017. ApJ, 845: 174.

Yang X, Zhang P. 2011. MNRAS, 415: 3485

Yang X, Zhang P, Zhang J, Yu Y. 2015. MNRAS, 447: 345

Yuan S, et al. 2018. ApJ, 857: 112

Yuan S, Zhang T J. 2015. JCAP, 02: 025

Zakamska N L, Tremaine S. 2005. AJ, 130: 1939

Zhang P. 2010. MNRAS, 407: L36

Zhang P, Johnson M. 2015. JCAP, 06: 046

Zhang P, Pen U. 2005. PRL, 95: 241302

Zhang P, Zhang J, Zhang L. 2016. arXiv: 1608.03707

Zhao G B, Bacon D, Maartens R, et al. 2015. PoS (AASKA14), 165

Zhao G B, et al. BOSS Collaboration. 2017. MNRAS, 466: 762

Zhao G B, et al. 2009. PhRvL, 103: 241301

Zhao G B, et al. 2012. PhRvL, 109: 171301

Zoldan A, et al. 2017. MNRAS, 465: 2236

Zhu W S, Feng L L, Xia Y H, Shu C W, Gu Q S, Fang L Z. 2013. ApJ, 777: 48

3.3 研究方向三：脉冲星搜寻

陈建玲　李 苪　李柯伽　李 琳　罗近涛　潘元月　托乎提努尔　王晶波　王　娜*
王　培　温志刚　闫　振　闫文明　姚菊枚　岳友岭　张承民　Jumpei Takata　Rai Yuen

3.3.0 研究队伍和课题概况

协 调 人：	王　娜	研究员	中国科学院新疆天文台
主要成员：	陈建玲	副教授	运城学院
	李 苪	研究员	中国科学院国家天文台
	李 琳	讲 师	新疆大学
	李柯伽	副研究员	北京大学科维理天文与天体物理研究所
	罗近涛	研究员	中国科学院国家授时中心
	潘元月	副教授	湘潭大学
	托乎提努尔	工程师	中国科学院新疆天文台
	王 培	助理研究员	中国科学院国家天文台
	王晶波	副研究员	中国科学院新疆天文台
	温志刚	助理研究员	中国科学院新疆天文台
	闫 振	副研究员	中国科学院上海天文台
	闫文明	副研究员	中国科学院新疆天文台
	姚菊枚	助理研究员	中国科学院新疆天文台
	岳友岭	工程师	中国科学院国家天文台
	张承民	研究员	中国科学院国家天文台
	Jumpei Takata	教 授	华中科技大学
	Rai Yuen	副研究员	中国科学院新疆天文台
联 络 人：	刘 晶	助理研究员	中国科学院新疆天文台 liujing@xao.ac.cn

研究内容　脉冲星搜寻是 SKA 项目的主要科学目标之一，SKA 能发现银河系中所有的辐射束指向地球的射电脉冲星。新脉冲星的发现以及利用大口径单天线望远镜对这些新脉冲星进行的后续跟踪观测，提供解决广义相对论检验、银河系中心黑洞探测、银河系星际介质探测、引力波探测、中子星内部物态探测等物理学基本问题的新手段。计划利用 SKA1 开展全天盲搜及特殊天区的搜寻，特殊天区包括银河系中心、银河系外的大小麦哲伦云、球状星团等天区；联合 FAST 对 SKA 新发现脉冲星进行验证。期望不仅能发现更多数量的普通脉冲星，还能发现更多稀有的特殊类型的脉冲星，例如，脉冲星和黑洞组成的强引力双星系统、银河系中心的脉冲星、亚毫秒脉冲星、可用于引力波探测的毫秒脉冲星等。脉冲星搜寻往往还能带来意想不到的 "副产品"，例如，发现旋转射电暂现源（RRAT）和快速射电暴。本课题将在脉冲星巡天数据处理时高度关注。

---

　　* 组稿人。

技术挑战　非成像处理技术是一项很大的技术挑战，主要难点包括波束合成和在线实时搜寻技术。① 在保证合理的搜寻速度以及足够宽视场的前提下，进行波束合成是对信号处理链路计算能力的挑战。② SKA 脉冲星搜寻模式所产生的数据量非常巨大，不可能把搜寻数据存储下来，只能进行实时处理。某些特殊类型的射电源（如 RRATs、快速射电暴、间歇脉冲星）也是搜寻的目标之一，因此需要考虑更多额外因素，例如，动态光谱识别及统计搜索算法，快速射电暴实时甄别等。③ 射电干扰的识别及消除。如何快速准确地找出射电干扰，防止把真实信号误判为干扰，也是一项急需解决的技术难题。

研究基础　过去的十几年间，我们利用乌鲁木齐南山 25m、澳大利亚 Parkes 64m、德国 Effelsberg 100m、英国 Jodrell Bank 76m、印度 GMRT 等射电望远镜进行了脉冲星观测研究，积累了丰富的脉冲星实测经验。正在利用 21CMA 进行的低频脉冲星搜寻实验可为建立 SKA 脉冲星搜寻系统积累经验。已经建设的 FAST 和即将建设的奇台 110m 全可动射电望远镜（QTT），将为 SKA 新发现脉冲星提供强大的后续观测能力。

优先课题　① 脉冲星搜寻算法关键技术及 SKA 验证系统的脉冲星搜寻。脉冲星在线实时搜寻、脉冲星候选体的人工智能甄别，是计算机搜寻处理系统的发展趋势，尤其是对于 SKA 脉冲星搜寻来说，所产生的搜寻数据量非常巨大，把搜寻数据存储下来进行离线搜寻几乎是不可能的，这两项技术是 SKA 脉冲星搜寻所必须采用的技术。我们要将这两项算法和技术应用到 SKA 中国验证系统、SKA 国际验证系统，能够进行实际检验，并优化程序算法。② 特殊脉冲星的搜寻。如果探测到宇宙中有自转周期低于 1ms 的脉冲星，距离银河系最近的大星系（仙女星系）有脉冲星，将会拓展我们对脉冲星的认识。搜寻脉冲星类暂现源、快速射电暴、伽马射线未证认源、射电未证认源，有可能发现新类型的脉冲星，增加脉冲星的多样性。搜寻脉冲星-黑洞双星系统、双脉冲星系统将为检验广义相对论等引力理论提供最佳的实验平台。

预期成果　开发出在线实时搜寻程序和加速搜寻程序，并使用国内外望远镜进行验证和优化。掌握射电天文相控阵的特殊要求和原理，开发出消干扰程序，并使用南山 26m 射电望远镜和 ASKAP 进行检验和优化。

3.3.1　引言

脉冲星不仅是研究极端条件下物质性质和物理规律的天然实验室，也是研究星际介质、引力波及其产生过程的探针（Zhang et al., 2017）。自 1967 年发现脉冲星以来，天文学家已经观测到 2 700 多颗脉冲星，其辐射特性和演化形成性质呈现多样性。根据脉冲星电磁辐射能谱的不同可分为 γ 射线脉冲星、X 射线脉冲星、射电脉冲星等；根据有无伴星可以分为脉冲星双星和孤立脉冲星；根据自转周期与双星系统吸积历史可以分为常规脉冲星和毫秒脉冲星；根据供能机制的不同可以分为旋转供能脉冲星、吸积供能脉冲星、磁供能脉冲星等。而近年来脉冲星及相关致密天体的研究发展迅速，涌现出一大批新的发现：旋转射电暂现源和快速射电暴、间歇脉冲星和磁星射电辐射；双脉冲星系统、相对论三星系统；银心脉冲星测量银心磁场等。新发现的暂现磁星，磁场较弱，模糊了磁星与射电脉冲星的磁场界限（Zhou et al., 2014）。这些新的发现，一方面丰富了脉冲星的观测图像，另一方面则对传统的脉冲星物理模型提出了一系列新的问题，例如，快速射电暴的机制，各种脉冲星类天体之间的联系和统一，三星系统的形成机制，磁星磁层过程和辐射机制等。脉冲双星系统的发现，验证了广义相对论的预言，并间接证实了引力波的存在（Hulse and Taylor，1975），双脉冲星系统的发现进一步精确验证了广义相对论，然而，恒星演化理论预言的可以检验广义相对论在更强引力场下正确性的脉冲星–黑洞双星系统仍然没有被发现。尽管双星脉冲星间接证明了引力波的存在，双中子星合并直接验证了引力波的存在，但是人们更期待由毫秒脉冲星阵列直接探测到引力波并打开新的宇宙观测窗口，进一步理解黑洞并合、宇宙暴胀、宇宙弦的相关物理过程（Kramer and Champion，2013），即利用毫秒脉冲星计时阵（MSPTA）有可能探测到源自星系并合时中心超大质量黑洞相互绕转，或者早期宇宙暴胀产生的低频引力波（Hobbs et al.，2009）。然而，利用脉冲星直接探测引力波要求发现更多自转极其稳定的毫秒脉冲星。

　　大视场、高灵敏度、多波束等特点使得 SKA 成为搜寻脉冲星的最强大的工具。对银河系的搜寻，SKA 将发现数十倍于人类已知数量的脉冲星，而 SKA2 能发现可观测天区内的几乎所有辐射束指向地球的射电脉冲星。SKA 建成后，射电天文学将进入一个 "万颗脉冲星" 时代，从而为脉冲星演化与辐射机制研究、引力波探测、银河系磁场结构研究、星际介质研究等取得突破提供更多机会。除了银河系内的脉冲星，SKA 还将发现更多近邻星系中的脉冲星，从而促进星系际介质的研究。

3.3.2　主要研究内容和意义

1. 脉冲星搜寻的科学意义

　　脉冲星是高度磁化、快速自转的中子星，具有超高压、超高温、超强磁场和超强辐射的物理特性，是一个地球上不可能存在的极端物理条件下的空间实验室。脉冲星有稳定的自转周期，利用高精度的脉冲星计时观测，可以进行引力波的探测、检验强场下的引力理论、研究双星演化和中子星物态方程、建立脉冲星标准时间、建立深空导航系统等研究。脉冲星被誉为 "星际介质的探针"，是研究星际介质和银河系磁场的有力工具。对脉冲星辐射特性的研究，可以帮助物理学家理解极端物理条件下的等离子体物理学。

　　为了实现脉冲星在上述物理学、天体物理学研究中的重要作用，尽可能多地发现整个银河系中存在的绝大多数的射电脉冲星是至关重要的。而 SKA 使这一愿望的实现变成可能。SKA 以高灵敏度、大视场、宽频率覆盖、快速的巡天速度等特点使我们能以前所未有的方式探索充满变化的未知宇宙，这将导致许多未知天体被发现，我们还将探测到各式各样的动态爆发现象。目前，已知的脉冲星总数约为 2 700 颗，其中普通脉冲星约 2 400 颗，毫秒脉冲星约 300 颗，大约 80% 的毫秒脉冲星都处于双星系统中。我们期待 SKA 能发现十倍于目前已知脉冲星总数的新脉冲星，其中大部分的新脉冲星将在 SKA1 中被发现。图 3.3.1 展示了预期的 SKA 发现的新脉冲星数目与目前已知的脉冲星数目的比较。基于 SKA 对脉冲星类天体的发现，我们终将会全面彻底地认识银河系中可观测射电脉冲星星族，更加深入地了解银河系外脉冲星的分布。

　　除了发现更多的普通脉冲星，深化我们对银河系中脉冲星星族的认识和理解，发现稀有的有特殊性质的脉冲星类天体也是十分重要的。例如，发现脉冲星–黑洞组成的双星系统可以检验强引力场下的广义相对论；发现银河系中心的脉冲星可以用来探测银河系中心超大质量黑洞的性质；发现自转稳定的毫秒脉冲星可以用来探测低频引力波的天体物理起源和

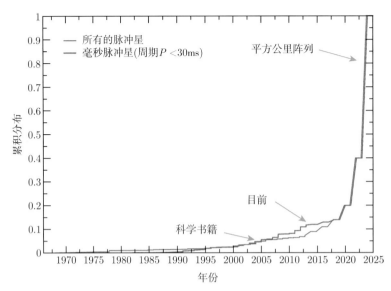

图 3.3.1　目前已知脉冲星数目与预期 SKA 发现脉冲星数据比较（Kramer and Stappers, 2015）

宇宙学起源；发现亚毫秒脉冲星可以用来限制脉冲星的核物态方程；发现超高速运动的脉冲星可以用来探测超新星爆发的物理机制及银河系的引力势；发现旋转射电暂现源可以研究脉冲星的辐射机制；发现间歇脉冲星可以研究脉冲星的制动机制；发现快速射电暴可以用来研究其起源机制（Chatterjee et al., 2017）；发现更多河外星系中的脉冲星可以研究星系际介质等。

2. 搜寻参数

在开始进行脉冲星搜寻之前，我们必须要根据特定的目标来确定搜寻的参数。首先，要确定我们对哪类脉冲星感兴趣，比如，是要寻找年轻脉冲星还是毫秒脉冲星；是要搜寻球状星团、银河系内部还是大小麦哲伦星云；抑或是未证认的 X 射线源、γ 射线源。要根据不同的目标选择不同的搜寻参数。

搜寻的天区是需要确定的第一个搜寻参数。脉冲星诞生于银盘上，目前已知的大多数脉冲星都位于这个区域。但脉冲星通常有很高的运动速度，有些脉冲星可以到达高银纬区。因此，如果想通过搜寻年轻脉冲星来研究脉冲星诞生的周期、与脉冲星成协的超新星遗迹等，就应该选择搜寻银盘的区域。毫秒脉冲星是年老的脉冲星，如果想搜寻毫秒脉冲星最好选择球状星团进行搜寻，因为球状星团是年老的恒星系统。对远离银盘的高银纬区域进行搜寻也能找到年老的脉冲星，因为脉冲星从银盘运动到高银纬区域是需要时间的。

当然，能进行全天搜寻是再好不过的。但这样做至少需要两台望远镜，一台位于北半球，另一台位于南半球，这样才能做到全天覆盖，并且很显然，因为搜寻的天区实在太大，因此需要很长时间才能完成一次全天搜寻。搜寻的灵敏度是与积分时间的开平方成正比的，这就意味着，对一个观测点的积分时间越长，搜寻的灵敏度就越高。但对于全天搜寻，为了保证搜寻的进度，只能对每一个搜寻点进行短时间的观测，而不能进行几个小时的观测，这样就会极大地降低搜寻的灵敏度。但如果只选择很小的一块天区进行搜寻，就可以对每个观测点进行长时间的观测，从而保证有很高的搜寻灵敏度。因此积分时间是需要确定的第二个搜寻参数。

　　另外一个重要的搜寻参数就是观测频率。脉冲星的能谱是幂律谱，脉冲星通常在几百兆赫兹是最亮的，随着频率的升高，脉冲星的流量密度会快速降低（Maron et al., 2000）。显然，搜寻频率的第一选择应该是几百兆赫兹。然而宇宙空间充满着星际介质，脉冲星的脉冲信号在传播过程中会受到散射等星际介质的各种影响，星际介质的影响会使脉冲信号失真而不容易被探测到，随着观测频率的升高，散射的影响会快速减弱，例如，1 400MHz 的散射影响只有 400MHz 的 1/250。虽然散射的影响无法被彻底消除，但是可以选择较高的观测频率来减弱散射的影响，比如对银道面区域的搜寻应该选择 1 400MHz 的观测频率，这样做的同时也可以减弱色散的影响。在高频，因为色散效应较小，所以可以选择较宽的频率通道带宽，从而会增加观测的总带宽，因此会有更高的搜寻灵敏度。

　　搜寻参数的选择往往是考虑多种因素的折中。总之，在开展搜寻之前我们要确定一下参数：覆盖天区、观测频率、观测频率带宽、频率通道数、积分时间以及采样时间。采样时间也是一个重要的参数，因为要搜寻短周期的脉冲星（Ransom et al., 2002），比如毫秒脉冲星，必须采用很短的采样时间，但同时也会大幅增加搜寻的数据量。

3. 搜寻技术

　　原理上，脉冲星搜寻是一个很简单的过程，就是在射电望远镜接收到的混有噪声的信号中搜索脉冲信号。人类发现的第一颗脉冲星就是通过眼睛观察望远镜输出的总功率信号偶然发现的（Hewish et al., 1968）。然而，目前已知的 2 500 多颗脉冲星中仅有很小一部分很亮的脉冲星是通过单脉冲被发现的，宇宙中的大多数脉冲星都是非常暗弱的，需要利用高灵敏度的射电望远镜探测其信号中的周期信号才能被发现。图 3.3.2 展示了脉冲星搜寻的基本流程：① 观测数据被观测终端分割为不同频率通道的时间序列；② 给出一个试验的色散量 DM 值对时间序列进行消色散；③ 对消色散后的时间序列进行快速傅里叶变换（Ransom et al., 2012），寻找周期信号的对应频率；④ 将候选频率进行保存；⑤ 试验不同的 DM 值，重复步骤②～④；⑥ 当全部 DM 值试验完成之后，找到最佳的快速傅里叶变换的频率值所对应的周期，将时间序列进行叠加，得到脉冲轮廓。

　　上述快速傅里叶变换的方法只对观测时间内周期不变的脉冲信号起作用。但在短轨道双星系统中的脉冲星，脉冲星的脉冲信号会受到轨道运动的多普勒效应的影响，脉冲信号的周期会发生快速变化，用快速傅里叶变换的方法很难探测到这种变化的周期信号。加速度搜寻技术就是为解决双星系统中的脉冲星搜寻而发展起来的（Camilo et al., 2000）。加速度搜寻技术不仅考虑了试验不同的 DM 值，还假设了不同的公转轨道对脉冲周期的加速作用，因此可以搜寻到短轨道双星系统中的周期信号。加速度搜寻技术的计算量非常大，需要消耗大量的计算机资源才能进行，这也是将来利用 SKA 进行脉冲星在线实时搜寻的一个挑战。

　　在脉冲星类天体中，有一类特殊的暂现源，包括旋转射电暂现源、快速射电暴、磁星等，与普通脉冲星有稳定的周期脉冲信号不同，它们的射电辐射是偶发的、暂现的，在这类暂现源的信号中无法搜索到周期信号，只能搜索单个脉冲信号。从技术上，暂现源的搜寻比脉冲星搜寻要简单许多，因为不需要进行周期搜索，只须试验不同的 DM 值即可。

　　SKA 作为未来新一代射电望远镜阵，搜寻脉冲星的技术要比单天线望远镜的搜寻技术复杂许多，主要技术难点包括波束合成技术、在线实时搜寻技术算法、加速度搜寻对计算机硬件计算能力的挑战。这些技术困难和挑战急需天文学家去攻克和解决。

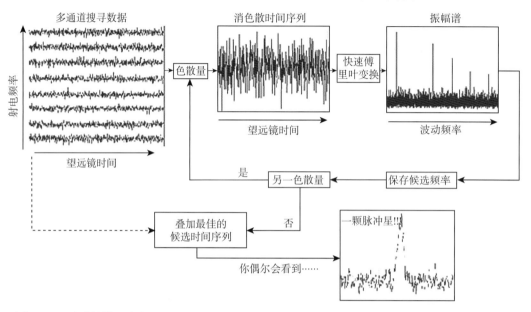

图 3.3.2　脉冲星搜寻流程（http://www.jb.man.ac.uk/distance/frontiers/pulsars/section6.html）

4. SKA1 脉冲星搜寻方案

　　脉冲星搜寻是 SKA1-low 和 SKA1-mid 的主要科学目标之一，SKA1-low 由于观测频率低适合于搜寻银河心内低 DM 的脉冲星、陡谱脉冲星以及银纬大于 5° 的高银纬区域，而 SKA1-mid 则适合于搜寻银河系内及系外的高 DM 的脉冲星、频谱不是很陡的脉冲星以及银纬小于 10° 的银道面区域。计划分三个阶段开展 SKA1 脉冲星搜寻。

　　（1）初期 —— 特定目标搜寻，对超新星遗迹、γ 射线源、脉冲星风云及球状星团开展脉冲星搜寻。与超新星遗迹成协的脉冲星有中心致密天体（CCO）及年轻脉冲星，目前已经证认的 CCO 有 8 颗（Weisskopf et al., 2006; de Luca et al., 2008; Gotthelf et al., 2013），与超新星遗迹成协的脉冲星有 60 余颗。通过搜寻超新星遗迹可以发现更多的 CCO 及与超新星遗迹成协的年轻脉冲星，甚至可以发现刚诞生的脉冲星，从而可以促进 "中子星诞生率问题" 的解决，并促进超新星遗迹天文学的发展。目前通过 γ 射线数据发现的脉冲星约 205 颗，而其中只有约 140 颗被探测到具有射电辐射，SKA 的高灵敏度不仅可以在更多的 γ 射线脉冲星中探测到射电辐射，而且从射电波段对（比如临近超新星遗迹的）费米未证认源等进行随后观测，证认高能源属性，是发现新脉冲星的有效途径之一，尤其在系统尚未开展射电脉冲星搜寻的高银纬区域，通过高灵敏度射电定点观测，具有证认大量毫秒脉冲星的可能。赫歇尔卫星及其他的切伦科夫望远镜发现了越来越多的脉冲星风云，利用 SKA 对脉冲星风云进行搜寻，可以发现与脉冲星风云成协的脉冲星。球状星团有大量的毫秒脉冲星，搜寻球状星团有可能发现亚毫秒脉冲星、脉冲星–黑洞组成的双星系统等奇特的脉冲星类天体。

（2）早期 —— 选定天区搜寻，对紧邻星系（包括大小麦哲伦云）、银河系中心以及银纬在 ±1° 范围内的低银纬银道面区域进行搜寻。由于脉冲星的射电辐射非常弱，目前探测到的分布于银盘以外的脉冲星仅存在于大小麦哲伦云和球状星团中。SKA 的高灵敏度不仅可以观测到大小麦哲伦云内的脉冲星，还可以观测其他紧邻星系内的脉冲星。利用单脉冲搜寻技术，SKA 可以探测到银河系外脉冲星的巨脉冲辐射。对银河系外脉冲星的观测，可以探测星系际介质的性质。银河系中心的脉冲星是研究银河系中心的星际介质以及探测银河系中心时空的有力工具。尽管证据表明银河系中心区域有大量的中子星存在（Wharton et al., 2012; Chennamangalam and Lorimer 2014），并且已经对银河系中心开展了多波段的脉冲星搜寻，但到目前为止，在 Sgr A* 周围 15 角分（36pc）的范围内只探测到 6 颗射电脉冲星。对银河系中心的磁星 PSR J1745-2900 的观测表明，银河系中心的散射效应要比 NE2001 电子密度模型的预言低几个量级，此区域发现极少脉冲星表明，银河系中心区域的散射相应在空间分布上可能比现有的电子密度模型要复杂（Spitler et al., 2014），SKA1-mid 的观测频率及高灵敏度将极大地提高银河系中心脉冲星探测的可能性。脉冲星诞生于银盘上，尤其在低银纬区域是脉冲星最丰富的区域，对银盘的搜寻将会发现数量巨大的脉冲星。

（3）中期及后期 —— 大面积天区搜寻，对银纬在 ±10° 范围内的银道面区域进行搜寻以及全天搜寻。对银盘及全天的搜寻可以发现银河系中所有辐射束指向地球的脉冲星，从而可以认识银河系中的整个脉冲星星族。本阶段由于搜寻天区太大，数据量巨大，因此需要进行在线实时搜寻。

发现脉冲星只是脉冲星研究及应用的开始，应该按照 "第一步发现脉冲星，第二步计时观测，第三步 VLBI 观测" 的原则进行脉冲星研究。发现新的脉冲星以后，它们的自转参数、天体测量参数及双星轨道参数都需要测量出来，有了这些参数才能得到稳定的到达时间模型，进而进行高精度的到达时间观测。第一个近似的到达时间模型的获得需要进行频繁的常规到达时间观测，刚开始需要每天都进行观测，逐渐地可以增加观测时间间隔，减少观测频次。为了测定脉冲星的位置，对一颗脉冲星至少需要半年的观测时间跨度。对于距离较近的脉冲星使用 VLBI 的方法，可以获得更准确的位置和距离。

3.3.3 国内外研究现状和发展趋势

脉冲星搜寻是进行脉冲星天体物理研究以及应用等有关课题最重要的基础一环。自 1967 年发现第一颗脉冲星以来，世界上的各大射电天文望远镜都将脉冲星搜寻作为一项十分重要的前沿课题，在此领域花费了巨大的人力、物力，充分保证了望远镜的观测时间，并不断升级软硬件系统以及搜寻算法。

脉冲星搜寻面临着多方面的挑战。首先，脉冲星信号非常微弱，尤其是毫秒脉冲星，其流量密度的典型值在 mJy 水平（Manchester et al., 2005），因而需要非常灵敏的观测设备。要提高设备灵敏度，需要更低噪声的制冷接收机、更宽的接收机带宽、更大口径的望远镜。由于绝大多数脉冲星仅在射电波段有辐射，射电波段无疑是脉冲星搜寻以及观测研究的重要窗口。就目前技术来讲，将大口径射电望远镜放置于空间是不现实的。而地面的射电观测，不可避免地受到地面人工活动、电子实验设备，以及通信等的无线电干扰。这些干扰信号强度有时是脉冲星信号的百万倍以上。如何有效克服干扰问题是进行脉冲星搜寻不得不面临的挑战。大口径望远镜的视场相对较小，如何有效提高搜寻效率是面临的又一个挑战。利用增大接收机带宽可提高脉冲星搜寻灵敏度，但这又对脉冲星终端的采样、数据记录以及后续数据处理带来更大压力。脉冲星信号为一系列周期性脉冲，其传播过程中受到星际介质的色散、散射等的影响。在进行脉冲星搜寻的过程中，不仅要搜寻周期还要搜寻色散量等信息，运算量巨大。此外，由于干扰等影响，在搜寻过程中将会产生一系列候选体，如何有效地去伪存真也是巨大挑战之一。

在国际上，走在脉冲星的搜寻研究前列的研究机构其所在国家都有着较强的经济实力，这些研究机构主要分布于欧洲、美国和澳大利亚。最初的脉冲星搜寻工作主要在低频进行，观测中心频率大多在 400MHz 附近，采样时间间隔的典型值是 10~20ms。受当时对脉冲的认识和观测设备条件的限制，这类搜寻对周期小于 100ms 的脉冲星而言灵敏度比较差，所以这类搜寻的主要目标是普通脉冲星，得到的样本也比较少，但还是为脉冲星空间分布、周期分布、演化研究提供了基础样本库。这类搜寻工作主要有：利用 Molonglo 射电望远镜进行的覆盖 3 球面度的南天天区的搜寻（Large and Vaughan, 1971; Davies et al., 1972）；利用 Jodrell Bank 76m 射电望远镜进行的覆盖银道面附近约 1 球面度的天区的搜寻（Davies et al., 1972; Davies et al., 1977）；利用 Arecibo 305m 射电望远镜对银道面附近的 0.05 球面度的天区进行的搜寻（Hulse and Taylor, 1975; Manchester et al., 1978）；利用 Green Bank 92m 射电望远镜分别在 1977~1978 年以及 1982~1983 年进行的两次搜寻等（Dewey et al., 1985; Clifton and Lyne, 1986）。

随着时间的推移，在脉冲星搜寻和数据处理方法上也取得了巨大进展。最初的脉冲星搜寻主要基于单脉冲搜寻，这样搜寻灵敏度受到很大的限制。后来，随着计算机运算能力的提高，傅里叶变换分析引入脉冲星搜寻算法中，使得搜寻更弱的脉冲星成为可能（Hankins and Rickett, 1975）。第一颗毫秒脉冲星 PSR B1937+21（周期 1.56ms）的发现引起了天文学家的极大关注，并引发了对毫秒脉冲星的搜寻工作。这时观测系统灵敏度有所提高，时间和频率分布率都大大提高，部分搜寻的中心频率采用 1 400~1 500MHz 的高频。关于毫秒脉冲星的早期搜寻工作主要有：利用 Jollrell Bank 76m 射电望远镜在 1983 年对覆盖在银纬 ±1° 的 220deg² 的天区进行的搜寻（Clifton et al., 1992; Stokes et al., 1985）；利用 Green Bank 92m 射电望远镜自 1983 年 11 月对覆盖在银纬 ±15° 的 3 725deg² 的天区范围进行脉冲星搜寻（Stokes et al., 1986; Segelstein et al., 1986）；利用 Acrecibo 305m 射电望远镜在 1984~1985 年对覆盖在银纬 ±10° 的 289deg² 的天区范围进行的快速脉冲星搜寻，这次搜寻新发现了 5 颗脉冲星，其中一颗 PSR B1855+09 是位于双星系统的毫秒脉冲星（Segelstein et al., 1986）；另外还有 1988 年利用 Parkes 64m 射电望远镜对覆盖在 ±4° 的 800deg² 的天区范围的搜寻（Johnston et al., 1992），以及利用 Arecibo 305m 望远镜在 20 世纪 80 年代后期的搜寻等（Wolszczan, 1990）。

初期搜寻的主要天区在银道面附近，自 Arecibo 305m 望远镜在高银纬区搜寻中发现毫秒脉冲星后，人们把巡天的区域扩大到了高银纬区，这些巡天主要在低频段进行，这样脉冲星的流量比较大，天线的波束比较宽，搜寻的速度比较快。对可能是脉冲星的候选目标或可能存在脉冲星的候选天区进行定向搜寻，这类搜寻缩小了搜寻的范围，可以对选定的区域进行较长时间的观测。这类搜寻有：超新星遗迹搜寻，相关研究表明超新星遗迹与脉冲星成协，所以超新星可以作为定向目标进行深度搜寻。例如，Jollrell Bank 76m 射电望远镜超新星遗迹搜寻发现了 PSR J0215+6218 等。球状星团搜寻，球状星团恒星密度高，小质量 X 射线双星多，它是 X 射线双星、毫秒脉冲星的诞生地。例如，Parkes 64m 天线对球状星团 47Tuc 的搜寻一共发现了 20 个毫秒脉冲星。在未证认 γ 射线源误差区进行搜寻，Crab 脉冲星及船帆座脉冲星的 γ 射线辐射激发了科学家浓厚的兴趣，他们猜想，一些没有证认的 γ 射线源很可能是年轻的高能脉冲星，从而引发了对未证认的 γ 射线源的定向搜寻。

在如何提高脉冲星巡天效率方面，先后提出了多波束巡天以及望远镜阵的视场综合技术。欧洲和澳大利亚天文学家将多波束巡天技术应用到 Parkes 望远镜上，该望远镜采用 13 个波束的 L 波段接收机巡天取得了鼓舞人心的成就。自 1997 年 8 月启动，用了近 6 年的时间完成这次搜寻，搜寻覆盖 150° < 银经 < 10° 的银盘区域，发现了 750 多颗新脉冲星，是当时已发现脉冲星总数的一半以上，最鼓舞人心的是这次巡天观测取得了双脉冲星 PSR J0737-3039A/B、磁星、射电暂现源等惊人的发现。Arecibo 望远镜 7 个馈源的多波束巡天（Cordes et al., 2006），项目自 2004 年启动，目标是发现 1 000 个脉冲星，2004 年 8 月至 10 月期间探测到 11 颗新脉冲星，这次巡天还探测到了高相对论性的双星 PSR J1906+0746、脉冲星宽度只有周期的 0.01% 脉冲星 PSR B1931+24。2014 年，Arecibo 望远镜对接近银道面（±5°）的天区范围进行了搜寻，发现了 45 颗脉冲星，其中有一颗毫秒脉冲星（Swiggum et al., 2014）。球状星团的搜寻近几年取得了非常大的成功，截至 2012 年底，在 28 个球状星团中发现了 144 颗脉冲星（Freire, 2013）。在河外星系搜寻方面，Parkes 望远镜在离银河系最近的大小麦哲伦云进行搜寻，共探测到 14 颗新脉冲星（Manchester et al., 2006）。在没有证认的 γ 射线源位置附近搜寻，Crawford 等（2006）在 56 个没有证认的中银纬区 γ 射线源中进行搜寻，发现了 9 个单脉冲星和 4 个再加速毫秒脉冲星双星系统，其中 3 个是新探测到的。2008 年 4 月，用澳大利亚天线阵在 3 个低银纬区未证认的 γ 射线源附近搜寻到 2 个脉冲星（Keith et al., 2008）。

最近几年，还有 LOFAR、LWA 等一系列低频大视场望远镜阵列投入到脉冲星的搜寻工作中（Stappers et al., 2011; Stovall et al., 2015）。在脉冲星搜寻数据消干扰方面，一系列算法被提出并获得应用，如零色散量滤波、自适应滤波等（Eatouh et al., 2009）。在消色散算法方面，逐步从最初的暴力消色散算法发展成为泰勒树形消色散算法、分段树形消色散算法等一系列高效算法。在硬件平台方面，先后发展了现场可编程逻辑门阵列（FPGA）、多核中央处理器（CPU）、图形处理器（GPU）数据处理平台。近些年发展出的 GPU 加速度搜寻将是重要方向之一。

在国内，脉冲星观测研究工作起步较晚。受到各种限制，目前还未有利用国内望远镜发现脉冲星的记录。随着国家经济实力的增强，国家对科技的投入也不断加大。在国内先后建立起上海佘山 25m、新疆南山 25m、昆明 40m、密云 50m、上海天马 65m 等射电望远镜。南山、昆明、天马望远镜逐步配备了脉冲星观测系统。其中，南山 25m 开展脉冲星较早，目前已经积累了十多年的脉冲星到达时间观测数据（Wang et al., 2013）。通过国际合作，国内学者在相干消色散、脉冲星搜寻候选体智能识别等领域也有一些卓有特色的研究工作（Liu et al., 2006; Lee et al., 2013; Zhu et al., 2014）。2016 年已开展系统调试的贵州 FAST，以及建设中的新疆奇台 110m 和未来的 SKA 等望远镜都将脉冲星搜寻作为重要研究课题。以观测到的脉冲星为样本的蒙特卡罗模拟表明，整个银河系的潜在脉冲星数共有大约 150 000 颗。

考虑到脉冲星辐射扫过地球的概率，可供探测的潜在脉冲星数目为（30 000±1 100）颗。国内研究者在脉冲星领域的技术储备为脉冲星搜寻提供了坚实的基础。无论是已有的还是后续的新建望远镜项目都急需在脉冲星搜寻领域有所突破。

3.3.4　技术挑战和突破方向

1. 波束合成

SKA 是干涉仪成像望远镜，其优势在于空间分辨率和成像。脉冲星半径仅约 10km，对于 SKA 和已有的各种望远镜来说，脉冲星都是点源。与单口径望远镜相比，SKA 波束更小，但同等接收面积下并不提高脉冲星观测的灵敏度。脉冲星观测与成像观测有较大的区别。在脉冲星观测方面，口径或者说接收面积仍是决定性的。SKA1 灵敏度不及 FAST，但 SKA2 预期总接收面积将超越 FAST，成为最灵敏的脉冲星观测设备。

SKA 成像观测的波束小，使其进行脉冲星搜索综合效率低，甚至不及目前 100m 的望远镜。我们要研究新的波束合成的策略，利用其大视场的优势，使用更大的合成波束进行脉冲星搜索，提高效率。如何采用新的波束合成策略，形成足够大的波束，是技术挑战之一。

优化波束合成，形成更大的波束，可减少指向的数量，减轻后端的搜索计算的压力，使实时搜索成为可能。因共生观测近年来讨论越来越多，预计 SKA 的多种观测将同时进行。这就需要同时形成不同的波束，进行观测。

SKA-low 采用相位阵形式，预计使用类似于 LOFAR 的分形结构。单个天线单元的波束很宽，张角超过 90°，每个站点的多个天线先形成波束，再到数据中心形成图像。SKA-mid 采用抛物面天线，单个天线口径为 15m，L 波段（21cm）的波束宽度约 0.8°。也可能没有站点波束这一步，即单个望远镜的波束即站点波束，直接到数据中心成像。所以可以广义地将波束分为两步或两类，第一步（类）波束合成是实时形成波束进行指向，第二步（类）波束合成是成像。

SKA 基线长，使用基本的 VLBI 观测方式时，单个波束小，数据量大，计算量大，对于脉冲星搜索来说是难以实现的，同时视场也受限。脉冲星应采取类似于 LEAP（欧洲大型脉冲星阵列）（Bassa et al., 2015）和 VLA 的相位相干叠加模式。此时波束或视场与单个小的单元望远镜相当，大于单口径望远镜。

SKA 将是一个数字望远镜，其成功依赖于半导体技术的进步或新技术的出现。10nm 的芯片即将量产，5nm 的预计 2020 年量产，接近量子极限。目前还没有看到在此之后延续摩尔定律的新技术或替代技术。实际上 21 世纪初 CPU 向多核发展以及 GPU 的兴起已经对摩尔定律进行了修正。2020 年，SKA1 将部分竣工，预计仍采用以 FPGA 和 GPU 为主的现有半导体技术进行波束合成，关键部分可能使用 ASIC。未来几年可能出现新的技术应用到 SKA2 中。

SKA1 的波束合成研究预计可能在以下方面取得成果和突破。

（1）波束合成方法和策略。SKA 仍是受限于计算的，如果能优化波束合成算法，减少计算量，就可以同时形成更多的波束，将脉冲星搜索的速度成倍增加。如何选择和发挥 FPGA、GPU 和 ASIC 的优势，形成优选策略是研究的重点。我国已有的 VLBI 经验、人才储备和干涉望远镜设备将为此提供基础。

（2）波束合成 RFI 消减方法。虽然干涉仪相对于单天线更具有抗干扰的能力，且 SKA 处于人口稀少的地区，但人类活动仍不可避免地影响 SKA 的观测。尤其是卫星、飞机、雷达、地面的发射站等大功率设备。脉冲星观测最多的 L 波段，有诸多导航卫星。进行实时波束合成，使极小旁瓣指向强干扰源，可尽量减少干扰，保证数据质量。

（3）高速实时波束合成。脉冲星搜索波束宽，不利于定位。有可能实时地形成宽窄两种波束，宽波束用于搜索脉冲星和快速射电暴，窄波束用于定位。色散特性使得脉冲到达的时间在低频晚，这一时间差使得在不同波段都可以观测到，尤其是单脉冲和快速射电暴。比如，在 SKA-mid 探测到后，通知 SKA-low 快速指向成像。

作为 SKA1-mid 一部分的南非 MeerKAT 项目目前已经在调试阶段。MeerKAT 的波束合成工作将由约 64 个节点的 GPU 服务器阵列来完成，计划实现 1 000~2 000 个波束的实时合成。这一工作的总数据输入率达到约 2TB·s^{-1}，在服务器节点间传输的数据率达到总输入率的数倍。这是一个以数据通量为主的计算难题。目前的 MeerKAT 的解决方案包含以下的重要创新：①最新的 GPU 波束合成算法；②专门设计的节点链接和数据传输方案；③高效的数据传输和接收代码（达到节点间数十 GB·s^{-1} 的实时数据传输率）；④先进的高性能计算框架（基于最先进的云计算架构和快速镜像（docker）容器）。这些 MeerKAT 开发的新技术将会成为 SKA 核心技术的一部分（Schollar, 2015）。另外，MeerKAT 计划采用 SKA spd 开发的最新的 GPU 脉冲星搜寻软件，配合最新的人工智能候选体筛选方法，将显著提高搜寻效率。目前，FAST 也正在开展脉冲星巡天工作，虽然 FAST 作为单天线并不需要进行波束合成，但是其 19 波束巡天的数据率也将达到数 GB·s^{-1}，如果进行基带处理则可以超过 20GB·s^{-1} 的数据通量。建议通过合作与自主研发，利用国家天文台与高性能计算专业单位（例如，阿里巴巴集团、曙光信息产业股份有限公司等）的协作关系，在中国构建 SKA1 先导类型的脉冲星搜索软硬件系统。此系统应使用 FAST 脉冲星巡天数据进行实战检验，力争诸如 GPU 搜寻算法等方面的创新成果，并进一步服务 QTT 的相关工作。

2. 在线实时搜寻

SKA 脉冲星搜寻的技术瓶颈在于巡天速度深度和数据量之间的巨大矛盾。这其中有两方面的问题：计算能力的限制和数据传输速率的限制。

计算能力限制的矛盾双方是：如想有效利用望远镜较大的观测天区，则势必带来庞大的计算负荷；如减少计算负荷必将导致巡天速度变慢，而有限的观测时间内巡天的深度就会受到局限。数据传输速率的限制则在于无法有效地把巡天数据传输到脉冲星搜寻计算集群上。

对于 SKA 的脉冲星搜寻项目来说，真正的障碍在于数据的传输上。计算负荷问题是次要的。因为这部分计算量实际上小于波束合成的开销。目前由于数据长度的限制，我们尚无法利用 FPGA 等主流硬件技术来提高计算性能，但是可以期待，脉冲星搜寻的计算问题不会是一个太艰难的障碍。我们以一个 2 000 通道的系统为例，20μs 采样将导致每波束每秒 100MB 的数据量，这样的数据量可以用一个合理大小的计算机集群实时完成脉冲星搜寻。但是，如果传输所有的数据，每天每波束将产生 8TB 的数据。这样的数据流量则完全无法用目前的网络传输到异地数据中心。因此，脉冲星搜寻的工作必然需要实时进行，即脉冲星数据在采集结束之时就开始在台站数据中心进行处理，在数据处理完毕后，大量没有找到脉冲星的原始数据不进行保存和传输，仅仅保留那些有候选体的数据。这样从台站数据中心传递出来的只是脉冲星搜寻的结果，即大量的候选体。按照经验，这取决于巡天天区，这样的数据压缩比例大约为一千到 10 万倍，即可以将每天每波束的 8TB 数据提炼出 8GB~80MB 的有用数据。

可以说，开发和掌握这种实时搜寻技术对 SKA 搜索是关键和迫切的。实时搜索技术分为两大块：搜索数据处理和候选体证认。搜索数据处理主要包括消色散、周期搜索，其详细介绍可以参见下一节内容。这一部分技术目前已经相当成熟，而目前尚需要进一步研发的技术是候选体的自动证认。在这一方面，我国其实很有优势。国际上最早的两脉冲星候选体自动证认程序都是由我国学者开发的（Lee et al., 2013; Zhu et al., 2014）。此后，这方面的工作在国际上也开始成为热点问题，有一批类似思想的后续工作出现。然而候选体的证认工作还需要进一步深入完善。

目前大量的脉冲星候选体证认软件都着眼于脉冲星的寻找，而忽视了其他可能的重要天体物理对象。由于实时数据处理将删除无效数据，所以尽管发现脉冲星的工作也许不会受到影响，但重要的新的未知天文学对象可能就由此抛弃了。我们亟待开发新一代的脉冲星候选体证认软件，须把思路从探测器转向模式分类–识别器。而 SKA 大量的样本也为这种新的模式提供了数据的来源和支撑。目前难以预知 SKA 阶段会带来何种新的射电天体物理源，然而一旦有所发现，必定开启射电天文学新的学科方向。

综上所述，脉冲星巡天数据的实时处理对 SKA 是不可缺少的重要工具，而其中的源自动模式分类器对未来 SKA 科学则非常关键，由于数据的限制，新的现象的发现和探索必然都将通过这个分类器实现，极有必要加以开发和完善。

3. 加速度搜寻算法

脉冲星是高速自转的中子星，所辐射的宽带信号在传播过程中受星际介质影响会出现色散效应，使得高频分量比低频分量先到达。基于这两个特点，对脉冲星信号的搜寻工作主要是搜寻信号周期、色散量。

对孤立脉冲星只须搜寻信号周期、色散量这两个参量，搜寻流程大致如下：对观测所得的多通道数据按照搜寻色散参数进行消色散，然后对得到的消色散结果进行傅里叶变换，随后在时域进行信号周期搜寻。

双星系统或者多星系统中的脉冲星往往存在轨道运动，受轨道运动影响，脉冲星相对地球的速度会发生变化从而存在加速度。轨道运动中的多普勒效应使得在观测中脉冲星的视周期随时间发生变化，结果使得信号在频域上展宽从而降低信噪比。为提高双星或多星系统中脉冲星搜寻的灵敏度，需要对轨道运动引起的视周期随时间变换进行改正或补偿。为实现这一目标，脉冲星搜寻技术中发展出加速度搜寻用于改正轨道运动带来的影响。加速度搜寻可以在时域进行，也可以在频域进行，目前使用较多的是在时域进行的加速度搜寻。

加速度搜寻技术的基本原理是，对观测期间脉冲星的轨道运动引起的加速度进行建模，在此基础上确定对视周期变化的改正补偿机制。观测时长与轨道周期的比例关系决定着改正补偿机制的类型。

（1）观测时长不超过轨道周期的 1/10 时，在观测中加速度可以视为线性常量，目前脉冲星搜寻中使用较多的加速度搜寻算法大部分基于这一前提。

（2）观测时长超过轨道周期 1/10，且不超过与轨道周期相当的量级时，观测中加速度不能视作常量。此种情况下适合使用动态功率谱方式进行搜寻。

（3）观测时长远超过轨道周期时，适合使用信号调制类的有关算法进行搜寻。

目前的脉冲星搜寻软件如 SIGPROC、PRESTO 中的加速度算法主要基于情况（1），即线性加速度假设。SIGPROC 在时域进行加速度补偿改正，基本思路是对消色散所得的时间序列根据假定的加速度重新进行采样，以改正加速度的影响；PRESTO 在频域进行加速度补偿改正，基本思路是使用基于 FFT 的卷积实现补偿改正。

频域补偿相对时域补偿更具优势，频域补偿在搜寻过程中只需对消色散得到的时间序列进行一次 FFT，而时域补偿则需要在每次重采样之后进行 FFT，进而增加 FFT 数量，消耗更多计算资源。

频域加速度搜寻的主要计算部分为 FFT、快速傅里叶逆变换（IFFT）、复数矩阵相乘，这些计算都适合进行并行化。其中 FFT/IFFT 是时域加速度搜寻中计算量最大的部分，目前 CPU 架构上主要使用 FFTW 库，此外 Nvidia 公司推出了基于 GPU 运行的 cuFFT 库，得益于 GPU 良好的并行计算架构，cuFFT 可以实现比 FFTW 高两个量级左右的运行速度；FPGA/ASIC 平台可实现流水线化运行 FFT 实现实时计算，但硬件和程序开发难度较大，且硬件资源有限，不易实现对多个加速度搜寻参数的 FFT 计算，此外在计算过程中不易进行变换长度的变化，比较缺乏灵活性。

对于复数矩阵相乘，由于在加速度改正算法中是相同位置的矩阵元素一一对应相乘，非常适合并行化处理。FPGA/ASIC 平台和 GPU 平台均适合进行复数矩阵相乘的计算。

此外，频域补偿改正还需要进行谐波分量二维平面累加，该操作需要对不同谐波分量的矩阵进行尺度插值拉伸，在 FPGA/ASIC 平台上实现较为不便，适合使用 GPU 平台实现。

现阶段对于频域加速度搜寻的算法加速，主要是基于 GPU 平台进行，美国国家射电天文台开发了 PRESTO 的加速度搜寻算法的 GPU 版本，与 CPU 版本相比可以提升最高近两个量级的运行速度。但对于 SKA 脉冲星搜寻的实时数据处理来说，这个运行速度还无法满足要求。

未来计划进一步深入挖掘 PRESTO 加速度搜寻算法的提升潜力，优化改进 GPU 程序。此外，FPGA 技术的发展使得片上资源大大增加，ROACH 系列 FPGA 硬件平台和相应的开发环境大大降低了硬件开发和程序开发的难度。未来有望在基于 FPGA 平台的加速度搜寻算法上实现突破。

（1）使用大容量 FPGA 芯片，实现加速度搜寻所需要的多组并行 FFT，并在片上存储中间计算数据。

（2）对 CASPER 项目开发的 FPGA 开发环境进行研究，实现将其移植到其他 FPGA 平台，在此基础上降低 FPGA 程序开发的难度，并利用该环境提供的良好的片上资源访问途径，实现加速度搜寻算法的控制。

考虑使用多片 FPGA 芯片，解决谐波分量累加过程中矩阵尺度插值拉伸和映射计算在 FPGA 上不易实现的问题。未来有望实现基于 FPGA 平台的加速度搜寻算法的流水线处理，从而为 SKA 脉冲星搜寻的实时数据处理提供基础。

4. RFI 识别和消除

射电望远镜接收极其微弱的天体辐射，虽然 SKA 望远镜位于比较偏远的地区，但天文观测还是受到卫星信号、无线电广播信号等各种 RFI 信号的影响（Boonstra et al., 2010）。SKA 射电望远镜具有极高的分辨率和灵敏度，并且其天线分布到很大的区域，射电干扰环境比较复杂（Ellingson, 2004）。目前，很多工作主要集中在 RFI 检测方面，而对于 SKA 望远镜，高效的 RFI 消除技术还没有得到广泛深入的研究。RFI 的识别及消除，如何快速准确地找出 RFI，防止把真实信号误判为干扰是一个急需解决的技术难点。

RFI 源产生的 RFI 具有不同的特征，一般根据信号强度、位置、方向、时间周期、带宽、频率分布等参数区分 RFI 和射电天文信号。为了准确识别和消除天文观测数据的 RFI，首先要充分认识和全面了解 RFI 源，然后根据干扰信号的特点选择适当的处理方法。RFI 处理方法分三大类：①切除（excision），删除包含 RFI 的天文数据部分；②抗干扰（anticoincidence），根据广泛分离的天线对射电天文信号的感知，抑制 RFI；③消除（canceling），在不影响天文数据的情况下消除天文信号中的 RFI 成分。

根据干扰性质、射电望远镜结构和观测类型，没有统一的 RFI 消除方法。目前，有很多种 RFI 消除方法（Frank, 2004; Eatouh et al., 2009; Baan, 2011），这些方法相互补充，能够有效地处理射电天文观测中的干扰信号。SKA 望远镜的 RFI 消除可以用以下消干扰方法。

（1）阈值法。常用的 RFI 消除方法，主要原理非常简单，对于观测的数字信号序列，在时域或频域里设立不同的阈值，如果信号强度大于阈值，则它被认为是 RFI 并剔除。

（2）空间滤波。一种基于子空间投影算法的消干扰方法，其理论基础是空间卷积和空间相关。首先估计短时空间协方差矩阵中的干扰信号空间特征向量值，然后将信号投影到干扰子空间，删除协方差矩阵的干扰维度，有效消除持续的 RFI（Raza et al., 2002）。

（3）自适应滤波。RFI 消除的核心是一个自适应滤波器，它只作用于参考天线信号，将其修改为主天线信号中的干扰近似值，然后从天文信号中减去，得到无干扰的天文信号。滤波器不断地修正参考信号的相位和增益，直到 RFI 分量与天文信号中的 RFI 匹配。基于自适应滤波器的 RFI 消除法根据参考天线信号灵活实现滤波参数的自动调整，有效消除混入有用信号中的 RFI 噪声。

（4）干扰置零。已知干扰的方向来自动调整天线的方向图，形成零陷，从而达到消除干扰的目的。如果天线阵设置为跟踪某些特定方向的目标，消干扰效果会更好。这种方法对于干扰的方向固定，处理起来相对容易。

（5）RFI 估计减除方法。这种方法首先估计出干扰信号的相关参数，然后在有干扰的信号数据里去除干扰信号。

RFI 对脉冲星观测的影响程度和 RFI 信号的特征是 SKA 望远镜干扰处理中需要掌握的关键问题。RFI 的检测及消除直接影响 SKA 射电望远镜的科学观测结果。为了有效消除 RFI，在 SKA 射电望远镜中可以建设 RFI 监控系统并研究基于大数据技术的 RFI 智能抑制方法。RFI 监控首先通过 RFI 检测算法识别原数据里面的 RFI，然后把它存到数据库，利用神经网络、统计法等有效提取 RFI 特征。

脉冲星搜寻中利用最佳的 RFI 处理方法能够减少 RFI 消除系统的成本，并有效抑制或消除 RFI。由于 SKA 望远镜的数据和计算量非常大、RFI 环境复杂、很难确定通用灵活的

RFI 消除方法，对 RFI 实时处理技术提出了很大的挑战。我们拟引入大数据分析技术并结合传统的信号处理方法，实时地检测出高灵敏度 SKA 的 RFI 信号并对其进行抑制，计划设计一个 RFI 识别框架，分别在 SKA 的成像和非成像管线中进行应用。新一代 GPU 的高性能并行计算能力能够实现 RFI 智能识别算法的加速，减少干扰处理消耗时间，为 SKA 射电望远镜实时 RFI 消除提供重要的基础。

3.3.5 预期目标

脉冲星搜寻是 SKA 项目的关键科学目标之一，预计通过 SKA 的脉冲星搜寻，将使脉冲星科学研究取得突破性进展。硬件方面，SKA 将具有大视场、极高灵敏度、多波束和子阵列等观测优势，同时将研制出高性能的脉冲星搜寻终端。利用 SKA 无与伦比的高性能，对银河系内的可探测射电脉冲星进行全面彻底的普查，发现大量新的脉冲星。这其中包括发现一批自转极其稳定的毫秒脉冲星，可以用来研究核物质的状态方程，还可以组成脉冲计时阵，用来探测极低频引力波。发现相对论性脉冲双星系统，特别是轨道周期仅为几小时甚至更短的双星系统，这样的双星系统可以用来在强引力场的情况下检验广义相对论和其他引力理论。SKA 发现的大量脉冲星可以作为理解银河系的探针，利用这些新发现的脉冲星研究银河系的结构，包括银河系的磁场、自由电子的分布等。

SKA 脉冲星的首要科学目标包括：利用相对论双星检验引力理论；利用脉冲星–黑洞系统研究黑洞理论；利用一批高精度毫秒脉冲星探测极低频引力波。SKA 脉冲星搜寻的顺利实施是 SKA 脉冲星首要科学目标实现的前提，SKA 脉冲星搜寻将发现上述这些类型的脉冲星，这些脉冲星将会使得脉冲星和相关物理天文研究领域取得突破性进展。利用 SKA1-mid 和 SKA1-low 在几个不同的工作频率，对整个银河系进行深度搜寻，搜寻深度将超过之前所有的脉冲星巡天，巡天效率也将比目前的脉冲星巡天提高很多。SKA 脉冲星巡天将会发现大量弱的单脉冲，如间歇脉冲星和快速射电暴。

SKA 脉冲星搜寻预计发现的脉冲星数目比已知的脉冲星数目将提高至少一个数量级。因为星际散射、色散等星际介质的影响效应，SKA1-low 将在高银纬区开展更深更快的搜寻，SKA1-mid 更适合于在银道面进行脉冲星搜寻，将会发现很多银道面上距离遥远的脉冲星。这两个搜寻相结合，将提供很多脉冲星能谱和脉冲星分布的细节，并发现一些奇异的脉冲星系统来研究致密物质和引力理论。SKA2 将发现观测天区内所有银河系内辐射束指向地球的脉冲星。利用这些发现的脉冲星，我们将可以描绘银河系脉冲星诞生、银河系引力势、银河系磁场结构和银河系星际介质分布的完整图像。预计 SKA1-low 将会发现约 7 000 颗年轻脉冲星和 900 颗毫秒脉冲星；SKA1-mid 将会发现 9 000 颗脉冲星和 1 400 颗毫秒脉冲星。

除了 SKA 全天巡天，SKA 的脉冲星搜寻还有一些目标天区巡天，这些指定天区搜寻将会发现很多奇异脉冲星系统，这些指定天区巡天预计将会发现上千颗脉冲星。银河系中心是一个很有研究价值的区域，目前的研究表明银河系中心附近有大量脉冲星存在，利用目前的大型射电望远镜已经对银河系中心进行过多次搜寻，但是结果并不理想。利用 SKA 的极高灵敏度，将在银河系中心发现脉冲星，这些脉冲星可以用来研究极端环境下的磁化星际介质，还可以用来研究银河系中心的超大质量黑洞。

除了银河系内的脉冲星搜寻，SKA 也具有探测本星系团内脉冲星的能力，目前我们只在大小麦哲伦云中发现了脉冲星。SKA 的河外脉冲星搜寻，将探测到 Mpc 距离上蟹状星云脉冲星的巨脉冲。将发现一批近邻星系内的脉冲星，发现的脉冲星将是非常年轻的高光度脉冲星，这些脉冲星很可能与超新星遗迹成协，可以用来研究河外星系的恒星形成率，还可以研究星系际介质。

SKA 的目标巡天还包括球状星团巡天和高能目标天体巡天。球状星团中恒星密度很高，恒星之间发生相互作用的概率也很高。之前的球状星团脉冲星搜寻已经发现了大量的脉冲星（Ransom, 2008），特别是毫秒脉冲星和双星系统，在球状星团中发现奇异系统的可能性也高。SKA 将会在球状星团中发现一批新的奇异系统。近年来，费米等高能卫星发现了一批未证认的高能天体，后续的射电搜寻表明，这些未证认的天体里，相当一部分是高光度年轻脉冲星或者毫秒脉冲星。SKA 将会发现更多目前仍然未证认的高能天体。这些新发现的脉冲星，将有助于我们研究脉冲星的射电和高能辐射机制。

3.3.6 实施方案和国内部署

1. 搜寻系统研发计划

尽管 SKA 和单天线系统结构上是不一样的，并且在进行成图观测的时候，其原理和数据处理方法也非常不一样，但是 SKA 脉冲星搜索所需的设备、技术、算法和传统单天线系统是一致的，并无太大区别。

尽管如此，SKA 脉冲星搜寻和传统脉冲星搜寻在技术难度上却差异巨大。目前国内已经有若干团队具备了脉冲星搜索技术和经验，然而这些经验尚不足以支撑 SKA 脉冲星搜寻。国家天文台、新疆天文台、北京大学等单位都有相应的队伍开展研究工作。那么现有的脉冲星搜索团队是否能够满足 SKA 脉冲星搜寻的任务呢？答案也许是否定的。目前国内望远镜系统还不能提供有效的脉冲星搜寻数据，而脉冲星搜寻尚未能系统地开展，一些已有的零星工作也往往是通过国际合作完成的。即使下一步 FAST 能够提供大量的数据提升国内整体的脉冲星搜索列表，但 SKA 大视场的特点使得单位时间巡天数据量，以及巡天深度（观测时间长度）都会有极大的提升。这在技术难度上将有本质的区别。FAST 主要工作在漂移巡天模式，每个指向的时间不会长（L 波段小于 30s），因此，数据队列较短，不需要加速巡天，数据处理相对容易。SKA 的深度巡天观测可能是小时量级的，这样的长数据序列必须开展加速巡天，而相应计算量会按照数据长度的平方增长。大量的长数据序列脉冲星搜寻是 SKA 脉冲星搜寻的真正挑战。

对于 SKA 脉冲星搜寻来说，需要解决的是硬件、软件、人才梯队这三方面的问题。硬件提供基本的计算平台，软件提供分析数据的工具，而相应的人员培养、知识储备则更为重要。

目前脉冲星搜寻主流的两种硬件体系是集中的计算机集群（Keith et al., 2010），或者分散的分布式计算（Pletsch et al., 2013）。计算机集群的应用相对简单，目前我们的一些测试已经在国内的"天河 1 号"和"天河 2 号"集群上进行了试算。但是我们尚未有效地优化搜寻程序，也没有利用天河系统中的 GPU 和计算卡进行有效加速。脉冲星搜索软件系统主要是 SIGPROC（Lorimer, 2011）和 PRESTO（Ransom, 2011）两种。国外每个脉冲星搜寻的团队都在这些软件上进行了二次开发来保证适应于相应的脉冲星搜寻任务。SKA 脉冲星搜寻也是类似的，我们建议应当在这些软件的基础上，进一步开发基于国内现有计算环境的、充分发挥这些计算工具特点和性能的脉冲星搜寻软件。

国内目前没有分布式脉冲星搜寻环境。国外如 Einstein@Home 等项目充分地运用了全球爱好者的个人计算机的计算时间开展了脉冲星搜索,并有所发现 (Knispel et al., 2013)。尽管基本的分布式计算 Boinc 框架是开源提供的,但具体的数据处理的客户端和服务器端软件却并不公开。我们建议在国内开展一些这方面的尝试。其意义在于: ①解决中心集群计算负荷过重问题; ②利用公共网络解决部分数据传输负荷问题; ③让公众参与到最前沿的科学问题中来,把科学计划的部分工作变成科普行动,提高全民科学素质。

从软件算法上,脉冲星搜寻尚有突破的可能。尽管脉冲星搜寻已经开展了几十年,我们也经历了从偶然发现(20 世纪 60~70 年代)到手工搜索(20 世纪 80 年代)再到计算机自动搜索(20 世纪 90 年代至今)三个阶段。目前已有很多高效的计算方法被提出来 (Zackay and Ofek, 2017)。但是近期信号处理相关领域却有着更加长足的进步。特别地,稀疏信号分析为有效压缩数据、快速计算提供了重要的途径 (Hsieh et al., 2013)。目前脉冲星数据处理技术还相当传统,我们期待在脉冲星搜寻软件算法上还有提升的空间。如能获得突破,将大大减少 SKA 脉冲星搜寻的难度和开销。

最后,人员培养对 SKA 科学计划的顺利执行是必要的。SKA 三个建设阶段如果成功展开,将会是一个持续 50 年以上的宏伟蓝图。由于项目的持续性,SKA 科学必然是两代甚至于三代科学工作者的工作课题。为了保障其顺利进行,我们必须培养相应的无线电天文学人才,一方面改变 SKA 项目初期我国专业人员尚为缺乏的状况,另一方面解决长期的 SKA 科学运行阶段的数据分析、处理及科学项目专业人员的需求。

2. SKA1 全天盲搜及特殊天区的搜寻

在 SKA1 的科学目标中,脉冲星搜寻将会得到突破性的发现。SKA1 全天盲搜将会使发现脉冲星的数目至少提高一个量级,并且为我们研究脉冲星特性、引力波、磁场结构和星际介质提供一个清晰的图像。SKA1 对特殊天区的搜寻将会探测到一些非常奇异的系统,例如,在 Sgr A* 周围预期可以发现大约 1 000 颗脉冲星,在星系中心探测到超大质量黑洞。

1) 全天盲搜

基于各种不同的天体物理研究目标,脉冲星可能分布在不同的方向,因此我们需要对澳大利亚和南非台址所覆盖的整个天区进行盲搜。为了提高搜寻效率,需要得到最大的巡天速度和最优的灵敏度 (Smits et al., 2009)。我们需要将尽可能多的天线的数据进行相干叠加来获取最大的灵敏度;然后,由于天线是稀疏分布的,为了获得更高的灵敏度,对更多的天线进行叠加便会降低视场的大小,因此我们采用了波束合成的技术来解决此问题。由于来自于脉冲星的射电辐射受到视线方向上的自由电子的色散的影响,因此在搜寻的过程中为了恢复脉冲信号,需要对色散量进行搜寻。色散量的最大值一般依赖于脉冲星的位置,大部分脉冲星都位于银道面上,色散量达到了最高值,因此需要对色散量在大的参数空间进行搜寻。由于 SKA1 具有极高的灵敏度,因此将会发现大量的遥远的脉冲星。为了研究引力理论,SKA1 需要搜寻一些特殊的系统,如脉冲星–黑洞系统和双中子星系统。在双星系统中,脉冲频率会受到轨道效应的调制作用,SKA1 将会在时域和频域采用轨道加速度搜寻的方法来解决此问题。

由于脉冲星的流量密度服从幂律谱,典型的谱指数为 −1.6 (Bates et al., 2013),以及望远镜视场随频率的演化关系（FoV$\propto f^{-2}$），因此在低频（100~600MHz）对脉冲星进行全天搜寻一般认为是最有效的。但是低频的脉冲信号在星际介质中的传播效应也是脉冲星搜寻的主要限制因素。例如，色散延迟的尺度为 f^{-2}，在观测的过程中只需要将子通道的带宽划分得足够窄便可以消除此效应了。散射延迟的尺度约为 f^{-4}，通常是不可以修正的，以至于它成为在银道面内搜寻遥远脉冲星的主要限制因素，尤其是对于短周期的脉冲星。天空的背景温度的尺度为 $v^{-2.6}$，在 400MHz 对于高银纬区仅为 35K。基于以上限制因素，对于银纬低于 5° 的天区在低频进行脉冲星搜寻仍然是最佳的策略。

为了利用 SKA1-low 对大的天区搜寻，我们需要建立波束合成和脉冲星搜寻终端。SKA1-low 的覆盖半径为 700m，共包含 500 个天线，工作在低频波段。而 SKA1-mid 的覆盖面积要小于 SKA1-low，波束约为 SKA1-low 的 7 倍，因此 SKA1-low 要获得与 SKA1-mid 相同的巡天速度，则需要更少的波束。综上所述，总的波束为 2 048 个，其中 SKA1-low 包含 500 个，SKA1-mid 包含 1 548 个（Keane et al., 2014）。SKA2 通过增加更多的天线将使其波束数目达到至少 10 000 个，从而提高了灵敏度和视场，在搜寻速度一定的条件下，视场的扩大意味着搜寻的积分时间可以相应增加，从而进一步提高搜寻的灵敏度。

2）特殊天区的搜寻

SKA 对特殊天区的搜寻需要长的积分时间来保证更高的灵敏度，这样就可以解释不同类型的中子星与它们的前身星之间的演化关系。

通过银河系中心的磁星，我们可以研究极端环境下的星际介质，并且作为无与伦比的探针来研究超大质量黑洞周围的时空特性（Liu et al., 2012）。银河系中心的致密等离子体分布的不均匀性，导致射电脉冲信号发生了极端的散射效应，进而使得脉冲轮廓变宽、信噪比降低，只能够通过高频观测来消除此效应（Cordes and Lazio, 1997）。然而不幸的是，由于脉冲星的流量密度服从幂律谱的分布特性，因此射电辐射越在高频越弱。由于 SKA 具有极高的灵敏度，因此将会对银河系中心的脉冲星搜寻提供极大的帮助。

目前为止，我们仅在河外球状星团和麦哲伦云中发现了脉冲星，而且还发现了来自于河外的非重复爆发的单个脉冲信号（Lorimer et al., 2007），这些快速射电暴的起源仍然是未知的。通常年轻的、高光度的脉冲星是与超新星遗迹所成协的，对河外年轻脉冲星的搜寻（Middleditch and Kristian, 1984），将会促进我们对恒星形成，以及超新星演化为自转驱动的脉冲星而不是磁星和黑洞的过程的理解。对河外脉冲星的色散、散射和旋转量的测量，将会为视线方向的磁离子介质研究提供更多的信息。通过来自于蟹状星云脉冲星的巨脉冲辐射，我们可以估计来自于临近星系内部的巨脉冲的探测率。SKA1 通过全天盲搜和对特殊天区的搜寻将会发现大量来自于河外的周期性自转的脉冲星和单脉冲信号。SKA1 将不仅能够发现银河系内部的大部分甚至是全部辐射束指向地球的脉冲星，而且对于最近的星系，SKA1 具有目前脉冲星搜寻的最高的灵敏度。利用单脉冲搜寻技术，SKA1 将有可能探测到来自于遥远脉冲星辐射出来的巨脉冲信号。对 SKA1 发现的大量河外脉冲星的研究，我们将能够详细地研究星系际介质的特性。

利用 SKA1 对球状星团内的脉冲星进行搜寻预期会发现大量的新的奇异系统。由于球状星团内的脉冲星相互作用的概率比低密度的银河系更高，因此会形成一些有趣的系统（Hessels et al., 2014）。近年来，高能望远镜（如费米卫星上的大视场望远镜）发现了大量未知天体（Ray et al., 2012）。这些发现主要集中于单星和双星系统内部高能的年轻脉冲星和毫秒脉冲星。对单星系统内的年轻脉冲星的观测，开启了一扇研究脉冲星射电和高能辐射机制的新的窗户。对双星系统内年老的毫秒脉冲星的发现，极大地扩大了毫秒脉冲星的分布，这为我们研究中子星的演化和探测引力波提供了更多的样本。SKA1 将能够对未知的天体搜寻到射电对应体，并且基于宽的视场，SKA1 将能够确定精确的位置。相对于 SKA1，SKA2 有更高的灵敏度，SKA2 可以用于特定目标的脉冲星搜寻，比如 SKA2 可以搜寻河外星系中的超新星遗迹中的脉冲星。

3.3.7 现有工作基础与分工

脉冲星搜索是 SKA 科学目标当中相对基础、贴近技术、面临重大挑战的方向。SKA 脉冲星搜索的战略目标是呈数量级地提高已知中子星数目，既系统提高引力波探测的灵敏度也催生意想不到的，在必然中孕育偶然。回顾脉冲星的发现史，重大的技术革新和应用所提供的必然条件往往达成带有偶然性的重要成果。Arecibo 望远镜的灵敏度促成了毫秒脉冲星和脉冲双星的发现，澳大利亚 Parkes 望远镜的多波束系统成倍地提高了搜索效率，近年来，计算处理能力的高速发展直接帮助了球状星团等特定目标脉冲星搜索及相关重大发现。在当前和未来的 5~10 年，机器学习、大容量存储和高性能计算正在并将会根本拓展脉冲星搜索的参数空间覆盖。结合 SKA 本身对超级计算的史无前例的挑战，SKA 脉冲星搜索要达成必然，促成偶然。

相对于中子星物理、脉冲星计时观测等其他脉冲星相关领域，中国天文学家在系统的脉冲星搜索巡天领域投入较少，更有利于总体考虑资源和技术发展趋势，做出高效规划。

新疆天文台有长期的脉冲星观测积累、多波段中子星研究经验，正在筹建、预研奇台110m 射电望远镜，将会领导、凝练中国 SKA 脉冲星科学的发展战略和具体目标。结合上海天文台 65m 和云南天文台 40m 望远镜，发展多波段脉冲星观测分析能力，开展暂现源搜索，进行高频（特别是银河系中心方向）脉冲星搜索。

国家天文台运行低频阵列 21CMA，负责调试 FAST，将发展 SKA 相关的特殊技术，例如，使用干涉仪的脉冲星观测、脉冲星及快速射电暴电压信号模拟、智能干扰排除等。FAST脉冲星搜索需要使用前所未有的巡天模式，力争在技术方法创新基础上，协助支持中国 SKA科学的原创想法。

引力波探测的需求直接影响脉冲星搜索巡天的策划。北京师范大学和北京大学将开展理论和数值计算，优化脉冲星搜索，催生中国脉冲星科学领域的原创科学目标。

复旦大学拥有前沿的计算科学、人工智能人才队伍，并直接参与 SKA 脉冲星搜索处理的构架设计。贵州师范大学、南京大学已经投入场地、资金和人员参与大规模脉冲星数据处理。北京师范大学、云南大学等已经承诺投入脉冲星数据处理。阿里巴巴集团与国家天文台签署了战略合作协议，并每年固定投入支持天文数据处理。中国 SKA 脉冲星搜索团队将通过复旦大学等，充分利用天文和计算科学的学科交叉，引入机器学习、高性能计算、大规模存储等方面的最新进展，发展世界领先的、有独创性的脉冲星搜索构架及算法。

参 考 文 献

Amanda A. 2013. Werkmans Attorney

Baan W A. 2011. IEEE: 1,2

Bassa C G, Janssen G H, Karuppusamy R, et al. 2015. MNRAS, 456: 2196

Bates S D, Lorimer D R, Verbiest J P W. 2013. MNRAS, 431: 1352

Boonstra A J, Weber R, Colom P. 2010. SKADS Conference 2009: 211-214

Camilo F, Lorimer D R, Freire P. et al. 2000. ApJ, 535: 975

Chatterjee S, Law C J, Wharton R S, et al. 2017. Nature, 541: 58

Chennamangalam J, Lorimer D R. 2014. MNRAS, 440: 86

Clifton T R, Lyne A G. 1986. Nature, 320: 43

Clifton T R, Lyne A G, Jones A W, et al. 1992. MNRAS, 254: 177

Cordes J M, Lazio J T W. 1997. ApJ, 475: 557

Cordes J M, Freire P C C, et al. 2006. ApJ, 637: 446

Crawford F, Roberts M S E. 2006. ApJ, 652: 1499

Davies J G, Lyne A G, Seiradakis J H. 1972. Nature, 240: 229

Davies J G, Lyne A G, Seiradakis J H. 1977. MNRAS, 179: 635

de Luca A, Mignani R P, Zaggia S, et al. 2008. ApJ, 682: 1185

Dewey R J, Taylor J H, Weisberg J M. 1985. ApJ, 294: L25

Eatouh R P, Keane E F, Lyne A G. 2009. MNRAS, 395: 410

Ekers R D, Bell J F. 2002. IAUS: 199

Ellingson S W. 2004. Netherlands: Springer, 17: 261-267

Frank B. 2004. Proceedings of Science, RFI 2004

Freire P C. 2013. IAUS, 291: 243

Fridman P A, Baan W A. 2001. A&A, 378: 327-344

Gotthelf E V, Halpern J P, Alford J. 2013. ApJ, 765: 58

Hankins T H, Rickett B J. 1975. Methods Comput. Phys., 14: 55

Hessels J W T, Possenti A, Bailes M. et al. 2014. Phys., 047

Hewish A, Bell S J, Pilkington J D H, et al. 1968. Nature, 217: 907

Hobbs G, Bailes M, Bhat N R. et al. 2009. PASA, 26: 103

Hsieh S H, Lu C S, Pei S C. 2013. ICASSP 2013

Hulse R A, Taylor J H. 1975. ApJ, 195: 51

ITU RA. 769: Protection criteria used for radioastronomical measurements. http://www.itu.int/rec/R-
　　REC-RA.769/en

Johnston S, Manchester R A, Lyne A G, et al. 1992. ApJL, 387: 37

Keane E F, Bhattacharyya B, Kramer M, et al. 2014. PoS (AASKA14), 040

Keith M J, Jameson A, van Straten W, et al. 2010. MNRAS, 409: 619

Keith M J, Johnston S, et al. 2008. MNRAS, 389: 1881

Knispel B, Eatough R P, Kim H, et al. 2013. ApJ, 774: 93

Kramer M, Champion D J. 2013. Class Quantum Gravity, 30: 224009

Kramer M, Stappers B. 2015. PoS (AASKA14), 36

Large M I, Vaughan A E. 1971. MNRAS, 151: 277

Lee K J, Stovall K, Jenet F A, et al. 2013. NRAS, 433: 688

Liu K, Wex N, Kramer M, et al. 2012. ApJ, L747: 1

Liu L Y, Ali E, Zhang J. 2006. 36th COSPAR Scientific Assembly

Lorimer D R, 2011. ASCL, record ascl: 1107.016

Lorimer D R, Bailes M, McLaughlin M A, et al. 2007. Science, 318: 777

Manchester R N, Fan G. 2006. ApJ, 649: 235

Manchester R N, Hobbs G B, Teoh A, et al. 2005. AJ, 129: 1993

Manchester R N, Lyne A G, Taylor J H, et al. 1978. MNRAS, 179: 635

Maron O, Kijak J, Kramer M, et al. 2000. A&AS, 147: 195

Middleditch J, Kristian J. 1984. ApJ, 279: 157

Pletsch H J, Guillemot L, Allen B, et al. 2013. ApJ, 779: 11

Ransom S. 2011. ASCL, record ascl: 1107.017

Ransom S M. 2008. AIPC, 983: 415R

Ransom S M, Cordes J M, Eikenberry S S. 2002. ApJ, 589: 911

Ransom S M, Eikenberry S S, Middleditch J. 2012. AJ, 124: 1788

Ray P S, Abdo A A, Parent D, et al. 2012. 2011 Fermi Symposium proceedings-eConf C110509 (arXiv: 1205.3089)

Raza J, Boonstra A J, van der Veen A J, 2002. IEEE Signal Process. Lett., 9(2): 64-57

Schollar C. 2015. 开普敦大学硕士学位论文

Segelstein D J, Rawley L A, Stinebring D R, et al. 1986, Nature, 322: 714

Smits R, Kramer M, Stappers B W. 2009. A&A, 493: 1161

Spitler L G, Lee K J, Eatough R P, et al. 2014. ApJ, 780: L3

Stappers B W, Hessels J W, Alexov A, et al. 2011. Anesthesiology, 1357: 325

Stokes G H, Segelstein D J, Taylor J H, et al. 1986. ApJ, 311: 694

Stokes G H, Taylor J H, Weisberg J M, et al. 1985. Nature, 317: 787

Stovall K, Ray P S, Blythe J, et al. 2015. ApJ, 808: 19

Swiggum J K, Lorimer D R, Mclaughlin M A, et al. 2014. ApJ, 787: 137

Wang N, Yuan J P, Liu Z Y, et al. 2013. Int. J. Mod. Phys. Conf. Ser., 23: 152

Weisskopf M C, Swartz D A, et al. 2006. ApJ, 652: 387

Wharton R S, Chatterjee S, Cordes J M. et al. 2012. ApJ, 753: 108

Wolszczan A. 1990. IAU Circ: 5073

Zackay B, Ofek E. 2017. ApJ, 835: 11

Zhang C M, Wang S Q, Shang L H, et al. 2017. Sci. Technol. Rev., 35: 52

Zhou P, Chen Y, Li X D, et al. 2014. ApJL, 781: 16-21

Zhu X J, Hobbs G, Wen L. et al. 2014. ApJ, 781: 117

3.4　研究方向四：脉冲星计时和引力检验

陈　文　丁　浩　郭　丽　韩文标　郝龙飞　洪晓瑜　李柯伽*　李志玄　刘　阔　平劲松
邵立晶　童明雷　徐永华　闫　振　杨　军　赵　文　朱炜伟

3.4.0　研究队伍和课题概况

协 调 人：　李柯伽　研究员　　　北京大学科维理天文与天体物理研究所
主要成员：　陈　文　助理研究员　中国科学院云南天文台
　　　　　　代　实　助理研究员　澳大利亚国立望远镜组织，联邦科学与工业研究组织，
　　　　　　　　　　　　　　　　澳大利亚
　　　　　　丁　浩　博士生　　　中国科学院上海天文台
　　　　　　龚碧平　副教授　　　华中科技大学
　　　　　　郭　丽　副研究员　　中国科学院上海天文台
　　　　　　韩文标　副研究员　　中国科学院上海天文台
　　　　　　郝龙飞　副研究员　　中国科学院云南天文台
　　　　　　洪晓瑜　研究员　　　中国科学院上海天文台
　　　　　　李文潇　博士生　　　中国科学院新疆天文台
　　　　　　李志玄　助理研究员　中国科学院云南天文台
　　　　　　刘　阔　助理研究员　马克斯普朗克射电天文研究所
　　　　　　平劲松　研究员　　　中国科学院国家天文台
　　　　　　邵立晶　助理研究员　北京大学科维理天文与天体物理研究所
　　　　　　孙晓辉　教　授　　　云南大学
　　　　　　童明雷　副研究员　　中国科学院国家授时中心
　　　　　　王　娜　研究员　　　中国科学院新疆天文台
　　　　　　王洪光　教　授　　　广州大学
　　　　　　王晶波　副研究员　　中国科学院新疆天文台
　　　　　　王鹏飞　副研究员　　中国科学院国家天文台
　　　　　　夏　博　工程师　　　中国科学院上海天文台
　　　　　　徐仁新　教　授　　　北京大学
　　　　　　徐永华　助理研究员　中国科学院云南天文台
　　　　　　闫　振　副研究员　　中国科学院上海天文台
　　　　　　杨　军　研究员　　　瑞典 Onsala space observatory
　　　　　　　　　　　　　　　　中国科学院上海天文台
　　　　　　游霄鹏　副教授　　　西南大学
　　　　　　于　萌　副研究员　　中国科学院国家天文台
　　　　　　袁建平　副研究员　　中国科学院新疆天文台

---

*组稿人。

　　　　　张福鹏　副研究员　　中山大学
　　　　　赵　文　教　授　　中国科学技术大学
　　　　　朱炜伟　研究员　　　中国科学院国家天文台
联 络 人：　李柯伽　研究员　　　北京大学科维理天文与天体物理研究所
　　　　　　　　　　　　　　　Kjlee@pku.edu.cn

研究内容　脉冲星相关观测被 SKA 列为首要科学目标之一。脉冲星计时观测具有广泛的天体物理和基础物理研究科学价值，其中包括：在强引力场中精确检验引力理论，探索非微扰强相互作用，直接探测引力波，在辐射极限下检验引力理论，研究星际介质的时变行为。脉冲星计时也有极端重要的工程应用，包括脉冲星时间标准、脉冲星导航等。目前 SKA1 的计划是利用 SKA-mid 和 SKA-low 进行脉冲星计时观测。该观测模式覆盖了极宽的频率范围，可以有效地修正星际介质影响，提高计时观测精度。可以预计，在脉冲星直接探测引力波和检验基本物理理论的科学目标方面，SKA 观测将带来极大的技术进步和科学发展。

技术挑战　为了探测引力波，我们需要对多颗脉冲星长期地开展小于 100ns 噪声水平的高精度脉冲星计时观测。同时，由于脉冲星计时数据的观测特点，信号的非平稳性和不均匀采样使得传统的时间序列数据分析方法几乎完全失效。目前广泛采用的 Bayes 统计部分克服了上述问题，但却带来了计算量和数值线性代数的计算精度问题。要获得可靠的探测，除了借助 SKA-low 大接收面积、宽的观测带宽，以及更多脉冲星观测，我们还需要面对的技术挑战是：①超大规模密矩阵计算的精度；②长期偏振校准（特别是 SKA 的接收反射面是非圆对称的）；③长期色散量变化测量和校准；④SKA 时频系统和行星星历表误差的改正；⑤理解时间噪声的起源；⑥观测日志、数据存储、辅助观测资料的数据融合处理；等等。

研究基础　目前观测团队包括国内多年一线工作的脉冲星计时专家、时频领域专家和天体测量领域专家。相关团队与国际相关团队有长期合作关系，并已经承担了国际 SKA 脉冲星工作组的相关课题。新疆天文台和云南天文台则已经具有长期脉冲星计时观测的设备和经验。我们将以新疆天文台 25m，云南天文台 40m，上海天文台 65m 和密云天文台 50m 望远镜为基础，积累脉冲星计时观测数据，在已有超算平台上，开发针对脉冲星计时数据处理的计算平台，培养相关领域学生，开展合作，促进单位间交流。

优先课题　① 脉冲星测时探测引力波。目前绝大多数参与脉冲星测时阵列观测的脉冲星都属于比较弱的射电源，SKA 的大接收面积（高增益）可以突破目前由脉冲星灵敏度限制的测时精度。同时，SKA 具有较大的观测带宽，配合 SKA 低频阵列观测可以实现对星际介质色散变化和散射变化引起的脉冲星测时噪声的测量，从而避免星际介质变化带来的信号污染。再次，SKA 是个阵列望远镜，相比于单天线，组网灵活，对于较强的几颗脉冲星可以进行解列运行，从而大大增加有效观测时间，大幅度减小脉冲星相位噪声对测时精度的影响。综上所述，由于 SKA 的灵活性、极大的接收面积、较宽的观测带宽，将大幅度提高脉冲星测时整体精度，而利用 SKA 开展脉冲星测时阵列观测将有可能在短期之内实现低频纳赫兹（nHz）引力波探测的突破。② 脉冲星测时检验基本物理。脉冲双星测时可以检验引力理论。这一方面的工作已经在 1993 年获得了诺贝尔物理学奖。然而，过去的 10 年里，由于脉冲星巡天项目的开展，人们找到了更加理想的双星系统。但是目前已知的、相对论效应最为明显的三个系统都是较弱的射电源。利用 SKA 观测，能够有效提高信噪比，从而为引力理论检验提供新的观测资料。高精度的测时还有望测量到目前尚无任何观测的相对论性引力波的高阶效应，为探索时空基本规律打开新的途径。

预期成果 ① 在现有设备初步展开干涉阵列脉冲星测时观测的基础上，利用 SKA1 实施干涉阵列脉冲星测时观测，使 SKA1 逐步成为常规纳赫兹引力波探测装置；② 利用高精度脉冲星测时观测进行基本物理过程的检测和探索。

3.4.1 利用 SKA 组建脉冲星测时阵列探测引力波

脉冲星作为 SKA 的核心科学目标之一，具有广泛的科学和工程应用价值。脉冲星测时阵列利用脉冲星作为宇宙间的标准频率参考源，能够开展精密的时间测量。目前国际上已经有合作组织 —— 国际脉冲星测时阵列合作组，利用已有无线电望远镜开展脉冲星测时观测，以期待直接探测纳赫兹的来源于宇宙中星系级质量双黑洞系统的极低频引力波信号。目前国际脉冲星测时阵列的引力波探测尚未成功，而 SKA 的脉冲星观测将为引力波探测带来很好的契机。

本节的主要内容是介绍利用 SKA 建立脉冲星测时阵列的可能性并预估其探测能力。我们讨论了脉冲星测时精度的一些限制，并在 SKA 的框架下提出一些可能的解决方案。

1. 核心问题

（1）如何有效利用 SKA 进行脉冲星测时阵列观测来直接探测引力波？

（2）引力波有什么特性？

（3）我们能通过引力波观测了解到宇宙早期结构形成的哪些知识？

（4）通过引力波观测，我们能了解宇宙弦的动力学吗？

2. 背景

爱因斯坦提出广义相对论后不久，即预言了引力波的存在（Einstein, 1918）。这个预言经过了大约半个世纪在 1973 年首次通过测量脉冲星双星系统的轨道周期变化率而得以间接验证（Taylor et al., 1976）。过去的 50 余年内，人们尝试了许多直接探测引力波的技术方法。直到最近，激光干涉引力波天文台（LIGO）合作小组终于取得了突破性的成果，他们利用地面激光干涉仪成功探测到了 400Mpc 之外的恒星级质量双黑洞并合产生的引力波，从而打开了宇宙观测引力波的窗口。作为引力波天文学的开篇乐章，我们期待更多的重要科学数据和成果。事实上，也正因为如此，LIGO 带给我们的问题，比它的探测事件能够回答的要更多。LIGO 探测到的宇宙范围仍然很小，我们亟待了解更为广大的宇宙结构所发出的引力波辐射。

宇宙组成的基本砖块是星系，而引力波探测能够帮助我们了解星系的形成、结构和演化中缺失的重要一环，即星系中心超大质量双黑洞的演化和并合的过程。LIGO 探测器工作在百赫兹及更高的频率范围，而星系中心黑洞并合发出的引力波频率较低，其周期大约在年的时间尺度上。因此 LIGO 无法提供星系级黑洞并合的信息。在此频率上，只有脉冲星测时阵列作为直接引力波探测器才有望能够探测到引力波。

脉冲星的质量大约为 $1.4M_\odot$，而直径仅约为 10km。它们的旋转周期的量级在毫秒到秒。现在已知的脉冲星大约是 2 000 颗。这些脉冲星中有一类脉冲星叫做毫秒脉冲星。毫秒脉冲星的旋转频率相对较高（毫秒量级），而且旋转频率非常稳定，以至于可以与目前广泛使用的原子钟相媲美。通过比较多颗毫秒脉冲星的脉冲到达时间，我们可以从这些到达时间信号中提取不同脉冲星之间相关的测时信号。这些相关成分包括了三个重要的物理信息：① 国际原子钟系统的时间误差（Hobbs et al., 2012; Caballero et al., 2016）；② 太阳系动力学模型的误差（Champion et al., 2010）；③ 引力波背景的信号（Jenet et al., 2005），这些信号的空间相关分别对应于零极、偶极和四极成分。正是由于这样空间相关的区别，我们能够通过分析一组脉冲星的测时信号来直接探测引力波。这种通过对一组脉冲星进行测时观测来提取相关信号的观测方式叫做“脉冲星测时阵列”。利用这些信息，我们也得以区分不同噪声成分的来源，获得相应的波形。例如，通过获得零极相关的信息，我们能够建立独立于目前国际原子钟时间标准的时间–频率标准；利用偶极相关信息，我们能够实现对太阳系动力学的研究；而利用四极相关，我们可以开展引力波直接探测的研究。

脉冲星测时阵列探测的引力波频率范围由两方面决定：数据长度和采样频率。其中，频率的低端由数据长度决定，而频率高端由最短采样间隔决定，也即 $1/T < f < 1/\Delta T$。其中，T 是数据长度，而 ΔT 是最短采样间隔。这样，时间数据有限长度和观测计划完全确定了脉冲星测时阵列的有效频率范围，即纳赫兹波段。

脉冲星测时阵列的引力波探测灵敏度则由三个方面的因素决定：首先是脉冲星测时观测的信噪比，其次是脉冲星自身的不稳定性，最后是星际介质电子密度变化的影响。脉冲星自身的不稳定性又由两个方面构成：长期的红噪声信号和短期脉冲不稳定性（jitter）（Liu et al., 2012）。尽管观测技术在过去的几十年内有了长足的进步，但截至目前，绝大多数的适合脉冲星测时阵列观测的毫秒脉冲星的噪声仍旧来源于有限的观测信噪比。给定观测时间（t_{obs}）、仪器带宽（Δf），以及仪器自身的噪声（T_{sys}），脉冲星测时的测量误差为

$$\sigma_{\mathrm{TOA}} = 19.2_{[\mu s]} \frac{T_{\mathrm{sys}[10K]}}{G_{[\mathrm{K/Jy}]} S_{[\mathrm{mJy}]}} w_{[1]}^{3/2} t_{\mathrm{obs}[1h]}^{3/2} \Delta f_{[100\mathrm{MHz}]}^{-1/2} P_{[\mathrm{ms}]}$$

其中，G 为望远镜增益，由望远镜直径 D 和天线效率 η 决定：

$$G = 2_{[\mathrm{K/Jy}]} \left(\frac{\eta}{0.8} \right) D_{[100\mathrm{m}]}^2$$

由以上讨论，我们可以看到，SKA 可以有效地提高大量的毫秒脉冲星的测时测量精度。

目前已知的适合开展脉冲星测时阵列观测的脉冲星中有 20%～50% 受到星际介质的影响，例如，J1713 的色散变化直接制约了目前其数据的有效性。SKA 观测带宽较大，SKA-mid 的 2～5 波段将提供脉冲星 1～22GHz 观测的连续覆盖。这对于改正脉冲星星际介质色散量的影响至关重要。但是由于脉冲星在高频上流量减小，我们需要更多的观测时间来获得足够的信噪比。

SKA 并不能减少短期脉冲不稳性或者脉冲星的长期红噪声。短期脉冲不稳定性需要更多的观测时间来克服，对于 SKA 来说，有效的解决方案是阵列的解列运行。长期红噪声则是脉冲星内禀的，SKA 对减少这部分噪声的贡献在于观测更多的毫秒脉冲星或者发现新发现的脉冲星。关于脉冲星的搜寻问题建议参考本书的相应章节。

3. 现状及对 SKA-mid 测时观测的展望

目前世界上活跃的利用脉冲星测时阵列（PTA）探测引力波的小组主要有三个：北美的

Nanograv（Demorest et al., 2013），欧洲的 EPTA（van Haasteren et al., 2011），以及澳大利亚的 PPTA（Shannon et al., 2013）。而这三个组织又构成了国际脉冲星测时阵列 IPTA*。近期这三个项目组对纳赫兹波段引力波背景强度给出了上限，分别为 $7 \times 10^{-15}, 6 \times 10^{-15}$ 和 2.7×10^{-15}。这些上限不仅已经接近于星系结构形成的理论预言的范围，并开始在一定程度上对结构形成理论给出物理的限制（Sesana, 2013）。然而，这些限制是在利用了约 20 年的测时历史数据后得到的。如观测系统无升级，短期之内将很难再显著缩小这些限制。对于 SKA 项目，适合进行脉冲星测时观测的系统是 SKA-mid。根据 $A_{\mathrm{eff}}/T_{\mathrm{sys}} = 1630\mathrm{m}^2 \cdot \mathrm{K}^{-1}$，那么 SKA-mid 相比于目前普遍进行测时工作的 100m 级望远镜，测时精度可以提高 4 倍 **，即达到几十纳秒水平。这个基础之上，引力波直接探测将是非常有希望的! 图 3.4.1 给出了脉冲星测时阵列与其他相关引力波探测灵敏度的横向比较。

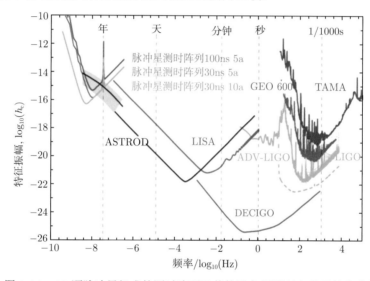

图 3.4.1　20 颗脉冲星组成的测时阵列及其他设备探测引力的灵敏度曲线

横轴为引力波频率，纵轴为引力波特征幅度；PTA 标明的曲线是脉冲星测时阵列的结果，其后的数字标识平均噪声水平和数据长度；蓝色阴影区是目前双黑洞模型给出的预言引力波强度；我们看到，SKA 将有望直接探测引力波背景；ASTROD、LISA 和 DECIGO 是相应的空间激光干涉仪的灵敏度曲线；LIGO、ADV-LIGO、TAMA 和 GEO600 分别是与其对应的地面激光干涉仪的灵敏度曲线

　　值得注意的是，FAST 的接收面积事实上比 SKA1 要稍微大一些，同时单天线的优势使得 FAST 低频处带宽更容易比 SKA 做得要好。然而，FAST 尚不具备高频 3~10GHz 观测的能力，因此在星际介质噪声的改正上并不比 SKA 要做得好。国内目前在建全可动奇台 110m 望远镜（QTT）具有高频观测能力。通过综合 SKA1 和 FAST-QTT 的数据将有全球最好的脉冲星测时观测能力。

　　然而，目前 FAST 还在调试阶段，而 QTT 又正处于建设阶段。我们不像国外相关单位已有长期数据积累。刚开始获取数据的时候，SKA-FAST-QTT 给出的引力波测量一定比现有 PTA 的要差。这是因为，引力波信号的谱指数为 $-13/3$，这样数据如果长一倍，那么引力

---

　　* 可参考 http://www.ipta4gw.org。

　　** SKA 重新规划后减少了约 30% 的接收面积。

波信号的幅度将是之前的 100 倍！根据计算，如单独利用 SKA1 的数据，其引力波探测效能需要约 10 年时间才能超过那时候（届时将有 30 年长度的）相应 IPTA 数据效能。我们迫切地需要利用国内已有设备成立中国脉冲星测时阵列合作团队并积极加入国际脉冲星测时阵列合作。

如何有效利用 SKA 进行测时观测仍旧是一个尚未解决的问题。对于有限信噪比主导噪声的脉冲星，SKA 的较大接收面积将有效提高测时精度；然而另外一些脉冲星的噪声可能是短期不稳定性主导的。对于这类脉冲星，继续使用 SKA 作为一个整体进行观测将极大地浪费望远镜资源。Lee 等（2013）已经尝试通过设置观测计划来有效规划测时观测，尽管具体的计划制订和方案尚为一个未完全解决和有争议的问题（Burt et al., 2011）。目前基本的结论是，测量较强的脉冲星时，SKA 应该分裂成子阵，用更多的观测时间来换取减少相位误差。对于较弱的脉冲星，SKA 应该联合观测。除此之外，需要保证获得足够的 3~5 波段高频观测时间来修正星际介质变化的影响。

纳赫兹引力波的观测将打开一个广阔的天体物理观测窗口。首先，通过测时手段探测引力波将有可能对宇宙结构形成方面的理论给出限制。例如，Shannon 等（2013）利用 PPTA 的数据在 46%~91% 的置信范围内排除一些现有的双黑洞形成的理论模型。在这些模型里，人们往往需要引入宇宙结构形成的一些参数，比如星系的质量函数、成对比例、并合时标、黑洞–星系标度关系等。SKA 阶段的观测或许能提供足够高精度的数据来具体检验这些参数，从而了解宇宙的结构形成过程。其次，引力波观测也可以对宇宙弦的产生和演化过程给出限制（Sanidas et al., 2012）。宇宙弦引力波辐射主要与宇宙弦的张力、视界标度、纠缠概率，以及演化动力学相关。通过对引力波背景的测量，我们有可能直接测量宇宙弦的相关物理参数，了解宇宙相变或者对称破缺的物理过程。最近的工作（He and Lee, 未发表）证明，利用 SKA 更有可能直接探测到银河系附近的单宇宙弦的引力辐射，从而对弦基本动力学给出较好的限制。

宇宙原初引力波是早期宇宙暴胀过程中的量子涨落产生的一种随机的引力波背景，它覆盖了全波段，并且满足各向同性和高斯分布的特点，是目前研究极早期宇宙演化的唯一探针。在不同的频段探测原初引力波能够反推早期宇宙不同阶段的物理，因此具有极其重要的科学意义。原初引力波主要依赖于微波背景极化和脉冲星计时阵列方法来探测，这两组数据的结合是极其重要的，在该波段的探测，人们可以研究下面的课题。

（1）限制原初引力波的谱指数。结合脉冲星计时阵列在中等频段的观测和宇宙微波背景辐射在低频段的观测（$10^{-18} \sim 10^{-15}$Hz），可以精确限制原初引力波的谱指数。我们知道，谱指数是原初引力波最重要的两个模型参数之一，它的值直接反映了早期宇宙在暴胀阶段的演化行为。但是，目前人们发现，由于前景辐射的影响，仅依靠微波背景辐射对低频引力波的观测并不能很好地对谱指数进行限制。而结合背景辐射和脉冲星计时阵列，在两个完全不同的频段进行观测，可以大大提高谱指数的限制能力。在之前的研究工作中，我们发现，如果引力波振幅为 $r = 0.1$，则 SKA 的观测可以使得对谱指数的限制达到 $n_t < 0.3$ 的水平，这极大地超过背景辐射自身的探测能力，也超过了背景辐射观测结合 AdvLIGO 和 eLISA 等激光干涉仪的探测能力，将对许多的早期宇宙暴胀模型（如幽灵暴胀（phantom inflation）等）提出严格检验。

（2）探测宇宙状态参数的演化、早期宇宙相变和早期宇宙中的自由粒子流。原初引力波在宇宙暴胀阶段形成之后，几乎是完全自由地一直演化到今天，因此早期宇宙的各个演化过程都可以在原初引力波的能谱上留下烙印。对这些烙印的研究和观测，为我们提供了研究早期宇宙丰富的物理过程的唯一手段。其中，对宇宙早期状态参数的影响最为明显，研究发现：正如一些理论模型所预言的，如果在早期宇宙中，物质的平均状态参数明显偏离 1/3，则将极大地改变原初引力波在中低频部分的能谱。特别是，如果该参数大于 1/3，则可以极大地提高 PTA 探测原初引力波的可能性；如果在观测上并没有探测到原初引力波，则可以反过来对物质的状态参数及各种早期宇宙学模型提出严格限制。此外，标准模型认为，在宇宙早期会发生 QCD 相变、正负电子湮灭相变、超对称相变等各种相变过程，这些相变过程正好可以在 PTA 频段的原初引力波能谱上留下特征性的烙印。同时，早期宇宙中，如果存在独立的自由粒子流，如标准模型中的中微子流等，则同样在中等频段的引力波上留下特征烙印。因此通过对该频段的引力波观测，则有可能反推早期宇宙中发生的这些物理过程。

（3）直接探测宇宙暴胀物理。作为描述极早期宇宙的唯象理论，暴胀模型的数目非常多，且目前的观测并不能对其进行很好的区分和检验。在很多具有很好的物理动机的暴胀模型中，理论计算发现，可以在中频段产生大量的引力波，从而形成比较大的引力波背景，如果，暴胀辅助场具有可变声速，暴胀有效场论中存在某些对称性破缺，以及某些暴胀可以产生大量的原初黑洞的并合等。理论计算，在这些模型中，中等频段的引力波能量密度有可能达到 $10^{-10} \sim 10^{-12}$ 的水平，这些正好是在未来 SKA 等探测器的探测范围之内。

（4）直接探测早期宇宙相变。其实，早期宇宙相变不但可以改变暴胀过程中产生的原初引力波能谱，而且可以直接产生新的引力波背景。理论计算，早期宇宙相变（如 QCD 相变等），如果是一级相变，并且持续足够长的时间，则在相变过程中可以产生气泡墙碰撞和激波碰撞，以及碰撞后的磁流体旋涡（MHD turbulence）。这些过程可以在纳赫兹频段上产生大量的随机引力子，使得在该频段的引力波能谱达到 10^{-10} 的量级。这完全在 SKA 的探测能力之内。

除了引力波背景的探测，脉冲星测时阵列也可以用来探测单个双黑洞系统的引力辐射，并直接测量该系统的质量、轨道参数等物理条件（Lee et al., 2011）。有望探测的双黑洞参数空间由图 3.4.2 给出。

脉冲星测时阵列对引力波的测量还能带来直接探测引力辐射内禀特性的契机。利用脉冲星测时阵列，我们可以获取关于引力波偏振和色散的信息。而这些信息完全独立于引力波源自身的特性（Lee et al., 2008, 2010）。为了区分这些额外的偏振模式并测量色散关系，我们需要监测一个由 60 颗到几百颗脉冲星组成的阵列。SKA 的接收面积将提供所需的望远镜资源。

4. 中国在 SKA 项目中的机遇

中国正式参加了 SKA 合作项目，而脉冲星测时观测探测引力波项目对于中国射电脉冲星研究是一个难得的机遇。基于前文所述，由于接收面积和接收带宽的提高，SKA 将使得测时观测的精度有约一个量级的提高。这样，尽管对拓展引力波观测的频谱范围有较大作用，但历史测时数据积累在探测引力波时所占统计权重将变得较小。SKA 建成并正式运行之前，FAST 将已运行若干年。而 FAST 的接收面积及带宽都将与 SKA-mid 持平（Nan et al.,

2011）。因此，FAST 如果能获得高精度的测时观测数据，那么这些数据将在 SKA 测时–引力波探测项目中占有很大统计权重，在 SKA 执行的初期，对引力波测量起决定性作用的将是 FAST 数据和 IPTA 历史数据！另外，不言自明，SKA 项目对中国的大型射电项目形成挑战：SKA 具有南半球观测银河系的优势，且视场要大得多。基于这些原因，我们非常有必要认真地考虑如何用好国内已建成设备（FAST），为中国有效加入 SKA 科学合作来奠定基础。

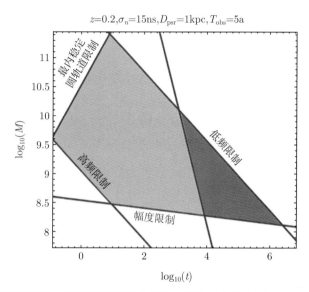

$z=0.2, \sigma_n=15\mathrm{ns}, D_{\mathrm{psr}}=1\mathrm{kpc}, T_{\mathrm{obs}}=5\mathrm{a}$

图 3.4.2　阴影区标识出可能探测的独立双黑洞系统的参数空间（Lee et al., 2011）

其中横轴是双黑洞距离并合的时间，单位为年；而纵轴是双黑洞的啁啾（Chirp）质量，单位为 $M_\odot$

5. 结论

利用 SKA 进行脉冲星测时阵列观测将有望回答本节之初的 4 个问题或给出重要天体物理信息。中国在建的大型设备（如 FAST）将对中国有效参与 SKA 项目并获取科学成果起关键推动作用，同时也将面对来自于 SKA 的挑战。

3.4.2　利用 SKA 观测脉冲星开展引力检验

核心问题

（1）提高对现有脉冲星双星系统的计时精度、系统参数的测量精度以及引力检验的精度；

（2）致密脉冲双星以及脉冲星–黑洞系统的搜寻，大尺度巡天，银河系中心以及球状星团区域的脉冲星搜寻；

（3）脉冲星–黑洞系统的计时观察、系统参数测量，以及对引力理论的多方面检验。

随着 Higgs 粒子的发现，描述自然界的电磁相互作用、强相互作用、弱相互作用的标准模型有了坚实的实验基础，而人们对另外一种相互作用 —— 引力的理解，却还存在着诸多的困惑。一方面，标准模型与广义相对论存在不可调和的矛盾，还缺少一个自洽的引力量子化的框架；另一方面，我们对暗物质与暗能量本质的理解，还停留在非常初级的阶段。所有

这些 "物理大厦上的乌云"，都敦促物理学家更进一步地去理解引力、检验引力。

在自然界的四种基本相互作用中，人们对引力的理解是最不完全的。一方面，由于不可重整性和高度非线性的问题，描述弯曲时空的广义相对论与基于量子场论的粒子物理标准模型之间，存在不可调和的矛盾。另一方面，近几十年来，人们通过引力效应观测到暗物质与暗能量，但对它们的本质的理解，还基本为零。这些事实都敦促天文学家和物理学家去更进一步地理解引力，特别是用实验手段检验现有引力理论。引力检验分成四个区域：弱场低速区、强场低速区、辐射区及极端相对论区。这四个不同的参数空间（Will，2014），物理特性非常不一样，理论计算的出发点也不相同。弱场低速的检验主要通过开展太阳系的实验进行；强场低速区则主要通过脉冲双星测时观测进行；辐射区检验依赖于测量引力波色散和偏振的特性；极端相对论区需要等到高信噪比的引力波观测方可进行。

从第一个射电脉冲星双星发现以来（Hulse and Taylor，1975），脉冲星计时就成为实验检验引力理论的重要工具。脉冲星计时的原理如下：通过大型射电望远镜记录脉冲星的脉冲信号到达时间，可以反推测量出脉冲星的运动情况。若脉冲星处于双星系统中，计时观测可以精确拟合、测量出双星的轨道运动，从而研究双星之间的引力相互作用。脉冲星计时能达到的精度远大于其他的天体物理观测。

参与 SKA 大型望远镜阵的建设，将为中国在引力理论的实验检验这个世界性物理命题中扮演重要角色，以及提供硬件基础和人才资源储备。SKA 射电望远镜在通过脉冲星的精准计时观测检验引力方面将会起到突出性的作用。SKA 的贡献将主要体现在如下两个方面：

（1）由于 SKA 的大视场观测，它将能找出银河系的几乎所有的脉冲星（Keane et al.，2015），而这些脉冲星中，必然存在着轨道周期小、测时精度高的毫秒脉冲星双星系统，它们将是引力检验的空间理想实验室；

（2）SKA 的计时测量精度将极大地优于现有的射电望远镜，从而能够更精确地测准脉冲信号的到达时间，而这恰恰是做引力精准检验的关键（Shao et al.，2015）。

脉冲星系统有各种类型，如大轨道脉冲星双星系统、小轨道脉冲星双星系统、大椭率脉冲星双星系统、脉冲星–白矮星双星系统等，它们能够检验引力理论的多个方面（Wex，2014）。我们可以用脉冲星观测开展双星质量–质量图检验广义相对论，通过偶极辐射检验超出广义相对论的引力理论，检验强等效原理的各个组分，用脉冲星–黑洞系统检验 Kerr 度规等课题。

若脉冲星双星轨道周期较小，则引力场较强，进而容易在脉冲星计时中观测到多种轨道相对论效应，如近日点进动、引力红移、Shapiro 延时、轨道周期衰变等。这些效应由相对论性运动参数所描述，而这些参数只依赖于双星质量与引力理论（Damour and Taylor，1992）。因此，倘若测到两个这样的参数，便可定出在给定引力理论框架下双星的质量。而多于两个参数的测量，则可进行引力理论的自洽性检验。另外，此类双星系统也可能测到由自旋–轨道耦合而导致的测地岁差，从而研究自旋在引力场中的演化行为。对双脉冲星系统的模拟研究发现，SKA 的投入使用，将极大地提高脉冲星计时和目前的检验精度，也将开拓基于双中子星系统更高阶的轨道效应的研究（Kramer and Wex，2009）。

检验偶极引力波辐射–标量–张量理论是一种违反强等效原理的理论，它预言自引力能差别很大的双星系统会产生偶极引力波辐射（广义相对论中的引力波辐射为四极辐射）。在广义相对论中，引力波来自于四极辐射，而超出广义相对论的引力理论很多都会预言引力波的偶极辐射。在检验引力波的偶极辐射中，因为这是负一阶后牛顿项的贡献，脉冲星双星系统将远优于 LIGO、Virgo 等地面引力波观测站的实验。大家考虑较多的是标量–张量理论。它在爱因斯坦引力理论的框架上加入一个额外的标量场，这个标量场和物质场通过非最小耦合一起影响时空的曲率。理论预言了几种超出爱因斯坦引力理论的效应，其中包括偶极引力波辐射以及引力常数在宇宙学时标上的变化。上述两种效应均可以通过精确分析脉冲星双星轨道来进行检验（Damour and Esposito-Farese, 1996; Zhu et al., 2015）。检验这些系统最好的是脉冲星–白矮星双星，SKA 的射电计时观测结合地面大型光学望远镜的观测将能极大地改进现有的检验精度。

双星演化的结果使得大部分脉冲星–白矮星双星系统拥有近圆轨道。这类双星中长轨道周期的脉冲星–白矮星双星系统适合做强等效原理的检验（Damour and Schaefer, 1991），而短轨道周期的双星系统则适合做引力作用中的洛伦兹对称性破缺的检验（Shao, 2014; Shao and Wex, 2016）。强等效原理是指自引力场不同的物体在外引力场中会沿着相同的测地线运动。若强等效原理存在破缺，中子星和白矮星则会按不同的测地线做自由落体，双星轨道将产生朝向外引力场的额外偏心率。因此，通过研究中子星–白矮星双星轨道的偏心率大小以及该偏心率是否指向银河系中心方向，可以检测在强引力场下强等效原理是否破缺。另外，新近发现的脉冲星三星系统 PSR J0337+1715 将能给出更强的限制（Shao and Wes, 2016）。类似地，洛伦兹对称性破缺将导致宇宙中存在优先参照系，使得双星轨道产生指向该参照系的偏心率。脉冲星测时可以用来精确测量轨道偏心率及其随时间的演化，并以此来限定洛伦兹对称性的破缺。SKA 可以提高脉冲星计时精度和效率，从而推动引力的实验检测向更高精度发展（Shao, 2014）。

在引力辐射区的实验检验主要是测量平面引力波的物理特性。在广义相对论中，引力波的性质非常简单：它只有两个极化模式，即 "正极化" 和 "叉极化"；引力辐射最低为四极辐射，引力波的传播速度是光速。但是在一般的引力理论中，引力波却可以有完全不同的性质，这主要体现在以下四个方面：① 引力波最多可以具有六种极化模式，例如，最简单的 Brans-Dicke 引力中除了 "正极化" 和 "叉极化" 模式外，还存在 "B 极化" 模式（breathing polarization mode）；② 引力辐射可以存在单极辐射和偶极辐射；③ 对于双星系统的引力辐射，即使只考虑四极的 "正极化" 和 "叉极化" 模式，引力波的振幅和相位也可以明显偏离相对论的预言；④ 引力波可以存在微小质量，从而导致其运动速度小于光速。因此，目前通过引力波检验引力理论主要集中在这四个方面。

通过 PTA 对引力波的观测来检验引力理论主要有两种途径。一种是直接观测中等频段的引力波背景和孤立引力波源，寻找或限制其他极化模式的引力波，另一种是限制引力子质量。当存在其他的极化模式，或者引力波传播速度小于光速时，各个毫秒脉冲星计时残差的关联性会明显改变，因此可以通过计时残差阵列来对这些变化进行限制，从而区分不同的引力理论（Lee et al., 2008; Lee et al., 2010）。

SKA 的脉冲星搜寻中，很可能发现脉冲星–黑洞系统。脉冲星–黑洞系统可被称为引力理论检验的 "终极实验室"（Kramer et al., 2004）。在此种系统中，引力场强度相较于其他脉冲星双星系统有量级上的提高。因此，各种轨道相对论效应都将极大地加强，进而使得传统相对论效应的测量和检验的精度有量级上的突破。除此之外,通过测量黑洞自旋所带来的惯性系拖曳效应对双星轨道的影响,可以测出黑洞的自旋(Wex and Kopeikin, 1999)。这一结果可直接用来检验 "宇宙监督者假设",即所有奇点都处于黑洞的视界内。此假设的直接推论为黑洞的无量纲自旋需满足 $\chi \leqslant 1$。对于相对论效应极强的系统,比如绕银河系中心黑洞运行的脉冲星或者十分致密的脉冲星–黑洞双星系统,在持续观测数年后,还有机会通过模拟黑洞四极矩带来的轨道振荡,测得黑洞的四极矩(Wex and Kopeikin, 1999)。这一结果,加上黑洞质量和自旋的测量,可用来检验黑洞 "无毛" 定理,即任一黑洞只能用质量、自旋和带电量三个参数描述,并且黑洞的无量纲四极矩 q 与自旋 χ 满足关系 $q = \chi^2$。这些高阶效应的相对论检验,需要有比现有基础上更高精度的脉冲星计时观测。因此,SKA 的使用将会是实现这些目标的良好契机。

如果脉冲星绕 Sgr A* 的轨道周期为 0.1 年或者更短,脉冲星四极矩和黑洞引力场的耦合将导致脉冲星自转发生变化(Han and Cheng, 2017)。自转角速度相对变化可以到 10^{-14} 水平,在绝对理想情况下,长期观测将可以测量脉冲星四极矩,约束脉冲星物态方程。

脉冲星–黑洞的双星系统可由双星演化或星体俘获过程而形成。而在银河系中心,也预计有量级以千计的脉冲星于中心黑洞周围绕转(Pfahl and Loeb 2004; Wharton et al., 2012)。目前所进行的脉冲星巡天项目尚未发现这类天体。而这一空白亟待 SKA 以及配套计算机集群的投入使用进行填补。

正如前面所述,SKA 大型望远镜阵的建成,将促使射电望远镜在观测视场、有效面积、时间分辨率等方面获得质的提高(Kramer and Stappers, 2015)。SKA 是脉冲星观测和引力理论的实验检验领域的一个巨大机遇,它很有可能带来一些突破性的进展。与 FAST 相比,SKA 的视场更大,观测天区有所不同;因此它们可以互为很好的补充,共同推动中国的天文和引力等领域的发展。同时,脉冲星的引力检验将与地面引力波观测站的引力检验形成一定的互补。

3.4.3　利用 SKA 开展世界顶尖精度的脉冲星距离测量并提供对引力常数 G 的时间稳定性的严格约束

1. 摘要

牛顿引力常数 G 是引力理论的一个耦合常数。G 的长期稳定性,或者说变化率($\dot{G} = \mathrm{d}G/\mathrm{d}t$)被认为可用于检验各种引力理论。目前国际上对 $\dot{G}$ 严格的上限是通过长期的月球激光测距获得的。通过对双星系统中的毫秒脉冲星距离精确测量进而测量 G 的变化率,这一方法作为一种非常有潜力超越月球激光测距的测量方式而逐渐被接受。脉冲星 J0437-4715 是已知脉冲星中旋转极其稳定、最近、最亮的毫秒脉冲星,因此是极其适合开展高精度距离测量的目标。2016 年,由中国和澳大利亚望远镜组成的甚长基线干涉(VLBI)测量网在距离脉冲星 J0437-4715 小于 1 角分以内发现了两颗致密射电源。由于此角距离极小,故有利于开展同波束的 VLBI 相位参考观测,通过差分方式干净有效地消除各种系统相位误差,从而实现极高精度的定位和距离测量。若具有高灵敏度和多个数字波束的 SKA1 中频阵能参与此天体测量观测,可使 J0437-4715 距离测量的相对精度提升到约为 0.08%(1σ 的 VLBI 视差精度约 5 微角秒)的国际顶尖水平,不但可与其顶尖水平的动力学距离结果(目前测量精度约为 0.16%）进行对比，还可提供对 $\dot{G}$ 国际前沿水平的有效限制（$\dot{G}/G$ 的 95% 概率精度约为 $5 \times 10^{-13} \mathrm{a}^{-1}$）。

2. 科学背景及测量原理简介

牛顿引力常数 G 是引力理论的一个基本常数。中国罗俊院士所领导的团队将 G 的测量精度提高到百万分之二十六（26ppm）（Luo et al., 2009），达到国际前沿水平。在爱因斯坦的广义相对论中，G 为常数，而在其他众多并未被证伪的引力理论中（Will, 1983），如 Brans–Dicke 的标量–张量理论（Brans and Dicke, 1961），Kaluza-Klein 理论以及在其基础上的多维引力理论（Overduin and Wesson, 1997），G 可以是时空变量，所以对 G 的时空变化率的测量可以用来检验引力理论。G 的时间稳定性，或者说变化率 $\dot{G} = \mathrm{d}G/\mathrm{d}t$，目前处于前沿水平并较可靠的局域限制是来源于长期月球激光测距观测的结果，达到 $\dot{G}/G = (4 \pm 9) \times 10^{-13} \mathrm{a}^{-1}$（95% 概率）（Williams et al., 2004）。

脉冲星，类似于灯塔，是由于中子星的自转，所以其射电波束周期性地扫过地球而形成的脉冲信号。对处于双星系统中毫秒脉冲星发出的脉冲信号的长时间计时观测，不仅可以得到非常精确的脉冲周期及其时间变化率，同时也可以得到所在双星系统的轨道周期以及它的时间变化率，分别记作 P_{b} 和 $\dot{P}_{\mathrm{b}}$。Damour 等（1988）指出，利用对双星系统中脉冲星的观测可以限制 $\dot{G}$：

$$\frac{\dot{G}}{G} = \frac{1}{2P_{\mathrm{b}}}\left(\dot{P}_{\mathrm{b}}^{\mathrm{obs}} - \dot{P}_{\mathrm{b}}^{\mathrm{Gal}} - \dot{P}_{\mathrm{b}}^{\mathrm{GR}} - \frac{\mu^2 D_{\pi}}{c}P_{\mathrm{b}}\right) = \frac{\mu^2}{2c}(D_{\pi} - D_{\mathrm{k}})$$

其中，$\dot{P}_{\mathrm{b}}^{\mathrm{obs}}$ 为 $\dot{P}_{\mathrm{b}}$ 的观测值；$\dot{P}_{\mathrm{b}}^{\mathrm{Gal}}$ 为太阳系和脉冲星所在银河系中引力势差异导致的贡献；$\dot{P}_{\mathrm{b}}^{\mathrm{GR}}$ 为双星引力辐射导致的贡献；μ 为脉冲星的自行；D_{π} 为三角视差距离；D_{k} 为脉冲星计时得到的动力学距离。

利用上述天文方法，Deller 等（2008）2008 年获得了脉冲星 J0437-4715 的当时最高精度的脉冲星视差距离测量，即 $D_{\pi} = (156.3 \pm 1.3)\mathrm{pc}$（$\pi = (6396 \pm 54)$ 微角秒），给出了 $\dot{G}/G = (-5 \pm 26) \times 10^{-13} \mathrm{a}^{-1}$，已接近国际前沿的激光测月结果。脉冲星 J0437-4715 是已知离地球最近最亮并且旋转极稳定的毫秒脉冲星。最近脉冲星 J0437-4715 计时观测得到的动力学距离测量精度已被 Reardon 等（2016）成倍提高，最新结果为 $D_{\mathrm{k}} = (156.79 \pm 0.25)\mathrm{pc}$，这是国际上首次获得精度小于 1pc 的脉冲星距离测量结果。而 VLBI 三角视差测距精度还尚未改善，所以加强 $\dot{G}$ 的限制的主要突破点在于提高三角视差的测量精度（参见上式）。

3. 发现极近相位参考源，打开脉冲星精确测距之门

利用地球围绕太阳公转运动，VLBI 在不同历元时刻观测脉冲星相对于遥远的河外射电源的空间角位置的变化，获得三角视差，即脉冲星的三角视差距离。已有的脉冲星视差测量实验表明，获得的视差测量的最高精度是由参考天体和脉冲星之间的角距离所决定的，二者角距离越小，视差测量精度越高。视差测量的经验关系表明：二者角距离每减少 1 角分，所能取得的最高测量精度约可提高 1 微角秒（Kirsten, 2015）。

PSR J0437-4715 的 5GHz 的周期平均流量为 20mJy，远高于其他脉冲星，因此是极其适合开展高频高精度的 VLBI 视差测量的目标。利用中澳望远镜的 VLBI 组网观测，上海天文台安涛研究员所带领的国际小组 2016 年成功找到了两个极其接近 PSR J0437-4715 的平谱射电源，角距离分别约为 13 角秒和 45 角秒，流量都约为 1mJy（An et al., 2016; Li et al., 2017）。在光学、红外及高能波段的高灵敏度图像中，二者均未发现有对应体。根据 Kimball 等（2009）的统计研究结果，这两颗射电源是银河系之内的射电星的随机概率极低，约为 10^{-5}，因而极可能是遥远河外星系的射电核，并可作为相对位置测量的参考点。这是目前已知脉冲星 VLBI 相位参考观测中首次发现的 1 角分之内的参考源，并且是 2 颗源。利用新的参考源做同波束相位参考观测，视差测量的系统误差预期将降低到约 1 微角秒（Reardon et al., 2016），远低于当前 VLBI 网物理观测设备灵敏度所能达到的随机误差。

目前，也可利用中国、南非和澳大利亚的已有望远镜和标准观测带宽（256Mb·s^{-1}）开展 5GHz 的同波束 VLBI 相位参考观测。采用新的同波束参考源后，4 历元共计 24h 观测，1σ 视差精度即可达到约 25 微角秒，两倍优于 Deller 等（2008）的结果，但所用时间只有其一半。

3.4.4　脉冲星时间标准观测研究

1. 前言

自发现毫秒脉冲星至今，毫秒脉冲星的计时观测已有约 30 年的时间。随着大量毫秒脉冲星的发现和射电望远镜计时观测技术的发展，毫秒脉冲星计时观测技术走向成熟。长期的计时观测资料证明，毫秒脉冲星自转具有较高的长期频率稳定度，能够提供比原子时更加稳定的时间标准。2003 年起，澳大利亚 Parkes 64m 射电望远镜开始了毫秒脉冲星计时阵观测项目。其主要科学目标是建立脉冲星时间标准和探测宇宙引力波（Manchester et al., 2013）。

Hobbs 等以国际原子时（TAI）为参考，采用参数拟合方法分析得到综合脉冲星时 PPT-TAI（脉冲星时（PPT）与原子时差值）。结果表明，PPT-TAI 与 TT-TAI（地球时（TT）与原子时差值）变化趋势相同。该研究结果证明，脉冲星计时阵观测能够检测原子时的系统误差，得到的综合脉冲星时精度完全可以与地球时相比（Hobbs et al., 2012; Caballero et al., 2016）。在计时观测以地球时为参考的情况下，利用脉冲星计时阵观测建立的脉冲星时可以视为另一版本的地球时。特别是，脉冲星时与原子时是物理机制完全不同的两种时间尺度。二者的相互比较和验证是非常有意义的。随着观测的脉冲星数量增加、计时模型的进一步完善、计时观测精度和观测采样率的提高，利用脉冲星计时阵观测能够建立更高稳定度的脉冲星时间标准。目前，世界上除 PPTA 外，还有欧洲和北美脉冲星计时阵，分别观测了 9 颗和 17 颗毫秒脉冲星。考虑到共同观测的部分公共星，全世界共有 42 颗毫秒脉冲星长期计时资料可用。应该指出的是，未来国际上 SKA 投入工作后，完全能够以更高精度观测更多毫秒脉冲星，能够获得用于时间服务的更高精度的脉冲星时研究成果。根据目前已经取得的脉冲星时观测研究成果，国际天文学会时间专业委员会于 2012 年底建立了脉冲星时间标准工作组，旨在研究和推动脉冲星时在国际时间服务中的应用工作。

脉冲星时间标准研究主要包括脉冲星计时阵观测毫秒脉冲星、脉冲星计时模型、综合脉冲星时算法、原子钟与脉冲星钟结合时间尺度算法等科研工作。利用 SKA 脉冲星计时阵 5 年以上的毫秒脉冲星计时观测可以建立脉冲星时间标准，其精度将有可能优于地球时；也能够建立脉冲星时空参考架，用作各类空间飞行器自主导航的参考基准。同时，SKA 脉冲星计时阵，能够以前所未有的灵敏度探测低频引力波，包括宇宙随机背景引力波和来自宇宙中某些特殊源的引力波。

2. 预期科学目标

SKA 脉冲星计时阵观测参考原子钟应该溯源到地球时，地球时是目前精度最高的时间系统，可以用作 SKA 脉冲星计时阵的参考时间。在获得长期的 SKA 计时观测资料后，首先是采用高精度的脉冲星计时模型，拟合确定每颗毫秒脉冲星的自转参数和天体测量参数。具有高精度自转参数和天体测量参数的一组脉冲星可以构成脉冲星时空参考架，可以用于校准 SKA 计时阵列和其他脉冲星测量台站的原子钟、测定观测时段的地球定向参数（EOP）。脉冲星拟合后的计时残差仍然会包括观测误差和系统误差。系统误差中除了脉冲星自身的误差以外，还包含参考时间地球时的误差，TT-GPS 误差、Site-GPS 误差、引力波的扰动、历表误差、地球定向参数误差等。时间误差对观测的所有脉冲星计时残差影响相同；对于位于空间相同方向的脉冲星，空间误差对其计时残差影响符号相同，对于位于空间相反方向的脉冲星，地球历表误差对其计时残差影响符号相反，大小则与脉冲星的黄纬有关；引力波信号的影响是脉冲星计时阵中两两脉冲星对相对于观测站张角的函数，当两颗脉冲星相对于测站张角接近于 0 或 180° 时，引力波信号对其计时残差影响符号相同，当张角接近 90° 时，符号相反，大小与脉冲星对的张角和引力波源的具体信号特征有关。因此，地球时误差、地球历表误差和引力波扰动会使得计时阵中所有脉冲星计时残差呈现不同相关性，三者对计时残差影响具有可识别的特征（Manchester et al., 2013）。设计合适算法，能够从拟合后的所有脉冲星计时残差中，提取得到地球时误差和引力波信号的信息。当 SKA 脉冲星计时阵观测时间跨度足够长，例如，大于某些太阳系外行星绕日运动轨道周期的情况下，利用长期计时残差，能够测量某些外行星的质量误差，它们的质量误差与地球历表误差直接相关（Champion et al., 2010）。虽然 SKA 观测样本排除了计时噪声较大的脉冲星，但在提取某些系统误差时，对计时噪声的分析研究仍是必要的。

1）建立脉冲星时间标准

利用 SKA 脉冲星计时阵长期观测资料，能够测量得到台站钟–脉冲星守时系统的误差。经过改正台站误差后，该数据能够转换成地球时–脉冲星误差及地球定向误差。SKA 观测毫秒脉冲星数量多，观测精度高，完全能够建立高精度的脉冲星时间标准 TT-EPT。

2）建立脉冲星时空参考架

SKA 脉冲星计时阵观测资料可以用来建立脉冲星时空参考架，为各类空间飞行器的自主导航提供高精度时空参考基准，还可以用来研究脉冲星物理、星际介质，验证广义相对论等。SKA 采用脉冲星计时阵观测模式，能够观测大量具有较低计时噪声的毫秒脉冲星，计时观测精度达到或好于几十纳秒水平。这样，利用 SKA 脉冲星计时阵观测可以开展脉冲星时间标准观测研究和时间服务应用及高精度脉冲星时空参考架观测研究。

3. 对其他科学项目的重要支撑

SKA 除了脉冲星以外，还将有大量的时间开展 HI 等谱线巡天观测。除了研究星系动力学、宇宙结构形成及演化外，HI 巡天还将带来大量的射电源速度信息。利用不同时间测量的同一批源的速度观测资料，有可能开展直接对宇宙膨胀的测量（Kloeckner et al., 2015）。然而，这样的测量需要长期稳定的本地频标，我们尚不清楚地面原子钟标准是否能够提供足够的长期精度（10 年长期标准）。通过脉冲星观测，我们就有机会来修正 SKA 的原子钟系统的长期守时行为。通过结合 SKA 的 HI 巡天和脉冲星测时观测则将有可能实现对宇宙膨胀的直接测量。SKA 的脉冲星测时观测提供了地球定向参数高频项的监测结果，对研究地球自转动力学提供了一种独立的科学监测手段。

参 考 文 献

杨廷高, 童明雷, 高玉平. 2014. 时间频率学报, 37: 2

An T, Yang J, et al. 2016. SKA 2016: Science for the SKA generation

Brans C, Dicke R H. 1961. Physical Review, 124: 925

Burt B J, et al. 2011. ApJ, 730: 17

Caballero R N, et al. 2016. MNRAS, 457: 4421

Champion D J, Hobbs G, Manchester R N, et al. 2010. ApJL, 720: L201

Damour T, Esposito-Farese G. 1996. PhRvD, 54: 1474

Damour T, et al. 1988. PhRvL, 61: 1151.

Damour T, Schaefer G. 1991. PhRvL, 66: 2549

Damour T, Taylor J H. 1992. PhRvD, 45: 1840

Deller A T, et al. 2008. ApJ, 685: L67

Demorest P, et al. 2013. ApJ, 762: 94

Einstein A. 1918. SKPAW, Seite 154

Han W B, Cheng R. 2017. GReGr, 49: 48

Hobbs G, Coles W, Manchester R N, et al. 2012. MNRAS, 427: 2780

Hulse R A, Taylor J H. 1975. ApJ, 195: L51

Jenet F A. et al. 2005. ApJL, 625: L123

Keane E F, et al. 2015. PoS (AASKA14), 40

Kim C, et al. 2015. MNRAS, 448: 928

Kimball A E, et al. 2009. ApJ, 701: 535

Kirsten F, et al. 2015. A&A, 577: 111

Kloeckner H, et al. 2015. PoS (AASKA14), 27K

Kramer M, et al. 2004. NewAR, 48: 993

Kramer M, Stappers B. 2015. PoS (AASKA14), 36

Kramer M, Wex N. 2009. CQGra, 26: 073001

Lee K J, et al. 2008. ApJ, 685: 1304

Lee K J, et al. 2010. ApJ, 722: 1589

Lee K J, et al. 2011. MNRAS, 414: 325

Lee K J, et al. 2013. MNRAS, 423: 2462

Li Z X, et al. MNRAS, 476: 399

Liu K, et al. 2012. ApJ, 747: 1

Liu K, et al. 2012. MNRAS, 420: 361

Liu K, et al. 2014. MNRAS, 445: 3115

Luo J, et al. 2009. PhRvL, 102: 240801

Manchester R N, Hobbs G, Bailes M, et al. 2013. PASA, 30: 17M

Manchester R N, Hobbs G, Teoh A, Hobbs M. 2005. AJ, 129: 1993

Nan R, et al. 2011. IJMPD, 20: 989

Overduin J M, Wesson P S. 1997. PhR, 283: 303

Pfahl E, Loeb A. 2004. ApJ, 615: 253

Reardon D J, et al. 2016. MNRAS, 455: 1751

Sanidas S, et al. 2012. PhRvD, 85: 122003

Sesana A. 2013. MNRAS, 433: 1

Shannon R, et al. 2013. Science, 342: 334

Shannon R M, Cordes J M. 2010. ApJ, 725: 1607

Shao L. 2014. PhRvL, 112: 111103

Shao L, et al. 2015. PoS (AASKA14), 42

Shao L, Wex N. 2016. SCPMA, 59: 699501

Taylor J H, et al. 1976. ApJ, 206: 53

van Haasteren R, et al. 2011. MNRAS, 414: 3117

Verbiest J P W, Bailes M, et al. 2009. MNRAS, 400: 951

Wex N. 2014. arXiv:1402.5594

Wex N, Kopeikin S M. 1999. ApJ, 514: 388

Wharton R S, et al. 2012. ApJ, 753: 108

Will C M, 1993. Theory and Experiment in Gravitational Physics. Cambridge, UK: Cambridge University Press

Will C M. 2014. LRR, 17: 4

Williams J G, et al. 2004. arXiv:gr-qc/0411095

Zhu W, et al. 2015. ApJ, 809: 41

3.5 研究方向五：宇宙磁场探索

高旭阳   韩金林*   侯立刚   孙晓辉*   吴庆文   徐 钧   袁中升

3.5.0 概况

协 调 人： 韩金林   研究员   中国科学院国家天文台
主要成员： 高旭阳   副研究员   中国科学院国家天文台
            侯立刚   副研究员   中国科学院国家天文台
            李晶晶   副研究员   中国科学院紫金山天文台
            孙晓辉   教 授   云南大学
            王 陈   副研究员   中国科学院国家天文台
            吴庆文   教 授   华中科技大学
            徐 钧   副研究员   中国科学院国家天文台
            徐 烨   研究员   中国科学院紫金山天文台
            徐思遥   Hubble Fellow 美国威斯康星大学
            余 聪   教 授   中山大学
            袁中升   助理研究员 中国科学院国家天文台
联 络 人： 徐 钧   副研究员   中国科学院国家天文台 xujun@nao.cas.cn

研究内容 磁场普遍存在于不同层次的宇宙天体中，在宇宙的诞生和长期演化过程中起着非常重要的作用。磁场的起源和演化也就成为 SKA 早期提出的五个关键课题之一。宇宙磁场是只有通过 SKA 的偏振观测才能深入探索的研究课题。我们将利用 SKA1-mid 在 350 MHz～14GHz 几个波段的巡天和偏振观测数据，着重研究银河系的三维磁场结构；揭示银盘中星际介质的分布结构和动力学；揭示和测量星系团中微弱磁场的结构和性质；发现和探测宇宙纤维结构中的磁场；研究恒星射电辐射等。这些研究有望极大地促进我们理解磁场在宇宙结构形成中发挥的作用，为研究宇宙天体磁场起源的难题提供重要和唯一的观测依据。

技术挑战 单个射电望远镜和综合孔径的方向束偏振测量和标定，历来都是射电天文观测中的难点。如何在很宽频率范围内对大视场成图和偏振定标，是目前射电天文观测和处理面临的最难挑战，世界上还从来没有实现过，澳大利亚目前也只是在试验阶段。为了充分抓住 SKA 这个历史性的机遇，在人类对宇宙磁场的探索中做出杰出的成果和贡献，我们需要正面迎接一些技术上的挑战：① 单天线射电望远镜的波束偏振特征测量技术；② 综合孔径大视场范围内的偏振特征定标；③ SKA1 视场的旋转和偏振特征变化；④ 宽频带范围内不同频率的视场和合成波束的偏振特征；⑤ 海量偏振数据的法拉第合成和诊断技术；⑥ 谱线塞曼分裂的高分辨率偏振测量技术等。

---

* 组稿人。

研究基础　过去十年，我国学者主要通过使用国际大射电望远镜（Parkes、Effelsberg、VLA、VLBA 等），掌握了部分射电偏振和高分辨率观测的前沿技术，取得了大量有国际影响力的科研成果。其中，利用大批脉冲星探测银河系磁场三维结构的研究成果已经处于国际领先地位。另一个突出的工作是利用国内乌鲁木齐南山 25m 射电望远镜历时十年完成了银盘小尺度磁场的巡天，培养了一些年轻的骨干研究人员。目前，国内能够用于各种偏振观测和试验的射电望远镜很少，我们正在利用佳木斯 66m 射电望远镜进行偏振校准和测量技术的研究，并开始探索 VLBI 的谱线全偏振测量技术；此外，我们还参与澳大利亚的 SKA 探路者项目 ASKAP 的相关课题。以后将继续以国际合作的形式参与 ASKAP 以及 MeerKAT 的推进，逐步掌握大视场宽频带偏振成图和法拉第合成技术，为实现科学研究成果服务。

优先课题　① 银河系三维磁场结构。目前银河系大尺度的规则磁场仅测量了大约三分之一的银盘，整个银河系盘中的大尺度磁场仍需要一个模型来描述。由于缺乏观测限制，模型还需要进一步完善。SKA1 的观测能力使我们可以观测得到大量脉冲星和河外射电源的法拉第旋率（RM）数据、大量脉泽谱线的塞曼效应测量数据，以及诊断银盘和银晕各种星际气体介质结构的偏振数据，为银河系磁场三维结构的认知提供重要的观测依据。② 气体云团和恒星形成区中的三维磁场结构。SKA1 的观测频段覆盖了目前塞曼效应测量中最重要也是最常用的几条谱线（如 HI, OH），能够获取大量脉泽线塞曼分裂后的全偏振测量数据，它们是测量三维磁场结构的好方法。此外 SKA1 的观测还能够获取大量背景脉冲星和河外射电源的 RM 数据，以及射电连续谱的偏振测量数据，为研究星际介质中小尺度天体（比如超新星遗迹、HII 区和星际"泡泡"）的三维磁场结构提供观测依据。③ 综合孔径宽视场宽频带的偏振定标和成像技术。SKA1 释放到区域数据中心的原始数据只经过初步处理，不能直接用于科学研究。我们需要的 SKA1 观测数据涉及宽视场宽频段偏振定标和成像技术，国际上没有现成的方法和公开软件。科学团队可能需要自己写处理流程进行定标校准。谁掌握了相关方法，谁就能最先发表科学成果。因为我们国内没有任何实验阵列，所以只能基于国际上的探路者设备，如 MeerKAT、MWA 和 ASKAP 等国外团队同意的合作，一起发展综合孔径宽视场宽频带定标和成像技术。

预期成果　① 获取银河系大范围银河系磁场结构测量结果，为粒子物理和天体物理相关研究提供重要的基础；② 获取一批分子云和恒星形成区的三维磁场结构，理解磁场在天体起源和演化过程中所起的作用；③ 掌握宽视场宽频带的偏振定标和成像技术，为国内相关的研究提供技术基础。

3.5.1　背景

宇宙中的天体分多个层次，从小到大，有行星、恒星、星系、星系团、星系超团，到宇宙大尺度结构以至宇宙整体。宇宙所有层次的天体都可能有磁场，因为人类已经在所有层次的天体上探测到磁场或发现磁场存在的迹象（Han and Wielebinski, 2002; Widrow, 2002）。宇宙中的磁场是如何产生的、如何演化的，一直是物理上和天体物理上的重大难题（Giovannini, 2004）。

以前人们对宇宙中磁场的理解，主要是来自对地球和太阳磁场的详细测量。人类对行星和恒星这些宇宙中微小尺度天体的磁场了解得比较多一些，建立了天体磁场的物理概念和演化图像，而对更大天体层次，例如，银河系的微弱磁场及其结构十多年前测量得很不清楚。

银河系的磁场除对分子云、旋臂结构、星际气体动力学平衡起重要作用之外，还使宇宙线产生偏转。因此，银河系磁场无论在物理上，还是天文上，都是非常重要的基本物理要素。

国际上 20 世纪 80 年代开始掀起星系磁场研究的热潮。经过很多努力，用世界上全部大射电望远镜进行偏振成像，也只观测了约一百个邻近旋涡星系的磁场强度分布和磁场空间取向分布（Beck, 2001），而没有办法测量磁场的方向和极性。

利用背景射电源和星系团内的射电星系偏振辐射的 RM 可以探测星系团磁场。目前发现团内的磁场大约为 0.3μG。另外，根据连接星系团之间的射电辐射桥，目前能够断定宇宙纤维等更大尺度宇宙结构中磁场的存在。

理论上研究磁场的起源和演化也比较困难，国际上的研究要么是讨论某种因素对大尺度磁场的影响（Davies and Widrow, 2000; Balsara et al., 2004; Balsara and Kim, 2005），要么就是利用数值模拟研究磁场可能在磁流体动力学中的形成和演化（Balsara et al., 2001; Blackman, 2000）。

3.5.2 宇宙磁场研究的理论基础

宇宙中所有天体，行星如地球，恒星如太阳，星系如银河，星系团如 Coma，甚至另类天体如脉冲星、超新星遗迹、行星状星云、星系团际介质等，现在都已发现磁场存在的证据甚至直接探测到了磁场（Han and Wielebinski, 2002; Kulsrud and Zweibel, 2008）。长期困扰物理界和天文界的一个根本问题是，宇宙中这些天体的磁场是如何起源、如何演化的？

在研究地球和太阳磁场时，大家的注意力往往集中在它们的磁场是如何维持和放大的，并解释各种观测到的磁现象。关于磁场的起源，一般有两种主要的理论假说，一种是原初起源，即磁场是天体诞生时就有的，至少有相当多的"种子"磁场；另一种是理论学家更加相信的发电机（dynamo）理论，认为天体诞生时或诞生前某种物理过程形成了一点点"种子"磁场，然后通过该天体的磁流体力学过程将"种子"磁场放大，形成我们今天所观测到的天体磁场。磁流体力学过程确实在所有天体中存在，并在一定的条件下（如湍流、涡旋、扭曲等动力学过程中）确实能够放大和维持天体的磁场（Widrow, 2002）。天体中部分电离的气体因为动力学运动可能使得电荷有一点点分离从而形成电场，该电场因为随介质运动而产生了我们需要的"种子"磁场。这就是所谓的 Biermann 电池。目前观测发现，恒星和行星是在分子云中形成的，正在形成恒星的分子云中也确实存在大尺度的磁场（Crutcher and., 2009）。这些磁场确实可以压缩和保存，成为所形成恒星的磁场（Donati and Landstreet, 2009）。因此，尽管恒星和行星可以有发电机放大和维持磁场，但磁场起源问题，至少是"种子"磁场的来源问题，可以讲基本解决了。接下来的问题是，分子云中的磁场是从哪里来的？

分子云是弥漫星际介质中密度较高、温度较低的区域。它是因为引力或其他不稳定性导致的星际介质气体聚集区域。目前观测表明，分子云中的磁场与弥漫的星际介质中的磁场密切相关（Han and Zhang, 2007），并且分子云中形成大质量恒星的磁场还与星际介质的磁场相关。这说明，从弥漫星际介质至分子云，再至形成的恒星，磁场有相当的留存和记忆。在湍流动能高于磁场能的分子云里，分子云磁场还会被湍流进一步放大。

那么星际介质中的磁场是从哪里来的（Kulsrud and Zweibel, 2008; Widrow, 2002）？有人提出，恒星星风可以充满星际空间，星风携带的磁场可以磁化星际介质。其实这只能在星际空间非常小的尺度上有一定效果。对于已经观测到的很大尺度的星际介质磁场，同样可能有两种来源：一个是原初起源，即星系形成之前的原星系云中就有磁场，这些磁场是宇宙形成的早期产生的；另一种理论是星系形成之初有一点点"种子"磁场，经过星系中的湍流和涡旋（如超新星爆发吹出的"泡泡"、科里奥利力引起的扭转等）、较差自转和其他物理过程（如宇宙线传播）使磁场得以放大和维持。我们一方面需要更加详尽地观测了解星系中磁场的基本特征（Beck, 2009）；另一方面，需要利用计算机模拟等各种办法去调查星系中各种物理过程对磁场和发电机机制的影响。更大尺度如星系际空间的磁场，又是如何起源的？（Ferrari et al., 2008）有人提出是 AGN 喷出的介质磁化了星系际空间，也有人提出是星系团内的湍流可以导致发电机机制，放大了星系团内的磁场。

目前已经有观测发现了早期宇宙天体，如高红移的星系，有非常强的磁场，而理论研究也表明，原初环境中由重力坍缩所产生的湍流可以起到放大磁场的作用（Schober et al., 2012; Xu and Lazarian, 2016），说明磁场可能在宇宙结构形成初期就很快成形了。宇宙中的磁场可能在复合前的早期宇宙中形成，也可能在复合后形成（Giovannini, 2006; Tsagas, 2009）。如果是宇宙复合前产生的磁场，那真是所谓的原初磁场，能够解释所有天体的磁场起源问题，但在暴胀后至复合前的宇宙辐射期产生的磁场，其空间相干尺度太小。暴胀期产生的磁场可以有相干的尺度但强度太小。宇宙早期的磁场也不可能太强，即使发展到现在也不过才 1 个微高斯。宇宙早期的磁场因其产生的洛伦兹力和各向异性应该对宇宙结构形成有一定的影响，比如阻碍密度波动的增长，各向异性的磁压也会使早期宇宙结构形成时产生的引力波发生异常。目前宇宙结构研究非常重视冷暗物质宇宙模型，对磁场的影响还没有考虑过。

3.5.3 宇宙磁场的数值模拟研究

目前对磁场的起源及演化等问题极其有限的理解，严重阻碍了人们认识宇宙中众多物理现象的本质。宇宙磁场的观测结果必须结合理论计算特别是数值模拟来认识磁场分布和一些磁过程。

观测上已经看到大尺度等离子体可能处于湍流状态，比如银河系等离子体在暖电离介质中在 $10^{10} \sim 10^{20}$cm 尺度基本符合 Komogorov 湍动理论的预言（Armstrong et al., 1995; Chepurnov and Lazarian, 2010）。然而湍动过程是高度非线性的，解析研究几乎不太可能（相对困难），数值模拟就可以发挥越来越重要的作用。在星系尺度的星际介质中，不同初始磁场（规则磁场或随机磁场）、不同湍动触发机制在磁流体数值模拟中已经被初步地考虑，得到的磁场结果大致与观测是吻合的（Dolag et al., 2002; Xu et al., 2012）。此外，在星系团和星系际尺度的纤维结构（filament）中一样包含大量的磁化的温热等离子体（$10^5 \sim 10^7$K），可能的"种子"磁场由于介质压缩或湍动机制而放大（Dubios and Teyssier, 2008; Ryu et al., 2008），法拉第旋转的观测也将是研究这类星系际介质中磁场的重要手段（Akahori and Ryu, 2010）。因此，结合星际等离子体湍动过程的磁流体数值模拟和 SKA1 对 RM 和色散量（DM）的测量，可以用于理解星际磁场强度、位型、形成机制和磁场放大等物理过程。

1. 亚 pc 到 kpc 尺度喷流中的磁场模拟

喷流和外流是不同尺度致密天体的普遍现象，许多黑洞天体中甚至观测到了准直性非常好的极端相对论性喷流。然而人们对于喷流的形成机制、加速过程、辐射物理等还远不清楚。目前基本认为磁场应该在吸积过程、喷流物理（形成、加速和辐射等）中起到了至关重要的作用（Blandford and Znajek, 1977; Blandford and Payne, 1982; Zamaninasab et al., 2014）。SKA1 结合现有的 VLBI，基于其高灵敏度和高分辨率，将可以对近邻星系（超大质量黑洞天体）中的喷流做精细研究（如 VLBI 模式下的波段 5 分辨率约毫角秒，即使高红移射电星系也可以达到 pc 尺度）（Paragi et al., 2015）。首先，对近邻射电星系的喷流，在亚 pc 尺度根据喷流的同步自吸收效应，不同频率射电核大小的测量可以直接限定磁场强度沿喷流的分布；其次，根据不同时间测量，可以得到喷流中每个团块的运动速度（SKA1 对辐射很弱的团块也将被观测到），这将十分有利于理解喷流中的磁能向动能的转变过程（即喷流加速过程）。此外，SKA1 对喷流中圆偏振和线偏振的测量精度将比现有的望远镜大幅提高（线偏振和圆偏振分别达到 ~0.1% 和 ~0.01%），这不仅能更深入地获得喷流中的磁场信息（强度和位型等），而且还将对喷流成分也做出限定（质子–电子主导还是正负电子对主导，正电子和质子的比例等）。对一些近邻的射电星系（$z < 0.1$）中喷流团块（radio knot）和射电瓣（radio lobe）中 RM 的测量（~kpc 尺度）将可以帮助理解大尺度喷流磁场和等离子体信息，同时也可以帮助我们理解喷流与星际介质的相互作用，并探讨大尺度喷流等离子体中的激波和粒子加速过程等。数值模拟将推动理解喷流的形成过程、加速过程、能量耗散过程（是磁重联还是激波加速）、喷流成分等，该部分数值模拟结果可以直接和用 SKA1 或者其他 VLBI 对更多近邻射电星系喷流射电核移动（core-shift）、RM 和圆偏振信息等的测量结果进行比较。

2. 中等尺度（kpc）到大尺度（Mpc）星际等离子体数值模拟

银河系是最理想的研究旋涡星系磁场的天体，也将是 SKA1 观测数据最为丰富的星系。基于 SKA 高灵敏度，银河系不同区域（在 ~kpc 尺度，如星系中心、旋臂、星系晕，甚至局部地区的分子云等）观测到的脉冲星数量将大幅提高（SKA1 阶段将会达到数千甚至上万颗（Keane et al., 2015）），同时一些脉冲星距离也将被测定，这会极大地促进我们对星际等离子体分布的认识（通过 DM），因而也将进一步深化我们对磁场的认识（结合 RM），即可以更好地构建银河系磁场分布与等离子密度分布。由于不同区域星际介质中具有不同的物理条件（如温度、密度、磁场、湍流驱动机制等），对这些不同参数空间中的湍动过程进行数值模拟将会深化对星系磁场的理解，此外不同条件下湍流等离子体中电子密度和磁场的相关性也将影响我们对磁场的估算（Wu et al., 2009）。除了利用单个射电源来测定磁场，RM 分布（大小和弥散）也直接提供了磁场和湍动的信息（Wu et al., 2015），因此可以直接利用 SKA1 测得 RM 的分布（特别是法拉第断层分析（Faraday tomography）结果）来协助重新构建星系磁场的三维结构等。除了银河系，SKA1 对近邻河外射电源偏振的测量，将有助于理解其他不同类型星系中的星际介质和磁场性质的异同。特别是由于 SKA1 将可以极大地拓展河外脉冲星甚至快速射电暴的测量，通过 RM 和 DM 将有助于理解这些不同类型星系中电子密度分布和磁场的分布（特别是椭圆星系和近邻矮星系），因为物理条件的不同，其中湍流过程和数值模拟的物理条件也会有差异。

在更大尺度，目前观测表明一些星系团中存在射电晕，这些弥散的射电晕没有明显的光学和射电对应体，其尺度可以达到 Mpc，这种射电晕对理解大尺度星际介质中的湍流运动、相对论性高能粒子及磁场将起到重要作用（Feretti et al., 2012）。目前从 SKA1 对星系团中射电晕的成图结合数值模拟分析将直接可以帮助进一步限定星系团尺度的磁场和湍动过程，比如射电晕中射电辐射强度的分布及涨落与磁场强度和湍动过程密切相关。在 SKA1 阶段（~1.4GHz，~1uJy 灵敏度），对应 Coma 这类的星系团，可以观测到大约数十个偏振源（比目前 VLA 提高近一个量级），通过数值模拟和对星系团中 RM 的测量可以进一步约束星系团中的磁场。对大尺度星际介质的磁流体数值模拟，将有利于理解并合星系星际介质中激波中的磁场以及湍流过程中磁场的放大机制等。同时在数值模拟考虑粒子的加速机制及传播过程，对理解 SKA1 对射电晕的观测将十分重要。在宇宙大尺度网络结构（cosmic web）中，SKA1 也将有望观测到热等离子体的射电辐射及背景源的 RM（Ryu et al., 2008；Vazza et al., 2015），利用这种尺度观测结果，结合数值模拟，将有助于理解宇宙早期磁场的形成和演化。

3. 实施方案

紧密结合观测和数值模拟来理解和重构近邻星系的三维磁场是该理论计算的重要目的。在数值模拟中，将注重湍动机制的研究，比如超新星爆发、中心黑洞外流等。在数值模拟中，合理地利用海量观测数据，把部分观测数据推导出来的比较可靠的物理量植入数值模拟中（如脉冲星距离和分布信息等），将更加有利于我们理解其中的磁场信息。此外，将充分利用 SKA1 对脉冲星 DM 的测量结果，对星系中电子密度分布进行限定，重新构建具有密度梯度分布的湍流过程，并在这种模拟中合理地加入大尺度磁场结构。现在的数值模拟中，我们一般设初始条件为均匀介质和磁场，实际情况将远比这复杂，如果有了观测的初步限定，结合观测结果的模拟将更加真实。

在超大质量黑洞天体的喷流（pc 尺度）形成、加速和耗散的研究中，由于跨越多个量级（从黑洞视界尺度约 R_g 到 $10^{7\sim 8}R_g$），提高数值模拟的分辨率对理解磁场的分布、演化和耗散等是至关重要的，提高喷流方向分辨率（牺牲喷流垂向分辨率）或对喷流进行分段研究将是研究喷流中磁场分布的重要手段。大尺度磁场分布的研究，也将促进我们理解喷流的形成过程等。这部分数值模拟将会充分地利用 SKA1 在 RM、圆偏振、射电核移动、高能辐射（部分耀变体（blazar））等多方面的观测结果来限定喷流中磁场强度和沿喷流方向的分布等。

3.5.4 射电观测数据的 RM 合成与法拉第深度

偏振电磁波在磁化介质中传播时，可以被分解成左旋圆偏振（LCP）波和右旋圆偏振（RCP）波。两种偏振波传播的相速度不同，因此穿过介质后二者之间形成了相位差，输出重新合成后表现出线偏振面的偏转，即法拉第旋转。偏振面旋转角度的大小与 RM 成正比，与电磁波波长的平方成正比。这里的 RM 是沿着视线方向磁场强度和电子密度的乘积在整个路径上的积分值。视线方向的规则磁场越强，电子密度越大，路径距离越长，RM 越大。波长越长，发生偏转的幅度越大。将射电源在多个频率观测到的偏振角与波长的平方进行线性拟合，可测出该射电源的 RM。如果能够通过其他办法得到电子密度分布的信息，那么就可以推断出视线方向的磁场。将很多方向上的测量综合起来，有可能构造出弥漫磁化星际介质中大尺度磁场的模型。此外，通过对弥散介质中法拉第旋转测量的统计分析，如结构函数，还可对不同尺度上的星际电子密度分布进行细致研究（Haverkorn et al., 2008；Xu and Zhang, 2016）。

精确地测定 RM 是实现宇宙磁场众多科学目标的关键。理想情况下，观测到的偏振位置角与波长的平方成正比,直接通过直线拟合就可以得出 RM。但实际上,河外偏振射电源的结构很复杂,往往包含多个偏振成分,并且源本身处于热气体环境中因而有内禀的 RM,这使得观测到的偏振位置角与波长的平方之间不再是简单的线性关系。在这种情况下,如何精确地测定 RM？在传统意义上,RM 是假定一个源的偏振位置角和波长平方成正比而拟合得到的值。由于源有复杂的结构,我们可以对源内的每一个位置定义一个 RM,正比于这个位置到观测者之间视线方向磁场和电子密度乘积的积分,我们称这个量为法拉第深度。来自源的偏振辐射作为法拉第深度的函数,称为法拉第色散函数。如果一个源的法拉第色散函数是 δ 函数,我们称这个源是法拉第薄的,否则为法拉第厚。对法拉第薄的源,观测到的偏振位置角和波长的平方是成正比的,法拉第深度和 RM 是相同的。

对同一频率不同空间位置的偏振强度的相关性分析(偏振空间分析)与在不同频率同一空间位置对偏振强度和频率关系的分析(偏振频率分析)可互补地用于对弥散空间磁场和点源附近磁场性质的统计分析(Lazarian and Pogosyan, 2016)。RM 合成是近年来发展起来的一种快速有效测量 RM 的方法(Brentjens and de Bruyn, 2005)。该方法基于偏振强度作为波长平方的函数与法拉第色散函数是傅里叶变换对这一事实(Burn, 1966),把观测到的偏振强度做傅里叶逆变换得到法拉第色散函数,法拉第色散函数绝对值的峰值对应的法拉第深度就是源的 RM。

观测波长的范围决定了 RM 合成方法在法拉第深度空间上的分辨率。SKA1-mid 波段 2 的频率范围为 0.95~1.76GHz,对应的分辨率约为 50rad·m^{-2}。大多数河外偏振射电源在法拉第深度空间的分布范围要小于这个分辨率,意味着 RM 合成方法无法分辨这些源的磁场结构,会把这些源当作法拉第薄的。在这种情况下,如何估计测得的 RM 的误差？这是目前未解决的问题。

1. 国内外进展

国外的望远镜后端设备发展很快,宽带多通道偏振计已被用于大多数望远镜上(单天线如澳大利亚 Parkes 64m 和美国 Arecibo 305m 等,天线阵如澳大利亚致密阵(ATCA)、美国甚大阵(VLA)、澳大利亚平方公里阵探路者(ASKAP)等),并将用于 SKA1。

事实上,正是得益于宽带多通道偏振计提供的偏振强度和偏振位置角随波长平方的变化,传统 RM 的局限性才被认识到,RM 合成的方法才能得以实现。

国外在 RM 算法研究方面也有很大进展,除了 RM 合成方法之外,还发展了压缩采样方法、小波 RM 合成、三维 RM 合成,以及 QU 拟合等方法。所有这些方法都有待完善的地方,并且适用于不同的科学目标。

2. 突破的方向

我们希望在以下几个方面做一些工作,力求更精确地测量河外偏振射电源 RM 以及更深刻地理解源的法拉第色散函数:

(1)基于 RM 合成方法,构造法拉第色散函数复杂性的评估标准,并根据这些标准估计 RM 误差。

(2)发展压缩采样方法,反解法拉第色散函数。该方法假定法拉第色散函数可以用某一组基函数表示,然后尝试用最少数目的基函数来拟合偏振强度和偏振位置角随波长的变化。

该方法无须假定源内部复杂的物理结构，因而简单直接。

（3）针对不同的科学目标发展相应的物理量，这些量可以直接用于实现科学目标，同时又不依赖于某一种具体算法。

3. 实施方案

我们计划按照下面的方案实施：

（1）建立国内团队，在 RM 合成误差估计和压缩采样方法反解法拉第色散函数方面开展工作；

（2）召集国内外所有研究 RM 算法的研究人员，以数据挑战的方式发展与科学目标密切相关但又不依赖于某种算法的物理量；

（3）紧扣 ASKAP 早期科学，用数据验证上述各方面工作。ASKAP 的早期科学预计2017 年下半年全面展开，频率覆盖范围为 700~1 800MHz，分为三个波段范围，每个波段带宽为 300MHz。这使得我们能够比较利用全波段和各个子波段数据获得的 RM，从而验证我们的误差估计。

孙晓辉目前是 ASKAP 偏振巡天项目早期科学工作组 "RM 测定和 QU 拟合" 组长，已经成功地组织过一次数据挑战并且发表了结果（Sun et al., 2015），一直参与在 ASKAP 项目中，为上述方案的实施打下了一定基础。

3.5.5 脉泽源的塞曼分裂观测与磁场

星系内广泛存在的原子气体和分子气体，一般通过它们的发射线和/或吸收线探测。在磁场的影响下，谱线对应的能级会由于塞曼效应而产生分裂，观测上表现为谱线右旋圆偏振成分和左旋圆偏振成分的观测频率会产生偏移，偏移大小为

$$\nu_{\rm RCP} - \nu_{\rm LCP} = \Delta\nu\,[{\rm Hz}] = bB\,[\mu{\rm G}]\,(1+z)^{-1}$$

其中，b 为塞曼系数，单位为 ${\rm Hz}\cdot\mu{\rm G}^{-1}$，对一些原子或分子的跃迁，相应的塞曼系数可以在地面实验室测得（Heiles et al., 1993）；z 为红移。谱线的塞曼分裂一般通过 Stokes V 参量（IEEE 定义为 RCP-LCP）的观测谱来测定。对于 HI21cm 谱线、甲醇脉泽、水脉泽等，塞曼分裂效应通常是很弱的，此时，由 Stokes V 观测谱得出的谱线右旋、左旋成分的频率偏移大小正比于磁场沿视线分量的强度。对于一些银河系内的脉泽，如羟基（OH）基态脉泽、波长5cm 附近羟基激发态的脉泽等，谱线宽度很窄，右旋、左旋分量能够完全分开，此时，谱线右旋、左旋成分的频率偏移大小正比于磁场的总强度（Heiles and Crutcher, 1995）。相比已有的磁场测量方法，脉泽的塞曼效应法具有一些独特的特点。它可以同时测量磁场的强度和沿视线的磁场方向，如果能够额外探测到谱线的线偏振成分，理论上可以得到三维的磁场方向。结合近些年发展起来的脉泽三角视差法测距的观测结果，许多甲醇分子（CH_3OH）6.668GHz脉泽和水分子（H_2O）22GHz 脉泽还能够得到准确的距离参数。

SKA1-mid 覆盖了 0.350 ~14GHz 的频率范围，涵盖了目前利用塞曼效应测量星际磁场研究中最常用也是最重要的几条脉泽谱线，包括：羟基分子在波长 18cm 附近的四条基态谱线跃迁（1.612GHz、1.665GHz、1.667GHz、1.720GHz），在波长 5cm 附近激发态的两条谱线跃迁（6.031GHz、6.035GHz），以及甲醇分子在 6.668 GHz 的脉泽辐射。相比当前已建成的

射电观测设备，SKA1-mid 在观测灵敏度上有着量级上的提升。在银河系内以及河外星系中脉泽的搜寻、脉泽磁场的测量等相关研究方向有望取得重大突破。

1. 国内外进展

关于脉泽塞曼分裂的相关研究主要集中在银河系的大尺度磁场结构、大质量恒星形成区的磁场探测、恒星演化晚期的磁场探测、河外星系中的磁场探测几个研究领域。下面将针对各个研究领域介绍国内外的相关研究进展。

1) 银河系的大尺度磁场结构

银河系具有怎样的大尺度磁场结构，是天体物理以及粒子物理等相关研究中的一个重要问题，对于分子云和恒星的形成、宇宙微波背景辐射的前景扣除、宇宙线的传播等研究领域具有重要的影响。在银盘大尺度磁场结构的研究中，目前最好的方法是通过测量和分析脉冲星以及河外背景射电源的旋转量测量数据（Han, 2017），探究低密度（$n \sim 1 \mathrm{cm}^{-3}$）弥漫星际介质中的大尺度磁场结构（约 kpc 大小区域）。而脉泽源的塞曼分裂可用于测量大质量恒星形成区中高密度（$n > 10^5 \mathrm{cm}^{-3}$）气体团块的小尺度（<pc 大小的区域）磁场结构，提供了研究银盘大尺度磁场结构的一种潜在的较好的方法（Han, 2017）。结合旋转量测量的结果，能够更加全面、可靠地描绘银河系的大尺度磁场结构，特别是有助于理解从弥漫的低密度星际介质 → 分子云 → 恒星这一重要的演化过程中磁场所起的作用。

Davies（1974）最早注意到，通过羟基脉泽的塞曼效应测得的小尺度磁场与银河系低密度弥漫介质（$n > 1 \mathrm{cm}^{-3}$）中的大尺度磁场结构可能存在关联。之后，Reid 和 Silverstein（1990），Fish 等（2003）结合更多观测数据对相关问题进行了探讨。到 2007 年，国家天文台韩金林等（2007）给出了较清晰的观测证据，他们统计研究了已有的约 120 多个羟基脉泽塞曼分裂测量数据，通过比较大尺度弥漫介质中星际磁场的研究结果发现，在星际介质 → 分子云 → 大质量恒星的演化过程中，磁场方向的信息很可能是保留的。这个工作促使国际科学团队利用 ATCA 开展了 MAGMO 项目（Green et al., 2012）。目的是通过系统地测量银盘内羟基基态和激发态脉泽的塞曼分裂效应，研究银盘弥漫星际介质中的大尺度磁场在分子云 → 大质量恒星的演化过程中是否是保留的。Green 等（2012）发布了 MAGMO 先期观测的结果，对 Carina 旋臂 6 个区域羟基基态脉泽的测量支持了韩金林等的结论。最近，Green 等（2015）对 36 个区域测量了羟基激发态脉泽的塞曼分裂，但是这些数据并没有显示出规则的大尺度磁场结构。最近，国内研究人员综合了已有的 147 个大质量恒星形成区羟基、甲醇、水脉泽的塞曼分裂测量数据，研究表明，除了以前常用的羟基基态、激发态脉泽，甲醇分子 6.668GHz 脉泽和水分子 22GHz 脉泽的磁场测量数据也很可能是描绘银盘大尺度磁场结构的良好示踪（Hou and Han, 未发表）。现有的脉泽塞曼分裂测量数据仍然是非常有限的。以前的研究多是通过统计分析不同望远镜的观测数据得出的，包括单天线和射电干涉阵列。利用单一干涉阵观测的最大样本数目也只有约 40 个（Fish et al., 2003）。在银盘每条旋臂上或旋臂间几 kpc 至十几 kpc 的广大和延展区域，脉泽塞曼分裂测量源的数目平均只有十几个甚至几个，分布弥散。因此，无论对于单个大质量恒星形成区，还是对于每个旋臂上或旋臂间的区域，现有观测结果的统计可靠性仍然比较差。高分辨率、高灵敏度望远镜的巡天观测是该领域取得突破的关键。

2）大质量恒星形成区中的磁场探测

磁场在大质量恒星（$> 8M_\odot$）形成过程中的作用远没有被清晰揭示。近些年的理论和数值模拟研究显示，外流的准直和吸积盘的形成都强烈地依赖磁场的强度。此外，磁场还可能影响云团的碎裂过程、角动量的降低以及 HII 区的尺度等（Seifrid et al., 2012）。关于磁场方向和外流的关系，目前在观测上不同方法给出的结果相互矛盾（Surcis et al., 2015）。为了从根本上解决这一问题，需要测量更靠近中心大质量年轻恒星形成天体区域的小尺度云团中的磁场强度和方向。甲醇分子 6.668GHz 脉泽和水分子 22GHz 脉泽的塞曼分裂测量提供了目前最好的探测手段（Robishaw et al., 2015）。

甲醇分子 6.668GHz 脉泽是最丰富和最强的示踪大质量恒星演化早期的脉泽辐射。在银河系内，已探测到的源大约有 1 000 个。相比羟基脉泽，甲醇分子 6.668GHz 脉泽的塞曼分裂因子至少要小 10 倍以上，因此，甲醇分子脉泽塞曼分裂的观测更加困难。Vlemmings（2008）首次利用 Effelsberg 100m 射电望远镜在 17 个源中探测到了甲醇分子 6.668GHz 脉泽的塞曼分裂，提供了一种探测大质量恒星形成区中磁场强度和方向的新途径。之后，Vlemmings 等（2011）在另外 18 个源中探测到了甲醇分子脉泽的塞曼效应。利用 EVN，Surcis 等（2012，2013）对大约 10 个源开展了高分辨率观测，确认了单天线的观测结果。相比羟基脉泽，甲醇分子 6.668GHz 脉泽的塞曼分裂观测研究是近几年才开始进行的，已观测源的数目还比较少，一些观测项目还在进行之中。这些观测项目完成后，具有较高分辨率观测源的总数约为 30 个（Surcis et al., 2015）。然而，为了与模型和数值模拟的结果进行恰当的比较，对每个大质量恒星形成区需要观测到几十个甲醇分子 6.668GHz 脉泽点的塞曼分裂效应。为了统计研究的可靠性，观测样本应当覆盖大质量恒星的不同演化阶段，这就要求具有高分辨率观测的源数目要达到约 100 个以上（Robishaw et al., 2015）。利用现有的观测设备是无法完成的。SKA1-mid 的观测频率覆盖了甲醇分子 6.668GHz 脉泽，它高灵敏度的特性使得我们可以对银河系内数百个甲醇分子 6.668GHz 脉泽源比较容易地观测到塞曼分裂效应（Robishaw et al., 2015）。SKA1-mid 将是大质量恒星形成区中脉泽磁场探测的一把利器，有望给出革新性的观测成果。

3）恒星演化晚期到行星状星云中的塞曼分裂磁场测量

小质量和中等质量（$0.8 \sim 8M_\odot$）恒星演化晚期会经历渐近巨星分支到行星状星云的演化过程，伴随着强的质量流失，对星际介质中尘埃和金属丰度的增丰有着显著的贡献。然而，这一演化进程中有两个重要问题仍然还不清晰：一是质量流失的详细过程是怎样的；二是几乎球对称的恒星是怎样演化出观测上众多非球对称形态的行星状星云的。通常认为，磁场在其中起着重要的作用。从渐近巨星分支（Asymptotic Giant Branch, AGB）到行星状星云（Planetary Nebulae, PNe）的不同演化阶段，获取磁场信息的主要观测途径是通过氧化硅脉泽（~44GHz）、水分子脉泽（~22GHz）和羟基基态脉泽（1.6~1.7GHz）的偏振测量。其中，羟基脉泽位于 SKA1-mid 的观测频段内。

相比于氧化硅分子脉泽和水分子脉泽，羟基脉泽主要产生于更远离中心星（100~1700AU）的拱星包层的外围区域。塞曼效应导致的羟基脉泽圆偏振辐射成分已经在许多的 AGB 星或 post-AGB 星以及 pre-PNe 中观测到，圆偏振比例有时甚至可以达到 100%（Vlemmings, 2014）。但是，为了得到磁场强度和方向的信息，还需要证认出塞曼分裂效应。然而，目前已经确定观测到羟基基态脉泽 "塞曼对"（Zeeman pair）的 AGB 星、post-AGB 星或 pre-PNe 只有几个源，而行星状星云则只有 1 个。估计得出的磁场强度约为几个毫高斯，磁场方向的测量结果显示出了规则磁场的存在证据（Robishaw et al., 2015；Gomez et al., 2016）。目前，从观测上确定磁场在渐近巨星分支到行星状星云的演化过程中的影响仍然是非常困难的。一个更完整的观测样本是非常必要的（Vlemmings, 2014）。SKA1-mid 由于它的高灵敏度特征，在恒星演化晚期的脉泽磁场探测中将显示出非凡的能力。预计将会发现数千个暗弱的来自晚型星的羟基基态脉泽辐射（Etoka et al., 2015）。

4）河外星系中的磁场探测

对于河外星系，磁场的观测研究通常采用测量星光偏振、尘埃热辐射的偏振、射电同步辐射、背景射电源和星系内弥漫偏振辐射的旋转量几种方法。相比其他射电源，脉泽在单位频率内具有最高的光度，而通过脉泽的塞曼效应可以对辐射区域的磁场强度和方向进行测量。这些特点使得脉泽成为一种探测河外星系磁场的潜在的、良好的探针。2008 年，河外星系中羟基巨脉泽的塞曼效应被成功观测到，开启了探究星系核心星爆区域以及赛弗特（Seyfert）星系核心区域磁场强度和方向的一种新途径。

目前，对河外星系中羟基巨脉泽的塞曼分裂测量绝大部分是利用 Arecibo 305m 或 GBT 100m 口径单天线望远镜做出的。Robishaw 等（2008）在 5 个极亮（亮）红外星系中探测到了 14 个羟基 1.667GHz 巨脉泽辐射成分的塞曼分裂，估计得出沿视线方向的磁场强度为 0.5～18mG。McBride 和 Heiles（2013）在另外 11 个星系中探测到了羟基 1.667GHz 巨脉泽辐射成分的塞曼分裂，得到的磁场强度为 6.1～27.6mG。类似于河内的情形，单天线望远镜的观测难以辨别出单个的脉泽辐射源。这些结果需要高分辨率干涉阵观测的确认。McBride 等（2015）首次利用甚长基线干涉仪对邻近的并合星系 Arp 220 进行了羟基脉泽偏振观测，证认出三个大约 pc 尺度的羟基脉泽云块，测得的磁场强度为 1～5mG，确认了利用 Arecibo 单天线望远镜的观测结果。这些观测结果显示，在星系中心的星爆区域，磁场的能量密度与流体静力学的气体压力是可以比拟的。而在此之前，基于能量均分假设，利用射电同步辐射的方法估计得出的磁场要偏弱。

到目前为止，在河外星系中，只有通过羟基基态脉泽成功测到过塞曼效应。银河系内脉泽塞曼分裂研究中经常使用的羟基 5cm 激发态脉泽、Ⅱ 类甲醇分子 6.668GHz 脉泽、水分子 22GHz 脉泽等在河外星系中都还没有过成功的塞曼效应探测。对于邻近以及较高红移的河外星系，脉泽塞曼分裂的磁场测量对观测设备要求高，需要高灵敏度、高分辨率的观测，现今仍处于起步阶段，是亟待拓展的研究领域。

2. 突破的方向

我们的突破方向集中于掌握谱线塞曼分裂的高分辨率偏振测量技术，利用脉泽的塞曼分裂测量数据研究银河系的大尺度磁场结构，同时逐步扩展河外星系中磁场探测的相关研究。

如前所述，脉泽的塞曼分裂是研究银河系大尺度磁场结构以及探测河外星系中磁场的潜在、良好的方法。它对观测设备要求很高，但是也正好契合了 SKA1-mid 的观测能力，是一个有潜力的、亟待拓展的研究方向。在宇宙磁场相关研究领域，国内研究人员已经具有较好的基础，做出过大量研究工作。在某些方向（如利用脉冲星的旋转量测量研究银河系大尺度磁场结构）已经处于国际领先的地位（Han, 2017）。具体到脉泽磁场的相关方向，国内研究人员也做出过具有国际影响的研究工作（Han and Zhang, 2007）。因此，科学基础方面我们已经有了很好的储备。

在观测技术上，还需要付出很多的努力。国内已有的脉泽塞曼分裂的相关研究，主要是利用国际上已发表的大量观测数据做出的。受限于国内的射电观测设备，缺乏一手的观测资料，这也导致在谱线塞曼分裂的高分辨率偏振测量技术上，长期缺乏观测和数据处理经验。为了充分利用 SKA 实现科学研究成果，这是一个需要面对的技术挑战。

3. 实施方案

（1）利用国内的单天线射电望远镜，进行谱线偏振测量技术的探索，开展科学研究。国内研究人员正在利用佳木斯 66m 射电望远镜进行方向束偏振测量。此外，已建成的上海 65m 射电望远镜以及在 SKA1 建成之前有望完成的两台 120m 射电望远镜都提供了脉泽偏振测量的测试和观测平台。

（2）参与到国际项目的合作研究中，学习并掌握射电干涉阵的谱线塞曼分裂偏振测量技术。

（3）利用已有的脉泽塞曼分裂观测数据，深入研究银河系的大尺度磁场结构。这方面我们已经有了一些新的研究成果（Hou and Han, 未发表）。与此同时，利用国内已有的观测设备，逐步开展银河系内脉泽的偏振观测研究。

3.5.6 银河系磁场与脉冲星偏振观测

银河系弥漫介质中的磁场可以分解为相干尺度约为几千光年的规则磁场和小尺度的不规则磁场或者随机磁场。目前银河系大尺度的规则磁场仅测量了三分之一的银盘，整个银河系盘中的大尺度磁场仍需要一个模型描述。由于缺乏观测限制，模型还需要进一步完善。通过大量脉冲星和河外射电源的多频率偏振观测，人们原则上可以得到银河系大尺度规则磁场的结构。目前有两个主要问题需要解决：① 能够观测的射电源的数目太少，空间覆盖率不高；② 银河系电子密度分布很不清楚。解决第一个问题，需要更高灵敏度更高分辨率的望远镜来探测到更多的偏振源。未来的 SKA（由多个天线构成的阵列，有效接收面积约为 $1km^2$）可以观测到大量脉冲星和河外偏振射电源，所以第一个问题基本可以克服。第二个问题非常困难，如何构造一个能准确反映银河系弥漫电离气体复杂分布的模型是现在很多科学家研究的目标。例如，通过电子密度波动对大样本脉冲星信号的散射展宽作用的研究可帮助约束星际介质中电离气体分布的模型（Xu and Zhang, 2017）。

银河系星际空间中有弥漫分布的热电子和磁场。电磁波在磁化的弥漫星际介质中传播时会发生法拉第旋转现象：

$$\mathrm{RM} = 0.81 \int_{\mathrm{Source}}^{\mathrm{Earth}} B_{\parallel} n_{\mathrm{e}} \mathrm{d}l$$

这里，RM 是法拉第旋率，代表偏振位置角旋转量随波长平方的变化率，单位是 $\mathrm{rad \cdot m^{-2}}$；磁场 B 的单位是 μG；电子密度 n_{e} 的单位是 $\mathrm{cm^{-3}}$；路径距离单元 $\mathrm{d}l$ 的单位是 pc。测量偏振射电源的法拉第旋转效应可以判断星际介质中的磁场，当然前提条件是必须知道星际介质的电子密度分布。多个频率上测量弥漫射电辐射的偏振是研究银河系磁化星际介质的另一种办法。由于不同辐射区磁场结构不同,弥漫辐射具有不同的内禀偏振状态。在任何一个天空方向观测的弥漫辐射是从太阳到银河系边缘路径上各处辐射的总和。来自不同距离的偏振辐射会因为传播路径上的磁介质被不同程度地法拉第旋转。因为法拉第旋转和消偏振效应,在低频段只能观测到银河系中本地附近的弥漫射电辐射的偏振。高频段的观测可以看得更远一些。

由于太阳处在银盘之中,能够测量到的银河系弥漫射电辐射其实是银盘内各个部位的偏振同步辐射经过星际空间介质的传播和法拉第旋转之后叠加的综合数值。在同步辐射总强度图上,不同部位的辐射强度会因为距离不同而在叠加时权重不同。在偏振强度图上,远距离的辐射更容易因为星际介质的法拉第旋转而出现消偏振。因此,在几百 MHz 频段的射电偏振观测结果一般反映离太阳 1~2kpc 以内的小尺度磁场,在几个 GHz 频段的射电偏振辐射能够看得远一些,比如在 5GHz 可以达几 kpc 远。因此,对于银河系而言,利用同步射电辐射观测结果描述侧向银河系中的整体磁场结构就非常困难,但观测银河系局部特别是外银河的局部磁场是非常成功的(Xiao et al., 2011)。

最近对银河系盘面弥漫射电辐射的偏振观测还发现了法拉第屏(Faraday screen)。法拉第屏是磁化的星际介质团块。它们在射电总功率辐射图上几乎无法看清,但它们将弥漫辐射的偏振方向改变了很多。沿着法拉第屏的方向,弥漫辐射的偏振强度表现出局部变强或者变弱,偏振位置角相对于周围背景有系统性的偏离。弥漫的偏振辐射可以是法拉第屏的前景和背景,是来自比法拉第屏更近和更远的星际介质所产生的辐射。法拉第屏本身不贡献偏振辐射,观测到的偏振是前景叠加上经过法拉第屏旋转过的背景。如果前景和背景本来的偏振位置角基本相同,因为法拉第屏的旋转会使观测的偏振比周围没有法拉第屏作用的区域弱一些,那么研究观测到的偏振强度和偏振位置角,可以估算出前景和背景的强度以及法拉第屏本身产生的 RM。但是,磁场和自由电子之间如何耦合,法拉第屏的详细物理参数等,还需要进一步深入的研究。

中德银道面 6cm 偏振巡天过程中发现了几个法拉第屏。通过观测灵敏度极限估计出电子密度的上限约为每立方厘米 0.8 个,而视线方向规则磁场的下限约为 6μG,磁场总强度要更大些。注意到,分子云磁场强度正比于电子密度的 0.5 次方,典型的电离氢区电子密度为每立方厘米 1 个,磁场为几个微高斯。法拉第屏的电子密度如此之小,为什么磁场反而更强?法拉第屏统计上讲应该有类似强度的垂直视线方向磁场,即使相对论电子密度很小,也应该产生同步辐射,但为什么没有观测到?法拉第屏是如何维持动力学平衡的?磁场在其中起着怎样的作用?法拉第屏在银河系中的分布是怎样的?到目前为止,人们仅发现了十几个法拉第屏,还远不能解答所有这样的疑问。目前进行的各种银道面的偏振巡天预计应该发现更多的法拉第屏,可以加深人们对磁化星际介质的理解。

偏振射电源的法拉第旋转是从射电源辐射区到我们望远镜的全部路径上的法拉第旋转的积分值,包括射电源本身的法拉第旋转、星系际空间的法拉第旋转、银河系从边缘到我们地球的法拉第旋转和地球电离层的法拉第旋转等。在观测之后,我们一般要从观测值中去掉地球电离层变化的法拉第旋转贡献。在一个天区的多个河外射电源的法拉第旋转测量值中,唯一共同的贡献是来自银河系从边缘到地球的贡献。因此平均多个射电源的法拉第旋转测量值可以推断银河系磁场(Han et al., 1997)。对于这种测量,一般先构建一个银河系的磁场模型,再构建一个银河系的电子密度模型,调节模型参数以最佳地拟合观测数据或者平滑和平均后的数据（Sun and Reich, 2010）。而对于银河系内的脉冲星而言，法拉第旋转测量的数值只有银河系内星际介质的贡献，并且脉冲星的脉冲在不同观测频率的延时恰好能够测量星际热电子的总和：

$$\mathrm{DM} = \int_{\mathrm{Earth}}^{\mathrm{pulsar}} n_e \mathrm{d}l$$

利用脉冲星的 RM 和 DM，可以很容易地推算路径上的平均磁场 $\langle B_{||} \rangle = 1.23\,\mathrm{RM/DM}$。因此，众多脉冲星成为探测星际介质磁场的最佳探测器（Han and Qiao, 1994; Han et al., 1999; Han et al., 2006）。这种测量方法显然比其他方法优越，因为它不仅能够独立测量磁场的强度还能够判断磁场的方向。它的缺陷是依赖大量的脉冲星作为探针，脉冲星的距离估计或测量还不够准确。

最近对于大量背景射电源的 RM 测量数据拟合结果（Sun and Reich, 2010）几乎肯定银河系磁场在不同旋臂有磁场方向的反转 —— 这正是双对称模型的特征，但对于银河系有几次磁场方向反转和反转的具体位置，有很大的不确定性。

银盘磁场最终极的测量是脉冲星数据。我们注意到（Han et al., 2006），对于两颗方向几乎相同的脉冲星而言，它们之间的磁场可以用

$$\langle B_{||} \rangle_{\mathrm{psr1-psr2}} = 1.232 \frac{\Delta \mathrm{RM}}{\Delta \mathrm{DM}}$$

得到。用大量脉冲星测量可以相当直接地探测银盘的磁场。最新的测量结果如图 3.5.1 所示。在银河系的旋臂上，磁场基本上是沿旋臂但是逆时针方向；在银河系的旋臂之间，磁场基本上是顺时针方向。磁场的强度大约在几个微高斯，并且往银心方向有增强的趋势。目前探测的范围主要在我们所在的半个银盘。对于另外的半个银盘，无论是旋臂结构还是磁场探测都很少。

银晕的磁场主要是通过射电源的 RM 在全天分布推断得到的。我们注意到在内银河的高银纬区域，RM 的分布对银道面和银心子午线有反对称分布特征。我们推断银晕中有上下对称但方向相反的环型磁场（图 3.5.2），并认为可能是银河系尺度的 A0 型发动机运行的结果。这个模型得到国际同行非常多的响应，并建立了更加细致的模型。最新的更多 RM 数据（Taylor et al., 2009）已经明确验证了我们的 RM 分布结果。

目前尚未解决的问题是，我们不清楚这样的环向磁场的分布范围和强度特征 —— 尽管有相当多的模型（Sun and Reich, 2010）给出了大致的参数，并且一些太阳附近星际介质局部射电辐射特征也显示这样的 RM 分布。高银纬的脉冲星的 RM 也有这样的分布。

在银河系中心，射电观测揭示出的纤维结构说明有垂直于银道面的极向磁场。但是这种极向磁场究竟多强；磁场的分布是弥漫的，还是仅在射电纤维里面，这些疑问目前还没有弄清楚（Han, 2009; Han and Zhang, 2007）。

韩金林等经过十多年长期不懈努力，获得国际上最大样本脉冲星的 RM 数据（Han and Qiao, 1994; Han et al., 1999; Han et al., 2006）。以此作为磁场"探针"，揭示了银河系银盘大范围的磁场结构。另外还利用天空中广泛分布的射电源 RM 数据，揭示了银河系晕的磁场结构（Han et al., 1997）。结合银河系中心局部区域已知的垂直磁场，我们构建了银河系总体磁场图像（Han, 2002）。我们还进一步利用测量的脉冲星大样本数据，首次给出磁场能量在

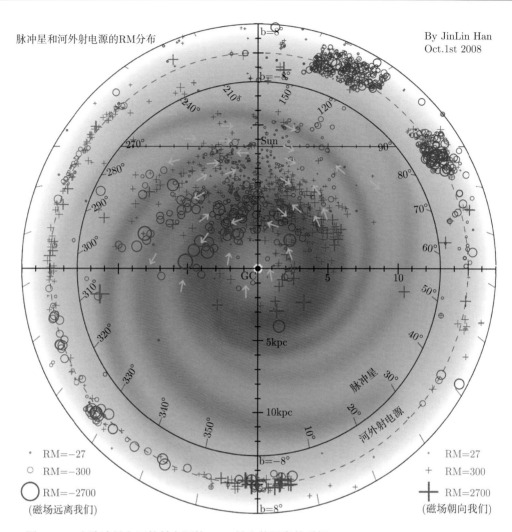

图 3.5.1 由脉冲星和河外射电源的 RM 导出的银盘的磁场（Han, 2009; Han et al., 2006）

RM 为正，表示路径上的平均磁场朝向我们；图中外围环区是河外背景射电源 RM 数据，里面是脉冲星的 RM 数据；

导出的磁场方向用绿色箭头表示

银河系内不同空间尺度上的分布谱（Han et al., 2004）。经过努力，我们已经获得了银河系磁场的很多新的知识。

　　银河系的旋臂结构和磁场结构目前还远远没有被清楚地揭示出来。将来 SKA 在这方面的努力有两个方面：① 发现大量脉冲星；② 测量脉冲星的 DM 和 RM，以及脉冲星的距离，做出银河系磁场的三维结构透视图。

　　工作对策：

　　我们利用能够使用的望远镜，特别是国内的射电望远镜进行偏振校准，使得我们完全掌握偏振的校准技巧，然后对脉冲星和河外背景源的 RM 进行测量，把所有现有的前沿边界向远方推进。

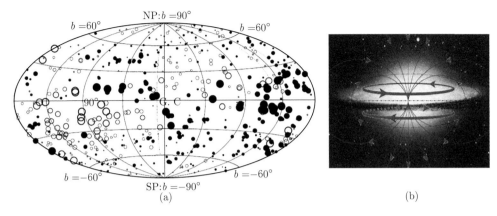

图 3.5.2 全天射电源的 RM 分布（Han, 2009; Han et al., 1997）

实心圆圈表示 RM>0，表明磁场朝向我们；在内银河的高银纬区域，RM 对银道面和银心子午线呈反对称分布，显示

银晕里的磁场如图 (b) 构形

3.5.7 邻近星系的磁场

邻近星系中的磁场主要是用射电偏振观测方法测量的。来自超新星爆发、恒星形成区的相对论电子在星系的磁场中回旋，发出同步辐射。如果磁场完全是随机分布的，那么，同步辐射就没有任何偏振特征。在邻近的旋涡星系中，磁场一般有一大部分是随机的，但也有相当大的一部分是比较规则分布的。相对论电子在规则的磁场中回旋就产生了偏振的射电辐射。利用 VLA 这样既灵敏又有很好分辨本领的射电望远镜，可以探测到来自邻近旋涡星系的不同旋臂间微弱的射电偏振信号。这些信号告诉我们，旋涡星系中存在很大尺度（10 kpc）的规则磁场，磁场的结构与旋涡的形状非常相似。规则磁场的磁力线可以近似认为从星系的中心开始，在旋涡星系的旋臂内侧，沿着旋臂向星系的外边沿一直盘旋出去。当然，随机磁场分量会叠加在规则磁场上，搅扰磁场的方向。在旋臂上，由于大量的恒星形成过程和超新星爆发，磁场的绝大部分被放大和搅乱成随机磁场。磁场的总强度是利用能量均分假设或能量最小化方法，由观测的同步辐射总强度估计出来的。根据测量得到的射电谱并假定宇宙线总能量与相对论电子总能量的比值，可以估算出相对论粒子的总能量。进一步假设粒子总能量与磁能相等，便可以得到磁场总强度的估计值。规则磁场的强度由射电偏振辐射的偏振度（即偏振强度占总辐射强度的百分比）求得。目前已详细观测的十几个星系的磁场强度均在 4~13μG。星系晕内的磁场要弱一些，大约在 1μG（Beck, 2001）。

突破方式：

（1）培养我国年轻学者将 ASKAP、MeerKAT 和 JVLA 对邻近星系的多通道偏振观测数据进行处理，获取法拉第合成的偏振图像。这个过程一方面培养我们相关人员使用 SKA1 的能力，一方面了解星系磁场的射电偏振观测方法。

（2）利用 VLA-A 阵的脉泽观测能力，直接对邻近星系进行成图，试图掌握偏振谱线的观测能力。这样，一旦 SKA1 可以使用，我国学者可以直接介入相关课题，探测邻近星系的磁场。

3.5.8　星系团磁场的探测

星系团是宇宙中最大的自引力束缚系统，它们位于宇宙大尺度纤维结构的交汇处，代表了星系最密集的区域。目前在约 100 个星系团内发现了不与特定成员星系成协的大尺度弥漫射电源，它们来源于相对论电子的同步辐射，这表明星系团内弥漫着相对论电子和磁场。目前已有多种方法估计星系团内磁场的强度和结构：① 在能量均分假设下，根据弥漫射电源的射电流量分布估计不同位置的磁场强度；②基于法拉第旋转效应研究平行视线方向上的磁场；③对星系团内弥漫射电源或射电星系的偏振观测也可以指示垂直视线方向上的大尺度磁场结构；④根据对射电星系的观测，发现 RM 值在空间上的分布并不均匀，它们一般在几十 pc 到几十 kpc 的尺度上变化，我们可以基于 RM 的分布图得到磁场的自关联长度，根据 RM 的涨落估计磁场沿视线方向上的强度。

在过去二十年里，随着望远镜技术的发展，国内外天文学家基于上述方法对星系团内的磁场展开了多方面的研究，得到了丰硕的成果。

（1）星系团内普遍存在着磁场，不论它们处在并合过程中还是已达到弛豫状态。目前，人们已经在约 100 个星系团内观测到了大尺度、不与特定星系成协的弥漫射电源，它们的形成来源于团内弥漫的相对论电子和磁场。这些弥漫射电源可以分为射电晕、射电遗迹和小型射电晕，其中射电晕和射电遗迹都与星系团的并合过程有关，而小型射电晕则存在于弛豫的冷核星系团中。对成员星系或背景星系的观测同样表明星系团内普遍存在磁场（Laing et al., 2008; Bonafede et al., 2010）。

（2）星系团内的磁场强度与团内介质密度相关。Govoni 等（2001）发现射电晕的表面亮度和热气体 X 射线表面亮度有良好的正相关。稠密的冷核星系团中心区域的磁场可能高达几十个微高斯（如 Kuchar 和 Enßlin（2011）的文章），而并合星系团或星系群中心磁场强度一般不超过 $10\mu G$（如 Feretti 等（1995）的文章）。星系团的径向磁场强度与电子密度紧密相关，它们之间满足简单的幂指数关系。

（3）星系团内的磁场在不同尺度上有子结构。观测表明，星系团内的 RM 分布图并不均匀，在几十 pc 到几十 kpc 尺度上均有不同程度的变化（如 Bonafede 等（2010）的文章）。星系团在并合过程中形成的湍流和大尺度激波会扰乱原有的磁场分布而形成新的结构（如 Govoni 等（2005）、van Weeren 等（2010）的文章）。弛豫星系团的冷核晃动过程也会改变磁场结构（如 ZuHone 等（2011）的文章）。

（4）天文学家已经在星系团周围探测到了磁场。星系团通常位于宇宙大尺度纤维结构的交汇处，它们沿纤维方向不断地吸积物质。天文学家在星系团 Coma 和 A3444 周围发现了分别长达 4Mpc 和 3.3Mpc 的弥漫射电辐射（如 Kronberg 等（2007）、Giovannini 等（2010）的文章），并且探测到了明显的偏振信号。这些暗弱的大尺度弥漫射电辐射源可能与星系团吸积过程中形成的大尺度激波有关。

综上所述，随着观测技术的不断提升，人们对星系团内的磁场性质有了更清晰的认识。星系团的形成和动力学演化过程都会改变它们磁场的性质；相反，研究星系团磁场的性质也是天文学家了解星系团性质的重要途径。SKA1 的高灵敏度和高分辨率特性将使得它在研究星系团磁场的结构和性质上有独特的优势。

1. 突破的方向

SKA1 的建成将显著提升星系团磁场方面的研究，突破方向可能包括如下几点。

（1）发现更多的弥漫射电源。在过去的几十年里人们仅在约 100 个星系团中观测到了不与星系成协的弥漫射电源，SKA1 的高灵敏度将使得它成为探测弥漫射电源强有力的工具。依据已发现的弥漫射电源的分布特征，天文学家预计 SKA1-low 将可在红移小于 0.6 的范围内探测到约 2500 个射电晕（Cassano et al., 2015）和 600 多个小型射电晕（Gitti et al., 2015）。由于星系团内大尺度弥漫射电源与磁场直接相关，所以探测更多的弥漫射电源将是研究星系团内磁场性质的重要途径。

（2）探测大量成员星系或背景星系的偏振信息。目前天文学家已经对一些星系团中的成员星系或背景星系进行了偏振观测，基于法拉第旋转效应研究了星系团的磁场特性。然而由于观测条件的限制，目前一般仅观测少数几个至十几个星系，得到的 RM 分布图仅覆盖了很小的天区范围。SKA1 的建成将使得观测大量星系团的前景星系、成员星系和背景星系成为可能，这无疑将为更加细致地研究星系团性质提供帮助。SKA1 的超宽带偏振观测为基于 RM 合成技术研究星系团三维磁场提供数据基础。对大量不同红移处的射电星系进行偏振观测也为研究磁场的红移演化提供可能。

（3）探测小尺度磁场。研究发现星系团内磁场在不同空间尺度上有不同的结构特征。目前天文学家没有探测到射电晕和小型射电晕有明显的偏振信号（除了 A2255）（Govoni et al., 2005），这可能是望远镜分辨率和灵敏度的限制，导致研究星系团小尺度磁场性质还非常困难。SKA1 将有能力克服这些困难，在角秒分辨率水平上探测射电晕或小型射电晕的偏振信号（Govoni et al., 2015），揭示星系团中心区域的小尺度磁场性质。

（4）探测星系团周围磁场。目前天文学家在极少数星系团周围探测到了弥漫的射电辐射，这可能暗示了行星团周围纤维结构中存在磁场。SKA1 的高灵敏度使得它有能力探测这类暗弱的射电辐射（Kale et al., 2016），从而揭示大尺度磁场性质。对纤维结构中磁场的探测将有助于我们理解磁场对星系团的形成、演化的影响，以及磁场的起源等问题。

2. 实施方案

星系团是目前天文研究的热点领域，国内相关领域的研究力量还比较薄弱，从事星系团磁场方面研究的人员，特别是年轻科学家和研究生，数量还很少。综合口径的数据处理，特别是偏振数据的处理，又比较复杂，我们需要提前培养一批学生能够独立运用综合口径望远镜数据进行星系团磁场的研究。在观测设备方面，国内还需研制相关设备和掌握海量偏振数据的测量和定标。目前国内已有的单天线和 VLBI 网可以为实现这些技术要求提供平台支撑。软件平台的搭建同样不可忽略，我们需要提前做好相关的准备。

3.5.9 邻近宇宙尺度的磁场探测

在邻近宇宙中，正如 LCDM 宇宙学预言，所有星系组成了巨大尺度的空间网络结构（large - scale cosmic web）。这个网络结构包括星系团结构、纤维和片状结构，以及空洞结构。星系团是具有最高星系密度的自束缚系统，构成了网络结构的节点；纤维和片状结构作为连接空间网络节点的桥梁构成了整个网络结构的骨架，包含了宇宙的大部分重子物质；空洞结构中星系密度非常小，是宇宙中最大的空间结构。星系团中的热气体温度在 10^7 K 以上；分布于纤维结构中的气体温度在 $10^5 \sim 10^7$K，被称为暖热星系际介质（WHIM）。

星系际磁场弥漫于气体介质之中。关于星系际磁场的具体产生机制目前还不清楚（Widrow et al., 2012）。它可能是"种子"磁场通过湍流发电机机制放大（如 Ryu 等（2008）的文章）；或者是星系通过喷流或超新星爆发等形式将磁场注入星系际空间中（Xu et al., 2009）。星系际磁场在多种天体物理过程中发挥着极其重要的作用。它不仅作用于宇宙微波背景的功率谱（Subramanian, 2016），改变 BL Lac 天体的伽马射电辐射的谱特征（Dai et al., 2002），还影响极高能宇宙线的产生和传播（Dolag et al., 2004, 2005）及早期宇宙大尺度结构形成（Ryu et al., 2012）。兆秒差距尺度及以上的星系际磁场的探测，是星系及星系团磁场与早期宇宙磁场起源之间建立联系的纽带。

对邻近宇宙尺度的磁场探测，能够为追溯宇宙磁场起源提供非常重要的证据，并且使人们了解磁场在大尺度结构形成中发挥的作用。通过探测星系际磁场的相干尺度，将为大尺度结构上磁场的产生机制提供重要线索。

SKA1 具备极高的灵敏度和超宽频带偏振观测能力，将直接探测极其微弱的宇宙纤维结构的射电同步辐射，或通过采用 RM 网络（grid）观测模式获得上千万个（$7\times10^6 \sim 1.4\times10^7$）高精度的河外射电源的法拉第旋转量数据，探测纤维结构中的磁场，揭示河外磁场的红移演化效应，为邻近宇宙尺度的磁场探测带来一系列突破。

1. 国内外进展

星系际磁场在天体物理过程中施加影响产生一些观测效应，这些效应可以用来探测磁场的存在，甚至磁场的结构和性质。例如，星系际磁场对宇宙微波背景辐射的温度和偏振涨落施加影响，微波背景的偏振观测被用来限制原初磁场大小（在纳高斯量级以下）（Planck Collaboration et al., 2016）；它诱发 BL Lac 天体辐射的伽马光子的散晕（Aharonian et al., 1994）或回声（Plaga, 1995）等多种现象，高能伽马光子的观测定出了星系际磁场的下限 $10^{-19} \sim 10^{-14}$G（Chen et al., 2015; Finke et al., 2015; Neronov and Vovk, 2010; Tavecchio et al., 2010）；它使星系际空间中传播的极高能宇宙线粒子发生偏转（Das et al., 2008），通过构建星系际磁场模型约束磁场强度。宇宙微波背景偏振观测和伽马光子观测现象均对空洞结构的磁场做出限制，其相干尺度达到 Mpc 量级。空洞结构中的磁场，强度非常弱，约 10^{-16}G 量级，很可能保留着早期宇宙原初磁场的遗迹。极高能宇宙线的观测主要被用于推测纤维结构磁场，因为宇宙线主要受纤维结构中的磁场影响。但是这种方法观测精确度非常有限，同时受磁场模型构建的影响很大，并不常用。

前述几种探测或推测磁场的方法在测量精度和范围上存在缺陷，而射电观测提供了探测宇宙纤维结构磁场最好的方法。宇宙纤维结构的暖热气体介质中磁场的强度比空洞结构中磁场的强度高几个数量级，所以纤维结构中的磁场是最有可能被 SKA1 首先探测到的。射电上探测宇宙纤维结构的磁场，比较有效的方式主要有两种。第一种是探测纤维结构的射电同步辐射。由于纤维结构中的星系际磁场微弱，相对论电子密度非常低，其发射的射电同步辐射也很微弱，非常难以直接探测。至今较为可信的证据是用 WSRT 综合孔径望远镜在 326 MHz 频率在后发（Coma）星系团和阿贝尔（Abell）1367 星系团之间探测到了微弱的超星系团尺度的辐射桥，由此辐射估计出了存在 0.3~0.6μG 的大尺度星系际磁场（Kim et al., 1989）。另一个证据是来自巨型星系纤维 ZwCl 2341.1+0000 的射电辐射观测（Bagchi et al.,

2002）。第二种是测量河外射电源的 RM，这种方法被广泛应用于探测星系际磁场。测量到的河外源的法拉第旋率（RM_{obs}），包括银河系的法拉第旋率前景（GRM）、河外源本征的贡献量（RM_{in}）和星系际贡献的部分（RM_{IGM}）。在扣除银河系前景之后，剩下的两部分河外成分被总称为残余法拉第旋率（RRM）。河外源本征的贡献量，由于宇宙膨胀以 $(1+z)^{-2}$ 因子快速减小，并且由于其互不相关性可以由大样本数据统计而消除，因此最后可以得出星系际贡献的 RM。要探测非常小的星系际 RM（$\sim 1\mathrm{rad\cdot m^{-2}}$），有两个关键因素：要求高精度的 RM 测量和准确的 RM 前景；足够大样本的观测消除源本征 RM 及其他不相关因素的影响。

早在 20 世纪 70~80 年代开始就用河外射电源的法拉第旋转测量探测星系际介质中的磁场。较小样本的射电源的 RRM 数据在较高红移处显得更弥散的现象被认为是星系际介质中磁场存在的证据。一些基于宇宙学的磁场理论模型被提出用于解释这些结果。因此关于射电源的 RRM 红移演化统计不仅能探测星系际磁场，还能间接限制宇宙学模型。但早期研究样本小，测量误差大，银河系前景估计非常粗糙，不能很好地约束星系际磁场的理论模型（Thomson and Nelson, 1982）。

类星体光谱上的光学吸收线（如 MgII 吸收线）被用于示踪星系际空间中贡献 RM 的电离云气体团块。这些电离云可能是居间星系晕，也可能是宇宙大尺度纤维结构或超星系团。用吸收线示踪的样本被用于吸收线与 RRM 弥散之间的相关性统计以及红移演化关系研究（Blasi et al., 1999; Bernet et al., 2008; Kronberg et al., 2008）。几乎所有情况下，吸收线与 RRM 弥散之间存在正相关，高红移类星体的数据相对于低红移样本有明显的 RM 分布展宽。对于超星系团区域纤维结构的 RM 贡献研究显示，磁场的相关尺度远大于星系的尺度（Xu et al., 2006）。

由于先前工作的样本总量小，RM 测量精度和银河系 RM 前景准确度比较差，相关显著性都不是非常明显。为了探测河外 RM 的红移演化，需要扩大高红移精测的 RM 样本，提高银河系前景的准确度，降低 RRM 的误差。通过交叉最全的 RM 源表（文献编辑的 RM 数据 +NVSS 的 RM 数据）（Xu and Han, 2014a）和最新版的类星体源表得到最大的类星体的 RM 样本数据，仔细扣除银河系的 RM 前景和考虑 RRM 的误差之后，大样本类星体的 RRM 真实弥散随红移演化被揭示出来（Xu and Han, 2014b），其结果如图 3.5.3 所示，这是目前最好的结果。现在的数据显示 RRM 弥散随红移存在微弱的演化迹象：红移从 $z=0$ 到 $z=1$，RRM 弥散快速上升到 $\sim 10\mathrm{rad\cdot m^{-2}}$，然后在高红移达到饱和并趋于平稳。此结果与宇宙大尺度结构磁场模拟结果相符（Akahori and Ryu, 2011）。尽管这个数据是最大的类星体样本，但是还不足以将居间星系晕贡献的 RM 与宇宙纤维结构中星系际介质贡献的 RM 区分开来。假设星系际介质的电子密度可以由 Lyα 云的分布表示，数值模拟结果显示高红移处的 RRM 弥散平稳演化将星系际磁场上限限制在纳高斯量级（Blasi et al., 1999; Pshirkov et al., 2016）。由于星系际介质的 RM 非常小（$\sim 1\mathrm{rad\cdot m^{-2}}$），需要更大样本（$10^4 \sim 10^5$）精确测量的 RRM 数据（$\sigma < 1\mathrm{rad\cdot m^{-2}}$）才能最终探测到，这在 SKA1 阶段应该就能实现。

由于灵敏度、分辨率及偏振校准等方面的限制，现阶段的射电望远镜很难测量得到大样本、高精度的河外射电源的偏振特征。现在河外射电源的 RM 覆盖率大约为每平方度一个，远不足以达到探测微弱星系际磁场的条件。

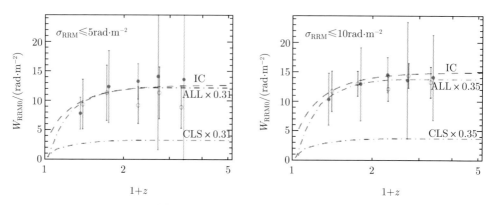

图 3.5.3　大样本类星体的 RRM 真实弥散随红移的演化

近年来，一些新兴技术开始兴起：法拉第合成技术（rotation measure synthesis）从法拉第功率谱（Faraday spectra）上解析视线上前景的各种成分的 RM 贡献；RM CLEAN 和 QU-fitting 改进 RM 的测量精度；法拉第诊断技术（Faraday tomography）应用于磁场的三维结构探测；频谱偏振观测应用宽带多通道技术使观测能力大为提升。得益于数据分析技术的创新和计算机数字建模能力的革新，一些现有望远镜升级观测系统，已经或准备开展大规模的偏振巡天，将现有设备的观测能力提升至极致。比较著名的偏振巡天有基于 ASKAP 的 POSSUM（the Polarization Sky Survey of the Universe's Magnetism）（Gaensler et al., 2010），基于 JVLA 的 VLASS（the Karl G. Jansky Very Large Array Sky Survey）（Myers et al., 2014），基于 MWA 的 GLEAM（the Polarization Analysis of the Galactic and Extragalactic All-sky MWA survey）（Wayth et al., 2015），基于 LOFAR 的 MSSS（the Multifrequency Snapshot Sky Survey）（Heald et al., 2015）。这些望远镜升级设备将逐步推进邻近宇宙尺度的磁场探测研究，为 SKA1 时代的高灵敏度、超宽带和大天区覆盖的精确磁场研究铺平道路。

2. SKA1 突破的方向

用射电方法探测邻近宇宙尺度的磁场，经常受到一些限制：一是前景的情况错综复杂，既有银河系前景的污染，也有星系晕等干扰；二是背景射电源的稀疏采样，主要受限于望远镜的灵敏度，难以观测极弱的河外射电源；三是 RM 拟合计算不够精确，受限于接收机的频率带宽。SKA1-mid 将设置 0.35~14GHz 的几个波段的超宽频带接收机，实现极高频率分辨率的多通道频谱偏振观测模式，以极高的灵敏度和角分辨率进行大规模巡天和对一些天区的深度偏振观测。

SKA1-mid 偏振巡天将测量全天微央斯基流量密度以上的河外射电源的 RM，相比现在的 RM 数量增加 2~3 个量级，使 RM 网格密度达到每平方度上千个。而深度偏振巡天能探测低至 0.075μJy 的射电辐射，以前所未有的测量精度探测弥漫弱射电源的磁场结构。SKA1 将在射电波段首次直接或间接发现和探测到宇宙纤维结构的磁场，揭示星系际磁场的性质和红移演化效应，对磁场的起源问题提供最直接的观测证据。

（1）**突破方向一**　采用统计方法研究全天区高密度的河外射电源的高精度 RM 测量，探测星系际介质中的微弱磁场及其红移演化。

SKA1-mid 能获得全天千万个高精度测量的河外射电源的 RM，其密度达到每平方度几百至上千个。银河系前景据此可以准确解算，得到误差非常小的 RRM，最终分离出星系际介质的 RM 贡献量，探测到星系际磁场，并确定其红移演化关系，限制宇宙学演化模型。在精确构建磁场模型的基础上，约束星系际磁场的相干尺度，探究大尺度结构磁场起源问题。

（2）**突破方向二** 利用深度偏振观测模式直接探测极其微弱的宇宙纤维结构的射电同步辐射。

SKA1-mid 的深度偏振观测能探测低至 75nJy 的射电辐射，能直接探测到纤维结构的同步辐射。通过能量均分定理估计暖热星系际介质中星系际磁场的强度。优先探测靠近星系团的纤维结构部分的射电辐射。在靠近星系团部分的纤维中气体密度相对较高，在向星系团输运气体时与团内的热气体产生的作用比较强，湍流效应显著，对电子产生加速的同时放大磁场，最易产生可观测的射电同步辐射。

（3）**突破方向三** 利用频谱偏振观测技术研究居间星系晕的磁场特征及演化。

类星体光谱上的光学吸收线如 MgII 双线能确定居间系统的属性。用超宽频带多通道的频谱偏振技术观测这些居间系统的背景类星体，解析这些居间星系晕的偏振性质和 RM 谱性质，研究不同红移上居间星系晕的磁场演化。星系晕甚至暗物质晕中的磁场及演化特征观测，对于理解星系甚至星系团的磁场起源至关重要。

3. 实施方案

（1）把所有发表的射电望远镜测量的 RM 数据编辑起来，基于这些数据探索更好的 RM 前景估计方法，尽可能地约束银河系前景 RM 的误差估计。在银极方向，银河系的前景影响最小，最有利于河外磁场研究。优先利用银极方向已经观测的高精度 RM 测量数据，研究河外 RM 贡献的红移演化，探究提取星系际介质微弱 RM 贡献的方法，为 SKA1 时期利用河外射电源的 RM 观测全面探测星系际磁场做好前期准备。

（2）参与 MeerKAT 和 ASKAP 等 SKA1 先导项目的科学团队或与他们建立合作关系，学习综合孔径望远镜偏振观测和校准技术，掌握多通道偏振观测的处理能力和法拉第合成及诊断技术。将来 SKA1 建成时可以直接介入邻近宇宙尺度的纤维结构的射电同步辐射探测等相关课题。

3.5.10 宇宙磁场研究的中国策略和天线偏振性能校准的核心技术

过去十年，我国学者主要通过利用国际大射电望远镜（Parkes 和 VLBA 等）设备的使用，掌握了部分射电偏振和高分辨率观测的前沿技术，取得了大量科研成果。其中，利用大批脉冲星探测银河系磁场三维结构的研究成果已经处于国际领先地位。国内能够用于各种偏振观测和试验的射电望远镜不多。过去十年最为突出的工作是利用乌鲁木齐南山 25m 射电望远镜完成了银河系盘的小尺度磁场巡天。

单个射电望远镜和综合孔径的方向束的偏振测量和标定历来都是射电天文的难点。SKA 在很宽频率范围内对不同频率大视场成图和偏振定标是目前射电天文观测和处理最难的挑战，世界上目前还从来没有实现过，即使澳大利亚目前也是在试验阶段。国内利用本土望远镜进行的偏振测量较少。国家天文台致密天体和弥漫介质团组与德国马克思普朗克射电天文研究所合作，利用南山 25m 射电望远镜开展的中德 6cm 银道面偏振巡天，对银道面

2 200deg^2 天区进行了巡测（Sun et al., 2007; Gao et al., 2010）。科学家除了对南山 25m 望远镜观测系统的 Müller 矩阵各元素进行测量外，还根据偏振校准源 3C286 和非偏振校准源 3C295 对观测所得的偏振强度、总功率通道泄露到偏振通道的效应进行了一一修正，同时在数据处理时还考虑了对偏振强度计算中 Ricean 偏差的修正（Wardle and Kronberg, 1974）。

为了开展 SKA 项目，若干先导攻关必须进行。建议科技部设定一个射电天文偏振测量技术攻关的前沿重点部署专项，4 年的资金规模为 2 000 万，让这些从事宇宙磁场研究的同仁实现如下的技术攻关。

（1）单天线射电望远镜的波束偏振特征测量技术：目前我们正在利用国内佳木斯 66m 射电望远镜进行方向束偏振测量，计划装配超宽带接收系统，并进行偏振观测。但缺乏基金和项目支持。

（2）综合孔径的大视场范围的偏振特征定标：我们已经启动 VLA S 波段偏振多通道数据的处理和自动化，但将来必须积极参与 SKA- 探路者以及先导的偏振观测，了解偏振数据的校准和处理流程，学习和开发先进的数据处理技术，为实现科学研究成果服务。

（3）SKA1 视场的旋转和偏振特征变化：只有参与 ASKAP 和 MeerKAT 才能掌握大视场偏振成图和法拉第合成技术。

（4）宽频带范围内不同频率的视场和合成波束的偏振特征：需要解决的关键问题包括波束的测量，超宽带接收系统所带来的与频率相关的增益、通带性质的变化等，海量偏振数据的法拉第合成和诊断技术。

（5）谱线塞曼分裂的高分辨率圆偏振测量技术：必须探索 VLBI 的谱线塞曼分裂偏振测量技术。

参 考 文 献

Aharonian F A, Coppi P S, Voelk H J. 1994. ApJL, 423: 5

Akahori T, Ryu D. 2010. ApJ, 723: 476

Akahori T, Ryu D. 2011. ApJ, 738: 134

Armstrong J W, Rickett B J, Spangler S R. 1995. ApJ, 443: 209

Bagchi J, Enßlin T A, Miniati F, et al. 2002. NewA, 7: 249

Balsara D S, et al. 2001. ApJ, 557: 451

Balsara D S, et al. 2004. ApJ, 617: 339

Balsara D S, Kim J. 2005. ApJ, 634: 390

Beck R. 2001. SSRv, 99: 243

Beck R. 2009. RMxAC, 36: 1

Bernet M L, Miniati F, Lilly S J, et al. 2008. Nature, 454: 302

Blackman E G. 2000. ApJ, 529: 138

Blandford R D, Payne D G. 1982. MNRAS, 199: 883

Blandford R D, Znajek R L. 1977. MNRAS, 179: 433

Blasi P, Burles S, Olinto A V. 1999. ApJ, 514: 79

Bonafede A, Feretti L, Murgia M, et al. 2010. A&A, 513: A30

Brentjens M A, de Bruyn A G. 2005. A&A, 441: 1217

Burn B J. 1966. MNRAS, 133: 67

Carretti E, et al. 2013. POSSUM Report

Cassano R, Bernardi G, Brunetti G, et al. 2015. PoS(AASKA14), 73

Chen W, Chowdhury B D, Ferrer F, et al. 2015. MNRAS, 450: 3371

Chepurnov A, Lazarian A. 2010. ApJ, 710: 853

Crutcher R M, Hakobian N, Troland T. 2009. ApJ, 692: 844

Dai Z G, Zhang B, Gou L J, et al. 2002. ApJL, 580: 7

Das S, Kang H, Ryu D, Cho J. 2008. ApJ, 682: 29

Davies G, Widrow L M. 2000. ApJ, 540: 755

Davies R D. 1974. IAUS, 60: 275

Dolag K, Bartelmann M, Lesch H. 2002. A&A, 387: 383

Dolag K, Grasso D, Springel V, Tkachev I. 2004. JETPL, 79: 583

Dolag K, Grasso D, Springel V, Tkachev I. 2005. JCAP, 01: 009

Donati J F, Landstreet J D. 2009. ARAA, 47: 333

Dubois Y, Teyssier R. 2008. A&A, 482: 13

Duncan A R, Reich P, Reich W, et al. 1999. A&A, 350: 447

Etoka S, Engels D, Imai H, et al. 2015. PoS(AASKA14), 125

Feretti L, Dallacasa D, Giovannini G, Tagliani A. 1995. A&A, 302: 680

Feretti L, Giovannini G, Govoni F. et al., 2012. A&ARv, 20: 54

Feriere K. 2009. A&A 505: 1183

Ferrari C, et al. 2008. SSRv, 134: 93

Finke J D, Reyes L C, Georganopoulos M, et al. 2015. ApJ, 814: 20

Fish V L, Reid M J, Agron A L, Menten K M. 2003. ApJ, 596: 328

Gaensler B M, Landecker T L, Taylor A R, POSSUM Collaboration. 2010. BAAS, 42: 515

Gao X Y, Han J L. 2013. A&A, 551: A16

Gao X Y, Reich W, Han J L, et al. 2010. A&A, 515: A64

Giovannini G, Bonafede A, Brown S, et al. 2015. PoS(AASKA14), 104

Giovannini G, Bonafede A, Feretti L, et al. 2010. A&A, 511: L5

Giovannini M. 2004. IJMPD, 13: 391

Giovannini M. 2006. CQGra, 2006, 23: R1

Gitti M, Tozzi P, Brunetti G, et al. 2015. PoS(AASKA14), 76

Gomez J F, Uscanga L, Green J A, et al. 2016. MNRAS, 461: 3259

Govoni F, Enblin T A, Feretti L, Giovannini G. 2001. A&A, 369: 441

Govoni F, Murgia M, Feretti L, et al. 2005. A&A, 430: L5

Govoni F, Murgia M, Xu H, et al. 2015. PoS(AASKA14), 105

Green J A, Caswell J L, McClure-Griffiths N M. 2015. MNRAS, 451: 74

Green J A, McClure-Griffiths N M, Caswell J L, Robishaw T, Harvey-Smith L. 2012. MNRAS, 425: 2530

Han J L. 2002. AIPC, 609: 96

Han J L. 2009. IAUS, 259: 455

Han J L. 2017. ARA&A, 55: 111

Han J L, et al. 1997. A&A, 322: 98

Han J L, et al. 2004. ApJ, 610: 820

Han J L, Demorest P B, van Straten W, et al. 2009. ApJS, 181: 557

Han J L, Manchester R N, Lyne A G, et al. 2006. ApJ, 642: 868

Han J L, Manchester R N, Qiao G J. 1999. MNRAS, 306: 371

Han J L, Qiao G J. 1994. A&A, 288: 759

Han J L, Wielebinski R. 2002. ChJA&A, 2: 249

Han J L, Zhang J S. 2007. A&A, 464: 609

Haverkorn M, Brown J C, Gaensler B M, McClure-Griffiths N M. 2008. ApJ, 680: 362

Heald G H, Pizzo R F, Orrú E, et al. 2015. A&A, 582: 123

Heiles C, Crutcher R. 2005. LNP, 664: 137

Heiles C, Goodman A A, McKee C F, Zweibel E G. 1993//Protostars and planets III (A93-42937 17-90), 279

Heiles C, Perillat P, Nolan M, et al. 2001. PASP, 113: 1274

Kale R, Dwarakanath K S, Lal D V, et al. 2016. JApA, 37: 31K

Keane E, Bhattacharyya B, Kramer M, et al. 2015. Proceedings of Advancing Astrophysics with the Square Kilometre Array (AASKA14), 40

Kim K T, Kronberg P P, Giovannini G, Venturi T. 1989. Nature, 341: 720

Kronberg P P, Bernet M L, Miniati F, et al. 2008. ApJ, 676: 70

Kronberg P P, Kothes R, Salter C J, Perillat P. 2007. ApJ, 659: 267

Kuchar P, Enblin T A. 2011. A&A, 529: A13

Kulsrud R M, Zweibel E G. 2008. RPPh, 71: 046901

Laing R A, Bridle A H, Parma P, Murgia M. 2008. MNRAS, 391: 521

Lazarian A, Pogosyan D. 2016. ApJ, 818: 178

McBride J, Heiles C. 2013. ApJ, 763: 8

McBride J, Robishaw T, Heiles C, Bower G C, Sarma A P. 2015. MNRAS, 447: 1103

Myers S T, Baum S A, Chandler C J. 2014. AAS Meeting, #223, id. 236.01

Neronov A, Vovk I. 2010. Science, 328: 73

Page L, Hinshaw G, Komatsu E, et al. 2007. ApJS, 170: 335

Paragi Z, Godfrey L, Reynolds C, et al. 2015. Proceedings of Advancing Astrophysics with the Square Kilometre Array

Plaga R. 1995. Nature, 374: 430

Planck Collaboration, Ade P A R, Aghanim N, et al. 2016. A&A, 594: 19

Pshirkov M S, Tinyakov P G, Urban F R. 2016. PhRvL, 116: 1302

Reid M J, Silverstein E M. 1990. ApJ, 361: 483

Robishaw T, Green J, Surcis G, et al. 2015. PoS (AASKA14), 110

Robishaw T, Quataert E, Heiles C. 2008. ApJ, 680: 981

Ryu D, Kang H, Cho J, Das S. 2008. Science, 320: 909

Ryu D, Schleicher D R G, Treumann R A, et al. 2012. SSRv, 166: 1

Sault R J, Hamaker J P, Bregman J D. 1996. A&AS 117: 149

Schober J, Schleicher D, Federrath C, Glover S, Klessen R S, Banerjee R. 2012. ApJ, 754: 99

Seifried D, Banerjee R, Pudritz R E, Klessen R S. 2012. MNRAS, 423: L40

Subramanian K. 2016. RPPh, 79: 076901

Sun X H, Han J L, Reich W, et al. 2007. A&A, 463: 993

Sun X H, Reich W. 2010. RAA, 10: 1287

Sun X H, Rudnick L, Akahori T, et al. 2015. AJ, 149: 60

Surcis G, Vlemmings W H T, van Langevelde H J, et al. 2015. arXiv: 1503.02403

Surcis G, Vlemmings W H T, van Langevelde H J, Hutawarakorn Kramer B. 2012, A&A, 541: A47

Surcis G, Vlemmings W H T, van Langevelde H J, HutawarakornKramer B, Quiroga-Nuñez L H. 2013. A&A, 556: A73

Tavecchio F, Ghisellini G, Foschini L, et al. 2010. MNRAS, 406: 70

Taylor A R, Stil J M, Sunstrum C. 2009. ApJ, 702: 1230

Thomson R C, Nelson A H. 1982. MNRAS, 201: 365

Tsagas C G. 2009. PPCF, 51: 124013

van Weeren R J, Rottgering H J A, Brugen M, Hoeft M. 2010. Science, 330: 347

Vazza F, Ferrari C, Bonafede A, et al. 2015. PoS (AASKA14), 097

Vlemmings W H T, Torres R M, Dodson R. 2011. A&A, 529: A95

Vlemmings W H T. 2008. A&A, 484: 773

Vlemmings W H T. 2014. IAU Symposium, 302: 389

Wardle J F C, Kronberg P P. 1974. ApJ, 194: 249

Wayth R B, Lenc E, Bell M E, et al. 2015. PASA, 32: 25

Widrow L M, Ryu D, Schleicher D R G, et al. 2012. Space Science Reviews, 166: 37

Widrow L M. 2002. RvMP, 74: 775

Wu Q W, Kim J S, Ryu D S, et al. 2009. ApJ, 705: 86

Wu Q W, Kim J S, Ryu D S. 2015. New A, 34: 21

Xiao L, Han J L, Reich W, et al. 2011. A&A 529: A15

Xu H, Govoni F, Murgia M, et al. 2012. ApJ, 759: 40

Xu H, Li H, Collins D C, et al. 2009. ApJL, 698: 14

Xu J, Han J L. 2014a. RAA, 14: 942

Xu J, Han J L. 2014b. MNRAS, 442: 3329

Xu S, Lazarian A. 2016. ApJ, 833: 215

Xu S, Zhang B. 2016. ApJ, 824: 113

Xu S, Zhang B. 2017. ApJ, 835: 2

Xu Y, Kronberg P P, Habib S, Dufton Q W. 2006. ApJ, 637: 19

Zamaninasab M, Clauseh-Brown E, Savolainen T, et al. 2014. Nature, 510: 126

ZuHone J A, Markevitch M, Lee D. 2011. ApJ, 743: 16

3.6　研究方向六：星际介质物理

崔晓红　高旭阳　孟祥存　钱　磊　石　惠　苏洪全　汤宁宇
田文武*　余先川　张传朋　周　平　朱　辉

3.6.0　研究队伍和课题概况

协 调 人：	田文武	研究员	中国科学院国家天文台
主要成员：	陈 阳	教 授	南京大学
	崔晓红	副研究员	中国科学院国家天文台
	高旭阳	副研究员	中国科学院国家天文台
	姜碧沩	教 授	北京师范大学
	卢方军	研究员	中国科学院高能物理研究所
	孟祥存	研究员	中国科学院云南天文台
	钱 磊	副研究员	中国科学院国家天文台
	沈志强	研究员	中国科学院上海天文台
	石 惠	助理研究员	中国科学院国家天文台
	苏洪全	研究实习员	中国科学院国家天文台
	汤宁宇	助理研究员	中国科学院国家天文台
	杨媛媛	博士后	德国马克思普朗克射电天文研究所
	杨雪娟	副教授	湘潭大学
	余先川	教 授	北京师范大学
	张传朋	助理研究员	中国科学院国家天文台
	张志彬	教 授	贵州大学
	周 平	博士后	阿姆斯特丹大学
	周新霖	副研究员	中国科学院国家天文台
	朱 辉	助理研究员	中国科学院国家天文台
联 络 人：	吴 丹	助理研究员	中国科学院国家天文台 wudan@bao.ac.cn

研究内容　星系的形成和演化是天体物理研究中最基本的课题之一。星系中物质从星际介质（ISM）到恒星，再由恒星到星际介质的转变过程是了解星系演化的关键。银河系和大小麦哲伦云为我们解决上述问题提供了独一无二的试验场所。通过 SKA1 在低频/中频的连续谱和谱线（包括中性氢 21cm 谱线、射电复合线、以 OH 脉泽为重点的脉泽谱线）巡天以及定点观测，我们期望建立目前为止最高精度的银河系星际介质三维结构模型，并以此为基础，研究银盘介质向银晕的散失和晕中介质向银盘的回流，各相气体的空间、质量、温度分布以及各相气体之间的转换；并通过对大/小质量恒星形成区、电离氢区、行星状星云及超新星遗迹的研究，揭示恒星形成历史以及对星系演化的影响。

---

　　* 组稿人。

技术挑战 对星际介质物理的根本理解, 需要将射电的多个频段及其他波段(光学、红外、X 射线)的探测结果结合起来。所以本课题的挑战之一是将国内星际介质领域中工作在不同波段、不同方向的研究人员有效整合到一起, 高效完成各自优势研究工作的衔接。同时大天区深度巡天将产生海量数据, 对这些数据的高效及时处理和特征天体的自动搜寻也将成为本课题的一大挑战。

研究基础 本课题的核心成员是 SKA 和 SKA 先导项目科学组主要成员。我们可以从这些 SKA 先导项目的进展中掌握最前沿的研究方法和获得更多合作研究经验, 提升我们的科研竞争能力。同时本课题组的成员在自己的研究方向都有长期的经验积累, 并与国外相关领域天文学家建立了良好的合作关系。这些都有利于更好地推动本课题的顺利实施和高质量完成。

优先课题 ① 银河系星际介质三维结构模型。利用同步辐射建立三维模型的过程中, 核心难题之一就是如何获得弥散同步辐射源的距离信息, 电离氢区和行星状星云在米波波段的观测最有可能解决这一难题; ② 超新星(SNe)及超新星遗迹(SNRs)与周围介质相互作用。超新星爆发后的射电探测不仅可以用来区分前身星模型, 同时提供介质密度和结构的信息。超新星向超新星遗迹, 以及年轻超新星遗迹向年老超新星遗迹的演化是理解其周围介质性质的关键, 也是认识现有观测中遗迹谱指数和磁场方向变化的重要手段; ③ 宇宙线起源。作为反馈气体到星系盘内的恒星及恒星演化晚期的产物超新星和超新星遗迹, 将爆发的能量注入星际介质中, 在星系的演化中扮演着关键的角色, 也是宇宙线起源和加速的最可能起因。

预期成果 ① 利用电离氢区和行星状星云米波观测, 期望建立银河系星际介质三维结构模型, 揭示介质演化在恒星和星系演化过程中的作用; ② 通过多波段联合和数值模拟的手段, 给出超新星及超新星遗迹与周围介质相互作用的过程, 寻找宇宙线起源和加速起因。

3.6.1 引言

星际介质广泛地存在于星系之间和星系中的恒星之间, 由电离和原子状态的气体、分子, 以及尘埃和宇宙线组成, 存在多个相态, 各个相态之间区分的标准除了物质的温度和密度外, 还在于是否是电离态、原子态或者分子态; 其基本成分为氢, 然后是氦、碳、氧、氮等。在星际空间, 以电磁辐射形式存在的能量叫做星际辐射场。

星际介质在连接恒星尺度和星系尺度的形成和演化研究上起到关键的作用, 在天体物理的研究中扮演着非常重要的角色。恒星诞生于星际介质最致密的区域, 即分子云中, 通过行星状星云(PNe)、星风和超新星爆发的过程向星际介质补充能量和物质。这种星系和星际介质之间的相互作用决定了星系中被消耗的气体物质的比率, 因此决定了星系的寿命及内部的恒星形成过程。

1. 国内外进展及可突破方向

1) 恒星形成必要条件缺失

恒星的形成丰富了星际介质的金属丰度和注入能量。同时通过气体抛射增加了星系际物质(IGM)的含量。而气体吸积过程将星系外的气体运回到正在进行恒星形成的星系盘, 以确保星系在哈勃时间上能够形成恒星。由上面的分析可以看出, 恒星形成的过程在星系演化中扮演了关键的角色。但是对于恒星形成发生的必要条件我们仍然知之甚少。在千秒差距尺度上已经建立起了分子气体表面密度和恒星形成率（SFR）表面密度的直接关系（Kennicutt-Schmidt law）（Kennicutt, 1989, 1998），这个关系对旋涡星系和晚型矮星系是适用的（Leroy et al., 2008）。但是如何从单个气体云和云复合体的尺度上来理解这种关系下的物理，仍然是未知的。

气体向恒星的转变是星系演化中一个非常重要的过程，对这个过程转换条件、效率及相关物理的理解是很多观测和理论研究的目标，这也是星系形成和演化中数值模型重要的输入量。这需要大尺度范围内对这些过程的认识：星系尺度上气体从盘到晕再由晕到盘的转移，千秒差距尺度上气体云的坍缩，亚秒差距尺度上中性气体的冷却并转变成分子形态，秒差距尺度上恒星的形成。对小尺度的过程我们可以直接在银河系中观测到，然而在星系尺度的过程需要在外星系中才能研究。尺度两端的过程对我们是很大的挑战，因为在银河系中我们缺少对星系整体的认识，而在外星系，我们几乎没有足够的分辨率和灵敏度来仔细地研究这些过程。

2）超新星前身星及其爆发与周围介质相互作用

对不同类型的超新星前身星和爆发机制的认识是超新星研究的一个基本目标，也需要光学、X 射线和射电多波段观测数据的联合分析。恒星演化晚期质量损失产生了相对高密度的星周介质（Circumstellar Medium, CSM），这些物质与超新星激波相互作用产生多波段的辐射。恒星演化过程的质量损失率可以用来分辨超新星前身星的不同类型。对超新星爆发后的射电探测不仅可以用来区分 Ia 型超新星的单简并（SD）和双简并（DD）模型，而且还可以提供星周介质密度和结构的信息。但是由于质量损失率太低，即便是对最近的超新星，到目前为止仍没有对 Ia 型超新星射电辐射的探测结果（Hancock et al., 2011; Panagia et al., 2006）。射电探测的缺失给出了射电光度探测的上限，这个上限可以用来限定前身星系统的质量损失率和星风速度。

超新星向超新星遗迹，或者年轻的超新星遗迹向年老的超新星遗迹的转变是我们理解超新星的演化及周围介质性质的关键。对超新星遗迹演化过程的认识将有助于我们认识现有观测中遗迹谱指数和磁场方向的变化。

3）星际介质三维结构建立

根据已观测到的射电同步辐射建立宇宙线中的电子三维模型是研究银河系磁场结构、宇宙线分布与传播的重要手段（Sun et al., 2008）。在利用同步辐射建立三维模型的过程中，核心难题之一就是如何获得弥散同步辐射源的距离信息。电离氢区和行星状星云在米波波段的观测最有可能解决这一难题。

通过电离氢区电子团块的自由–自由吸收，利用电离氢区背景和前景同步辐射的平均温度，很多电离氢区的距离（D）可以通过运动学方法或者消光方法得到。因此可以得到前景和背景同步辐射的平均发射率（Nord et al., 2006; Su et al., 2017, 2018）。在一个电离氢区的邻近方向上有时会存在其他的电离氢区，这样我们利用两个电离氢区之间的距离差在更小的距离间隔上计算平均发射率，从而得到宇宙线发射率的三维分布。在多个波段重复上面的工作，还可以进一步得到宇宙线发射率谱指数的三维分布。

行星状星云的数目众多（超过 3500 个），在银河系中分布的区域相比电离氢区的更为广阔。图 3.6.1 为电离氢区的行星状星云随银纬的分布。在电离氢区变成光学厚之前，行星状星云就已经变成光学厚的了，这使得行星状星云可以在更广阔的空间分布区域进行宇宙线性质研究。但是行星状星云尺寸很小，距离很难精确确定（Hajian, 2006），观测上要求设备有足够的空间分辨率。因此，利用电离氢区和行星状星云的米波波段变成光学厚的特性，研究宇宙线中电子组分的空间分布和能谱分布，可以帮助我们更好地建立银河系的三维结构。

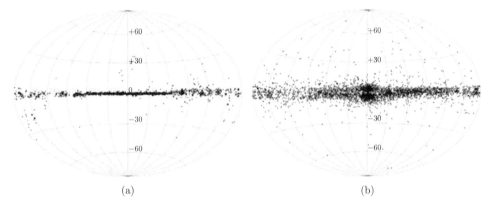

(a)   (b)

图 3.6.1　电离氢区和行星状星云随银纬的分布（Zhu et al., 2015）

低频 SKA 相比现有设备有更好的角分辨率和表面亮度灵敏度，因此将极大地增加观测到的电离氢区和行星状星云的数量和质量，促进对银河系的了解。

4）宇宙线起源

恒星和恒星演化晚期产物超新星和超新星遗迹反馈气体到星系盘内，超新星爆发将能量注入星周介质和星际介质中，这些过程在星系的演化中都扮演着重要的角色，也是宇宙线起源和加速的最可能起因。

虽然超新星遗迹已被认为是银河系中高能宇宙线的最好加速之地，但高能粒子在超新星遗迹激波中加速的详细物理过程还不是十分清楚，因而研究超新星遗迹与它周围星际物质的相互作用以及高能宇宙线的产生是当今天体物理最前沿与最活跃的课题。然而判断超新星遗迹与它周围星际物质是否有物理上的相关（即发生了相互作用）并不容易，特别是在天体很拥挤的银河系中心区域，要证认这种关联的不确定因素就更大了。通常获得这种关联也需要高灵敏度分辨率的多波段数据的证认。

2. 实施方案

SKA 的低频部分 SKA1-low 将建在澳大利亚，巡天观测的先导设备 ASKAP 和 MWA 已经运行，中频和高频部分 SKA1-mid 将建在南非，并与它的前身 MeerKAT 合并。SKA 具有高的灵敏度和宽的视场，为我们系统地研究分析超新星和超新星遗迹提供很好的机会。

由于射电波段的光度极低，对 Ia 型超新星的盲测几乎是不可能的（Lien et al., 2011; Panagia et al., 2006）。SKA1-mid 由于具有更好的灵敏度和分辨率将有望通过后随观测探测到 20Mpc 内 Ia 型超新星的第一个射电辐射。即便探测不到也会对 Ia 型超新星前身星系统最后演化阶段的性质给予很强的限制（例如，低的质量损失率的上限等）。SKA2-mid 的灵敏度将提高到目前的 10 倍（即 $0.1\mu\text{Jy}\cdot\text{h}^{-1/2}$），对在约 20Mpc 处 Ia 型超新星经过 100h 累计探测的射电光度将低至 $2.4 \times 10^{15} \mathrm{J \cdot s^{-1} \cdot Hz^{-1}}$（图 3.6.2）。

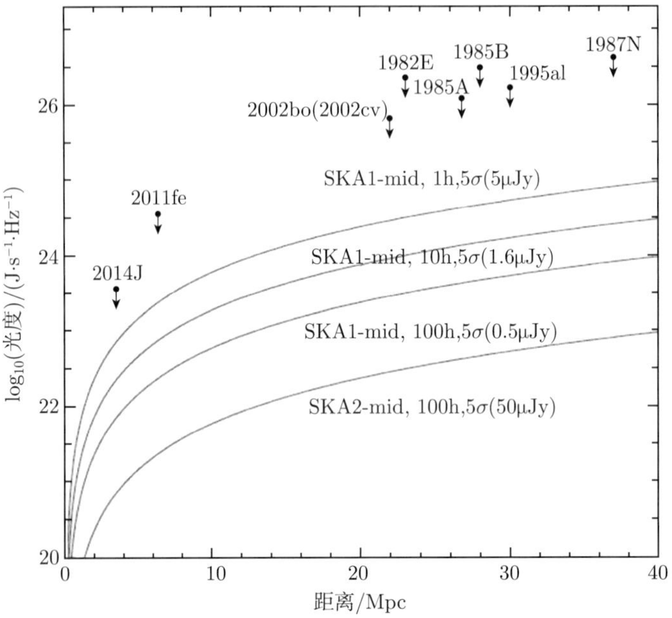

图 3.6.2　SKA1-mid 在 1h, 10h, 100h 及 SKA2-mid 在 100h 探测到的 Ia 型超新星射电光度随距离的
关系图

倒箭头显示的是附近 8 个 Ia 型超新星的上限（Wang et al., 2015）

　　对超新星和超新星遗迹的数值模拟及多波段联合分析，将有助于我们理解其前身星周围介质成分及分布，也会给出爆发辐射过程对周围介质的影响，是我们有效地将理论与未来 SKA1 观测相联系的必然途径。天体距离测定为我们研究星际介质三维结构提供强有力的工具和手段，HI 成像示踪介质成分演化。通过 SKA1 谱线和连续谱观测，加上星际介质目标天体的多波段数据，这种结合观测数据、理论模型及数值模拟的方法有助于全面认识星际介质特征。

3.6.2　星际介质的三维结构

　　研究星系的形成与演化是当代天文学的重要组成部分，也是我们理解整个宇宙的形成与演化的基础和探针。而我们所在的银河系则为我们提供了一个独一无二的场所，使得我们可以在星系尺度上详细研究恒星与星际介质（各相气体、尘埃与磁场）的形成和演化以及它们之间的相互作用是如何推动整个银河系演化的。在 SKA 第一阶段建成后，它将在 50MHz~14GHz 以前所未有的灵敏度和分辨率对银河系进行连续谱和谱线的扫描观测。我们将有望得到以下成果。

　　（1）中性氢：在 5 角秒的空间分辨率、$0.3 \mathrm{km \cdot s^{-1}}$ 的速度分辨率和 $0.2 \mathrm{mJy \cdot beam^{-1}}$ 的灵敏度下对整个银河系的 21cm 发射线进行观测（McClure-Griffiths et al., 2015）。获得冷和暖中性氢气体的质量和空间分布（包括银晕中的高速云观测，银晕中性氢与银盘中性氢之间的交换过程）。在 20 个背景天体每平方度的精度下，获得中性氢吸收谱，测量中性氢自旋温度的空间分布，以及银晕中冷气体的质量。

（2）分子谱线：主要指羟基、甲醇、甲醛等分子的脉泽线、热发射线和吸收线。SKA 第一阶段的巡天观测将可以在数量级上提高这些分子谱线的样本，例如，新发现的羟基脉泽至少在 20 000 个以上，进而允许我们通过大样本研究脉泽源的光度函数、光度周期与脉泽源演化的关系，探究恒星形成区分子外向流的形成过程、行星状星云的双极结构的成因（Etoka et al., 2015; Anglada et al., 2015; Green J A et al., 2015）。另外，与一氧化碳（CO）谱线比较，它们可以帮助我们普查整个银河系内的 CO 暗云分布以及研究分子云内分子氢的体密度等（Thompson et al., 2015）。

（3）射电复合线：氢、氦和氧的射电复合线可以在中性氢和分子谱线巡天中自然获得，用于示踪银河系内电离气体。与连续谱巡天相结合，它们将帮助我们发现大量新的电离氢区和行星状星云，同时受益于 SKA 第一阶段的宽能段覆盖，多条复合线的同时观测不仅可以用来展示电离氢区和星状星云的运动学结构及电子密度结构（Thompson et al., 2015），还可以用来研究弥散中性气体的电离率等（Oonk et al., 2015）。

（4）连续谱巡天：包含低频（50~350MHz）和中频（350MHz~14GHz）两部分，低频部分适合研究银河系中由宇宙线与磁场相互作用产生的低频弥散同步辐射。中频部分则由同步辐射主导过渡到热辐射主导。可以用来研究：① 与射电复合线巡天结合，研究超新星遗迹与行星状星云的缺失问题，限制恒星演化最后阶段的演化模型（Umana et al., 2015; Wang et al., 2015）；② 获得超致密电离氢区的结构，限制恒星形成最后阶段的物质吸积和外向流模型（Umana et al., 2015）；③ 描述银河系三维同步辐射发射率（Su et al., 2017）。

为了达到上述提到的科学目标，距离参数的估计会贯穿于很多科学目标的完成过程，并在很大程度上影响最终结果。在本课题中，估计星际介质距离的主要方法包括三角视差、消光距离关系、运动学方法，以及针对行星状星云和超新星遗迹的膨胀视差。下面我们将在国内外研究最新进展的背景下，对上述方法进行逐一介绍，并建立起本课题中的距离测量阶梯。

（1）三角视差：简单说来就是以地球到太阳的距离为基线，在一年时间内多次测量目标天体相对于天空背景的空间位置变动，计算出天体的距离和自行。在射电波段，一般以脉泽源作为目标天体（高亮度且近似点源）。当前最成功的观测计划要数基于 VLBI 技术的 BeSSeL 计划，该计划已经成功地测量出了一批恒星形成区的高精度距离，在限制银河系转动与描述悬臂结构方面显示了强大能力（Reid et al., 2009; Xu et al., 2006）。在光学波段，目前正在运行的 GAIA 卫星将给出 V 波段视星等小于 20 等的所有恒星的视差参数。其中，预计会有上亿个恒星的距离误差小于 10%（*GAIA: overall science goals*）。射电波段和光学波段三角视差的测量是一个相互补充的关系。GAIA 可以很好地测量临近太阳且光学波段中心星可见的电离氢区和行星状星云的距离。而射电观测则可以给出深埋于分子云内、光学消光严重的恒星形成区的距离。

（2）消光距离关系：当目标天体消光已知时，我们可以通过该天体所在方向的消光距离关系测得天体的距离。目前，通过光学和近红外的测光巡天，天文学家已经尝试建立了多个天区的消光图（Green G M et al., 2015; Sale et al., 2014），空间分辨率达到了 10 角分。如果 SKA 巡天中新发现的电离氢区和行星状星云的消光可以由后续光学观测确定，将测量值与消光图结合，就可以获得它们的距离参数。目前国内郭守敬望远镜光谱巡天正在如火如荼地进行中，它将精确测量一大批恒星的物理参数（如光谱型温度、重力加速度等），并以此获得银河系消光图（Yuan et al., 2014）。同时，它也可以对 SKA 新发现电离氢区和行星状星云进行后续观测，测量它们的消光值。

（3）运动学方法：我们已经知道，在核球外，银河系的旋转曲线大体上是平坦的（Brand and Blitz, 1993）。这样对于那些与旋转曲线符合较好的天体（如冷的中性氢云，分子云，电离氢区，恒星形成区，O、B 型恒星等），就可以通过测量视向速度测得它们的距离。对于 SKA 第一阶段巡天中新发现的电离氢区、超新星遗迹、行星状星云、脉泽源等，它们的视向速度在观测中一般已经测出（电离氢区、脉泽源），这样再结合中性氢的吸收谱（超新星遗迹、行星状星云），我们就可以估计出它们的距离。运动学方法是射电观测中最广泛使用的估计天体距离的方法。但是这个方法的一个缺点是严重依赖于对银河系旋转曲线模型或者说银河系速度场的假设，在某些方向，有时误差会很大。

（4）膨胀视差：膨胀视差可由延展天体（行星状星云、超新星遗迹）的膨胀速度和自行测得。膨胀速度可由谱线的展宽测得，自行则需要相隔多年测光观测给出。使用这种方法测出距离的天体较少（Hajian et al., 1993）。

上述方法中，测量精度最高的是三角视差，应用最广泛的则是消光距离关系和运动学方法。在本课题中，距离阶梯的确定如下：

（1）以三角视差和膨胀视差为基础，直接测量出一批天体的距离，包括脉泽源（电离氢区、恒星形成区），O、B 型恒星，行星状星云等；

（2）以上述天体为基础，尝试校准消光距离关系的误差，生成更精确的消光图；

（3）以三角视差、膨胀视差和消光距离关系测出的距离为基础，描画银河系的悬臂结构和速度场，建立更好的视向速度距离关系，修正运动学方法；

（4）将运动学方法应用到视向速度已知（射电复合线、中性氢和分子谱线）或者可以测量中性氢吸收谱的天体，获得大量天体的距离参数。

3.6.3 星际介质的多波段协同研究

1. 星际介质的基本构成与多波段表现

星际介质弥漫于整个银河系中，是一个处于动态演化中的复杂环境。星际介质主要由多相气体、尘埃，以及弥漫于星际空间的宇宙线和磁场构成，其总质量大致为 10^{10} 倍太阳质量（Kalberla and Kerp, 2009）。从稀薄的高温冕气体到原恒星的致密云核，星际气体密度和温度跨越了多个量级，显示出各异的物理特征（表 3.6.1）。作为恒星孕育和终结的场所，星际介质持续地调控星系中物质和能量的演化，在银河系的大生态系统中起着至关重要的作用。

原子气体占据星际介质约 60% 的质量，是星际介质结构的重要组分。其温度和密度介于分子云和热气体之间，起着承上启下的作用，是研究星际介质相互影响和转化的桥梁。分子云是恒星的诞生地，分子气体的形成机制尚未探明。恒星在分子云中如何形成，在不同环境中分子气体的化学组成仍是当前天文学研究的重点问题。温电离介质主要来自热星紫外线（UV）辐射电离的气体（HII），HII 也存在于行星状星云中。作为中小质量恒星的终点，行星状星云一系列物理过程还在研究中，如中心星的质量损失、核合成过程、双星问题、与 Ia 型超新星的联系。热冕气体占据星际介质一半的空间，这些气体是星系中剧烈高能活动的产物, 是超新星、大质量恒星星风、星团、宇宙线及磁场共同作用的结果。这些高能活动并非孤立存在, 而是不断向冷气体注入机械能和热能, 影响冷介质的演化。

表 3.6.1 星际气体各相的物理参数和主要观测频段

气态	温度/K	密度/cm^{-3}	体积百分比	质量百分比	主要波段
分子气体	$10 \sim 20$	$10^2 \sim 10^6$	$\sim 0.1\%$	17%	射电, 远红外
冷中性气体 (CNM)	$50 \sim 100$	$20 \sim 50$	$\sim 1\%$	24%	21cm, 可见光, 紫外
暖中性气体 (WNM)	$6000 \sim 10000$	$0.2 \sim 0.5$	40%	36%	21cm, 可见光, 紫外
暖电离气体 (WIM)	~ 8000	$0.2 \sim 0.5$	10%	23%	可见光, 射电
热电离气体 (HIM)	$\sim 10^6$	$\sim 10^{-2}$	50%	$< 1\%$	X 射线, 紫外, 射电

注: The temperatures and densities are adopted from Ferrière (2001), The fractional volumes and masses are taken from Draine (2011).

各相气体在不同波段有着各异的表现。为了分解星际介质结构, 揭示不同结构的物理过程和演化规律, 需要多波段的协同研究。我们对星际原子气体的理解绝大多数来自 HI 21cm 发射线和吸收线的观测。观测明亮的光学或紫外背景源, 借助其穿过冷介质产生的吸收线, 能够了解原子气体的物理状态。例如, O I 的光学谱线能够示踪 HI, 电离交换反应使得氧原子电离比率 (n (O II) /n (O I)) 与氢原子的电离比率存在相关关系 (Stancil et al., 1999)。CO 在毫米波至亚毫米波的转动跃迁辐射是分子云的主要探针, 而多种星际分子的观测是揭示不同温度、密度、化学组成星际介质的重要手段。射电波段的星际分子脉泽 (OH, CH_3OH 等) 也提供了分子云的速度和特定物理过程的诊断。光学谱线和射电连续谱是研究 HII 区温电离气体的主要方式, 这些气体主要分布在 O、B 型星, 恒星形成区, 行星状星云中。超新星遗迹的高速激波加热星际介质, 产生的热晕气体热辐射和金属发射线在 X 射线波段。超新星遗迹也是银河系宇宙线的主要来源, 加速的相对论性粒子的非热辐射跨越射电至伽马射线极宽的电磁波谱。

2. 分子云的形成与暗云的观测

分子云的形成是恒星形成之前至关重要的一步, 巨分子云 (GMC) 由 HI 形成, 主要有两类机制: "由底至顶" 和 "由顶至底" (McKee and Ostriker, 2007)。前者认为 GMC 来自持续碰撞聚集的 HI 云。然而这个过程十分缓慢, 需要的时间远超过 GMC 的存在时标 (10^7 年)。因此, 人们逐渐把重心转移到由顶至底的机制, 在弥散星际介质中引入大尺度的不稳定性 (Mac Low and Klessen, 2004)。尽管大量数值模拟探讨了其过程, 观测证据却依然比较缺乏, 需要分子和原子谱线的协同观测。

分子云的形成要求周围存在一层原子云, 以阻挡星际 UV 场的辐射对分子气体的离解, 这层云的柱密度 N_H 需要达到约 $10^{21}cm^{-2}$。通过 HI、CO、红外和伽马射线的观测, Grenier 等 (2005) 发现低柱密度 ($N_H < 6 \times 10^{21}cm^{-3}$) 的暗云广泛存在于银河系中。暗云是原子气体和 H_2 的混合体, C 主要以原子形态而非 CO 形式存在, 难以用 CO 谱线探测 (或 CO 极弱)。中性氢的窄线吸收 (HINSA) 是探测暗云的重要方式 (Li and Goldsmith, 2003)。结合 HI NSA、OH 和 CO 线对暗云的观测, Goldsmith 和 Li (2005) 推断 HI 到 H_2 的转换需要

$10^{6.5} \sim 10^7$ 年。数值模拟显示在湍动介质中 H_2 的形成要更快（Glover and Mac Low, 2007），从时标上支持了原子云向分子云的转化。除了 HI NSA，还需要结合其他波段的观测（例如，远红外 C + 158μm 精细结构线，毫米和亚毫米波段的 CO 等）对暗云的参数进行限制，这样可以更全面了解分子云的形成机制（Tang et al., 2016；图 3.6.3）。

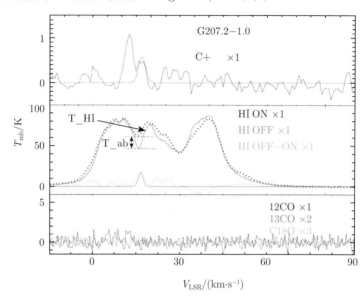

图 3.6.3　暗云 G207.2-1.0 的 C+、HI 和 CO 谱线（Tang et al., 2016）

3. 星际的剧烈活动

近年对星际介质的观测和模拟让人们逐渐接受这样一个图像：星际介质是高度湍动的，恒星各阶段对星际介质的反馈是大尺度湍动的主要来源（Elmegreen and Scalo, 2004; Mac Low and Klessen, 2004）。

大质量恒星自身的 UV 辐射在周围形成电离氢区（HII 区），区域的大小与恒星自身的温度和光度，以及周围介质的密度相关。大质量恒星主序阶段的星风速度可以超过 10^3km·s^{-1}，形成尺度超过几秒差距的星风泡，多颗恒星星风和辐射的共同作用可以形成更大尺度的巨型泡。这些泡的物理表现是恒星活动的历史积累结果，反映了恒星的各类参数（Weaver et al., 1977）。星风在星际介质中演化并扫过周围介质，可能形成包围电离气体的致密壳层，研究密壳层的尺度和压强可以帮助推断大质量恒星的初始质量（Chen et al., 2013）。

对银河系超新星遗迹的 HI、射电连续谱进行系统的巡测，结合分子和 X 射线波段的观测，有望大批量地测定超新星遗迹的距离。超新星遗迹普遍存在射电辐射，因此，对超新星遗迹 HI 的吸收谱的观测具有广泛性，可以作为系统研究遗迹距离（范围）的重要工具（Tian et al., 2007），同时也需要结合其他观测开展精细的距离测量。超新星遗迹在星际环境演化过程中与中性介质碰撞能够导致原子或分子谱线的展宽。通过展宽谱线的观测，可以直接判断超新星遗迹的系统速度，从而推断其距离（Chen et al., 2014）。银河系中约 70 个超新星遗迹已确证或可能与分子云作用，约占已知超新星遗迹的 1/4（Jiang et al., 2010），这个数目正在逐年上涨。与分子云作用的超新星遗迹中，也观测到 HI 谱线的展宽（如 IC443（Lee et al., 2008）），同样可以帮助测定距离。其他的测距办法还包括测量抛射物的 X 射线谱线展宽和自行（Hayato et al., 2010），Hα 自行观测等。

超新星遗迹是星际激波实验室。许多超新星遗迹（尤其是热混合型）附近涵盖星际介质的所有成分，其辐射覆盖射电到伽马射线的全频段（图 3.6.4）。利用多波段数据，能够研究激波条件下各相气体的物理特性演化过程。此外，超新星遗迹的辐射性激波加热冷气体和尘埃，产生红外波段的尘埃辐射以及 H_2、[Fe II]、[Ar II] 等分子和离子谱线，示踪不同物理参数的激波（Reach et al., 2006; Zhu et al., 2014）。超新星作为尘埃的产生源之一，其尘埃产量并不清楚。对遗迹内部尘埃的红外观测能够探索尘埃起源和组成（Lau et al., 2015）。超新星遗迹在不同磁场位型中表现出不同的形态（West et al., 2016），因此，利用对遗迹的射电和 X 射线的观测能揭示银盘不同位置的遗迹附近的磁场位型。

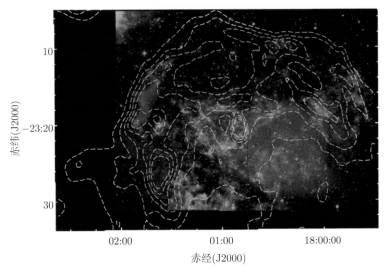

图 3.6.4　超新星遗迹 W28 的多波段观测（Zhou et al., 2014）
等高线：射电；红色：CO；绿色：Hα；蓝色：X 射线

银河系的很大部分非热射电辐射来自宇宙线电子在磁场中的同步加速辐射。X 射线和伽马射线望远镜在过去几十年的兴起，为研究宇宙线加速器超新星遗迹的高能辐射机制创造了绝佳的条件，困惑我们百年的宇宙线起源之谜正在慢慢被揭晓。宇宙线的主要成分是质子，宇宙线质子与致密环境的质子–质子 (p-p) 碰撞生成 π^0 介子，π^0 介子的衰变产生伽马射线。分子云环境的超新星遗迹是研究强子辐射的最佳对象。多波段联合观测有助于区分宇宙线的轻子和强子辐射机制。例如，Zhang 等（2013）研究 Tycho 超新星遗迹的宽波段谱（图 3.6.5），以分解宇宙线的轻子和强子成分，并以此推测超新星动能向宇宙线的转化率约为 1%，其中强子成分的辐射来自质子宇宙线与邻近分子云的作用，该遗迹与分子云成协这一点得到了分子观测的印证（Zhou et al., 2016）。

4. 多波段时代

SKA 将为星际介质的三维结构研究带来一次飞跃。借助其高灵敏度和空间分辨率，我们将会为占据银河系绝大多数质量的原子气体高精度成图，对银盘及银晕的气体展开动力学深

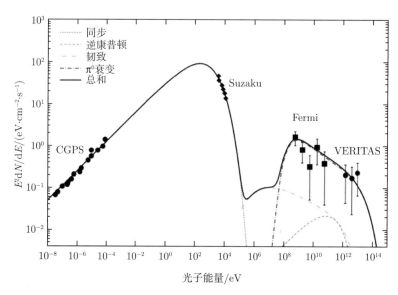

图 3.6.5　Tycho 超新星遗迹的宽波段谱能量分布与模型拟合（Zhang et al., 2013）

入研究，并革命性地刻画出相对论性电子非热辐射的细致分布。近年来的多波段巡天，正在建设和刚建成的新一代望远镜已为星际介质的整体研究带来了前所未有的机遇。ALMA、IRAM 等高分辨率望远镜结合已有的和正在开展的分子谱线巡天（FCRAO、JCMT、PMO 望远镜等）提供了致密分子气体的物理图像。在红外波段，2MASS、Spitzer、WISE、Herschel、Planck 等巡天（望远镜）为研究尘埃的分布和特性带来了海量的宝贵数据，中国主导的南极 THz 望远镜 DATE5 建成后将成为冷尘埃、C 元素、分子观测的利器。ROSAT 巡天给出了热的冕气体在软 X 射线的全天分布，中国刚发射的 "慧眼" 硬 X 射线调制望远镜（HXMT）将展示硬 X 射线的银河系图像。角秒级空间分辨率的 Chandra X 射线天文台和 XMM-Newton 卫星观测了大量弥漫气体，包括超新星遗迹、脉冲星风云、超风泡、弥漫银盘辐射等，提供了细致研究热冕气体的数据宝库。Fermi、HESS 等新一代伽马射线望远镜为宇宙线和伽马射线的研究打开了新的窗口。此外，对恒星的空间视差巡测 GAIA 正在开展，它将测量银河系数十秒差距内恒星的距离和运动。SKA 与多波段望远镜的结合，将为我们描绘出一幅银河系整体生态系统的完整图景。

3.6.4　数值模拟

超新星是恒星演化到晚期的一种剧烈爆发现象，其爆发时的峰值光度甚至可以与整个寄主星系的光度相比拟。依据爆发机制的不同，超新星可以分为两种，一种是 Ia 型超新星，其来自于双星系统中的碳氧白矮星的热核爆炸；另一种是核坍缩（CC）型超新星，包括 II 型、Ib/ Ic 型超新星，其来自于大质量星演化到晚期发生的中心核坍缩。当超新星爆炸之后，会作为超新星遗迹在星系中存在很长一段时间。SKA 完全建成后，将在对超新星及其遗迹的探测方面做出巨大贡献（Filippenko, 1997; Smith, 2014）。

Ia 型超新星科学是近 20 年来天体物理中非常热门的话题。人们利用 Ia 型超新星的标准烛光特性，发现宇宙在加速膨胀，这意味着我们的宇宙是由一种神秘的暗能量主导的宇宙

（Riess et al., 1998; Perlmutter et al., 1999）。现在，宇宙学的研究已经进入精确宇宙学的时代，人们正在利用 Ia 型超新星来测量暗能量的物态方程（Howell et al., 2009）。尽管 Ia 型超新星在现代宇宙学中是如此的重要，但有关 Ia 型超新星的很多最基本的问题仍然没有解决，比如说，Ia 型超新星是怎么来的（前身星）？Ia 型超新星是如何爆炸的？其特性随红移是否有演化等（Leibundgut, 2000; Hillebrandt and Niemeyer, 2000）。在所有这些问题当中，Ia 型超新星的前身星是什么，是所有问题当中最根本的问题，这个问题如果不能很好地解决，就可能影响精确宇宙学的测量结果（Voss and Nelemans, 2008）。SKA 的精细观测为最终确定 Ia 型超新星的前身星模型提供了可能。

　　现在人们已经非常明确，Ia 型超新星来自于双星系统中的碳氧白矮星的热核爆炸。依据碳氧白矮星伴星的性质，目前流行的前身星模型分为两种，一种是单简并星模型，其伴星是一颗正常恒星，如主序星、亚巨星或红巨星；另一种是双简并星模型，其伴星也是一颗碳氧白矮星。目前还不清楚这两种模型中哪种才是产生 Ia 型超新星的主流模型，或者两种模型都有贡献，但不清楚各自贡献的比例是多少（Wang and Han, 2012; Maoz et al., 2014）。一般认为，如果 Ia 型超新星来自于双简并星模型，其前身星周围会非常干净，基本没有什么星周物质。相反地，如果 Ia 型超新星来自于单简并星模型，在其前身星周围应该存在大量的星周物质。爆炸抛射物会撞入这些星周物质形成激波，并将电子加速成相对论性电子。同时，激波还能将磁场放大。相对论电子通过同步辐射释放光子，其峰值波段在厘米波段，而这种辐射的强度和 Ia 型超新星前身星在爆炸之前的物质损失率直接相关，所以通过在 Ia 型超新星爆炸时对其进行精确的射电观测，可以限制 Ia 型超新星前身星的物质损失率，进而限制前身星模型（Panagia et al., 2006; Meng and Han, 2016）。这种方法已经成功地应用于核坍缩型超新星，但对于 Ia 型超新星，尽管人们已经努力了 20 多年，但依然没有明确地探测到任何来自 Ia 型超新星的射电信号。这主要是缘于目前的射电观测的灵敏度和分辨率都不是很高，所以只能给出 Ia 型超新星爆炸前前身星物质损失率的上限，并不能很好地限制 Ia 型超新星的前身星模型（Panagia et al., 2006; Meng and Han, 2016）。

　　SKA 建成后，其灵敏度将比目前最大的射电望远镜阵列提高约 50 倍，这将为从射电波段限制 Ia 型超新星提供强有力的武器，很有可能明确地探测到来自爆炸抛射物与星周物质相互作用所释放的射电信号，从而对 Ia 型超新星前身星进行精确的限制。我们团组将在数值模拟和观测两方面对限制 Ia 型超新星前身星模型做出贡献。将通过详细的双星演化计算来给出不同初始参数的双星系统演化到超新星爆炸时的物质损失率，从而给出理论预言的射电流量。还可以通过蒙特卡罗方法给出理论预言的来自 Ia 型超新星的射电流量的统计分布情况。这可以为将来 SKA 从观测上限制 Ia 型超新星模型提供理论支持。同时，利用 SKA 的大视场、高分辨率和高动态特性，可以对已发现的比较近的 Ia 型超新星（≤20 Mpc）进行迅速的后续射电观测，从而限制该 Ia 型超新星的前身星系统（Wang et al., 2015）。另外，通过 SKA 对更多 Ia 型超新星的观测积累，可以获得来自 Ia 型超新星的射电光度函数，这将是对 Ia 型超新星的前身星模型的强有力的限制。这个射电光度函数除了能区分不同的前身星模型，还有助于确定不同前身星系统对 Ia 型超新星的相对贡献率。

　　核坍缩型超新星来源于大质量星演化到晚期的中心核坍缩，但很多原则性问题依然不清楚，例如，核坍缩释放的引力能如何最终将恒星炸开？各种核坍缩型超新星的子类分别对应什么样的前身星?前身星是如何演化的?等等。因为其质量很大,演化时标很短,所以这类超新星可以很好地示踪恒星形成区并推测星系的恒星形成率。同样地,通过测量恒星形成率,也可以反推核坍缩型超新星的诞生率(Anderson et al., 2015)。但是,通过恒星形成率推测的核坍缩型超新星的诞生率却比观测值高很多,这个问题被称作"超新星失踪问题"(Horiuchi et al., 2011)。

探测超新星是比较小的概率事件,但幸运的是,当超新星爆炸完之后,会形成超新星遗迹,而超新星遗迹会存在很长一段时间,所以探测超新星遗迹相对要比探测超新星容易得多,而研究超新星遗迹同样可以获得很多有关超新星和星系恒星形成历史的信息。首先,因为核坍缩型超新星的前身星演化时标很短,其爆发数量的多少可以用来示踪星系的恒星形成历史。所以,通过对星系中核坍缩型超新星遗迹的计数,可以限制核坍缩型超新星的诞生率,从而可以诊断星系最近的恒星形成率。类似地,对星系中 Ia 型超新星遗迹的计数并结合星系恒星形成率,可以反演出 Ia 型超新星的延迟分布函数,而这个延迟分布函数的函数形式是对 Ia 型超新星前身星模型的一个严格限制(Badenes et al., 2010; Maoz and Badenes, 2010)。但是,依据上述方法获得的超新星信息的可靠程度严重地依赖于星系中超新星遗迹样本的完备程度。这种观测样本的不完备性会对超新星诞生率和延迟函数的测量带来很大的不确定性。一般来说,超新星遗迹的演化大致可分为四个阶段,而超新星遗迹的可观测时间主要集中在第二个阶段,即 Sedov-Taylor 阶段。而其他阶段能否被观测到,主要取决于射电观测的灵敏度和分辨率(Sarbadhicary et al., 2017)。按照现有的射电观测设备,或者因为分辨率太低,或者因为灵敏度太低,很难探测到那些比较年轻的(尺度小)和年老的(射电暗)超新星遗迹。另外,以前进行的对超新星遗迹的射电巡天,大多是基于高频、低灵敏度的射电连续谱数据,对于那些隐藏在银河系中心的超新星遗迹,因其形态和 HII 区的壳层结构类似,很难区分出来。SKA 的高空间分辨率、高灵敏度特性将有助于对银河系内的超新星遗迹进行细致的巡天观测,将最终把以前射电巡天漏掉的那些年轻的和年老的超新星遗迹逐一找到,特别是 SKA 在低频段的高灵敏度观测,将会最终发现那些隐藏在银河系中心的超新星遗迹。这样,SKA 的射天巡天将建立一个完备的超新星遗迹样本,这会对研究星系的恒星形成历史和超新星的前身星特征提供巨大的支持。

另外,通过对银河系中的超新星遗迹的射电观测,也可以获得超新星周围星周物质的信息,进而限制其前身星模型(Zhou et al., 2016)。同时,我们可以数值模拟各种参数下超新星演化到星云阶段时,爆炸抛射物与周围星周物质,甚至星际介质相互作用的遗迹形态,建立理论上的超新星遗迹形态库,这可以为 SKA 寻找超新星遗迹提供理论上的指导。

3.6.5　综合孔径技术

1. 基础理论

综合孔径技术于 20 世纪 40 年代由英国 Martin Ryle 爵士首创,该技术突破了单个望远镜在尺寸上的局限性,极大地提升了望远镜的灵敏度和分辨率,使得射电望远镜也有可能达到其至超过光学望远镜的分辨能力,是射电天文技术领域上的一次重大革命。为此 Martin Ryle 爵士获得了 1974 年诺贝尔物理学奖。其观测成像的理论基础是天空亮温度分布 $I(l,m)$ 和可视度函数 $V(u,v)$ 互为傅里叶变换关系(Burke and Graham-Smith, 2002):

$$V(u,v) = \int I(l,m)e^{i2\pi(ul+vm)}dldm$$

$$I(l,m) = \int V(u,v)e^{i2\pi Yul+vmY}dudv$$

根据以上公式，理论上可以通过对望远镜得到的可视度函数进行傅里叶逆变换还原天空的真实亮度分布。然而实际的观测数据并不完美。首先，望远镜接收到的信号中不可避免地混入了由于大气环境影响（如地球电离层）、硬件条件局限（如 UV 覆盖）、系统参数限制（如系统响应性能、采样能力）带来的噪声；其次，由于傅里叶变换关系并非简单的线性关系，实际中无法做到直接逆变换回去得到天空亮度分布，即使是数值求解也并非能得到唯一的解。

综合孔径数据处理的目的就是将上述不同因素产生的噪声成分估算出来并加以扣除，在此基础上进一步引入优化的算法，用数值迭代的办法最大可能地还原出真实的信息。数据处理过程由此分为两大部分，一个是针对校准源做的校准，最大限度地扣除各种噪声成分；一个是针对目标源做的进一步优化处理（如最常用的洁化（CLEAN）），提高最终成图质量。

在观测策略上，采取射电目标源和校准源交替观测的方法。选择的校准源通常已经通过长期的监测，有准确的流量、位置和结构信息，利用这些信息比对实际观测中的结果，可以分别从频率、时间和方位等不同方面估算出来自于环境和系统的不同噪声成分贡献，修正这些噪声成分之后，才能提取出合理的目标源信号。这一系列的估算和修正的过程，在数据处理中称之为校准，这一环节直接决定了目标源的数据质量。

即使得到了扣除过噪声干扰的信号，依然可以通过软件后期处理的办法进一步提高数据的质量，最大限度地还原真实信息。目前使用最多的方法是自校准、洁化（Hoegbom, 1974）和最大熵法（MEM）（Narayan and Nityananda, 1986）。自校准是用目标源自身作为模型，洁化针对的是单个视场的图像，而最大熵法更适用于多个视场的图像，目前最常用的方法便是洁化。

2. 国内外进展

中国综合孔径技术最早应用于密云米波综合孔径阵列（MSRT），是王绶琯院士 1973 年提出的。该阵列是由 28 面 9m 天线构成的，工作频率为 232MHz。天线性能在当时同类设备中屈指可数。利用该望远镜，中国老一辈射电天文学家对北天的射电源进行了普查（Zhang et al., 1993），并对一些延展的超新星遗迹进行了观测（Song et al., 1992; Shen et al., 1990; Zhang et al., 1996）。密云综合孔径阵列观测数据的处理包括固定相位及增益改正、基线及长持续时间干扰改正、电离层改正、相位改正、洁化及成图等步骤。

目前，国内正在运行的综合孔径望远镜除用于研究宇宙黎明和再电离探测的 21CMA，还有新近完成的中国厘米–分米波射电频谱日像仪（MUSER）。MUSER 是由 100 面天线组成的天线阵列，通过综合孔径成像方法研究太阳的日冕磁场、大气结构、耀斑和日冕物质抛射等科学目标。该团队初期测试时使用了 CASA（Common Astronomy Software Applications）对测试数据进行过处理。目前已经根据太阳自身的观测特点，自行发展了专用的综合孔径数据处理软件。

国际上，综合孔径望远镜从 20 世纪 60 年代到现在，一直处于持续发展的状态。在历史上具有代表性的、发挥过巨大贡献的望远镜有：低频的 WRST（荷兰）、ATCA（澳大利亚），厘米波段的 VLA（美国），毫米波段的 CARMA（美国），毫米亚毫米波段的 SMA（美国）、IRAM PdBI（西班牙）等，其中绝大部分望远镜目前依旧活跃在科学探索的前线。新一代的综合孔径望远镜已经投入使用或者正在建设中，如欧洲的 LOFAR 和 NOEMA，位于智利的 ALMA，更新升级的 JVLA。下面具体谈 SKA 探路者的基本情况（ASKAP、MeerKAT、MWA 和 FAST）。

ASKAP 是澳大利亚 SKA 先导阵列，由 36 面 12m 望远镜组成，总接收面积接近 4000m^2。ASKAP 最长基线达 6km。ASKAP 具有较大视场，最新的相位阵馈源（PAF）使得 ASKAP 的视场达到了 30deg^2。PAF 对视场的增大对于完成一些大规模观测项目至关重要。ASKAP 的系统温度为 50K，频率覆盖 700MHz~1.8GHz。ASKAP 的科学目标包括河外中性氢星系巡天、射电瞬变源巡天等。在星际介质观测方面，ASKAP 可以作为先导设备进行一些技术方案的验证，进行一些试观测，为 SKA 的正式观测做好准备。

MeerKAT 位于南非，将由 64 面 13.5m 天线组成，最长基线可以达到 8km，最终达到 20km。MeerKAT 的科学目标包括：检验广义相对论；早期宇宙中性氢气体深度巡天；中性氢和 OH 吸收线巡天。与 ASKAP 类似，MeerKAT 对星际介质的观测可以作为 SKA 的研究基础。

MWA 是一个位于澳大利亚的低频阵列，频率覆盖 80~300MHz，主要科学目标是：探测宇宙再电离时期的中性氢；研究地球电离层；研究射电瞬变现象。

我国的 FAST 已经于 2016 年 9 月建成并开始测试观测。FAST 照明口径为 300m，绝对灵敏度 $A/T = 2\,000\text{m}^2\cdot\text{K}^{-1}$。FAST 主要科学目标包括：脉冲星搜索和测时；河内中性氢成图和河外中性氢星系巡天；分子谱线搜寻。FAST 基本完成谱线终端调试，开始早期科学阶段的漂移扫描巡天。漂移扫描巡天观测将实现脉冲星搜索、河内中性氢成图、河外星系中性氢巡天等科学目标。未来两到三年，FAST 将逐步达到设计指标，开始正式观测。FAST 对河内星际介质的研究将为未来 SKA 的观测提供一些基本信息。

从综合孔径望远镜数据处理方法来看，阵列虽众多，但基本流程大体一致。以目前流行的 CASA 处理软件为例，其数据处理流程为：针对系统的预校准；针对校准源依次进行的通带校准、增益校准、流量校准；而后对可视度函数进行傅里叶逆变换，得到目标源的天空亮度分布图；进一步针对目标源成图进行的以洁化为代表的算法处理，最大限度地提高图像质量。数据处理中真正差异存在于各阵列使用的具体方法。如在算法方面，洁化和最大熵法都相应有各种版本的优化算法，比如，洁化的算法中有经典的 Hoegbom 算法（Hoegbom,1974），最常用的 Clark 算法（Clark, 1980），针对单个视场的 Cotto-Schwab 算法（Schwab,1984），针对多个视场的 Mosaic 算法等，这些林林总总的算法都是旨在某种条件下（针对望远镜特点、观测目标特点等）有效地减少运算时间，提高运行效率。但无论是哪种算法，依然存在着求解的非唯一性以及不稳定性的问题，这在目前尚未有更好的解决方案。

从流行的数据处理软件来看，从早期的 AIPS/AIPS++（始于 1978 年）到现在流行的 CASA，从 MIR 到 MIRIAD，从纯命令行式操作逐渐发展到人机交互的界面，操作的友好性得到了提升。CASA 在数据的使用方式上也取得了长足的进步，在数据处理中保留原始数据的同时，处理过的数据以多列表格形式进行递增，有效地防止了数据臃肿化。但总的来讲，综合孔径的数据处理依旧不可避免地会产生庞大的处理文件。

3. 突破的方向

综合孔径的数据处理主要存在三大方面的技术瓶颈: 更高性能的计算机, 更大的磁盘存储能力以及更优化的算法。

SKA 将要建造接收面积大于 $1\mathrm{km}^2$ 的世界上最大、最灵敏的射电干涉阵。它的建设将在科学研究和工程技术领域带来革命性的变化。SKA 采用了先进的相控阵馈源技术, 通过波束合成获得不同方向的天文数据。这一技术也增加了前端数据处理的复杂性。SKA 科学数据处理器 (Science Data Processor, SDP) 将从前端获得经过相关和波束合成后的数据, 并对这些数据进行去干扰、校准和成图, 最后将可用的科学数据送到科学家手中。然而 SKA 的观测数据流为 $\mathrm{Pbit \cdot s}^{-1}$ 的量级, 观测数据量和数据处理量都是对人类目前技术前所未有的挑战。它的不易存储性决定了 SKA 的数据处理必须是实时或准实时的。SKA 科学数据处理器将从架构、软件工程、并行算法等方面进行全新的、充分的考虑。数字信号处理部分可能会采用 FPGA+ 专用集成电路 (application specific integrated circuit) +GPU 技术。剑桥大学的 Nikolic 及 SKA 科学数据处理团队正在致力于这方面的工作 (Nikolic, 2014)。

4. 实施方案

如 SKA1 前期尚未达到所需计算能力, 科学家很可能会得到只经过简单处理的数据。除了应用已经成熟的数据处理软件 (如 CASA) 进行后续处理, 我们还需要对波束合成、大规模高速数据计算等有所准备。

1) 波束合成方面

由于国内尚无装配相控阵馈源的天文望远镜, 密切关注并积极参与 ASKAP, LOFAR 等已装配相控阵接收系统的观测及后续数据处理。

2) 大型数据计算和算法方面

积极参与 SKA 各先导望远镜大数据观测和处理工作, 同时充分利用国内观测 (如 MUSER) 和计算资源, 建立高性能计算团队 (如国家天文台计算中心)。在处理方法上, MUSER 团队放弃现有软件 CASA 的使用, 独立开发适应太阳观测的综合孔径数据处理软件为我们树立了榜样。

3) 发展国内的综合孔径力量

在发展合作的同时, 也需要努力提升自身实力。国内已有的综合孔径望远镜因观测频率或设计限制, 基本上为专用望远镜。例如, 21CMA 只对准北天极进行低频观测, MUSER 只能对望远镜南面的天区进行观测。结合了上海 65m/25m、新疆 25m、昆明 40m 和密云 50m 射电望远镜的中国 VLBI 网多用于探月、卫星轨道定位等研究。除了对现有这些设备进行技术革新外, 也应考虑在国内建设多用途综合孔径望远镜阵列 (如中国望远镜阵列 ChinaART), 用以对最新观测和数据处理技术的实验应用。

3.6.6 虚拟观测及应用

1. 引言

虚拟观测 (synthetic observation) 指的是, 基于理论模型、望远镜性能等对特定的天体目标源做出的观测预期。星际介质所处的物理环境非常复杂，比如，温度能从几 K 到几千 K，尺度可以从 AU 到上千 pc，甚至还要考虑随时间的变化。所有的这些因素对星际介质的研究提出了一定的挑战。即使有多波段的观测数据也不能全部反映出天体本身理论模型的全部信息。此外，随着新一代望远镜（如 ALMA, SKA）的造价及运行成本的提升，对星际介质的虚拟观测将能提前估计达到所需要目标的观测时间及观测设置，极大地提升了望远镜的运行效率。

构建虚拟观测需要考虑的因素很多。首先，最基础的是建立动力学模型以及对密度、温度及不同速度结构发射率的假设。半解析的参数化密度和速度结构是最常采用的。比如描述云核结构的 Bonnor-Ebert 球（Sipila et al., 2011, 2015, 2017），描述纤维状结构（filaments）的 Plummer 函数（Nutter et al., 2008），描述电离的 HII 区的斯特龙根半径、Spitzer 方程等。

其次是基于微观物理（如化学反应网络）及辐射转移的计算。基本的原子分子微观物理数据是研究微观物理过程的前提。目前已有的微观物理数据库有许多，比如莱登原子分子数据库（the Leiden atomic and molecular database, LAMDA）（Schöier et al., 2005），UMIST 天体化学数据库（Le Teuff et al., 2000），KIDA（Kinetic Database for Astrochemistry）原子分子反应数据库（Wakelam et al., 2012）等。

最后是要考虑望远镜本身的仪器效应，比如干涉仪的位形。从理论上计算得到的模拟辐射场本身是非常有趣的，但其描述的只是理想实验室环境下的结果。望远镜仪器设备本身的波束大小是一定的，最终获得的图像是望远镜的波束与模拟得到的理想辐射场的卷积。

2. 在星际介质研究领域的应用

自 20 世纪 80 年代以来，随着计算能力及计算方法的提升，虚拟观测始终伴随着恒星形成及星际介质研究。虚拟观测为解释观测以及预测望远镜探测能力提供了一种非常好的途径。比如在恒星形成领域，如何形成大质量恒星是一个悬而未决的问题。一种可能的观点是恒星通过吸积盘来获得质量（Kuiper et al., 2010）。早在 2007 年，Krumholz 等（2007a, 2007b）就计算了利用 EVLA 和 ALMA 来探测大质量年轻恒星天体（YSO）周围的吸积盘的可能性，发现 NH_3 可以用来示踪 200 AU 以内的吸积盘动力学；CH_3CN 由于光深大的缘故，不能用来示踪 200AU 半径内的吸积盘，却可以作为 200 AU-2 吸积盘的动力学的更好示踪物。年轻恒星周围的吸积盘尺度小，在距离为 kpc 量级就已经不能被已有的射电望远镜分辨清楚。SKA1 将能够提供对原初恒星吸积盘的高分辨率探测，限制恒星形成理论。从观测中如何计算星际介质中分子气体的质量，是星际介质研究中最基本的一个问题。正如在 3.6.3 小节 2. 中已有提及的，星际介质中相当一部分的气体会以"暗云"的形式存在。理解暗云在不同物理环境下的含量及演化，将提升对于星际介质中分子演化的理解。这得依赖于光致电离区（PDR）的模型。光致电离区模拟从最初的简单一维平板或者球模型（Taylor et al., 1993; Wolfire et al., 1993）发展到如今的三维流体动力学模拟（Glover and Mac Low, 2011; Glover and Clark, 2012）。模拟研究的对象也从单个的孤立云团（Bisbas et al., 2015）发展到宇宙学演化背景下的星系（Bournaud et al., 2015）。图 3.6.6 为 ALMA 对银河系典型巨分子云的 CO（1-0）及 [CI]（1-0）的虚拟观测。

目前国际上的虚拟观测研究结果与实际的观测符合得比较成功，但是仍有许多问题有待于进一步的解决。

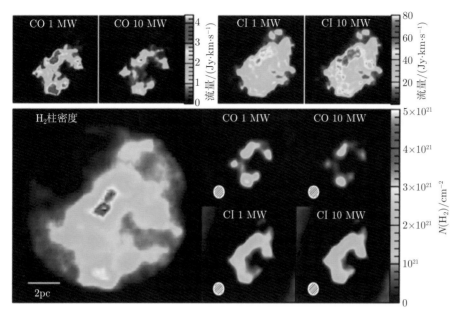

图 3.6.6 ALMA 对银河系典型巨分子云的 CO（1-0）及 [C I]（1-0）的虚拟观测

3. 突破方向

为了能得到更接近真实物理条件的演化图像，虚拟观测朝着更小的模拟格点、更多的化学反应分子、更复杂的化学反应网络，以及更复杂的天体结构方向发展，这些发展趋势对计算能力提出了巨大的需求。国内在虚拟观测方面的研究几乎是空白：一是在传统的星际介质化学模型上研究得不多，二是此类模拟非常耗费时间，需要超高性能的计算能力。现在已有许多公开的星际介质化学及光致电离区模型软件，比如 Cloudy（Ferland et al., 1998）、COSTAR（Kamp and Bertoldi, 2000）等可以做参考。SKA 数据处理中发展的 GPU 计算等技术可以作为超高性能计算的参考。国内在虚拟观测方向进行相应的准备，能够为中国科学家提出合适的 SKA 课题提供相应的参考。主要的技术方向突破如下所述。

1）流体动力学模拟

理解流体动力学模拟的限制条件是获得更理想结果的前提。比如流体动力学模拟的分辨率及子格点问题。在流体动力学模拟中，即使格点足够小，其分辨率足够分辨气体动力学过程（如膨胀 HII 区的激波），去分辨率也仍有可能不足以获得谱线或者连续谱辐射的微观物理（如 HII 区周围的原子–分子氢的转化区域）。目前已经有很多的努力来定量地确定虚拟观测中所要求的分辨率，这方面还有更多的工作要做。在做大尺度结构的模拟时，其格点太大，一般需要使用一个子格点模型来描述来自于不能分辨结构中的辐射。

2）化学反应网络

我们现在所用的很多微观物理碰撞数据都是在理想实验室环境下测量得到的。但化学反应本身依赖于整个系统，比如，是否是平衡态，辐射传输强度以及磁场强度等。

3）包含 SKA 望远镜信息的工具包

基于 ALMA、SMA、EVLA 等干涉仪的观测积累，CASA 天文软件包能够提供包含这些干涉仪效应的模拟观察日。比如 CASA 软件包中的 simobserve 就能够模拟精确到具体的观测时间以及天气条件的图像。借鉴已有的干涉仪比如 ALMA 的经验，积极发展包含 SKA 观测能力的天文包将非常迫切。

3.6.7　吸收线成像技术

谱线观测是了解星际介质组成、分布、运动、演化的重要途径。星际分子和原子受到激发时可能产生发射线。星际介质也可能在背景射电源的连续谱上产生吸收线。发射线观测和吸收线观测都是了解星际介质的重要途径，互为补充。与发射线相比，吸收线的强度不仅与星际介质本身有关，还与背景射电源的强度有关。如果背景射电源很强，则我们有可能看到发射线观测无法看到的一些星际介质。

今天对星际介质的了解，很大程度上来自于对发射线的观测。通过发射线观测，已经实现了对全天的河内中性氢的成图（LAB（Kalberla and Kerp, 2009）；HI 4PI （HI 4PI Collaboration, 2016））。基于这些观测，估计高速云在银河系气体补充中的贡献大约为 30%（McClure-Griffiths 私人通信），还有很大一部分气体我们用当前的发射线观测无法看到。这些气体可能是尺寸较小的团块或柱密度较低的弥散气体，有可能通过吸收线探测到。

中性氢柱密度和光深的关系为

$$N(\mathrm{HI}) = 1.835 \times 10^{18} \frac{T_{\mathrm{s}} \int \tau(\nu)\mathrm{d}\nu}{f} \mathrm{cm}^{-2}$$

对于暖中性介质，T_{s} 大约为 6 000K，对于冷中性介质，T_{s} 大约为 100K。f 是覆盖因子，对于背景源为点源的情形，$f = 1$。

SKA 的灵敏度极限为

$$S_{\mathrm{lim}} = 1.4 \left(\frac{A/T}{1\,000} \right)^{-1} \left(\frac{\Delta\nu}{0.5} \right)^{-1/2} \left(\frac{\tau}{2\,000} \right)^{-1/2}$$

其中，典型值按 SKA 的性能计算，为实现对河内星际介质谱线的分辨，速度分辨率为 0.1km·s^{-1}，在 1.42GHz 对应大约 0.5kHz，SKA 绝对灵敏度 $A/T = 10\,000$m^2·K^{-1}，积分时间为 2 000s。若使用 ASKAP 已有的 PAF 技术，按 30deg^2 视场计算，完成 3π 立体角观测大约需要 25 天。在此，PAF 的大视场对于完成此项巡天观测非常重要，它使得原先需要 2 年才能完成的观测可以在 30 天内完成，这使得原先看起来不太可能的观测项目变得切实可行。

为探测光深 0.1 的冷中性介质（对应柱密度约 10^{19}cm^{-2}），达到信噪比 7，需要观测流量高于 10mJy 的源。而探测光深 0.01 的冷中性介质（对应柱密度约 10^{18}cm^{-2}），达到信噪比 7，需要观测流量高于 100mJy 的源。根据 NVSS（NRAO VLA Sky Survey）星表，天空中流量大于 10mJy 的点源数密度大约为 15deg^{-2}，天空中流量大于 100mJy 的点源数密度大约为 2deg^{-2}。依靠对这些背景源的吸收线观测可实现对河内星际介质的吸收线成像，对于柱密度为 10^{19}cm^{-2} 的冷中性介质，吸收线成像分辨率可达 20 角分。

对于 SKA1，绝对灵敏度 A/T 为完整 SKA 的 10%，探测极限为

$$S_{\mathrm{lim}} = 1.4 \left(\frac{A/T}{1\,000} \right)^{-1} \left(\frac{\Delta\nu}{0.5} \right)^{-1/2} \left(\frac{\tau}{2\,000} \right)^{-1/2}$$

为探测光深 0.1 的冷中性介质（对应柱密度约 10^{19}cm^{-2}），达到信噪比 7，需要观测流量高于 100mJy 的源，天空中流量大于 100mJy 的点源数密度大约为 2deg^{-2}。吸收线成像分辨率可以达到 $1°$。

由于是对背景点源进行观测，吸收线观测也可以探测星际介质中的小尺度结构。如果在不同时期进行观测，有可能观测到小尺度结构的变化，这有助于了解星际介质中的湍流运动。

3.6.8 大数据处理及特定天体识别

随着大天区深度巡天技术的发展，望远镜将产生海量数据。如何及时有效地处理海量数据是一个重要的挑战。传统的数据采集来源单一，且存储、管理和分析数据量也相对较小，数据处理方法是以处理器为中心；而大数据环境下，需要采取以数据为中心的模式，减少数据移动带来的开销。因此，传统的数据处理方法，已经不能适应大数据的需求。大数据可以通过并行处理技术来提高数据的处理速度。通过大量廉价服务器实现大数据并行处理，且对数据一致性要求不高，其突出优势是具有扩展性和可用性，特别适用于海量的结构化、半结构化及非结构化数据的混合处理。

自动搜寻和识别特定天体对天文研究者而言是十分重要的。常用的天体特征提取和识别更多的是依赖手工和经验。然而，手工地选取特征是一件非常费力、启发式（需要专业知识）的方法，选取的结果很大程度上依靠经验和运气，而且它的调节需要大量的时间。既然手工选取特征不太好，那么能不能自动地学习一些特征呢？截至目前，在计算机领域出现了不少特征提取与匹配的方法。一般来说，好的特征应具有不变性（大小、尺度和旋转等）和可区分性。例如，SIFT（Scale-Invarian Feature Transform）算法的出现，是局部图像特征描述子研究领域的一项里程碑式的工作。由于 SIFT 对尺度、旋转，以及一定视角和光照变化等图像变化都具有不变性，并且 SIFT 具有很强的可区分性，的确让很多问题的解决变为可能。SIFT/SURT 采用 Hessian 矩阵获取图像局部最值是十分稳定的，但是在求主方向阶段太过于依赖局部区域像素的梯度方向，有可能使得找到的主方向不准确，后面的特征向量提取以及匹配都严重依赖于主方向，即使不大的偏差角度也可以造成后面特征匹配的误差放大，从而匹配不成功。

然而，源于人工神经网络的深度学习可以解决传统特征提取与匹配的缺点，并且已在图像识别领域取得了重大突破，识别能力甚至超过人类。深度学习通过组合低层特征形成更加抽象的高层表示属性类别或特征，以发现数据的分布式特征表示；通过大量特定天体样本训练深度学习模型，已开始在星体及类星体识别中取得初步成果。

新的机器学习算法，针对特定天体的数据样本较少的情况，通过机器学习新方法，实现特定天体的自动识别。同时，迁移学习为深度学习开辟了新方向，使得机器可以掌握更多特定天体的信息，同样可以实现对特定天体的自动识别。

深度数据挖掘是一项新的数据处理技术。它是从大量的、不完全的、有噪声的、模糊的、随机的数据中，提取隐含在其中的、人们事先不知道的，但又是潜在有用的信息和知识的过程。通过对海量巡天数据的处理，不仅可以挖掘出特定天体的已有属性，而且可以挖掘出多个天体属性关系。其中关联性挖掘可以挖掘出两个或两个以上变量的取值之间的某种规律性。关联分为简单关联、时序关联和因果关联。关联分析的目的是找出数据库中隐藏的关联网。一般用支持度和可信度两个阈值来度量关联规则的相关性，例如，通过关联规则可以挖掘出超新星遗迹与脉冲星的关联关系。

3.6.9　中国部署

本课题分观测数据处理技术和具体科学研究两个部分，共七个子课题（如上 3.6.2~3.6.8 小节，其中前三个子课题针对 SKA1 科学研究方面；后四个子课题为观测数据处理技术）。

本课题的主要成员是工作在星际介质天文领域里的国内一线研究人员，部分是擅长大数据处理及数据模拟的软件专家。工作重点之一放在 SKA 先导项目数据处理技术的掌握和开发上，并对具体科学目标进行 SKA1 数据模拟工作；另一个重点是获取 SKA 先导观测数据做星际介质的科学研究。

大数据处理及数据模拟工作需要部分高性能计算硬件设备和大型应用软件，也需要建立硬件数据处理和数值模拟基站，同时需要联合申请其他波段观测仪器的时间，以及超级计算机的使用时间，除现有名单列表中 21 位固定人员外，必要的时候根据项目进展需求很可能还需要临时配备人员。在现有派出学生和学者互访及国际合作的基础上，还需要开展更多的互访和合作的工作，建立国际合作组。

参 考 文 献

Anderson J P, James P A, Habergham S M, et al. 2015. PASA, 32: 19

Anglada G, et al. 2015. POS(AASKA14), 121

Badenes C, Maoz D, Draine B T, 2010. MNRAS, 407: 1301

Bisbas T G, Papadopoulos P P, Viti S. 2015. ApJ, 803: 37

Bournaud F, Daddi E, Weiß A, Renaud F, et al. 2015. A&A, 575: A56

Brand J, Blitz L. 1993. A&A, 275: 67

Burke B F, Graham-Smith F. 2002. The Observatory, 122(1171): 373

Chen Y, Jiang B, Zhou P, et al. 2014. IAUS, 296: 170

Chen Y, Zhou P, Chu Y H. 2013. ApJ, 769: L16

Clark B G. 1980. A&A, 89: 377

Draine B T. 2011. ApJ, 732: 2

Elmegreen B G, Scalo J. 2004. ARA&A, 42: 211

Etoka S, et al. 2015. POS(AASKA14), 125

Ferland G J, Korista K T, Verner D A, et al. 1998. PASP, 110: 761

Ferrière K M. 2001. RvMP, 73: 4

Filippenko A V. 1997. ARA&A, 35: 309

Glover S C O, Clark P C. 2012. MNRAS, 426: 377

Glover S C O, Mac Low M M. 2007. ApJ, 659: 1317

Glover S C O, Mac Low M M. 2011. MNRAS, 412: 337

Goldsmith P F, Li D. 2005. ApJ, 622: 38

Green G M, et al. 2015. ApJ, 810: 25

Green J A, et al. 2015. POS(AASKA14), 119

Grenier I A, Casandjian J M, Terrier R. 2005. Science, 307: 1292

Hajian A R. 2006. IAUS, 234:41

Hajian A R, Terzian Y, Bignell C. 1993. AJ, 106: 1965

Hancock P J, Gaensler B M, Murphy T. 2011. ApJL, 735: L35

Hayato A, Yamaguchi H, Tamagawa T, et al. 2010. ApJ, 725: 894

HI 4PI Collaboration. 2016. A&A, 549: A116

Hillebrandt W, Niemeyer J C. 2000. ARA&A, 38: 191

Hoegbom J. 1974. A&AS, 15: 417

Horiuchi S, Beacom J F, Kochanek C S, et al. 2011. ApJ, 738: 154

Howell D A, et al. 2009. arViv:0903.1086

Jiang B, Chen Y, Wang J, et al. 2010. ApJ, 712: 1147

Kalberla P M W, Kerp J. 2009. ARA&A, 47: 27

Kamp I, Bertoldi F. 2000. A&A, 353: 276

Kennicutt R C J. 1989. ApJ, 344: 685

Kennicutt R C J. 1998. ARA&A, 36: 189

Krumholz M R, Klein R I, McKee C F. 2007a. ApJ, 665: 478

Krumholz M R, Klein R I, McKee C F. 2007b. ApJ, 656: 959

Kuiper R, Klahr H, Dullemond C, Kley W, Henning T. 2010. A&A, 511: A81

Lau R M, Herter T L, Morris M R, et al. 2015. Science, 348: 413

Le Teuff Y H, Millar T J, Markwick A J. 2000. A&AS, 146: 157

Lee J J, Koo B C, Yun M S, et al. 2008. AJ, 135: 796

Leibundgut B. 2000. A&ARv, 10: 179

Leroy A K, Walter F, Brinks E, et al. 2008. AJ, 136: 2782

Li D, Goldsmith P F. 2003. ApJ, 585: 823

Lien A, Chakraborty N, Fields B D, et al. 2011. ApJ, 740: 23

Mac Low M M, Klessen R S. 2004. RvMP, 76: 125

Maoz D, Badenes C. 2010. MNRAS, 407: 1314

Maoz D, Mannucci F, Nelemans G. 2014. ARA&A, 52: 107

McClure-Griffiths N, et al. 2015. POS(AASKA14), 130

McKee C F, Ostriker E C. 2007. ARA&A, 45: 565

Meng X, Han Z. 2016. A&A, 588: A88

Narayan R, Nityananda R. 1986. ARA&A, 24: 127

Nikolic B, SDP Consortium SKA. 2014. SKA Exascale Radio Astronomy, AAS Toical Conerence Series, 2: 20201

Nord M E, Henning P A, Rand R J, et al. 2006. AJ, 132: 242

Nutter D, Kirk J M, Stamatellos D, Ward-Thompson D. 2008. MNRAS, 384: 755

Oonk R, Morabito L, et al. 2015. POS(AASKA14), 139

Panagia N, Van Dyk S D, Weiler K W, et al. 2006. ApJ, 646: 369

Perlmutter S, et al. 1999. ApJ, 517: 565

Reach W T, et al. 2006. AJ, 131: 1479

Reid M J, et al. 2009. ApJ, 700: 137

Riess A, et al. 1998. AJ, 116: 1009

Sale S E, et al. 2014. MNRAS, 443: 2907

Sarbadhicary S K, Badenes C, Chomiuk L, et al. 2017. MNRAS, 464: 2326

Schöier F L, van der Tak F F S, van Dishoeck E F, Black J H. 2005. A&A, 432: 369

Schwab F R. 1984. AJ, 89: 1076

Shen Z Q, Wu X J, Zhang X Z, et al. 1990. ApJ, 356: 241

Sipila O, Caselli P, Juvela M. 2017. A&A, 601: A113

Sipila O, Harju J, Juvela M. 2011. A&A, 535: A49

Sipila O, Harju J, Juvela M. 2015. A&A, 582: A48

Smith N. 2014. ARA&A, 52: 487

Song M, Li Z W, Zhang X Z, et al. 1992. SNSNR.R: 96

Stancil P C, Schultz D R, Kimura M, et al. 1999. A&AS, 140: 225

Su H, Hurley-Walker N, Jackson C A, et al. 2017. MNRAS, 465: 3163

Su H, Macquart J P, Hurley-Walker N, et al. 2018. MNRAS, 479: 4041

Sun X H, Reich W, Waelkens A, et al. 2008. A&A, 477: 573

Tang N, Li D, Heiles C, et al. 2016. A&A, 593: A42

Taylor S D, Hartquist T W, Williams D A, 1993. MNRAS, 264: 929

Thompson M, et al. 2015. POS(AASKA14), 126

Tian W W, Leahy D A, Wang Q D. 2007. A&A, 474: 541

Tompson A R, et al. 2001. WILEY-VCH Verlag GmbH & Co. KGaA

Umana G, et al. 2015. POS(AASKA14), 118

Voss R, Nelemans G. 2008. Nature, 451: 802

Wakelam V, et al. 2012. ApJS, 199: 21

Wang B, Han Z. 2012. NewAR, 56: 122

Wang L Z, et al. 2015. POS(AASKA14), 64

Weaver R, McCray R, Castor J, et al. 1977. ApJ, 218: 377

West J L, Safi-Harb S, Jaffe T, et al. 2016. A & A, 587: A148

Wolfire M G, Hollenbach D, Tielens A G G M. 1993. ApJ, 402: 195

Xu Y, et al. 2006. Science, 311: 54

Yuan H B, et al. 2014. IAUS, 298: 240

Zhang X, Chen Y, Li H, et al. 2013. MNRAS, 429: L25

Zhang X, Zhen Y, Chen H, et al. 1993. A&AS, 99: 545

Zhang X, Zhu J, Higgs L, et al. 1996. JKASS, 29: 307

Zhou P, Chen Y, Zhang Z Y, et al. 2016. ApJ, 826: 34

Zhou P, Safi-Harb S, Chen Y, et al. 2014. ApJ, 791: 87

Zhu H, Tian W W, Su H Q, et al. 2015. SSPMA, 45: 119504

Zhu H, Tian W W, Zuo P. 2014. ApJ, 793: 95

3.7 研究方向七：暂现源的科学探测

安　涛　陈　曦　李柯伽　潘之辰　王　培　王均智　王灵芝　王挺贵　王晓峰　吴庆文
闫　振　闫　震　杨　军　余文飞*　俞云伟　袁建平　张　惠

3.7.0 研究队伍和课题概况

协 调 人：	余文飞	研究员	中国科学院上海天文台
主要成员：	安　涛	研究员	中国科学院上海天文台
	陈　曦	研究员	广州大学
	李柯伽	教授	北京大学
	潘之辰	助理研究员	中国科学院国家天文台
	沈志强	研究员	中国科学院上海天文台
	王　培	助理研究员	中国科学院国家天文台
	王均智	研究员	中国科学院上海天文台
	王灵芝	助理研究员	中国科学院国家天文台
	王挺贵	教　授	中国科学技术大学
	王晓峰	教　授	清华大学
	吴庆文	教　授	华中科技大学
	闫　振	副研究员	中国科学院上海天文台
	闫　震	副研究员	中国科学院上海天文台
	杨　军	研究员	瑞典查尔莫斯技术大学/中国科学院上海天文台
	俞云伟	教　授	华中师范大学
	袁建平	副研究员	中国科学院新疆天文台
	张文达	博士后	捷克科学院天文所/中国科学院上海天文台
联 络 人：	闫　震	副研究员	中国科学院上海天文台 zyan@shao.ac.cn

研究内容　射电暂现源是国际科学委员会给出的 SKA 头五个科学目标之一，也将会是 SKA 巡天探测未知天体（the unknowns）现象的重要渠道。课题研究的主要内容包括利用 SKA-low 和 SKA-mid 的巡天观测和特殊天区的定点观测，探测来自银河系外的快速射电暴，从而揭示宇宙中神秘射电脉冲爆发现象的起源，并解释其与中子星以及致密天体并合现象的联系；在极早期发现黑洞潮汐撕裂恒星事例，从而研究宇宙中绝大部分超大质量或中等质量黑洞的性质，揭示星系中心黑洞的生长和演化规律；观测宇宙中最剧烈的爆发现象，例如，伽马射线暴、磁星爆发与超新星和（矮）新星爆发产生的射电辐射和余晖，研究致密天体的诞生过程；寻找引力波暴和引力波并合事例的射电对应体，全程观测、研究黑洞或中子星或白矮星的形成和并合等当前未知物理领域。SKA 暂现源观测研究将解决包括快速射电暴在内的时变和爆发现象的起源和爆发机制问题，探测宇宙中从恒星级黑洞到超大质量黑洞的

---

*　组稿人。

爆发活动，刻画和揭示致密天体及其剧烈活动（如黑洞和中子星并合事例）的电磁辐射性质和演化。

技术挑战　由于 SKA（以及其先期 SKA1）具有较大的视场和较大的望远镜接收面积，其对银河系内外所覆盖天区中的暂现源具有极高的探测灵敏度。随着地球自转，每天 SKA 视场将扫过极大的天区范围，能够探测和发现快速射电暴、超大质量黑洞潮汐撕裂恒星、超新星爆发、宇宙伽马射线暴（包括余晖和前奏）等一大批不同时标、对应于不同尺度和质量的致密天体爆发或并合等事例的暂现射电辐射。我们将面临下面的技术挑战：① 持续辐射和暂现射电天体的监测技术；② 大视场综合孔径成像技术；③ 短时射电暂现源的快速发现、刻画和定位；④ 射电暂现源空–地多波段后随观测的协同；⑤ 短时爆发现象在时域的搜索探测技术；⑥ 海量天文数据分析和处理等。

研究基础　近几年来，我国学者立足中国现有条件，瞄准国际前沿，通过自主提出国际大型射电阵（如美国 JVLA 大型射电阵列）的天文观测，积累了丰富的使用射电干涉阵进行天文观测、分析处理，以及研究天体连续谱和线谱辐射的经验；通过自主提出国际上主要空间天文卫星观测以及实施空地协同的射电观测，在黑洞和中子星暂现源以及超大质量黑洞撕裂恒星事例等多波段暂现源观测领域，建立了极具国际竞争力的队伍和高能暂现源监测平台；依托新疆天文台、上海天文台和国家天文台等射电望远镜设备和国际合作，掌握了常用的脉冲星搜索技术，以及射电暂现源研究和探测方法；针对高能伽马射线暴、引力波并合事例以及快速射电暴，我国天体物理理论学者提出了具有国际影响的理论模型和物理解释，为我们在有关射电暂现源领域取得重要物理进展提供了物理储备。暂现源课题团队以我国在射电和高能暂现源、射电脉冲星及射电源谱线探测、射电源相干成像和长基线定位观测研究团队为基础，吸纳国内外大学和研究单位相关射电暂现源（如旋转射电暂现源（RRAT），快速射电暴和超大质量黑洞潮汐撕裂恒星事例（TDE）等）领域较活跃的观测或理论学者，特别是基本包含了我国具有竞争美国射电干涉阵列（JVLA）对射电点源进行自主观测能力的学者。在这个研究基础和人员储备上，我们建议，今后几年以建设 SKA 原型数据处理节点、建设中国 SKA 暂现源观测和数据分析团队及平台为目标，力争在 SKA1 期间取得突出的研究成果。

优先课题　① 极短时标射电暂现现象的探测和有关科学问题。利用 SKA1-low 巡天和定点观测，搜索、发现和研究毫秒时标的射电暂现现象，包括快速射电暴、旋转射电暂现源以及脉冲星巨脉冲信号等时域信号，掌握毫秒时标射电暂现源的探测技术。② 全尺度黑洞暂现源在射电波段的监测和早期爆发发现。利用 SKA1-low 深度巡天观测，发现黑洞暂现源的爆发，例如，黑洞潮汐撕裂恒星（或者彗星）事例等河内外黑洞暂现源，发展各种尺度黑洞暂现源的监测和发现能力。③ 天体坍缩和并合物理与暂现的射电辐射。利用 SKA1-low 的巡天观测探测伽马射线暴及其射电余晖，以及黑洞或中子星并合事例的射电对应体，发展在致密天体坍缩和并合事例中的射电暂现辐射及余晖的探测能力。

预期成果　① 在 SKA1-low 的低频 50~200MHz 波段，发现和研究其较大视场内的快速射电暴等短时射电暂现源；② 在 SKA1-low 的深度、中度和浅度巡天数据中，探测黑洞暂现源的射电爆发现象并进行多波段后随观测和研究；③ 在 SKA1 各种巡天观测数据里，发现和研究天体坍缩和并合事例（如超新星爆发、伽马射线暴和引力波事例）及其多波段电磁对应体，提出物理解释。

3.7.1　暂现源科学概述

过去几十年，能够对暂现源进行短于天时标的全天或大视场（几百平方度以上）即时监视设备，主要是工作在 X 射线波段的全天或大视场监视器，比如，针对宇宙伽马射线暴在硬 X 射线能段的监测（如 CGRO/BATSE、SWIFT/BAT、Fermi/GBM 以及中欧合作 POLAR 等）；针对银河系内致密天体爆发演化的 X 射线监测（如 RXTE/ASM 和 MAXI）。在光学波段，人们只能利用具有较大视场的小型光学望远镜进行光学暂现源巡天（如 ZTF、Pan-STARRS、ASAS-SN、OGLE、MASTER 等项目，以及中国天文团队的超新星爆发搜寻项目）。在射电波段，针对暂现源的观测虽然有 LOFAR、MWA 等大视场望远镜，但受制于数据处理难度和探测灵敏度的局限，在射电暂现源的观测领域，当前大部分的研究成果都来自于射电望远镜对暂现源的后随观测。随着具有平方公里集光面积的 SKA 射电望远镜时代的到来，对暂现源射电辐射的监测将进入前所未有的时期，SKA 成为其所覆盖天区里最灵敏的大视场监视和巡天设备。虽然 SKA1 及后续的 SKA2 本身的观测视场有限，但是随着地球自转，SKA1 或 SKA2 每天能够扫过的天区将达千平方度量级，加上它们极高的探测灵敏度，SKA 成为在射电波段对多种暂现源或天体爆发现象在天时标上监测和探测的最灵敏的大视场监视器（Yu et al., 2015）。SKA1（以及 SKA2）能够为我们研究暂现源提供在射电波段前所未有的高灵敏度、高空间分辨率及高时间分辨率的观测数据，而且能够在天时标下覆盖暂现源爆发前后的长期观测数据，为我们在已知的多种类型暂现源研究领域取得突破提供了重大机遇。

在探测未知暂现源领域，SKA1（以及 SKA2）的潜力也是巨大的。正如国际 SKA 暂现源科学工作组以及许多天文和物理学者认为的那样，历史上的大型科学探测设备的重要发现，大部分来自于对未知天体和现象的探测。SKA1 以及随后的 SKA2 将能够在天时标上在射电波段监测其扫过天区内的所有持续辐射天体，发现各种爆发现象可能的射电辐射，如黑洞等致密天体的爆发现象或爆发事例（包括软 X 射线暂现源的爆发、矮新星的爆发和超大质量黑洞撕裂恒星事例等，以及黑洞或中子星等致密天体诞生过程的超新星爆发、伽马射线暴和引力波事例等）。SKA1（以及 SKA2）还有能力捕捉到持续时间极短（毫秒时标或更短）的暂现源射电爆发现象，例如，已知在射电波段的快速射电暴、主要辐射集中在硬 X 射线和伽马射线能段的伽马射线暴（gamma-ray bursts）可能伴随的瞬时射电辐射。由于 SKA 具有极高的连续谱探测灵敏度、较大的视场，以及对短时标爆发现象的探测能力等，其在暂现源领域，也最有可能探测到当前未知的天体现象和已知现象的未知性质。可想而知，SKA 也有可能在极早期探测到引力波事例对应的电磁对应体。因此，SKA 暂现源科学研究的机遇是巨大的。

暂现源科学涉及的天体对象和科学问题非常广泛，对未知天体和未知物理天文现象的探测和研究，使得成长中的中国天文容易直接进入国际先进行列。SKA 射电暂现源研究方向将为中国天文学研究跃入国际天文研究先进行列提供巨大机遇，因此在中国 SKA 项目中，针对射电暂现源的科学研究应该获得高度重视。在暂现源科学研究内容上，我们知道，SKA 将不仅能探索未知的发现空间，还能对黑洞暂现源等观测领域产生革命性的影响（Yu et al., 2015）。因此，SKA 项目从 SKA1 阶段起，针对暂现源的观测，必然伴随着大量各式各样的重要发现。为了迎接这个时代的到来，当前我们首先要组织具备射电暂现源探测技术和机遇观测的队伍，形成我国围绕射电暂现源科学研究的多波段观测队伍，为将来在有关科学方向上取得突破建立射电观测和数据分析核心团队及平台。

总之，在利用 SKA 探测未知的暂现源和爆发现象领域，中国学者和国际同行容易处于接近的起跑线水平。而在探测当前已知的暂现源研究领域，中国学者也已经具备一定的基础，并做了些前期准备。除了在黑洞暂现源的 SKA 探测领域可以取得重要发现和重要进展外（Yu et al., 2015），充分利用中国大口径单天线射电望远镜等观测设备，并结合国内外的多波段空间和地面观测设备，我们有希望取得令人瞩目的成就。我们预期会在下述暂现源研究领域取得系统性的进展。

1. 脉冲星类暂现源

自 1967 年发现首颗脉冲星以来，随着脉冲星搜寻的开展，其样本越来越丰富。其中有少数脉冲星表现出各种各样的 "暂现" 特征。例如，有些脉冲星表现出脉冲消零（nulling）现象，不同脉冲星其消零的比例不尽相同，分布于 1%~90% 的广泛范围（Wang et al., 2007）。2006 年发现的旋转射电暂现源具有更加奇特的暂现特征，表现为不可预测的单脉冲爆发。有关其物理本质可谓众说纷纭：有学者认为，旋转射电暂现源本质上是一类具有巨脉冲辐射的脉冲星（Redman and Rankin, 2009），这类脉冲星的辐射强度可能是由于距离因素，只能探测到其巨脉冲辐射；有学者认为旋转射电暂现源与脉冲的消零现象有关；还有学者认为，脉冲消零现象并不是真正的脉冲缺失，而是由强发射到弱发射的模式变换。2007 年发现的快速射电暴又进一步挑战了射电天文学家的认知。快速射电暴表现为剧烈的单脉冲射电暴发，目前仅有一颗快速射电暴探测到重复性，大部分稍纵即逝，因此对这类天体的本质和分类还需进一步深入研究。

此外，人们在银河系天体中还发现了一类磁场极强的脉冲星 —— 磁星，其磁场可高达几百亿特斯拉，是实验室最强磁场记录的上亿倍。它最显著的观测特征为具有 X 射线或者 γ 射线的重复爆发，因而其候选体为软 γ 射线重复暴。在其处于宁静态时，我们很难探测到它们的辐射，因而该类天体也表现为暂现特征。磁星辐射和供能机制与普通脉冲星也有很大的不同。普通脉冲星通过释放自转能提供其辐射能，而磁星辐射能量的主要来源应该为其磁能损失。与大多数脉冲星仅在射电波段探测到其辐射不同，大多数磁星仅在 X 射线或者 γ 射线波段探测到辐射。截至目前，人们已经发现 29 颗磁星或候选体，其中有 4 颗磁星在射电波段被探测。可见，对磁星辐射进行 SKA 高灵敏搜索探测非常有希望。

对于上述脉冲星类暂现天体或现象，无论是其物理机制，还是其内在联系和起源都还不清楚。国际以及中国在该领域的研究主要受到样本和数据有限的限制。在中国，随着国家实力增强，先后建起了佘山 25m、南山 25m、昆明 40m、密云 50m 射电望远镜。新建成的上海 65m 望远镜、FAST 望远镜以及未来的 SKA 又将观测能力提升一步。目前已经积累一些观测和研究经验，在未来的几年内，结合 SKA1 并利用中国射电观测设备，有望取得自己的发现，获得更大的脉冲星类暂现天体样本，积累更多的观测数据。而甚长基线干涉技术的采用还能进一步确定有关对应体。综合 SKA 在时域、光谱和成像方面对暂现源的观测研究，并结合中国单天线射电望远镜的后随观测，我们极有可能在脉冲星类暂现源的观测领域取得重要进展。

2. 快速爆发现象: 天体物理探针

快速射电暴是一种持续时间为几毫秒的暂现射电脉冲信号, 脉冲宽度为 0.35~9.4ms。快速射电暴具有很高的流量, 观测到的峰值流量为 0.22~128Jy。由于快速射电暴的色散量很大, 现有观测范围在 266.5~1 629pc·cm^{-3}, 一般认为, 快速射电暴是发生在银河系外的宇宙短时爆发现象。目前已经探测到 18 个快速射电暴源 (Petroff et al., 2016), 也观测到可以重复出现的快速射电暴, 这就排除了快速射电暴来源于天体的毁灭不可逆转变, 比如恒星坍缩、双星并合、灾难性的碰撞, 除非快速射电暴本身是多类起源。至今, 快速射电暴的产生机制、快速射电暴源的本质依然是未解之谜。快速射电暴的亮温度最高达 10^{37}K, 持续时间为毫秒级, 可以推断快速射电暴源的大小不会大于中子星或者恒星级黑洞。与快速射电暴同样短的天文现象有软伽马重复暴 (soft gamma repeater) 的巨耀斑 (giant flare), 射电脉冲星的巨脉冲、子脉冲, 脉冲微秒成分或者纳秒闪耀。根据已探测事件来估算, 快速射电暴的发生率大约为 1 万/天 (Thornton et al., 2013)。

类似快速射电暴、伽马射线暴等短时爆发现象本身就是重要的天体物理探针。它们可能被用来高精度地检验爱因斯坦等效原理。例如, 中国学者提出, 通过当今观测到的快速射电暴中不同射电波长的脉冲到达时间差, 可以将爱因斯坦等效原理的精度限制在极高的精度范围 (Wei et al., 2015)。预期 SKA1 和 SKA2 将会探测到成千上万个快速射电暴脉冲并精确定位, 因此 SKA1 (以及 SKA2) 对这些快速射电暴的探测将在统计意义上产生重要成果。

3. 超新星爆发: 致密天体形成

超新星爆发是宇宙中最壮观的时域天文现象之一, 它的亮度在爆发后数天到数十天达到最亮, 是太阳亮度的数亿倍至数百亿倍。超新星作为许多恒星的最后归宿, 可用于检验当前的恒星演化理论、星系的化学演化理论。根据超新星的物理形成机制, 天文学家把它们主要分为热核爆炸 (Ia 型) 和核坍缩超新星 (II 型和 Ib/Ic 型)。由于 Ia 型超新星极亮且均一的峰值光度, 它被作为宇宙距离指示器, 且发现了宇宙加速膨胀, 因而获得了 2011 年诺贝尔物理学奖。然而它的前身星模型仍然是未解之谜。超新星爆炸抛射物和它周围的星周介质或星际介质相互作用产生的射电辐射可以很好地限制超新星前身星的最后演化阶段。目前服役的天文射电设备没有探测到 Ia 型超新星的射电辐射, 很强地限制了超新星的星周环境。由于 SKA 更好的灵敏度和分辨率, 它将很有可能探测到 Ia 型超新星的射电辐射。

对于核坍缩超新星, 一直以来存在超新星发生率的问题: 即光学红外波段探测到的核坍缩超新星发生率低于大质量恒星形成率。可能是由于尘埃的遮挡, 光学波段很暗, 或由于其内禀光度比较暗。因 SKA-mid 捕获的射电光子可以穿透尘埃, 它有望发现大量 (被光学波段) 隐藏的超新星, 从而有可能解答或部分解答超新星发生率问题, 进而可更好地限制当前的恒星形成率和初始质量函数理论。

SKA1 能够探测到多种不同类型的暂现源以及可能的未知暂现源。为了很好地研究这些天体并取得重大突破, 我们首先需要在射电探测技术以及多波段机遇观测领域进行充分的准备。下面我们将分别就上述几个方向, 讨论暂现源科学探测等课题研究内容。

3.7.2 暂现源连续谱科学和核心技术

在过去的几十年里, 暂现源和持续源的全天或大视场监视主要在 X 射线波段。通过 X

射线全天或大视场监视器，人们已经探测到了各种各样的高能暂现源，其中包括银河系内的黑洞和中子星暂现源、磁星爆发产生的巨耀、位于近邻星系的超亮 X 射线源，以及河外星系中普通星系中心的超大质量黑洞对接近的恒星产生潮汐撕裂所造成的 X 射线闪耀事件。这些暂现或爆发事例的辐射能量大都来自致密天体的吸积或致密天体的磁场。当前国际同行利用 X 射线全天监视器和地面光学、射电等观测设备在 X 射线或伽马射线，以及光学、射电等波段来研究这些暂现源，在观测和理论上都取得了重要的进展。中国科研人员也利用美国或欧洲的观测设备通过空间和地面机遇观测并取得了重要成绩。由于 SKA 具有超过 JVLA 的灵敏度和较大的视场以及空间分辨能力，对视场内所有天体对象，包括暂现天体和爆发现象，能够进行天时标下的射电监测和短时标光变、光谱和成像探测。通过日复一日的观测，预期 SKA 在暂现源领域将取得前所未有的成果。在暂现源的连续谱观测方向上，主要包括以下研究内容。

1. X 射线双星不同类型喷流的产生机制

大部分银河系内的黑洞和中子星 X 射线双星都是暂现源。其中，低质量 X 射线双星暂现源是用来研究吸积物理的主要天体，特别是黑洞双星。在爆发期，黑洞暂现双星的光度要比处于宁静态时的光度增加超过 5 个量级。通常在爆发的上升阶段，黑洞暂现双星会经历不同的谱态和态跃迁。致密的连续性喷流存在于黑洞暂现源的硬态，而间歇性喷流通常在硬态跃迁到软态期间的中间态中产生。对于硬态时形成的连续性喷流，观测发现存在射电辐射流量和 X 射线辐射流量之间的相关性（Gallo et al., 2003），揭示吸积流和射电喷流之间有很强的耦合。另外，在黑洞 X 射线双星的中间态，通常可以看到由间歇性喷流产生所导致的射电闪耀现象（Fender et al., 2004）。这些间歇性喷流还没有被完全理解。当前对在黑洞和中子星 X 射线双星中的间歇性喷流的射电观测通常比较稀疏，以致我们不能系统地研究它们的射电性质来确定其物理起源和产生机制。

当前国际上两个研究团组对间歇性喷流的能量起源产生了完全不同的看法，一个研究团组在 5 个黑洞 X 射线源中发现黑洞的自旋与喷流的峰值功率呈正相关（Narayan and McClintock, 2012），揭示射电喷流的功率很可能是来自提取的黑洞自转能；另一个研究团组研究了更多的黑洞 X 射线双星的间歇性喷流的峰值功率和黑洞自旋，发现两者并没有明显的相关性（Russell et al., 2013）。中国研究团队的研究发现，黑洞暂现双星中的间歇性喷流的峰值功率同其爆发期软态的 X 射线峰值光度以及爆发上升期硬态光度的增加率呈正相关（图 3.7.1），表明黑洞双星中间歇性喷流的功率应该主要来自于非稳吸积过程（Zhang and Yu, 2015）而不是黑洞自转能。对于黑洞系统产生的间歇性喷流的功率是来源于非稳态吸积还是来自黑洞自转能的问题研究，还需要更多针对暂现黑洞双星爆发的射电和 X 射线观测。而 SKA 每天对银河系固定天区的监测观测，将很好地覆盖这些暂现源的爆发及伴随的喷流行为，最终将能回答黑洞双星中射电喷流能量来源是否同黑洞自转能有关。

SKA1（以及 SKA2）在低频波段有很大的视场和很高的灵敏度，能够观测到其视场内的黑洞暂现源的爆发全程并且能够监测整个爆发过程中的射电喷流活动和演化。这可以帮助我们研究所有明亮 X 射线双星中在 X 射线硬态时的射电流量与 X 射线流量的相关性。由于黑洞双星中间歇性喷流的上升和下降时标通常在几个小时，而 SKA1 在低频波段有很大的视场，所以这类射电爆发可以被 SKA1（或 SKA2）的观测覆盖到。已知 SKA1 的角分辨比

较高 (达到亚角秒量级), 可以探测间歇性喷流的相对论性运动。另外 SKA1 可以对其视场内的 X 射线双星进行 50MHz~14GHz 多波段的同时监测观测。这将能帮助我们在小于 "天" 的时标上来研究 X 射线双星中喷流的宽波段能谱。结合其他波段 (如 X 射线波段) 的监测观测, 我们预期将通过 SKA1 (以及 SKA2) 在天时标或更短时标上的监测观测, 揭示黑洞和中子星双星中致密喷流和间歇性喷流的产生机制和能量来源等。

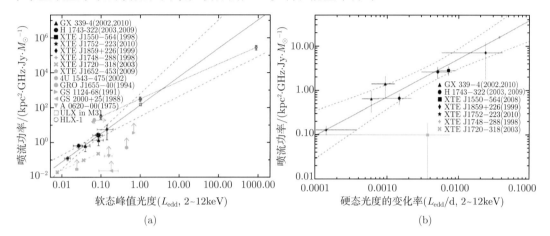

图 3.7.1 暂现黑洞双星中间歇性喷流峰值功率与软态峰值光度呈正相关 (a); 间歇性喷流峰值功率与爆发上升期硬态的光度增加率呈正相关 (Zhang and Yu, 2015) (b)

2. 暂现 X 射线双星处于宁静态时的吸积流本质

我们发现 X 射线双星在宁静态时的 X 射线谱态可能与低硬态的 X 射线谱类似。当前最灵敏的射电望远镜还很少能探测到银河系内处于宁静态的 X 射线双星中所预期的射电辐射。然而在相应于宁静态时的低物质吸积率, 不同的吸积理论模型有不同的预言。其中一个预言是在宁静黑洞 X 射线双星中, 与热吸积流的辐射相比, 喷流的辐射起着更加主导的作用 (Yuan and Cui, 2005), 这会导致射电流量与 X 射线流量的相关关系变得比明亮期更陡。最新的研究表明, 我们过去可能极大地低估了银河系内存在的黑洞双星数量, 且其中绝大部分应该都是处于 SKA1 能够探测到的黑洞宁静态 (Tetarenko et al., 2016)。由于 SKA1 具有极高的探测灵敏度, 它将能探测到大量未知的, 但仍处于宁静态的 X 射线双星。因此, SKA1 (以及 SKA2) 将成为研究处于极低质量吸积率的 X 射线双星的重要观测设备。

3. 发现银河系和近邻星系双星系统中的黑洞和中子星

证认质量从恒星级到超大质量的黑洞对于天文和物理都有着重要的意义。人们已经估计在我们的银河系中大约有 10^8 个恒星级质量的黑洞 (Shapiro and Teukolsky, 1983; van den Heuvel, 1992)。如果我们假定它们中的一半存在于双星系统中, 那么银河系中将会有数量级在 10^7 左右的黑洞 X 射线双星。然而迄今为止, 我们在银河系中仅仅从动力学上证认了 20 多颗黑洞 X 射线双星 (McClintock and Remillard, 2006), 而最新的观测研究表明, 银河系确实存在大量的、宁静的黑洞 X 射线双星 (Tetarenko et al., 2016)。SKA1 能够确定黑洞暂现双星宁静态的射电辐射性质。利用这些射电辐射性质, 我们可以将黑洞 X 射线双星与其他诸如激变变星和银河系核球中的变星之类的低光度 X 射线源很好地区别开来。由于 SKA1 和 SKA2 的灵敏度很高，预期大量的黑洞 X 射线双星将被发现，从而揭示恒星级质量黑洞的统计性质，例如，在银河系里的分布以及质量函数等。这将会促进我们对许多天体物理前沿课题的理解，如恒星形成历史、双星演化、恒星质量黑洞和中等质量黑洞的形成等。

4. 超亮 X 射线源的本质和可能的中等质量黑洞

在近邻星系中的超亮 X 射线源的本质还没有完全解决，寻找中等质量黑洞仍是重要科学目标，而确认星系中存在中等质量黑洞对于我们理解宇宙是怎样演化以及黑洞是怎样形成和生长有着非常重要的意义。利用 SKA 在射电波段的长期观测，我们将能够区分单个超亮 X 射线源的本质到底是恒星级质量的黑洞或致密天体，还是中等质量的黑洞。对于恒星质量黑洞起源的超亮 X 射线源，它们应该对应于黑洞的超爱丁顿吸积（Begelman, 2002）。然而对于中等质量黑洞起源的超亮 X 射线源，黑洞进行着亚爱丁顿吸积，其爱丁顿质量吸积率至少要比超爱丁顿吸积低两个数量级。对于后者，这些天体的射电-X 射线辐射光度关系，应该符合由恒星级质量黑洞和超大质量的黑洞所满足的基本面（fundamental plane）关系。

利用澳大利亚的射电致密阵 ATCA 和美国的 VLA，在两个超亮 X 射线源（HLX-1 和位于 M31 中的 XMMUJ004243.6+412519）中也观测到了光学薄的射电闪耀现象（Webb et al., 2012; Middleton et al., 2013）。研究发现，如果 HLX-1 中的致密天体是一个中等质量的黑洞，而另一个源 XMMUJ004243.6+412519 中的致密天体是一个恒星级质量的黑洞，那么它们的射电峰值功率和爆发的 X 射线峰值光度也会满足在黑洞 X 射线双星中的相关关系（图 3.7.1（b））（Zhang and Yu, 2015）。有研究工作发现两个超亮 X 射线源的辐射存在 X 射线脉冲信号，证实了超亮 X 射线源也可能是吸积中子星 X 射线双星（Karino and Miller, 2016; Fürst et al., 2016）。这就为超亮 X 射线源的研究提出了更多的挑战。超亮 X 射线源中有多少是中子星吸积系统？有多少恒星质量黑洞系统是超亮 X 射线源？超亮 X 射线源中有没有中等质量的黑洞？受目前的射电望远镜阵灵敏度的限制，我们对超亮 X 射线源的射电观测能力还十分有限，而 SKA1 的建成将会极大地提高对超亮 X 射线源的射电辐射的观测能力。利用 SKA1 我们可以系统地研究超亮 X 射线源的射电性质（包括能谱演化和变化时标等方面），甚至能够探测到这些天体中可能的间歇性喷流，通过与已知河内 X 射线双星暂现源的对比研究，可以从统计上回答这些超亮 X 射线源中的致密天体本质。

5. 超大质量黑洞潮汐撕裂恒星事例：早期发现和全程监测

超大质量黑洞撕裂恒星事例是指位于星系中心的超大质量黑洞由于巨大的潮汐力把一颗接近的普通恒星撕裂并且把其物质残骸吸积的过程。这个撕裂和吸积过程依赖于超大质量黑洞的质量和自旋以及恒星本身的性质。超大质量黑洞的质量和恒星的质量及半径决定了潮汐瓦解半径，而超大质量黑洞的质量和自转决定了视界的尺度：理论研究显示，对于质量大于 $2 \times 10^8 M_\odot$ 的施瓦西黑洞，与太阳质量和半径接近的恒星将会在被撕裂之前直接被超大质量黑洞吞没。理论研究表明，超大质量黑洞撕裂恒星事例辐射的峰值光度依赖于超大质量黑洞的自旋以及黑洞自转轴和恒星轨道面之间的夹角（Kesden, 2012），因此这类事例是探测宇宙中绝大部分宁静超大质量黑洞质量和自转性质的重要手段。被撕裂恒星的性质也体现在后续的光学光谱辐射里，因此我们可以在 SKA 探测这些事例之后，通过安排后随光学观测，研究被撕裂恒星的性质。超大质量黑洞撕裂恒星事例有可能产生 X 射线或紫外射线闪耀，随后的光学辐射被认为起源于已经电离但未被黑洞引力束缚的恒星残骸（Gezari et al., 2012）。

在 2011 年，SWIFT 卫星探测到两例相对论性潮汐撕裂事例：Swift J1644 和 Swift J2058。它们的 X 射线谱为幂律谱型，并且它们的峰值光度远超过爱丁顿光度。它们各向同性的射电光度为 $10^{35} \mathrm{J \cdot s^{-1}}$，这是由视线和相对论喷流的夹角很小造成的。在 Swift J1644 的爆发中，喷流的动力学能量（kinetic energy）首先在第 30~250 天快速增加，然后在第 251~600 天保持稳定或者略微上升（Zauderer et al., 2013）。超大质量黑洞潮汐撕裂恒星事件中集束的射电辐射给我们提供了唯一的机会来研究来自于超大质量黑洞的相对论外流的形成和单个源中大动态范围吸积率下的吸积及其与相对论性外流之间的耦合。SKA1 是一个研究这种爆发过程的理想射电观测设备。在低频波段 SKA1（以及 SKA2）的视场很大，探测灵敏度也很高，它不仅能够观测集束辐射和非集束辐射主导的超大质量黑洞潮汐撕裂恒星事例，也可以在射电波段至少在天时标上监测整个潮汐撕裂事件的前前后后（图 3.7.2）。SKA1 的大视场和高灵敏度也有利于探测到视场中大部分超大质量黑洞潮汐撕裂恒星事例在极早期爆发阶段可能伴随的射电流量变化，而这是其他小视场望远镜所做不到的。SKA1 和今后的 SKA2 具备超前于 X 射线全天监视器探测到这类超大质量黑洞撕裂恒星事例的能力（Yu et al., 2015），因此 SKA1（以及 SKA2）将为研究这类爆发现象最早期的物理过程提供不可多得的观测数据，也将为我们中国学者提出空间和地面机遇观测从而限制超大质量黑洞的质量和自转提供重要机遇。

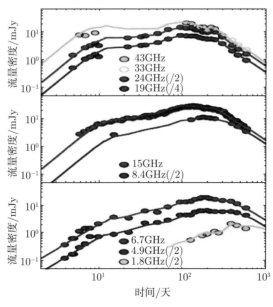

图 3.7.2　著名超大质量黑洞撕裂恒星事例 Swift J1644 的后随射电观测以及射电流量的光变曲线（Zauderer et al., 2013），SKA1（以及 SKA2）可对视场中这类黑洞爆发事例做早期预警，同时将能在天时标上全程监测这类超大质量黑洞撕裂恒星事例（Yu et al., 2015）

6. 黑洞和中子星暂现源爆发的早期预警

长期以来，黑洞暂现源的监测主要依赖在光学波段的定点观测和在 X 射线波段进行的空间大视场或全天监测。而在过去几十年中，X 射线监视器的灵敏度为 10mCrab 水平。根据黑洞吸积系统中射电辐射流量与 X 射线辐射流量的相关关系，当暂现源趋向于低光度时，射电辐射流量要比 X 射线流量下降得更慢。在极低的质量吸积率下，SKA1（以及 SKA2）在射电波段对这类天体的监测将超越下一代 X 射线全天监测器，因此从 SKA1 时期开始，利用 SKA 对黑洞暂现源的监测将超越空间 X 射线全天监视器，可以早期预警黑洞的爆发。

现有的 X 射线观测发现，在银河系核球区域 $25° \times 2°$ 的区域内约有 80 多个 X 射线暂现源或持续源，而在 $8° \times 8°$ 的区域内共 35 个这类 X 射线双星。我们可以通过 SKA1-low 每天对这部分天区的覆盖，监视这些已知源的爆发，估计 SKA1-low 将会比近期的 X 射线全天监视器提前一周左右发现这类源的爆发，做出预警，以便于其他地面和空间望远镜进行多波段协同观测。

7. 超新星爆发的射电巡天

超新星代表特定类型恒星演化至晚期的灾变爆发现象，与天体物理众多前沿问题和极端物理过程密切相关，如恒星的形成和演化、激波与星周介质的相互作用，以及测量宇宙加速膨胀等。超新星爆发的主要能量集中在光学波段，但在射电波段也会产生非热辐射。这是由于超新星爆发时产生的激波与前身星星周介质（或星风物质）相互作用形成相对论性电子和强磁场结构，从而导致产生同步加速辐射（Chevalier, 1982a, 1982b, 1998）。此外，在超新星爆发后期爆炸抛射物与星周或者星际物质相互作用也会产生射电辐射。超新星的射电辐射强度与星周物质的密度和结构有关，因此开展射电观测可以限制超新星前身星的恒星风演化，从而揭示爆炸前最后阶段的恒星演化性质，验证大质量恒星的演化模型。图 3.7.3 显示了不同类型核心坍缩超新星射电光度的分布特性 (Perez-Torres et al., 2015)：IIn 型具有最强的射电辐射，其典型光度为 $10^{28} \mathrm{J \cdot s^{-1} \cdot Hz^{-1}}$；Ibc/ IIb/ IIL 超新星的典型光度为 $10^{27} \mathrm{J \cdot s^{-1} \cdot Hz^{-1}}$；IIP 超新星的射电光度一般低于 $10^{26} \mathrm{J \cdot s^{-1} \cdot Hz^{-1}}$，但其数量占据核心坍缩超新星的 70%，在光学波段显示了很大的观测多样性，因此需要灵敏度更高的射电望远镜（如 SKA1）进行系统的观测研究。而 SKA2 也有希望通过对 25Mpc 以内的 Ia 超新星的射电观测对其前身星性质给出统计意义上的限制。

当前的超新星搜寻和观测主要集中在光学波段，但这一波段发现的核坍缩超新星样本由于遭受尘埃消光的影响而可能被严重低估。考虑这一影响，邻近宇宙（如 $z < 0.1$) 超新星巡天发现的核心坍缩超新星丢失的比例为 20% 左右（Mattila et al., 2012），而在红移 $z \sim 1.0$ 附近这一比例则接近 40% 左右（图 3.7.4 (a) ）。与光学波段相比，射电波段的巡天观测则不受消光的影响，因此国际上有一些项目也致力于射电波段的超新星和宇宙暂现源的巡天发现，如 VLA 巡天。SKA 与目前存在的射电望远镜相比具有非常大的视场和极高的灵敏度双重特点，如 SKA1-sur 的视场为 18deg^2，空间分辨率为 0.9 角秒，因而具有高得多的探测效率。SKA1-sur 1h 积分的探测灵敏度为 3.7μJy，因而可以探测到距离 $\sim$200Mpc 以内的 Ibc 型超新星。依据局部宇宙 ($z < 0.1$) 的核坍缩超新星的产生率，如 $\sim 0.9 \times 10^{-4}$ 超新星 $\cdot \mathrm{a^{-1} \cdot Mpc^{-3}}$ (Li et al., 2011), 如果 SKA1-sur 能在 1 年内覆盖 1 万 deg^2 天区，预计可以发

现近 300 颗核坍缩超新星; 而 SKA 全部建成后 1 年内 (其灵敏度可到 50nJy·beam^{-1}) 可以发现 ~14 000 颗各类核坍缩超新星 (包括大量的超量超新星样本), 其中最远可发现 $z \sim 5$ 的核坍缩超新星 (图 3.7.4 (b))。结合光学的巡天发现, 这一完备的射电超新星样本将帮助深入理解宇宙早期超新星物理以及大质量恒星的形成和演化历史。

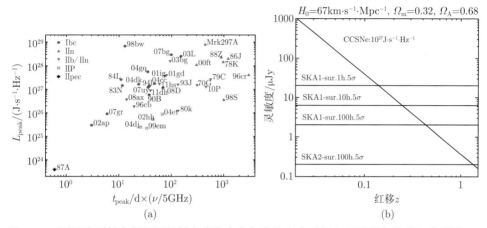

(a)   (b)

图 3.7.3　不同类型射电超新星的射电峰值光度与峰值光度时间和观测频率的乘积关系图 (a) (Chavelier et al., 2006; Romero-Canizales et al., 2014; Perez-Torres et al., 2015); 利用 SKA1-sur 在 1.67GHz 处观测典型光度为 $10^{27} J \cdot s^{-1} \cdot Hz^{-1}$ 的核心坍缩超新星的灵敏度随红移的变化 (b) (Wang et al., 2015)

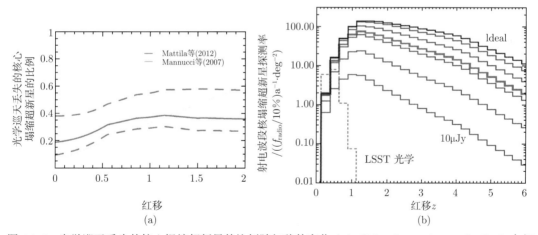

(a)   (b)

图 3.7.4　光学巡天丢失的核心坍缩超新星的比例随红移的变化 (a) (Mattila et al., 2012); SKA 全部建成后预期在 1.4GHz 发现的核坍缩超新星数量随红移的函数 (b) (Lien et al., 2011)
红色代表 50nJy 的灵敏度; 最上面黑线代表 1nJy 的灵敏度

8. 引力波和短伽马射线暴的射电余晖

自 LIGO-Virgo 首次探测到由双中子星并合产生的引力波信号 (GW170817) 以来 (Abbott et al., 2017), 对引力波电磁对应体的搜寻和监测迅速成为多波段天文观测的重要目标, 并在 GW170817 事件中获得了巨大的成功。人们先后探测到与 GW170817 成协的伽马射线暴

GRB 170817A（Goldstein et al., 2017）、千新星（kilonova）AT2017gfo（Arvavi et al., 2017; Coulter et al., 2017; Kasliwal et al., 2017; Kilpatrick et al., 2017），以及多波段非热余晖辐射（Troja et al., 2017; Hallinan et al., 2017），标志着多信使天文学的一个新时代的开启。

　　这些发现证实了短伽马暴的致密星并合起源假说和千新星的理论预言，从而说明了宇宙中超铁元素的主要来源。但是，也留下了诸多新的问题。比如，GRB 170817A 是典型短伽马暴的侧向表现，抑或是一种新的低光度短伽马暴？并合抛射物可以具有多大的质量和具有怎样的结构？中子星在并合前后分别具有怎样的状态？对这些问题的回答，可以从伽马暴喷流和并合抛射物与环境介质相互作用产生的余晖辐射中找到一些线索。如图 3.7.5 所示，在 GW170817 后半个月至一百多天的时间内，人们监测到了持续上升的射电辐射，它与 X 射线和光学观测的结合展现出了明确的非热谱特征（Mooley et al., 2017; Lazzati et al., 2018）。与此同时，余晖辐射流量随时间的演化也可用来很好地限制喷流及其茧（cocoon）状包层的结构（Moolley et al., 2017; Lazzati et al., 2018; Margutti et al., 2017），而这些结构的形成又进一步有利于确定并合抛射物乃至中心能源性质。鉴于这些短暴余晖的辐射主要集中在射电波段，因此利用 SKA 的探测灵敏度，我们将有望未来在对引力波（短伽马暴）射电余晖的监测时，结合引力波多信使数据，显著加深人们对致密星并合物理过程的理解。

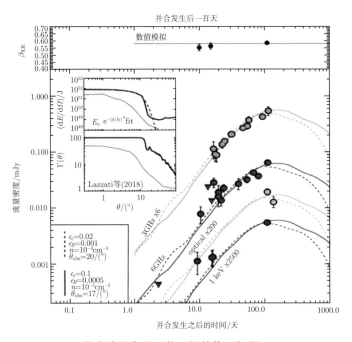

图 3.7.5　GW170817 的多波段余晖及其可能的物理解释（Margutti et al., 2017）

9. 暂现源连续谱辐射的探测核心技术和现有基础

　　随着近十几年中国射电天文仪器的不断发展和国际合作，中国射电天文研究队伍也有了一定的规模。首先，结合利用国外大型射电望远镜设备如 JVLA、VLBA、ATCA、Parkes、GBT 等，以及中国的观测设备如新疆天文台南山观测站的 25m 望远镜、上海天文台 65m 射电望远镜、FAST、21CMA 等大中小型望远镜，中国天文学者已经掌握暂现源射电连续谱观测和数据处理的基本技术。其次，中国的暂现源观测研究团队也具备竞争国外空间和地面多波段观测设备的公开观测时间的能力，并已经针对暂现源实施过多波段机遇观测或协同观测。例如，上海天文台高能观测团队曾成功实施欧洲 XMM-Newton 空间 X 射线天文卫星和美国 JVLA 射电阵对黑洞暂现双星 1H1743-322 爆发态的同时观测。可以预期在暂现源连续谱观测领域，我们已经具备利用 SKA1 以及其他国外多波段观测设备开展暂现源前沿科学问题观测研究的能力和基础。最后，在 SKA 暂现源研究领域，中国学者提出了不少具有创新性的想法，比如，首次提出 SKA 对黑洞暂现源的监测将会是革命性的（Yu et al., 2015），以及可以利用 SKA 对快速射电暴的观测高精度地检验爱因斯坦等效原理等（Wei et al., 2015）。

SKA1（以及 SKA2）将提供高质量的观测数据让我们开展上述科学研究。SKA1-low 的视场比较大，大约 20 多平方度，工作波段在 50~350MHz，分辨率在角秒量级，在相应波段对点源的探测灵敏度将轻易达到每天几个微央斯基的水平。伴随地球自转，SKA1 能够对视场内的暂现源做天时标或更短时标上的监测（由于视场较大，单个天体每天落在视场内的时间较长）。对于黑洞暂现源来说，SKA1 可以保证我们比同时代的 X 射线全天监视器更早探测到黑洞暂现源的爆发，并对新的暂现源爆发做出预警。同时，对于黑洞等暂现源以及超亮 X 射线源中可能存在的间歇性喷流，SKA1-low 将能探测到这类喷流比较完整的喷发和演化过程。SKA1-mid 的灵敏度和分辨率都要比 SKA1-low 高至少一个数量级，这样的高灵敏度特别适合对处于宁静态的黑洞和中子星暂现源的射电辐射进行探测，从而可以证认一批黑洞等致密天体。但由于其视场较小，更加适合做 SKA1-low 发现的暂现源目标的后随观测。我们拥有针对不同类型的暂现源设计安排不同观测方案的能力。

3.7.3 暂现源谱线科学和核心技术

由于技术和设备能力上的限制，目前国际上开展的暂现源射电谱线观测研究很少，而 SKA1 同时具备大视场、高时间分辨率、高灵敏度及高空间分辨率的优势，为暂现源相关的科学观测提供了新的机遇和全新的突破口。针对重要的暂现源和天体爆发现象进行射电观测和研究非常重要，应该成为中国 SKA 暂现源科学研究的重要发展方向，结合中国单孔径射电天线设备的观测，我们预期在这个方向上很可能取得重大突破。

暂现源射电谱线相关研究对象将包括如下几类天体对象：快速射电暴、射电超新星、AGN 活动及 TDE、GRB 余晖等。首先通过高灵敏度的射电连续谱观测可以获得高信噪比的信号，探测到这些暂现源。但是，单有射电连续谱的信息，我们得到的这些源爆发或起源信息不全，对进一步的研究有很大的限制。比如，没有天体的红移信息，就不能够知道这些暂现源的距离等；谱线观测还可能提供这些暂现源爆发的物理条件和可能机制的线索。下面，我们对这几类源的射电谱线观测研究分别进行阐述。

1. 快速射电暴

到目前为止，大部分发现的快速射电暴只探测到一次爆发，而且由于是用单天线望远镜观测获得，位置信息并不准确；2017 年之前，只有一个源探测到了重复暴，并于近期通过 VLBI 技术结合复杂的数据处理及观测手段将其位置准确定出并确认其宿主星系（Chatterjee et al., 2017），从而得到这个宿主星系的红移为 0.19273（Tendulkar et al., 2017）。但是，对于其他没有发现重复暴的源，究竟是什么起源以及是否会有重复暴，都无法得知，这对于完整理解整个快速射电暴群体的起源问题十分重要。通过 SKA1-mid 同时具有的大视场、高时间及空间分辨率的优势，我们可以期望探测到更多的快速射电暴，而且有望获得这些源准确的位置信息，进而找出其对应体。这对于判定大部分的快速射电暴的起源有很大的帮助。由于 SKA1-mid 视场大、巡天速度快，SKA 还将检验大部分的快速射电暴是不是有重复暴的现象。

但是，如果能够在获得快速射电暴的连续谱辐射性质的同时获得其线谱信息，通过吸收线（HI 21cm 谱线，OH 以及 H_2CO）确定其红移，这对于研究快速射电暴的起源十分重要。对于目前大部分的望远镜，这类观测的难度在于不能同时保障有高时间分辨率和较高的谱分辨率，而 SKA1 将可以达到这个要求。由于这种观测快速射电暴的吸收线的方法是对其进行直接测量，而通过位置定出对应的宿主星系进而测到红移属于间接测量，因此吸收线方法获得的天体红移会更加准确。这种观测最大的难处在于无法事后补充相应的观测，需要在探测到快速射电暴的同时就获得其谱信息测量红移，所以，必须是有关望远镜同时具备高时间分辨率与较高的谱分辨本领两个条件，这特别适合 SKA1-mid 开展。同时，在 SKA1-mid 开始工作之前，我们可以利用中国自己的大型射电设备 FAST 的数据，开展这方面的工作，对望远镜的数据采集要求同时具备高时间分辨率及较高的谱分辨本领，这样在空间分辨率不占优势的情况下，仍然可以利用其同时具备高灵敏度、高时间分辨率、较高谱分辨本领的优势，新发现一批快速射电暴并确定其红移。这方面的观测，由于同时要求高时间分辨率及较高的谱分辨本领，数据量将会十分庞大，对 FAST 的观测模式、数据采集与传输、数据处理等提出了很高的要求。一般情况下如果只是对暂现源做连续谱的探测并测量色散（DM），谱分辨率要求并不高，只是时间分辨率要求高，同时需要测量谱信息并确定红移，数据量会有量级的提高。在原始数据采集下来后，我们可以先将谱分辨率降低（用以提高信噪比）进行快速射电暴信号的搜寻，然后将搜寻到快速射电暴的时刻附近的原始数据取出，进行仔细的谱分析，进而获得相关的红移信息。

2. 射电超新星

作为大质量恒星的演化阶段的晚期阶段，超新星爆发过程对星际介质的反馈，对星际介质性质以及下一代恒星形成有很大的影响。在恒星形成活动特别剧烈的星系中（比如亮红外星系及极亮红外星系中），超新星产率很高，而由于这些星系中有着大量的气体和尘埃，光学波段消光很大，无法看到这些超新星的爆发，所以，射电波段的观测，可以很好地探测这类超新星的爆发。而且，这些超新星在射电波段存在的时间较长，可以持续几年（Lonsdale et al., 2006），通过高空间分辨率（几十毫角秒）的监测，可以发现新爆发的超新星。这些射电超新星（或者年轻的超新星遗迹）的流量随着时间的推移逐渐变小，对最近的极亮红外星系 Arp220 中的观测结果（Lonsdale et al., 2006）表明，每年大约有 4 个新的射电超新星出现，而可以探测到在 0.05mJy 以上的射电点源（射电超新星及年轻的射电超新星遗迹）则有 40 多个，需要空间分辨率在 0.01 角秒左右才可以很好地分辨出一个一个的点源，其中超过 0.4mJy 的源有 10 个左右（图 3.7.6）。目前的设备，只能通过最灵敏的 VLBI 网（加上大的单天线望远镜设备）来进行连续谱的观测，保证灵敏度和空间分辨率，获得这些射电点源的位置及流量信息。如果单纯是进行射电超新星的计数，获得（极）亮红外星系中超新星的爆发率，那么通过 SKA1-mid 加上部分离得较远的单天线望远镜构成 VLBI 网（这个波段单独

SKA1-mid 的空间分辨率只有 0.5 角秒左右, 不够分辨单个的射电超新星) 来进行连续谱观测, 已经可以保证在几小时内得到很好的图像资料。但是, 如果能够有谱信息 (HI 21cm 谱线以及 OH 的吸收线), 我们可以获得这些星系中分子气体及原子气体的组成等信息, 这些信息对研究这些星系中的恒星形成及星际介质演化有着十分重要的作用。在进行这类研究的时候, 如果不加上一些口径大的单天线望远镜, 能够观测的天体将极少。所以, FAST ＋ SKA1-mid 将是一个非常重要的工具, 可以对 200Mpc 以内的极亮红外星系进行此类研究。这样的观测, 虽然属于有时变的源, 但是, 由于时变的时标长, 而且也不关注具体的变源的性质, 我们进行观测的时候, 对望远镜的时间分辨率没有要求, 而只追求高空间分辨率、高灵敏度及较高的谱分辨率本领, 同时, 也不适合用巡天模式来观测, 对于固定目标, 需要邀请其他大的单天线望远镜 (比如 FAST) 协同进行观测。

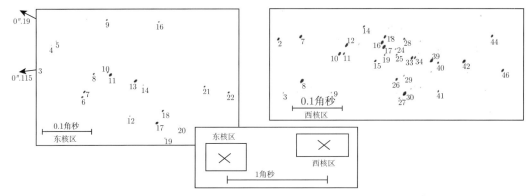

图 3.7.6 针对 Arp 220 的高分辨射电观测及相关视场

3. AGN 的活动及超大质量黑洞撕裂恒星事例

AGN 是射电天文研究的一个重要方向, 在射电波段主要的研究手段是通过高空间分辨率观测, 其发出连续谱辐射的空间分布及时变, 研究核活动, 近期有观测 AGN 导致的气体外流方面的工作, 比如分子外流 (Cicone et al., 2014) 等, 但是这类工作主要是通过 (亚) 毫米波分子谱线观测进行, 适合 ALMA 这样的设备, 并不适合 SKA1。对于 SKA1, 可以开展的科学研究包括: 通过大视场巡天的数据, 对某些天区进行多历元的观测, 得到连续谱监测数据, 研究 AGN 的射电辐射光变。但是, 如果缺少谱信息, 将缺失不少重要的信息。我们可以对这样的数据进行谱分析 (对谱分辨率要求也不是特别高, 正常的观测模式应该可以满足要求), 可以获得 HI 及 OH 的吸收线信息, 结合同时获得的宿主星系的 HI 成图信息, 获得 AGN 周围气体外流 (蓝移) 或者内流 (红移) 的信息、分子气体与原子气体的比例, 特别是利用有连续谱光变时, 不同的连续谱背景情况下吸收线性质的异同, 更好地研究气体性质。同时, 利用得到的 SKA1-mid 高频部分的数据, 可以获得 AGN 的窄发射线区的信息, 研究窄线区的流量、线宽等与低频射电连续谱的光变的关系, 进而研究产生这些光变的原因及光变现象中的物理过程。

另外一个很重要的研究方向是研究星系中心超大质量黑洞潮汐撕裂恒星事例 (Tidal Disruption Events, TDE)。之前在光学、红外 (Jiang et al., 2016) 及射电波段有过多个潮汐撕裂恒星事例的探测。通过光学波段的禁线的观测, 可以获得黑洞周围冕区的信息 (包括估算发射区的物理尺度等）。通过射电连续谱的巡天数据，有可能发现一批这类特殊现象，可以研究星系中心超大质量黑洞、AGN 统一模型、II 型 AGN 与 I 型 AGN 可能的转换等，在此类暂现现象中，上述描述过的研究内容（HI 及 OH 吸收、窄线区发射线等）都可以作为重要的工具来获得相关的重要信息，同时，还可以尝试利用 SKA1-mid 进行其他谱线的观测（比如甲醇脉泽、CH 等），大部分观测应该可以通过正常的巡天数据获得。这些谱线观测的信息与光学波段的禁线的信息是有益的互补，特别是窄线区的发射线成像，有可能很好地直接测量冕区的物理尺度及运动学，进而研究黑洞周围的动力学过程。

针对这部分的观测研究，我们可以在 SKA1 还未竣工前申请 JVLA 来开展。特别是研究 HI 和 OH 的吸收线，通过选择强的射电源，可以在 SKA1 开始工作前做好准备，从而在 SKA1 竣工时占得先机。

4. 伽马射线暴（GRB）余晖

GRB 的射电余晖比较适合 SKA1 这样的干涉仪来进行观测，它的瓶颈不是绝对灵敏度（FAST 这样的单镜在这类搜寻中没有优势）。我们可以期望通过 SKA1 获得大量的 GRB 余晖的观测数据。同前几个课题类似，如果没有线谱信息，我们只能进行简单的谱指数分析，不能研究 GRB 余晖周围气体的性质。通过对 GRB 余晖的 HI 及 OH 吸收线的观测（依赖于其射电辐射强度），我们可以获得这些 GRB 周围星际介质的信息，同时，这些 GBR 的宿主星系中，部分源可以有比较稳定的较强的射电连续谱辐射，通过对其吸收线（无 GRB 时）的观测，可以研究宿主星系整体的气体性质，这对于更好地理解 GRB 物理以及天文学应用，将会起到比较重要的作用。同样，在 SKA1 建成前，应该争取申请 JVLA 进行部分相关工作，为利用 SKA1 开展工作打下坚实的基础。

5. 大质量恒星形成与晚期演化的谱线研究

以银河系为例，大质量恒星（质量大于 8 个太阳质量）与银河系内的高能天体爆发过程、星际介质的演化密切相关，也在银河系的演化过程中发挥着重要作用。但是迄今我们对大质量恒星的形成机制仍旧不是很清楚，对暂现爆发现象如超新星爆发以及伽马射线暴的前身星的了解在观测上基本处于空白。由于大质量恒星形成在致密的尘埃与分子气云中，因而星际消光非常严重。但消光对射电波段观测基本上没有影响，因而射电（包括连续谱和谱线）观测是研究大质量恒星形成最为重要的手段。在大质量原恒星形成后几万年的时间内会在其周围气体云核中形成一类特殊的谱线辐射天体（分子脉泽）（Ellingsen et al., 2007）。由于分子脉泽具有致密及高亮温度辐射特性，可以为研究大质量恒星形成小尺度区域的物理及动力学提供重要的研究工具。尽管对于某一个特定源，天体脉泽辐射现象可以持续几万年的时标，但对于示踪每个小尺度区域的脉泽辐射（称为脉泽斑），却具有非常明显的光变性质，其光变时标对于每种分子脉泽辐射可以在天到年的量级不等。有的脉泽斑的光变可以有几个周期的持续，有的则出现几次后消失。脉泽斑的光变与原恒星本身的物理及动力学性质密切相关。比如，甲醇脉泽（频率 6.7GHz）的周期性光变可能与原恒星的射电辐射变化或原恒星的双星绕转有关（Parfenov and Sobolev, 2014）。因而脉泽斑光变可以用来研究原恒星形成过程中物理及动力学现象。此外，最近我们在靠近银心的一颗大质量恒星形成区中发现大量甲醇脉泽跃迁及其同位素的脉泽快速爆发及衰变现象（时标 2 个月），这是截至目前发现的首例此类爆发现象。这类现象可能与恒星形成过程的间歇吸积相关联，将有望为探索大质量恒星形成提供新的研究手段。在 SKA1-mid 频率覆盖范围内可以观测脉泽，包括 OH 及甲醇脉泽等。通过高分辨率多历元对这些分子脉泽的观测，可以精确研究脉泽斑光变及其所示踪的运动，探索大质量恒星本身的光变及物理性质等，从而为研究暂现源的爆发现象并探索前身星遗迹特征提供重要线索。

此外，在大质量恒星形成区，特别是大质量恒星形成复合体区域，如 SgrB2，通常是合成生命前大有机分子的最佳工厂（Parfenov and Sobolev, 2014），它们是形成生命的原料供应地。这些区域通常具有较为延展的分布（几十个角分）。而大的有机分子的基态跃迁通常落于分米及厘米波段。由于 SKA1-mid 具有大的视场覆盖及高灵敏度，因而 SKA1-mid 是研究这些生命前大有机分子最为高效的观测仪器。

当今天体物理理论认为，作为大质量恒星演化的终结 —— 超新星爆发，其爆发过程伴随着极端能量的释放，通常会产生电磁辐射和引力波辐射，包括 X 射线及伽马射线的辐射（如伽马射线暴），有可能形成 LIGO 将来能够探测到的引力波事件。超新星爆发和伽马射线长暴的前身星一定是大质量恒星。此外，过去的研究发现，大量超新星遗迹在恒星的诞生场所 —— 分子云中演化，它们的星际介质反馈过程又对其周边分子云中恒星形成产生重要的影响。对分子云中超新星遗迹的研究，可以帮助我们从物理上探索超新星爆发起源及恒星演化的最终状态，以及剧烈爆发（如超新星爆发）对恒星诞生环境的反馈。而在超新星遗迹与分子云相互作用的过程中，会形成诸如激波等现象。因而反过来，可以利用激波探针（如 1 720MHz OH 脉泽，9.9GHz 甲醇脉泽）来探索超新星遗迹与分子云如何相互作用，以及如何影响周围分子云的恒星形成。这种相互作用区域尺度很大，对地球观测者而言，通常对应几十个角分的视场，而 SKA1 望远镜观测视场较大，对这类研究将极为有效；对诸如超新星爆发现象天区的连续观测，将能够覆盖爆发前和爆发后的谱线辐射及演化，对这些爆发现象前身星的性质提供重要线索。

3.7.4 脉冲星暂现源科学和核心技术

脉冲星类暂现源包括旋转射电暂现源（rotating radio transient）、磁星和快速射电暴，它们的辐射与脉冲星的辐射有相似性，但相对于脉冲星来说很不稳定。掩食射电脉冲双星、脉冲消零脉冲星是辐射状态不稳定的脉冲星。这些天体对理解它们不稳定辐射的产生机制带来了挑战。过去十年，利用中国已有望远镜和参与国际合作，已经在旋转射电暂现源和磁星的观测研究方面积累了经验，掌握了数据处理方法，做出了显著的研究成果。目前已经开发出快速射电暴的实时搜寻算法，正在使用中国望远镜进行试观测。我们打算利用 SKA1 低频阵和中频阵搜寻和监测旋转射电暂现源、磁星和快速射电暴，期望发现更多的暂现源，获得它们的辐射特征，揭示它们的辐射机制，探究暂现源的演化。这项研究有助于完善恒星结构和演化的认识。

1. 旋转射电暂现源

旋转射电暂现源是 McLaughlin 等（2006）在 Parkes 多波束巡天数据中发现的新类型银河系中子星。它们大部分时间处于宁静态，偶尔重复辐射很不稳定的射电脉冲。旋转射电暂现源辐射的脉冲宽度为 0.3~100ms，辐射的间隔时间为 0.1~50h。通过傅里叶变换的方法得不到脉冲的周期性，但是通过脉冲星计时的方法得到脉冲的周期为 0.12~7.7s，周期变化率为 $(0.3\sim575)\times10^{-15}\mathrm{s\cdot s^{-1}}$。旋转射电暂现源热 X 射线光谱说明它是正在冷却的中子星（Reynolds et al., 2006）。旋转射电暂现源都是单星，其表面磁场为 $10^8\sim10^{10}$T，特征年龄为 $10^6\sim10^7$ 年，距离为 0.5~8.4kpc，在 1 400MHz 的辐射流量密度为 0.01~10Jy。旋转射电暂现源的脉冲流量分布呈幂律谱分布，与普通脉冲星的巨脉冲（Cordes et al., 2006）流量分布一样，但是其谱指数为 1，小于巨脉冲的谱指数 2~3。旋转射电暂现源的光速圆柱附近的磁场只有 0.3~3mT，远小于发射巨脉冲的脉冲星其光速圆柱附近的磁场，比如，Crab 脉冲星其光速圆柱附近的磁场高达 9T。截止到 2017 年 1 月 10 日，已探测到 86 个旋转射电暂现源。McLaughlin 等（2006）用蒙特卡罗模拟方法给出了银河系内的旋转射电暂现源数目高达 400 000 个，比脉冲星的数目 100 000 多几倍。

Zhang 等（2006）提出，旋转射电暂现源可能是死亡脉冲星射电辐射再激活：旋转射电暂现源可能是接近死亡线附近的脉冲星，一般情况下没有射电辐射，当偶尔有电子对产生以及相干辐射条件满足时会产生零星的射电辐射。Cordes 和 Shannon（2008），以及 Li（2006）认为，脉冲星周围有个进动的零星吸积盘，脉冲星的辐射取决于是否由于进动吸积盘渗透到光速圆柱内从而湮灭电子对的产生而停止发出射电脉冲。Luo 和 Melrose（2007）提出，对于相对长周期和强磁场的脉冲星存在类似于行星磁层的辐射带，这个辐射带处于闭合磁力线光速圆柱处，其捕获相对论电子使其保持高于 Goldreich 和 Julian 共转电子密度。这个区域的激发波破坏辐射带从而导致等离子体的不稳定性，这种机制可能使粒子产生瞬时的射电暴。

南山 25m 望远镜在三年时间里探测到 RRAT J1819—1458 辐射 423 个脉冲，通过分析所有单脉冲的平均信噪比与色散量的关系，确定了 RRAT J1819—1458 更精确的色散量为 DM=195.7pc·cm^{-3}。通过获得脉冲的相位分布，确认了 RRAT J1819—1458 至少有三个辐射区域。两边辐射区域的脉冲信噪比和宽度（半峰全宽，W50）是不同的，表现为：一个区域的脉冲的平均信噪比大，然而 W50 较小，另一个区域的平均信噪比小，但是 W50 较大。由 SNR≥6 的 266 个脉冲的流量强度分布分析得，脉冲流量强度累计概率分布可能是幂律谱，其谱指数为 1.6。56% 的脉冲宽度 W50 在 2~4ms，同时脉冲 W50 和脉冲流量强度的线性相关系数为 0.88，即脉冲的强度主要取决于脉冲的 W50 而非峰值流量密度。而且 RRAT J1819—1458 发生了一个奇特的周期跃变，跃变后它的自转减慢率反而减小了。如果这样的周期跃变每 30 年发生一次，几千年后它的自转减慢率就会降低到 0。

2. 磁星爆发

磁星是具有超强磁场的中子星，包括反常 X 射线脉冲星和软伽马重复暴。磁星的辐射主要是高能辐射，辐射能量来源于磁场的衰减。目前已经探测到 28 颗磁星以及候选体，其中只有四颗磁星辐射周期脉冲。磁星的射电辐射的流量非常不稳定，脉冲轮廓也经常发生变化，自转减慢率的变化也明显。Archibald 等（2013）探测到 1E 2259+586 的周期发生反常突变，即自转周期突然增大，其产生机制还不清楚。

上海天马 65m 射电望远镜在 8.6GHz 频段对银河系中心磁星进行了观测，带宽为 700MHz，数据记录终端 DIBAS 单脉冲工作模式，共观测了 6 个历元。强脉冲的脉冲宽度 W50 为 0.2°~0.9°，积分轮廓的脉冲宽度 W50 为 12°，强脉冲的相位主要位于积分脉冲的峰值相位。

低峰值流量的脉冲宽度的分布更宽，脉冲峰值流量密度与脉冲宽度没有相关性。脉冲峰值流量密度与脉冲能量也没有相关性。

搜寻磁星的射电辐射，可以采用频谱非相干叠加方法，这是国家天文台 500m 球面射电望远镜（FAST）团队与澳大利亚联邦科学与工业研究组织（CSIRO）的 George Hobbs 博士共同开发的综合处理多次非连续脉冲星搜索数据的程序。将多次（非相关）观测中每个频率通道的时域信号做傅里叶变换，然后在频域将所有功率谱对齐累加或平均，称为频谱的非相关叠加。这种方法可以有效提高探测脉冲星等较暗弱周期性信号的信噪比。对于一些脉冲辐射强度剧烈变化的射电磁星，可计算每一个频率区间中所有数据的统计值，比如最大值、方差等，进行统计分析，用于搜寻磁星具有的间歇性辐射，还能够显示出射频干扰更为丰富的频谱细节和时间分布。目前，国家天文台 FAST 团队已通过使用此频谱非相干叠加方法重新分析了杜鹃座（47Tuc）球状星团的 Parkes 64m 望远镜长达 11 年的脉冲星计时观测数据，对 Parkes 台址的 RFI 做了深入理解，并在 47Tuc 成功找到两颗新的毫秒脉冲星 PSR J0024—7204aa 和 PSR J0024—7204ab。

3. 快速射电暴

如上所述，快速射电暴（Fast Radio Bursts，FRB）是一种持续时间为几毫秒的暂现射电脉冲信号，脉冲宽度为 0.35~9.4ms。快速射电暴具有很高的流量，观测到的峰值流量为 0.22~128Jy。快速射电暴是目前的研究热点，爆发时间和位置具有不可预测性，需要更多的望远镜、更多的时间来监测。我们使用中国望远镜和 SKA1 继续搜寻和监测快速射电暴，期望观测到更多的事件，确定快速射电暴的位置，认识快速射电暴的本质，研究射电暴的产生机制。

北京大学联合新疆天文台和云南天文台开展快速射电暴的搜寻，目的是发现更多的样本以完善理论模型，精确地定位以甄别与之成协的天体，迅捷地后随观测以测量距离。此项目所面临的技术问题包括及时处理观测数据、鉴定大样本候选体、记录和校准快速射电暴的偏振，以及南山 25m 和云南 40m 望远镜观测数据的干涉相关处理。观测数据量很大，网络传输的带宽有限，现实情况只能是实时在线处理，观测不需要指定时间，与其他观测项目同时记录数据，数据终端采用基带模式。目前已经开发出观测终端，其硬件与 SKA 相同，软件系统也已经完成，并对所有已发现的快速射电暴数据完成了测试，都成功搜寻到信号。目前正常使用南山 25m 望远镜的维护时间进行试验搜寻，正在建造第二、第三套设备供云南 40m 望远镜使用。现在正在比较脉冲信号的统计探测器和人工智能探测器的优劣，打算开发面向公众的门户网页，理论方面正在研究快速射电暴的光度函数，快速射电暴与宿主星系的关系。

上海天文台 65m 射电望远镜也在开展快速射电暴的搜寻。软硬件系统由数据记录终端和数据处理系统组成。基于 FPGA 的数据记录终端的功能包括数据采样、多相位通道化、数据打包、斯托克斯参量计算。数据处理系统的分工是采用 GPU 来进行消色散处理，采用 CPU 进行射电干扰消除、自适应滤波和候选体识别。这套系统已经搭建完成，对蟹状星云脉冲星和旋转射电暂现源 J1819—1458 进行了试验观测，成功检测到天体信号。

国家天文台 FAST 望远镜可以开展快速射电暴的搜寻和观测，通过与国际上其他大望远镜的沟通协调，利用自身频带宽、视场小、高灵敏度的优势对快速射电暴预警进行后续观测。对已知源观测有可能帮助我们发现其重复，有助于确定其发生周期，预测快速射电暴的发生概率，帮助我们理解快速射电暴的产生机制。高预期为发现新的快速射电暴，一般预期为通过 FAST 的观测限定快速射电暴的发生条件，给出快速射电暴发生概率的估计。对于 FAST 采用 19 波束接收机探测灵敏度、FAST 可见天区范围（约 41 000deg^2）和波束尺寸（19 波束覆盖约 0.15deg^2），可估算出 FAST 每天探测到 (0.121±0.024) 个快速射电暴，运行 1 年大约能探测到 10 个，将有效扩大样本。

4. 脉冲消零脉冲星

脉冲消零是十分有趣的现象，目前在大约 100 颗脉冲星中探测到这种现象。脉冲消零可以认为是模式变换的极端形式，在第二种模式中没有辐射出可探测的脉冲信号（Wang et al., 2007）。最近许多研究表明脉冲星有着不同的磁层状态。这些磁层态背后的辐射机制仍然没有被解释。例如，Cordes（2013）认为磁层态的转变服从马尔可夫链模型，这是一种随机分布过程。在之前的研究中，脉冲消零表现为周期或准周期性（Herfindal and Rankin, 2007; Redman and Rankin, 2009）。然而，Gajjar 等（2012）利用消零和爆发态的长度的统计，认为脉冲消零是一随机过程，服从泊松点分布。这些结果十分有趣，因为它们都突出了脉冲星磁层态转变（通过模式变换和消零表现）的随机和不可预测性，然而需要更多的消零和模式变换的脉冲星来证实这个结论。对磁层态转变的时标的统计研究将能够区分出以上提到的不同的模型。

5. 掩食毫秒脉冲星

掩食毫秒脉冲星包括黑寡妇脉冲星（black-widow pulsar，伴星质量最高为 $0.05M_\odot$）和红背脉冲星（red-back pulsar，伴星质量为 $0.2\sim0.7M_\odot$），这类双星系统的起源和演化仍然令人费解。黑寡妇脉冲星与红背脉冲星并不直接关联，但都是独特演化通道的终端（Chen et al., 2013）。对这类系统进行计时研究是比较复杂的，因为它们的轮廓是观测频率的函数。红背脉冲星 PSR J2215+5135 在 350MHz 观测显示其轮廓是双峰，而 2GHz 的观测显示其轮廓是单峰主导的。掩食比例也是观测频率的函数。观测显示大多数的掩食双星系统的轨道周期发生一定的变化。长期监测轨道变化能探测伴星的结构。光学观测显示它们的伴星经常充满洛希瓣，这类系统能用于研究双星吸积、星体组成、来自于高能脉冲星的相对论星风激波动力学。最近的观测表明，红背脉冲星能够在自转减慢射电毫秒脉冲星与低质量 X 射线双星台之间转换（Archibald et al., 2009）。Shaifullah 等（2016）分析了黑寡妇脉冲星 PSR J2051—0827 长达 21 年的计时数据，探测到 PSR J2015—0827 的色散量明显减小了 2.5×10^{-3}cm^{-3}·pc。观测显示，PSR J2051—0827 已进入了相对稳定的状态，使得它有可能成为脉冲星计时阵的监测目标。

6. 所需核心探测技术

SKA1 的低频阵 SKA1-low 和中频阵 SKA1-mid 可以搜寻和计时监测旋转射电源、射电磁星快速射电暴、消零脉冲星和掩食毫秒脉冲星的射电辐射。我们期望发现更多的脉冲星类暂现源，探测到脉冲星类暂现源的更多辐射，获得它们的辐射特征，研究辐射不稳定性的机制，揭示射电辐射与高能辐射的相关性，认识这些天体的内部和本质，探索它们的演化。有利的条件是，目前我们可以利用中国多台射电望远镜，在不同的射电频率进行计时和偏振观测研究。同时，我们需要联合地面光学红外和高能望远镜，对脉冲星类暂现源进行多波段协同观测研究，加深对脉冲星类暂现源的认识理解，培养研究人才，发展和储备研究技能，为使用 SKA1 开展研究做好技术与人力准备。

3.7.5 暂现源成像科学和核心技术

暂现源观测研究中最关键的问题之一是探讨暂现源的起源以及爆发事例的产生机制。研究这个问题，成像观测是必不可少的关键手段。当前所有成像观测技术中，甚长基线干涉（VLBI）测量技术是公认的成图分辨率最高而位置测量精度最优的方法。由于当今暂现源的射电观测数据主要依赖后随射电观测，能够分辨出辐射区结构的图像数据非常有限，所以当前已知暂现源的理论研究存在大量的空白区域和高度的不确定性。若能将高灵敏度和多波束的 SKA1 中频阵投入 VLBI 网中，可获得高分辨率的结构信息，进而能极易在暂现源爆发初期阶段取得一些前所未有的观测突破，并能为理论研究指出明确方向。同时，也可以充分利用分布世界各地的各种大小口径的射电望远镜的观测时间。SKA1 低频阵的观测频率较低，能开展 VLBI 观测的望远镜少，本节所讨论的暂现源的 SKA1-VLBI 观测研究均是指利用 SKA1 中频阵。

1. 射电暂现源成像观测研究的特点

暂现源是非常适合 VLBI 观测研究的一类天体。它们大多由非热辐射所主导，因而拥有较高的亮温度（大于 10^6K）。暂现源种类很多（见以上各小节），然而射电结构上基本可分为两类：① 由致密天体所驱动的新生等离子体喷流；② 高速抛射等离子体压缩星际介质形成的激波。

相比持续源的 VLBI 研究，暂现源的观测研究有以下三个特点。① 观测数据极其珍贵。暂现源时标通常很短，出现时间大多无法预测，显然 VLBI 观测研究无法将研究目标具体到某个天体，因此，在暂现源被发现后的第一时间拍下高空间分辨率的观测图像，积累难得的图像资料往往是认识暂现源的最关键的一步。② 观测结果往往领先理论研究。无论是射电，还是其他波段，能分辨出暂现源结构的观测数据极少，因此理论模型研究，尤其是爆发早期阶段非常模糊，也多无法用于预测观测结果，故观测研究过程中常有意外的惊喜发现，并且这些发现往往能开辟一个全新的研究方向。③ 暂现源的研究新闻是大众喜爱的自然科学研究的焦点话题之一。公众对宇宙中的高能爆发事件也充满着很强的好奇心，并且不少天文爱好者也积极参与了暂现源的观测，如寻找超新星，监视新星，以及观测银河系的小质量黑洞双星系统。

SKA1 中频阵工作在厘米波段，作为一个数字合成波束望远镜，其也可参与 VLBI 成图观测。暂现源 VLBI 成图研究能够带来重大科学突破，是因为很多暂现源的结构观测信息极其匮乏并且 VLBI 成图具有独一无二的技术优势。

2. 结构信息极其匮乏的暂现源观测研究现状

射电暂现源的结构观测信息极其匮乏，甚至不少暂现源的起源天体都存在极大的不确定性。近几十年，由于观测设备增多，尤其是宽视场巡天和监视，以及后续大量的跟踪观测设备的出现，暂现源的研究，尤其是光学和 X 射线的光变及频谱研究，都日渐完善，几乎每天都可发现新的超新星，每周都有一些各种各样的高能爆发事件的报道。

射电观测设备，尤其是高灵敏度成图设备，北天只有美国的 VLA，南天只有澳大利亚的 ATCA，仅能满足对一些较亮的个别射电暂现源开展一些流量跟踪监测。暂现源的高空间分辨率的 VLBI 观测，在宽带记录和网络传输技术的推动下刚刚起步，目前却已收获颇丰。最新一例重大观测突破是精确定位了只有毫秒时标的快速射电暴 FRB 121102。快速射电暴已被发现 10 年了。关于 FRB 起源于银河系之外，还是银河系之内，以及是否是微波炉使用过程产生的射电干扰，在天文界争议了很久。直至最近，才确认已知唯一的重复暴源 FRB 121102 起源于河外一个暗淡的星系中央区域，并且通过 VLBI 方法定位发现其位置与一颗长期存在的微弱射电源极其接近，不到 12 毫角秒（Marcote et al., 2017），此发现将极大地缩小理论研究的范畴，并加快快速射电暴起源机制的研究步伐。与此同时，也带来了更多关于快速射电暴起源的新问题，并再次证明，暂现源的研究充满着大片未知区域。对于暂现源的研究人员来说，这是一块新大陆，是一个每天都可能会有惊奇发现的观测领域。

不仅快速射电暴的研究充满疑问，其他射电暂现源研究也是具有大片的空白区域没有从观测上探索，有待于高空间分辨、高灵敏的 VLBI 观测直接揭示这些天体或爆发现象背后的核心结构和演化信息。超大质量黑洞潮汐撕裂恒星（TDE）事例有部分是伴有明亮非热辐射的爆发事件，这类爆发我们下面简称为非热 TDE 事例。关于此类源的射电结构信息，目前依然是停留在一些数值模拟结果之上，并且模拟结果也存在大量的差异。因此，非热 TDE 事例在经历了超爱丁顿吸积后是否会有新生的射电喷流，是一个 VLBI 可以回答的重要问题。Swift J1644+5734 是 2011 年发现的第一颗也是最亮的非热 TDE 源。在发现的初期，VLBI 定位揭示了射电辐射来自星系的中央。高能的 X 射线观测揭示其光度远远超过爱丁顿光度，并且存在快速光变，在当时，大多天文学家曾认为该源极可能拥有类似于类星体的相对论性喷流，并或可观测到视超光速运动。然而，最近的高分辨率 EVN 跟踪观测发现：该源极其致密，未能分辨出任何结构；即使该源有类似于类星体的准直相对论性的射电喷流，其喷流速度也很低，不到光速的 1/3。图 3.7.7 给出了这项 EVN 观测结果，此次 VLBI 成图观测充分利用了 VLBI 观测的高分辨率以及同波束相位参考观测高精度定位技术，并实现了每历元平均约 12 微角秒的顶尖精度的相对位置测量。

3. SKA-VLBI 在暂现源的观测中具有独一无二的科学和技术优势

在 VLBI 观测中，SKA1 中频阵是一个高灵敏度、宽视场、多波束的数字望远镜。类似于美国 VLA，SKA1 将配备支持 VLBI 观测的专用相关处理机。该处理机将各个小天线的数字信号，根据射电源的天空位置等已知信息，补偿一定的时延，把多路信号相位相干地合成为一路，输出给 VLBI 观测终端。对于中频阵，相位合成后的数字波束的灵敏度与美国 305m 的 Arecibo 望远镜相当，但在每个小天线很宽的物理波束（在 1.4GHz 半功宽约 1°）中可同时指向多个目标源，因此可观测视场远大于 Arecibo 望远镜波束。在当前的中频阵 VLBI 观测设计方案中，相关处理机拟实现实时输出至少 4 个目标源的数字合成波束信号，并且每个波束都可开展带宽达 512MHz（即 4Gbit·s^{-1} 的记录速率）的 VLBI 观测。

VLBI 图像的空间分辨率在厘米波段可达 1 毫角秒，至少高于其他观测技术 1 个数量级。对于距离地球较近的银河系内的射电暂现源，使用约 100 毫角秒分辨率的 SKA1 中频阵观测仅可能在演化后期揭示出一些结构，或者说遗迹射电辐射信息。若要对暂现源的结构观测研究延伸到最让人神往的理论研究上一团迷雾的早期阶段，则需要极高的分辨率。对于光学和高能观测，分辨率也基本止步于 100 毫角秒，但对于射电观测，VLBI 技术能够将分布于世界各地的射电望远镜组网，在厘米波段，可对暂现源开展约 1 毫角秒分辨率的成图观测研究。

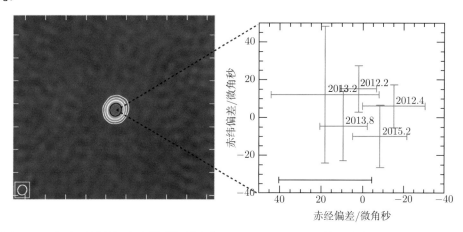

图 3.7.7　超大质量黑洞潮汐撕裂恒星事件 Swift J1644+5734 的同波束相位参考观测结果

（Yang et al., 2016）

对于一个距离为 3 角分，流量为 0.7mJy 的致密射电源，Swift J1644+5734 的相对位置精度达到平均每历元 12 微角秒；若其射电结构为准直喷流，其速度很低，上限为 0.3 倍光速

　　SKA1 的地理位置非常有利于暂现源的高空间分辨率 VLBI 观测研究。与研究延展源的观测需求不同，暂现源结构致密，需要尽可能多的长基线数据才能可靠地分辨出暂现源的结构。SKA1 中频阵位于南非，能够较好地与欧洲 VLBI 网（EVN）以及澳大利亚的长基线阵（LBA）组网观测，并提供大量的长基线数据。EVN 和 LBA 不但射电望远镜多，基线多，而且很多是高灵敏度的大望远镜，如德国 100m Effelsberg、英国的 76m Lovell、中国的 65m 天马望远镜、意大利 64m 的 Sardinia，澳大利亚的 64m Parkes，以及 NASA 深空站的 70m 等。此外，所有的这些大望远镜都已能开展基于因特网传输数据的实时 eVLBI 观测。通过组网 VLBI 观测，SKA1 中频阵能够提供大量的高灵敏的长基线数据，有效地增加图像的分辨率，极其有利于揭示出暂现源的结构。此外，即便是很短的 1h 的快拍观测，图像灵敏度也能达到很高的水平 —— 每束 10 μJy。关于此方面的详细观测技术介绍，见 Paragi 博士的 2014 年的 SKA1 会议综述文章（Paragi et al., 2014）。

　　高分辨率的 VLBI 图像，对暂现源的研究至关重要。图 3.7.8 为一项关于银河系之内的伽马射线经典新星的研究工作（Chomiuk et al., 2015）。通过高分辨率、高灵敏度的 eEVN 快速观测，在新星 V959Mon 演化早期发现了一些非热辐射的亮斑，见图 3.7.8（a）。结合后续美国 VLA 的大尺度热辐射区的观测图像结果图 3.7.8（b）和图 3.7.8（c），这些高亮的 EVN 成分被认为是新星内部高速星风与低速的壳层抛射物质相互作用形成的内部激波，而激波的存在能够加速高能粒子，产生非热的高能辐射。此项研究首次揭示了高能的伽马射线在经典新星中的起源机制。

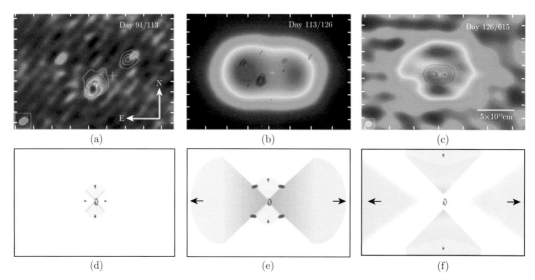

图 3.7.8   EVN 和美国 VLA 的射电观测揭示了新星 V959Mon 高能伽马射线起源于星风和抛射物质相
互作用形成的内部激波（Chomiuk et al., 2015）

（a）为 EVN 观测到的内部激波所形成的非热辐射亮斑，即高能伽马射线的起源地；（b）和（c）揭示了后期 VLA 观测
到的大尺度的延展热辐射区及结构的变化；(d)~(f) 揭示了新星壳层物质抛射（黄色）、星风（蓝色），以及内部激波（红
色）的出现和消逝

　　VLBI 技术不仅分辨率高，而且相对位置测量技术非常成熟，精度可高达 10 微角秒，
至少 10 倍优于光学和其他波段设备，例如，最新的欧洲空间局的空间光学天体测量卫星
GAIA。暂现源的爆发过程中，往往伴有等离子团块的相对论性的定向运动，当其与视线方
向成一定夹角时，会观测到视超光速运动。精确的相对位置测量，可在较短时间内测量出等
离子团块在天空平面上的视向运动速度，进而约束其本征的运动速度，并继而反推其诞生时
间，以及本征光度和释放的总能量等重要物理参数。

　　相位参考观测和校准技术是 VLBI 相对位置测量的核心技术。VLBI 图像视场很小，通
常只有几十角秒，几乎没有机会在视场中找到另一个致密射电源作为参考点，开展相对位置
测量。若要精确测量相对位置，可通过相位参考观测技术，即周期性地观测目标源附近的致
密校准源（或称相位参考源），用差分的相位校准方式消除测量系统中的系统误差，进而精
确测量目标源相对于参考源的位置。相位参考源距离目标源越近，可取得的最高相对位置测
量精度越高。若参考源与目标源的角距离小于 10 角分，观测设备灵敏度足够高，那么就可
取得接近和优于 10 微角秒的相对位置测量精度（图 3.7.8）。

　　SKA1 中频阵的设计能够充分满足高精度的相位参考 VLBI 观测的需求。对于 SKA1 的
小天线，可快速换源，并且视场极大，在 1.6GHz，波束的半高宽可达 60 角分。合成的数字
波束的灵敏度极高，对于流量为 5mJy 的致密弱源，即便是基线的另一端为 25m 孔径的望
远镜，也可安全可靠地作为校准源，求解并校准系统的相位误差。若经过仔细搜索，VLBI 用
户可在 SKA1 天线波束内选到合适的参考源，实现对目标源和参考源的同波束 VLBI 观测。
此外，SKA1 中频阵可同时支持输出 4 个数字波束，对于暂现源的观测，视场中通常仅有一
个目标源，还可选取多达 3 个参考源开展同波束 VLBI 观测，进一步提高相对位置的测量

精度。

4. 暂现源的 SKA1-VLBI 观测研究的科学和技术发展方案

目前，SKA1-VLBI 科学工作小组中安涛研究员（上海天文台）担任核心成员，在 SKA1-VLBI 技术方面，小组的核心目标是积极努力争取 SKA1 中频阵及更多的非洲望远镜成为 EVN 网的成员，并每年参加 10 次 eEVN 观测，以及支持 EVN 的快速响应观测。这些工作将极大地提升对南天暂现源的 VLBI 网的观测能力。

在观测策略上，考虑到上述射电暂现源的高质量图像极少的现状，研究对象出现时间的不确定性、短暂的寿命，以及多年一遇的罕见性，最明智的做法显然不是等待新望远镜，而是利用所有当前可以获取的国外射电观测设备在第一时间开展 VLBI 观测。

在河外暂现源的研究目标里，为了充分利用高空间分辨率，将优先权应给予距离较近，即红移较小的河外暂现源。通过对这些暂现源的高分辨率的结构和高精度的相对位置观测研究，将极可能揭开 TDE 事件中的喷流结构和演化模式。

对于银河系内的暂现源，SKA1 中频阵地处南非，灵敏度很高，将能观测更多位于银道面上的暂现源，同时结合高空间分辨率的 SKA1-VLBI 网观测，可揭示这些与致密天体相关的喷流或激波随时间的演化，精确测量爆发时间，为探讨暂现源爆发机制提供关键输入信息。

中国贵州 500m 球面射电望远镜（FAST）所提供的 VLBI 观测灵敏度优于 SKA1 中频阵，目前已完成工程建设，并进入调试阶段，若 FAST 配备 VLBI 观测终端，并开展 VLBI 观测，那么，可利用已有的中国的射电望远镜和 FAST 联网 VLBI 进行观测。由于 FAST 望远镜和中国望远镜共视时间更长，故 VLBI 图像的灵敏度也可达到与 SKA1-VLBI 网相当的水平，可用于开展北天暂现源的 VLBI 观测研究，进而使当前暂现源的观测研究效率翻倍，有助于中国在此方向实现跨越式发展。

3.7.6 暂现源科学和中国观测设备

近年来，以快速射电暴为代表的射电暂现源的相关研究十分活跃，目前公开报道已发现近 100 个快速射电暴（http://www.frbcat.org，参考（Petroff et al. 2016））。射电暂现源曾作为脉冲星搜寻的副产品，其发现数目也随现代脉冲星巡天开展而迅速增加，其中绝大多数来自于射电观测。目前对射电暂现源的搜寻也已成为射电脉冲星巡天的主要科学目标之一。巡天方式包括三类：① 大天区指向巡天，在一较大的天区范围内做多次独立的巡天观测；② 漂移模式巡天，将望远镜波束固定指向望远镜某一特定方向，并等待观测对象从望远镜视场中通过的巡天方式（Hessels et al., 2008; Deneva et al., 2013）；③ 定向搜寻，对可能是脉冲星或暂现源的候选体目标或可能存在候选天体的天区进行定向搜索（Manchester et al., 1982）。

受到望远镜口径等仪器设备限制等历史原因，中国学者至今尚未利用中国设备自主发现过脉冲星或射电暂现源。随着国力的不断增强，国家对包括天文在内科学领域的投入稳步增加，先后建起了上海佘山 25m、新疆南山 25m、密云 50m、昆明 40m、上海天马 65m 及 FAST 等射电望远镜。上述有关望远镜在地理位置上分布广泛，南北方向其纬度范围为北纬 $24° \sim 43°$，东西方向跨 2 个时区，无论是单天线还是 VLBI 干涉观测，研究目标都可以从相对广泛的天区中选取。同时，上述望远镜都配备高灵敏度制冷接收机以及脉冲星或者 VLBI 观测终端，并因地制宜地开展了脉冲星以及暂现源的观测研究。

特别需要强调的是，在干涉仪逐步成为射电天文主流的今天，单口径望远镜观测暂现源或脉冲星仍有独特的优势。干涉仪数据量大，需要实时处理，给暗弱或奇异的脉冲星类暂现源的发现造成困难。目前最大的国际合作射电阵之一，LOFAR 望远镜于 2010 年 6 月开光，至今发现 35 颗新的脉冲星，远少于同期的单天线望远镜，干涉仪主导发现大量的脉冲星需要等到 SKA 的建成。下述中国单口径射电望远镜将在 SKA 正在建设的约 10 年的窗口，作为 SKA 的先导设备，发现大量脉冲星和脉冲星类射电暂现源，为中国 SKA 暂现源科学积累经验和锻炼人才队伍，系统地推动中国暂现源和脉冲星领域的学科发展。

1. 500 m 口径球面射电望远镜 (FAST)

FAST (Nan et al., 2011) 位于中国贵州省，建设在特有的喀斯特洼地中；采用主动反射面技术结合精确测控，将 500m 口径中的 300m 区域实时变形成抛物面，实现电磁波的点聚焦。根据高精度快速测量的结果，FAST 的馈源舱由六根柔性钢索牵引和实现初步的定位，放置于抛物面焦点处并对准抛物面；馈源舱内的自适应平台进一步实现接收机位置的精确和稳定。这些特点和技术保证了望远镜波束的良好形状和望远镜系统的高灵敏度，使得 FAST 具有催生重大科学突破的潜力。

FAST 凭借巨大的接收面积和精准的测控实现了较高的绝对灵敏度，而其单天线望远镜的本质以及简洁的馈源舱平台使得对望远镜接收机系统的升级和更新可以更简单快速地完成，从而让最前沿的技术能尽快在 FAST 上实现应用；未来各种创新和探索工作也将由此受到促进，与 SKA1 的联合观测或者交叉检验可以得到保证。图 3.7.9 为 FAST 全景图。

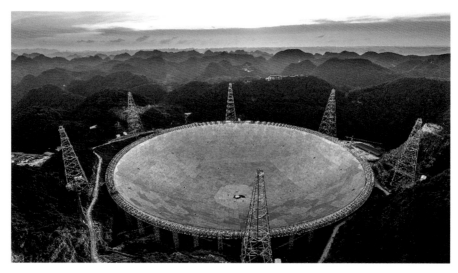

图 3.7.9　FAST 全景图

FAST 已于 2016 年 9 月正式落成启用。国家天文台和加州理工学院联合开发了单波束高低频比为 6:1 的超宽带接收机，可以覆盖 270~1 620MHz 的频段。此接收机已在 FAST 使用。结合银河系脉冲星样本的统计模型，FAST 新巡天观测发现新脉冲星的最佳频段在

500MHz 左右 (Smits et al., 2009)。根据工程进展、FAST 系统特征和国内外射电望远镜的调试运行经验，我们预计多波束接收机的调试和定标需要相对较长的时间。超宽带接收机和 L 波段 19 波束接收机的各参数见表 3.7.1。

FAST 的观测范围为天顶角 ±40° 的区域，而在 ±26.5° 内天线效率最高且对望远镜的预期使用寿命不会产生显著影响。

表 3.7.1 超宽带接收机和 L 波段 19 波束接收机的各参数

	超宽带接收机	19 波束接收机
频率范围	270~1 620MHz	1 050~1 450MHz
波束宽度	2.6~15.5 角分	3 角分（典型值）
系统噪声温度	30~50K	20K
天线增益	16~18K·Jy^{-1}	16~18K·Jy^{-1}
偏振数目	2	2
波束数目	1	19

2. 上海 65m 天马射电望远镜

上海天马射电望远镜（TMRT）作为一台新建的口径为 65m 的全实面板的全天可动的大型望远镜，其配备 8 套高性能制冷接收机，频率覆盖为 1.25~50.0GHz。对于暂现源及脉冲星，考虑到其谱型为幂律谱，因而其观测大部分选择在相对低频进行。与国际上同类型的射电望远镜相比，天马射电望远镜配备四个低频波段（L, S, C, X）的接收机也具有一定的优势。表 3.7.2 列举了上海 65m 射电望远镜以及国际上进行脉冲星和暂现源观测研究的同类型大型望远镜的性能，其中，Freq-R 为接收机带宽（单位：GHz），SEFD 为系统等效流量密度（单位：Jy）。对比可见，天马射电望远镜性能优异，尤其在 C 波段。

表 3.7.2 国际上进行脉冲星和暂现源观测研究的同类型大型望远镜性能参数

		GBT-100	Effelsberg-100	Parkes-64	Lovedll-76	TMRT-65
L	Freq-R	1.15~1.73	1.27~1.45, 1.59~1.73	1.2~1.8	1.25~1.50, 1.55~1.73	1.25~1.75
	SEFD	10	20,19	31	36,65	31
S	Freq-R	1.73~2.6	2.20~2.30	2.2~2.5	—	2.2~2.4
	SEFD	12	300	25	—	⩾31
C	Freq-R	3.95~5.85	5.75~6.75	4.5~5.1	6.0~7.0	4.0~8.0
	SEFD	10	25	61	80	28
X	Freq-R	8.00~10.1	7.9~9.0	8.1~8.7	—	8.2~9.0
	SEFD	15	18	170	—	⩾38

脉冲星以及暂现源是上海天马射电望远镜的重要科学目标之一。为保证有关研究顺利实施，上海天马射电望远镜配备了高性能的数值化终端 DIBAS，该终端既有相干消色散功能，又有非相干消色散功能。相干消色散模式，DIBAS 可支持的最大带宽为 800MHz。非相干消色散模式，DIBAS 可支持的最大带宽为 6 000MHz。该系统既支持搜寻模式的脉冲星观测又支持在线叠加模式的脉冲星观测。利用该系统进行了一系列与暂现源相关的观测研究，成功探测到目前已知的距离银心最近的磁星射电爆发现象。他们还自主开发了基于 CPU 的射电脉冲爆发自动识别软件。对 Crab 脉冲星观测数据的测试表明，该软件具有良好的运行

效果（图 3.7.10）。为了提高程序运行效率，满足实时探测暂现天体的要求，他们计划将有关程序移植到 GPU 运算单元便于实时处理。

总之，无论是从硬件系统搭建，还是从软件系统构建及人才培养方面，该团组都在暂现源及脉冲星观测研究领域做了大量的工作并取得了不错的开端。后续将围绕有关课题开展更加深入的研究。

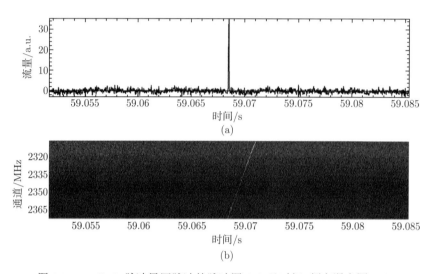

图 3.7.10   Crab 脉冲星巨脉冲的脉冲图（a）及时间–频率瀑布图（b）

3. 新疆南山 25m 射电望远镜

南山观测站的全方位可转动射电望远镜（图 3.7.11（a））为修正型卡塞格伦式天线。天线主反射面直径为 25m，副反射面直径为 3m。南山 25m 射电望远镜已经配备了 5 个波段（L, S, C, X, K）的接收机系统。南山 18cm 脉冲星到达时间观测系统的基本信号链由 18cm 馈源、左右旋双圆极化器（OMT）、双极化接收机、数字消色散终端（DFB）等组成。射电天线收集并且聚焦天体辐射出的射电波信号，位于天线焦点上的接收机系统将电磁波辐射转化为电压信号。为了降低系统的噪声温度，2002 年 7 月，18cm 双极化致冷接收机安装调试成功，并投入脉冲星观测，极大地提高了系统的灵敏度。信号通过低温冷却的低噪声放大器（LNA）进行放大，然后被传输到地面的控制室，那里有其他的硬件处理系统。利用南山 25m 射电望远镜搜寻快速射电暴的中心频率为 1 540MHz，观测采用的双频制冷接收机系统，它包含两路线偏振通道，之后每路信号注入到 DFB。DFB 系统构架可以分为两部分：高速双输入采样器以及能进行脉冲星处理的数字信号处理卡。这两部分的周围是很多数量的硬件，它们用于提供电源、通信、控制以及数据存储。DFB 能够处理带宽为 1GHz 的中频全偏振信号，有四种操作模式：周期折叠、搜寻、频谱仪和基带输出。DFB 系统基于 FPGA 处理器中采用多相滤波器的构架，系统硬件由三块主要部分组成：高速模数转换器 ADC、数字滤波器组 DFB 和脉冲星处理单元 PPU，其中 PPU 包含用于保存偏振信息和按照脉冲星周期折叠数据的相关器。整个系统有一个 5MHz 参考频率，再倍频可以得到各种频率，最高频率是用于采样钟的 2048MHz。采样器模块包含 2 个 10 位的模数转换器 ADC，它有 9 位的输出。串行器需要 640MHz 的参考，它也被送到包含串并行转换器的后端传输模块 RTM。采样器模块包含一个同步器，它用来产生 2048MHz，640MHz 和 256MHz 的信号。数据序列传输的速度是 10.24Gbit·s^{-1}。

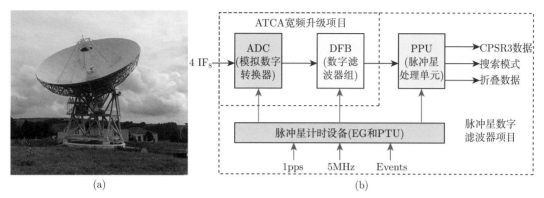

(a)   (b)

图 3.7.11　南山 25m 射电望远镜（a）和脉冲星观测终端数字滤波器组系统框图（b）

4. 云南昆明 40m 射电望远镜

昆明 40m 射电望远镜终端系统采用 iADC 和 ROACH 硬件平台，同时配以 x64 服务器用于控制和数据接收存储。ROACH 与服务器采用 10GbE 网络连接，4 路 10GbE 的整体数据传输速度可接近 4GB·s^{-1}。实际的数据存储速度受限于服务器硬盘。观测固件基于 Parkes 望远镜脉冲星数据终端 Parspec。此终端已成功应用于脉冲星观测，并开发了数据接收程序及观测界面。

主要指标为：每秒采样 1 024M，8bit 记录格式，512MHz 带宽，1024 通道，2 路偏振，最高时间分辨率为 4μs，数据记录 PSRFITS 格式。观测界面由控制、显示、数据接收三部分组成，各为一个进程运行。控制和显示界面由 Python 开发，接收程序由 C 开发。

5. 总结

针对射电暂现源主要在射电辐射的时变和谱线研究方向上，我们可以利用我国主要的单口径射电望远镜对暂现源进行及时的后随机遇观测。特别是针对短时标射电暂现源，如果我们发展出的单口径射电望远镜具有协同观测和快速反应的能力，我们将有可能取得重要发现和科学突破。

3.7.7　中国部署

首先，中国在 SKA 暂现源科学方向拥有重大发现机遇。暂现源的科学探测是 SKA 科学领域中的一个重要方向。相比较 SKA 宇宙学、脉冲星等 SKA 主要科学方向对长期科学积累的依赖，SKA 射电暂现源研究方向本质上并不依靠积累观测统计量达到科学目标，更重要的是依靠在时域和在空域的覆盖提高对特殊或个体暂现天体的发现和观测能力。因此，将来利用 SKA 能够开展的未知科学领域或对未知新型天体的研究，很可能来自射电暂现源方向。这对于快速成长中的中国天文学尤其重要。在 SKA 射电暂现源领域，新窗口和新方向不少，通过对暂现源个体或特殊天体现象的观测研究，小团队可以取得大突破，因此这个方向非常适合像中国这样整体落后的国家实现跨越,在某些方向上一举进入到国际科学先进行列。正是这个原因,我国 SKA 项目在项目规划和经费投入上要高度重视暂现源科学方向。

其次,SKA 暂现源科学方向还具有壮大中国 SKA 科学团队的潜力。由于暂现源科学涉及各种各样的科学问题和完全不同的观测对象和现象,SKA 暂现源科学方向可以团结跨学科、跨单位和跨领域的研究团队和个人参与到 SKA 的科学研究中来,极大地壮大 SKA 科学研究队伍,调动多波段、多信使观测设备的参与度,让更多大学和研究机构以及学者和学生参与并围绕 SKA 科学研究开展工作,显著增加中国 SKA 团队在国际 SKA 项目中的影响。由于 SKA 项目是一个巨大的科学工程,而中国天文学研究队伍体量非常有限,壮大和扩展科学研究队伍将非常有助于中国 SKA 项目的成功。

最后,要在 SKA 暂现源科学方向取得重大突破,需要紧密结合空间和地面多波段观测设备。中国地域辽阔,空间和地面望远镜在今后 5~10 年的观测手段非常丰富(从能段讲,高到 X 射线和伽马射线如 HXMT, POLAR 等,低到射电波段如 FAST),非常有利于针对暂现源实施高效的多波段协同观测。加上中国天文界拥有比较广泛的国际合作,中国 SKA团队将不仅掌握 SKA 观测数据资源,还拥有其他国家无法同时拥有的较大面积或较大口径的空间和地面望远镜,因此中国 SKA 暂现源科学方向取得重大发现是非常有潜力的。总之,中国的 SKA 科学研究和规划,应该站在中国天文学科整体发展的高度,从课题、经费和人员等多个方面重点发展暂现源科学方向,以期带动中国天文学的整体发展。

发展 SKA 暂现源科学需要进行良好的团队布局建设和筹备。当前,SKA 暂现源科学方向的重点放在射电暂现源的观测技术和机遇观测能力的建设上。只有首先具备了射电暂现源基本的机遇观测和数据分析能力,才能保证在 SKA 射电暂现源领域同 SKA 参与国科学家之间的激烈竞争中保证技术上不落后于人,在技术能力上为中国团队获得一流的科学突破奠定基础;这也为将来更多的天文学者和学生高水平地参与 SKA 暂现源科学研究建立了科研平台。严格来讲,我国还没有纯粹的射电暂现源研究人员,但我们组建的暂现源科学核心团队包含了当前我国掌握有关射电观测技术并具备一流机遇观测能力的团队成员,具体来讲:① 覆盖了我国近些年通过公开竞争获得美国 JVLA 观测的大部分学者和团队,其中包括获得射电阵列 JVLA 台长特批观测以及中国学者领衔的空-地同时机遇观测的主要成员;② 覆盖了中国主要的单天线射电望远镜设备团队。未来的 SKA 射电暂现源研究,需要使用这些射电波段的观测设备进行谱线、时变和成像研究。虽然限于当前项目资源的限制,暂时课题团队成员人数有限,但不论是理论学者还是观测学者,都欢迎参与和准备相关暂现源课题研究;课题团队将来的科研协作将由贡献主导,因此将完全是动态和开放的。随着中国 SKA 科学项目的顺利开展,我们相信中国 SKA 暂现源科学队伍将会不断壮大。

参 考 文 献

Abbott B P, Abbott R, Abbott T D, et al. 2017. PhRvL, 119: 161101

Arcavi I, Hosseinzadeh G, Howell D A, et al. 2017. Nature, 551: 64

Archibald A M, Stairs I H, Ransom S M, et al. 2009. Science, 324: 1411

Archibald R F, Kaspi V M, et al. 2013. Nature, 497: 591

Begelman M C. 2002. ApJ, 568: 97

Chatterjee S, et al. 2017. Nature, 541: 58

Chen H L, Chen X, Tauris T M, et al. 2013. ApJ, 775: 27

Chevalier R A. 1982a. ApJ, 258: 790

Chevalier R A. 1982b. ApJ, 259: 302

Chevalier R A. 1998. ApJ, 499: 810

Chevalier R A, Fransson C. 2006. ApJ, 651: 381

Chevalier R A, Fransson C, Nymark T K. 2006. ApJ, 641: 1029

Chomiuk L, Linford J D, Yang J, et al. 2015. Nature, 514: 339

Cicone C, Maiolino R, Sturm E, et al. 2014. A&A, 562: A21

Cordes J M. 2013. ApJ, 775: 47

Cordes J M, Freire P C, et al. 2006. ApJ, 637: 446

Cordes J M, Shannon R M. 2008. ApJ, 682: 1152

Coulter D A, Foley R J, Kilpatrick C D, et al. 2017. Science, 358: 1556

Deneva J S, Stovall K, McLaughlin M A, et al. 2013. ApJ, 775: 51

Ellingsen S P, Voronkov M A, Cragg D M, et al. 2007. IAUS, 242: 213

Fürst F, Walton D J, Harrison F A, et al. 2016. ApJ, 831: 14

Fender R P, Belloni T M, Gallo E. 2004. MNRAS, 355: 1105

Gajjar V, Joshi B C, Kramer M. 2012. MNRAS, 424: 1197

Gallo E, Fender R P, Pooley G G. 2003. MNRAS, 344: 60

Gezari S, et al. 2012. Nature, 485: 217

Goldstein A, Veres P, Burns E, et al. 2017. ApJ, 848: L14

Hallinan G, Corsi A, Mooley K P, et al. 2017. Science, 358: 1579

Herfindal J L, Rankin J M. 2007. MNRAS, 380: 430

Hessels J W T, Ransom S M, Kaspi V M, et al. 2008. AIPC, 983: 613

Jiang N, Dou L, Wang T, et al. 2016. ApJ, 828: L14

Karino S, Miller J C. 2016. MNRAS, 462: 3476

Kasliwal M M, Nakar E, Singer L P, et al. 2017. Science, 358: 1559

Kesden M. 2012. PhRvD, 86: 064026

Kilpatrick C D, Foley R J, Kasen D, et al. 2017. Science, 358: 1583

Lazzati D, Perna R, Morsony B J, et al. 2018, PRL, 120: 241103

Li W D, et al. 2011. MNRAS, 412: 1473

Li X D. 2006. ApJ, 646: L139

Lien A, Chakraborty N, Fields B D, Kemball A. 2011. ApJ, 740: 23

Lonsdale C J, Diamond P J, Thrall H, et al. 2006. ApJ, 647: 185

Luo Q, Melrose D. 2007. MNRAS, 378: 1481

Manchester R N, Tuohy I R, Damico N. 1982. ApJL, 262: L31

Marcote B, Paragi Z, Hessels J W T, et al. 2017. ApJ, 834: L8

Mattila S, Dahlen T, Efstathiou A, et al. 2012. ApJ, 756: 111

Margutti R, Berger E, Fong E, et al. 2017. ApJL, 848: 7

McClintock J E, Remillard R A. 2006//Compact stellar X-ray sources. Cambridge: Cambridge University Press: 157

McLaughlin M A, Lyne A G, et al. 2006. Nature, 439: 817

Middleton M J, et al. 2013. Nature, 493: 187

Mooley K P, Nakar E, Hotokezaka K, et al. 2017. Nature, 554: 207

Nan R, Li D, Jin C, et al. 2011. IJMPD, 20: 989

Narayan R, McClintock J E. 2012. MNRAS, 419: L69

Paragi Z, Godfrey L, Reynolds C, et al. 2014. PoS (AASKA14), 143

Parfenov S Y, Sobolev A M. 2014. MNRAS, 444: 620

Perez-Torres M A, Alberdi A, Beswick R J, et al. 2015. POS (AASKA14), 60

Petroff E, Barr E D, et al. 2016. PASA, 33: 45

Redman S L, Rankin J M. 2009. MNRAS, 395: 1529.

Reynolds S P, Borkowski K J, et al. 2006. ApJ, 639: L71

Romero-Canizales C, et al. 2014. MNRAS, 440: 1067

Russell D M, Gallo E, Fender R P. 2013. MNRAS, 431: 405

Shaifullah G, et al. 2016. MNRAS, 462: 1029

Shapiro S L, Teukolsky S A. 1983. JBAA, 93: 276

Smits R, Lorimer D R, Kramer M, et al. 2009. A&A, 505: 919

Tendulkar S P, et al. 2017. ApJ, 834: L7

Tetarenko B E, et al. 2016. ApJ, 825: 10

Thornton D, Stappers B, et al. 2013. Science, 341: 53

Troja E, Piro L, van Eerten H, et al. 2017. Nature, 551: 71

van den Heuvel E P J. 1992//ESA, Environment Observation and Climate Modelling Through International Space Projects. Space Sciences with Particular Emphasis on High-Energy Astrophysics: 29

Wang L, Cui X, Zhu H, Tian W. 2015. POS(AASKA14), 64

Wang N, Manchester R N, Johnston S. 2007. MNRAS, 377: 1383

Wang T, Zhou H, Komossa S, et al. 2011. ApJ, 749: 115

Webb N, et al. 2012. Science, 337: 554

Wei J J, Gao H, Wu X F, Meszaros P. 2015. PhRvL, 115: 261101

Yang J, Paragi Z, van der Horst A J, et al. 2016. MNRAS, 462: L66

Yu W, Zhang H, Yan Z, et al. 2015. arXiv: 1501.04633

Yuan F, Cui W. 2005. ApJ, 629: 408

Zauderer B A, et al. 2013. ApJ, 767: 152

Zhang B, Gil J, Dyks J. 2006. MNRAS, 374: 1103

Zhang H, Yu W F. 2015. MNRAS, 451: 1740

3.8 研究方向八：AGN 和黑洞

安 涛 陈 亮 陈 曦 陈永军 甘朝明 顾敏峰 郭福来 江林华 李志远
刘 怡 彭影杰 王 菁 王 然 吴京文 吴忠祖 谢富国 杨 军
袁 峰* 张仲莉 赵 薇 Luis Ho Prashanth Mohan

3.8.0 研究队伍和课题概况

协 调 人：	袁 峰	研究员	中国科学院上海天文台
主要成员：	安 涛	研究员	中国科学院上海天文台
	陈 亮	副研究员	中国科学院上海天文台
	陈 曦	研究员	中国科学院上海天文台
	陈永军	研究员	中国科学院上海天文台
	甘朝明	副研究员	中国科学院上海天文台
	顾敏峰	研究员	中国科学院上海天文台
	郭福来	研究员	中国科学院上海天文台
	李志远	教 授	南京大学天文学系
	刘 怡	副研究员	中国科学院紫金山天文台
	王 菁	研究员	北京大学科维里天文与天体物理研究所
	王 然	研究员	北京大学科维里天文与天体物理研究所
	吴京文	研究员	中国科学院国家天文台
	谢富国	副研究员	中国科学院上海天文台
	杨 军	研究员	瑞典昂萨拉（Onsala）空间天文台
	张仲莉	研究员	中国科学院上海天文台
	赵 薇	副研究员	中国科学院上海天文台
	Luis Ho	教 授	北京大学科维里天文与天体物理研究所
	Prashanth Mohan	博士后	中国科学院上海天文台
联 络 人：	李彩丽	助理研究员	中国科学院上海天文台 clli@shao.ac.cn

研究内容 ① 利用 SKA1-mid 对近邻宇宙中大样本的低光度 AGN 进行射电连续谱、蓝移的氢 21cm 吸收线以及偏振的观测，结合形态、谱指数等信息定量测量低光度 AGN 的风，包括风的存在性、速度、质量流等；② 获得 AGN 大尺度喷流总强度、全偏振和法拉第旋转结构图像，有效还原喷流内禀三维大尺度磁场结构，研究喷流不同区域的喷流等离子体构成、相对论粒子加速过程；③ 构建年轻射电噪 AGN 大样本、计算其对寄主星系的反馈、成年射电 AGN 喷流–射电瓣结构、偏振与磁场分布、年老 AGN 射电遗迹的搜寻，以及射电噪 AGN 宇宙学演化；④ 利用 SKA1-mid 的高灵敏度，探测银河系"费米气泡"的射电辐射，

---

* 组稿人。

搜索 "边缘朝向" 河外盘状星系中的千秒差距尺度射电延展源，并研究其与银河系 "费米气泡" 的关联；⑤ 利用 SKA1-mid 以及 SKA1-VLBI 观测黑洞双星态跃迁过程中的间歇性射电喷发过程，研究间歇性喷流的动力学（含加速机制）、磁场结构，检验间歇性喷流形成的理论模型；⑥ 通过对大样本 AGN 寄主星系中 HI 发射线的观测，得到 AGN 寄主星系中冷气体成分的质量、分布和动力学特征。比较 AGN 和普通星系中 HI 气体的性质，寻找 AGN 反馈活动的证据。通过对射电 AGN 系统 HI 吸收线的观测，寻找 AGN 喷流驱动气体外流的有力证据。

技术挑战　① 星系核区的延展电离气体可通过轫致辐射产生射电连续谱，原则上需要通过多波段谱指数与偏振信息来排除轫致辐射的显著贡献，这对数据提出一定要求；② 大气电离层的法拉第旋转效应去除和仪器偏振的测定；③ 对射电噪 AGN 演化的研究，需要 SKA1 有足够的分辨率和灵敏度，以及巡天的速度，以增加所需样本；④ "类费米气泡" 目标源的射电辐射通常较弱，成像观测是一大挑战；⑤ 需要跟 X 射线及光学、红外等做多波段的联合协同观测，此外，由于需要捕获喷发早期及晚期的射电辐射很弱时的动力学结构，要求有高动态范围的成像技术；⑥ 低频射电数据的校准及海量数据的统计分析。

研究基础　① 我们很熟悉相关理论，并且近年来系统地开展了低光度星系核风的数值模拟研究，并利用 VLA/VLBA 对若干近邻低光度超大质量黑洞的射电辐射进行了多波段观测研究；② 项目组成员长期从事 AGN 喷流的高分辨率射电全偏振观测、理论和数值模拟研究，有扎实的理论基础和丰富的观测经验；③ 在分析高红移 AGN 多波段辐射性质、射电结构，AGN HI 吸收线观测，利用光学红外望远镜进行高红移 AGN 搜寻等方面已积累了丰富的观测和数据处理经验；④ 过去几十年，VLA 和 VLBI 已积累一定的高流量射电噪 AGN 的研究样本，使我们对射电噪 AGN 的演化路径有了大致的认识；⑤ "类费米气泡" 的理论研究有很好的基础；⑥ 间歇性喷流方面已经有一些 MER-LIN、EVN、VLA 等射电设备跟 X 射线设备的联合观测，为利用 SKA 开展这方面的研究提供了重要的借鉴；⑦ 目前的光学、近红外巡天项目为我们提供了充足的 AGN 样本，有利于开展大样本系统的研究。国际/国内望远镜观测技术的发展，结合 SKA，将为开展多波段研究，完备地描述 AGN 的吸积活动，其寄主星系的恒星、尘埃、气体成分及演化特征提供基础。

优先课题　① 利用 SKA1-mid 对近邻宇宙中大样本的低光度 AGN 进行射电连续谱、蓝移的氢 21cm 吸收线以及偏振的观测，结合形态、谱指数等信息定量测量低光度 AGN 的风，包括风的存在性、速度、密度、质量流等；② 利用 SKA1-mid 的高灵敏度，探测银河系 "费米气泡" 的射电辐射，并搜索 "边缘朝向" 河外旋涡星系中的 kpc 尺度的射电延展源，研究其与银河系 "费米气泡" 的关联、形成机制。

预期结果　对于上述第一个优先课题，我们预期能够得到对低光度 AGN 中风的普遍存在性、风的速度、质量流等物理性质的系统性了解。对于第二个优先课题，我们预期会观测得到 "费米气泡" 的射电辐射，从而得到对其形成机制的更好的约束。对河外旋涡星系的观测将会得到一批样本中类似 "费米气泡" 的射电延展源。上述两个课题对于我们理解 AGN 反馈、星系演化都具有重要作用。

3.8.1 AGN 喷流的 SKA1 观测研究

1. 课题的科学背景、研究意义、国内外进展

AGN 喷流是宇宙中非常强的辐射源,其辐射频率涵盖了从射电到伽马射线所有波段的辐射,空间尺度可以大到 Mpc 量级。它们非常明亮,使得很多 AGN 喷流即使来源于非常遥远的宇宙深处也能够被望远镜探测到。通常喷流庞大的能量被认为是来自 AGN 吸积周围物质到中央黑洞所释放的引力能,其中部分引力能通过一定的物理机制转化为喷流的动能和其他能量,因而具有非常高的转化效率。经过几十年的研究,人们对吸积物质转化为相对论性喷流的形成机制、加速过程、从 pc 到 Mpc 尺度的准直机制,以及与周围介质相互作用等进行了全方位的研究,取得了长足的进步,将来 SKA 的投入使用有望能够解开更多的谜团,帮助人们更好地了解宇宙中的极端物理过程和演化。

接收并分析来自遥远天体的电磁辐射是人们了解宇宙天体的最主要手段,当前从射电到伽马射线波段均有望远镜对准 AGN 喷流进行探测。但由于该类天体距离地球非常遥远,高分辨率的望远镜也只能得到天空平面的二维强度分布和偏振信息,低分辨率望远镜则只能得到来自天体总的流量强度和偏振信息,而这些信息还要受到如多普勒效应、内部及周围等离子体的扭曲,以及望远镜本身灵敏度和分辨率的限制,很多有关喷流的基本物理问题都期待获得进一步的解答:① 为什么仅在部分系统中能有效地产生喷流? ② 磁场对喷流的产生、加速和长达 Mpc 尺度准直过程起了什么样的作用? ③ 喷流在不同尺度上的等离子体成分是什么以及沿着喷流如何演化? ④ 喷流里面相对论性辐射粒子是如何加速的? ⑤ 伽马射线辐射发生在喷流哪个区域? ⑥ 吸积、黑洞自转和喷流是如何相互影响的?

AGN 喷流的辐射频段范围、速度及尺度随不同的子类而有所区别,射电辐射作为喷流主要辐射机制同步辐射的低频区域,能够维持最长的时间和距离,并且射电望远镜阵列能够得到最高分辨率和最大尺度的射电结构图像。SKA 作为最新一代的射电望远镜阵列在灵敏度、视场和时间采样等方面都得到了前所未有的提高。作为 SKA 第一阶段的 SKA1,基线长度或分辨率与 MERLIN 阵相当,是美国 JVLA 的 4 倍;灵敏度是 JVLA 的 5 倍,较MERLIN 阵提升了将近 40 倍,极大提升了望远镜的性能。结合上海天文台科研团队在 AGN喷流方面的研究基础及 SKA1 的卓越性能,我们期望喷流研究在下面几个方向获得突破:① SKA1-mid 的分辨率介于 JVLA 和 VLBA 之间,频率在 0.35~15GHz 的范围几乎是全波段的覆盖,灵敏度达到 μJy 量级,多频偏振观测能够有效消除法拉第效应的影响,结合圆偏振及法拉第旋转量能够很好地还原喷流的三维大尺度磁场结构,从而对 Mpc 尺度上的准直机制提供很强的约束; ② 利用多频圆偏振探测喷流不同区域的喷流等离子体构成及相对论粒子加速机制; ③ 利用多历元多频偏振 SKA1-mid 观测跟踪喷流成分的频谱、流量变化来构建喷流的动力学模型; ④ 反向喷流。

2. 突破方向、主要研究内容

1) 喷流大尺度磁场和大尺度准直机制

喷流形成的主流模型认为,中央超大质量黑洞通过吸积周围的物质在黑洞附近形成吸积盘。喷流是通过在较差自转的吸积盘及中央黑洞能层的带动下形成的螺旋磁场(Blandford and Payne, 1982; Blandford and Znajek, 1977; Vlahakis and Königl, 2004)进行加速准直,或

通过压强随着距离增加而减小的周围束缚气体对喷流进行准直（Melia et al., 2002）。

　　通常 AGN 喷流的线偏振度在百分之几，与望远镜的仪器偏振度相当，而圆偏振的灵敏度则更低，一般小于等于 0.1%～0.2%，其中 10%～20% 的喷流圆偏振水平在 0.3%～1.0%。当前所有 VLBI 阵列观测受灵敏度的限制，只能探测到 pc 尺度的磁场，JVLA 的灵敏度较 MERLIN 稍好但分辨率却远逊，因此未能在该研究方向获得很大突破。而 SKA1 刚好弥补了这些不足，并且频率实现 0.35～15GHz 的无缝覆盖，利用 SKA1 多频、多历元偏振获得喷流三维大尺度磁场结构成为可能，从而为确定大尺度喷流准直机制提供了强有力的工具。

　　由于冷却效应，喷流的亮度会随着离核的距离增大而不断降低，因此当前探测的喷流尺度很可能由于灵敏度的原因而没有完全探测到，随着灵敏度的提高，人们将能够探测到完整的喷流尺度总强度和偏振结构，例如，J1722+5654 用 VLA FITST（灵敏度 ~mJy）仅探测到中间核而并没有探测到延展结构，VLBA 则探测到了单边喷流，因此适当的分辨率加上非常高的灵敏度（~ µJy·beam^{-1}）（如 SKA1）使得我们有机会突破目前的瓶颈。

　　利用单频偏振观测我们只能得到喷流磁场结构在天空平面上的投影，无法区分经过横向激波压缩的缠绕磁场和环形磁场，极向磁场和受剪切的缠绕磁场，同时这些投影还会受到法拉第旋转（RM）的扭曲。通过 SKA1-mid 多频偏振观测就可以得到 RM 在天空平面上的分布，从而还原得到真实的磁场结构在天空平面上的投影，视线方向的磁场则可通过圆偏振（CP）以及 RM 与视线方向磁场的分量关系共同进行约束（Gabuzda et al., 2008），如果能够同时探测到喷流横向圆偏振和 RM 梯度，两者应该具有相同的符号从而可以进行相互印证，此外圆偏振还能够探测到环向磁场强度，从而得出磁场强度随喷流距离的变化规律。SKA1-mid 的分辨率使得像 3C147（图 3.8.1（c））这种情况的各成分获得更加清晰的呈现，而灵敏度的极大提高又使得总强度和偏振流量不会因为分辨率的提高而探测不到，如当前的 VLBA 及 EVN 等由于灵敏度不够而无法探测 kpc 尺度的喷流。

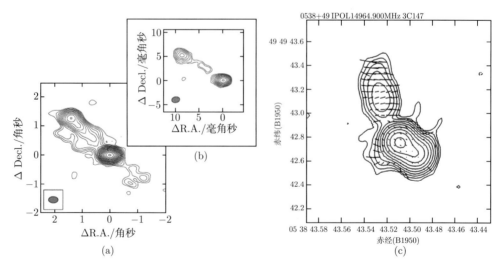

图 3.8.1　VLA 灵敏度 21µJy·beam^{-1}（a），VLBA 灵敏度 0.2mJy·beam^{-1}（b）（Richards and Lister, 2015）；3C 147 VLA 观测（c）（Akujor and Garrington, 1995）

2）喷流各辐射区域粒子成分以及辐射粒子加速机制

AGN 喷流从亚 pc 到 kpc 尺度上都存在进行同步辐射的幂律分布相对论性粒子，这些粒子的构成对于理解喷流如何将能量从黑洞附近传输 kpc 甚至 Mpc 的距离非常关键。引力能转化为喷流能量，喷流由坡印亭能流主导转化为动能主导，产生相对论性辐射粒子，其转化区域仍未能完全确定，表明人们对相对论性粒子的加速过程的理解仍然不是很透彻，辐射粒子能谱取决于喷流内在物流条件，因而能够通过高质量观测数据来加以约束。圆偏振辐射的测量能够提供磁场强度、磁场方向排序情况（决定偏振度的高低）、喷流粒子的主要成分（如由正负电子还是电子与质子主导）及相对论电子的低能截止能量等最基本的喷流物理参量信息（Homan et al., 2009）。

如前所述，AGN 喷流辐射的圆偏振度非常低，目前仅有数目非常少的强源探测到了圆偏振辐射（< 100 个）（Gabuzda et al., 2008; Homan et al., 2009）。非常高的灵敏度及无缝大带宽使得 SKA1 成为探测喷流圆偏振非常理想的工具。结合 SKA1-VLBI 的圆偏振观测，将使我们能够得到从亚 pc 到 kpc 尺度不同区域上的喷流粒子构成及各成分沿着喷流方向的变化。

理论模型认为，喷流在黑洞附近形成初期为坡印亭能流主导，随后逐渐转化为动能主导，在该过程中喷流得到加速和准直。与此同时，喷流内的粒子也将通过磁重联等机制被加速到相对论性速度，并呈幂律分布。但喷流的加速区域还不是非常明确，一些文献认为加速区域位于喷流核的上游（Marscher et al., 2008）。从 pc 到 kpc 甚至 Mpc 的过程中，对于低等离子体磁化情况，粒子弥散加速主要发生在强流体动力学激波波前（Summerlin and Baring, 2012）；对于高磁化情况，相对论性磁重联以及粒子和磁湍流的随机相互作用起着很重要的作用（Sironi and Spitkovsky, 2014）。这两种情况的粒子能谱归一化参数及斜率强烈依赖于辐射区域的内禀物理条件，我们期待能通过 SKA1 的观测进行有效的甄别。

通过 SKA1 观测提供的良好数据期望能够得到新加速粒子的谱形。对于角秒尺度的延展辐射及射电瓣，SKA1 的全偏观测模式结合 SKA1-VLBI 观测有望能够揭示从最里面到最外面整个喷流的谱形，从而对喷流粒子的加速机制提供很好的约束；结合其他 X 波段和伽马射线波段（费米望远镜）的观测，能够对粒子加速区域和环境提供更强的约束。

3）喷流动力学演化

由于 AGN 距离地球非常遥远，所以 kpc 尺度的喷流，其角大小通常都是角秒量级左右，SKA1 在 14GHz 的分辨率约为 20 毫角秒。由于 SKA1 的灵敏度非常高，达到亚 μJy 量级，对 mJy 总强度的喷流成分都有机会探测到 0.1% 左右的圆偏振，加上其 0.35~15GHz 的几乎无缝的频率覆盖，将使得人们能够进行喷流成分沿着喷流方向变化的动力学演化研究。

利用多频 SKA1 的全偏观测，可以得到喷流各成分的总强度谱、线偏谱、线偏方向和圆偏振度谱。这些观测数据可用来研究各成分的磁场强度、喷流粒子组成（Homan et al., 2009）、相对论辐射粒子的低能截止能量等重要物理参量及它们沿着喷流方向的变化。进一步地，结合 SKA1-VLBI 观测，就可以得到从亚 pc 到 kpc 沿途各成分重要物理参量的变化。尽管各喷流成分是在不同的时间从喷流附近发出，但由于它们是发自同一系统，各物理参量应具有一定的相似性和相关性。结合理论模型（报告喷流的磁流体数值模拟），我们将能够重构喷流的动力学演化过程。

另外，由于 AGN 位于宇宙学距离，其喷流运动角速度即使对于运动视速度最快的耀变体天体来说都是 marcsec·a^{-1}（marcsec，毫角秒）的量级，SKA1-mid 的最高分辨率在 20 毫角秒左右，因此利用 SKA1 对喷流某一具体成分进行监测和研究，尤其是证认区分接近喷流底部或靠近中央引擎的各个喷流成分需要非常高的分辨率，应采用 SKA1-VLBI 的多历元观测模式，得到同一喷流成分沿着喷流方向运动各物理参量的变化并进行动力学演化研究，将能够很好地弥补上面对沿着喷流方向不同成分研究的缺陷。

4）反向喷流

利用 SKA1-VLBI 观测模式将能充分发挥 SKA1 高灵敏度的特性，期待能够发现不少具有反向喷流的 AGN，如 M87，虽然其射电辐射很强，离地球也比较近，但在一个相当长的时间内未能发现反向喷流，而当大的望远镜加入 VLBI 观测使灵敏度得到显著提高后，探测到了反向喷流的存在。

单边喷流是射电噪 AGN 中较为普遍的观测现象。其原因是相对论多普勒效应致使朝向观测者的喷流辐射显著增强（正向喷流），而远离观测者的喷流辐射显著削弱（反向喷流）。观测上，大尺度喷流（以亮结（knot）为典型特征）可以延伸到 kpc 甚至 Mpc 尺度（Harris and Krawczynski, 2006）。其运动速度对于研究 AGN 反馈、星系（际）环境、射电瓣的形成等有重要意义。但因其尺度巨大，观测上很难探测到亮结的运动，也就无法像研究核区 pc 尺度喷流一样通过喷流自行来限制大尺度喷流的运动速度。借助 HST 和钱德拉（Chandra）X 射线望远镜的高分辨率，大尺度喷流在光学和 X 射线波段也可以被探测到（Harris and Krawczynski, 2006）。基于一定辐射模型，利用从射电到 X 射线的能谱可以限制大尺度喷流的运动速度。具体来说，如果 X 射线是同步辐射产生的，大尺度喷流可以运动得很慢（速度可以近乎为 0，需要极高能电子）；如果 X 射线是高能电子逆康普顿散射 CMB 光子产生的，就要求大尺度喷流运动很快（洛伦兹因子 $\Gamma = 2 \sim 10$）。

如果能结合反向喷流信息，可以对喷流运动速度给出进一步限制。目前为止观测到大尺度反向喷流的源很少；只看到了个别被认为是横躺在天空的大视角射电星系的大尺度反向喷流（比如 3C 296, 3C 341, 3C 42 等，喷流倾角近乎 90°（Leahy and Perley, 1991））。对于倾角较小的耀变体和绝大多数射电星系，都没能观测到它们的大尺度喷流。作为新一代望远镜，SKA1-mid 的空间分辨率和灵敏度都有显著提高，预期可能探测到一些射电噪 AGN 的反向喷流，进而对大尺度喷流的运动速度等给出限制。

假设正、反向喷流内禀光度一样（考虑喷流是由亮结组成，而非连续喷流，不考虑喷流的分层结构），运动速度相同 $v = \beta c$（洛伦兹因子 $\Gamma = 1/\sqrt{1 - \beta^2}$），正向喷流与视线倾角为 θ（反向喷流为 $-\theta$）。容易得出，因多普勒效应造成的正、反向喷流的流量之比为（假设幂律谱 $f_\nu = \nu^{-s}$，典型值 $s = 0.5$）

$$R = \frac{f_{\nu,\mathrm{j}}}{f'_{\nu,\mathrm{cj}}} = \left(\frac{1 + \beta \cos\theta}{1 - \beta \cos\theta}\right)^{3+s} = \left(\frac{1 + \beta \cos\theta}{1 - \beta \cos\theta}\right)^{3.5}$$

原则上，可以通过观测的正、反向喷流流量之比对喷流运动速度给出限制。图 3.8.2 给出了比值 $R = f_{\nu,\mathrm{j}}/f'_{\nu,\mathrm{cj}}$ 对喷流运动速度下限的曲线。可以看出，若观测到 $R = f_{\nu,\mathrm{j}}/f'_{\nu,\mathrm{cj}} > 1000$，则要求喷流运动速度 $\beta > \beta_{\min} \approx 0.75c$。

图 3.8.3 给出了喷流速度和倾角关系, 可以看出, 对于耀变体, 喷流洛伦兹因子典型值 $\Gamma \approx 5 \sim 10$, 倾角典型值 $\theta \approx 5° \sim 10°$, 正、反向喷流流量比值 $R \geqslant 10^6$。对于射电星系, 若取倾角 $\theta \approx 30° \sim 40°$, 正、反向喷流流量比值 $R \sim \leqslant 10^{3\sim4}$。

目前为止, 探测到的大尺度正向喷流射电流量 (亮结) 的典型值 f_ν 为 $10 \sim 100\text{mJy}$ (@1～10GHz), 角大小 ~ 1 角秒 (Hardcastle et al., 2002; Massaro et al., 2011)。考虑到 SKA1-mid 的实际分辨率为 0.22 角秒和灵敏度为 $0.72\mu\text{Jy}$ (@1.67GHz), 以 $\geqslant 3\sigma$ 为探测标准, SKA1-mid 最终可以探测暗弱到 $\sim 10^{3\sim4}$ 的反向喷流 (平均值 $R \sim 2700$)。由图 3.8.3 看出, 满足此条件的源要么是大倾角的射电星系 ($\theta \sim \geqslant 30° \sim 40°$), 要么是小倾角但运动速度较慢的喷流 ($\Gamma \sim \leqslant 2$)。

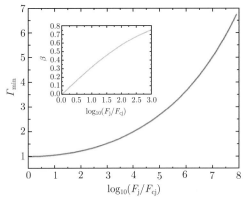
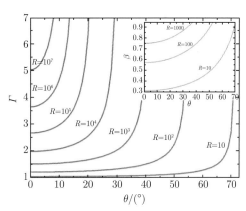

图 3.8.2　正方向喷流流量比 (R) 与喷流运动速度下限 | 图 3.8.3　喷流倾角和运动速度关系 (给定流量比R)

具体来说, 基于 SKA1-mid 观测数据, 我们选取一些具有明显大尺度正向喷流的射电星系, 研究其可能的反向喷流; 进而研究喷流运动速度等。表 3.8.1 列出了可以被 SKA1-mid 研究的候选体 (维度 Decl. $< 10°$)。

表 3.8.1　反向喷流 SKA 观测候选体样本

名称	类型	R.A.(J2000)	Decl.(J2000)	红移 z	名称	类型	R.A.(J2000)	Decl.(J2000)	红移 z
3C 15	FR I	00 37 04.114	-01 09 08.46	0.0730	3C 287.1	FR II	13 32 53.257	$+02$ 00 45.60	0.2156
3C 17	FR II	00 38 20.528	$+02$ 07 40.49	0.2197	Centaurus B	FR I	13 46 49.036	-60 24 29.41	0.0130
3C 105	FR II	04 07 16.453	$+03$ 42 25.80	0.0890	3C 327	FR II	16 02 27.370	$+01$ 57 56.24	0.1039
3C 120	FR I	04 33 11.098	$+05$ 21 15.59	0.0330	4C $+00.58$	FR I	16 06 12.687	$+00$ 00 27.22	0.0590
Pictor A	FR II	05 19 49.700	-45 46 44.50	0.0350	3C 353	FR II	17 20 28.168	-00 58 46.52	0.0304
3C 227	FR II	09 47 45.140	$+07$ 25 21.07	0.0861	PKS 2153-69	FR II	21 57 06.035	-69 41 24.09	0.0283
3C 270	FR I	12 19 23.212	$+05$ 49 31.08	0.0074	3C 445	FR II	22 23 49.548	-02 06 13.22	0.0562
Centaurus A	FR I	13 25 27.616	-43 01 08.84	0.0018					

3.8.2　高红移 AGN 的搜寻

1. 课题的科学背景、研究意义、国内外进展

宇宙再电离是宇宙演化的一个重要阶段。大爆炸约 40 万年后宇宙步入所谓的 "黑暗" 时期。在黑暗末期宇宙大尺度结构开始形成, 带来了第一代恒星、星系和大质量黑洞的形成。

这些天体重新"点亮"宇宙，也就是宇宙空间对紫外光子变得透明（图 3.8.4）。宇宙再电离发生的峰值在红移 $z = 8.5$ 左右，结束于 $z = 6$ 左右。前者的证据来自对宇宙微波背景辐射偏振的测量（Planck Collaboration et al., 2016），后者的主要证据来自对高红移类星体（这里的高红移指红移 6 左右或者更高）的观测（Fan et al., 2006）。再电离后的宇宙变得高度结构化。对宇宙再电离和第一代天体的研究已成为当前和将来一段时间内最前沿的天体物理课题之一。这也是目前在建的下一代望远镜（如 GMT、TMT、E-ELT、JWST 等）最主要的科学目标之一。

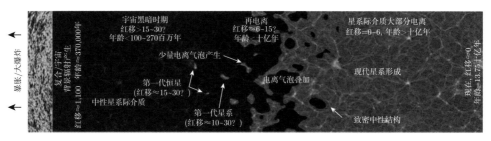

图 3.8.4 宇宙结构的演化（Robertson et al., 2010）

本图简单展示了宇宙从 WMAP 时代到现在的结构演化；宇宙再电离开始于红移 10 以前，峰值在红移 8.5 附近，结束于红移 6 左右；再电离前宇宙相对均匀，之后的宇宙高度结构化

近年来，随着威尔金森微波各向异性探测器（WMAP）和 Planck 卫星上数据的积累，宇宙微波背景辐射偏振的测量越来越精确。宇宙再电离发生的大致时间范围已经基本清楚。但是，再电离过程的细节还很不确定。在观测方面，大量的高红移天体已经被探测到，包括星系、类星体、伽马射线暴等（Tanvir et al., 2009; Mortlock et al., 2011; Oesch et al., 2016; Bañados et al., 2018）。得益于巨大的光度，类星体在研究星际介质状态方面具有天然的优势。高红移类星体的数目已达 100 多，还在不断增长。高红移类星体已成为研究宇宙再电离的最佳工具之一。

类星体是宇宙中已知最亮的长期发光的天体。它巨大的能量来自其中心的超大质量黑洞。由于在全波段都有非常高的能量辐射，类星体成为探测遥远宇宙最有力的工具之一。高红移类星体的光谱中包含了关于早期宇宙状态的丰富信息。它们包含的星际介质的信息提供了宇宙再电离结束于 $z \sim 6$ 的最早和最确凿的证据（White et al., 2003; Fan et al., 2006; Carilli et al., 2010; McGreer et al., 2011, 2015）。

目前对高红移类星体的搜寻主要利用光学和红外巡天项目的大样本研究。SDSS 开启了高红移类星体的巡天时代。它的成像巡天总共覆盖约 14 500deg² 的天空。至今为止，基于 SDSS 巡天数据发现的高红移类星体共 52 个（Jiang et al., 2016）。SDSS 之后的高红移类星体巡天包括 CFHQS（Willott et al., 2005）和 UKIDSS（Warren et al., 2007）等。近几年，欧美的两个大型巡天项目 Pan-STARRS1 和 VISTA 已经开始发现高红移类星体（Venemans et al., 2015, 2016）。最近几个新的类星体巡天项目也开始发现高红移类星体，比如暗能量巡天（DES）、VST ATLAS 巡天、日本的 Subaru 望远镜 SHELLQs 项目等（Carnall et al., 2015; Reed et al., 2015; Matsuoka et al., 2016）。

类星体相对普通星系较亮而容易被现代望远镜探测到，在高红移类星体巡天方面也取得了不错的进展，但搜寻高红移类星体仍然非常困难，目前的类星体数目还非常少。近 15 年来，天文学家总共才发现 100 多个红移大于 5.7 的类星体。困难的主要原因有两个：一是高红移类星体的空间密度极低。类星体的光度函数（空间密度随光度和红移的分布）从红移 3 左右向高红移处呈指数式递减，到红移 6 左右，较亮的类星体密度下降至 400 多平方度才一个类星体。这意味着需要大面积的多色巡天才能发现这些类星体。二是在红移 6 左右，Lyα 发射线已经红移至 z 波段，这给选源和后续证认都带来了困难。图 3.8.5 显示了 2016 年前发现的红移 5 以上类星体的红移分布（Jiang et al., 2015）。我们当前的数据只能较好地限制光度函数的亮端，对暗端几乎没有重要的限制，我们还没法回答一个重要的宇宙学问题，即类星体对宇宙再电离的贡献是多少，因为类星体贡献的电离光子数目主要来自于较暗的类星体。图 3.8.5 还显示，红移大于 6.4 的类星体数目非常少，我们现在对最高红移处的类星体诞生和演化还几乎一无所知。因此，利用 SKA1 进行高红移 AGN 的搜寻，建立高红移 AGN 大样本，对于研究宇宙再电离、超大质量黑洞的形成和演化、AGN 的演化、射电喷流的形成和演化，都有非常重要的作用。

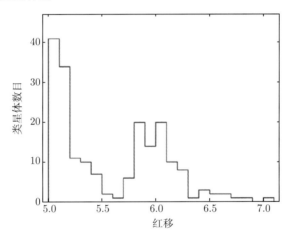

图 3.8.5 2016 年前发现的高红移类星体红移分布（Jiang et al., 2015）

2. 突破方向、主要研究内容

AGN 在全波段都有辐射，射电波段因为不会受到消光的影响，基于巡天项目，可以产生无偏的大样本。利用 SKA1 的高灵敏度、快速巡天速度、宽波段覆盖这些优势，有望探测到一批高红移 AGN，以此来研究宇宙第一代超大质量黑洞及宇宙再电离。我们将基于大天区巡天，结合中性氢吸收线观测和光学红外望远镜观测来具体实施。

1）通过大天区巡天挑选高红移 AGN 候选体

对于利用大天区巡天来搜寻高红移 AGN，一个关键量是要估算空间密度。由于目前对于红移大于 6 的 AGN 的信息还非常缺乏，只能通过一些模型计算来得到其空间密度。通过结合光学红外和 X 射线类星体光度函数、亮射电源的光度函数和源计数，以及深场射电观测低流量处的源计数，半解析模型预计，在流量限 10μJy，每平方度大概有 60 个 $z > 6$，20 个 $z > 8$，甚至 10 个 $z > 10$ 的 AGN（Haiman et al., 2004）。另外一种模型 SKADS Simulated

Skies（S3）（Wilman et al., 2008, 2010）则估计，在 10μJy 流量限，每平方度分别有大概 160 个 $z > 6$，100 个 $z > 8$，甚至 70 个 $z > 10$ 的 AGN。这两种方法预计的 AGN 数目虽然有较大差别，但都显示在 10μJy 流量水平上，有望能探测到大量的高红移 AGN：在 ～1GHz，10μJy 流量限，大天区巡天（1 000～5 000deg²），能探测到大约几十万个 $z > 6$，几万个 $z > 8$，近万个 $z > 10$ 的 AGN。即使考虑源的不同属性（致密源与延展源）和高红移处光度函数的不确定性，在高红移处可能仍然会有数目可观的 AGN 被探测到。

　　利用 SKA1 的宽波段特点，可以对巡天中的射电源进行一些初步的分析。在高红移处，AGN 射电性质很可能与 GHz 谱峰源（GHz-Peaked Spectrum, GPS）类似（Falcke et al., 2004），GPS 源被认为是一类非常年轻的 AGN，其射电谱峰值频率在 GHz 附近，射电结构非常致密，一般 < 1kpc，中央射电喷流刚产生不久，还在向外扩展，随时间很可能最终演化为大尺度射电星系（O'Dea, 1998）。高红移 AGN 的射电谱因为红移的原因，流量将变小，同时射电谱峰也向低频移动。图 3.8.6 显示了红移为 0.237 的 GPS 源 2352+495 在不同红移时的射电谱（Afonso et al., 2015），可以看到，其流量在红移 6, 8, 10 处足够被 SKA1 探测到，SKA1 的波段也能很好地覆盖射电谱，特别是射电谱峰。

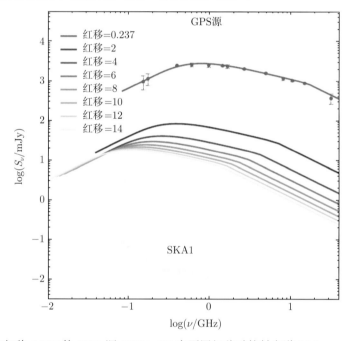

图 3.8.6　在红移 0.237 的 GPS 源 2352+495 在不同红移时的射电谱（Afonso et al., 2015）

　　大致上，搜寻高红移 AGN 的方案为：利用 SKA1-mid 和 SKA1-low，在低频开展大天区巡天。比如，1 000～5 000deg²，10μJy 流量限，频率覆盖 100～600MHz，频率低于 350MHz 的观测必须依赖于 SKA1-low，而 SKA1-mid 的波段 1 可以覆盖到 1GHz，分辨率在 1GHz 可以达到 1 角秒量级；从巡天数据中，根据射电谱和角秒尺度射电结构，可以挑选出致密而有射电谱峰的源；搜寻光学红外对应体排除低红移源（如利用 LSST）；利用长基线 ～10 毫角秒分辨率观测，进一步挑选出非常致密的低频谱峰源；最后，利用 HI 观测或者结合光学红外观测确定红移。

这部分的工作，自然也包括利用巡天数据探测在巡天视场内已知的高红移 AGN 的射电辐射。据不完全统计，对当前已知的 77 个高红移类星体射电探测，发现只有四个源探测到射电流量，约从 0.1mJy 到 3mJy（Wang et al., 2017），而剩余的大部分源的射电流量可能非常弱，几十个 μJy，甚至更低，如高红移类星体 ULAS J112001.48+064124.3（$z = 7.085$）（Mortlock et al., 2011），其 1.4GHz 流量小于 $\sim$23μJy·beam^{-1}（Momjian et al., 2014）。从目前情况来看，对高红移 AGN 射电辐射还没有系统性的深场观测研究。从目前到 SKA1 开始工作的这段时间，高红移 AGN 的数目应有相当的增加，利用 SKA1 的高灵敏度特点，对已确认的高红移 AGN 射电辐射性质进行系统性研究，对研究 AGN 演化和喷流形成应有重要作用。

2）探测中性氢吸收线确定红移

中性氢，是宇宙中最为丰富的元素。SKA 的一个主要科学目标是研究不同红移处的中性氢性质，进而研究星系的形成和演化。对中性氢吸收线的观测，除了研究中性氢本身的性质外，还可以用来确定高红移 AGN 的红移。中性氢的吸收与中性氢发射相比有很多优点，HI 吸收线的探测不依赖于红移，只依赖于背景源的连续辐射强度，因此，有利于探测高红移处的中性氢。另外，HI 吸收即使在很高的分辨率下也可以进行研究，例如，在 VLBI 毫角秒尺度，只要背景源仍然足够亮，就可以利用高分辨率来确定中性氢的位置。

对一些选定的已知红移的射电星系的 HI 吸收线观测发现，在红移 $0.1 < z < 1$，HI 吸收的探测率大约为 30%（Gereb et al., 2014, 2015），其与背景源的连续射电强度并没有很强的联系，说明对低流量源 HI 吸收的探测同样也非常有效，这一点对于高红移 AGN 观测 HI 吸收非常重要。在已探测到 HI 吸收的源中，在与红移对应的系统速度处存在较深但很窄的吸收线，代表了系统速度处的 HI 吸收，光深典型值为 $\sim$0.02（Gereb et al., 2014, 2015）。在有些源中，还存在非常宽而浅的蓝移吸收成分，对应于外流（Morganti et al., 2013）。在年轻致密射电源中，HI 吸收的探测率较高，相比于延展源，光深更大，线宽也更宽（Chandola et al., 2011）。这一点有利于探测高红移 AGN 的 HI 吸收，因为高红移源射电性质很可能类似于 GPS 源，射电谱峰在 GHz 附近，21cm 吸收线随红移向低频移动，而谱峰也随红移向低频移动，因此在 21cm 吸收线附近，连续谱流量仍然在射电谱的峰值附近，强背景源将非常有利于探测 HI 吸收。

探测高红移 AGN 的 HI 吸收依赖于 SKA1 的灵敏度，以及在高红移处作为背景源的足够强射电流量 AGN 的数密度。在红移 $z \sim 6$ 处，21cm 吸收线移到 200MHz 附近，因此只能利用 SKA1-low 来探测，空间分辨率大约为 5 角秒，按 4h 积分时间，谱分辨率每通道 1km·s^{-1} 计算，灵敏度大约为 0.5mJy，因此，对于 10mJy 背景源可以探测到 $\sim$0.05 的光深。假设 200MHz$\sim$1GHz 谱指数为 -0.5（$f_\nu \propto \nu^\alpha$），200MHz 处 10mJy 对应于 1GHz 处 $\sim$5mJy，按照 Haiman 等（2004）的估算，1GHz 5mJy 处每平方度大约有 1 个 $z > 6$ 的 AGN，0.1 个 $z > 8$ 的 AGN。按 1000deg^2 和 HI 吸收探测率 30% 计算，应能探测到约 300 个 $z > 6$，30 个 $z > 8$ 的 AGN 中的 HI 吸收，进而确定这些源的红移。考虑到高红移处可能普遍为致密源，其探测率较高，HI 光深较大，线宽较宽，以上估算还可放宽，更有利于 HI 探测。

通过 HI 吸收的探测来确定高红移，可以结合上述的大天区连续谱巡天，在选定高红移候选体后进行。也可以在一定天区进行盲巡，例如，SKA1-low, 200 MHz, $\sim$5 角秒分辨率，$\sim 1000 \deg^2$，谱线灵敏度 $\sim 0.5 \mathrm{mJy}$，对 $10 \mathrm{mJy}$ 源可以探测 ~ 0.05 光深。以上仅考虑 AGN 本征的 HI 吸收，由于目前探测到 HI 吸收的源大部分在 $0.1 < z < 1$ 区间，仅有 2 个源在 $z > 2$（Uson et al., 1991; Moore et al., 1999），对高红移 HI 吸收性质还一无所知，再加上高红移处 AGN 数密度的估算也有很大的不确定性，在高红移处 HI 吸收的探测分析可能有较大的不确定度。虽然有很大的挑战，但从分析来看其可行性仍然很高。

3）光学红外望远镜观测确定红移

通过光学红外望远镜观测，也将确定高红移 AGN 候选体的红移。届时，一些国际上的大型成像巡天项目可供使用，包括 LSST、Euclid、中国 2.4m 太空望远镜等。以 LSST 和中国太空望远镜为例。它们都将覆盖近 2 万 $\deg^2$ 的天空，深度至 $25 \sim 26$ 星等。这些成像巡天的广度和深度有助于确定射电源的红移。LSST 大部分覆盖南半球的天空。中国太空望远镜将覆盖南北半球的天空，能证认 $z < 7$ 的 AGN。红移大于 7 时，类星体的 Lyα 发射线开始移至近红外波段。利用中国 12m 望远镜的近红外光谱仪，我们可以证认红移大于 7 的类星体。虽然 12m 望远镜在北天，但仍然会有足够的 SKA1 天区可供观测。另外，未来的近红外巡天如 Euclid 和 WFIRST 卫星也会搜寻和证认 $z > 7$ 的类星体。

这部分的大致方案为：从 SKA1 射电连续谱巡天中挑选出高红移 AGN 的候选体，优先利用中国太空望远镜和 12m 望远镜进行证认，也将通过合作利用大型国际观测项目进行证认。

3.8.3 低光度 AGN 的风

1. 科学背景、研究意义、国内外进展

1）科学背景

近年来，AGN 的风的研究是该领域的热点课题。AGN 大体上分为两类：一是明亮的 AGN，如类星体；另一类是低光度 AGN。后者也包括像银河系这样的非常低光度的 AGN。观测表明，明亮的 AGN 广泛存在风。对于低光度 AGN，风的观测数据要少很多，但近两年也逐渐增多。与喷流相比，风的速度低很多，具体数值从每秒几百公里到几万公里不等。然而风的质量流要大得多，具体的数值在观测上存在较大的不确定度，但往往高于黑洞质量吸积率。明亮的 AGN 中的风是通过蓝移的吸收线观测到的，但低光度 AGN 却几乎没有通过这种方式观测到风，这是由于低光度 AGN 的吸积流温度接近位力温度，故风完全电离。

2）研究意义

风的研究之所以重要，是由于以下两个原因。

一是关于吸积流的动力学。由于风的质量流非常大，一般很可能大于吸积率，而且转动角速度比较高，因此可以想象风必定对吸积流的动力学有显著影响，比如影响密度分布、吸积流中的角动量转移等。由于黑洞吸积是高能天体物理的基础理论之一，包括 AGN、伽马射线暴、黑洞双星、黑洞潮汐撕裂恒星等，因此任何对吸积动力学这一基础理论的发展都会影响我们对上述方向的研究，因而非常重要。这需要我们对风有详细准确的理解。

二是有关 AGN 反馈。目前的主流观点认为，理解星系形成与演化的一个关键是 AGN 反馈，即星系中心的 AGN 与宿主星系中星际介质的相互作用（Fabian, 2012）。AGN 影响星际介质的媒介有三种，即辐射、喷流与风，它们在反馈中的影响侧重点各不相同。例如，与喷流相比，风的张角要大得多（Yuan et al., 2015），因此更容易将能量与动量传递给星际介质，但可能也因此就不容易传播到很远的地方。此外，风的一个可能重要的反馈效应是影响黑洞质量的宇宙学演化（Ostriker et al., 2010）。因此，要定量地理解风在反馈中的作用，就必须对风的各方面物理性质有较为详细的理解，故关于风的观测及理论工作非常重要。

3）国内外进展

在风的观测研究方面，目前大部分的观测都是针对明亮的 AGN 中发出的风。一方面，这可能主要是由于明亮的 AGN 中的吸积流是冷吸积盘，因此吸积流发出的风是部分电离的，故比较容易通过观测蓝移的吸收线来探测风。但另一方面，近邻宇宙中的绝大部分星系核是不活跃的，其吸积流由热吸积流描述。因此，对这类星系核发出的风的研究对于我们理解低光度 AGN、宿主星系的演化可能更加重要。这也是此观测建议的重点研究内容。

目前国际上关于热吸积流的理论方面的研究是由上海天文台袁峰课题组主导的，他们近几年来在外流方面完成了系列工作，是黑洞吸积领域最主要的进展之一（Yuan and Narayan, 2014; Yuan, 2016）。尤其是他们利用数值模拟计算得到了风的质量流、速度、角分布等主要物理性质（Yuan et al., 2015）。图 3.8.7 是取自 Yuan 等（2015）的风的空间分布图。这些工作为热吸积流的风的普遍存在性奠定了理论基础，并对下述观测目标提供了指引。

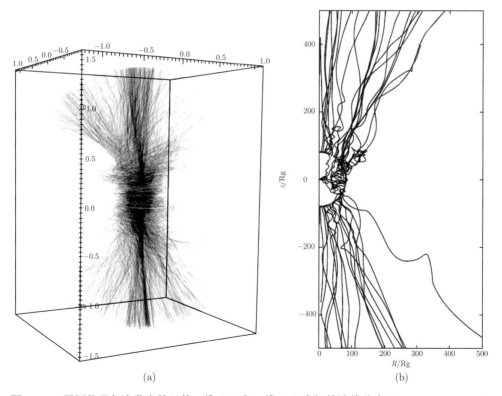

(a)   (b)

图 3.8.7 黑洞热吸积流发出的风的三维（a）和二维（b）空间轨迹线分布（Yuan et al., 2015）

观测方面，对于相对明亮的低光度 AGN，仍然可以采用蓝移的吸收线的方法，或者是在光学波段（Crenshaw and Kraemer, 2012），或者是在 X 射线波段（Tombesi et al., 2014）。但对于更低光度的源，电离度更高，这种方法不再可行。目前采用的方法有几个，但都不是很直接的方法。例如，对于银河系中心黑洞，一个方法是结合了 X 射线观测及射电偏振观测，从而得出吸积率随半径减小而降低的结果（Yuan and Narayan, 2014）。另一个方法是拟合吸积流中的铁线（Wang et al., 2013）。最近《自然》杂志上发表了一篇工作，Cheung 等（2016）观测了一个低光度 AGN 中窄线区的光学发射线，发现发射线区与双对称的电离气体一致，且这些气体具有一定的空间速度梯度分布，被认为是由风与这些气体团相互作用而导致的。

2. 突破方向、主要研究内容

在 SKA 早期科学阶段，对低光度 AGN 中产生的风，我们设想以下三个方面的探测方案：① 在近邻低光度 AGN 周围 pc 至 kpc 内，寻找由风中高能电子产生的射电同步加速辐射；② 利用 AGN 前景的 21cm 中性氢吸收线示踪风；③ 测量由风中自由电子引起的法拉第旋转。

（1）风起源于热吸积流的冕区（Yuan et al., 2015），那里应该频繁发生磁重联现象，会将一些电子加速到很高能量。因此，风将携带一定量的高能粒子。另外，风在向外传播的过程中也可能与星系核区星际介质相互作用形成激波并进一步产生高能粒子。这些粒子（主要是其中的 MeV~GeV 高能电子）将在黑洞周围产生射电波段上的同步加速辐射，在观测上其形态预期为 pc 至 kpc 尺度上的延展源，并且在各方向上相对均匀，显著区别于高度准直的射电喷流（参见本节相关讨论）。迄今为止，文献中罕有对具备这一特征的射电星系核的讨论。

Yang 等（2015）利用 JVLA 6GHz 高灵敏度观测，在矮椭圆星系 M32 中心探测到一个暗弱的致密射电源。由于 M32 中心不存在冷气体或年轻恒星，因此这一射电源最可能起源于中心大质量黑洞（M32*）。有趣的是，由二维高斯拟合得到的源的尺寸稍大于 JVLA 的点扩散函数（约 1 角秒），意味着其物理尺度可达几个 pc，这可能正对应着低光度星系核风所产生的射电同步加速辐射（图 3.8.8）。最近，Yang 等（2017）利用 JVLA 对 M31 中心的极低光度黑洞（M31*）进行了多波段观测，发现其射电辐射也存在一定的延展，同样可能部分地由风贡献。对更多低光度射电星系核的高灵敏度、高分辨率观测将帮助我们检验这一可能性，并进一步限制风的形态、长期时变等物理特征。

（2）风在向外传播过程中极有可能将动量作用于星系核区的气体并携带其中一部分形成高速外流。此外流往往包含不同温度、电离度的气体，其中的冷气体成分可在 AGN 的射电连续谱上产生 21cm 中性氢吸收线信号。测量这一吸收线的宽度、线心相对蓝移可给出外流速度的有力限制；对吸收线等值宽度的测量可帮助估算外流的质量损失率和机械功率。值得指出的是，星系核区的外流也可以由大质量恒星的星风及超新星驱动，因此为了确定星系核风的主导作用，需要严格地排除核区存在恒星形成活动。

（3）风所携带的自由电子在黑洞附近或外流本身的强磁场中可能对来自黑洞视界附近的射电/毫米波连续谱的偏振成分造成法拉第旋转，其值正比于电子密度与磁场强度在视线方向上的积分。在观测上，迄今为止有法拉第旋转测量的低光度星系核非常少（如银心黑洞 Sgr A*，M87 中心黑洞），其起源仍无定论。但是，M87 低频射电观测结果表明（Algaba et al., 2016），法拉第旋转来自不同于辐射源的外部起源，这与起源于风的图像一致。一个较大样本的低光度星系核的射电偏振测量将帮助我们检验风的贡献。

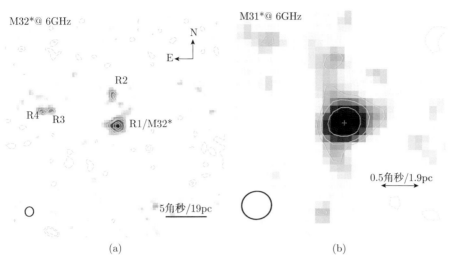

图 3.8.8　JVLA 6GHz 深度曝光获得的 M32* 图像，其延展稍大于瓣（a）；JVLA 6GHz 深度曝光获得的 M31* 图像，其延展同样稍大于瓣（b）；这可能意味着低光度星系核风的贡献

　　SKA1-mid 所能达到的高灵敏度、高分辨率及巡天效率使上述三方面探测方案成为可能。我们设想利用 SKA1-mid 获得 100 个左右近邻低光度星系核在 1~13GHz（波段 2 和波段 5）上偏振连续谱的观测。一个可能的高效方案是选择 Fornax 星系团（距离约 20Mpc）或 Virgo 星系团（距离约 16Mpc，但位于北天，部分成员星系可能无法被 SKA 覆盖）中的早型星系，并利用 SDSS、SAMI（Allen et al., 2015）等光学数据筛选出核区中不存在恒星形成活动的样本。预期对此样本得到角分辨率为 0.1~0.5 角秒，灵敏度达 0.5μJy 的连续谱图像（偏振成分灵敏度约 2μJy）。

3.8.4　射电噪 AGN 的演化

1. 科学背景与意义

　　射电噪 AGN 普遍具有 "核–喷流–射电瓣" 结构。其中喷流是从环绕超大质量黑洞（SMBH）的吸积盘中心垂直于盘面流出的等离子体，它由气体压和辐射压驱动，速度可接近光速，且准直性很强。喷流能将物质和能量从 AGN 核心区域输送到距离核区数百 kpc 甚至 Mpc 的地方，并与星际介质或者星系际介质相互作用，在自身终端形成大小形态各异的射电瓣结构（有一类特殊的射电噪 AGN 被称为致密平谱源（Compact Flat Spectrum Source，CFS），其射电辐射主要来自于核区，在 pc 尺度上具有不对称的单边喷流结构，且射电幂律谱较平，这是当喷流速度接近光速且接近观测者视线方向时，由于相对论多普勒增亮造成的观测效应，在射电星系演化模型中我们认为 CFS 与其他射电噪 AGN 没有本质区别）。射电噪 AGN 是研究 AGN 现象、喷流物理、射电反馈等天体物理前沿问题的理想目标。

　　射电噪 AGN 在空间尺度上差异巨大。最致密的一类射电结构不超过星系尺度的大小（< 1kpc）：有些只有在高分辨率的 VLBI 观测中才可以被分解为两个微小的对称子源，这样的源被称为致密对称源（Compact Symmetric Object，CSO），代表天体是 OQ 208（Wu et al., 2013; An et al., 2017）；有些源的射电连续谱是反转谱，即在较低频率上流量随频率增

加而增加，在 1GHz 左右流量达到峰值，高于 1GHz 的射电连续谱呈现出陡的幂律谱，被称为 GPS（GHz-Peaked Source）（Orienti et al., 2010）。CSO 和 GPS 源通常被认为是年轻的射电星系，年龄在几百年到几千年不等。当射电源的空间尺度在 1~10kpc，且具有陡的幂律谱时，它们被称为致密陡谱源（Compact Steep Spectrum Source, CSS）。CSS 通常被认为年龄仅 $10^3 \sim 10^5$ 年，是处于 CSO/GPS 阶段以后的射电噪 AGN，其射电辐射结构也几乎埋藏在宿主星系之中，并且与稠密的星际介质相互作用产生可观测到的热斑。而另一些射电噪 AGN 则拥有巨大且形态各异的喷流与射电瓣结构，有些可达几百 kpc 甚至 Mpc，远超出光学星系的尺度，甚至达到星系团尺度，例如，著名的射电星系 3C 31、M87、Cygnus A 等，这些源被认为是射电噪 AGN 的成年形态，年龄约 10^7 年。1974 年，Fanaroff 与 Riley 提出，按照形态可以将成年的射电噪 AGN 分为边缘昏暗（edge-darkened）型和边缘增亮型（edge-brightened），又称 FRⅠ 和 FRⅡ 型：FRⅠ 型射电瓣的亮度在最靠近 AGN 光学像处最亮，向外逐渐减弱；FRⅡ 型射电瓣在最远离 AGN 光学像处最亮，向里逐渐减弱，在外边缘处往往可以观测到明亮的热斑。而造成 FRⅠ 和 FRⅡ 型射电 AGN 形态和射电光度上的区别的原因仍是一个争论的话题，有一种比较被广泛接受的说法是其中央黑洞的吸积率大小不同（An et al., 2012）。

早在 20 世纪 80 年代，人们注意到 FRⅡ 型星系与 CSO 源的形态相似，都是双瓣结构，于是猜想两者之间可能存在演化关系。在此基础上发展出一系列自相似演化模型，如图 3.8.9（a）所示（Begelman, 1996）。对自相似演化模型的支持来自于射电星系的 "光度–尺寸" 关系，即 P-D 图（图 3.8.9（b））（An and Baan, 2012），图中红色虚线和蓝色虚线分别对应于高光度和低光度射电源的演化路径，随着射电源尺寸的增加，在 CSO 阶段经历了射电光度增加的过程，在 MSO 阶段射电光度随着尺寸增加平缓变化，在 LSO 阶段（即 FRⅠ/Ⅱ 阶段），射电源的辐射损失增加导致光度明显下降。两条虚折线表示喷流稳定性的临界区域，位于该线右下方的射电源，喷流不稳定性增加，无法维持柱状喷流形态甚至导致喷流瓦解。

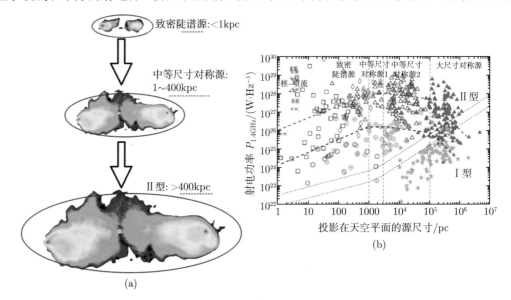

图 3.8.9　自相似演化模型的示意图（a），河外射电源的射电光度–尺寸图（b）

年轻射电噪 AGN 随着时间推移，其中心引擎通过喷流向外界输送能量，射电结构逐渐增大并可能最终演化为成年射电噪 AGN，这只是最理想状态下的演化路径，而实际演化过程非常复杂（图 3.8.10），AGN 中心引擎有可能在演化的各个阶段"熄火"，无法长期向射电瓣输送能量，那么这类射电 AGN 就会"夭折"而无法成长为成年 AGN（图 3.8.10（b））；有些中心引擎在"熄火"后还可能重启，这样我们便能在同一个 AGN 中观测到数对喷流-射电瓣结构（图 3.8.10（c））；在成长过程中，与星系际介质的强烈作用也会塑造和改变 AGN 喷流的方向与形态（图 3.8.10（d））（An et al., 2012）。

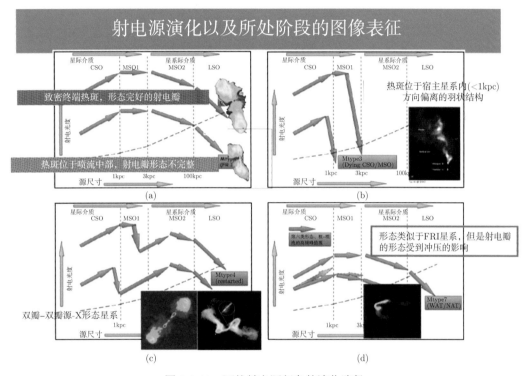

图 3.8.10　河外射电源复杂的演化路径

就目前的研究而言，我们对射电噪 AGN 演化的大致路径已经有了比较清晰的认识，但是具体看来，仍有许多未知或不清楚的地方，例如，年轻射电噪 AGN 样本依然缺乏完备性，导致对幼年阶段射电噪 AGN 的动力学演化状况尚不清楚，甚至无法完全区分射电噪 AGN 是"真正"年轻还是其"成长"受到了稠密的星际介质（ISM）的阻碍；成年射电噪 AGN 的喷流如何将来自中心引擎的物质和能量传递到 Mpc 以外的射电瓣，以及对宿主星系如何进行"反馈"尚不清楚；AGN 中心引擎"熄火"之后的射电"遗迹"物理性质如何。所有这些问题，我们期待着 SKA 能够给予令人满意的答案。

2. 研究内容

1）年轻射电噪 AGN 的大样本构建

年轻射电噪 AGN 的内禀光度通常小于成年射电噪 AGN，因此在流量限巡天样本中，任何特定红移范围内，成年射电噪 AGN 都比年轻射电噪 AGN 更容易被观测到，因此我们目前观测到的年轻射电噪 AGN 远少于成年射电噪 AGN，所以至今仍然缺乏足够完备的样本以得出具有统计意义的结论。SKA1-mid 在 1GHz 左右的巡天将为解决这一问题提供机会。SKA1-mid 波段 1（0.350~1.05GHz），波段 2（0.95~1.76GHz），波段 3（1.65~3.05GHz）非常好地覆盖了这一频段；当 SKA1-mid 波段 2 积分时间为 100s 时，期待灵敏度为 5.8μJy。我们可以利用波段 2 进行巡天，筛选出结构致密不可分解的源；再利用波段 1~3 多频观测筛选出具有年轻射电噪 AGN 谱指数特征的源。这两个步骤，以 SKA1-mid 的巡天速度，可以非常高效地完成。

2）宿主星系对年轻射电噪 AGN 的作用

年轻射电噪 AGN 的射电辐射结构深埋于宿主星系之中，与星际介质发生强烈的相互作用。星际介质往往会改变喷流与射电瓣的形态和扩展的方向（Srivastava et al., 2016）；而有关星系形成和演化的最新研究表明，喷流与射电瓣的反馈也调节着宿主星系恒星形成活动与黑洞吸积和质量增长（Karouzos et al., 2014; Williams et al., 2015; DeGraf et al., 2017）。最极端的情况下，喷流在与星际介质的作用中将动能消耗殆尽，即使 AGN 中央引擎能够持续数百万年时间，它也无法形成大尺度射电结构。在研究年轻射电噪 AGN 的样本过程中，必须要将这些 "侏儒" AGN 和真正的年轻射电噪 AGN 区分开来，通常区分方法是测量射电谱年龄和利用 VLBI 观测估算其运动学年龄。谱年龄需要从几百兆赫兹到几十吉赫兹（GHz）多个频点的宽波段覆盖，这一点 SKA1-mid 恰好能够满足需要，而且 SKA1-mid 的灵敏度足够高，能够确保探测低亮度射电噪 AGN。由于年轻射电噪 AGN 的致密结构，运动学年龄分析只能由高分辨率的 VLBI 观测才能达到，既可以利用目前现有的 VLBI 观测设备进行观测，也可以在将来把 SKA1-mid 作为子阵加入现有的 VLBI 阵列进行观测。SKA1-mid 所处的地理位置将大大改善现有 VLBI 网在南北方向上的 uv 覆盖，对于射电亮度不是很高的致密源成像是非常关键的，使得我们对年轻 AGN 的运动学与动力学性质的分析更加准确。

3）成年射电噪 AGN 喷流–射电瓣物质与能量的传播及对宿主星系的反馈

成年射电噪 AGN 是以往研究得比较多的类型，但依然存在一些未解开的难题，例如，成年射电噪 AGN 的喷流如何将物质和能量传递到距离中心引擎 Mpc 以外的地方；又比如，射电瓣如何对 AGN 所处的星系团环境产生影响（喷流可以抑制星系团核心的冷流，并通过一个自我调节过程在星系团核心创建一个准平衡状态）。磁场在 AGN 喷流的准直和加速过程中起到了至关重要的作用，喷流与星系际介质的相互作用也会改变作用界面上的磁场分布（An et al., 2010）。因此弄清磁场在 AGN 中的分布对于研究 AGN 中能量的输送及喷流与星系际介质的相互作用是必须的。对于 SKA1-mid 来说，在其能够工作的高频（13.8GHz）角分辨率为 0.05 角秒，（假设最长基线长度约等于其旋臂长度 100km），这一分辨率范围正好能填补现存的射电干涉阵列（VLA、MERLIN 等）与 VLBI 网（EVN、VLBA）分辨率之间的空白（图 3.8.11），而 SKA1-mid 极高的成图动态范围（可达 10^6 数量级）加上双偏振馈源的设计对于我们研究射电噪 AGN 射电瓣的结构和物理性质（偏振，磁场等）的空间分布极为有利。

4）年老的射电噪 AGN 及射电遗迹的搜寻与研究

AGN 的中心引擎通过喷流向射电瓣输送能量，但这一过程并非永恒不变，黑洞活跃性也有其生命期限，当能量输出停止之后，射电源便死亡。由于射电瓣中依然储备了相当多的

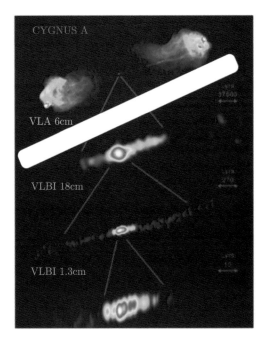

图 3.8.11 不同射电望远镜阵列对天鹅座 A 观测得到不同尺度的射电图像

SKA1-mid 能够弥补 VLA 和 VLBI 之间的分辨率空缺，补充喷流演化的宝贵信息

相对论性电子，所以同步辐射仍然可以在射电瓣中继续。但是，随着相对论性电子逐渐消耗殆尽，且高能电子消耗较快，低能电子消耗较慢，射电连续谱会越来越陡，射电辐射的峰值频率逐渐向更低的频率转移。

图 3.8.12 为典型的死亡后 AGN 的遗迹（Johnston-Hollitt, 2017）。过去受限于设备的观测频率，我们对这类 AGN 的射电遗迹知之甚少。

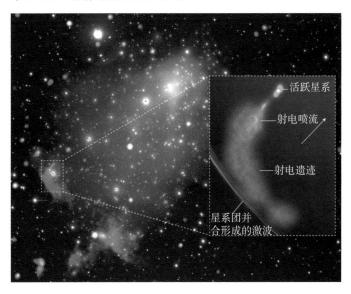

图 3.8.12 典型的死亡后 AGN 的遗迹

而频率覆盖为 50~350MHz 的 SKA1-Low 与 350~1 050MHz 的 SKA1-mid 波段 1 填补了这一频率空白。SKA1-mid 的灵敏度积分时间 10h 便可达到 0.5 μJy 左右，同时分辨率与 VLA 在 1GHz 上的分辨率类似，无论是进行射电遗迹的巡天还是 kpc 尺度上的成图分析都是非常有优势的。

5）射电噪 AGN 随宇宙学红移的演化

如以上几点所述，SKA 所具备的灵敏度、巡天速度、频率覆盖和地理位置等因素均有助于研究射电噪 AGN 自身的演化，尤其是在 "年轻" 和 "年老" 这两个阶段建立更大更完备的样本。同时，高灵敏度带来的巡天深度的提升也有利于我们研究特定种类的射电噪 AGN 的宇宙学演化。高红移类星体和星系的观测还为研究第一代星系和第一代超大黑洞形成提供了宝贵数据。高红移致密对称源的研究将尝试回答第一代超大黑洞吸积、星系与黑洞共同演化、第一代星系的星际介质环境等疑难问题。

3.8.5　银河系与近邻星系中的 "费米气泡"

1. 科学背景与研究意义

美国国家航空航天局费米伽马射线太空望远镜于 2010 年在银河系发现了一个巨大的新结构 ——"费米气泡"（Su et al., 2010, 图 3.8.13（a）），这一发现入选美国物理协会 2010 年国际十大物理事件，并获得 2014 年美国天文协会高能天体物理的奖项 Rossi Prize。"费米气泡" 的辐射机制、物理起源及其对银河系演化的影响是当前天体物理学研究的前沿热点课题之一。

"费米气泡" 是内银河系银盘上下两个类椭球形气泡结构，伽马射线辐射集中在 1~200GeV 能段。这两个气泡非常巨大，延展到银盘上下约银纬正负 50°（高度大约 10kpc），有非常清晰的边界。伽马射线光谱非常硬，大约是 E^{-2}，比银盘上宇宙线质子产生的伽马射线辐射谱要硬很多。这两个气泡曾在微波波段被威尔金森微波各向异性探测器（WMAP）探测到，因此也被称为 WMAP 迷雾（WMAP haze）（Finkbeiner, 2004），但是信号更强的南 "费米气泡" 在微波波段的辐射在银纬 −35° 以外非常微弱（Dobler, 2012）。在硬 X 射线波段，ROSAT 巡天也曾经探测到 "费米气泡" 在低银纬处的清晰边界（Bland-Hawthorn and Cohen, 2003）。"费米气泡" 的观测清楚显示了两个边界清晰的椭圆形气泡，基本排除了其来源于银河系暗物质粒子碰撞产物的可能性（Su et al., 2010）

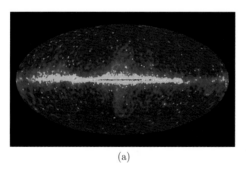
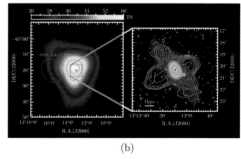

(a)　　　　　　　　　　　　　　　　　　　(b)

图 3.8.13　费米望远镜 10GeV 以上能段全天图（NASA）（a），内银河系中的两个 "费米气泡" 清晰可见；Circinus 星系的伽马射线图（左）及相应的 1.4 GHz 射电图（右）（b）

"费米气泡" 的微波辐射一般都认为是来自宇宙线电子在磁场中回旋运动时发出的同步辐射 (Dobler, 2012), 但 "费米气泡" 的伽马射线辐射起源仍没有定论。后者可能来源于这些宇宙线电子对星光与宇宙微波背景辐射的逆康普顿散射 (轻子模型 (Su et al., 2010; Guo and Mathews, 2012)), 也可能来源于宇宙线质子与星际介质碰撞产生的中性 π 介子衰变 (重子模型 (Crocker and Aharonian, 2011))。宇宙线质子与星际介质碰撞也会产生带电 π 介子, 并衰变成正负电子。这些电子在磁场中也会产生微波同步辐射, 但计算发现这个辐射要小于观测到的 "费米气泡" 微波辐射 (Ackermann et al., 2014)。因此, "费米气泡" 伽马射线辐射的宇宙线质子起源模型也需要额外的宇宙线电子去解释观测到的微波辐射。

"费米气泡" 的一个主要起源模型是银河系中心近几百万年前的一次 AGN 反馈现象, 它的强有力观测证据包括以下两点: ① 银心附近 0.5pc 以内存在一或两个由年龄为几百万年的新恒星组成的盘 (可能是黑洞吸积盘遗迹 (Genzel et al., 2003)); ② 在银河系南极方向附近 25° 以内, 麦哲伦气流 (the Magellanic stream) 的 Hα 辐射很可能是由几百万年前的一次银心 AGN 现象产生的辐射光致电离造成的 (Bland-Hawthorn et al., 2013)。此外还有其他一些银心过去强活动性的观测证据 (Totani, 2006)。AGN 反馈产生 "费米气泡" 的渠道包括: 喷流 (Guo and Mathews 2012; Guo et al., 2012), 辐射模式中的类星体风 (Zubovas et al., 2011), 以及黑洞热吸积流盘风 (Mou et al., 2014; Mou et al., 2015)。在银心黑洞喷流模型中, "费米气泡" 现象释放的能量是 $10^{55} \sim 10^{57}$ J, 对应于黑洞吸积了约 $100 \sim 10\,000 M_\odot$ 的物质 (假设反馈效率是 10%)。

如果 "费米气泡" 现象在银河系乃至普通盘状星系中是一个普遍现象, 那么这类现象将对星系的成长演化尤其是恒星形成历史产生重要的影响。当前星系天文学研究中的一个中心问题是星系如何从恒星形成星系走向宁静星系 (Strateva et al., 2001), 即星系的恒星形成抑制 (star formation quenching, 也称星系的死亡)。观测发现星系的死亡与星系核球的强度 (中心黑洞的质量) 有正相关性, 因此类似 "费米气泡" 的 AGN 反馈可能是星系死亡背后的重要甚至主要物理机制。

但是, 在观测角度验证这个理论并不容易。"费米气泡" 的观测信号主要在伽马射线波段, 但伽马射线望远镜的分辨率与灵敏度都比较低, 河外星系中的 "费米气泡" 在伽马射线波段很难分辨甚至探测到。"费米气泡" 中含有大量的宇宙线电子, 它们可能是主宇宙线电子 (primary electrons), 也可能是由宇宙线质子产生的次宇宙线电子 (secondary electrons)。这些宇宙线电子的同步辐射在射电波段将很有可能被观测到。图 3.8.13 (b) 是一个典型的例子 (Hayashida et al., 2013), 近邻 Circinus 星系在伽马射线波段有辐射, 但费米望远镜不能分辨其辐射源的空间结构, 然而射电观测能清晰分辨这个辐射源, 其两个垂直于星系盘的椭球形结构非常像银河系 "费米气泡"。因此用灵敏度很高的 SKA1-mid 来研究银河系的 "费米气泡", 以及搜索河外星系中射电波段的 "费米气泡" 将是一个非常有意义、有希望的课题。

2. 科学目标与突破方向、研究内容

当前这个方向的主要科学问题包括银河系 "费米气泡" 的辐射机制与起源, "费米气泡" 是否在其他星系中存在, "费米气泡" 对星系演化有什么影响等。紧密联系这几个科学问题, 我们这个子课题的主要科学目标是: ① 探测银河系 "费米气泡" 的射电辐射, 研究银河系

"费米气泡" 的辐射机制与起源；② 搜索大视角河外盘状星系中的 kpc 尺度射电延展源，并研究其与银河系 "费米气泡" 的关联；③ 如果探测到河外盘状星系中的 "费米气泡"，研究其起源机制及其对星系演化的可能影响。

这个课题的突破方向主要依赖于 SKA1-mid 在射电波段的高灵敏度，辅助以相关的理论计算工作。银河系 "费米气泡" 目前在伽马射线波段与微波波段已经被探测到，但在几个 GHz 及以下的射电频率还没有被探测到。SKA1-mid 的灵敏度较现有的射电望远镜有了较大的提高，可以在银盘辐射干扰较弱的高银纬区域（尤其是南 "费米气泡" 边界周围）进行探测，将有可能首次在射电波段探测到 "费米气泡"。这将有助于确定 "费米气泡" 中宇宙线电子低能端的能谱，对实现第一个科学目标有重大帮助。银河系 "费米气泡" 在射电波段的辐射比普通射电星系要弱很多，探测河外星系中射电波段的 "费米气泡" 需要非常高的灵敏度。灵敏度较高的 SKA1-mid 将进行一系列的巡天项目，在这些巡天数据中搜寻河外星系中的 "费米气泡"，将是非常有意义的一个突破方向，有助于实现后两个科学目标。

这个子课题的科学目标、研究内容都与 SKA1-mid 的科学产出直接相关。在未来五年，依据 SKA1-mid 的建成前后，这个子课题的研究内容可以分为两个阶段。

1）前期研究

在 SKA1-mid 数据出来之前，我们打算开展三个相关的准备工作与预研究。首先，根据目前银河系 "费米气泡" 的辐射模型（轻子模型或质子模型）与 "费米气泡" 磁流体模型中的磁场强度，通过理论计算预言 "费米气泡" 在射电波段的辐射流量与能谱。我们希望通过这个理论工作，研究用 SKA1-mid 探测 "费米气泡" 射电辐射的可行性。其次，我们打算通过磁流体数值模拟，进一步研究 "费米气泡" 的起源。目前 "费米气泡" 的各个起源模型都有一定的问题（Ackermann et al., 2014），其起源是一个研究热点。通过数值模拟，我们希望能做出 "费米气泡" 各波段辐射的更确切预言，这有助于将来结合 SKA1-mid 来进行直接验证，确定其真实起源。第三，在 SKA 可以观测的南天，目前已经探测到两个类似银河系 "费米气泡" 的射电气泡，分别是图 3.8.13（b）中显示的 Circinus 星系和距银河系不远的 Centaurus A 星系。但这两个星系中射电延展源（类似 "费米气泡"）在射电波段的光度比银河系 "费米气泡" 要强至少两三个数量级。在 SKA1 建成之后，这两个星系很可能会得到大量的 SKA1-mid 和 SKA1-low 的观测时间。我们打算在观测数据出来之前，对这两个星系中的射电气泡的性质加以细致的研究，研究重点是它们与银河系 "费米气泡" 的关联。我们要回答的中心问题是：它们与银河系 "费米气泡" 是不是同一类现象？

2）后期研究

在 SKA1-mid 建成之后，我们希望能开展两方面的研究。

第一，利用 SKA1-mid 观测南 "费米气泡" 的射电辐射，包括银纬 −35° 以内的射电辐射（微波波段已经探测到；图 3.8.14（b））与 −35° 以外的射电辐射（微波波段辐射非常弱；图 3.8.14（b））。一个比较可行的观测方案是沿着垂直于 "费米气泡" 表面的方向，观测多个区域的射电辐射，从 "费米气泡" 之外一直观测到 "费米气泡" 内部。这个方案前几年已经由 X 射线望远镜 Suzaku 采纳过，证明是一个对探测 "费米气泡" 非常有效的策略（Kataoka et al., 2013）（图 3.8.14（c））。我们希望能探测到 "费米气泡" 在射电波段（350MHz~14 GHz）的辐射，研究 "费米气泡" 中高能电子的能谱与起源。

第二，SKA1-mid 将会进行一系列的南天巡天观测，我们可以通过研究这些巡天数据，搜寻河外星系中射电波段的"类费米气泡"现象。银河系"费米气泡"是蕴含大量高能宇宙线粒子（电子或质子）的、kpc 尺度的椭球形结构，河外星系中类似的结构早已有大量观测，正是在射电星系中的射电瓣。但是"费米气泡"在射电波段的光度很可能比射电星系的射电光度要弱很多。在微波波段（几十 GHz），"费米气泡"的光度在 10^{36}J·s^{-1} 量级，然而年轻射电源的光度通常都高于 10^{40}J·s^{-1}。观测到的射电瓣多数都在椭圆星系中，与身为盘状星系的银河系中的"费米气泡"可能并不完全一样。本课题的第四子课题"射电噪 AGN 的演化"会研究射电瓣，而我们这个子课题将侧重研究河外盘状星系中的 kpc 尺度射电延展源，它们很可能是类似银河系"费米气泡"的 AGN 反馈现象。为了与银盘上的射电辐射区分开，我们将侧重于研究大视角的盘状星系。图 3.8.13（b）Circinus 星系中的射电气泡完全在其星系盘之外，给出了射电气泡存在的清晰证据。Circinus 星系与 Centaurus A 星系中射电延展源的射电光度都较强，属于盘状星系中的射电星系。SKA1-mid 的灵敏度很高，将很有可能在大视角盘状星系中发现更多类似的射电延展源。这些射电延展源可能是能量更强的"费米气泡"，但也可能与银河系"费米气泡"的形成机制不一样。不管是哪一种情况，对于高能天体物理与星系演化这都是一个非常有意义的研究方向。

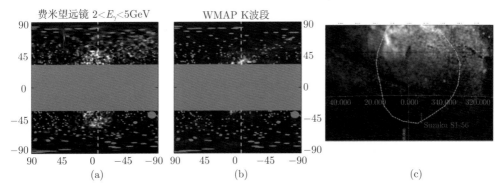

图 3.8.14 银河系中的"费米气泡"；费米望远镜 2~5GeV 能段（a）；WMAP K 波段（b）（Dobler, 2012）；Suzaku 望远镜观测的南"费米气泡"边界区域（c）（Kataoka et al., 2013）

尤其重要的是，我们希望在正常盘星系中找到"费米气泡"。银河系也是一个正常的恒星形成盘状星系，正常盘星系中央黑洞的吸积率通常都在 10^{-6} 以下，其中的射电气泡和银河系中的"费米气泡"很可能是由同一个物理机制产生的。这里，我们粗略估计一下利用 SKA1-mid 去探测射电光度更低的河外"费米气泡"的前景与策略。依据 SKA1-mid 在 1.67 GHz 处的灵敏度为 0.72μJy、分辨率为 0.22 角秒，以银河系气泡射电光度（假设 10^{36}J·s^{-1}）、尺度 10kpc 为典型值放到河外是探测不到的。因此，在利用 SKA1-mid 进行河外星系气泡探测中并不需要如此高的角分辨率。图 3.8.15 是在降低分辨率（即每个波束的角尺度）的情况下（其他参数不变，比如灵敏度），给定分辨率（假设气泡尺度 10kpc）对应的可探测源的最大红移。从这个图可知，当望远镜分辨率大于 ~4.3 角秒时，SKA1-mid 可以探测到一些近邻星系中的光度为 10^{36}J·s^{-1}、尺度为 10kpc 的气泡，对应的最大红移即如红线所示。此外，高频波段（如 SKA1-mid 波段 5）将更容易探测到"费米气泡"。

"费米气泡"肯定不是银河系独有的。如果近邻盘星系中的"费米气泡"被大量探测到，那么这将是首个直接观测证据，表明 AGN 反馈在盘星系中也很普遍，很可能对盘星系的成长演化起到非常重要的作用，在很大程度上改变我们目前认识的星系演化图像。

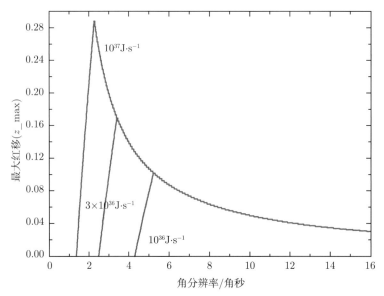

图 3.8.15　给定角分辨率时最远可探测红移；三条曲线分别对应了气泡光度为 $10^{36}\,\mathrm{J\cdot s^{-1}}$，$3\times10^{36}\,\mathrm{J\cdot s^{-1}}$ 和 $10^{37}\,\mathrm{J\cdot s^{-1}}$ 的情况；气泡尺度假设为 10kpc

3.8.6　黑洞双星的态跃迁、间歇性喷流的研究

1. 课题的科学背景、研究意义、国内外进展

黑洞 X 射线双星（以下简称黑洞双星）由于光变时标较短，在年量级的时标上能够观测到其随机的爆发过程。该爆发过程中往往伴随着谱态特征和时变特征的变化（Remillard and McClintock, 2006; Belloni, 2010），对我们了解黑洞的吸积过程有极其重要的意义。简单来说，黑洞双星的爆发可分成硬态、软态及中间态这三个态（图 3.8.16）。在 X 射线波段，软态对应着多温黑体谱，理论上一般由标准薄盘（SSD）（Shakura and Sunyaev, 1973）等冷盘模型来解释。硬态则对应于非热谱，其硬 X 射线流量将高于软 X 射线流量。理论上硬态可用热吸积流（如径移主导热吸积流，（Advection-Dominated Accretion Flow, ADAF））模型来解释（Yuan and Narayan, 2014）。而中间态作为软态和硬态的混合体，则相对复杂得多，目前还没有成熟的理论（Remillard and McClintock, 2006）。此外，根据时变特征的不同，中间态也可细分为 "硬中间态" 和 "软中间态" 两种（Homan and Belloni, 2005）。

从射电波段来看，黑洞双星在硬态时往往能够探测到较强的平谱或弱反转谱的射电辐射。这些射电辐射一般认为是来自 "连续性喷流"（continuous jet）不同位置处具有不同峰值频率的同步辐射（考虑自吸收效应）的叠加。在软态时，射电辐射极弱，跟相同 X 射线流量的硬态相比，软态时的射电流量比相应硬态时的射电流量降低了 50 倍以上（Corbel et al., 2004; Russell et al., 2011）。总而言之（图 3.8.16），黑洞 X 射线双星在硬态时存在连续性喷流，而软态的物理条件不利于喷流的产生。

在由硬态向软态转变的态跃迁过程中，人们常常观测到非常明亮的射电闪耀（radio

flare）。与通常观测到的射电辐射不同，这类射电闪耀是光学薄的。通过高分辨率的射电及 X 射线的成像观测，人们发现这些射电闪耀实际上对应着分立的等离子体团块的抛射过程（Hjellming and Rupen, 1995; Mirabel and Rodriguez, 1994; Mirabel et al., 1998; Dhawan et al., 2000; Fender, 2001; Fender et al., 2004）。进一步的研究发现，间歇性的射电喷发很可能是在由硬中间态向软中间态转变的过程中产生的（Fender et al., 2004, 2009）。

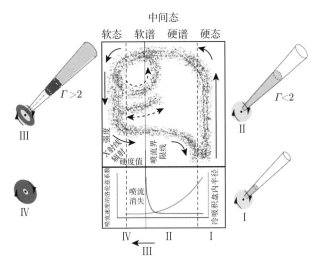

图 3.8.16　黑洞 X 射线光度–硬度（硬 X 跟软 X 的光度比值）图，以及对应的喷流性质

十多年来，随着对黑洞双星系统的长期 X 射线–射电（以及其他波段，如红外）的联合观测，已经积累了丰富的间歇性喷流的观测数据。除了喷流产生的吸积条件不同，间歇性喷流具有一些完全不同于连续性喷流的观测特性（Miller-Jones et al., 2006; Fender et al., 2004, 2009; Gallo, 2010; Massi, 2011）：① 间歇性喷流的射电谱的谱指数小于 0，即射电谱是光学薄的，而连续性喷流的射电谱为光学厚；② 多波段的观测表明，高频波段的变化幅度要高得多（如 GRO 1655-40（Hjellming and Rupen, 1995; Hannikainen et al., 2006）、GRS 1915+105（Dhawan et al., 2000）），此外，不同波段达到峰值流量的时间不同步，往往高频波段首先达到峰值；③ 高分辨率的观测能够直接看到分立的向外运动的等离子体团块（Mirabel and Rodriguez, 1994; Mirabel et al., 1998；Fender et al., 1999，2004; Yang et al., 2011; Migliori et al., 2017; Rushton et al., 2017）；④ 这些等离子体团块具有较高的整体运动速度，很多源中抛射出来的等离子体团块观测到视超光速运动现象，由自行可限定速度值 $v/c > 0.9$（Mirabel and Rodriguez, 1999），相应地，洛伦兹因子 > 2，典型速度 $v/c > 0.2 \sim 0.3$；⑤ 间歇性喷流往往具有较高的线偏振度（Fender et al., 1999; Fender et al., 2002），说明系统中的磁场比较规则。

总体来说，目前对黑洞双星态跃迁过程中的间歇性喷流现象的研究，无论是理论还是观测都还处于初步阶段。在观测上，现有观测数据非常分散，缺乏多历元的能够完整覆盖整个演化过程的高分辨率、高灵敏度的观测。尤其重要的是，缺乏偏振观测信息，因此无法给出间歇性喷流的磁场结构（及其演化）信息。在理论上，除了部分唯象理论以外（van der Lann, 1966; Hjellming and Johnston, 1988），有物理基础的间歇性喷流模型是基于日冕物质抛射（CME）的磁流体模型（Yuan et al., 2009）。此模型认为，由于 Park 不稳定性，部分吸积流的磁场将会浮在吸积流的晕区（或外流区）形成磁拱。由于磁拱的足点连在其下方的吸积流上，而吸积流自身存在较差运动（differential rotation），因此晕区（或外流区）里的磁拱将会发生扭曲并最终由于磁重联过程形成磁流绳（magnetic flux rope）结构。同时，吸积流的能量可以通过磁力线以阿尔文波的形式传递到磁流绳中，并以磁能的形式储存起来。当累积的磁能超过某个阈值后，系统将快速发生磁重联。磁流绳也将在磁压力的作用下被快速抛出，形成间歇性的喷流。这一理论已经成功运用到解释银河系中心射电闪耀上（Li et al., 2016）。它定性上能够解释现有观测现象，但还需要进一步的研究。这给 SKA 留下了广阔的发挥空间。值得指出的是，我国的"慧眼"（insight）硬 X 射线调制望远镜（HXMT）有望在 SKA1 运行期间继续服役，这是我们国内从事本领域研究的一个重要优势，HXMT 将提供黑洞双星吸积模式的监测及后随分析。

2. 突破方向、主要研究内容

由于具备较好的天线分布（短时间快照（snapshot）观测模式下也有较好的 UV 覆盖，有利于成像）、较高的灵敏度，SKA1 将能够揭示间歇性喷流的物理机制。从观测来讲，黑洞双星一般都是暂现源，态跃迁的持续时标为天的量级。相对于目前 SKA1 已有的方案设置，利用 SKA1 来研究黑洞双星态跃迁相关过程还需要如下两个方面的条件：

（1）为了研究态跃迁的物理过程，需要有高能 X 射线望远镜（如我国 HXMT，印度的 AstroSAT，德国/俄罗斯的 SRG 等）及射电的 SKA1 巡天模式（SKA1-mid 巡天）对南天区（X 射线望远镜实际上能够覆盖全天区）的暂现源进行协调监测。

（2）SKA1-mid（以及拟开展的 SKA1-VLBI）需要有机遇观测（Target of Opportunity, ToO）这一观测模式。通过对 X 射线谱态变化及时变性质的分析表明，X 射线巡天将对黑洞双星进入态跃迁的时间提供预报（并实时监测），并触发 SKA1-mid 的定点机遇观测。

SKA1-mid 的偏振观测将提供间歇性喷流成分的总流量、光谱指数、线偏振度、旋转量（RM）、圆偏振等随时间的演化关系。通过跟理论模型的对比，将能够给出相对论性电子数、磁场的规则（ordering）程度、强度、方向等的演化信息（Fender et al., 2002; Tudose et al., 2007; Brocksopp et al., 2007; Curran et al., 2014）。例如，GRS 1915+105 是一个常现源，反复进行硬中间态和软中间态的转变，并伴随着间歇性的射电喷发。利用 MERLIN（分辨率类似于 SKA1-mid，灵敏度要低很多）几天内的多次定点观测，Fender 等（2002）发现 GRS 1915+105 中的视超光速的射电团块抛射，并通过线偏振方位角的测量探测到爆发过程中磁场方向的偏转。值得注意的是，他们发现，观测到的圆偏振主要来自间歇性喷流所对应的等离子团块，因此，圆偏振的测量将有助于我们理解间歇性喷流并限定其性质，从而对可能的理论模型作进一步的限制。

我们将利用 SKA1-mid 深入研究这些问题。我们简单地做一些可行性分析。定量来说，SKA1-mid 的 FWHM 成像灵敏度约为 $2\mu\mathrm{Jy}\cdot\mathrm{h}^{-1/2}@2\mathrm{GHz}$。在态跃迁过程中，黑洞双星在射电及 X 射线波段相对都比较亮，因此 5min 一次的快照观测模式就能够提供好于 $8\mu\mathrm{Jy}$ 的灵敏度。这样的成像灵敏度足够我们开展高信噪比的偏振观测，获得线偏振度、圆偏振度等信息。

利用 SKA1-mid-VLBI 的亚毫角秒的空间分辨率获取喷发团块的运动信息。SKA1-mid

自身的分辨率约为 40marcsec@10GHz，即 3×10^{15}cm@5kpc。这一分辨率比 e-MERLIN 略差，只能分解已经喷发一段距离的射电瓣结构（MERLIN 的观测（Fender et al., 2002））。为了研究间歇性喷流在更早期的动力学特性，我们需要结合 SKA-VLBI 技术，提高基线长度（参看 Paragi 等（2014）对黑洞双星的 EVN 及 VLBA 的研究工作）。

相对于现有的高分辨率射电观测设备（如 EVN、VLBA、CVN 等），SKA1-VLBI 将在两个方面有明显的优势。首先，SKA1-VLBI 能够研究间歇性喷流的加速、减速。SKA1 加入 VLBI 网络，将显著提高高分辨率观测下的灵敏度。这意味着 SKA1-VLBI 有望观测到间歇性喷流在爆发早期及晚期（婴儿期及老年期）流量相对比较低的时期的喷流成分及其结构。这些成分将处在靠近黑洞及远离黑洞两个位置。结合位置及时间信息，我们有望能研究间歇性喷流形成后的加速及减速过程。喷流的加速机制是一个尚未解决的难题，SKA1-VLBI 将在此领域（尤其是间歇性喷流）提供重要的观测信息（参看 Yuan 等（2009）对间歇性喷流加速过程的理论预期）。其次，分辨并追踪（间歇性）喷流中多个等离子团块的演化。对 GRS 1915+105 等常现源，它们在较短时间内存在多次的态跃迁过程。理论上讲，由于辐射冷却时标可能长于相邻态跃迁的间隔时间，这些系统可能会存在多个射电团块（通过高分辨率的射电观测，人们在相当多的 AGN 中观测到多个分离的等离子体团块。这些团块，尤其是距离中央黑洞较远处的团块的形成机制目前尚不完全清楚，间歇性喷流是其中一个可能的机制）。因此，在较高的灵敏度下，我们将有望捕获到多个射电团块并存的情况（Yang et al., 2011）。通过 SKA1-VLBI 多历元观测，我们能够追踪各个射电团块的动力学演化，结合 X 射线及其他波段的观测，我们将能够获得态跃迁物理跟间歇性喷流之间在能量传递、时间演化等方面的联系。

3.8.7 超大质量双黑洞的搜寻和认证

1. 科学背景

宇宙结构形成的层级模型预言了"并合"是主导星系演化的过程（Springel et al., 2005）。在星系并合的过程中，不同尺度上的物质（恒星、气体、暗物质等）均遵照各种物理规律沿一定的轨迹有序演化（Begelman et al., 1980; Volonteri et al., 2016a）。观测证据表明，大多数星系的中心都含有超大质量黑洞（SMBH）并参与了并合的最终过程（Ferrarese and Ford, 2005）。在 kpc 的尺度上，SMBH 参与了和气体还有恒星之间的相互作用（Tamburello et al., 2017）；在 pc 至 kpc 尺度上，引力作用引起黑洞附近恒星与气体团块的瓦解，导致黑洞最终并合并产生引力波辐射（Komossa, 2006）。

超大质量双黑洞是黑洞并合前的状态，通常指的是 pc 尺度以下的尚无法被现有成像观测技术分解的系统（Gabányi et al., 2016）。在这个阶段，中央的核可能已经耗尽了恒星，所产生的信号可能只贡献给引力波的背景，期待在 $10^{-9}\sim10^{-8}$ Hz 的频率上被脉冲星计时阵识别出（Sesana et al., 2008; Hobbs et al., 2010）。因此当前研究中人们寻找的超大质量双黑洞系统通常是在黑洞并合之前的、至少 kpc 尺度的可观测分解的明亮双 AGN（Gabányi et al., 2016; Capelo et al., 2016）。星系并合过程可以触发 AGN 的活动性（Hopkins et al., 2005; Di Matteo et al., 2005; Comerford et al., 2009），增强气体吸积（Volonteri et al., 2003；Capelo et al., 2015）和大尺度外流（Armitage and Natarajan, 2002），由此产生可观测的证据。kpc

尺度上超大质量双黑洞的概念也因此经常被双 AGN 所替代。在双 AGN 的搜寻认证上，有
"直接" 和 "间接" 两种互补的方法。

早期的间接认证集中在从高分辨率光学光谱观测中识别相距几百 km·s^{-1} 的双峰谱线方
面（Gerke et al., 2007; Xu and Komossa, 2009; Nandi et al., 2016）。由于在同一视线方向，这
种谱线可以从双 AGN 在 AGN 统一模型中的宽线或窄线区中产生（Antonucci, 1993; Urry
and Padovani, 1995）。然而，我们在做此解释时必须小心，因为双峰谱线也可能受到视线上
不相关的 AGN 信号的叠加、单 AGN 的多重窄线区、双锥形外流，以及喷流和窄线区的相
互作用等的混淆（Xu and Komossa, 2009; Comerford et al., 2012）。已经完成的以及正在进行
的光学巡天项目（如 SDSS 巡天）中积累了大量的谱线数据，这种方法可以提供双 AGN 候
选体。另一种间接法来自于 AGN 的时域研究，即从多波段流量密度监测数据中寻找具有几
年到几十年时标的准周期振荡特征的 AGN 系统，来源于双黑洞的轨道运动（Graham et al.,
2015; Liu et al., 2016; Bon et al., 2016; Zheng et al., 2016; Charisi et al., 2016）。另外，不同质
量的 SMBH 可以产生具有时标为几天到几个月准周期振荡特征的螺旋形喷流（Mohan and
Mangalam, 2015）。天和月时标准周期的特性可能来自螺旋形喷流的结构、辐射压驱动的喷
流进动（Sandrinelli et al., 2016; Bhatta et al., 2016）或厚吸积盘的振荡（An et al., 2013b;
Wang et al., 2014）。从长时间良好采样的光变数据中，结合螺旋喷流模型预言的超大质量双
黑洞的间隔，可以验证 AGN 中是否有超大质量双黑洞（Mohan et al., 2016）。

直接法是从成图观测中推断双 AGN，在间接法筛选出的候选体中识别认证超大质量双
黑洞。其中一个典型事例就是利用 0.5~8keV 钱德拉 X 射线望远镜成像在极亮红外星系 NGC
6240 中发现了 kpc 尺度的双 AGN（Komossa et al., 2003）。由于星系的内部气体吸收，以及
星系盘或者尘埃环的遮挡和散射，双 AGN 的高质量 X 射线成像观测非常稀少。

由于射电信号不受气体的遮挡，射电干涉测量尤其是 VLBI 技术能够提供毫角秒尺度
的分辨率，有助于解决双 AGN 的成像问题。一些具有 VLBI 功能的望远镜阵列有美国的
VLBA、欧洲主导的 EVN（包括上海天文台的佘山 25 m 与新疆天文台的南山 26 m 望远镜、
云南天文台的 40m 望远镜）、东亚 VLBI 网（由中国 VLBI 网，日本的 VERA 和 VLBI 网，
以及韩国 VLBI 网组成）等。另外，空间 VLBI 观测，例如，在轨运行的俄罗斯 RadioAstron
（Kardashev et al., 2013）及中国提出的空间毫米波 VLBI 阵列 SMVA（Hong et al., 2014）等，
将提供更长的基线以达到亚毫角秒级别的分辨率。

VLBI 阵列已被用于 pc 和 kpc 尺度超大质量双黑洞的探测（Greene et al., 2016; Gao
et al., 2017）。研究包括：利用 VLBI 成图提供喷流核的位置和喷流成分的运动学性质；对
流量密度的测量能进一步得到光谱指数；从多历元的观测中获得光变曲线等。而多数观测中
的偏振测量能提供更多信息用于喷流物理机制的研究。双 AGN 活动的特征信号包括 pc 至
kpc 尺度的螺旋或弯曲形态的喷流结构，以及直接观测到相距 kpc 尺度的双 AGN 核。上文
中提到的间接方法识别到双 AGN 候选体后，可以通过 VLBI 成图进行进一步确认（Frey et
al., 2012; Kun et al., 2014; Deane et al., 2014; Nandi et al., 2016; Yang et al., 2017; Rubinur et
al., 2017; An et al., 2013a; Gabányi et al., 2014, 2016）。即使是没有在 VLBI 图像上找
到两个射电核，也是对星系并合和黑洞演化模型的严格限制；而且，双黑洞候选体的 VLBI
成像结果也可用于研究 "核移"，测量 pc 尺度喷流的磁场强度与结构（Zamaninasab et al.,

2014；Zdziarski et al., 2015；Mohan et al., 2015）、喷流与本地星际介质的相互作用（An et al., 2016, 2017）、宇宙学时标内的 AGN 形态与运动学演化（An and Baan, 2012；An et al., 2012）等。

2. 研究内容

SKA 第一阶段（SKA1）的中高频阵列 SKA1-mid 频段范围是 0.35～24GHz。预期在研究星系并合、识别双 AGN（Deane et al., 2015）、通过连续谱巡天得到 AGN 喷流的物理性质（Kapinska et al., 2015; Kharb et al., 2016）、暂现源的观测（Fender et al., 2015），以及以上四项课题的 VLBI 协同观测（Agudo et al., 2015; Paragi et al., 2015）中起到重要的作用。尤其是 SKA1-VLBI，在 4cm 波段基线长度约为 1000km，分辨率达到 0.2 毫角秒，大约是现在 VLBI 网分辨率的 5～7 倍（相同频率比较）。1h 的观测更是达到前所未有的 $3\mu\mathrm{Jy\cdot beam^{-1}}$ 图像灵敏度（Paragi et al., 2015）。因此，SKA1-mid 在高灵敏度和高分辨率可以分解并跟踪 AGN 中心亚毫角秒结构。

包含了星系并合、吸积和 AGN 活动的宇宙学模拟表明，现阶段处于宁静状态的大质量星系实际上含有"死亡"或者说"沉寂"的类星体，而高红移宇宙中星系并合更为常见，因此双 AGN 应更为普遍存在（Soltan, 1982; Volonteri et al., 2016b）。SKA 的星系巡天数据可以用于辨明这种结论的正确性，同时获得星系的并合率、星系并合触发 AGN 活动的概率，还有双 AGN 的形成比例，这些问题都是解答星系形成和演化的钥匙。另外需要解决的前沿问题，包括理解超大质量双黑洞系统最终并合的机制，成像和确定限制引力波背景和宇宙演化中类星体光度函数的星系样本候选体，这些问题的研究也为 SKA 与未来空间 VLBI 的结合发展提供源动力。

3.8.8 超亮 X 射线源和中等质量黑洞

1. 科学背景

超亮 X 射线源（Ultraluminous X-ray Source，以下简称 ULX）是一类在河外星系中发现的 X 射线光度超过 $10^{39}\mathrm{J\cdot s^{-1}}$ 且不处在星系中心的致密天体。它的物理本质还是一个未解之谜。它的本体有多种候选可能：超新星遗迹（Mezcua et al., 2013）、超爱丁顿吸积（Motch et al., 2014）或具有很强束流效应的恒星质量黑洞（StMBH）（King et al., 2001），以及人们最早猜测的中等质量黑洞（IMBH，$10^2 \sim 10^5 M_\odot$）（Makishima et al., 2000）等。在这些假想模型中，中等质量黑洞模型无疑是最吸引人的。随着观测数据的不断积累，研究发现，早型星系中的 ULX 数量与恒星质量相关（Plotkin et al., 2014），而晚型星系中的 ULX 数量与恒星形成率相关（Mineo et al., 2012），暗示了大量 ULX 恒星级黑洞的起源。但是，某些光度 $> 10^{41}\mathrm{J\cdot s^{-1}}$ 的最亮 ULX（如 HLX-1）（Servillat et al., 2011）仍是热门的 IMBH 候选体。"IMBH 是否存在及在宇宙中是否大量存在"至今仍是未解之谜。除了以 ULX 为搜寻目标之外，IMBH 也可能存在于年老的球状星团（GC）的中心（Maccarone et al., 2007）。研究 ULX 和搜寻认证 IMBH，用于填补普通恒星级和超大质量黑洞之间的"断层"，对研究黑洞形成和宇宙演化具有重大意义。以往此类研究以光学和 X 射线波段观测为主，随着灵敏度和分辨率的不断提高，射电观测成为该领域重要的研究手段。

ULX 在射电波段的光度 L_R 为 $10^{34\sim 36}\mathrm{J\cdot s^{-1}}$，至今只有少量的探测，且主要集中在 10

Mpc 距离范围内。除去超新星遗迹和背景 AGN 这两种情况，ULX 已知的射电辐射主要有两种形态：延展的射电星云和致密射电喷流（图 3.8.17）（Cseh et al., 2014）。其中，延展的射电星云可能是由早前射电喷流的遗迹，或极端吸积条件下的非准直性外流形成的。其主要辐射成分为光学薄的同步加速辐射，可以与光学波段的观测作比。相对于高能波段辐射的相对论性电子，射电辐射的电子寿命较长，因此射电星云是追溯 ULX 长时间积累的能量反馈的唯一手段，可以作为一种特殊的 "量热计"。由于观测灵敏度的限制，至今探测到的 ULX 射电辐射体事例仅为个位数（如 Ho II X-1（Cseh et al., 2014）；NGC 5408 X-1（Kaaret et al., 2003）；IC 342 X-1（Cseh et al., 2012））。对于致密的射电喷流，其产生机制可能与恒星级双星及 AGN 的喷流相似，出现在稳定的低硬态（见 3.8.6 小节），但目前仍缺少此类观测证据。根据黑洞吸积的基本面（FP）公式：L_R，L_X 和 M_{BH} 线性相关（Gallo et al., 2003; Plotkin et al., 2012），结合 X 射线观测结果可推算出黑洞的质量。根据现有射电望远镜的探测极限，发现只有较亮的 ULX 有其黑洞质量的估算，如 IC 342 X-1 可能含有 $30\sim200M_\odot$ 的黑洞质量（Marlowe et al., 2014）；Holmberg II X-1 的黑洞质量 $\geqslant 25M_\odot$（Cseh et al., 2014）等。

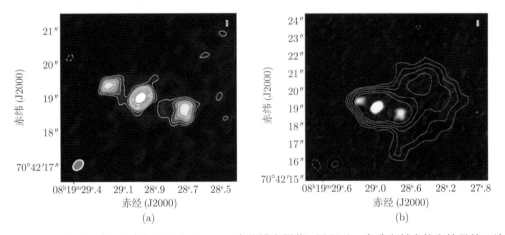

(a)　　　　　　　　　　　　　　(b)

图 3.8.17　Ho II X-1 的 C 波段 JVLA A-array 高分辨率图像，展现了一个致密射电核和较早的双边喷流结构（a）；观测的低分辨率图像，显示出射电星云式的延展辐射（b）（Cseh et al., 2014）

此外，可能和黑洞双星一样，ULX 的致密射电喷流会因态跃迁而产生变化，即在宁静态和低态时有稳定的致密喷流，而进入高态时会出现耀发的间歇性喷流（见 3.8.6 小节），给射电波段探测增加了难度。不同的是，ULX 的态跃迁时标为年的量级（比如 HLX-1 的爆发周期为一年左右）（Webb et al., 2012）。因此，即使结合 X 射线波段的触发观测，仍然仅有少数源在爆发期捕捉到了相关的射电信号，如上文的 HLX-1。另外，高灵敏度的射电望远镜也很难花费大量宝贵时间对 ULX 进行长期监测。在 Körding 等（2005）的文章中，虽利用 VLA 监测 9 个最近距离的 ULX 长达五个月，但仅在 M82 中发现两个 ULX 的射电对应体，而且还可能是超新星遗迹。因此，研究 ULX 的 "喷流–吸积" 耦合现象有很大的难度，至今没有如黑洞双星 GX339-4 那样完整的结果（Corbel et al., 2013）。

如前所述，ULX 有其自身的研究价值，但最大的热点还是希望找到 IMBH。而这一目标也可能通过搜索球状星团的射电辐射得以实现。虽然至今缺乏足够的观测证据（Miller-Jones et al., 2012），理论学家和数值模拟专家仍乐观地认为 IMBH 大量存在于球状星团中（Gebhardt et al., 2002）。至少，球状星团中应普遍存在 $< 100 M_\odot$ 的 StMBH（Sippel and Hurley, 2013），这点也通过在球状星团观测到 ULX 而被证实（Liu and Bregman 2005; Roberts et al., 2012）。除了 X 射线波段，大型近红外地面望远镜也可辨别球状星团的 IMBH，但该方法的实现尚需时日。射电探测球状星团中央的黑洞是一种独立于其他波段的方法。假定 Bondi 吸积的条件，球状星团内多数 IMBH（$10^3 M_\odot$）的射电辐射约为几 $\mu\mathrm{Jy} \cdot \mathrm{beam}^{-1}$（Maccarone and Servillat, 2008, 2010），低于现有大多数射电阵（如 JVLA）的探测灵敏度。因此，只有少数 GC 探测到了射电对应体，而且可能还不能作为 IMBH 的候选体，如 M22 和 M62（Strader et al., 2012; Chomiuk et al., 2013）。所以现有相关研究多采取叠加 GC 样本测射电总流量的方式（Wrobel et al., 2015）。寄期望于新一代射电望远镜 SKA 的高灵敏度，科学家们有可能在 GC 中搜寻 IMBH 的方向获得突破性的进展（见 3.8.8 节 2.）。

2. 研究内容

在 SKA 的第一阶段，SKA1-mid（0.35~24GHz）的巡天可用于 ULX 的射电探测和中等质量黑洞的搜寻，且覆盖了较少被探测的几乎全部的南天区（北纬 10° 以南）。SKA1-mid 将逐步配备 VLBI 观测设备，与现有全球 VLBI 网连接担当南天区高灵敏度 VLBI 单元。进一步升级的 SKA1-VLBI 将使 SKA 的空间分辨率在 1.6GHz 达到亚毫角秒级，独特的南北基线为观测赤道附近的天体创造了条件。根据 SKA1 不同子阵列的特点，可以制订不同的研究计划和观测申请。另外需要提到的是 X 射线、光学波段和射电望远镜协同观测的重要性。2020 年前后重要的 X 射线望远镜包括 Chandra、XMM-Newton、NuSTAR、Swift、eROSITA、中国的硬 X 射线调制望远镜 HXMT，以及未来的 ATHENA、Smart-X、LOFT 等。光学望远镜主要用于观测球状星团。在众多现有资源之外（如 Subaru 和中国 LAMOST），很多未来项目都会对该研究有所帮助。

分课题 1：ULX 射电星云的探测

图 3.8.17（b）是一个典型的 ULX 延展射电星云。它的成因尚不清楚，可能是早前喷流的遗迹，也可能是极端吸积条件下的非准直外流。理解它的本质的唯一方法就是极大地增加观测样本。现有探测只包括 Holmberg II X-1 和 IC 342 X-1 在内的个别亮源，射电光度范围为 $10^{34\sim36}\mathrm{J} \cdot \mathrm{s}^{-1}$。它们的尺度大小为 10~100pc，在几个 Mpc 的距离上为 1~10 角秒，因此只能用射电干涉仪来成像。SKA1-mid 的角分辨率为亚角秒，适合做此研究。为了探测更多远距离或较暗的射电星云，我们要求探测的射电总光度至少为 $10^{33}\mathrm{J} \cdot \mathrm{s}^{-1}$，换算出在 10Mpc 处射电流量密度 $S_{1.5\mathrm{GHz}} < 5.5\mu\mathrm{Jy} \cdot \mathrm{beam}^{-1}$（Corbel et al., 2015）。为了达到 5σ 的探测置信度，要求射电阵的灵敏度达到 $1\mu\mathrm{Jy} \cdot \mathrm{beam}^{-1}$，而 SKA1-mid 在 1h 的积分时间就能轻松达到这个灵敏度要求。假如在允许范围内增加积分时间（比如一天），SKA1-mid 可以探测到 20Mpc 距离处的暗射电星云。由此可见，SKA1-mid 是最适合做此项研究的设备。另外，SKA1-mid 的分辨率提高到了现有的 4 倍，能用于探测现有几个 ULX 射电星云的子结构。

根据现有的邻近 ULX 的目录（Liu and Bregman, 2005），北纬 10° 以南的 ULX 数量 > 100 个，其中 5Mpc 范围内约 15 个，20Mpc 范围内约 60 个。由此可见，在大部分 ULX 都带有射电星云的假定下，SKA1-mid 具有很大的概率探测到新的典型的 ULX 射电星云，并极大地增加候选体的数量。假如考虑在 X 射线波段为被探测但含有大质量黑洞的双星系统，利用 SKA1-mid 的盲搜还可以收获更多。

分课题 2：ULX 致密射电喷流的探测

探测 ULX 致密射电喷流的目标有两个：一是得到稳定喷流的射电流量用以计算 ULX 的黑洞质量；二是探测爆发的射电喷流，得到和 X 射线辐射的关系并验证 "喷流–吸积" 耦合的各种理论依据。高灵敏度对前者尤其重要，而两者都需要快速的巡天观测用以发现更多样本，但后者也可以利用 X 射线观测触发的方式针对特定天体进行定点监测（比如 HLX-1）。

对于稳定喷流，河内较亮的黑洞双星的射电光度为 $10^{31\sim32}$J·s^{-1}，因此 ULX 的射电光度应超过 10^{33}J·s^{-1}。在 1h 积分时间下，SKA1-mid 能探测的距离远至 10Mpc。当分辨率为 1 角秒左右时，巡天的平均灵敏度为几个 μJy·beam^{-1}，因此能探测 5Mpc 以内的 $> 10^{33}$J·s^{-1} 的 ULX，和约 100Mpc 远的 $> 10^{35\sim36}$J·s^{-1} 的 ULX。当所得样本的参数空间（多波段光度、谱指数、距离、时变等）足够完善之后，SKA1-mid 巡天的模式又能用以发现和定义更多的未知源，以更好地解开 ULX 喷流机制的谜团。而对于爆发源，研究发现 ULX 最亮的爆发光度可达 10^{37}J·s^{-1}，因此在 100Mpc 的距离上现有设备都能轻易探测到（如 S26（Soria et al., 2010）），SKA1-mid 自然能触及更遥远的天空。但是由于需要区分 ULX 和 AGN，在 100Mpc 之外仍需要 SKA-VLBI 的高分辨率将爆发源分辨出来（Paragi et al., 2015）。

分课题 3：球状星团中 IMBH 的搜寻

此研究首先需要借助数据库或光学望远镜的观测，获得本星系和邻近星系中球状星团的样本，继而寻找球状星团的射电对应体。假定 Bondi 吸积，Corbel 等（2015）对 IMBH 的射电辐射强度和 SKA1-mid 的探测能力做了估算（图 3.8.18）。寻找 IMBH 大致要在 10kpc 之外。另外可以看到，只需要 1min 的观测，SKA1-mid 就能在 750kpc 的距离上找到 $10^4 M_\odot$ 的黑洞。而有限的积累观测时间并没有极大地改变能探测的 IMBH 的质量组成。因此，搜寻 GC 中的 IMBH 可以采用高效的快速巡天模式。与其他射电阵相比，SKA1 能在两倍的距离内搜寻 IMBH，将探测概率提高到 4 倍。

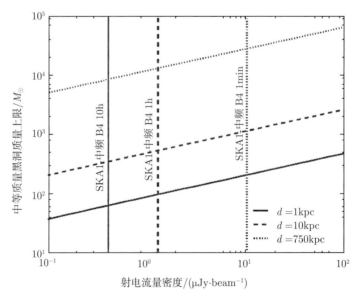

图 3.8.18　利用 Strader 等（2012）文章中 Bondi 吸积公式算出 IMBH 和射电流量密度的对应关系，并标出 SKA1-mid 在不同观测时间下的探测极限（Corbel et al., 2015）

3.8.9 冷气体观测和 AGN 对寄主星系反馈的研究

1. 课题背景

超大质量黑洞（$10^6 \sim 10^{10} M_{\odot}$）普遍存在于星系的中心，而且与其寄主星系核球恒星成分的光度、质量，以及速度弥散有很好的相关性（Kormendy and Ho, 2013）。这表明超大质量黑洞的生长跟其寄主星系的早期演化有着紧密的联系。很可能，星系的相互作用在引发了剧烈的星暴活动的同时，也触发了中心超大质量黑洞的高速吸积，形成 AGN。而黑洞吸积过程释放出的巨大能量则反作用于其寄主星系，影响寄主星系的演化，后者称为 AGN 的反馈过程。AGN 的反馈表现为辐射压的影响、AGN 风、星系尺度的外向流；此外，AGN 的喷流活动的巨大能量输出也加热了更大尺度的星系团气体（Fabian, 2012）。

近年来，在亚毫米波、毫米波和射电波段对气体和尘埃的观测为寄主星系和中心 AGN 的共同演化提供了重要证据。红外到毫米波段的观测在部分光学选类星体的寄主星系中探测到了很强的 30～60 K 的尘埃连续谱、分子 CO 谱线，以及一些来自恒星形成区的原子、离子精细结构谱线（Beelen et al., 2006; Carilli and Walter, 2013）。远红外尘埃连续谱的探测说明，其寄主星系中有剧烈的恒星形成活动加热尘埃。大量的分子气体是恒星形成活动的直接原料，而精细结构谱线的探测可以直接描述恒星形成区的尺度、分布。尤其是，随着近年来 ALMA 亚毫米/毫米望远镜阵列的投入使用，[CII]158μm 谱线作为恒星形成区的典型冷却线在一些高红移类星体寄主星系中被探测到（Kimball et al., 2015）。在高空间分辨率的图像中，尘埃连续谱和 [CII] 辐射表明，在中心黑洞快速增长的同时，星系核区几 kpc 的尺度内存在着超过每年几百 $M_{\odot}$ 的恒星形成活动。此外，对分子、原子气体谱线的观测，也成为研究 AGN 寄主星系气体动力学性质以及寄主星系动力学质量的有效途径。

另外，人们也探测到了大量 AGN 反馈活动的证据。包括 X 射线波段在星系团中心区域观测到的由 AGN 喷流活动引起的气泡状结构（bubbles）（Fabian et al., 2002）。在光学到毫米、射电波段的谱线观测中，人们在星系核到整个星系尺度，都探测到了速度大于 500 km·s^{-1}，甚至超过 1 000km·s^{-1} 的原子、分子气体成分，这些探测成为 AGN 驱动气体外向流的重要证据。

在射电波段，人们在一些射电噪 AGN 中探测到了谱线全宽超过 1 000km·s^{-1} 的 HI 21cm 吸收线（3C 293, 3C 305）（Morganti et al., 2003），说明其中有快速外流的中性气体。VLA 高空间分辨率的观测显示，气体分布在核区 kpc 尺度上，与 AGN 的喷流射电瓣紧密关联，是 AGN 喷流与星际介质相互作用、驱动外向流的证据（Morganti et al., 2005; Mahony et al., 2013）。目前对射电 AGN 中中性氢吸收线的探测正在拓展到更大的样本（Gereb et al., 2015），这也是目前 SKA 早期可行性探索的重要观测课题之一（Morganti et al., 2015; Staveley-Smith and Oosterloo, 2015）。

此外，人们在分子谱线的观测中也探测到了具有较高速度的气体外流成分。比较典型的例子是类星体–星暴系统，如 Mrk 231。观测发现其 CO、HCN、HCO+、HNC 等多条分子发射线，都存在明显红移或蓝移的线翼成分。其 OH 谱线也呈现 P-cygni 轮廓，是气体外流的典型特征（González-Alfonso et al., 2014）。一些研究表明，类星体寄主星系气体外流的质量损失率和中心 AGN 的热光度有很好的相关性（Cicone et al., 2015），证明了 AGN 反馈是气体外流的主要驱动机制。

随着毫米、射电波段观测灵敏度的提高，对气体外流的搜寻和对 AGN 反馈的研究逐渐拓展到更高红移的 AGN 样本。法国 IRAM 天文台 PdBI 毫米波干涉阵列在 $z=6.42$ 的宇宙极早期类星体 SDSS J1148+5251 寄主星系中，探测到了弥散的 [CII] 辐射，分布在 30kpc 的尺度，线宽在 $1\,500\mathrm{km\cdot s^{-1}}$ 左右（Maiolino et al., 2012），对应的质量损失率可达 $3\,000 M_\odot \mathrm{a}^{-1}$。这一观测成为宇宙早期光学明亮类星体 AGN 反馈活动的首要证据（Valiante et al., 2012）。

以上的观测表明，分子、原子谱线的观测可以成为人们探测 AGN 反馈活动及寄主星系气体动力学性质的有效手段。利用高空间分辨率、高灵敏度的望远镜（如 JWSR、ALMA、SKA 等），对目前已知的类星体样本的离子、原子、分子气体成分进行系统的观测，将成为人们了解 AGN 反馈机制的关键。

2. 主要研究内容

SKA 作为下一代综合孔径射电望远镜阵列，为 AGN 寄主星系冷气体，尤其是 HI 的观测和研究提供了必须的频率覆盖范围、探测灵敏度和空间分辨率。在 SKA1 阶段，SKA1-mid 提供 0.35~1.76GHz 的频率覆盖，使大量中低红移类星体样本的 HI 21cm 谱线观测成为可能。SKA1-low 提供 50~350MHz 的频率范围，覆盖了所有高红移类星体样本的 HI 谱线观测频率范围。例如，在红移 0.5, 1.0, 1.3，假设 10h 观测时间，SKA1-mid 对应的 HI 气体探测灵敏度见表 3.8.2。

表 3.8.2   SKA1-mid 灵敏度及 10h 观测时间 HI 气体质量探测极限

红移	SKA 阵列	观测频率/GHz	$A_{\mathrm{eff}}/T_{\mathrm{sys}}/\,(\mathrm{m^2 \cdot K^{-1}})$	$S_{\mathrm{v\_5\sigma}}/\mathrm{mJy}$	$M_{\mathrm{HI}}/M_\odot$
0.5	SKA1-mid band 2	0.95	1100	0.075	1.4×10^{10}
1.0	SKA1-mid band 1	0.71	785	0.12	9.5×10^{10}
1.3	SKA1-mid band 1	0.62	740	0.14	1.8×10^{11}

注：此处对于 SKA1-mid，我们仅考虑 133 面 SKA1 天线，$A_{\mathrm{eff}}/T_{\mathrm{sys}}$ 基于 *SKA Baseline Design Documents*（Dewdney et al., 2015）的图 5；双偏振 1σ 探测灵敏度为 $2k_{\mathrm{B}}T_{\mathrm{sys}}/\eta_{\mathrm{s}}A_{\mathrm{eff}}(2\Delta\nu t)^{1/2}$，其中，$\eta_{\mathrm{s}}$ 取 0.9；$\Delta\nu$ 为频谱分辨率（这里取 $150\mathrm{km\cdot s^{-1}}$ 对应的频带宽度）；t 为观测时间。$S_{\mathrm{v\_5\sigma}}$ 为 5σ 流量密度探测极限。假设 HI 21cm 谱线宽度 ΔV 为 $150\mathrm{km\cdot s^{-1}}$，对应的 HI 气体质量为 $\dfrac{M_{\mathrm{HI}}}{M_\odot} = \dfrac{235.6}{1+z} D_{\mathrm{L}}^2 S_{\mathrm{v\_5\sigma}}\Delta V$，其中 $S_{\mathrm{v\_5\sigma}}$ 的单位为 $\mathrm{mJy\cdot km\cdot s^{-1}}$，$D_{\mathrm{L}}$ 的单位是 Mpc。（Giovanelli and Haynes, 2015）。

在 1.4GHz 波段，SKA1-mid（包括 64 面 MeerKAT 天线）可以提供远高于现有 VLA 观测的角分辨率，射束半高全宽约为 0.3 角秒（Dewdney et al., 2015），即对于低红移的 AGN 样本，我们可以在更高的空间分辨率上，研究其寄主星系 HI 气体的分布和动力学特征，对于射电源，在亚角秒分辨率下，可以进一步讨论 HI 宽吸收线对应外流气体与 AGN 喷流的相互作用。目前，HI 21cm 谱线的巡天也作为 SKA1 阶段高优先度的项目被列入观测计划之内（Carilli and Rawlings, 2004）。

目前和即将开展的 X 射线、光学、红外及射电波段的巡天，为我们提供了大量类星体和 AGN 样本，覆盖了跨越几个数量级的黑洞质量和光度范围。其光度、黑洞质量和相对吸积率（Eddington ratio）可以通过光学、近红外光谱观测给出精确的测定。这其中包括光学明亮的宽发射线 I 型 AGN，也包括被尘埃环遮挡的 II 型 AGN，甚至包括完全被寄主星系尘埃包裹，仅在 X 射线波段有探测的早期 AGN 样本。我们拟通过 SKA1 对大样本 AGN 寄主星系中 HI 21cm 谱线的观测，得到 AGN 寄主星系中冷气体成分的质量、分布和动力学特征，从而系统研究 AGN 反馈对星际介质和星系演化的作用。具体的研究内容主要包括如下两个方向。

方向 1：AGN 和类星体寄主星系 HI 发射线和原子气体的性质

HI 21cm 发射线的强度、谱线展宽及谱线轮廓可以很好地描述星系中中性冷气体的质量和速度。目前人们对 AGN 寄主星系的 HI 21cm 谱线观测主要集中在红移 0.1 以下。Ho 等（2008a, 2008b）通过 Arecibo 射电望远镜的观测，给出在临近宇宙的典型 AGN 样本中，寄主星系有大量的中性冷气体存在，其 HI 气体含量和普通星系没有显著差别，在一些早型星系中含量甚至可能更为丰富。然而，由于分辨率和灵敏度限制，AGN 寄主星系中 HI 谱线轮廓的不对称性比例是否明显高于普通星系，是否遵循和普通星系一样的 Tully-Fisher 关系等仍有待于对更大样本的进一步验证，尤其是，上述研究主要集中在邻近宇宙的 AGN 样本，包括大量的赛弗特星系，在 AGN 的光度范围和寄主星系的类型上都有一定的选择效应。SKA1 将 HI 21cm 谱线观测拓展到更大的红移范围（SKA1-mid 较好灵敏度的范围可以覆盖到 $z \approx 1.5$），从而得到更多高光度的类星体和 AGN 的样本。这些高光度 AGN 很可能是 AGN 反馈活动更为剧烈的系统，因此其寄主星系中 HI 气体的含量和动力学性质是研究 AGN 反馈活动的关键。通过 SKA1 的观测，我们可以就以下几个方面进行系统的研究：

（1）类星体和 AGN 寄主星系中 HI 气体成分的研究。表 3.8.2 给出了在 10h 的观测时间内，SKA1-mid 可以探测到的红移 0.5~1.3 的星系 HI 气体质量。目前研究表明，和邻近宇宙的星系相比，高红移星系具有更高的气体含量，因此，我们期待在大量宇宙早期的星系中探测到 HI 气体，从而探讨 AGN 和普通星系 HI 气体含量是否存在差异，是否存在随红移的演化。

（2）寄主星系中冷气体的分布和动力学性质。在 < 0.5 角秒的空间分辨率下，我们可以描述 HI 气体的空间分布和速度分布的细节，测量 HI 气体的旋转速度、速度弥散等。通过对大样本 AGN 中 HI 21cm 谱线的观测，我们可以验证在 AGN 的寄主星系中，中性冷气体的分布和动力学性质与普通星系比较，是否存在差异，谱线轮廓是否有明显的不对称性，较大的速度弥散等。这些都可以成为 AGN 对寄主星系反馈活动的重要线索。同时结合毫米波段对分子气体，以及 [CII] 等恒星形成区精细结构谱线的观测，我们可以比较寄主星系不同气体成分动力学性质的差异（图 3.8.19（a））（de Blok et al., 2016）。更重要的是，通过对 AGN 寄主星系大尺度上 HI 气体的观测，我们将搜索可能的外流气体成分，获得 AGN 对寄主星系反馈的直接证据。

（3）寄主星系动力学质量、HI 气体速度与恒星速度弥散的相关性，以及黑洞-星系相关关系的研究。通过对 HI 气体的观测，可以直接测量星系的动力学质量，从而讨论黑洞与寄主星系质量的相关性，及其随红移的演化。此外，对于 AGN 样本，由于星系核的强烈辐射，很难对恒星成分的速度弥散进行直接观测，因此，通过气体旋转速度和恒星速度弥散的经验关系来间接获得恒星速度弥散是研究 AGN 黑洞质量-寄主星系恒星速度弥散相关性的主要途径之一，尤其是在高红移。SKA1 的观测可以在很大的红移范围内，为我们研究 AGN 寄主星系的气体速度与恒星速度弥散的相关关系提供大量的可靠样本（图 3.8.19（b））（Ho et al., 2008b）。

IV、AGN 寄主星系周围大尺度 HI 气体的分布与星系并合、相互作用的证据。一般认为，剧烈的黑洞吸积和 AGN 活动的产生可能由星系的并合、相互作用引起。而 HI 气体的大尺度结构和动力学性质可以很好地描述相互作用星系之间的潮汐撕裂、扰动等，从而揭示星系相互作用与 AGN 活动的关联。

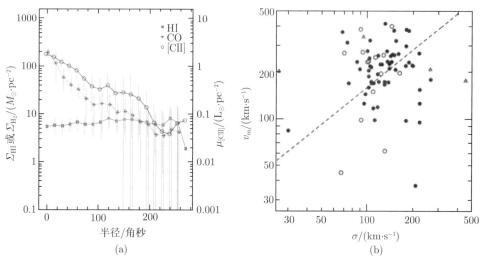

图 3.8.19   （a）引自 de Blok 等（2016）图 4，图为通过 HI、CO、[CII] 的观测对邻近星系 NGC5055 的
  分子、原子气体面密度分布的比较，通过 SKA1 与其他毫米波段观测（如 ALMA、NOEMA 等）相结
  合，我们可以对更遥远的 AGN 寄主星系进行类似的研究，研究在星系的演化阶段，以及 AGN 反馈活
  动影响下，不同气体成分分布的差异。（b）引自 Ho 等（2008b）图 1。图中比较了邻近 AGN 样本通过
                    HI 谱线估算的最大气体旋转速度与恒星速度弥散的相关性

另外，通过对大样本 AGN 上述性质的研究，我们可以进一步讨论，HI 气体的性质对于不同光度（热光度、X 射线光度等）、黑洞质量、吸积率的 AGN，是否存在差异和演化。

方向 2: 射电 AGN 系统 HI 吸收线的观测

对于射电 AGN 系统，通过 HI 21cm 吸收线的观测，可以探测其中是否存在线宽较宽的（约 $1\,000\text{km·s}^{-1}$）、相对于系统有明显速度偏移的吸收线成分，这样的 HI 吸收线成分是 AGN 喷流驱动气体外流的有力证据。通过测量吸收线的光学深度、速度等，可以得到 HI 气体的柱密度、外流气体的质量损失率、携带的能量等（Morganti et al., 2015）。对于红移 $z = 1$，50mJy 左右的射电源，在 10h 的观测时间内，在 4σ 的噪声水平上，SKA1-mid 可以探测到光学深度为 $\tau \approx 0.004$ 的 HI 吸收（de Block et al., 2015; Morganti et al., 2015）。基于 HI 21cm 吸收线的探测，首先，我们可以系统研究气体外向流与 AGN 活动特征的相关性。例如，对于具有不同黑洞质量、光度、X 射线光谱特征和吸积率的射电 AGN 系统，HI 气体外流是否普遍存在？HI 气体外流的速度、质量损失率等，与 AGN 的光度、吸积率等参数的相关性如何？不同红移的样本之间是否存在显著的演化？其次，我们可以进一步研究气体外向流与寄主星系恒星形成活动的相关性。远红外到毫米波段尘埃连续谱和分子 CO 谱线的观测可以对 AGN 寄主星系中的恒星形成率和分子气体质量给出测量和限制。我们将比较具有 HI 气体外流探测的样本，其寄主星系的平均恒星形成活动水平、气体质量等，与无 HI 外流探测的 AGN 样本是否存在显著的差异，从而探索 AGN 驱动的气体外流对寄主星系演化的影响。此外，对于有 HI 气体外向流探测的 AGN 样本，我们可以进一步使用 SKA1 对其中的 OH 脉泽谱线（静止坐标系频率 1.6~1.7GHz）进行探测，并且同时进行多波段的观测。包括使用 ALMA 等亚毫米/毫米波段综合孔径望远镜阵列对其中的分子谱线，如 CO、HCN、HCO$^+$ 等，进行高灵敏度的观测，探测其中是否存在较大速度的分子气体外流的成分，如果存在，我们可以进一步对其分子、原子气体外流成分的动力学性质进行比较，从而对 AGN 驱动外流与寄主星系星际介质的相互作用有更深入的了解。另外需要指出，这些具有明显外流特征的 AGN 系统将为我们研究超大质量黑洞和寄主星系的共同演化和质量相关性提供重要的样本。后续的多波段观测，包括分子气体的观测，以及在光学、近红外波段对寄主星系恒星成分的直接观测（如 JWST），将对其寄主星系核球系统的动力学质量及恒星质量给出测量，从而我们可以进一步探讨这些具有气体外流特征的 AGN 系统，其黑洞与核球质量满足怎样的关系，与正常星系是否存在明显差异。

SKA 完全投入使用后，将具有更高的谱线灵敏度和更宽的频谱覆盖范围（约 24GHz），通过低阶分子转动谱线，如 CO、HCN、HCO$^+$、HNC 等的观测，探索 AGN 寄主星系的分子气体外流成分也将成为可能。

参 考 文 献

Ackermann M, et al. 2014. ApJ, 793: 64

Afonso J, Casanellas J, Prandoni I, et al. 2015. POS (AASKA14), 71

Agudo I, Boettcher M, Falcke H D E, et al. 2015. POS (AASKA14), 93

Akujor C E, Garrington S T. 1995. A&AS, 112: 235

Algaba J C, et al. 2016. ApJ, 823: 86

Allen J T, et al. 2015. MNRAS, 446: 1567

An T, Baan W A, Wang J Y, Wang Y, Hong X Y. 2013. MNRAS, 434: 3487

An T, Baan W A. 2012. ApJ, 760: 77

An T, Cui Y Z, Baan W A, et al. 2016. ApJ, 826: 190

An T, Cui Y Z, Baan W A, Wang W H, Mohan P. 2016. ApJ, 826: 190

An T, Cui Y Z, Gabányi K É, Frey S, et al. 2016. AN, 337: 65

An T, Hong X Y, Hardcastle M J, Worrall D M, Venturi T, Pearson T J, Shen Z Q, Zhao W, Feng W X. 2010. MNRAS, 402: 87

An T, Lao B Q, Zhao W, et al. 2017. MNRAS, 466: 952

An T, Paragi Z, Frey S, et al. 2013. MNRAS, 433: 1161

An T, Wu F, Yang J, et al. 2012. ApJS, 198: 5

Antonucci R. 1993. ARA&A, 31: 473

Armitage P J, Natarajan P. 2002. ApJ, 567: L9

Bañados E, et al. 2018. Nature, 553: 473

Beelen A, Cox P, Benford D, et al. 2006. ApJ, 642: 694

Begelman M C. 1996. Cambridge: Cambridge University Press: 209

Begelman M C, Blandford R D, Rees M J. 1980. Nature, 287: 307

Belloni T M. 2010//The Jet Paradigm - From Microquasars to Quasars, LNP, 795: 53

Bhatta G, Zola S, Stawarz Ł, et al. 2016. ApJ, 832: 47

Blandford R D, Payne D G. 1982. MNRAS, 199: 883

Blandford R D, Znajek R. 1977. MNRAS, 179: 433

Bland-Hawthorn J, Cohen M. 2003. ApJ, 582: 246

Bland-Hawthorn J, Maloney P R, Sutherland R S, Madsen G J. 2013. ApJ, 778: 58

Bon E, Zucker S, Netzer H, et al. 2016. ApJS, 225: 29

Brocksopp C, Miller-Jones J C A, Fender R P, Stappers B W. 2007. MNRAS, 378: 1111

Capelo P R, Dotti M, Volonteri M, et al. 2016. arXiv: 1611. 09244

Capelo P R, Volonteri M, Dotti M, et al. 2015. MNRAS, 447: 2123

Carilli C L, Walter F. 2013. ARA&A, 51: 105

Carilli C, et al. 2010. ApJ, 714: 834

Carilli C, Rawlings S. 2004. NewAR, 48: 979

Carnall A C, et al. 2015. MNRAS, 451: 16

Chandola Y, Sirothia S K, Saikia D J. 2011. MNRAS, 418: 1787

Charisi M, Bartos I, Haiman Z, et al. 2016. MNRAS, 463: 2145

Cheung E, et al. 2016. Nature, 533: 504

Chomiuk L, Strader J, Maccarone T J, et al. 2013, ApJ, 777: 69

Cicone C, Maiolino R, Gallerani S, et al. 2015. A&A, 574: 14

Comerford J M, Gerke B F, Newman J A, et al. 2009. ApJ, 698: 956

Comerford J M, Gerke B F, Stern D, et al. 2012. ApJ, 753: 42

Corbel S, Coriat M, Brocksopp C, et al. 2013. MNRAS, 428: 2500

Corbel S, Fender R P, Tomsick J A, et al. 2004. ApJ, 617: 1272

Corbel S, Miller-Jones J C A, Fender R P, et al. 2015. PoS(AASKA14), 053

Crenshaw D M, Kraemer S B. 2012. ApJ, 753: 75

Crocker R M, Aharonian F. 2011. PhRvL, 106: 101102

Cseh D, Corbel S, Kaaret P, et al. 2012. ApJ, 749: 17

Cseh D, Kaaret P, Corbel S, et al. 2014. MNRAS, 439: L1

Curran P A, Coriat M, Miller-Jones J C A, et al. 2014. MNRAS, 437: 3265

de Blok E, Fraternali F, Heald G, et al. 2015. POS (AASKA14), 129

de Blok W J G, Walter F, Smith J D T, et al. 2016. AJ, 152: 51

Deane R P, Paragi Z, Jarvis M J, et al. 2014. Nature, 511: 57

Deane R, Paragi Z, Jarvis M, et al. 2015. POS (AASKA14), 151

DeGraf C, Dekel A, Gabor J, Bournaud F. 2017. MNRAS, 466: 1462

Dewdney P, et al. 2015. SKA1 System Baselinev2 Description. SKA-TEL-SKO-0000308 (SKA Organisation)

Dhawan V, Mirabel I F, Rodriguez L F. 2000. ApJ, 543: 373

Di Matteo T, Springel V, Hernquist L. 2005. Nature, 433: 604

Do T, Wright S, Barth A J, et al. 2014. AJ, 147: 93

Dobler G. 2012. ApJ, 750: 17

Fabian A C. 2012. ARA&A, 50: 455

Fabian A C, Voigt L M, Morris R G. 2002. MNRAS, 331: L35

Falcke H, Körding E, Nagar N M. 2004. NewAR, 48: 1157

Fan X, et al. 2006. ARAA, 44: 415

Fender R P. 2001. MNRAS, 322: 31

Fender R P, et al. 1999. MNRAS, 304: 865

Fender R P, et al. 2002. MNRAS, 336: 39

Fender R P, Belloni T M, Gallo E. 2004. MNRAS, 355: 1105

Fender R P, Homan J, Belloni T M. 2009. MNRAS, 396: 1370

Fender R, Stewart A, Macquart J P, et al. 2015. POS (AASKA14), 51

Ferrarese L, Ford H. 2005. SSRv, 116: 523

Finkbeiner D P. 2004. ApJ, 614: 186

Frey S, Paragi Z, An T, Gabányi K É. 2012. MNRAS, 425: 1185

Gabányi K É, An T, Frey S, et al. 2016. ApJ, 826: 106

Gabányi K É, Frey S, Xiao T, et al. 2014. MNRAS, 443: 1509

Gabuzda D C, et al. 2008. MNRAS, 384: 1003

Gallo E. 2010. LNP, 794: 85

Gallo E, Fender R P, Pooley G G. 2003. MNRAS, 344: 60

Gao F, Braatz J A, Reid M J, et al. 2017. ApJ, 834: 52

Gebhardt K, Rich R M, Ho L C. 2002. ApJ, 578: L41

Genzel R, et al. 2003. ApJ, 594: 812

Gereb K, Maccagni F M, Morganti R, Oosterloo T A. 2015. A&A, 575: A44

Gereb K, Morganti R, Oosterloo T. 2014. A&A, 569: 35

Gerke B F, Newman J A, Lotz J, et al. 2007. ApJ, 660: L23

Giovanelli R, Haynes M P. 2015. ARA&A, 24: 1

González-Alfonso E, Fischer J, Graciá-Carpio J, et al. 2014. A&A, 561: 27

Graham M J, Djorgovski S G, Stern D, et al. 2015. MNRAS, 453: 1562

Greene J E, Seth A, Kim M, et al. 2016. ApJ, 826: L32

Guo F, Mathews W G. 2012. ApJ, 756: 181

Guo F, Mathews W G, et al. 2012. ApJ, 756: 182

Haiman Z, Quataert E, Bower G C. 2004. ApJ, 612: 698

Hannikainen D C, et al. 2006. ChJAS, 6: 269

Hardcastle M J, et al. 2002. ApJ, 581: 948

Harris D E, Krawczynski H. 2006. ARA&A, 44: 463

Hayashida M, et al. 2013. ApJ, 779: 131

Hjellming R M, Johnston K J. 1988. ApJ, 328: 600

Hjellming R M, Rupen M P. 1995. Nature, 375: 464

Ho L C, Darling J, Greene J E. 2008a. ApJS, 177: 103

Ho L C, Darling J, Greene J E. 2008b. ApJ, 681: 128

Hobbs G, Archibald A, et al. 2010. CQGra, 27: 084013

Homan D, et al. 2009. ApJ, 696: 328

Homan J, Belloni T. 2005. Ap&SS, 300: 107

Hong X, Shen Z, An T, Liu Q. 2014. Acta Astronautica, 102: 217

Hopkins P F, Hernquist L, Cox T J, et al. 2005. ApJ, 630: 705

Jiang L, et al. 2015. Chin. Sci. Bull., 60: 1

Jiang L, McGreer I D, Fan X, et al. 2016. ApJ, 833: 222

Johnston-Hollitt M. 2017. NatAs, 1E: 14

Körding E, Colbert E, Falcke H. 2005. A&A, 436: 427

Kaaret P, Corbel S, Prestwich A H, Zezas A. 2003. Science, 299: 365

Kapinska A D, Hardcastle M, Jackson C, et al. 2015. POS (AASKA14), 173

Kardashev N S, Khartov V V, et al. 2013. ARep, 57: 153

Karouzos M, Im M, Trichas M. 2014. ApJ, 784: 137

Kataoka J, et al. 2013. ApJ, 779: 1

Kharb P, Lal D V, et al. 2016. JApA, 37: 34

Kimball A E, Lacy M, Lonsdale C J, et al. 2015. MNRAS, 452: 88

King A R, Davies M B, Ward M J, Fabbiano G, Elvis M. 2001. ApJL, 552: L109

Komossa S. 2006. MmSAI, 77: 733

Komossa S, Burwitz V, Hasinger G, et al. 2003. ApJ, 582: L15

Kormendy J, Ho L C. 2013. ARA&A, 51: 511

Kun E, Gabányi K É, Karouzos M, Britzen S, Gergely L A. 2014. MNRAS, 445: 1370

Leahy J P, Perley R A. 1991. AJ, 102: 537

Li Y P, Yuan F, Wang D Q. 2016. ApJ, 830: 78

Liu J F, Bregman J N. 2005. ApJS, 157: 59

Liu T, Gezari S, Burgett W, et al. 2016. ApJ, 833: 6

Maccarone T J, Kundu A, Zepf S E, Rhode K L. 2007. Nature, 445: 183

Maccarone T J, Servillat M. 2008. MNRAS, 389: 379

Maccarone T J, Servillat M. 2010. MNRAS, 408: 2511

Mahony E K, Morganti R, Emonts B H C, et al. 2013. MNRAS, 435: L58

Maiolino R, Gallerani S, Neri R, et al. 2012. MNRAS, 425: L66

Makishima K, Kubota A, Mizuno T, Ohnishi T, et al. 2000. ApJ, 535: 632

Marlowe H, Kaaret P, et al. 2014. MNRAS, 444: 642

Marscher A P, et al. 2008. Nature, 452: 966

Massaro F, Harris D E, Cheung C C. 2011. ApJ, 197: 24

Massi M. 2011. MmSAI, 82: 24

Matsuoka Y, Onoue M, Kashikawa N, et al. 2016. ApJ, 828: 26

McGreer I D, et al. 2011. MNRAS, 415: 3237

McGreer I D, et al. 2015. MNRAS, 447: 499

Melia F, Liu S, Fatuzzo M. 2002. ApJ, 567: 811

Mezcua M, Lobanov A P, Martín-Vidal I. 2013. MNRAS, 436: 2454

Migliori G, Corbel S, Tomsick J A, et al. 2017. MNRAS, 472: 141

Miller-Jones J C A, Fender R P, Nakar E. 2006. MNRAS, 367: 1432

Miller-Jones J C A, Wrobel J M, Sivakoff G R, et al. 2012. ApJ, 755: L1

Mineo S, Gilfanov M, Sunyaev R. 2012. MNRAS, 419: 2095

Mirabel I F, et al. 1998. A&A, 330: L9

Mirabel I F, Rodriguez L F. 1994. Nature, 371: 46

Mirabel I F, Rodriguez L F. 1999. ARA&A, 37: 409

Mohan P, Agarwal A, Mangalam A, et al. 2015. MNRAS, 452: 2004

Mohan P, An T, Frey S, et al. 2016. MNRAS, 463: 1812

Mohan P, Mangalam A. 2015. ApJ, 805: 91

Momjian E, Carilli C L, Walter F, Venemans B. 2014. AJ, 147: 6

Moore C B, Carilli C L, Menten K M. 1999. ApJ, 510: L87

Morganti R, Fogasy J, Paragi Z, Oosterloo T, Orienti M. 2013. Science, 341: 1082

Morganti R, Oosterloo T A, Emonts B H C, et al. 2003. ApJ, 593: L69

Morganti R, Sadler E M, Curran S. 2015. POS (AASKA14), 134

Morganti R, Tadhunter C N, Oosterloo T A. 2005. A&A, 444: L9

Mortlock D J, et al. 2011. Nature, 474: 616

Motch C, Pakull M, Soria R, et al. 2014. Nature, 514: 198

Mou G, Yuan F, Bu D, Sun M, Su M. 2014. ApJ, 790: 109

Mou G, Yuan F, Gan Z, Sun M. 2015. ApJ, 811: 37

Muxlow T W B, Beswick R J, Garrington S T, et al. 2010. MNRAS, 404: L109

Nandi S, Jamrozy M, Roy R, et al. 2016. arXiv: 1612. 06452

O'Dea C P. 1998. PASP, 110: 493

Oesch P A, et al. 2016. ApJ, 819: 129

Orienti M, Murgia M, Dallacasa D. 2010. MNRAS, 402: 1892

Ostriker J P, et al. 2010. ApJ, 722: 642

Paragi Z, Frey S, Kaaret P, et al. 2014, ApJ, 791:2

Paragi Z, Godfrey L, Reynolds C, et al. 2015. POS (AASKA14), 143

Planck Collaboration, Adam R, Aghanim N, et al. 2016. A&A, 596: A108

Plotkin R M, Gallo E, Miller B P, Baldassare V F, Treu T, Woo J H. 2014. ApJ, 780: 6

Plotkin R M, Markoff S, Kell B C, Körding E, Andreson S F. 2012. MNRAS, 419: 267

Reed S L, et al. 2015. MNRAS, 454: 3952

Remillard R A, McClintock J E. 2006. ARA&A, 44: 49

Richards J L, Lister M L. 2015. ApJL, 800: L8

Roberts T P, et al. 2012. ApJ, 760: 135

Robertson B, et al. 2010. Nature, 468: 49

Rubinur K, Das M, Kharb P, Honey M. 2017. MNRAS, 465: 4772

Rushton A P, Miller-Jones J C A, Curran P A, et al. 2017. MNRAS, 468: 2788

Russell D M, et al. 2011. ApJ, 739: L19

Sandrinelli A, Covino S, Dotti M, Treves A. 2016. AJ, 151: 54

Servillat M, Farrell S A, Lin D, Godet O, Barret D, Webb N A. 2011. ApJ, 743: 6

Sesana A, Vecchio A, Colacino C N. 2008. MNRAS, 390: 192

Shakura N I, Sunyaev R A. 1973. A&A, 24: 337

Sippel A C, Hurley J R. 2013. MNRAS, 430: L30

Sironi L, Spitkovsky A. 2014. ApJL, 783: L21

Soltan A. 1982. MNRAS, 200: 115

Soria R, Pakull M W, Broderick J W, Corbel S, Motch C. 2010. MNRAS, 409: 541

Springel V, White S D M, Jenkins A, et al. 2005. Nature, 435: 629

Srivastava S, Singal A K. arXiv:1610.07783

Staveley-Smith L, Oosterloo T. 2015. POS (AASKA14), 167

Strader J, Chomiuk L, Maccarone T J, et al. 2012. Nature, 490: 71

Strateva, et al. 2001. AJ, 122: 1861

Su M, Slatyer T R, Finkbeiner D P, 2010. ApJ, 724: 1044

Summerlin E J, Baring M G. 2012. ApJ, 745: 63

Tamburello V, Capelo P R, Mayer L, et al. 2017. MNRAS, 464: 2952

Tanvir N R, Fox D B, Levan A J, et al. 2009. Nature, 461: 1254

Tombesi F, et al. 2014. MNRAS, 443: 2154

Totani T. 2006. PASJ, 58: 965

Tudose V, et al. 2007. MNRAS, 375: L11

Urry C M, Padovani P. 1995. PASP, 107: 803

Uson J M, Bagri D S, Cornwell T J. 1991. PhRvL, 67: 3328

Valiante R, Schneider R, Maiolino R, et al. 2012. MNRAS, 427: L60

van der Lann H. 1966. Nature, 211: 1131

Venemans B P, et al. 2015. ApJ, 801: 11

Venemans B P, Walter F, Zschaechner L, et al. 2016. ApJ, 816: 37

Vlahakis N, Königl A. 2004. ApJ, 605: 656

Volonteri M, Bogdanovic T, et al. 2016. IAUFM, 29B: 285

Volonteri M, Dubois Y, Pichon C, Devriendt J. 2016. MNRAS, 460: 2979

Volonteri M, Haardt F, Madau P. 2003. ApJ, 582: 559

Wang J Y, An T, Baan W A, Lu X L. 2014. MNRAS, 443: 58

Wang Q D, Nowak M A, Markoff S B, et al. 2013. Science, 341: 981

Wang R, Momjian E, Carilli C L, et al. 2017. ApJ, 835: L20

Warren S J, Hambly N C, Dye S, et al. 2007. MNRAS, 375: 213

Webb N, Cseh D, Lenc E, et al. 2012. Science, 337: 554

White R L, et al. 2003. AJ, 126: 1

Williams W L, Röttgering H J A. 2015. MNRAS, 450: 1538

Willott C J, Bergeron J, Omont A. 2015. ApJ, 801: 123

Willott C J, Delfosse X, Forveille T, Delorme P, Gwyn S D J. 2005. ApJ, 633: 630

Wilman R J, Jarvis M J, Mauch T, Rawlings S, Hickey S. 2010. MNRAS, 405: 447

Wilman R J, Miller L, Jarvis M J, et al. 2008. MNRAS, 388: 1335

Wrobel J M, Nyland K E, Miller-Jones J C A. 2015. AJ, 150: 120

Wu F, An T, Baan W A, Hong X Y, et al. 2013. A&A, 550A: 113

Xu D, Komossa S. 2009. ApJ, 705: L20

Yang J, et al. 2011. MNRAS, 418: L25

Yang X, Yang J, Paragi Z, et al. 2017. MNRAS, 464: L70

Yang Y, et al. 2015. ApJ, 807: L19

Yang Y, et al. 2017. ApJ, 845: 140

Yuan F. 2016. ASSL, 440: 153

Yuan F, et al. 2015. ApJ, 804: 101

Yuan F, Lin J, Wu K, Ho L C. 2009. MNRAS, 395: 2183

Yuan F, Narayan R. 2014. ARA&A, 52: 529

Zamaninasab M, Clausen-Brown E, Savolainen T, Tchekhovskoy A. 2014. Nature, 510: 126

Zdziarski A A, Sikora M, Pjanka P, Tchekhovskoy A. 2015. MNRAS, 451: 927

Zheng Z Y, Butler N R, Shen Y, et al. 2016. ApJ, 827: 56

Zubovas K, King A R, Nayakshin S. 2011. MNRAS, 415: L21

3.9 研究方向九: HI 星系动力学和星系演化

安 涛 陈如荣 方陶陶 富 坚 高 煜 黄 峰 康 熙 柳莉杰 罗 煜 彭影杰 钱 磊 王 杰 王 菁 王 亮 王 鹏 王 然 吴京文 张红欣 赵应和 朱 明* Andrea Maccio Luis Ho

3.9.0 研究队伍和课题概况

协 调 人:	朱 明	研究员	中国科学院国家天文台
主要成员:	艾 美	助理研究员	中国科学院国家天文台
	陈如荣	副研究员	中国科学院国家天文台
	方陶陶	教 授	厦门大学
	富 坚	副研究员	中国科学院上海天文台
	高 煜	研究员	中国科学院紫金山天文台
	洪 涛	助理研究员	中国科学院国家天文台
	胡 剑	助理研究员	中国科学院国家天文台
	黄 峰	副教授	厦门大学
	焦 倩	助理研究员	中国科学院紫金山天文台
	康 熙	研究员	中国科学院紫金山天文台
	林伟鹏	教 授	中山大学
	柳莉杰	助理研究员	中国科学院紫金山天文台
	彭影杰	助理教授	北京大学科维理天文与天体物理研究所
	王 杰	研究员	中国科学院国家天文台
	王 菁	助理教授	北京大学科维理天文与天体物理研究所
	吴京文	研究员	中国科学院国家天文台
	肖 莉	副研究员	中国科学院国家天文台
	张红欣	助理研究员	中国科学院紫金山天文台
	赵应和	研究员	中国科学院云南天文台
	郑 征	助理研究员	中国科学院国家天文台
联 络 人:	张 博	助理研究员	中国科学院国家天文台 zhangbo@nao.cas.cn

研究内容 中性氢是星系的基本组成成分,星系中中性氢的含量和分布及其如何随红移演化是理解星系形成和演化的关键问题。另外,通过观测 HI 谱线得到的中性氢的旋转曲线等动力学结构可以揭示星系暗物质的分布。然而,由于观测设备的限制,宇宙中数以百万计的有光学图像的星系,能探测到 HI 谱线的目前不到 30 000 个,其中能够精确成图的星系仅有 1 000 个左右,HI 相关的气体数据缺乏已经成为理解星系形成和演化的瓶颈。SKA 试图系统性地提高探测星系 HI 气体的能力,在可探测红移的深度,成图的分辨率和探测暗弱

---

* 组稿人。

面源的灵敏度方面都有至少 1 个量级的提高。中国 SKA 科学团队将充分利用 SKA 极高灵敏度和高分辨率的优势，利用中性氢 21cm 谱线观测开展星系动力学和星系演化的研究，包括：① 中性氢质量函数及其随星系密度的变化；② 星系的演化和恒星形成问题；③ 星系际冷气体的分布和演化涉及的物理过程等。

技术挑战 SKA 具有前所未有的灵敏度和分辨率，是研究这些课题最适合的观测设备。它可以把对近邻星系周围的中性氢探测极限推进到柱密度 $10^{17}cm^{-2}$ 量级，把高红移星系探测的红移极限推进到 $z = 1.7$ 左右。开展大视场、长时间积分的观测，把星系中性氢探测能力在广度上和深度上都提高一到两个数量级，我们所面临的技术挑战是：① 大视场综合孔径成像；② 高动态图像获取；③ 海量谱线数据处理与三维特征分析等。

研究基础 作为世界上最大的单口径望远镜，在邻近星系的中性氢观测方面 FAST 的灵敏度可以与 SKA1 相媲美。在 SKA 建成之前我们就可以利用 FAST 开展大规模星系中性氢巡天观测，积累中性氢观测的经验，为利用 SKA 进行更深、更广的星系巡天做科学和技术上的准备。FAST 巡天会率先发现大量独特的目标源，利用 SKA 的高分辨率进行后续观测，有望抢先获得一系列的新发现。本课题组成员有丰富的观测研究经验，在国际主要的射电望远镜上都通过公开竞争获得过大量的观测时间，主持过大型的科学研究计划。同时课题组也包括擅长建立星系结构和演化模型的理论型学者和数值模拟专家，有能力在结合 FAST 和 SKA 的新数据的基础上建立星系气体和暗物质分布的最完整的图像。

优先课题 ① 近邻星系深度成像，选取 30 个不同类型的低红移星系，用 SKA1-mid 对星系周围（半径 200kpc）中性氢的分布进行深度积分（50h），把中性氢探测极限推进到柱密度 $10^{17}cm^{-2}$ 级，对星系晕中冷气体的分布和含量进行约束；② 参与利用 SKA-mid 进行大规模中性氢星系巡天（1 000h 以上），获得巨量的星系中的 HI 数据，研究中性氢质量函数以及它随星系密度的变化，星系演化和恒星形成，星系的合并和相互作用等重要问题；③ 利用 SKA1-mid 对特定天区（如 COSMOS 视场，$1.7deg^2$）进行深度积分（1 000h），探测红移 0.5~1.0 的星系中的中性氢。

预期成果 ① 测定星系晕中冷气体的分布和含量，确立不同形态结构和不同环境（星系群、星系团、孤立星系）下星系晕中性气体的径向分布，明确星系晕附近内向流和外向流气体（中性和电离）的性质，估算近邻宇宙里中性气体流入星系的速率并与星系里的恒星形成率进行比较。② 获得更准确的中性氢质量函数及其随星系密度的变化关系，发现大量矮星系和卫星星系，解决"卫星星系缺失"之谜；通过对大样本的星系群/星系团中的星系的多波段观测研究，找出星系密度及相互作用对星系气体的物理性质的影响，明确环境对星系演化的作用。③ 直接探测到红移 0.5~1.0 的中性氢，检验星系演化的模型，明确中性氢对星系形成和演化的贡献。

3.9.1 引言

星系的形成和演化是 21 世纪最关键的天体物理课题之一。国际天文界近年来开展了一系列从低红移到高红移的大型多波段星系巡天观测（如 SDSS、GAMA、VIPERS、COSMOS、GOODS、DEEP、VVDS、VUDS、Herschel、VISTA 和 HST 巡天），提供了大量空前的高质量数据，其主要的科学目标之一就是揭示星系形成和演化的物理过程。中性氢是星系的基本组成成分，其丰度由中性氢的消耗（主要在恒星形成过程）与补充（主要从周围吸积冷气体）

的比率决定。研究宇宙中中性氢的含量和分布及其如何随红移演化是我们了解星系成长的物理过程不可缺少的一部分。然而，由于 HI 观测长期受观测设备的限制，宇宙中数以百万计的有光学图像的星系，能探测到 HI 谱线的目前不到 30 000 个，其中能够精确成图的星系仅有 1 000 个左右，HI 相关的气体数据缺乏已经成为理解星系形成和演化的瓶颈。SKA 的主要设计目标就是系统性地提高观测星系 HI 气体的能力，在可探测红移的深度、成图的分辨率、探测暗弱面源的灵敏度方面都有至少 1 个量级的提高。

中国 SKA 科学团队将充分利用 SKA 极高灵敏度和高分辨率的优势，利用中性氢 21cm 谱线观测开展星系动力学和星系演化的研究。

3.9.2 星系形成和演化的基本理论及 SKA 观测研究的科学问题

1. 背景

星系的形成与占宇宙中物质的主要成分 —— 暗物质的结构形成紧密相关。经过几十年的努力，宇宙学理论已经确立了结构形成的标准模型，即有暗能量的冷暗物质模型。在这种模型下，宇宙的膨胀主要由暗物质和暗能量主导，暗能量主导着目前宇宙的加速膨胀。宇宙中的结构由暗物质主导，其形成于宇宙早期的微小量子扰动，经由引力的作用而逐渐放大，并形成所谓的暗物质晕（简称暗晕）。在冷暗物质的情况下，结构形成是等级成团的，即小质量暗晕最早形成，后通过小质量暗晕的不断并合而形成大质量暗晕。在更大的尺度上，宇宙呈现出网络结构（cosmic web），其形成于物质扰动在大尺度上的各向异性分布。普通物质（也叫重子）只占宇宙物质的一小部分，但是正是它们形成了我们能直接观测的对象，如不同温度的气体、各种年龄的恒星等。

关于星系形成的标准模型（White and Rees, 1978; Mo et al., 1998）认为，在暗晕形成的过程中，由于引力的作用，宇宙中的冷气体被吸积到暗晕中，会经历激波加热、气体电离，然后再经由辐射冷却，最后以冷气体流的方式进入暗晕中心，同时由于角动量守恒，冷却的气体会形成一个气体盘。由于冷气体的不稳定，气体云会坍缩而形成恒星。在大质量恒星演化的晚期，由于辐射和超新星爆炸，会有大量的气体、金属被反馈到恒星际介质中，多数情况下还会导致部分气体被抛射到星系外围，进入暗晕中间甚至暗晕外面。这些被抛射的气体还会再继续冷却，进一步形成恒星，星系的形成与演化就由这些复杂的物理过程决定。

借助数值模拟或者半解析模型，上述星系形成的模型能较好地解释星系总体上的形成与演化，其预言与观测到的星系在不同尺度上，不同红移的分布等比较一致（Kang et al., 2005; Fu et al., 2010; Lagos et al., 2011）。但是在小尺度上和宇宙早期，模型预言与观测还有很大的差别。引起这种差别的起源有很多。首要的问题是：暗物质到底是什么属性的粒子？是 "冷" 还是 "温"？或者是其他类型的暗物质？有自相互作用或者是轴子？是否可以利用星系的统计性质来限制暗物质性质（Kang et al., 2013）？这可以说是目前星系宇宙学领域最大的困惑之一。其次是我们对重子物质的作用还不够了解，特别是我们对气体的主要成分 —— 中性氢（HI）在星系中和星系外的分布缺乏完整的了解。SKA1 将能够观测到 $z < 1.5$ 的星系中 HI 的分布，再结合多波段的其他观测结果（如恒星分布，热气体、温气体分布等），将极大地改善我们对气体是如何参与星系形成和演化过程的理解，从而建立一个完整的重子物质循环图像。总结来说，SKA 将涉及的与 HI 有关的星系形成和演化的主要科学问题有如

下几个方面：

 （1）暗物质的性质；

 （2）气体是如何进入到暗晕中，并在星系中如何分布；

 （3）恒星形成率与气体含量的规律及其演化，恒星活动如何改变气体的分布；

 （4）星系并合对气体分布的影响；

 （5）HI 的含量与星系质量、暗晕质量，以及大尺度环境的关系；

 （6）近邻宇宙中矮星系中的 HI 含量；

 （7）HI 的旋转曲线在测量暗物质分布方面的能力。

上述问题只是众多关于星系形成与演化问题的一部分。下面将就这些问题展开具体讨论。

2. SKA 相关的主要研究内容

1）星系的旋转曲线

人们很早就意识到，星系中除了恒星之外，还有大量的气体，而且气体在星系中的分布比恒星更广阔：对于旋涡星系，其恒星分布在星系的中心部分，一般分布尺寸小于 10kpc；而气体，特别是 HI，可达几个恒星分布的特征半径。利用 HI 的旋转曲线，科学家早就发现其旋转速度随半径并未下降，而是呈现变平的趋势，因此是暗物质存在的强烈证据（Rubin et al., 1980）。利用 HI 的旋转曲线，可以将引力的作用测量到较大距离处，因此可以用来限制引力理论或者暗物质在星系内的分布。

由于观测条件的限制，目前的 HI 旋转曲线测量仅限于近邻星系，而且只能测量到 HI 柱密度较高的区域，因此对引力理论或者暗物质的分布的限制并不强（McGaugh et al., 2016）。SKA 具有的高灵敏度，有望测量大量 $z < 0.5$ 的星系的旋转曲线，其空间分辨率在 $z \approx 0.5$ 处可达 3kpc，HI 气体质量到 $4 \times 10^8 M_\odot$，因此可以获得大量星系的 HI 旋转曲线，来限制暗物质的分布。

另外，目前争论较大的是星系内部的密度轮廓是否为尖峰式（cusp）或者核心式（core），而限制理论模型的数据主要来源于光学谱线的测量，特别是缺少针对星系内部的 HI 观测数据。我们可以利用 HI 的旋转曲线跟光学测量进行比较，考察其差异，拟合内部密度轮廓，这将对暗物质的性质、重子物质的反馈机制给予强烈限制。

2）近邻矮星系的 HI 测量

科学家普遍认为，近邻宇宙是一个非常好的实验室，可以检验我们的星系结构形成模型和星系形成物理过程。利用光学巡天数据，人们近年来在银河系及其周边发现了大量的矮星系–低表面亮度星系。利用部分矮星系的光学数据，人们发现这些星系主要由暗物质主导。通过与 CDM 模拟比较，发现银河系的已知矮星系的数目远少于理论预言，同时其动力学测量表明，这些矮星系的旋转速度比模型预言的要低很多。

由于近邻矮星系的恒星形成效率很低，而且表面亮度低，因此光学巡天很有可能探测不到那些含有很少恒星的矮星系。借助 SKA 或者 FAST，我们可以对光学巡天给出的矮星系候选体进行证认得到其 HI 含量。这将有力地限制宇宙电离模型（Kravtsov et al., 2004）和暗物质的性质（Macciò and Fontanot, 2010）。另外，可以利用 SKA1 或者 FAST 开展 HI 星系的近邻巡天，寻找那些具有极低表面亮度，甚至缺少足够恒星的星系，从而扩大近邻星系的样本，进而由大型光学望远镜进行证认从而与理论进行更加完备的比较。

此外，最近几年发现近邻宇宙中存在大量的低表面亮度星系，它们具有较高的速度弥散。目前流行的观点认为，它们是夭折了的大质量星系（van Dokkum et al., 2016）。然而，由于对大部分低表面亮度星系缺乏足够深的 HI 测量，因此缺少对其气体含量和气体潮汐尾的观测，很难限制这些低表面亮度星系的本质。借助 SKA 或者 FAST，我们有望测量到这些星系的气体含量，从而确定其本质来源。

3）星系的 HI 质量函数及其演化

星系的 HI 质量函数是一个最基本的统计测量，与常用的恒星质量函数一样重要。星系的 HI 质量函数由两个主要因素决定：一个是暗晕的质量函数，主要由暗物质性质和宇宙学参数决定；另一个是星系中 HI 的含量与暗晕质量或恒星质量的关联。关于暗晕的质量函数，目前的研究已经非常明确。大量结果表明，它与暗物质的性质有关：低质量暗晕的数目与暗物质的质量密切相关。然而数值模拟给出的是暗晕质量函数，还不能与 HI 观测直接比较。要得到星系内 HI 的含量，需要结合单个星系的观测，如 Tully-Fisher 关系等，来给出 HI 的质量函数。另外，暗晕中 HI 的含量还可以借助流体数值模拟或半解析模型给出，下面会有详细介绍。

目前对 HI 质量函数的测量主要集中在近邻宇宙，而且还不能到较低的 HI 质量。利用 SKA1，可以将 HI 的质量函数测量到 $z \approx 1$，与在更高红移的阻尼 Lyα 测量结合起来，从而给出宇宙在较长时间内的气体密度演化。将 HI 的质量函数与恒星质量函数结合，可以给出星系的重子物质函数及其演化。另外，由 HI 质量函数可以得到宇宙中 HI 的密度随时间的演化。通过将其与恒星形成率的演化结合，可以限制星系中气体的吸积历史以及 HI 与 H_2 的转换历史，从而限制星系的形成模型，特别是恒星形成效率与气体、星系暗晕质量的关系。这正是目前理论模型中最不确定的一点。

4）气体吸积方式和大尺度环境的关系

尽管我们目前已经有了一个大致的星系形成与演化的模型，但是真正最不确定的是：气体如何进入到星系中？星系中的气体如何被反馈到星系际空间？星系团中的气体是如何被潮汐力剥离的？主要的一个原因是，直接观测到这些气体非常困难。一般来说，气体具有的温度和密度在星系的不同空间位置和不同演化阶段相差非常大，直接探测非常困难。例如，热气体的探测，X 射线只能探测到密度较高、温度较高的气体，并且主要集中在近邻宇宙。因此要完整理解气体是如何进入星系，如何在各个物相之间进行转换，必须对冷气体，特别是 HI 进行观测，才能建立一个完整的气体循环图像。SKA 将有效探测到星系中以及星系团外围的 HI 气体分布。这对于理解气体的吸积和剥离过程非常重要。

目前理论上关于气体吸积的解释非常不确定。标准模型认为，冷气体在暗晕的成长过程中被吸积到暗晕中。由于激波加热过程，气体变热，具有暗晕的维里温度。随后由于辐射冷却，气体逐渐冷却，并以平缓的方式流入星系中心。这一图像对于星系团来说比较合适。而在星系尺度上，例如，银河系中观测到的大量高速云，它们大部分存在于暗晕中，并没有掉入星系中心。数值模拟发现（Dekel et al., 2009），在宇宙早期，气体是以冷的形式存在，主要是沿着宇宙纤维结构中的纤维状结构（filament）进入星系中心，在这个过程中气体并没有被加热。同样的气体吸积方式也适用于低质量星系。然而到目前为止，还没有确切的证据表明宇宙早期或者低质量星系内的气体是通过纤维进行吸积的。SKA 有望测量到较低的 HI

柱密度，从而测量出纤维中的冷气体。然而，目前理论模型中对纤维中气体性质的研究还很少，更不清楚 HI 的密度和探测截面，因此在这方面还需要开展大量的理论研究工作。

另外，目前理论认为，星系在进入较密的环境，如星系群时，由于潮汐剥离机制，星系中的热气体和冷气体都将被逐渐剥离，从而导致卫星星系的恒星形成逐渐停止，形成红星系或死亡星系。在这种图像下，模拟发现卫星星系应该存在潮汐尾，其中应含有 HI。然而目前的观测深度还不能够直接测量到 HI 的潮汐尾。可以预见，SKA 将能够测量到密集环境下的星系 HI 是如何被逐渐剥离的，从而有利于我们深入理解卫星星系的逐渐死亡过程。

3. 星系形成和演化的数值模拟

数值模拟，特别是流体数值模拟和半解析模型是研究星系形成与演化的强有力工具。下面我们就对这些理论研究手段，特别是结合中国科学家的研究方向，做一个简略介绍。

1）N 体数值模拟

数值模拟是研究宇宙结构，特别是非线性结构增长及演化的有力工具。最近几十年 N 体数值模拟（不含碰撞粒子，如气体）在研究暗晕和星系形成与演化方面取得了重要进展，特别是利用 N 体数值模拟给出了暗晕内部的物质分布轮廓（Navarro et al., 1996），分辨了暗晕内部的子结构（Diemand et al., 2007），以及暗物质在大尺度上的分布（Springel et al., 2005）。然而数值模拟给出的结果在小尺度上面临不少问题，其中之一是丢失伴星系问题，另外一个是矮星系中心的密度轮廓问题（Boylan-Kolchin et al., 2011）。解决这个问题的办法有几种，其中之一是改变暗物质的属性，如果暗物质不是 "冷"，而是 "温" 的，将极大地减少伴星系的数目，同时降低矮星系内部的密度轮廓。另外就是引入更加精细的重子反馈机制（Oñorbe et al., 2015）。

针对 SKA 的科学目标，N 体数值模拟可以集中在如下两个方面。① 近邻宇宙的高精度模拟，特别是模拟近邻宇宙卫星星系的数目、空间分布，以及卫星星系的内部结构。在这方面最近国内团队开展的 ELUCID 工作（Wang H et al., 2016）利用 SDSS 的星系观测，给出了近邻宇宙的初试条件，可以据此开展近邻宇宙的模型，从而跟 SKA 的观测进行一对一的比较。② 模拟宇宙纤维结构。可以运行高精度、大宇宙学体积的数值模拟，主要集中在宇宙高红移的宇宙网络结构，特别是研究纤维的形态、分布特征，理解物质是如何沿着纤维吸积的（Kang and Wang, 2015），这对于理解气体是如何进入星系，特别是沿着宇宙网络结构进入星系有重要意义。

2）流体数值模拟

特别是最近完成的 ILLUSTRIS（Vogelsberger et al., 2014）和 EAGLE（Schaye et al., 2015）流体数值模拟，非常好地再现了星系的结构形态分布、HI 气体质量函数等。但是这两个模拟的主要问题是重子物理反馈过程不是特别有效，特别是 ILLUSTRIS 模拟中，低质量星系的形成效率偏高，且分辨率不够，因此不能研究气体在星系盘中的分布。NIHAO 系列数值模拟（Wang L et al., 2015）研究了 100 个星系的形成过程，在引入了早期恒星的辐射反馈以后，NIHAO 模拟能够解决低质量星系恒星形成效率太高的问题。但是由于样本数目的限制和缺乏大尺度上气体的分布，因此很难用于研究气体的吸积过程。另外，由于分辨率还不够高，很难用于研究星系内部 HI 气体的分布。

流体数值模拟可以集中在如下几个方面。① 利用高精度的单个星系模拟，理解重子物质, 特别是 HI 在星系内部的分布, 考察其旋转曲线的分布, 比较其与恒星速度弥散在测量暗物质分布方面的差别。② 考察重子反馈过程对星系内部密度轮廓的影响, 最近 NIHAO 数值模拟研究发现星系内部密度轮廓与其恒星形成效率有很好的相关, 但是缺乏对 HI 的依赖关系的相关研究, 这需要在数值模拟中引入气体如何在 H_2、HI 之间转换的模型。③ 运行大规模的宇宙学流体数值模拟, 结合辐射转移模型、HI 生成模型, 研究 HI 的质量函数、空间成团性, 同时考察 HI 分布对环境的依赖关系, 理解包括 HI 在内的不同气体组分之间的循环过程。流体数值模拟完全地考虑了暗物质和重子物质的相互作用, 可以精确地描述 HI 在星系里的分布及其动力学特性, 特别是对于存在于星系间的包含 HI 的介质, 半解析模型将无能为力。

3) 半解析模型与 SKA1

相比 N 体和流体数值模拟, 半解析模型在模型星系的形成方面具有很强的优势, 它可以利用数值模拟给出的结构增长历史, 将影响星系形成的一系列物理过程用参数化的形式来描述, 因此可以快速考察模型参数空间, 从而预言恒星、气体等在空间的分布 (Kang et al., 2005)。过去十几年半解析模型取得了巨大的成功, 特别是在模型中包括了气体是如何在不同组分 (H_2, HI) 之间演化的, 从而能够预言 HI 的质量函数及其演化 (Cook et al., 2010; Fu et al., 2010; Lagos et al., 2011)。最近的半解析模型 (Luo et al., 2016) 还包括了环境对 HI 气体的剥离过程, 发现 HI 的剥离主要发生在大质量星系团里面, 研究了其效率与星系性质的依赖关系。相比流体动力学模拟, 半解析模型能够以相对很小的计算量来完成很大宇宙空间尺度上的星系形成模拟, 并且能够方便地参数化描述各种物理过程对星系中 HI 气体成分的影响。目前, 几个宇宙学体积的星系流体动力学模拟尺度大致都在 $100 \mathrm{Mpc} \cdot h^{-1}$ 左右 (如 ILLUSTRIS 和 EAGLE), 而半解析模型则能: ① 模拟更大宇宙尺度上星系中的 HI 气体成分 (比如, 基于 Millennium 模拟 (Springel et al., 2005) 之上的半解析模型能达到 $500 \mathrm{Mpc} \cdot h^{-1}$, Millennium XXL 模拟 (Angulo et al., 2012) 之上的半解析模型能达到 $3 \mathrm{Gpc} \cdot h^{-1}$), 这对于今后 SKA 所要进行的较大宇宙空间的 21cm 中性氢巡天的预言至关重要; ② 计算较小宇宙空间中小质量星系及矮星系中的 HI 气体成分 (比如基于 Millennium II (Boylan-Kolchin et al., 2009) 以及 Aquarius 模拟 (Springel et al., 2008) 的暗晕运行半解析模型), 用于预言将来 SKA1 对近邻宇宙中性氢的观测。

在半解析模型中加入研究中性氢气体的工作核心是: 利用一些来自其他解析模型计算的结果或者基于观测的半经验拟合公式来参数化描述星系内分子气体 H_2 和原子气体 HI 成分的转化过程, 从而计算星系内的冷气体成分。得到 HI 气体的质量以及旋转曲线峰值后, 可以用简单的公式

$$\frac{F_{\mathrm{HI}}}{\mathrm{Jy} \cdot \mathrm{km} \cdot \mathrm{s}^{-1}} = \frac{1}{2.36 \times 10^5 D^2} \frac{M_{\mathrm{HI}}}{M_\odot}$$

转化为射电望远镜可探测的 21cm 辐射速度积分流量 F_{HI} 和峰值流量 $F_{\mathrm{HI}}^{\mathrm{peak}}$ 等信息。半解析模型中较为常用的描述 HI 和 H_2 的转化模型有: Blitz 和 Rosolowsky (2006) 的与星际压强相关的模型、Krumholz 等 (2009) 和 Mckee 等 (2010) 的模型 (与星际气体面密度和金属丰度相关)、Gnedin 和 Kravtsov (2011) 的模型 (HI, H_2, HII 三种成分的比例取决于星际气体面密度、紫外光子场强度、气体尘埃比例)。

这方面模型始于 Cook 等 (2010) 的工作, 之后 Fu 等 (2010, 2013)、Lagos 等 (2011,

2014）以及 Popping 等（2014，2016）的工作都是在半解析模型中直接加入描述分子和原子气体的模型来研究气体成分，这些模型都能给出符合红移 0 处观测的气体质量函数、气体–恒星标度关系，并能给出相关的 CO 以及 HI 射电观测的结果。其中，Fu 等的模型相比其他的模型能够追踪星系盘上恒星以及气体成分在星系盘上的物理过程，并给出恒星以及气体在盘上的分布轮廓，而其他模型大都简单地假设星系盘上的气体始终呈指数盘分布。

目前我们所使用的 L-Galaxies 半解析模型最新版本已经公开源代码，能够更方便地使用而无版权问题。模型可以运行于 Millennium, Millennium II, ELUCID, Aquarius 等暗物质模拟暗晕之上，以在各种宇宙空间尺度及解析度上计算研究 HI 气体成分。

4）结合 SKA1 观测计划，半解析模型中 HI 气体主要涉及的问题

（1）失踪卫星星系问题与半解析模型中的 HI 气体。

基于模型的 HI 气体输出结果，我们的半解析模型给出的近邻星系的 HI 质量函数能够较好地符合目前 HI 质量大于 $10^7 M_\odot$ 的星系的观测结果（图 3.9.1（a）），而更低质量区间的结果则与观测有出入，表现为 HI 气体方面的“卫星星系缺失问题”（missing satellite problem）。基于冷暗物质的星系形成模型都存在预言的低质量/低光度星系多于观测的问题，而 HI 气体方面，我们发现存在着类似问题：银河系周围卫星星系中探测到的低 HI 质量的矮星系十分稀少，而模型预言了更多暗星系（包含很多 HI 气体却未能有效形成恒星的星系，图 3.9.1（b））。可能是重子物质相关物理过程（比如低质量暗晕中气体电离及气体剥离）描述不够完善，也可能是冷暗物质本身存在着问题，需要温暗物质来压低低质量暗晕的数目。

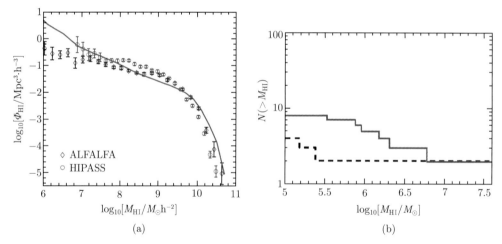

图 3.9.1　（a）为 Fu 等的模型红移 0 处的 HI 质量函数（黑色蓝色分别为 ALFALFA、HIPASS 的观测结果，红色为我们的模型结果）；（b）为银河系周围矮星系数目在 HI 质量区间的积分分布（红色为模型基于 Aquarius 模拟的结果，黑色为观测结果）

根据 FAST 以及 SKA1-mid 的望远镜参数，图 3.9.2 展示了 FAST 以及 SKA1-mid 所能探测到的近邻宇宙的 HI 质量的极限（观测积分时间为 1min 以及 10h），其中 50Mpc 距离处 HI 探测质量极限约 $10^6 M_\odot$，对应着 $10^7 \sim 10^8 M_\odot$ 的暗物质晕，这有助于区分冷暗物质和温暗物质所给出的暗晕数目。另外，对于近邻宇宙，0.1Mpc 处 SKA1-mid 的探测极限为几十 $M_\odot$，对应着气体云的质量，对这个距离上近邻星系的观测将有助于探测冷气体的剥离、

外流, 以及超新星和 AGN 对 HI 气体反馈的情况, 并进而判别模型中对这些物理过程描述的正确性。因此, 将来 SKA1-mid 以及 FAST 对近邻宇宙中性氢的观测都能够很好地限制模型中气体外流过程的描述及暗物质粒子模型的选择。

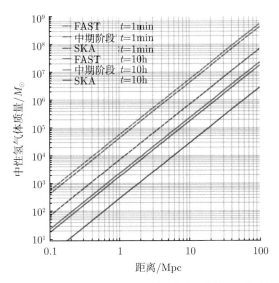

图 3.9.2 FAST 和 SKA1-mid 以及 SKA2 在不同距离处 HI 气体质量的探测极限

基于 Fu 等的半解析模型, 我们之后能够给 SKA1 以及 FAST 的近邻星系 HI 气体成分做观测预言, 包括基于 Aquarius 暗晕以及国内团队最近完成的 ELUCID 工作的暗晕。同时利用半解析模型易于调整参数的优点, 给出不同模型过程的 HI 气体 21cm 观测预言, 包括增强小星系中的气体过程的模型, 以及基于温暗物质多体模拟的结果的半解析模型, 以便利用之后 SKA1 的观测结果判别和约束物理模型。

（2）HI 气体在星系盘上的面密度轮廓。

Fu 等的半解析模型能给出 HI 气体在星系盘上的面密度轮廓, 其结果能够较好地符合近年来观测得到的 HI 气体质量–尺度关系以及 HI 气体盘外侧均一指数盘等结果（Wang et al., 2014）。利用 SKA1 对近邻星系中观测的高分辨率, 可以得到更多星系中 HI 气体分布轮廓数据, 用于检验模型给出的面密度轮廓对于不同星系是否正确, 并指导完善盘上 HI 气体的一些细致模型, 比如冷却下落到星系盘上的冷气体是以何种径向轮廓形式分布到星系盘上的, HI 气体在盘上是否存在径向流动（radial flow）等过程。

（3）半解析模型中的高红移 HI 气体。

对于 HI 气体的演化, 半解析模型能给出宇宙 HI 密度演化。结果显示, 红移 0~3 时 HI 气体的质量密度演化非常小。但在红移 2 以及更高的区域, 模型预言的星系中的 HI 气体比来自 DLA 吸收体观测所得的 HI 气体密度要低一些, 这意味着高红移宇宙中可能存在着相当数量的星系际冷气体。由于 SKA 能把高红移 HI 气体观测推进到 $z = 1.7$ 左右（相比 ALFALFA 只有 0.06）, 由此有望探测高红移宇宙中的 HI 气体在 ISM 和 CGM 中的分布。另外, 目前我们模型预言红移大于 1 处存在大量的富气体的星系团（$M_{\rm HI} > 10^{11} M_{\odot}$, 图 3.9.3）。之后 SKA1 结合 FAST 对于 HI 星系团的探测, 能更进一步检验模型对高红移 HI

的描述是否正确。

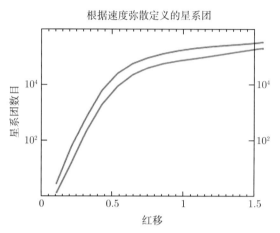

图 3.9.3　L-Galaxies 模型所预言的总 HI 质量大于 $10^{11}M_\odot$ 的富气体星系团数目随红移的演化

4. 星系 HI 观测与数据处理

1）SKA1 在星系尺度上的灵敏度和分辨率

河外星系的中性氢观测主要使用 SKA1-mid，包括 133 面 15m 直径的 SKA1 碟形天线和 64 面直径为 13.5m 的 MeerKAT 天线。这 197 面天线主要分布在三个区域：中间直径 1km 范围内的致密核心阵，向外延伸 3km 并随机排布的主要区域，以及延展开来的三条半径 80km 的悬臂。SKA1-mid 的最长基线可达 150km（若因预算问题，最低可接受 120km 最长基线），对应角分辨率约为（0.3×（波长（cm）/20））角秒。研究近邻星系的结构（小于 20Mpc），对应角分辨率可以达到 30pc。

SKA 的灵敏度极限为

$$S_{\text{lim}} = 0.014 \ (1+z)^{1/2} \left(\frac{A/T}{10\,000}\right)^{-1} \left(\frac{\Delta\nu}{50}\right)^{-1/2} \left(\frac{\tau}{2\,000}\right)^{-1/2}$$

其中，典型值按 SKA1 的性能计算。为实现对河内星际介质谱线的分辨，速度分辨率为 $10\text{km}\cdot\text{s}^{-1}$，在 1.42GHz 对应大约 50kHz，SKA1-mid 对应的灵敏度为 $A_{\text{e}}/T_{\text{sys}} = 1\,560\text{m}^2\cdot\text{K}^{-1}$，或者 SEFD = 1.77Jy

SKA1 能探测到的河外星系中性氢质量为（单位 $M_\odot$）

$$M_{\text{HIlim}} = 1 \times 10^8 M_\odot \ (1+z)^{1/2} \left(\frac{S/N}{10}\right) \left(\frac{D(z)}{100}\right)^2 \left(\frac{v}{300}\right)$$

$$\times \left(\frac{A/T}{10\,000}\right)^{-1} \left(\frac{\Delta\nu}{50}\right)^{-1/2} \left(\frac{\tau}{2\,000}\right)^{-1/2}$$

2）目前规划的数据处理系统简介

SKA1 的数据从天线接收下来之后将传送到中央信号处理中心（CSP）进行相关处理，得到可视度函数数据；科学数据处理（SDP）系统处理 CSP 传来的数据，校准、成图之后，生成科学数据产品，交付科学家（Dewdney, 2015）。

SKA1 的科学数据处理系统 SKA1-SDP 将集中研发计算的硬件平台、软件和算法, 接收并识别从 CSP 和望远镜运行 (TM) 传过来的数据, 处理数据并得到科学数据产品, 其中包括: 谱线数据的 cube 成图和谱线的抽取; 连续谱数据的 cube 成图等; 从原始数据到校准数据的过程中, 需要去除望远镜的负面特征 (RFI、坏数据等), 还需要去除大气和等离子体的影响。

科学团队基本上可以用 SKA1-SDP 软件处理出来的谱线数据三维数据块 (cube) 进行研究。

3) 星系 HI 的观测数据

高红移星系的 HI 信号非常暗弱, 宇宙学尺度的 SKA1 星系 HI 巡天需要上万小时, 为充分利用望远镜观测时间, 获得更多科学产出, SKA1 计划进行多科学目标同时观测。为实现同时观测河内和河外中性氢, 需要同时保证较大带宽和较多通道数。SKA1 的频率分辨率为 1kHz, 为实现 1GHz 量级的频率覆盖, 通道数应达到 10^6 个。按 100km 基线计算, 角分辨率可达 1 角秒。$1deg^2$ 视场包括 10^7 条谱线, 数据 cube 将达 100TB。高效快速分析这样大的中性氢数据块将是星系科学团队面临的一个巨大挑战。

4) 开展 SKA1+ FAST 联合观测的可行性

SKA1-mid 的等效口径为 204m, 与 FAST 的等效照明口径 300m 相当。它们对应的灵敏度分别是 1 560m²·K⁻¹ (Dewdney, 2015) 和 2 000m²·K⁻¹ (Nan et al., 2011)。

SKA1-mid 的天区覆盖范围是纬度 $-90°\sim48°$, FAST 的天区覆盖范围是纬度 $-14°\sim66°$, 有相当的天空重合区域 ($-14°\sim48°$)。

这两个条件, 是 SKA1 与 FAST 开展合作的基础。

SKA1 具有高灵敏度和高角分辨率的双重优势。但由于它是综合孔径望远镜, 在中央核心区域, 天线分布比较密集, 在外部悬臂区域, 天线密度较低 (波束填充度 (filling factor) 很小), 使得 SKA1-mid 观测低表面亮度的天体的能力受到限制。

FAST 为单口径望远镜, 具有高灵敏度的特点, 但角分辨率较低, 视场比 SKA1 小很多, 巡天速度受到限制。但对于近邻星系, 因其角尺度较大, FAST 也能进行分辨和成图观测。SKA1-mid 和 FAST 对近邻星系的中性氢进行联合观测, 不仅可以进行高角分辨率的星系结构分析, 也能对星系外部区域低表面亮度结构进行研究。

因为 FAST 是单口径射电望远镜, 其视场较小, 若无多波束馈源, FAST 的扫描成图的速度将很难与 SKA1-mid 匹配。两个望远镜的联合观测受到多波束馈源性能的限制。

对于 SKA1-mid, 因为海量数据, 其数据处理主要在 SKA1-SDP 中进行。根据目前规划, SKA1-SDP 将会直接给出最后的结果, 不会对中间过程的数据进行存储。因此只能进行图像叠加的模式, 图像叠加时, 需要数据格式匹配。

5. 国内外 HI 观测研究进展及 SKA 课题: 低红移星系

星系的持续生长依赖于星系外界宇宙对 HI 源源不断的供给, 星系的死亡必然伴随着已有的 HI 被剥离或 HI 供给被掐断。可以说 HI 的生命周期是星系形成和演化最本质的一个环节。低红移星系的 HI 观测研究主要是围绕这一主线进行。

由于过去射电观测效率的低下, 我们对星系 HI 的观测在灵敏度和角分辨率上受到双重限制。即使在低红移, 我们对星系 HI 质量的观测也基本局限于恒星形成主序上的星系, 例如，现有的最大 HI 质量巡天 ALFALFA（Giovanelli et al., 2005）总共探测到约 30 000 个星系，对红移小于 0.05 的银河系质量的绿谷（Green Valley）过渡星系的探测率低于 15%。目前在恒星质量上最接近完备的 HI 样本 GASS（Catinella et al., 2010），也仅将探测极限延伸到过渡星系，且样本整体仅包含不到 1 000 个星系。HI 探测的不完备性极大地阻碍了我们对星系如何衰老和走向死亡的理解。具有角分辨率的 HI 图像更加稀少，现有总数据量仅 1 000 左右，数据质量不一，且很难做到高精度和高灵敏度共存。例如，现有精度较好（6 角秒）的 THINGS 巡天（Walter et al., 2008），观测了 34 个以旋涡星系为主的星系，但是样本选择有极大的随意性，且在该精度上灵敏度仅有 $3\sigma = 4.5\times10^{20}\mathrm{cm}^{-2}$（假定线宽为 10km·s^{-1}），与星系中 HI 面密度的饱和上限 $1.1\times10^{21}\mathrm{cm}^{-2}$ 差距并不大。目前最接近于恒星质量上完备的 HI 图像样本 Atlas3d，也仅仅是巡天了一个预定的数目为 166 的光学完备早型星系样本，探测到其中的 31% 且仅有 5% 在其角分辨率（0.5 角分）上可解析。现有最深的 HI 图像巡天 HALOGAS（Heald et al., 2011）包含 24 个高倾角星系，每个星系历经 120h 的总观测时间，在大于 0.5 角分的角分辨率下终于达到接近 $5\sigma=10^{19}\mathrm{cm}^{-2}$（假定线宽 10km·s^{-1}）的深度。HI 图像数据的现有缺点导致星系在局部尺度上的物理过程和星系整体性质之间的联系，以及其在星系整体演化框架中的作用都很不清晰。

SKA-1 将为我们带来 HI 数据在质和量上的双重飞跃。从扩大 HI 质量样本看，在一个 10 000h 总观测时间的可探天区（1/2 全天区）巡天下，SKA-1 将在优于大多现有 HI 图像数据的角分辨率（15 角秒）上将低角分辨率的 ALFALFA 样本扩大约 20 倍（Staveley-Smith 和 Oosterloo（2015）文章中的表 2）。从提高 HI 面密度观测深度看，在 1.5h 观测时间内 SKA-1 就将到达同样分辨率下 HALOGAS 数据的深度（de Blok 等（2015）文章中的表 1）；在与 THINGS 同等的观测时间（10h）内，SKA-1 就可以以 THINGS 的最佳分辨率，探测到面密度比之低约 5 倍的 HI 气体（de Blok 等（2015）文章中的表 1）。

SKA-1 革新性的 HI 数据预示着一个星系天文学爆炸性发展的新时期，许多悬而未决的问题可能将迎刃而解，我们可以预期星系形成和演化的图像将更加明晰，也将给我们带来新的问题和挑战，届时我们将可以定义一个更为清晰的新起点，为 SKA-2 做新的展望。接下来，我们将举例介绍一些与 HI 生命周期相关联的星系形成演化的基本问题，以及 SKA-1 将可能带来的新发展。

1）星系如何获得 HI 气体

银河系这样的星系需要源源不断地获得 HI 气体，以支持其持续的恒星形成活动（Kennicutt, 1983），以及解释其金属丰度分布（van den Bergh, 1962）。

宇宙学理论模型认为宇宙中的热气体自然冷却会给星系带来新的 HI 气体，并预言这种吸积分为两种：由周边热气体晕直接冷却产生的热吸积（Rees and Ostriker, 1977）和沿着宇宙线状大尺度结构流向星系的冷吸积（Dekel and Birnboim, 2006）。线状结构中的中性氢气体含量很低（约 0.1%），仅有 $10^{16}\mathrm{cm}^{-2}$ 的柱密度，但是其连向星系的区域柱密度逐渐增大，在到达几倍 $10^{18}\mathrm{cm}^{-2}$ 以后才急剧过渡到星系本身（Popping et al., 2009），因此在 $10^{18}\mathrm{cm}^{-2}$ 或更低的柱密度灵敏度上以观测 HI 方式捕获宇宙学吸积过程从理论上讲是可能的。天文学家在过去十年里持续不断努力，试图观测到更低面密度的离散气体，例如，前面提到的 HALOGAS 项目观测到 $10^{19}\mathrm{cm}^{-2}$ 的气体，却刚好落在宇宙线状结构面积最小的柱密度上，从而未能有效地探测冷吸积。单孔径射电望远镜较之干涉成像的射电阵列可以更轻易地到达更大深度,但角分辨率差,无法辨认气体的具体结构和来源,例如,Braun 和 Thilker(2004)将整个 WSRT 阵列作为一个单孔径望远镜,可以探测到麦哲伦流面密度为 10^{17}cm^{-2} 的 HI,但是其角分辨率仅有 49 角分。SKA1 的深场巡天将从深度和精度两方面极大地推进这方面的研究。

与气体丰富的小质量星系并合也是星系获得气体的一种方式。一般认为,星系中气体(中性或电离)和恒星盘旋转主轴的动力学错位现象是并合造成的。

Atlas3d 巡天中,具有延展 HI 盘的早型星系中约一半表现出 HI 动力学错位现象,表明并合可能是早型星系获得气体的重要方式(Serra et al., 2012)。并合可能并不是晚型星系气体的主要来源(Di Teodoro and Fraternali, 2014),但对电离气体动力学错位现象的研究表明,其地位很可能不能完全忽略(Chen et al., 2016)。值得一提的是,目前冷暗物质宇宙学模型中早型星系 HI 动力学错位的现象与观测的符合度并不好(Serra et al., 2014)。我们需要更大的观测样本,将星系做更细致的分类统计,从而更清楚地限制和调整理论模型。在这个课题下,在相同的数据分辨率下,HI 相比电离热气体对研究气体与恒星的错位现象可能更有优势,因为前者可以追踪并合结束后气体尚未流入内盘的更早阶段。SKA1 中等分辨率的 1/2 天区巡天会提供很大的帮助。

星系回收恒星和超新星反馈喷出的气体也是获得额外气体的一种方式,其中喷泉作用可能极大地加强这一过程的效率。这一作用在理论上被充分支持(Fraternali and Binney, 2006),并在一些近邻星系的高分辨率深场 HI 图像数据中找到支持证据(Boomsma et al., 2008),一些研究甚至认为该作用可能是低红移恒星形成星系冷气体的最主要供给方式(Fraternali, 2012)。跟大多星系 HI 个源研究得到的结果一样,量化其在一般星系演化中起到的作用需要 SKA1 时代的更大样本。

2)HI 与恒星形成的联系

HI 是形成恒星的原材料库,但由于直接形成恒星的是 HI 转化后的分子气体云,所以在星系内恒星形成最活跃的区域,HI 与恒星形成率的面密度并没有相关性(Bigiel et al., 2008)。然而,星系整体的 HI 总质量却与总恒星形成率强相关(Huang et al., 2012)。我们应当如何自洽地同时解释这两个结果?另外,在很难探测到分子气体的 HI 主导区域,如旋涡星系外盘及矮星系中,HI 与恒星形成表现出较好的相关性(Bigiel et al., 2010; Roychowdhury et al., 2014)。这个相关性表现在两个方面:一是在 HI 面密度更高的区域,具有恒星形成活动的概率更大;二是在恒星形成区,HI 与恒星形成率的面密度表现出平均相关。然而整体来讲,这两个相关性的离散都很大,暗示着其他参量掌控着 HI 主导区域的恒星形成规律。现有恒星形成模型试图从恒星形成效率与星系盘中间平面压力的相关性来解释其与 HI 面密度的相关性(Ostriker et al., 2010),却无法同时解释 HI 形成区出现的随机性。此外该区域的恒星形成效率相比分子气体主导的旋涡星系内区突然迅速降低(气体耗尽时标增至几倍宇宙年龄),呈现出一个与后者分立开的序列(Bigiel et al., 2010)。主导这一剧变的物理作用我们尚不清楚。例如,我们在引言中所提到的,所有这些谜题的展开都需要我们获得一个定义更明确及更大的星系样本。

另外,恒星形成对 HI 气体有一定反馈作用。在一些星系里,恒星形成区跟 HI 盘上的洞平均上看具有空间相关性（Boomsma et al., 2008）。然而我们离充分量化和理解这一作用仍有极大的距离。一个有力的例子就是我们对 HI 盘的质量–尺度关系的理解。现有数据的星系的 HI 盘表现出极为紧密的 HI 质量–尺度相关关系，离散度仅为 0.06dex（Broeils and Rhee, 1997）。该关系从 HI 质量为 $10^5 M_\odot$ 延伸到 $10^{11} M_\odot$，离散度不随星系的种类、质量、气体丰度及所处的环境变化。深入探讨发现，这一现象进一步表现出不同星系的 HI 外盘轮廓在特征尺度归一化后具有高度一致性（Wang et al., 2016b）。这样简单的现象却是非常费解的，因为低质量的矮星系的恒星形成效率跟银河系这样的大质量星系很不一样，恒星形成历史也更为随机，那么二者的 HI 盘被消耗的速率和受到的反馈作用应该很不一样，不应当表现出这些一致性现象。于是我们就不奇怪，现有冷暗物质宇宙学框架下的流体力学星系形成模型无法以同样小的离散度复制我们观测到的 HI 质量–尺度关系以及面密度轮廓的外区一致性，且模型里的 HI 面密度轮廓随恒星和超新星反馈处理方案的不同而剧烈变化（Bahé et al., 2016）。我们期待 SKA1 的数据能更好地量化和限制这一物理过程。

3）星系如何失去 HI 气体

从平均上看，低红移中等至大质量星系如何失去气体？Peng 等（2015）通过研究星系金属丰度，认为平均意义上这些星系只是失去了气体供给，慢慢耗尽现有气体。从现有 HI 观测上直接证实这一图景却有困难，因为我们只探测到极少数恒星形成序列以下的星系。另外，根据已有数据我们已经发现，星系如何失去 HI 气体很大程度上取决于其所处的环境。

在高密度星系团中的星系受到热气体晕冲压力的作用，HI 气体由于延展和低面密度的结构很容易被剥离。VIVA 巡天用高精度的 HI 图像展示了室女星系团中旋涡盘的 HI 盘受到冲压力剥离作用时产生明显的形态特征，即 HI 盘在星系向星系团中心下落的方向上被压缩，在另一端则被拉长（Chung et al., 2009）。于是越高密度的星系团环境中星系的 HI 丰度越低。但是在星系团周边，也有不少星系表现出气体贫现象，暗示着它们在进入星系团环境前就被处理过了，这被称作预处理现象。一个可能性就是预处理发生在将要跟星系团并合的星系组中。

星系组环境对星系的演化极为重要，因为在星系组中的星系远远多于在星系团中的，然而这个方向上现存大量的开放性问题。

（1）团的潮汐剥离作用极为效率，可以在 1Gy 内就剥离掉一个旋涡星系 HI 气体总量的 1/3（Serra et al., 2013）。但是部分有较大质量热气体晕的星系组中冲压力剥离仍然重要，例如，在我们银河系和周围卫星系组成的本星系群中（Grcevich and Putman, 2009）。那么冲压力和潮汐作用在星系演化大图景里起的作用各是多大呢？

（2）星系群周边仍然有不少气体贫的星系，暗示着星系在进入星系群之前也有预作用（Kilborn et al., 2009）。那么星系群的预作用是在哪里，在什么时候，怎样发生的呢？

（3）在恒星质量低于 $10^{10.2} M_\odot$ 时，小星系群的中心星系，其 HI 丰度比同质量的孤立星系平均上更高（Janowiecki et al., 2017）。这暗示着星系组环境中不仅仅有气体剥离，还有显著的气体吸积过程。那么这两种相反的作用是怎样相互平衡的呢？

追寻所有这些问题的答案都需要相比现在更大和完备的星系组 HI 观测样本，需要探测到 HI 贫的星系以及低面密度且高分辨率的 HI 分布，这将是 SKA1 广天区和深场巡天的重要科学任务。

最后, 对于小质量的矮星系, 自身的恒星和超新星反馈作用可能就足以使它们失去大部分气体。然而这一过程从现有 HI 观测上看却充满争议。一方面, 的确存在支持这一现象的个例, 如过渡矮星系 Phoenix (Gallart et al., 2001), 另一方面, 在恒星形成最剧烈的蓝致密矮星系中, HI 外流现象却不明显 (Roychowdhury et al., 2012)。对于后者, 其中一个可能原因是, 在反馈作用下外流的气体温度已经升高, 我们需要从更低面密度观测它。于是这成为我们需要 SKA1 高灵敏度数据的又一理由。

6. 国内外 HI 观测研究进展及 SKA 课题: 中、高红移星系

SKA 最具革命性的影响之一是能够把高灵敏度和高分辨率带入对宇宙中最丰富的氢原子的观测, 使得观测高红移星系的中性气体成为可能, 同时使得对星系的中性氢的观测第一次在空间分辨率上达到能够与其他波段的分辨率相匹配的程度。这将对星系中中性气体的研究、理解中性氢在星系形成及演化中的作用带来根本性的变化。

在 SKA 之前, 大天区的 HI 星系巡天, 如 HIPASS (Meyer et al., 2004), ALFALFA (Giovanelli et al., 2005; Giovanelli and Haynes, 2015) 只能探测到红移 0.1 左右的星系。即使少数的 "深度" 探测也只能把探测极限外推到红移 0.2~0.3 (Catinella and Cortese, 2015)。我国刚刚建成的 FAST 即将开展的 HI 星系巡天, 将把单天线射电望远镜的 HI 巡天能力推到极致, 具有非常高的巡天效率, 有望在两年左右的时间内完成对北半球的巡天, 预计探测到数十万的 HI 星系, 包括一些红移在 0.3~0.4 的大质量星系。但在巡天的深度方面, 受限于单天线望远镜不可避免的较大的 confusion limit 的限制, FAST 对更高红移 ($z > 0.4$) 星系的探测还是非常困难。

然而, 通过其他波段的研究, 我们早已了解到, 星系的演化正是在大约 $z > 0.5$ 以后开始加速的。如图 3.9.4 (Madau and Dickinson, 2014) 所示, 在红移为 0.5~1.5 阶段, 星系的恒星形成率密度变化得尤为剧烈, 演化效应显著。这一方面正是 SKA 的优势所在。即使在 SKA1 阶段, 凭借其高分辨率 (极小的致涝极限) 和高灵敏度, 我们已经可以利用 SKA1-mid 在大天区 HI 巡天中探测到红移 0.9 的星系, 在深度 HI 观测中可以探测到红移 1.5 的星系, 因而可以覆盖这一宇宙快速演化的重要阶段。这样就真正把中性氢这一重要组分首次带入星系演化的可观测检验的模型中, 这将对研究中性氢对星系形成和演化的贡献, 乃至对整个星系演化的模型产生极为深远的影响。

在 SKA 之前, HI 星系研究的另一个重要缺憾是分辨率的缺失。当前最先进的 HI 星系观测设备, 如 305m 口径的 Arecibo 望远镜, 或刚建成的 FAST, 其有效分辨率大约都在 3 角分。在这个分辨率下, 对于距离稍远一些的星系, 比如距离大于 20Mpc 的星系, 其 HI 观测的分辨率将大于 18kpc, 我们将失去整个星系光学或气体延展范围内的所有中性气体细节。而在 SKA1 阶段, 在中等红移范围内, 角分辨率已经可以达到好于 0.5 角秒 (*SKA1 Level 0 Science Requirements*)。这已经接近于我们在光学、红外及亚毫米波段可以达到的亚角秒级分辨率。举例来说, 对于红移 $z \sim 1$ 的星系, 在 0.3 角秒分辨率下, 可分辨的线尺度约为 2.5kpc。我们已经可以区分中心核区、外围星系盘, 以及星系晕区的中性气体分布, 与其他波段高分辨率的资料相配合, 可以揭示中性气体如何参与星系形成与演化的关键信息。

红移的拓展、分辨率的提高给 HI 星系的研究带来的影响或将是震撼的和前所未有的。具体对于 SKA1 阶段而言, 对中、高红移星系, 以及星系演化研究带来的影响, 可以大致归

为以下几方面。

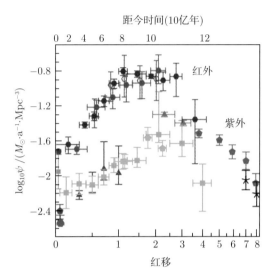

图 3.9.4 宇宙中恒星形成率密度随红移的演化（Madau and Dickinson, 2014）

1）对宇宙中性气体星系整体性质的研究

红移的极大拓展将带来样本从数量到种类上的极大丰富。利用 HI 的线宽和分布尺度（通常远大于光学尺度和分子气体尺度）可以更准确地求出整个星系的动力学质量；利用 HI 的光薄特性和积分强度可以得到星系的中性气体质量。在更大的红移范围内，我们可以更精确地求出星系的质量函数、中性气体质量函数，并研究 HI 星系质量函数随红移的演化。对于中国团队而言，我们将立足于从 FAST（或 FAST ＋ ASKAP）建立起来的低红移 HI 质量函数向中、高红移扩展。

2）中性气体对星系形成和演化的影响以及与其他组分的关系

红移 0.5~1.5 阶段是星系演化非常活跃的时期。在 SKA1 的星系巡天中的高红移部分将发现很大比例的特殊星系，例如，在光学、红外、射电等波段发现的活跃星系，这将为研究星系演化提供极为丰富的样本。在 SKA 之前，HI 资料长期缺失对于这些较高红移星系的多波段综合研究。随着高分辨率 HI 观测的补充，这些星系中的 HI 含量，中性气体占比，原子气体与恒星成分、分子气体及尘埃成分的相对分布，以及相互间的动力学联系等信息将一一补全，一个包含中性气体吸积、消耗、转移的更全面的星系演化模型将逐渐建立。

3）中性气体和活动星系的关系

在 HI 与星系演化的关系中，我们尤为关注的是 HI 与活动星系之间的关系。活动星系往往处于星系演化中最剧烈的快速演化阶段，典型的代表有 AGN，星暴星系（starbursts）等。当前星系演化研究的一大成就是发现了星系中心的超大质量黑洞与宿主星系存在着协同演化关系，其中心黑洞质量与核球的恒星成分（光度、质量、速度弥散）有很好的相关性（Kormendy and Ho, 2013）。而中性气体是否参与这一过程，以及在演化中的角色还并不清楚。

但是，利用单天线的 HI 观测资料以及光学图像间接求出的星系尺度，Ho 等（2008a, 2008b）的工作已经发现，HI 示踪的星系动力学质量与黑洞质量之间也存在相关性（图 3.9.5），证明 HI 也可以作为研究黑洞与宿主星系协同演化的有力工具。然而当前的研究样本受到可观测红移范围（$z < 0.1$）和星系种类（只有极少的类星体）的强烈限制，结果还很不完善。SKA1 的星系巡天将把研究样本延伸到非常有意义的红移 0.5~1.5 区间，星系的样本将多样化而更有代表性，尤其可以包括大量中心黑洞处于绝对主导地位的类星体。同时由于分辨率的极大提高，星系尺度可以直接由 HI 测得，从而使得基于 HI 的宿主星系–黑洞的相关性研究可以得到极大的推进。

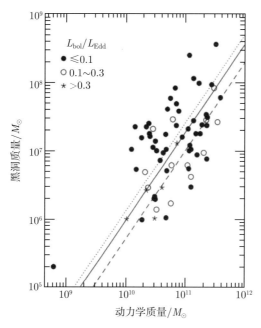

图 3.9.5　利用 Arecibo 望远镜观测的 HI 资料得出的 $z < 0.1$ 星系样本的动力学质量与中心黑洞质量存在相关性（Ho et al., 2008b）

利用 HI 研究较高红移的 AGN 宿主星系有着广阔的应用前景。HI 观测能够提供星系的动力学质量及中性原子气体质量。结合光学和分子谱线资料，我们可以相应地求出恒星成分和分子成分质量，从而检验各成分的相关性、转换率等基本参数。

在分辨率足够高的星系里，我们可以在更高的红移下检验 Tully-Fisher 关系（宿主星系光度与 HI 光谱的线宽之间的经验关系）。而在分辨率不足的星系里，由于 HI 的发射对 AGN 活动不敏感，我们又可以利用 Tully-Fisher 关系和 HI 谱线独立地求出宿主星系的光度，而不受 AGN 成分对其他波段宿主星系本身光度的干扰。

3.9.3　我国 SKA 团队的重点突破方向与观测研究课题

1. 星系中的气体与恒星形成

恒星形成是宇宙中最普遍、最重要的活动之一。目前普遍认为恒星是在分子云中形成的，星系要有足够的 HI 气体才能演化进而形成分子气体。因此，观测研究星系中的气体分布及其物理特性对了解星系中恒星的形成无疑很重要。可以预见，在 SKA1 进行常规大批星系的 HI 成像观测之前，已有大批近邻星系有 ALMA 或其他望远镜（如（Northern Extended

Millimeter Array, NOEMA））的 CO 图像。因此，SKA1 应该首选观测这些星系，使得我们有 HI 和 H_2 两者的高分辨图像及射电连续谱图像，来进一步研究星系特性、演化，以及其中气体与恒星形成的关系。另外，我们需要研究极端性质的星系（如矮星系、碰撞星系等）来进一步研究 HI, H_2 和恒星形成率（SFR）在这些特殊星系中的关系，特别是在星系中局域的小尺度上。

恒星形成定律（星系的 SFR 与气体之间的关系），即 Schmidt 定律（Schmidt, 1959）可以帮助天文学家理解星系中恒星的形成，模拟星系的演化。他们可以通过星系整体上的 SFR 和气体之间的关系以及对星系盘平均的单位面积上的 SFR 和气体密度之间的关系，洞察到恒星形成在星系演化哈勃序列上的重要作用，量化星系盘的一些物理性质和演化性质（Kennicutt, 1989, 1998; Kennicutt et al., 2009）。星系整体上的对星系盘平均的单位面积上的 SFR 和气体面密度之间是简单的幂律指数关系，但该幂律指数的确定目前仍是个备受争议的问题（Liu et al., 2015）。一方面是由于对星系的 SFR 准确定标有待改进，另一方面有赖于对形成恒星的气体的物理条件的认识。

利用 SKA1，除了观测 HI 21cm 谱线以外，还可以观测 20cm 的射电连续谱高分辨率的图像。星系的 20cm 射电连续谱发射同样不受尘埃的消光影响，其主要来自超星系遗迹以及 HII 区的热发射，这两个发射源都来自寿命较短的大质量恒星，因此 20cm 连续发射可以很好地示踪新近的恒星形成（Condon, 1992; Yun et al., 2001）。因此从射电图像上测量得到的星系大小可以直接反映星系中恒星形成区域的大小。SKA1 高分辨率的射电连续谱观测甚至能够分辨星暴星系和高红移星系的恒星形成区域大小。由于射电连续谱观测的高空间分辨率和所需积分时间较短，我们可以通过 SKA1 观测到的射电图像，精确地测量一个包括各个星系类型的、大样本星系的恒星形成区域的大小，并研究星系的恒星形成与气体之间的关系。

然而，最终完善恒星形成定律，需要在众多星系中进行局域的 SFR 测量定标以及确定星系中同一地方局域的各种气体密度，特别是高密度气体的密度（Gao and Solomon, 2004; Gao et al., 2007）。Bigiel 等（2008）在 18 个近邻星系中确定出单位面积上的 SFR 和总气体面密度之间的幂律指数关系是线性关系。并且单位面积上的 SFR 和中性氢原子气体面密度之间一般没有相关，同时，总气体面密度要处在一个较高的气体密度之上，当密度低于这个临界阈值时单位面积上的 SFR 急剧下降。但是，目前即使在 ALMA 时代已经开始之际，我们尚没有在众多（百、千量级）星系中进行局域的 SFR、总气体和高密度气体的测量，这要等待下一代望远镜（如 JWST、SKA）来完成。

此外，除了以上用 Hα 和红外光度定标 SFR，射电连续谱也是较好的选择。我们以前利用 VLA 20cm 波连续谱来作为 SFR 的标志，结合高分辨率的 CO 图像，在天线星系和 Taffy 中得出 SFR/CO 比值（Gao et al., 2001, 2003），即局域的恒星形成效率，从而得知在碰撞星系之间的并合区有恒星形成效率极高的非常活跃的恒星形成区。显然，SKA1 观测的碰撞星系及更多大批量星系若是已有 CO 成像观测，都可以构建这样局域的恒星形成效率图（SFR/H_2、SFR/HI、SFR/HI+H_2）。

对完善从星系中局域的小尺度上分子云核到极亮星系（含高红移）的恒星形成定律，以及 SFR 与中性氢原子气体及氢分子气体或总气体（原子气体与分子之和）之间的关系等各方面研究工作，还有许多相关问题亟须探讨，更多的成千上万量级的正常星系将被 SKA1 常规观测，我们也将会利用众多天文学家得到的这些大样本的正常星系 HI 和射电连续谱 SKA1 数据，结合 ALMA 的 CO 图像来开展各个尺度上的恒星形成研究。这里更着重探讨我们将利用 SKA1 研究矮星系和碰撞星系的契机，进而探讨在这些特殊星系系统中 HI、H$_2$ 与恒星形成的关联。

1）大样本星系的 HI 和射电连续谱

越来越多的观测表明，大样本星系的高分辨 HI 21cm 谱线成图是研究星系中原子气体分布和运动学特征，特别是分析理解星系中的恒星形成、动力学结构、星际介质及（暗）物质分布的重要方法。与光学和紫外波段的观测不同，HI 的发射基本不受星际介质中尘埃消光的影响，因此通过 HI 发射线来研究星系中气体成分的性质有着重要的优势。此外，通过分析 HI 21cm 谱线的多普勒效应我们还可以得到发射气体的速度信息，因此可以研究星系气体的动力学。不仅如此，由于 HI 21cm 谱线在大多数情况下都是光薄的，所以我们能够通过观测得到谱线发射强度直接推算出气体的总质量。

早期对星系的 HI 21cm 发射线的研究主要是通过单镜来完成的，往往只能探测到星系的整体 HI 21cm 发射线流量。直到大型望远镜干涉阵的投入使用（如（J）VLA、（e-）MERLIN），我们才能研究具体的、有空间分辨率的河外星系的 21cm 发射图像。在过去的几年中，对近邻星系的 HI 21cm 的系统的成图观测取得了很大的进展，例如，THINGS（The HI Nearby Galaxy Survey）（Walter et al., 2008），WHISP（Westerbork HI Survey of Irregular and Spiral Galaxies）（Swaters, 2002），FIGGS（Faint Irregular Galaxies GMRT Survey）（Begum et al., 2008），SHIELD（Survey of HI in Extremely Low-mass Dwarfs）（Cannon et al., 2011），LITTLE THINGS（Local Irregulars That Trace Luminosity Extremes in The HI Nearby Galaxy Survey）（Hunter et al., 2012），LVHIS（The Local Volume HI Survey）（Koribalski, 2008），以及 HALLOAS（The Westerbork Hydrogen Accretion in Local Galaxies）（Heald et al., 2011）。然而，尽管对近邻星系的 HI 21cm 观测取得了这些显著的进展，但对河外星系的高分辨率的成图观测仍然没有达到足够多的样本数目，来满足各个系统的研究分析。并且，目前所观测的星系样本主要集中在北半球的观测区域。因此，通过 SKA1 系统观测更多数目的近邻和较远的各个类型星系的高分辨率 HI 发射线图像，并以此来研究星系中原子气体的物理特征及动力学状况，是目前迫切需要解决的科学问题。

中性氢原子还可以作为一个示踪星系随时间和环境演化的非常有效的指针。HI 气体往往较星系的光学大小（即恒星形成盘大小）延展得多，因此 HI 气体的外围更不容易受到星系中心的引力势阱的影响，使得 HI 对星系的大尺度动力学尤为敏感。并且，HI 非常容易同时受到星系团际介质和引力相互作用的影响，因此，研究星系内部及周围环境中原子气体的形态和动力学（例如，星系的相互作用），往往可以揭示一些用其他观测手段（例如，光学波段）很难观测到的重要物理机制，例如，潮汐力相互作用（tidal interactions），冷吸积（cold accretion）和压力剥离效应（ram-pressure stripping）等。观测表明，（极）亮红外星系的 HI 图像呈现出十分复杂的物理形态，（极）亮红外星系的 HI 图像可以观测到星系在并合过程产生的严重扭曲（Hibbard et al., 2001; Wang et al., 2001; Chen et al., 2002）；或者在星系尾部呈现出细长的带状结构（Hibbard et al., 2001; Taramopoulos et al., 2001）。此外，HI 还可以用来示踪星系所处的周围物理环境，例如，观测表明，同样形态和大小的星系，在星系团中心比在星系场环境中往往存在着质量更少的 HI 气体（Chung et al., 2009）。总而言之，研究星系的 HI 性质如何随着星系的形态、环境及其他物理环境的变化而变化，是一个十分关键的科学议题。大样本星系的 HI 和射电连续谱加之 ALMA 的 CO 图像，可以把 Bigiel 等（2008）在小样本近邻星系中确定出的单位面积上的 SFR 与总气体和中性氢原子气体面密度之间的幂律指数关系系统地推广到大样本统计性的详细研究中。

2）矮星系的 HI 和连续谱的高分辨率成图观测

在近邻宇宙中，矮星系的许多特性（如低金属丰度、高气体比例、动力学热）都是最接近于早期宇宙的恒星形成环境的。因此，作为研究早期宇宙的本地实验室，近邻的矮星系对于揭示早期极端环境下的恒星形成过程具有不可替代的地位。根据经典的二维 Toomre 引力不稳定性判据，邻近宇宙中的大部分矮星系不期望有星系尺度上的恒星形成活动，然而，从观测上我们发现显著的恒星形成广泛存在于富气的矮星系中。由此，对于矮星系中恒星形成活动研究的焦点问题就是其恒星形成的触发机制。而对恒星形成触发机制的研究又依赖于对高空间分辨率下的 SFR 和气体性质的准确测量。

晚型矮星系的星系盘通常由 HI 主导。在过去十五年左右，得到了一批有代表性的矮星系的高分辨率干涉仪的中性氢谱线观测数据。这些巡天观测包括 WHISP、FIGGS、SHIELD、LITTLE THINGS、VLA-ANGST（Very Large Array Survey of ACS Nearby Galaxy Survey Treasury Galaxies）（Ott et al., 2012）。这些巡天项目已经对理解矮星系中的恒星形成过程提供了重要线索。例如，LITTLE THINGS 项目组发现（Elmegreen and Hunter, 2015），虽然富气矮星系大部分不满足二维引力不稳定性判据，但它们的 SFR 仍然对应于气体在一个（三维）平均自由下落时标内约 1% 的恒星形成效率。这可能表明直接孕育恒星形成的巨分子云以同样 1% 的效率在一个自由下落时标内形成于弥散气体，类似于在其他类型星系里的发现。SHIELD 项目组发现（Teich et al., 2016），对于低质量端的矮星系（质量约小于 $10^7 M_\odot$），虽然原子气体的总含量同恒星形成率有很好的相关性，但气体和恒星形成的空间相关性随着探测尺度（不小于 200pc）的缩小而减弱。这暗示研究小尺度上恒星形成过程将为揭示矮星系中恒星形成机制提供重要线索。

以上巡天都局限于其分辨率（不小于 6 角分）及在其高分辨率下的灵敏度（柱密度不小于 $10^{20} \mathrm{N \cdot cm}^{-2}$）。矮星系中的恒星形成可能更多是个局部过程而不是整体过程。这一点可以从以上所引 SHIELD 的研究结果中看出。典型自引力束缚的气体云的尺度小于 100pc。对于一个距离 5Mpc 的近邻星系，100pc 相当于角尺度约 4 角分。对低红移星系巡天，SKA1 对 HI 21cm 发射线的观测将在柱密度灵敏度小于 $10^{18} \mathrm{N \cdot cm}^{-2}$（约 $0.01 M_\odot \cdot \mathrm{pc}^{-2}$）下达到空间分辨 2~3 角秒。我们将有可能分辨出同分子云乃至恒星形成有紧密关联的 "冷" 原子气体成分（温度介于几十到几百开尔文）。与此相匹配，SKA1 也将提供高灵敏度的射电连续谱观测。射电连续谱可以很好地示踪当下的恒星形成活动，而且射电连续谱所示踪的恒星形成时标（约 10Ma）远短于通常所用的紫外连续谱（约 100Ma）。恒星形成于（分子）气体云中，但气体云的典型生命周期可能小于几十兆年。因此，结合高灵敏度和高分辨率的射电连续谱和 HI 21cm 谱线的观测，SKA 将实质性地推进对邻近矮星系中恒星形成过程的理解。

我们将利用 SKA1 着力从以下角度探究矮星系中的恒星形成触发机制问题。首先是选取一个有代表性的相对孤立的邻近（小于 10Mpc）富气矮星系样本以系统地研究局部的（不大于 100pc）"冷"HI 气体成分（包括其质量和动力学）、分子气体/冷尘埃，以及 SFR 的相互关系。其中高分辨率的分子气体（如 CO、HCN、HCO$^+$）和亚毫米尘埃连续谱的观测将会主要来自北半球的 NOEMA 和南半球的 ALMA。"冷" HI 气体成分将通过空间和速度三维的信息从 "暖" HI 气体中分离出。通过这一项目，我们期望能比较全面地刻画出从大尺度的星际介质环境（辐射场、压力、密度）到 "冷" 原子气体云形成，再到分子气体云及恒星形成的整个过程，对理解适用于千秒差距尺度的经验恒星形成定律给出暗示。构建矮星系中高分辨率高灵敏度的 "冷" 氢原子气体的空间和速度分布将是本项目的亮点。其次，我们也将选取一个有剧烈星暴活动的邻近矮星系（如蓝致密矮星系（BCD））来系统地研究外部环境如何触发矮星系中的恒星形成活动。这些致密的星暴矮星系很可能处于星系对并合的晚期或是正受宇宙学气体吸积影响。星暴矮星系样本的选取主要来自（Gil de Paz et al., 2003）。最后我们也将选取一个处于星系并合早期的矮星系样本（Stierwalt et al., 2015）来比较性地研究矮星系间的相互作用如何影响气体的空间分布及恒星形成。对这一碰撞矮星系样本的研究也将在下面详述的 "相互作用星系中 HI 和连续谱的高分辨率成图观测" 的框架下开展。我们注意到，国际上有几个团队将会利用 SKA 开展类似的观测，但我们的研究目标却不尽相同。因此国际同行类似 SKA 的观测项目将是对我们研究项目的一个补充。

3）相互作用星系中 HI 和连续谱的高分辨率成图观测

在等级成团模型中，大星系是由小星系相互并合逐级形成的。星系间的并合能增强其中的恒星形成，诱发极端星暴和核活动（Sanders et al., 1988; Sanders and Mirabel, 1996; Dasyra et al., 2006），并将旋涡星系转变为椭圆星系（Toomre, 1977; Genzel et al., 2001）。主并合星系主导了亮红外星系（LIRGs, 红外光度 $L_{IR} > 10^{11} L_\odot$）和极亮红外星系（ULIRGs, $L_{IR} > 10^{12} L_\odot$）。这其中有几个关键问题需要解决：① 并合诱发的 SFR 与并合星系中的气体含量有怎样的关系，该关系随红移有怎样的变化？近期的研究发现，高红移星系中存在两种恒星形成模式，高（低）恒星形成效率，这种模式对近邻主并合/相互作用星系是否适用？② 主并合星系中原子气体和分子气体的空间分布是怎样的？有何异同？它们的动力学性质有何异同？原子气体与恒星形成的空间分布有何异同？③ 主并合星系中原子气体与分子气体含量之间的比例与并合序列（即完全并合、密近星系对、星系对、孤立星系）有何关系？如果主并合能促进 HI 到 H_2 的转化，那么是在何时、何地发生的？④ 相互作用星系中 HI 含量是否存在 Holmberg 效应，即其中主、次星系中 HI 气体含量及 H_2/HI 比值等是否相关？⑤ 除了谱发射线以外，21cm 连续谱还是一个很好的 SFR 的示踪物。通过高分辨率的连续谱图像，我们能得到星系的 SFR 大小及其空间分布。结合中性氢 21cm 发射线，我们能够研究样本星系的整体恒星形成定律，甚至于研究单个星系在亚千秒差距尺度上的局部恒星形成定律。并合星系的恒星形成是否与原子气体直接相关？正常星系与亮红外星系是否符合同一恒星形成定律？

为了回答上述问题，我们提出对近邻完备的主并合星系样本（正常星系对，样本一有近 100 个星系对，约 1/2 能被 SKA 观测）和部分亮红外星系（大部分为主并合星系有近 150 个，样本二有约 80 多个星系对），以及样本三的极亮红外类星体（IR QSOs）进行中性氢 21 cm 发射的高分辨率成图观测。前两个样本都已经有了丰富的多波段观测数据，其中样本一是质量完备（K 波段挑选）的近邻相互作用星系样本；样本二是红外流量限制的样本。从并合序列来说，这三个样本星系分别处于主并合驱动星系演化序列的早期、中期和晚期；从 SFR 来说，这三个样本包含正常星系、星暴星系以及 AGN。因此我们的样本具有很好的代表性。我们期望通过大样本比较处于不同演化阶段的星系中原子气体和分子气体的分布、物理状态、动力学性质及恒星形成活动，从而对主并合星系演化的不同阶段的物理状态给出定量的描述。

2. HI 巡天观测的星系形成和演化

涉及中性氢的几个重要的星系形成和演化问题包括：中性氢在星系尺度的再循环（galactic recycling）过程中所扮演的角色；星系的气体的吸积过程，即星系如何获得气体；中性氢气体含量和 SFR 之间的关系；中性氢和环境之间的关系；临近星系的中性氢的结构和动力学特征；星系中心的 AGN 的回馈对星系中性氢的影响；星系融合对星系中性氢的影响等。当然，非常重要的是，研究上述过程随红移的演化。这些问题都可以，甚至只能通过 SKA 的观测来回答。

下面，我们主要从两个研究方向来阐述和探讨怎样利用 SKA1 来研究星系的形成和演化。

1）星系的中性氢含量和星系性质的关系，以及随环境和红移的演化

通过对星系的中性氢含量的测量，就可以直接研究冷气体和星系 SFR 之间的关系。进一步通过简单的星系气体调节模型（gas regulator model）（Lilly et al., 2013; Peng and Maiolino, 2014），就可以帮助我们理解星系气体的流入、流出和星系金属的增加这些重要物理过程，并帮助我们回答星系是怎样死亡的这一重要难题。通过测量处于不同环境，比如低密度环境中和星系团或星系群中的星系的中性氢含量，可以研究环境对星系中气体的影响。通过测量 AGN 宿主星系中的中性氢含量，可以研究 AGN 回馈对星系中气体的影响。通过测量不同哈勃形态的星系，如旋涡星系、透镜星系、椭圆星系中的气体含量，可以帮助我们研究这些星系的形成过程和形成原因。

显然，如果只有中性氢的巡天数据，即只有星系中性氢含量的测量，是远远不够的。为了达到上述科学目标，我们还需要知道星系的其他性质，如星系的恒星质量、SFR、星系的形态、星系的形状和结构、恒星和气体的金属丰度、星系有无 AGN 活动、星系所处的环境这些物理量。因此，中性氢巡天必须配合光学和红外等多波段的、在不同红移的巡天观测，才能获得能帮助我们实现上述科学目标的完整数据。

利用 Arecibo 望远镜的 ALFALFA 巡天（Haynes et al., 2011）对宇宙近邻星系的中性氢做了细致的观测。在图 3.9.6（a）中，我们给出了 ALFALFA 巡天观测的星系中的中性氢的质量随红移的变化关系（Zhang et al., 未发表），可见红移越高，ALFALFA 能探测到的星系中性氢的最小质量也越高。在图 3.9.6（b）中，我们给出了红移 0.02~0.05 的 ALFALFA 观测的中性氢的探测率随星系恒星质量和 SFR 的分布图（Zhang et al., 未发表）。此图清楚地展示出，星系主序带（galaxy main sequence）上的大质量恒星形成星系的中性氢探测率比较高，平均有 80% 以上。但对小质量的恒星形成星系，或 SFR 偏低的星系，中性氢探测率普遍很低，平均只有 30% 以下。这对我们研究中小质量星系中气体的性质非常不利，因为大部分这些星系的中性氢都没有被 ALFALFA 巡天观测到。同样，ALFALFA 基本没有观测到红

移大于 0.1 的星系的中性氢。

中国建成的目前全球最大的 FAST 500m 口径射电望远镜, 将提供比 ALFALFA 更广更深的 HI 气体数据, 这对我们了解星系气体随红移的演化和小质量星系的气体性质, 起到重要的作用。

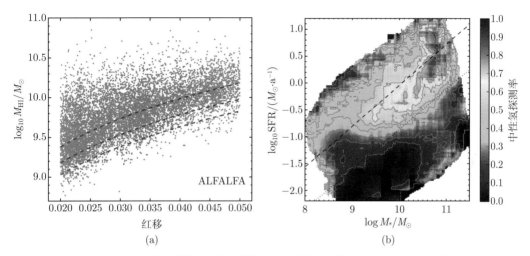

图 3.9.6 ALFALFA 巡天观测到的星系的中性氢的质量随红移的变化（a）, 以及红移 0.02~0.05 的
ALFALFA 观测的中性氢的探测率随星系恒星质量和 SFR 的分布（b）

图（a）中 3 条红色虚线为中性氢的探测下限和中性氢发射线线宽（在最高流量的一半处测量）的关系, 3 条红线分别
为 $100\mathrm{km\cdot s^{-1}}$、$200\mathrm{km\cdot s^{-1}}$ 和 $400\mathrm{km\cdot s^{-1}}$

在低角分辨时, SKA1 在灵敏度和巡天速度上与 FAST 和 Arecibo 等望远镜比并没有很大不同。例如, SKA1-mid 的天线收集面积约为 $33\,000\mathrm{m^2}$, FAST 约为 $71\,000\mathrm{m^2}$。但 Arecibo 和 FAST 作为单天线望远镜, 其空间角分辨非常低, 大概为 3 角分。即便在低红移（$z < 0.05$）的星系比较致密的天区, 如星系团中, Arecibo 和 FAST 望远镜可能都无法确定中性氢的发射线具体是来自哪个星系。这在更高的红移将变得更为严重。SKA 作为综合孔径射电望远镜阵列, 其空间角分辨率可以高达 1 角秒, 接近光学望远镜的分辨率。这不仅能提供空间解析的高精度图像, 告诉我们星系的中性氢的分布, 而且能很好地用于研究星系中性氢随环境的变化, 特别是在更高的红移。

图 3.9.7（a）是由 Staveley-Smith 和 Oosterloo（2015）模拟的, 在三种不同深度和广度的巡天模式下, 由 SKA1-mid 进行 1 000h 观测所得到的星系的中性氢质量随红移的分布。图中的表格给出了这 3 种巡天模式的基本参数。图 3.9.7（b）是 zCOSMOS 光谱巡天（Lilly et al., 2007）在 COSMOS 视场（Scoville et al., 2007）中观测到的红移 0~1 的星系空间分布。在红移 0~1, zCOSMOS 在 COSMOS 视场中心的 $1.7\mathrm{deg^2}$ 的天区内共观测了约 20 000 个天体的光谱, 从中测量到了 16 500 个高质量的光谱红移, 从而能精确地测量这些星系的三维空间分布, 并推导出它们所处的环境（Kovač et al., 2010）。从这些光谱数据中, 还能测量星系的 SFR、星族年龄、有无 AGN 活动, 以及气体的金属丰度等物理量。

同时, COSMOS 视场也是现在观测最为全面的视场之一, 它基本涵盖了从 X 射线到射

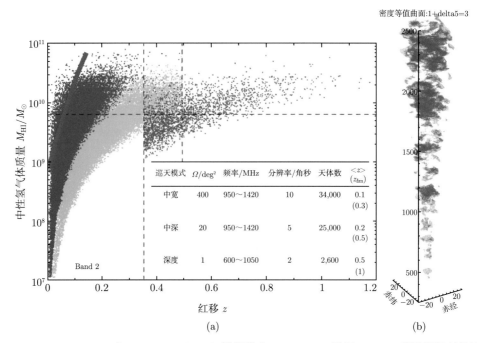

密度等值曲面:1+delta5=3

巡天模式	$\Omega/\deg^2$	频率/MHz	分辨率/角秒	天体数	$<z>$ (z_{lim})
中宽	400	950~1420	10	34,000	0.1 (0.3)
中深	20	950~1420	5	25,000	0.2 (0.5)
深度	1	600~1050	2	2,600	0.5 (1)

(a)   (b)

图 3.9.7　Staveley-Smith 和 Oosterloo（2015）模拟的由 SKA1-mid 进行 1 000h 观测所得到的星系的中性氢质量随红移的分布（a），以及 zCOSMOS 光谱巡天在 COSMOS 视场中观测到的红移 0~1 的星系空间分布（b）

（a）分为中宽（蓝色）、中深（绿色）和深度（红色）三种巡天模式，其中红色粗线代表了 ALFALFA 巡天观测的中性氢深度

电所有能被观测到的波段（Ilbert et al., 2010）。观测的望远镜包括 Hubble、Spitzer、GALEX、XMM、Chandra、Herschel、NuStar、Keck、Subaru、VLT 等诸多地面和空间的大型望远镜。这些丰富的数据，结合图 3.9.6 所示的 SKA1-mid 深度巡天模式观测所提供的中性氢气体含量这一关键数据，将能帮助我们完成本节开始提出的科学目标。

在低红移，如红移小于 0.2 处，SKA1 可以对现在已有的 SDSS 低赤纬的 Stripe 82 深场巡天区域（约 270deg²）和 GAMA（Galaxy And Mass Assembly）（Driver et al., 2009）巡天区域（约 280deg²）进行中宽模式的巡天观测。SDSS 和 GAMA 都有着完备的星系光谱数据和多波段图像数据。

在更高的红移处（$z > 1$），2019 年将会有两个重要的多目标光谱仪投入光谱巡天观测：VLT 上的多源光学和近红外光谱仪（Multi-Object Optical and Near-infrared Spectrograph, MOONS）（Cirasuolo et al., 2014）和 Subaru 望远镜上的主焦点光谱仪（Prime Focus Spectrograph, PFS）。这两个仪器，特别是 MOONS，将在红移 1.5 左右进行类似 SDSS 的大规模星系巡天，观测 100 万个以上的星系。这将为以后 SKA2 提供非常好的辅助数据，帮助我们研究中性氢在宇宙演化的历史中恒星形成最活跃的时期的性质，与星系各种性质间的关系，以及随红移的演化。

2）星系的中性氢分布和星系性质的关系，以及随环境和红移的演化

上一部分，我们着重分析了利用 SKA1 对星系中的中性氢的总质量的观测，来研究中性

氢与星系性质的关系, 以及随环境和红移的演化。中性氢的总质量固然很重要, 因为它决定了能给星系的恒星形成提供的燃料的总质量。另外, 中性氢在星系内部并不是均匀分布的。中性氢在星系内部的分布与 SFR 的分布、星系的动力学特征、星系的结构和形状、星系所处的环境都可能密切相关。

测量中性氢在星系内部的分布, 对我们研究星系的死亡过程和死亡原因也至关重要。比如, 把处于死亡过程中的星系 (green valley galaxies) 中的中性氢分布与 SFR 的分布做比较, 就可以研究: ① 星系死亡的主要原因, 是气体耗尽导致的死亡, 还是某种回馈或辐射机制导致的, 星系不能有效地将气体转变为恒星; ② 星系死亡的过程, 是由里向外 (inside-out) 还是由外向里 (outside-in)。如果星系死亡是处于星系中心的 AGN 回馈导致的, 那么星系的死亡可能是由里向外; 而如果星系死亡是环境等外部因素所导致的, 例如, 星系间的相互作用导致星系盘上的气体被剥离, 那么星系的死亡可能是由外向里。这些不同的物理过程都可以通过 SKA1 的观察来加以区分。

同样, 如果只有 SKA1 观测的中性氢在星系中的分布是不够的, 我们也需要与之相配合的光学和红外等多波段的观测数据。伴随着更多 IFU 积分视场光谱仪的应用, 在近邻宇宙有越来越丰富的空间解析的星系数据, 比如 SDSS 的 MaNGA (Mapping Nearby Galaxies at APO) 巡天 (Bundy et al., 2015), SAMI (Sydney-AAO Multi-Object Integral field spectrograph) 巡天 (Croom et al., 2012) 等。MaNGA 和 SAMI 能够测量星系的 Hα 发射线、Hα 发射线的等值宽度、恒星年龄、恒星的速度、气体的速度、BPT 图这些关键物理量在星系中的分布。

MaNGA 和 SAMI 的空间角分辨大概为 2.5 角秒, SKA1-mid 可用对 MaNGA 和 SAMI 观测过的星系, 用相当的空间角分辨进行中性氢的观察, 得到中性氢的分布图。结合上述 MaNGA 和 SAMI 的 IFU 观测数据, 这将提供一个很好的空间解析的星系数据样本, 来研究星系的基本物理性质和实现我们上面提出的科学目标。

3. 星系际气体的分布和演化

1) 基本理论

在目前的标准宇宙学模型里, 宇宙结构呈等级式形成。在这个形成过程中, 星系、星系团等维里化结构会在高密度区域形成; 而在低密度区域, 会有大量的、未维里化的星系际介质 (Intergalactic Medium, IGM) 存在于星系之间, 跟踪暗物质的分布, 并形成所谓的宇宙网状结构。研究这个宇宙网状结构并理解其对星系形成和演化的影响, 是当今国际天文研究最重要的方向之一。

星系际介质与星系的形成和演化密切相关。在宇宙再电离以前, 早期宇宙绝大部分物质处于中性氢状态。随着密度涨落的引力效应, 部分高密度区域密度越来越高, 进而坍缩, 形成第一代恒星和星系。而位于星系之间的星系际介质则开始被结构形成所产生的电离光子和冲击波电离。然而, 在高红移宇宙 ($z = 3 \sim 4$), 数值模拟显示, 超过 90% 的重子物质仍然分布在星系际介质中 (Davé et al., 2001, 2010; Cen and Ostriker, 2006; Shull et al., 2012)。

从高红移到低红移, 随着大量星系的形成, 星系际介质内的物质被大量吸积到星系里, 同时, 星系形成的黑洞和恒星形成反馈又向星系外抛出大量的物质和能量。在这个过程中, 星系际介质的重子含量进一步减少, 同时有大量星系际介质被结构形成的冲击波加热, 温度

从 10^4K 上升至 $10^5 \sim 10^7$K。

在低红移处（$z \approx 1$），理论研究表明（Davé et al., 2010; Shull et al., 2012; 等），除去约 20% 的重子物质形成恒星和星际介质的物质，剩下的重子物质大致可分为下列三类：

第一部分是处于弥散态的、位于星系之间的星系际介质。这些星系际介质密度较低（略高于宇宙平均密度），温度在 10^4K 左右。由于气体温度低于中性氢的电离温度，大部分处于中性氢状态。这部分星系际介质占重子物质总量的 40% 左右。

第二部分星系际介质被激波加热到高温后，绝大部分中性氢被电离。这部分星系际介质被加热到 $10^5 \sim 10^7$K，形成所谓的温热星系际介质（Warm-Hot Intergalactic Medium, WHIM）。WHIM 占重子物质总量的 20%～30%。

第三部分是位于星系和星系际介质之间的气体。传统上对星系形成和演化的研究集中在研究位于星系中心及盘面附近的恒星和星际介质。但最近十多年的研究表明，位于远离星系中心（10～300kpc）的貌似空旷的区域可能存在大量低密度的物质，构成所谓的环星系介质（Circum-Galactic Medium, CGM）。通过环星系介质，周围的星系际介质与星系中心交换物质、能量和辐射，并对星系的形成和演化起到重要作用。理论研究表明，这部分气体可能占重子物质总量的 10%～20%。

2）核心问题和研究现状

目前在星系际介质研究中，大致有下面几个核心问题。

（1）验证冷暗物质标准模型的重要预言之一 —— 宇宙网状结构。

冷暗物质标准模型预言，星系际介质和星系里的物质应该是镶嵌在由片状物和丝状物构成的宇宙网格中。星系在片状物和丝状物的交叉点，即在宇宙网格中的高密度区域。早期的红移巡天已经发现了这类大尺度星系结构，而与丝状物结构相关的气体则在更早期由高红移类星体的吸收线探测到。探测到的吸收线的强度表明，在红移 3 左右，几乎所有的宇宙重子物质都是冷的，温度大约为 10 000K。随着宇宙的演化，丝状物里暗物质的引力坍缩，冷的气体将被激波加热，温热的星系际介质形成，而其中一部分气体迅速地被吸积到星系的暗物质晕中。中性氢组分的比重在宇宙网格的不同区域将显著区分。星系中心区域的气体几乎为全中性的，而星系边缘和丝状物里的中性氢的比重大幅度降低，其中性氢的柱密度低于 10^{18}cm^{-2}。

由于星系边缘和宇宙网格丝状物中气体的中性氢比重极低，探测这种组分，进一步理解星系与星系际介质的相互作用，对现有的观测手段都是极具挑战性的。红移大于 2 的中性氢气体的分布可以利用类星体的 Lyα 的吸收线特征推断。然而这只是一种间接的探测方式，气体的图像细节、动力学演化特征均不能揭示。低红移 HI 的观测，对极低柱密度内星系的延展环境直接成像并探测与这些星系相关的丝状物内的气体，已经达到了现有望远镜的极限。目前能做到的最好的观测是利用 Westerbork 单碟望远镜阵列对近邻 M31 和 M33 之间的纤维状物的探测（Braun and Thilker, 2004）。使用单天线望远镜，如 GBT 和 Arecibo，可以得到足够的灵敏度，然而只能探测到有限几个近邻星系之间的中性氢。现有的干涉仪的灵敏度还不足以探测极低柱密度的气体，从而无法验证单碟望远镜的探测结果。使用干涉仪可以对单个星系周围的延展环境细致成像。许多星系都显示出延展的中性氢发射，这应该是气体进入星系以及星系反馈的综合效果。探测到的中性氢与维持星系中恒星形成所需要的气体相比还至少少一个量级。

　　低密度区域内中性氢探测极其困难，因而可信的数值模拟的结果在制订观测计划中的指导性作用越显重要。宇宙数值模拟在最近取得了重大进展。数值模拟不仅预言了宇宙网格中重子的总量，也进一步预言了其中中性氢的部分。然而星系内气体和周围环境中的气体相互作用的具体细节的模拟仍然是一个巨大的挑战。

　　（2）环星系介质及其在星系形成演化中的作用。

　　星系的形成和演化是与星系际介质的分布和演化紧密联系在一起的。恒星由星系里的分子气体形成，然而星系形成后，星系里的恒星物质随着时间推移持续增长。这意味着为了维持恒星形成，需要持续供应分子气体。而分子气体需要从原子气体中得到补充，这要求星系周围要储存足够多的气体以解释连续的恒星形成。恒星形成演化的观测结果指出，在所有的尺度（cosmic scales）上一直都存在着从周围的星系际介质吸积气体的过程。然而这些气体的具体分布、吸积的物理机制仍然是未解之谜。

　　遥远的星系晕区域提供了一个可能的吸积和反馈过程发生的场所。我们目前对这个区域还所知甚少（Putman et al., 2012）。我们对星系晕区域的大部分了解来自于类星体吸收线的观测。利用哈勃望远镜的紫外光谱仪（cosmic origin spectrograph），Tumlinson 等（2011）发现大量位于遥远星系晕的吸收线系统。产生吸收线的气体包括来自中性氢到高度电离的OVI 离子，显示了在遥远星系晕可能存在大量的、不为人知的物理过程，而这些物理过程会对我们理解星系的形成和演化有极其重要的影响。

　　目前在大范围内对星系晕的 HI 进行深度巡天的研究还很少，主要是由于星系晕在大尺度上温度会达到星系的维里温度（约 10^6K）。如果在星系晕尺度上有中性氢的存在，其密度和柱密度将会非常低，低于 $10^{18} \sim 10^{19}$cm^{-2}，而目前做得最好的单天线巡天能达到的程度是约为 10^{19}cm^{-2}（Heald et al., 2011）。

　　（3）星系际磁场。

　　引力主导的结构形成理论的另一个自然结果是预言了星系际介质中有强激波存在。这些激波的能量最终相当大的一部分将沉积在相对论性电子和磁场中。利用高灵敏度的低频望远镜探测这些电子同步辐射的射电信号，将有助于我们进一步理解星系间激波、星系际介质及星系际磁场。

　　星系际介质中的强激波将加速相对论性电子，因而高能电子在星系际磁场中的同步辐射信号将携带宇宙网格结构的特征信息。高灵敏度大视场的射电连续谱的探测将提供探测与宇宙网格中丝状物相关的温热星系际介质的另外一个途径。然而目前记录的与宇宙网格结构相关的射电辐射都显示是由在丝状物环境内合并过程中的激波引起的。数值模拟表明在宇宙网格中的丝状物周围应该存在稳定的吸积激波，正是这类激波加热了星系际介质。探测这类激波需要更高灵敏度的射电连续谱观测，SKA1 有望在这个领域获得突破。

　　3）利用 SKA1 可展开的工作

　　为了进一步揭示星系际介质中中性氢的分布细节，探测大面积天空范围内和更低的柱密度，望远镜的角分辨率要求达到亚角分的量级。现有的单天线望远镜的空间分辨率远达不到揭示细节，而干涉仪接收面积有限或者缺少短基线又很难达到探测 10^{19}cm^{-2} 以下的灵敏度。SKA 将首次打破这些障碍，使干涉测量灵敏度比当前干涉仪高一个数量级，并且具有比单天线望远镜更好的分辨率。在当前配置中，SKA1-mid 有更多的天线，且其有效观测面积也比现有的干涉仪显著提高。利用 SKA1-mid 对邻近星系进行约 100h 的观测，分辨率为 1 角分时观测的灵敏度将达到 $7 \times 10^{16} \mathrm{cm}^{-2}$，分辨率为 20 角秒时观测的灵敏度将达到 $5 \times 10^{17} \mathrm{cm}^{-2}$，与现有的单天线望远镜，如 GBT 的灵敏度相当，然而角分辨率提高了 1 000 倍（Popping et al., 2015）。

另外，我们还可以利用 FAST 的灵敏度与 SKA1 匹配的特点，开展单口径望远镜 SKA1 干涉阵列联合观测，两种数据联合成像处理，可以获得高动态范围的图像，其灵敏度理论上可以达到 SKA1 的 2 倍，有望在探测星系周围的气体吸积过程及宇宙网暗弱结构方面获得突破性成果。

4. 星系动力学与星系相互作用、特殊星系

通过观测 HI 21cm 谱线得到的中性氢的旋转速度等动力学结构可以反映星系暗物质的分布，直接与 CDM 模拟的预测进行比较。预计 SKA 高分辨率观测将能通过 HI 谱线测量上万个星系的转动曲线，甚至有望测量大量 $z < 0.5$ 的星系的旋转曲线，其空间分辨率在 $z \approx 0.5$ 处可达 3kpc，HI 气体质量到 $4 \times 10^8 M_\odot$，因此可以获得大量中高星系的 HI 旋转曲线，研究 Tully-Fisher 关系的演化效应。另外，SKA 对近邻星系的 HI 观测可以将旋转曲线测量推到较大距离处，在更大的尺度来限制引力理论或者暗物质在星系内的分布。

目前争论较大的是星系内部的密度轮廓是否为尖峰式或者核心式，但是现有的大部分数据来源于恒星光谱的测量。而星系内部 HI 辐射相对较弱，需要高灵敏度及高分辨率的仪器才能观测到。SKA1 将能够揭示大量邻近星系内部的 HI 的旋转曲线，并与光学测量进行比较，这对确定星系内部的密度轮廓和暗物质的性质，限制重子物质的反馈机制有重要作用。

通过比较 HI 盘和恒星盘的动力学结构，可以研究前面提到的星系 HI 动力学错位现象，揭示星系并合或外部气体流入与星系盘形成的机制。此外，星系的中性氢气体分布是与星系的角动量密切相关的。SKA1 的高分辨率观测预计可精确测量大约 3 900 个星系的角动量，比目前的星系数据提高一个量级。通过比较不同类型星系的性质与角动量的关系，我们可以明确揭示角动量在星系形成和演化中所起的作用。

FAST 在邻近星系的中性氢观测方面其灵敏度可以与 SKA1 相媲美。在 SKA 建成之前我们就可以利用 FAST 开展大规模星系中性氢巡天观测，会率先发现大量独特的星系，这将是 SKA 进行高分辨率的后续观测的重要目标。我们的研究重点包括有潮汐尾等特征的相互作用星系和 HI 比例异常高的低面亮度星系（LSBGs）等。

LSBGs 是一种弥漫星系，它们的表面亮度至少会比同类型的星系低一个星等，在 B 波段中心盘的表面亮度低于 $23 \mathrm{mag \cdot arcsec}^{-2}$（Ramya et al., 2011；Subramanian et al., 2016）。LSBGs 在过去几十年里是一直保持非常活跃的研究领域。虽然已近 30 年的研究历史，但由于其表面亮度低，实际证认的 LSBGs 极其稀少。由于这些暗弱星系光度极低，被足够明亮的夜空所掩盖，观测非常困难。在光学波段探测这类星系需要大口径高灵敏度望远镜。LSBGs 有很多有兴趣的物理特征，对于揭示星系形成与演化有很重要的作用。一旦被观测证实到，其重要性显而易见。比如，其光学研究揭示了经典核球主导的富 HI 气体星系，表明核球在星系形成早期快速生成，而外部区域的形成归因于近时期的并合和相互作用。但是这些星系是如何获取一个延展弥散的 LSB 盘并不清楚。LSBGs 是晚型旋涡星系，颜色有蓝红之分，在宽波段形态上有弥散的恒星盘、贫金属（$0.3Z_\odot$）、富中性氢气体和暗物质主导。LSBGs 普遍存在尘埃不足和低 SFR（不小于 $0.1M_\odot\cdot a^{-1}$）（van den Hoek et al., 2000）。LSBs 有暗弱盘，光度约为主核球和 AGN 亮度的 15%～50%（Sprayberry et al., 1995; Schombert, 1998）。我们课题组成员通过巨型米波射电望远镜（GMRT）已经观测了四个 LSBGs 星系（UGC 1378、UGC 1922, UGC 4422 和 UM 163），研究了其延展气体盘和动力学形态，类似于 HSB 星系的双角 HI 轮廓在样本星系中也被观测到（Mishra et al., 2015, 2017）。

通过 SKA1 观测研究 LSBGs，我们可以绘制这类特殊星系的 HI 气体分布，测量星系中 HI 质量，以及旋转曲线和 SFR 等。具体包括以下内容：

（1）通过射电连续谱数据研究 AGN 活动区域的射电辐射和 LSB 星系的恒星形成。将得到谱指数图和星系低频辐射类型，以及寻找过去或现在正在持续的相互作用特征。

（2）绘制 HI 气体形态和动力学，得到星系的旋转曲线。这将帮助我们估计星系的暗物质含量，从而判别星系盘内部是由重子物质主导还是暗物质主导。我们将努力获取 HI 位置速度图和搜寻反常的 HI 速度区域。这也将获得气体被吸积到 HI 气体盘的线索。

（3）使用 HI 分布研究气体表面密度和盘稳定性。HI 密度图将与星系的光学 Hα 图对比来约束盘恒星形成的气体动力学。对比研究将使我们更加明确一个星系恒星形成过程的轮廓。

（4）寻找星系的弯曲或非均匀 HI 盘。这一特征能更加深入地解释和理解星系暗物质晕属性和星系环境。除 LSBGs 的演化环境和保持的特有的属性之外，对其物理特征进行更详尽的研究是未来重要的发展趋势。

5. 面向 SKA 观测的星系 HI 的数值模拟

在过去的五年里，我们见证了流体数值模拟在星系形成领域的又一次飞跃。例如，ILLU-STRIS（Vogelsberg et al., 2014）和 EAGLE（Schaye et al., 2015）等宇宙学框架下的模拟首次恢复了包括恒星质量函数、质量–金属关系、质量–星系大小关系等在内的诸多统计量；而 Apostle（Sawala et al., 2016）和 Auriga（Grand et al., 2017）等一系列关于单个星系的再模拟则恢复了本地星系以及星系群的包含诸多卫星星系的观测属性。同样，对 HI 星系的描述也取得了很大进展（Crain et al., 2017; Yannick et al., 2016），对宇宙中 HI 星系的计数、演化，单个星系里 HI 径向分布、质量–直径关系等都给出了基本符合观测的描述，但还是有部分差异。

SKA 具有的前所未有的对 HI 探测的精度和灵敏度将我们带入一个对 HI 星系探索的时代。作为一个重要的应用工具，流体模拟在推动对 HI 星系的研究中也将得到新的机遇。我们计划开展针对 SKA 的 HI 相关的高精度数值模拟，具体包括以下内容。

（1）模拟河外 HI 星系巡天的星表。

我们已经利用 Apostle 星系开展对非常近邻宇宙的 HI 星系巡天的模拟星表，其文章已经在准备中。但是 Apostle 只是对本地星系群的模拟，所以该星表只能适用于本地星系群。我们也尝试利用 SDSS 和 ALFALFA 70 星表完成另一个对 HI 星系在空间里的非均匀分布的模拟，这类工作在 SKA 时代将可以推进到更高的红移以及更小的星系。因此对应于 SKA1 的观测深度和精度，我们都需要构造一个较大尺度的（大于 $500\text{Mpc}\cdot h^{-1}$）的流体模拟来完善 HI 星系的星表。

（2）对 HI 在星系内部的分布的模拟。

SKA1 将对近邻的 HI 星系进行细致观测，从而得到其 HI 在星系内部的精细分布（包括旋转曲线、二维速度、旋臂结构、中性氢团块等），结合 SDSS-Ⅳ的 MaNGA 二维光谱，我们可以更好地研究 HI 在星系形成中的作用。而对于如何理解 HI 在星系内部的分布，流体模拟将是一个不可替代的工具。我们还需要在更高的精度下（小于 $10^3 M_{\odot}$），利用更好的描述这个尺度的物理过程的模型来理解我们的观测，包括更好的 HI 形成模型、金属扩散模型、辐射转移模型等。而要建立这些模型则需要我们对 HI 在星系内部的分布有更好的了解。

（3）对一些特殊星系的研究。

SKA1 也带来了对更多特殊星系的细致观测，包括相互作用星系、超低面亮度矮星系、暗黑星系，对这些星系的理解也需要流体模拟这一工具的帮助。借助逐步完善的物理模型，我们可以期望在对这些特殊星系的模拟里，更好地理解星系形成和演化中较为特殊的一些特点，也有可能带来对新物理的进一步理解。

总之，强大的 SKA 观测数据给理论发展，特别是对于非线性尺度工作的流体模拟来说，带来了一个发展的机遇；而借助快速发展的计算技术，模拟也将让我们对星系形成和演化理论有更进一步的理解。

3.9.4　中国部署

基于前述的国内外相关进展，结合我国 SKA 团队的重点突破方向，我们建议进行以下部署。

（1）利用我国新建成的 FAST 进行 HI 巡天观测，开展星系结构和星系演化研究。国际 SKA 星系工作组联盟已经制订了各种 1 000~10 000h 的星系巡天观测计划，本课题组成员也加入了国际 HI 工作组，可以共享 HI 星系巡天数据，就前述的几个重点突破方向开展研究。为此做准备，我们计划首先利用我国新建成的 FAST 开展 HI 巡天观测。FAST 在邻近星系的中性氢观测方面其灵敏度可以与 SKA1 相媲美。在 SKA 建成之前我们就可以利用 FAST 开展大规模星系中性氢巡天观测，积累中性氢观测的经验，为利用 SKA 进行更深、更广的星系巡天做科学和技术上的准备。FAST 巡天会率先发现大量独特的目标源，可以为 SKA1 的高分辨率后续观测做指导。目前我们课题组成员已经和澳大利亚 ASKAP 团组制订了 ASKAP-FAST 联合巡天计划。

（2）利用 SKA 探路者设备开展星系 HI 的干涉阵观测研究。长期以来，由于缺乏直接观测星系的干涉阵设备，中国学者在星系的干涉成像观测与数据处理技术方面的经验不足，迫切需要培养该方面的人才。我们计划利用 SKA 探路者设备，例如，澳大利亚的 ASKAP 和南非的 MeerKAT 开展干涉阵列观测研究，培养干涉阵列的技术人才。朱明等已经和南非的 MeerKAT 团组制订合作计划，并加入了 MeerKAT 的星系巡天工作组。同时计划开展 MeerKAT+FAST 的联合观测实验，探索单天线与干涉阵两种数据联合成像处理的方法，获得高动态范围的图像。在数据处理方面，尝试利用大型计算集群开展大数据 cube 的星系旋转曲线拟合和三维动力学结构识别等算法研发。

（3）利用数据模拟结合实测数据研究河外星系的 HI 分布、动力学结构、星系相互作用、环境对星系演化的影响，以及超低面亮度矮星系等特殊星系的结构和演化。具体内容参见 3.9.3 节的第 5 部分。

（4）利用光学、红外、亚毫米波等其他波段的数据开展星系结构和演化的研究。目的是先期发现有特色的星系源表，为 SKA1 后续观测做准备。

参 考 文 献

Angulo R E, Springel V, White S D M, et al. 2012. MNRAS, 3: 2046

Bahé Y M, Crain R A, Kauffmann G, et al. 2016. MNRAS, 456: 1115

Begum A, Chengalur J N, Karachentsev I D, et al. 2008. MNRAS, 386: 1667

Bigiel F, Leroy A, Walter F, et al. 2008. AJ, 136: 2846

Bigiel F, Leroy A, Walter F, et al. 2010. AJ, 140: 1194

Blitz L, Rosolowsky E. 2006. ApJ, 650: 933

Boomsma R, Oosterloo T A, Fraternali F, et al. 2008. A&A, 490: 555

Boylan-Kolchin M, Bullock J, Kaplinghat M. 2011. MNRAS, 415: 40

Boylan-Kolchin M, Springel V, White S D M, et al. 2009. MNRAS, 398: 1150

Braun R, Thilker D A. 2004. A&A, 417: 421

Broeils A H, Rhee M H. 1997. A&A, 324: 877

Bundy K, Bershady M A, Law D R, et al. 2015. ApJ, 798: 7

Cannon J M, Most H P, Skillman E D, et al. 2011. ApJ, 735: 35

Catinella B, Cortese L. 2015. MNRAS, 446: 3526

Catinella B, Schiminovich D, Kauffmann G, et al. 2010. MNRAS, 403: 683

Cen R, Ostriker J P. 2006. ApJ, 650: 560

Chen J, Lo K Y, Gruendl R A, et al. 2002. AJ, 123: 720

Chen Y M, Shi Y, Tremonti C A, et al. 2016. NatCo, 7: 13269

Chung A, van Gorkom J H, Kennet J D P, et al. 2009. AJ, 138: 1741

Cirasuolo M, Afonso J, Carollo M, et al. 2014. SPIE, 9147: 91470N

Condon J J. 1992. ARA&A, 30: 575

Cook M, Evoli C, Barausse E, et al. 2010. MNRAS, 402: 941

Crain R A, Bahé Y M, Lagos C D P, et al. 2017. MNRAS, 464: 4204

Croom S M, Lawrence J S, Bland-Hawthorn J, et al. 2012. MNRAS, 421: 872

Dasyra K M, Tacconi L J, Davies R I, et al. 2006. ApJ, 638: 745

Davé R, Cen R, Ostriker J P, et al. 2001. ApJ, 552: 473

Davé R, Oppenheimer B D, Katz N, et al. 2010. MNRAS, 408: 2051

de Blok E, Fraternali F, Heald G, et al. 2015. POS (AASKA14), 129

Dekel A, Birnboim Y. 2006. MNRAS, 368: 2

Dekel A, Birnboim Y, Engel G, et al. 2009. Nature, 457: 451

Dewdney P. 2015. SKA1 System BaselineV2 Description, SKA-TEL-SKO-0000308

Di Teodoro E M, Fraternali F. 2014. A&A, 567: A68

Diemand J, Kuhlen M, Madau P. 2007. ApJ, 657: 262

Driver S P, Norberg P, Baldry I K, et al. 2009. A&G, 50: 12

Elmegreen B G, Hunter D A. 2015. ApJ, 805: 145

Fraternali F, Binney J J. 2006. MNRAS, 366: 449

Fraternali F, Tomassetti M. 2012. MNRAS, 426: 2166

Fu J, Guo Q, Kauffmann G. et al. 2010. MNRAS, 409: 515

Fu J, Kauffmann G, Huang M, et al. 2013. MNRAS, 434: 1531

Fu J, Kauffmann G, Li C, et al. 2012. MNRAS, 424: 2701

Gallart C, Martínez-Delgado D, Gómez-Flechoso M A, et al. 2001. AJ, 121: 2572

Gao Y, Carilli C L, Solomon P M, et al. 2007. ApJ, 660: L93

Gao Y, Lo K Y, Lee S W, et al. 2001. ApJ, 548: 172

Gao Y, Solomon P M. 2004. ApJ, 606: 271

Gao Y, Zhu M, Seaquist E R. 2003. AJ, 126: 2171

Genzel R, Tacconi L J, Rigopoulou D, et al. 2001. ApJ, 563: 527

Gil de Paz A, Madore B F, Pevunova O. 2003. ApJS, 147: 29

Giovanelli R, Haynes M P, Kent B R, et al. 2005. AJ, 130: 2598

Giovanelli R, Haynes M P. 2015. ARA&A, 24: 1

Gnedin N Y, Kravtsov A V. 2011. ApJ, 728: 88

Grand R J J, Gómez F A, Marinacci F, et al. 2017. MNRAS, 467: 179

Grcevich J, Putman M E. 2009. ApJ, 696: 385

Haynes M P, Giovanelli R, Martin A M, et al. 2011. AJ, 142: 170

Heald G, Józsa G, Serra P, et al. 2011. A&A, 526: A118

Hibbard J E, van der Hulst J M, Barnes J E, et al. 2001. AJ, 122: 2969

Ho L C, Darling J, Greene J E, 2008a. ApJS, 177: 103

Ho L C, Darling J, Greene J E, 2008b. ApJ, 681: 128

Huang S, Haynes M P, Giovanelli R, et al. 2012. ApJ, 756: 113

Hunter D A, Ficut-Vicas D, Ashley T, et al. 2012. AJ, 144: 134

Ilbert O, Salvato M, Le Floc'h E, et al. 2010. ApJ, 709: 644

Janowiecki S, Catinella B, Cortese L, et al. 2017. MNRAS, 466: 4795

Kang X, Jing Y P, Mo H J, et al. 2005. ApJ, 631: 21

Kang X, Macciò A V, Dutton A A. 2013. ApJ, 767: 22

Kang X, Wang P. 2015. ApJ, 813: 6

Kennicutt R C J, Hao C N, Calzetti D, et al. 2009. ApJ, 703: 1672

Kennicutt R C J. 1983. ApJ, 272: 54

Kennicutt R C J. 1989. ApJ, 344: 685

Kennicutt R C J. 1998. ApJ, 498: 541

Kilborn V A, Forbes D A, Barnes D G, et al. 2009. MNRAS, 400: 1962

Koribalski B S. 2008. ASSP, 5: 41

Kormendy J, Ho L C. 2013. ARA&A, 51: 511

Kovač K, Lilly S J, Cucciati O, et al. 2010. ApJ, 708: 505

Kravtsov A V, Gnedin O Y, Klypin A A. 2004. ApJ, 609: 482

Krumholz M R, McKee C F, Tumlinson J. 2009. ApJ, 693: 216

Lagos C D P, Baugh C M, Lacey C G, et al. 2011. MNRAS, 418: 1649

Lagos C D P, Baugh C M, Zwaan M A, et al. 2014. MNRAS, 440: 920

Lilly S J, Carollo C M, Pipino A, et al. 2013. ApJ, 772: 119

Lilly S J, Le Fèvre O, Renzini A, et al. 2007. ApJS, 172: 70

Liu L, Gao Y, Greve T R. 2015. ApJ, 805: 31

Luo Y, Kang X, Kauffmann G, et al. 2016. MNRAS, 458: 366

Macciò A V, Fontanot F. 2010. MNRAS, 404: L16

Madau P, Dickinson M. 2014. ARA&A, 52: 415

McGaugh S S, Lelli F, Schombert J M. 2016. PhRvL, 117: 201101

McKee C F, Krumholz M R. 2010. ApJ, 709: 308

Meyer M, Zwaan M, Webster R L, et al. 2004. MNRAS, 350: 1195

Mishra A, Kantharia N G, Das M, et al. 2015. MNRAS, 447: 3649

Mishra A, Kantharia N G, Das M, et al. 2017. MNRAS, 464: 2741

Mo H J, Mao S, White S D M. 1998. MNRAS, 295: 319

Nan R, Li D, Jin C J, et al. 2011. IJMPD, 20: 989

Navarro J F, Frenk C S, White S D M. 1996. ApJ, 462: 563

Oñorbe J, Boylan-Kolchin M, Bullock J S, et al. 2015. MNRAS, 454: 2092

Obreschkow D, Meyer M. 2014. arXiv: 1406.0966

Ostriker E C, Mckee C F, Leroy A K. 2010. ApJ, 721: 975

Ott J, Stilp A M, Warren S R, et al. 2012. AJ, 144: 123

Peng Y, Maiolino R. 2014, MNRAS, 443: 3643

Peng Y, Maiolino R, Cochrane R. 2015. Nature, 521: 192

Popping A, Davé R, Braun R, et al. 2009. A&A, 504: 15

Popping A, Meyer M, Staveley-Smith L, et al. 2015. POS (AASKA14), 132

Popping G, Somerville R S, Trager S C. 2014. MNRAS, 442: 2398

Popping G, van Kampen E, Decarli R, et al. 2016. MNRAS, 461: 93

Putman M E, Peek J E G, Heitsch F. 2012. EAS Publication Series, 56: 267

Ramya S, Prabhu T P, Das M. 2011. MNRAS, 418: 789

Rees M, Ostriker J P. 1977. MNRAS, 179: 541

Roychowdhury S, Chengalur J N, Chiboucas K, et al. 2012. MNRAS, 426: 665

Roychowdhury S, Chengalur J N, Kaisin S S, et al. 2014. MNRAS, 445: 1392

Rubin V C, Ford W K J, Thonnard N. 1980. ApJ, 238: 471

Sanders D B, Mirabel I F. 1996. ARA&A, 34: 749

Sanders D B, Soifer B T, Elias J H, et al. 1988. ApJ, 325: 74

Sawala T, Frenk C S, Fattahi A, et al. 2016. MNRAS, 457: 1931

Schaye J, Crain R A, Bower R G, et al. 2015. MNRAS, 446: 521

Schmidt M. 1959. ApJ, 129: 243

Schombert J. 1998. AJ, 116: 1650

Scoville N, Abraham R G, Aussel H, et al. 2007. ApJS, 172: 38

Serra P, Koribalski B, Duc P A, et al. 2013. MNRAS, 428: 370

Serra P, Oosterloo T, Morganti R, et al. 2012. MNRAS, 422: 1835

Serra P, Oser L, Krajnović D, et al. 2014. MNRAS, 444: 3388

Shull J M, Smith B D, Danforth C W. 2012. ApJ, 759: 23

Sprayberry D, Impey C D, Bothun G D, et al. 1995. AJ, 109: 558

Springel V, Wang J, Vogelsberger M, et al. 2008. MNRAS, 391: 1685

Springel V, White S D M, Jenkins A, et al. 2005. Nature, 435: 629

Staveley-Smith L, Oosterloo T. 2015. POS(AASKA14), 167

Stierwalt S, Besla G, Patton D, et al. 2015. ApJ, 805: 2

Subramanian S, Ramya S, Das M, et al. 2016. MNRAS, 455: 3148

Swaters R A, van Albada T S, van der Hulst J M, et al. 2002. A&A, 390: 829

Taramopoulos A, Payne H, Briggs F H. 2001. A&A, 365: 360

Teich Y G, McNichols A T, Nims E, et al. 2016. ApJ, 832: 85

Toomre A. 1977// Evolution of Galaxies and Stellar Populations, Proceedingsof a Conference at Yale University. Tinsley B M, Larson R B. New Haven: Yale University Observatory: 401

Tumlinson J, Thom C, Werk J K, et al. 2011. Science, 334: 948

van den Bergh S. 1962. AJ, 67: 486

van den Hoek L B, de Blok W J G, van der Hulst J M, et al. 2000. A&A, 357: 397

van Dokkum P, Abraham R, Brodie J, et al. 2016. ApJL, 828: 6

Vogelsberger M, Genel S, Springel V, et al. 2014. Nature, 509: 177

Walter F, Brinks E, de Blok W J G, et al. 2008. AJ, 136: 2563

Wang H, Mo H J, Yang X, et al. 2016a. ApJ, 831: 164

Wang J, Fu J, Aumer M, et al. 2014. MNRAS, 441: 2159

Wang J, Koribalski B S, Serra P, et al. 2016b. MNRAS, 460: 2143

Wang L, Dutton A A, Stinson G S, et al. 2015. MNRAS, 454: 83

Wang W H, Lo K Y, Gao Y, et al. 2001. AJ, 122: 140

White S D M, Rees M J. 1978. MNRAS, 183: 341

Yannick J L T, Diekouam L E F, Temgoua E R A. 2016. arXiv:1610.07834

Yun M S, Reddy N A, Condon J J. 2001. ApJ, 554: 803

3.10　研究方向十：生命的摇篮

何金华　李爱根　李　苗　秦胜利　汤　静　张　泳*

3.10.0　研究队伍和课题概况

协调人：　张　泳　教　授　　中山大学
主要成员：　崔辰州　研究员　　中国科学院国家天文台
　　　　　　董若冰　博士后　　亚利桑那大学
　　　　　　高　爽　讲　师　　北京师范大学
　　　　　　何金华　研究员　　中国科学院云南天文台
　　　　　　姜碧沩　教　授　　北京师范大学
　　　　　　金乘进　研究员　　中国科学院国家天文台
　　　　　　李　苗　研究员　　中国科学院国家天文台
　　　　　　李爱根　教　授　　美国密苏里大学
　　　　　　秦胜利　教　授　　云南大学
　　　　　　邱建杰　博士后　　中山大学
　　　　　　汤　静　博士后　　中国科学院国家天文台
　　　　　　余　聪　教　授　　中山大学
　　　　　　张同杰　教　授　　北京师范大学
　　　　　　朱　辉　助理研究员　中国科学院国家天文台
　　　　　　朱　进　研究员　　北京天文馆
联 络 人：　朱　辉　助理研究员　中国科学院国家天文台 zhuhui@bao.ac.cn

研究内容　生命的摇篮被 SKA1 列为首要科学目标之一，研究天文生物学的各个方面，探测生命形成不同阶段的天体：① 探测原行星盘中类地行星的种子 —— 厘米尺寸尘埃的射电辐射；② 搜寻作为生命基础的星际复杂有机分子；③ 研究类地行星系统的物理和生物化学环境、搜寻系外行星的同步辐射；④ 搜索地外文明。这项研究将会带来人类对生命的形成和演化的认识的极大提高。

技术挑战　SKA 的高灵敏度和较低的频率非常适合探测生命的形成，需要掌握的技术是：① 超高的灵敏度将导致大量新的弱分子谱线的发现，需要从中证认与生命有关的有机分子；② SKA 将探测大量暗弱的无线电信号，需要对其进行人为信号排除和在海量数据中提取地外文明的微弱信号。

研究基础　课题组的成员有丰富的射电观测经验，熟悉射电干涉图像的处理技术；具有基于分子频谱观测证认复杂有机分子的经验；在星际分子搜寻和模型建立、原行星盘的尘埃模型等方面具有较好的科研积累；丰富的天文普及经验有助于扩大 SKA 的影响和发挥本课题的教育功能。

---

　　* 组稿人。

　　优先课题　SKA 超高的灵敏度和特有的观测频段使得探测空间中的复杂有机物成为可能，并有可能首次探测到氨基酸，我们将利用 SKA 对不同的星际环境进行复杂有机物的搜寻，探测其低频旋转特征谱线，研究其与物理条件、演化状态之间的关系，深入理解天文环境下的化学过程，有助于弄清生命形成基本种子的来源。

　　预期成果　发现大量新的星际分子，为生命形成原料的来源提供线索；得到高灵敏度的行星射电辐射测量，有可能探测到系外行星磁场；培养射电分子天文和行星科学领域的专业人才，并增强民众的科学意识。

3.10.1　引言

　　"生命从何而来，又是如何演化的？""人类在宇宙中是否孤独，宇宙中生命形态有多少种？""文明发展的未来会是怎样？"，人类从孩提时期就对这些问题充满了好奇。有研究表明，地球大气早期环境恶劣，而且地面频繁受陨石攻击，很难在地表自发孕育出生命，另外，早期形成太阳系的环境是富氧的，为地球形成之初多种富碳复杂有机物的起源带来疑问。这使得我们有理由相信，生命的起源或许是一个超越地球尺度的问题，是与星际环境，恒星、行星形成和演化等密切相关的，只局限于地球上的生命形成无异于生物学上的"地心说"。

　　把目光投向外太空来寻求这些问题的答案是个必然的选择。古生物考古学研究显示，物种是在地球形成之后不久彗星大量攻击地球后短时间喷发性形成的，目前在陨石中已经发现了八十多种氨基酸，同位素比显示这些化合物并非起源于地球，证明形成生命的基本素材很可能部分来自于外天空，因此，将各种各样的天文环境作为样本来探讨生命的形成和演化过程就很有必要，更多的科学问题会涌现出来待天文学家去研究和解决。天文生物学，这个天文、生物、化学、物理、地质学多学科交叉的新兴热门领域，吸引了世界众多顶级科学家屡屡在《自然》《科学》等世界顶级杂志上发表相关研究成果。此外，生命起源问题历来是伪科学和邪教传播的重灾区，用科学理性的方法探讨这个问题对于破除迷信有相当重要的社会意义。作为迄今最为庞大的天文学装置，SKA 将成为寻找宇宙中生命的种子、探究生命形成的摇篮、搜寻地外文明的利器。SKA 生命的摇篮课题组研究的问题分为四个方面：首先，生命的孕育需要一个固定的场所，即类地行星的形成，SKA 能研究厘米尺度尘埃的增长；其次，组成生命的基本素材，即复杂有机分子的起源，SKA 可能会探测到生命相关的重要分子；再次，生命的繁衍离不开宜居的环境，即行星的物理条件的探测，SKA 有助于探测行星的磁场；最后，生命如何进化到高级阶段，我们的文明在宇宙中是否唯一，SKA 有可能接收到地外文明传输的信号。我们期待 SKA 能够在这四个方面产生重要突破。以下将一一展开论述。

3.10.2　原行星盘中厘米尺度尘埃的射电观测

　　在宇宙中是否存在类似我们太阳系的地外行星系统并是否像我们地球一样具有生命，一直是人类试图探知的一个永恒的问题。第一个地外行星系统由 Wolszczan 和 Frail 于 1992 年在一颗毫秒脉冲星周围被探测到；三年后，瑞士天文学家 Mayor 和 Queloz 首次在一颗类太阳恒星 51 Peg 周围发现了一颗具有相当于木星质量的行星。迄今为止，人们已探测到 1 000 多个地外行星系统。主序前恒星的星周尘埃盘是地外行星系统形成的发源地，其结构及其组成尘埃的物理与化学性质包含了丰富的关于地外行星系统形成及其演化的重要信息。因此，对这些星周尘埃盘（通常被称为"原行星尘埃盘"，protoplanetary dust disks）的研究是当今天文学非常活跃的一个领域。

原行星盘的形成，起源于星际分子云的引力坍缩和旋转。亚微米尺度的星际尘埃在致密分子云中通过吸附（accretion）和聚合（coagulation）逐步增长为微米甚至更大尺寸的尘埃。如图 3.10.1 所示，这些尘埃汇聚到原行星盘上，由于库仑力或范德瓦耳斯力的影响，经过碰撞黏合进一步生长为更大的尘埃颗粒。在重力的作用下，这些尘粒沉降至密度更高的盘面中心（midplane），通过并合逐步形成行星。

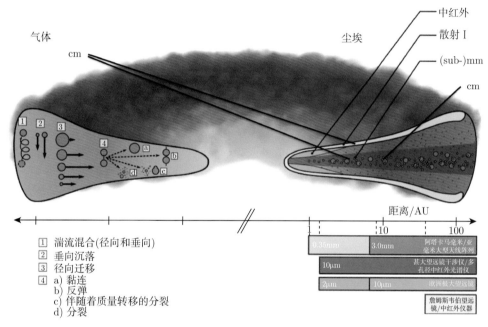

图 3.10.1 原行星盘的尘埃分布（Testi et al., 2014）

经过各种动力学过程，砾石集中在盘中心面进一步形成行星

人们对这些原行星盘面中心的尘埃如何生长乃至最后形成行星的物理过程尚不完全清楚。当前的理论计算和实验室模拟表明，亚微米星际尘埃可以通过吸附原子分子，从而在其表面形成水冰壳层，然后进一步通过碰撞聚合而生长为微米甚至亚毫米尺度的大尘埃。对已经增长到可观的尺度的"巨尘埃"（比如超过千米尺度的行星胚胎）而言，其引力较大，可以通过吸引较小颗粒继续增长。但在此之前，处于毫米厘米尺度的尘埃（pebbles，即砾石，与地球环境中不同的是，原行星盘中的砾石可能是含有各种冰的脏雪尘团）增长存在着一个壁垒。理论计算显示，雪线（snowline）以外，砾石由于外层由水冰包裹，有利于砾石的增长；但在雪线之内，砾石之间碰撞会发生反弹甚至碎裂，并且受中心引力场影响发生径向的迁移，这时气体和固体之间的黏滞力会导致砾石被溅射从而质量减小。因此，"厘米尺度尘埃如何增长？""在何处增长？"是类地行星形成的重大问题。理论的解决方案之一是引入尘埃分布在径向或者方位角上的不对称性，对厘米级别尘埃的探测及其空间分布的成像（imaging）观测对验证这些理论至关重要，但确定厘米尺度尘埃增长的空间位置需要极高的分辨率和灵敏度，现有的仪器还不具备这样的能力。

尘埃的单位质量辐射能力随波长的增加而降低（图 3.10.2），厘米尺度的尘埃辐射需要相当灵敏的仪器，主要在厘米波段才能探测到，SKA1 在观测频率和灵敏度上具有其他仪器无法比拟的优势。SKA1 在 12.5GHz 处的空间分辨率约为 37 微角秒，因此可以分辨距离为 150pc 以内的类太阳系行星系统的雪线之内的区域（~3AU）。

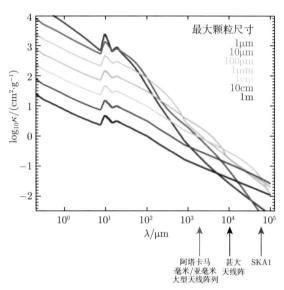

图 3.10.2　不同尺度尘埃的吸收系数以及 SKA1 与其他干涉阵列的观测频率（Hoare et al., 2015）

可见 SKA1 对观测厘米尺度尘埃最具优势

电磁散射理论告诉我们，尘埃对波长（λ）与该尘埃尺寸（a）相当的电磁波（$\lambda \sim 2\pi a$）的散射和吸收最为有效。当尘埃尺寸增大时，吸收系数随波长的变化变得越来越平缓（图 3.10.2），其吸收系数随波长变化的谱指数是尘埃尺寸的指针。将 SKA1 成像观测得到的数据与其他望远镜在更高频的观测数据结合，我们可以得到行星盘不同位置的尘埃热辐射谱指数，从而研究不同尺寸尘埃（特别是厘米尺寸尘埃）在原行星盘的空间分布。因此，借助 SKA1 在厘米波段强大的分辨本领和灵敏度，我们预期能够解决类地行星形成壁垒的疑难问题。

将来如果 SKA 观测频段范围能够延伸到 20GHz 处，我们有更高的分辨率和灵敏度对原行星盘成像，由于类地行星的轨道周期时标大概为一年，将来的不同时间的 SKA 观测能够呈现行星形成的动态过程，对于我们认识行星系统的结构类型，以及太阳系结构是否典型，具有重要启示。

3.10.3　星际有机分子的谱线搜寻

虽然宇宙中构成生命的物质未知，基于地球上的包括从单细胞古细菌到原生生物再到动植物在内的所有生命形态，我们可以假设水和含有碳元素的有机分子是构成生命的基础。水分子已经在各种星际环境中被探测到而且十分丰富，而复杂有机物如何合成，如何在生命诞生地富集，以及如何在适当环境下产生出生命体，是我们期待 SKA 能够帮助揭开的奥秘。

探测物质的辐射是人类认识宇宙的主要手段。辐射能提供给我们宇宙空间中那些电磁相互作用过程的信息。我们已经在天文观测中看到了来自宇宙天体的丰富多彩的原子、分子和离子谱线，尘埃连续谱辐射，以及一些诸如电子回旋辐射、同步辐射、脉泽辐射、逆康普顿散射等非热辐射。与生命起源最为息息相关的物质形态是分子。虽然分子物质的质量（除了 H_2）只有星际介质质量的 0.1%，但分子谱线的辐射所提供的丰富信息能够帮助我们了解星际云和恒星、行星，以及生命形成。

在星际分子发现之前，主要的谱线研究手段是用 HI 21cm 辐射及光学波段的原子线（如 Na、Ca、Fe、K、Ti）。光学波段的观测主要限制在距离小于 1kpc 和消光小于 2 个星等的热星，而很多 HI 云消光极小，HI 21cm 辐射几乎可以认为是光薄的，能够穿透整个银河系。但由于 HI 的空间分布特征，仅适于观测较大尺度的弥散气体区域。后来在光学波段发现的简单分子，例如，CH、CN 等分子也只能用于弥散星际介质的研究。随着 19 世纪 70 年代 CO 在 2.6mm 的转动谱线的发现，更多的星际分子，以及分子云、恒星形成区等重要天体才被逐渐发现并大量地研究。到目前为止，在银河系已经探测到 200 多个分子品种（不含同位素），其中 60 多个分子品种也在河外星系中探测到。

太空中的分子广泛存在于从太阳系到银河系、近邻星系和高红外星系的各种天体物理环境中，主要以冷而致密的星际云的形式存在，既可以是气体，也可以是固态的冰。这些探测到的分子能提供它们发现地的物理环境和成协天体的演化时标，从而告诉我们这些分子在宇宙中合成的信息。星际分子作为天体探针主要是利用它们的谱线跃迁和化学特征。

基于观测，天文学家已经大致了解到，星际物质主要通过与恒星形成活动的循环互动过程得到更新演化（如图 3.10.3 所示的低质量恒星形成过程中各种分子的形成途径的一个经验图景）。这个循环过程起始于弥散的包含尘埃和少量简单分子的星际原子气体，它们因为某种动力学的原因被压缩，导致 H_2 分子的大量形成而转变为密度较高的分子云。恒星将形成于致密的冷的分子云中，当热压力不能支撑自引力时，将在坍缩过程中形成原恒星系统。这一阶段的星周物质包括两个部分：内部小尺度的热茧（hot corino）和外部冷的包层。热茧内发生的高温气相化学反应可以产生大量的有机分子。随原恒星一起形成的还有围绕原恒星旋转的原恒星盘，那里是行星及小天体形成的地方，也是可能孕育生命的摇篮。随着中心原恒星核温度增加，氢核燃烧被点燃，原恒星演化到零龄主序阶段，恒星的辐射驱散星周物质，只留下行星和彗星等小天体，以及少量的更微小的行星际尘埃和气体，构成一个类似于太阳系的系统。成熟的行星系统中，大量的气态分子物质已经被驱散或破坏，星际有机分子主要存储在行星和彗星等小天体上。恒星演化到生命晚期，将主要以星风的形式将很多经核反应产物污染过的物质送回星际空间，形成星际物质的循环更新过程。在银河系这样的成熟星系中，尘埃广泛存在于星际空间。这些尘埃主要是恒星演化死亡后留下的重元素形成的，通常由含硅、碳的物质构成。尘埃有可能在星际有机分子的合成过程中扮演重要角色。特别是在致密的分子云中，由于低的气体温度，气相物质被吸附在尘埃表面，以冰的形式存在。这些尘埃颗粒表面的化学反应可以生成大的有机分子和生命前分子。

观测表明，有机分子广泛存在于星际空间。这带给人们一个强烈的启示：作为生命起源砖瓦的有机分子或许来自太空！在这个图景下，我们将可以预期在许许多多其他有液态水的固态星球上都应该具备孕育出有机生命的条件。在地球形成的早期阶段，原行星盘中游离着

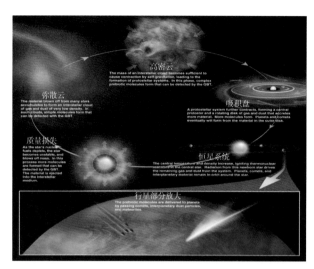

图 3.10.3　星际物质的循环与生命起源

图中上部示意在"弥散云 — 致密云 — 恒星吸积盘 — 恒星系统 — 恒星死亡质量损失 — 弥散云"这个循环过程中的星际物质演化过程；下部示意每个恒星生命周期中都会有星际物质落入行星大气或表面，成为构建星球生命的物质来源

大大小小的星际尘埃或者小天体。它们将会在复杂的多体引力作用及与残留行星际气体的摩擦作用下与原始地球频繁碰撞。这也是原始地球自身吸积物质长大的过程。那些非常微小轻盈但数量巨大的小尘埃会被原始地球大气温和地捕捉并沉降到地面，从而成为将星际有机分子输送到地面的重要载体。适当大小的陨石，也可以包裹着一部分星际有机物将它们带到地表。在原始类地行星演化的漫长岁月中，有可能以此方式在行星表面富集起数量可观的星际有机物作为地球生命起源的原材料。

富碳的演化晚期恒星（碳星）的星风所形成的星周物质包层可能是星际有机分子形成的第一场所。目前人们已经在这些星周包层中探测到了多种有机分子，比如 C_2H、C_3H_2、HC_9N、苯环等。这些星周有机分子的形成通常都要涉及分子与离子或自由基的气态化学反应。那些可能与生命有关的大分子量的碳颗粒也已经在这些星周包层中被广泛发现，比如布基球、多环芳香烃（PAH）及一些脂肪族物质颗粒等，这些化合物的形成可能与来自恒星的强烈紫外辐射有关。

人们在星际分子云中也观测到了有机分子（各种醇、酸、醛和酮）的广泛存在，无论是在有恒星形成的热云核还是尚无恒星形成活动的冷暗云中都有发现。这些星际云中的有机分子并非来自碳星星风物质的残留，而是在这些或冷或热的分子云天体中重新合成的。星际尘埃颗粒及其表面的冰物质幔层在这些星际有机分子的形成过程中扮演了举足轻重的催化剂和反应器皿的角色。它们提供了碳原子及其基团停留并相遇的场所，在星际紫外光子提供能量的情况下合成复杂的有机分子。这个过程也可以发生在浓密的冷暗云中，那里虽然由于消光效应而缺少星际紫外光子作为能源，但高能宇宙射线仍可以穿透其中，其激发的次生紫外光子也能触发类似的有机化学反应，而且所产生的部分有机分子还能依靠宇宙射线轰击时释放的热能或者局部化学反应放出的能量而解吸附逃回到气态，从而被我们观测到。在有恒星形成的热云核中，引力能的释放或恒星辐射加热了气体和尘埃，使得冰物质中的有机分子及其组件分子能够随冰物质的升华而大量甚至全部回到气态，并触发进一步的气态有机化学反应。不过，与星周有机分子类似，这些星际有机分子也要经过恒星和行星形成过程的严酷考验，才能最终到达行星表面成为生命起源的原料。

人们已经将星际有机分子的化学特征与太阳系内彗星、陨石中的有机分子构成进行了不少比较研究，发现了许多尚未开解的谜团。有机生命分子的行星外起源学说，需要我们利用 SKA 等大望远镜，配合最新的天体化学实验、理论和模拟研究去深入探索。

原则上，对同一个分子，高能级的分子谱线仅能采样一个分子云的热核成分，因为这些跃迁仅能在高温度和高密度条件下激发；而低能级的分子谱线能在热的和冷的外部空间中激发。大带宽分子谱线巡天能够同时观测到这个分子的多条跃迁，这些跃迁跨越一个大的能级范围，能被用来精确地确定特定分子的温度和柱密度。另外，在星际空间中并不存在理想的均一温度和密度的云核，也就是说，分子云有内部的温度和密度结构，影响分子的合成和演化，不同的分子在同一个云的不同部分有不同的激发和丰度变化，因此，干涉仪能观测到不同分子的空间分布，有助于我们理解分子合成和起源。

通过 SKA1 观测，我们期望能够探测到与生命相关的有机大分子。赫歇尔（Herschel）太赫兹望远镜的运行，打开了认识世界的新窗口，探测到了以前地面上无法观测到的分子，例如，水分子和一些轻分子。而大的有机分子的辐射主要在低频，由于其极低的丰度，并且能级结构复杂、配分函数很大，辐射强度非常暗弱，在高频波段遭受强的分子线污染和尘埃衰减效应，因此需要高分辨率、高灵敏度的低频观测。SKA 的干涉阵列也有比单天线射电望远镜小得多的波束，减少波束稀释效应，极大地增加探测到微弱有机分子谱线的能力。

作为一个例子，图 3.10.4 显示了预测的氘化氨 (NH_2D) 分子光谱，SKA1 能清楚地探测到不同能级的含重氢的分子如氘化氨分子与甲醇等。理论上这些分子在尘埃表面形成，随后被紫外光子照射脱附为气态，对研究原恒星形成有重要示踪作用。图 3.10.5 显示了 SKA1 预测的甲醇 (CH_3OH)、丙酮 (CH_3COCH_3) 和最简单糖分子 ($HCOCH_2OH$) 的观测。丙酮和最简单糖分子在高频遭受到强的分子谱系线污染，目前在仅仅有限的几个天体探测到。而 SKA1 具有极高的灵敏度，并且在低频范围无线污染问题，因此很容易在这些生命分子的观测研究上取得突破。

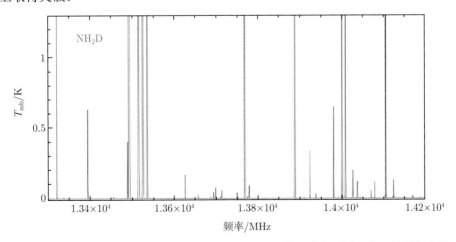

图 3.10.4 预测的 SKA1 探测到的含重氢的氨分子，黑色线为常见星际分子的预言光谱

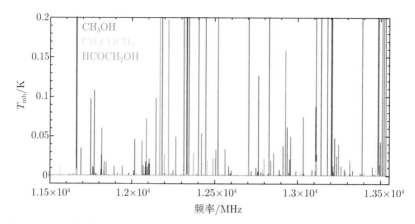

图 3.10.5 预测的甲醇、丙酮和最简单糖分子的 SKA1 观测，黑色线同图 3.10.4

我们计划选择不同演化阶段和不同物理条件的天区进行系统搜寻和观测研究，弄清楚组成生命的有机分子合成于恒星形成的哪个阶段。正如前面所说，地球生命分子合成于恒星形成的早期阶段，由彗星和陨石带到地球，我们这个研究可为生命起源提供关键线索。

另外，我们也希望能够探测到一些新分子，SKA1 有可能首次探测到空间中的氨基酸（如甘氨酸和丙氨酸）。甘氨酸是最简单的氨基酸，以前的甘氨酸搜寻集中在 3mm 处，但受谱线宽度和混合的影响，没有被成功探测到。图 3.10.6 显示了对暗分子云中甘氨酸光谱的模拟结果，在 SKA1 观测频段上有多条谱线，并且在频率上能够相互分隔开，但其发射太弱，探测具有极大挑战性。但是，此模型是基于甘氨酸产生于尘埃表面和水一起脱附到星际空间的假设基础上的，如果甘氨酸比假设的丰富，或者 SKA 观测频段将来能延伸到 20GHz 处，完全有可能探测到甘氨酸。

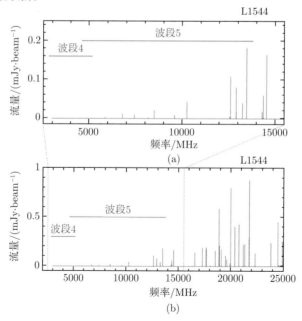

图 3.10.6 暗分子云中甘氨酸的理论预测光谱和 SKA1 的 1 000h 积分的探测极限

（Codella et al., 2015）

此外，我们计划研究众多天文观测特征谱（弥散星际带（DIB）；未证认红外发射带（UIE）；反常微波辐射（AME））的载体问题。它们都有可能是来于生命相关有机分子。DIB 载体已经困扰了天文学家一个世纪，富勒烯因其稳定的物理结构和活跃的化学性质很有可能是其载体，C_{60} 和 C_{60}^{+} 已经在星际和星周空间中被探测到，我们希望利用 SKA 能够探测到 C_{60} 相关化合物（如氢化 C_{60}）的旋转谱线。UIE 在各种天文学环境中普遍存在，我们已经清楚是来自于 CH 和 CC 的振动，其载体可能是多环芳香烃也可能是脂肪族和芳香族类似煤和沥青一样的复杂有机物，其旋转谱有望被 SKA 所探测到。AME 载体是星际空间中的重要物质，可能是 UIE 载体的旋转谱，其频率位于 10~100GHz，低频段可以被 SKA 观测到。SKA 强大的灵敏度和分辨能力为揭开这些特征谱载体疑难提供了可能。

3.10.4 射电探测地外行星及褐矮星

地球上的生物生存离不开磁场，地磁场在近地空间形成的庞大磁层，阻挡了太阳风对地球大气层的剥蚀，进而保护了地球上的空气和水，磁层和大气层又屏蔽了高能宇宙线对生命体的伤害。可以说，没有磁场保护，行星上很难形成生命。因此，行星磁场存在与否、强度及结构如何，是判断系外行星是否宜居的一个重要依据。行星磁场的研究可以通过观测其发出的射电辐射来进行。

行星的热辐射主要在红外波段，但强度比中心恒星弱很多。以木星为例，它在红外波段的辐射比太阳低 6 个量级，而光学波段辐射比太阳低 9 个量级，如此高的对比度对直接观测太阳系外行星非常不利。但木星上由磁场产生的低频非热射电辐射强度可以跟太阳相比拟。目前，射电观测是研究行星内部结构和动力学的唯一方法。

对太阳系内行星的研究表明，行星磁场发出的电磁辐射主要来自于高磁纬（磁极附近）地区高能电子（keV）在磁场中加速产生的非热相干射电辐射，可以用回旋脉泽不稳定性（Cyclotron Maser Instability, CMI）理论来描述。这些电子同时跟高层大气中的分子或原子碰撞激发而产生我们通常谈到的"极光"。CMI 辐射的频率等于高能电子沿磁力线方向运动时的回旋频率。回旋频率与磁场关系可用公式 f_{ce}（MHz）$= 2.8\,B$（G）（$1G = 10^{-4}T$）进行半定量估计。行星磁场强度随高度变化，近地面处磁场最强，高空最弱（相应的辐射频率为几 kHz）。地球磁场小于 1G，辐射频率约小于 2MHz。木星磁场能达到 14G，辐射频率达到 ~40MHz，但仍然低于 SKA-low 的探测极限（50MHz）。虽然系外行星的 CMI 辐射一般在几十 MHz，但某些特殊类型的行星系统产生的 CMI 辐射可以高达 100MHz 到几 GHz，这类有高频辐射的行星，以及大于木星磁场的行星都是有可能被 SKA-low 探测到的。

根据太阳系内行星的射电辐射与太阳风在其磁层横截面上的坡印亭矢量的经验关系，可以估算系外行星的磁场辐射，图 3.10.7 显示了目前已知系外行星预言的辐射频率和强度，以及现有望远镜和 SKA-low 的观测频段和探测极限。探测系外行星射电辐射的工作已广泛开展，虽然还没有成功的探测，但已观测到疑似信号，有待进一步确认。目前，UTR-2 和 LOFAR 正在已知系外行星中选取目标源进行射电观测，TGSS 也在做系统性的巡天搜寻，而 SKA-low 凭借其超高的灵敏度（能探测到 10pc 处类木行星发出的射电辐射），相信能在几类有高频辐射的强射电源的搜寻工作中做出很大贡献，比如，极其靠近恒星的类木行星，以及中心恒星有强磁场或是强 X-UV 辐射的行星。另外，5~10pc 范围内的行星系统相比更远尺度上的行星到达地球的射电辐射更强，因此也是 SKA-low 的一个观测重点。

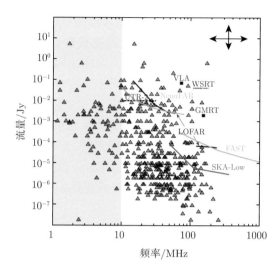

图 3.10.7　SKA-low 和其他望远镜的观测频段, 三角形表示目前探测到的系外行星预言的射电辐射频率和强度, 阴影部分为地球电离层截止频率 (Zarka et al., 2015)

　　理论研究显示, 磁场产生的 CMI 辐射是高度 (椭) 圆偏振的, 有很强的方向性, 因而受行星自转周期的调制。通过对行星的射电动态谱 (包含强度和偏振信息) 的分析, 我们能推算出行星的自转公转周期和轨道倾角, 以及其他一些重要的物理参量, 进而研究行星磁场、内部结构以及是否宜居。此外, 行星的卫星会对射电动态谱调制, 这一点在木星的磁场辐射中已经研究得比较透彻了, 我们可以借此发现太阳系外月亮。

　　利用类似的机制, 射电望远镜已经成功探测到来自褐矮星的高度圆偏振的射电辐射, 如图 3.10.8 所示。褐矮星是一类质量介于最小恒星 (~0.1$M_\odot$) 与最大行星 (~0.001$M_\odot$) 之间的特殊天体, 因为质量不够大, 无法点燃核心的氢燃烧, 而被称为 "失败的恒星"。从褐矮星到行星, 很多物理条件被认为是连续变化的, 比如, 自转变快, 大气变冷, 磁场变弱。同时, 褐矮星跟木星这样的气态巨行星有很多共同点, 例如, 都有一个由一氧化碳、硫化氢和水, 或是甲烷和氨气等组成的大气。更有趣的是, 褐矮星上发现了一些行星上才有的现象, 比如极光 (图 3.10.9)、云层和天气变化。除此之外, 褐矮星周围还发现了行星的踪迹。所以对这类天体的研究有助于增加我们对行星的认识。已探测到的从褐矮星中发出的射电辐射频率高达 GHz, 根据 CMI 理论, 可以推算出其磁场强度为~ kG。因为磁场强度随高度变化, 所以这类天体能产生宽波段的射电辐射, 很适合 SKA-low 及之后的 SKA-mid 来观测。

　　鉴于目前 SKA 还在筹建阶段, 而 FAST 已经完工, 并且开始试运行, 所以现阶段先利用 FAST 进行行星和褐矮星的射电研究可以为将来 SKA 开展相关工作提供更多的科学依据和指导。同时, FAST (北天) 和 SKA (南天) 是互补的, 今后可以在 "南天–北天" 联合观测等方面有更多合作。因为 FAST 的探测极限是 70MHz, 所以适合观测的也是具有高频射电辐射的行星系统 (比如白矮星–行星系统) 以及褐矮星。通过 FAST 观测积累经验, 利用 SKA 高分辨率降低混淆效应, 可以提高地外行星探测的深度。

　　同时, FAST 需要对目标源进行多次长时间观测, 一来提高灵敏度, 二来可以研究辐射束的指向问题 (辐射束扫过观测者视线方向才能观测到)。另外, 根据 CMI 辐射高度圆偏振

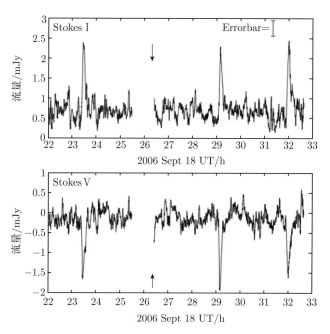

图 3.10.8　VLA 在 8.44GHz 频率上观测到的来自 LSR J1835+3259 的高度圆偏振信号，负 Stokes V
值表示左旋圆偏振（Hallinan et al., 2008）

图 3.10.9　这张艺术想象图描绘了 LSR J1835 + 3259 上发生的极光现象（来源于网络）

的特性，可以利用 FAST 进行偏振巡天，尤其是在 10pc 范围内。而偏振观测的另一个好处
是，FAST 在低频波段因为角分辨率限制，大量暗源无法分辨而造成的"混淆效应"的影响
会减小。

3.10.5　地外文明的搜寻

对地外文明的搜寻是公众极为感兴趣的课题。人类文明发展的时间跟宇宙年龄相比极其短暂，很可能会因能源枯竭等因素而毁灭。如果能在茫茫宇宙中发现其他文明，根据 Drake 公式（即可能探测到银河系内文明的数量 $N = Rf_p n_e f_l f_i f_c L$；此处 R、f_p、n_e、f_l、f_i、f_c 分别代表银河系内每年恒星形成数目、恒星具有行星系统的比例、每个行星系统平均行星数目、进化出生命、智慧生命和发展出射电通信技术的比例，L 为文明延续的时间），意味其文明发展的时间已经相当长，这暗示着我们地球文明也完全有能力克服种种困难而长久延续下去。因此，搜寻地外文明能够预示人类的未来，这是我们人类努力去搜索地外文明的主要驱动力之一。

在国际上，利用大型射电望远镜搜寻地外文明的研究计划很多。虽然迄今为止，没有成功搜寻到地外文明的明确信号，但这项研究非常受公众关注，吸引了大量个人赞助的资金投入，同时也吸引了一代又一代的青年人投入天文学研究中。与以前的研究计划相比，SKA 提供了更加强大的灵敏度和更宽的频率覆盖范围，如图 3.10.10 所示，SKA1 能够探测到距离我们 15pc 以内的雷达信号，将来的 SKA2 甚至能够接收 15pc 处的电视信号。以前的搜寻计划主要集中在少数几个频率处（如 "水洞"，即 OH 和中性氢谱线之间的频率），而 SKA 能够将搜寻范围扩充到整个微波窗口，无疑极大地增加了探测到地外文明的可能。

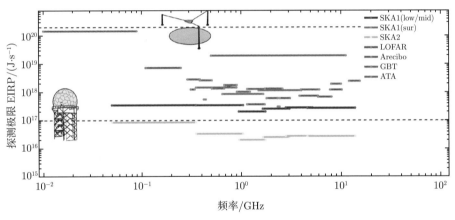

图 3.10.10　SKA 与其他望远镜的探测频段和极限，虚线表示行星间通信雷达和地球雷达在 15pc 外的发射功率（Siemion et al., 2015）

值得一提的是，这项研究计划在观测上可以与其他行星和恒星科学的观测同时进行，无须额外占用观测时间。可以在 SKA 产出的数据库中进行挖掘，也可以进行对目标源的观测。在选源策略方面，为增加探测概率，尽量选取一些近邻的类太阳和行星系统或者一些演化晚期、有相当长时间可能进化出文明的恒星，在多行星系统中，外星文明或许已经发展到可以进行行星际间移民并且具有行星间通信技术，这类信号通常比较强，很有可能被 SKA"窃听" 到。

搜寻地外文明是一个可以全民参与的项目，加利福尼亚大学伯克利分校发起的 SETI@home 计划是一项民众只需要下载软件和数据就可以在家用个人电脑搜寻外星文明信号的项目，该项目通过分析 Arecibo 射电望远镜获得的海量数据来寻找其中可能是来自外星文明的信号，到目前已经吸引了全世界范围超过三百万人投入到这项计划中，不单单是解决了计算资源问题，更为重要的是对科学的普及起到了很好的效果。SKA 的数据量将会庞大很多，对地外文明的搜寻可以借鉴 SETI@home 的经验，激发公众对这个项目的兴趣和支持，虽然无法预测 SKA 是否能成功探测到地外文明，但值得我们去努力尝试。

3.10.6　部署

本课题组成员包括星际介质尘埃、分子、天体化学、恒星和行星形成、射电观测等领域的专家学者，每个子课题均有在相关领域有多年研究经验的负责人，通过相互合作应该能够胜任生命的摇篮这个需要多领域交叉的课题。我们课题组计划将有多名研究生或博士后，定期组织会议讨论开展合作，此外，本课题组还将承担科普和宣传的任务。

参 考 文 献

Codella C, Podio L, Fontani F, et al. 2015. POS (AASKA14), 123

Hallinan G, Antonova A, Doyle J, et al. 2008. ApJ, 684: 644

Hoare M, Perez L, Bourke T L, et al. 2015. POS (AASKA14), 115

Siemion A, Benford J, Cheng-Jin J, et al. 2015. POS (AASKA14), 116

Testi L, Birnstiel T, Ricci L, et al. 2014. Protostars and Planets Vl, 339

Zarka P, Lazio J, Hallinan G. 2015. POS (AASKA14), 120

3.11　研究方向十一：超高能宇宙射线和中微子的探测

方　可*　焦　康　张仲莉*　O.Martineau

3.11.0　研究队伍和课题概况

协调人：	武向平	研究员	中国科学院国家天文台
	方　可	爱因斯坦 fellow	斯坦福大学
主要成员：	程岭梅	副研究员	中国科学院国家天文台
	顾俊骅	副研究员	中国科学院国家天文台
	郭　铨	研究员	中国科学院上海天文台
	黄　滟	工程师	中国科学院国家天文台
	武向平	研究员	中国科学院国家天文台/上海天文台
	张仲莉	副研究员	中国科学院上海天文台
	C.Timmermans	教　授	荷兰拉德堡德大学/国家天文台
	K.Kotera	研究员	巴黎天体物理学研究所
	M.Bustamante	博士后	哥本哈根大学
	O.Martineau	副教授	巴黎第七大学/中国科学院国家天文台
	S.Le Coz	博士后	中国科学院国家天文台
联络人：	黄　滟	工程师	中国科学院国家天文台
			huangyan@bao.ac.cn

研究内容　① SKA-low 的大面积布设提供了探测超高能宇宙射线大气簇射产生的低频无线电辐射的绝佳机会，经济型和高灵敏度将使得 SKA 在宇宙射线探测中大展身手，成为 SKA-low 有重要价值的产品。② 利用 SKA 的灵敏度优势，观测高能宇宙线和中微子掠过/穿越月壤时产生的 "阿斯卡岩（Askaryan）" 效应，即表现为地面可接收的纳秒级射电脉冲。Askaryan 效应已经被地面实验实现并应用，利用其探测高能中微子尚未能实现。SKA 将可能实现人们第一次利用月球作为靶体探测到宇宙线和中微子事例，开辟研究宇宙的新方法。

技术挑战　不管是探测超高能宇宙射线还是宇宙中微子，在低频射电波段都表现为一个极短脉冲信号（1~100ns），且由于信号微弱，需要大的接收面积。SKA-low 已经具备了足够的探测灵敏度和时间分辨率，我们所要应对的是如何从技术上剔除与区分复杂和强大的干扰信号。极化信息和方位信息可能是关键的指标，此外天线的精确校准也是一个难关。我们必须利用目前的低频射电设备和数值模拟技术，尽快检验和掌握这些核心技术。

研究基础　过去十年间，我国通过自主建设 SKA 探路者 21CMA、天山低频射电宇宙射线试验（Tianshan Radio Experiment for Neutrino Detection, TREND）和前期 GRAND35 试验，积累了低频射电实验和数据处理的经验。目前正与十多个国家的四十多位科学家合作，在我国天山地区开展中微子探测巨型射电阵列（Gaint Radio Array for Neutrino Detection,

---

*组稿人。

GRAND）的前期实验。这一实验项目将为未来使用 SKA 在该领域做出中国特色的成绩奠定重要基础。

优先课题 ① 在国内完成 GRAND 先导实验 GRANDproto 300，掌握核心数据处理技术并提高甄别高能宇宙射线事例的能力。利用 SKA1-low 开展高能宇宙射线探测，扩展 SKA1 在高能天体物理的应用范围。② 联合 SKA1-low 和 SKA1-mid 共同开展月球无线电脉冲探测试验，以期第一次发现高能宇宙射线和中微子在月壤里产生的 Askaryan 辐射。

预期成果 ① 在 GRAND 以及 SKA1-low 实现最灵敏的高能宇宙射线探测试验，极大地提升人类利用高能宇宙射线探测宇宙的能力；② 发现以月球为靶体的宇宙高能中微子作用事例。

3.11.1 科学背景

宇宙射线是来自于外太空的高能带电粒子，部分具有极高能量。目前世界最大的粒子对撞机 LHC 只能加速质子到约 10^{14}eV 的能量，而超高能宇宙射线（UHECR）单粒子能量即可达到 $10^{18}\sim10^{20}$eV。由于人造粒子实验室的技术及资金限制，UHECR 几乎成为人类探知 10^{17}eV 以上物理机制唯一的媒介。在天文领域，UHECR 也带来了关于自然的诸多疑问：这些粒子的本质是什么？怎样的加速机制可以达到如此高的能量？作为高能天体的信号，它们的源在哪里？是否与引力波源、快速射电暴源等直接相关？解决这些问题需要对 UHECR 进行大量的探测。

目前世界主导 UHECR 探测的天文台有位于南半球的 Pierre Auger 天文台（Aab et al., 2015）和位于北半球的 Telescope Array 天文台（Abu-Zayyad et al., 2012）。自 2005 年至今，有超过 10^5 个超高能粒子被探测到，人们也随之加深了对它们的理解。比如观测发现，$10^{18}\sim10^{19}$eV 能段的粒子主要为氢核，而更高能的粒子可能是更重的元素乃至铁核。还有，宇宙线的能谱在 $10^{19.5}$eV 以上存在"截断"现象。这可能源自粒子加速机制的限制，也可能是 UHECR 与宇宙微波背景辐射光子碰撞的结果（GZK 效应（Greisen, 1966; Zatsepin and Kuzmin, 1966））。然而，超高能宇宙射线的谜题并未解开，人们依然无法找到 UHECR 粒子的源头，也无法解决诸如 $10^{17}\sim10^{19}$ eV 能量范围内河内与河外宇宙线来源的"过渡"等问题（Kotera and Olinto, 2011）。观测方面的困难主要在于，这些粒子的极低流量-能谱在高能端约符合幂律关系 E^{-3}，在大于 10^{18}eV 的超高能段，粒子的流量低于 $1\mathrm{km}^{-2}\cdot\mathrm{a}^{-1}$。另一个更根本的难题在于，这些带电粒子受星系间磁场影响会产生偏转，以致到达方向对源的位置没有指向作用。因此，除了更有效地探测 UHECR 之外，探测其传播过程中特别是临近天体源处通过 GZK 作用产生的超高能中微子（UHEv）也是解决问题的关键所在（Fang et al., 2016）。

在另外一个方面，中微子，尤其是 UHEv 的探测目前是国际高能物理的研究热点。自 1956 年第一次在实验室被探测到，至 1998 年日本神冈实验及 2001 年加拿大 SNO 实验室证实中微子振荡现象，短短几十年时间里中微子项目就获得了 5 次诺贝尔奖。中微子如此受青睐的原因不仅是因为它是最晚发现的自然界基本粒子之一，更因为它的弱相互作用散射截面小，不易与物质反应也不受宇宙磁场的影响，像幽灵一样难以捕捉而充满神秘。也正因为这一特性，中微子几乎不会改变其传播路径。故而，观测 UHECR 事件中因 GZK 作用同时产生的 UHEv，可以帮助寻找宇宙线的起源，也几乎是用于定位高能天体反应源的唯一方法。美国冰立方（Icecube）天文台（Abbasi et al., 2013）于 2013 年首次观测到 10^{15}eV 的中微子，但 UHEv 至今未被发现。验证 UHEv 的存在性本身就是一项奠定基础物理框架的重要课题，同时也将开启研究高能天体物理过程的全新窗口。

3.11.2   射电探测方法和国际现状

人们通常通过高能宇宙线粒子在大气中 "级联簇变"（或称广延大气簇射, EAS）产生的次级粒子来推断原粒子的性质，探测方法包括直接的粒子探测、大气荧光探测、大气切伦科夫光探测和正高速发展的射电探测。EAS 的射电辐射来自次级带电粒子和地磁场的两种相互作用，且都有很强的偏振效应。这两种作用以地磁（geomagnetic）辐射为主，偏振方向与射线及地磁场方向垂直。另一种作用是 Askaryan 辐射，源于超光速射束在大气中产生的电荷不均匀性，偏振方向指向射线中心。研究 EAS 所需的物理量除了粒子方向、能量外，最重要的是产生次级粒子数极大值处的大气深度 $X_{\max}$。而 EAS 的射电辐射正是源自 $X_{\max}$ 附近的区域内，通过还原射电辐射的起点即能得到 $X_{\max}$ 的值。EAS 的射电辐射具有很强的相对论准直效应，辐射张角仅为 $1°\sim2°$。且传播过程中的吸收介质很少，因此可以传播相当远的距离，利于高倾角射线的探测。相对论性的射电射束以类似切伦科夫锥形传播，将在地面上留下边缘增强的圆形或椭圆形 "足印"。利用该 "足印" 各部分的射电流量、延迟和偏振等信息，即可模拟还原出 EAS 事件的位置和倾角等（图 3.11.1）。此外，射电探测不受限于光线和天气，在大气中吸收较少。由于射电探测方法适用于能量 10^{17}eV 以上的粒子，可对 UHECR 做针对性探测。相比昂贵的粒子探测器而言，射电探测也是一种更经济的方式（Schröeder, 2017）。

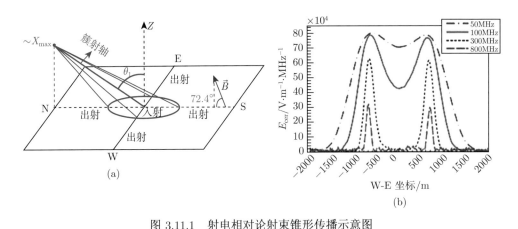

图 3.11.1   射电相对论射束锥形传播示意图

（a）地面上椭圆射束 "足印"；（b）"足印" 切面强度随频率的变化（Martineau 提供）

近 15 年来, UHECR 的射电探测获得了极大的推动和发展。很多著名粒子探测器的台址处都加装了射电辅助阵列，例如，俄罗斯西伯利亚的 Tunka-Rex（Bezyazeekov et al., 2015），德国的 LOPES（LOFAR 的原型实验（Falcke et al., 2005）），法国的 CODALEMA（Ardouin et al., 2005），以及以 150 个天线覆盖 17km^2 的最大射电阵 AERA（Pierre Auger 观测站的升级）（Aab et al., 2015）。一些实验还采用水面反射（台湾省的 TAROGE（Chen et al., 2015））或冰面反射（南极气球搭载的 ANITA（Hoover et al., 2010））等新颖方式来探测水平方向的宇宙线。但出于经济和近期射电天文发展等方面的考虑，潜力最大亦最为合理的方案则是在以天文研究为主的射电阵上添加宇宙线探测的功能。例如，欧洲的低频阵列（LOFAR）利用几百个天线，成为 UHECR 迄今为止最精确的射电探测阵。中法国际合作项目 TREND（Ardouin et al., 2011）作为 GRAND（Martineau-Huynh et al., 2015, 2017）的探路者，利用位于中国天山的"宇宙第一缕曙光探测"21CMA 的线路和设备，已于 2014 年完成了相关的测试，现正在原址进行 GRAND 原型阵的研究。而位于澳大利亚的 SKA-low，由于拥有的天线数最多且最为密集，将成为未来探测宇宙线最精确的射电阵。

不同于 UHECR 探测，高能中微子不与大气相互作用，需要借助其在更高密度介质中的反应。它和较低能中微子的探测也有所不同，需要利用其在冰或岩石中因 Askaryan 效应而产生的射电信号。利用冰体探测的代表性项目有南极的 ARA（Allison et al., 2015）、ARIANNA（Barwick et al., 2015）和 ANITA（Hoover et al., 2010）等，也有格陵兰岛的在建项目 GNO（Avva et al., 2016）。此类项目的优点是方法成熟，缺点在于，由于受地理环境的限制，很难实现大面积探测及高灵敏度。另一种近年发展起来的更新的探测方法可避免对大面积冰层的依赖，利用岩石探测 τ 中微子。如图 3.11.2 所示，当 τ 中微子以靠近地面的角度穿过山体时，中微子有更多概率与致密的岩石反应产生 τ 轻子。τ 轻子穿出山体后 30km 以内在大气中衰变，激发射电波段的 EAS，可以被地面及山面的射电天线阵列探测到。这种方法既克服了传统冰体探测的局限性，同时也利用了地面射电探测的可拓展性及低成本性。值得一提的是，目前还没有实验探测到高能 τ 中微子。位于中国的国际性项目 GRAND，除探测 UHECR 之外，探测高能 τ 中微子也是其未来最主要的目标之一。

图 3.11.2　以 GRAND 为例，利用山体探测 τ 中微子示意图（Martineau 提供）

另一大国际热点是利用月壤探测超高能宇宙线和中微子。百万平方公里的月表面积极大地增加了超高能粒子的反应概率，且由于月表没有大气，宇宙线信号不会衰减。但地月遥远的距离是探测的困难所在。和前述不同的是，该方法探测的是高能粒子在月壤中触发重子物质的级联簇射，因 Askaryan 效应产生数十 MHz 至几 GHz 频段的小于 1ns 的射电脉冲（图 3.11.3）（Gorham et al., 2000）。UHECR 在月表下 3m 内即可发生反应。考虑到信号传播的方位角，于月球侧面带状区域内反应的粒子可在地球上被探测，而观测的天区为围绕月球约 30° 的环形区域（Bray et al., 2015a）。UHEν 理论上可以穿过月球，但少量中微子于月表下 10 m 内触发重子级联簇射而产生的射电脉冲可以穿出月面。由于只有 20% 的中微子能量参与该反应，对于以相同能量入射的宇宙线和中微子，后者产生的脉冲信号更弱，探测的难度更大（Bray et al., 2015a）。由于在低频波段允许更大入射角范围的粒子事件的观测，以及月壤对低频信号更高的透明度而使得该波段更适合月球 Askaryan 探测（Scholten et al., 2006）。自该理论提出以来已有无数的射电望远镜希望探测到来自月壤的高能粒子信号。尽管仍未探测到任何事件，但已对这些粒子的流量上限做出许多限制。未来的高精度射电探测器，如中国 FAST（Li and Pan, 2016）和 SKA 都可能在该领域有重大突破。

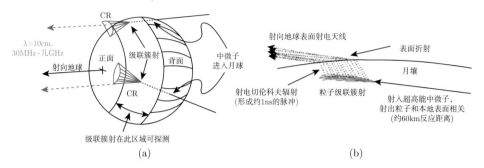

图 3.11.3　月面 UHECR（a）和中微子（b）Askaryan 辐射示意图（Gorham et al., 2000）

3.11.3　SKA 的突破方向

SKA 因其庞大的天线数量和密集的中心天线分布，将成为射电探测宇宙线和中微子信号最精确的设备。由于 SKA 建于平地，没有冰体或山体等反应介质，地面探测只针对来自于宇宙线的 EAS 事件。而更高能的宇宙线及中微子的探测则需要针对月壤的 Askaryan 反应。下面将分别介绍一下 SKA 的这两种探测能力和技术准备。

1. 地面精密探测宇宙线 EAS 事件

地面探测宇宙线 EAS 事件的精度取决于射电阵的总面积和天线密度。总面积大则增加探测概率，天线排布密集则增加探测精度。图 3.11.4 将 SKA1-low 的设置与现在主要的宇宙线射电阵 AERA 和 LOFAR 做了比较。可以看到，LOFAR 的探测总面积偏小（0.2km^2），AERA 总面积大（6km^2）但天线排布稀疏（Fuchs, 2012）。SKA1-low 在核心阵总面积上达到 AERA 的量级（> 1km^2），且计划布满非均匀分布的成千上万的天线，在 10^{17}eV 以上的探测率将达到 ∼25 000evt·a^{-1}，在 10^{18}eV 以上的探测率也能达到每年数百例。由于在天线密集度上具有绝对优势，SKA1-low 使 $X_{\max}$ 的探测误差达到 10g·cm^{-2}，将现有的探测精度提高一倍（Huege et al., 2015）。这将对精确测量超高能宇宙射线化学成分，解决目前南北半球 UHECR 的观测分歧有至关重要的贡献。

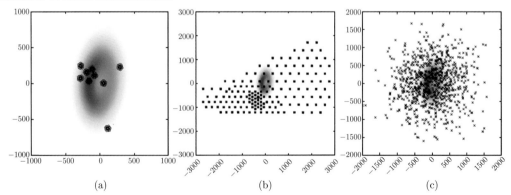

图 3.11.4　模拟同种射电射束在几种天线阵的"足印"（图像有拉伸）

（a）LOFAR；（b）AERA；（c）SKA1-low 核区的一部分天线（Huege et al., 2015）

如此高的探测率和精度也使 SKA 成为解决宇宙线某些特定问题的最佳实验室。由于银河系内的宇宙线能量不太可能超过 10^{20}eV，而且在宇宙线能谱 $10^{18.2}$eV 处存在 "踝点"，因此 $10^{17}\sim10^{19}$eV 是河内外宇宙线来源的过渡区域。SKA1-low 的高精度探测能段 $10^{16}\sim10^{19}$eV 正好包含了以上的区域，每年将提供几百至上万的 EAS 探测，帮助我们解开宇宙线 "踝点" 和河内外过渡之谜。而在低于 10^{17}eV 的能段，河内宇宙线背景很强，一般的探测无法提高信噪比。通过波束形成和利用宽瞬时带宽的技术，SKA 依然能在低能端获得很高的灵敏度，对解释宇宙线能谱的 "膝点"（$\sim10^{15}$eV）及超新星残骸对河内宇宙射线的贡献也可能提供有力的证据。

SKA 极大地提高了 X_{max} 的探测精度，不仅能更精确计算宇宙线粒子的质量组成，还能更精确描绘 EAS 的空间拓扑结构特别是径向变化。而这涉及现有粒子加速器无法研究的、粒子物理学家最感兴趣的超高能强子的碰撞和衰变。特别是，通过研究 X_{max} 分布的末端，能更精确获得质子在空气中的反应截面（Abreu et al., 2012）。另外，该阵列还可以精确地研究宇宙线 EAS 和雷电之间的关系，以及高纬度电离层带电情况的变化等（Huege et al., 2015）。

利用 SKA1-low 探测 EAS 有其特殊的技术要求。由于 EAS 每次只点亮地面的一部分天线，因此无法利用相干数据，而应该输出单个天线的原始数据。因为 EAS 持续时间短（十至数百纳秒）且强度变化大，输出速度应达到 700MSPS，数据采样应达到高于噪声水平 8~12bit 的动态范围，因此会产生极大的数据量。SKA 无法存储所有的数据，再加上 EAS 的发生无法预测，需要额外设置触发系统。虽然天线自触发系统正在研发阶段，但由于 SKA 不是专门探测宇宙线的射电阵，阵中将放置一些粒子探测器作为辅助，也能帮助射电数据的 RFI 修正和天线的精确校准。为了节约存储空间，也会根据 EAS"足印" 的尺度（直径 500~1 000m）选择相隔数米的天线，作为用户定义的子阵列进行数据缓存，缓存时间将为几毫秒。位于法国 Nançay 天文台的、将建在 LOFAR 超级站（LSS）上的 NenuFAR 项目是 SKA 宇宙线探测的探路者之一（Zarka et al., 2012）。同时，SKA 的低频先导项目，位于澳大利亚的 MWA 也正在开展宇宙线探测试验的讨论。

2. 月球 Askaryan 探测

SKA 探测月面宇宙线和中微子信号的能力在 Bray 等（2015a）的文中有详细的阐述。SKA1-low 和 SKA1-mid 都具有超高时间分辨率，因此都能探测来自月面的宇宙线和中微子产生的纳秒级脉冲。UHECR 探测的能量峰值集中在 $10^{19}\sim10^{20}$eV，且低频阵列的探测峰值更高（Bray et al., 2015a, 图 4）。中微子的探测能量峰值则是 UHECR 的 5 倍以上。由于月球的 Askaryan 脉冲具有沿月球径向向外、临边增亮、线性极化、带宽受限等特征（James et al., 2015），因此对相关探测技术也提出了特殊的要求。国际上，以 LUNASKA 等为代表的探测实验已积累了较为成熟的技术经验（Bray et al., 2015b），下面将阐述主要的四个方面。

首先，为探测纳秒特征时间的脉冲信号，接收机须实现原生时间分辨率下原始时域电压的采集。从技术、效率和造价角度来看，完全存储、传输和运算由此产生的巨大数据均不切实际。因此有必要建立数据缓冲区来实时地寻找脉冲信号，且仅当发现候选事件时才触发存储缓冲数据。

其次，有效的波束形成策略才能满足该实验对视场和高分辨率要求。通过适当的延迟补偿可将 SKA1-low 一个站点的所有天线组合形成 "站点波束" 指向天空的任意方向，站点波束半峰宽大于 1.4°，足以覆盖整个月面。多个站点波束可类似地形成 "阵列波束"，其大小和灵敏度取决于参与波束形成的站点数目。由于临边增亮效应，可通过 SKA 核心区的密集阵列形成的波束完全覆盖整个月球边缘，实现 50% 的月表全覆盖情况下的有效粒子孔径（James et al., 2015）。当核心区阵列波束触发存储所有站点的数据，就可通过回溯分析来获得整个 SKA 阵列的高灵敏度。每个波束的信号应当由具有逆带宽时间分辨率的单一序列电压样本构成，使得样本中可能包含的单一高振幅脉冲信号可被识别。通过多相滤波器组（PFB）可将信号分解成具有反信道宽度时间分辨率的频率信道，继而进行波束形成。

再次，电离层色散将对纳秒脉冲信号造成显著振幅损失，实时地去色散处理能最大限度地提升信噪比以提高接收信号的概率。由于在波束形成阶段信号是被信道化的，采用适当的相因子做去色散就显得相对容易。相因子的大小则取决于我们预测色散水平的精确程度，电离层色散水平由瞬时电离层总电子含量参数化，相关研究的进步将有助于色散水平的预测。通过逆 PFB 以较小的效率损失将波束还原为时域信号。

最后，以探测单一不重复事件为目的的瞬变探测实验极易受到射频干扰的影响，为提升采集数据的置信水平，应当排除每一个纳秒尺度的射频干扰。鉴别射频干扰最简单的方法是对多个独立天线的一致性进行检验，但这会限制实验的灵敏度。对于能够使用望远镜的全部接收面积来充分获得相干灵敏度的 SKA 实验而言，最为有效的方法是排除那些由多波束接收到的指向月球不同部位的脉冲。当射频干扰被排除后，触发率将被电压中的热噪声水平所主导。每一次触发都将存储缓冲器中的当前数据，磁盘的数据存储速度决定了其所允许的最大触发率，继而确定触发器的阈值电压。触发判据并不需要做到实时最优化，但一定要能够存储所有的可能事件以备回溯分析。

简言之，通过基于多波束实验、高效触发机制、实时去色散和去射频干扰技术的回溯分析方法，SKA 可获得对月面的有效覆盖和对 Askaryan 脉冲的高时间分辨率及高灵敏度。根据 Bray 等（2015a）文中表 2 的预测，SKA1-low 和 SKA1-mid 都有很大概率找到第一例来自月壤的宇宙线事件。虽然 SKA1 各波段均对 GZK 中微子流量不灵敏，但低频波段有望探测到一些能量极高的 top-down 模型的中微子。它们极容易从预计探测到的较低能量的宇宙线中识别，因而极少数的探测事件也能很强地支持这一模型。Bray 等（2015a）文中的图 7 显示，SKA 探测的中微子能量大于 10^{20}eV，探测极限将超过 ANITA 等项目。但因为存在 LORD、FAST 和 GRAND 等竞争者，SKA 即便具有史无前例的灵敏度，仍然需要和时间赛跑。

3.11.4　我国的研究基础

我国在高能宇宙线和中微子的探测领域已有二三十年的基础，但在射电探测方法上尚处在起步阶段。位于天山的国际合作项目 TREND 作为 GRAND 的探路者，是我国在该领域的第一次尝试。利用我国 21CMA 的东西基线的线路设备，从 2009 年的 6 个碟形天线，至 2011 年的 50 个天线外加 3 个闪烁体探测器（图 3.11.5（a）），TREND 利用自研的 200Hz 自触发系统，已于 2014 年顺利完成了所有的实验数据采集。在天线的噪声信号测试、角分辨率探测实验、EAS 候选事件探测上都获得了符合理论预期的理想结果（Ardouin et al.,

2011；Martineau-Huynh，2012）。

TREND 之后，GRAND35 作为 GRAND 的原型设备已于 2016 年开始实验。GRAND35 升级了天线系统，采用三极化天线以获得信号的偏振信息，进一步从背景信号中提取真实信号，天线的自触发频率也升级到 1 000Hz。为了检验探测粒子的正确率，GRAND35 计划在 21CMA 的南北基线两侧安装 35 个三极化天线和 24 个闪烁体探测器（图 3.11.5（b）），现已完成天线测试，成功监测了银河的背景辐射。计划 2019 年完成全部的天线安装并开始大量数据采集。

TREND 和 GRAND35 为我国自触发射电阵探测高能宇宙线的技术奠定了基础。终极的 GRAND 项目将在包括天山在内的 200 000km^2 范围内沿山体安放 200 000 个天线（图 3.11.5（c）为利用天山南侧的示意图），实现 GZK 中微子最低流量下的探测及 UHE 中微子源的发现。不过，GRAND 主要目标为 τ 中微子，与 SKA 的宇宙线探测目标不尽相同。但是由于对 EAS 的探测方法一致，我们可以利用 GRAND 先导阵列进行宇宙线 EAS 探测实验，从中汲取经验用于 SKA-low 的宇宙线和中微子探测。对于月壤的脉冲信号探测，则能够从 FAST 中汲取经验。可以肯定的是，我国科学家有潜力逐步掌握射电探测高能宇宙线和中微子的多种技术，为将来 SKA 的相关国际合作贡献中方力量。

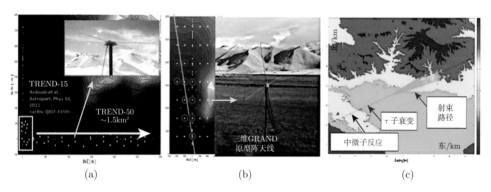

图 3.11.5 TREND 天线排布及单极碟形天线（a）；GRAND35 天线排布及所用的三极化天线（b）；天山南侧 GRAND 实验区域（O.Martineau 提供）（c）

参 考 文 献

Aab A, et al. 2015. Nucl. Instr. and Meth. A, 798: 172

Abbasi R, et al. 2013. Nucl. Instr. and Meth. A, 700: 188

Abreu P, Aglietta M, Ahn E J, et al. 2012. PhRvL, 109: 062002

Abu-Zayyad T, et al. 2012. Nucl. Instr. and Meth. A, 689: 87

Allison P, et al. 2015. APh, 70: 62

Ardouin D, et al. 2005. Nucl. Instr. and Meth. A, 555: 148

Ardouin D, et al. 2011. APh, 34: 717

Avva J, Bechtol K, Chesebro T, et al. 2016. arXiv: 1605.03525

Barwick S W, et al. 2015. APh, 70: 12

Bezyazeekov P A, et al. 2015. Nucl. Instr. and Meth. A, 802: 89

Bray J, Alvarez-Muniz J, Buitink S, et al. 2015a. POS (AASKA14), 144

Bray J, Alvarez-Muniz J, Buitink S, et al. 2015b. ICRC, 34: 597

Chen C C, et al. 2015. ICRC, 34: 663

Falcke H, et al. 2005. Nature, 435: 313

Fang K, Kotera K, Miller M C, Murase K, Oikonomou F, 2016. JCAP, 12: 017

Fuchs B. 2012. Nucl. Instr. and Meth. A, 692: 93

Gorham P W, Saltzberg D P, Schoessow P, et al. 2000. PhRvE, 62: 8590

Greisen K, 1966. PhRvL, 16: 748

Hoover S, et al. 2010. PhRvL, 105: 151101

Huege T, Bray J, Buitink S, et al. 2015. POS (AASKA14), 148

James C W, et al. 2015. ICRC, 34: 291

Kotera K, Olinto A V. 2011. ARA&A, 49: 119

Li D, Pan Z. 2016. RaSc, 51: 1060

Martineau-Huynh O, Bustamante M, Carvalho W, et al. 2017. European Physical Journal Web of
    Conferences, 135: 02001

Martineau-Huynh O, TREND Collaboration. 2012. arXiv: 1204.1599

Martineau-Huynh O, Kotera K, Fang K, et al. 2015. ICRC, 34: 1143

Scholten O, et al. 2006. Astro-particle Physics, 26: 219

Schröder F G. 2017. Progress in Particle and Nuclear Physics, 93: 1

Zarka P, Girard J N, Tagger M, Denis L. 2012. SF2A-2012: 687-694

Zatsepin G, Kuzmin V. 1966. Pis'ma Zh. Eksp. Teor. Fiz., 4: 114

第4章　中国 SKA 科学队伍和配套设施建设

安　涛　李毅超　马寅哲　秦　波　孙晓辉　王婧颖　武向平*

4.1　基　本　原　则

过去十年间，世界各地相继建设了一批 SKA 探路者设施，低频波段包括 21CMA、LOFAR、MWA、PAPER 等，这些设施均以宇宙黎明和再电离（CD/EoR）探测为首要科学目标和驱动；而中高频波段则以 ASKAP 和 MeerKAT 为代表，兼顾了新技术试验（如相控阵馈源和数字波束）和天文学巡天（如中性氢和脉冲星寻找）双重目标。这些被称作第一代 SKA 探路者的设备，为设计、建设和运行 SKA 积累了宝贵的经验，奠定了我们实施 SKA 庞大国际合作计划的技术和科学基础。目前，仍有一些低频设备在建或扩建，包括了 MWA2（完成）、MITEoR（完成）、HERA（在建）等，这些被誉为第二代的 SKA 低频探路者，除了规模相对于 SKA 稍小，都采用了与未来 SKA 近乎同等甚至超前（如 FFTT）的技术和理念，特别是在数字化技术和数据处理技术等方面，汲取了第一代 SKA 探路者的经验和教训，将在某些核心领域（如 RFI 去除、定标和校准、低频大视场成像等）为 SKA 提供进一步的技术支持，甚至可能于 SKA1 之前或同期取得重大科学发现，对 SKA1 本身设定的首要科学目标构成竞争和挑战。

在国际上已经建设和运行 SKA 探路者十年的背景下，在 SKA1 即将开始建设并在七年内可以提供科学数据的前景下，我们不建议在我国再实施有关 SKA 探路者的大规模工程设施建设，理由是：其一，我们已经与国际同步建设了 SKA 低频探路者 21CMA 且已经运行十年有余，在技术和数据处理方面积累了丰富的经验；其二，我们已经不可能在国内再投资建设规模与 SKA 相当的设备，经费和时间都不允许；其三，种类繁多的 SKA 探路者设备足以让我们通过国际合作学会未来 SKA 的技术、数据处理和运行。

如果抛弃了大规模硬件设施建设的理念，我们将会集中精力投入科学队伍的建设，特别是 SKA 数据处理人才的培养，在 SKA1 产生科学数据之时，以最快的速度组建高质量的数据处理人才队伍，尽快产出科学成果。所以，我们应该遵循以下原则：

（1）国内配套项目均设定在 SKA1 完成前，依托国内现有中低频设备，掌握大视场和高动态干涉成像技术，掌握大视场和宽带快速脉冲星搜寻技术；

（2）支持建设小规模的 SKA 原理验证系统，或者改造更新现有设备，快速掌握关键技术（如多波束）特别是有关数据处理的软件，建立自己的数据处理软件系统；

（3）积极参与国际合作计划，特别是与 SKA 所在国和成员国开展合作研究，参与如 LOFAR、MWA、ASKAP、MeerKAT 等前期设备的运行和数据处理，为未来使用 SKA 数据打好基础；

---

* 组稿人。

（4）制订中国 SKA1 首要科学目标和具有特色的科学领域，并有针对性地为此培养数据处理和科学研究人才；

（5）在明确和清晰的科学目标指导下，有针对性和有组织地输送青年人才介入国际同类计划，在以我为主培养和组建中国 SKA 科学研究队伍的前提下，注重国际合作和吸引国际优秀人才；

（6）在国内建立 SKA 区域中心，奠定中国在亚洲的霸主地位。

最后，关于中国 SKA 人才队伍建设，应首先紧密围绕 SKA1 首要科学目标展开，区分优先级，以原始数据处理为第一梯队，利用数据进行理论研究为第二梯队，力争在个别领域获得 SKA1 的第一发现。SKA 的队伍建设还应立足现在、着眼未来，重点培养以中青年人才为核心、以科学目标为导向的科学队伍。我们要在十年左右的时间建立一支在一些核心科学领域引领 SKA 研究的高素质国际化人才队伍，奠定中国在 SKAO 的科学话语权和决策权。

4.2　国际化的中国 SKA 人才培养平台建设

SKA1 计划于 2028 年建成投入运行，而 SKA2 的全面建设预计在 2030 年以后。SKA 作为一套革命性的射电望远镜，是年轻一代天文学家施展才华的舞台。尤其是，对于我国天文学家来说，SKA 完全是一套全新的设备。鉴于我国射电天文人才短缺、基础薄弱的具体国情，"十年树木、百年树人"，因此，中国 SKA 事业必须将人才培养放到与科学目标、团队建设同等重要的战略高度，予以高度重视。

特别是，应充分把握好 2025 年之前（甚至是第一批 SKA 数据产生之前）这一留给中国 SKA 的极其宝贵的"时间窗口"，不失时机地部署中国 SKA 的人才战略。

中国 SKA 人才战略必须坚持如下三大原则：

（1）率先性原则；

（2）国际化原则；

（3）先进性原则。

率先性原则　鉴于人才培养的长周期性，中国 SKA 人才培养应该是中国 SKA 科学接力赛中提前起跑的"第一棒"，必须进行提前部署，否则将错失良机。这个"第一棒"跑出好成绩，将为我国未来的 SKA 事业打下良好的基础。

国际性原则　作为国际大科学工程，国际合作是 SKA 的天然属性。SKA 时代，科学研究的全球协作与分工已成为必然。中国作为 SKA 创始成员国，必须充分将国际优势资源为我所用，以最大限度、最快速度提升我国学者，尤其是年轻一代的科学能力。

先进性原则　SKA 是国际顶级的天文设备，代表了射电天文学的发展方向。SKA 造价高昂、性能卓越，因此对使用 SKA 的科学家提出了很高的要求，中国的 SKA 人才战略将毫无选择地必须坚持走高水准、高标准的道路。

国际化的中国 SKA 人才培养平台包括如下一些具体计划。

（1）计划一：中国 SKA 联合博士生计划。

选派优秀中国博士研究生，赴国外 SKA 先进单位，尤其是 SKA 台址国、总部国，围绕 SKA 先导性项目（如澳大利亚的 MWA 和 ASKAP、南非的 MeerKAT 等），开展 SKA 前沿课题研究、学习 SKA 核心数据处理技术。采取 "3+2" 培养模式，即在博士研究生的整个五年的培养计划中，有 2 年在国外进行联合培养，由中外双方导师负责，最后由国内培养单位授予博士学位。采取以上培养模式的中国学生，也将成为中外双方研究团队的桥梁，同时促进国内的发展。

规模：每年选派 20 名优秀博士生，每名学生留学 2 年。

（2）计划二：中国 SKA 博士后计划。

选派优秀中国博士，赴国外 SKA 合作单位，尤其是 SKA 台址国、总部国进行为期两年的博士后研究，围绕 SKA 先导项目（如澳大利亚的 MWA 和 ASKAP、南非的 MeerKAT，荷兰的 LOFAR 等），开展 SKA 前沿课题研究、学习 SKA 核心数据处理技术。

规模：每年 10 名。

（3）计划三：中国年轻学者访学计划。

选派优秀中国年轻学者，赴国外 SKA 先进单位，尤其是 SKA 台址国、总部国进行为期 3~12 个月的研究，围绕 SKA 先导项目，开展 SKA 前沿课题研究、学习 SKA 核心数据处理技术。

规模：每年 20 名（每人平均 6 个月）。

（4）计划四：海外学者来华访问计划。

邀请优秀的海外年轻学者及资深知名学者来华进行短期、中期的访问与学术交流，带动国内学者，尤其是年轻学者 SKA 研究水平的提升。

（5）计划五：国际化的中国 SKA 暑期学校系列。

为尽快提升国内学生与年轻学者的研究水平及掌握国际 SKA 前沿知识，每年聘请国际知名学者及国内杰出学者，进行短期集中培训和授课。工作语言以英语为主。在科技部 973 计划等多方经费支持下，自 2013 年起，每年举办一届，已成功举办了四届 "中国 SKA 系列暑期学校"，并且已与 SKA 成员国新西兰和 SKA 台址国南非及澳大利亚达成战略合作，发展为 "中国–新西兰–南非–澳大利亚 SKA 联合暑期学校"。该国际化的系列暑期学校已开始具有国际影响力，SKAO 予以高度赞赏并已提供部分经费支持。

规模：每年举办一届。

4.3 国际合作项目和计划

4.3.1 MWA 和 LOFAR

MWA 是 SKA 国际大科学工程中的低频望远镜先导之一，有多年成功运行的经验，积累了相当可观的实测数据，MWA 的主要科学方向与我国 SKA 科学 "2+1" 战略非常符合，我国建成世界上最早的 SKA 探路者项目 21CMA，与 MWA 在关键技术和科学方向上有很多一致的地方。从 2016 年起 MWA 进入二期建设和运行计划，在此之前 MWA 董事会邀请中国参加 MWA 二期的国际合作。2014 年 4 月，中国与新西兰签订合作备忘录。MWA 董事会主席 Johnston-Hollitt 教授于 2014 年 11 月与武向平院士商议中国参加 MWA 国际合作。2015 年 9 月，中国与澳大利亚成立中澳天文中心，其重要议题是开展 SKA、FAST 和南极天文方面的合作研究。2016 年 5 月，上海天文台与澳大利亚国际射电天文研究所

（ICRAR）签订了《上海天文台-ICRAR 关于 SKA 合作的备忘录》，旨在加深 SKA 科学与技术方面的合作，以及共同建设 SKA 亚太区域中心。2016 年，MWA 董事会主席访问中国期间，上海天文台表达了加入 MWA 国际合作的积极意向，经过协商和讨论，上海天文台于 2016 年底开始参加 MWA 董事会的讨论。上海天文台作为牵头单位，于 2017 年 11 月正式签约加入 MWA 国际组织，其资金投入为 500 万元人民币，此经费投入用于支持 MWA Phase II 的运行。中国将享有 10 个 MWA 董事会席位中的 2 个席位，中国科学家有 50 个用户名额，有权利使用目前已有的 MWA 历史数据和即将产生的 MWA Phase II 数据以及参加所有的项目和主要科研课题。参加 MWA 有助于中国积累 SKA 国际组织中多方合作的经验，有助于中国科学家优先利用 SKA 先导数据掌握核心数据处理技术、开展预先科学研究，在中澳两国之间建立 MWA 数据中心互联共享，成为未来 SKA 区域中心的雏形。

欧洲的荷兰等国是传统的低频射电天文强国。荷兰牵头建设的 LOFAR 是运行最早的低频阵列之一，在数据校准成像等技术层面上处于国际领先水平，已有大量高水平研究成果。中国同荷兰射电天文学界的合作始于 20 世纪 80 年代，荷兰 ASTRON 研究所（LOFAR 的牵头单位）长期以来接待中国射电天文学家、工程师和研究生的留学访问，包括 FAST 首席科学家南仁东研究员、中国 SKA 科学董事彭勃研究员、中国 VLBI 领域的资深学者蒋栋荣研究员和洪晓瑜研究员等都曾在荷兰留学访问，荷兰在接收机低噪声放大器和数字终端方面的领先技术使得中国的 FAST 望远镜和 VLBI 台站获益。中荷合作为快速提升中国射电天文水平做出了不可忽视的贡献。为进一步深化中荷天文界在 SKA 方面的合作，2015 年 4 月，上海天文台与荷兰 ASTRON 研究所签订《SHAO-ASTRON 在射电天文领域的合作备忘录》，备忘录指出双方将交换建立区域科学数据中心的详细工作计划与具体实施步骤，约定定期召开会议协调工作进程，在今后邀请更多的合作伙伴加入，旨在为 ASTRON 和上海天文台分别建立 SKA 区域科学数据中心开展深度合作，研发相应的关键技术，共享科学成果。

SKA 能否取得预期的重大科研成果并在国际上发挥重大作用取决于 SKA 科学数据处理和科学分析研究的能力，我国能否通过参与 SKA 获得相应的科学回报取决于中国科学数据处理的能力和科研队伍。而目前中国恰恰缺乏 SKA 科学数据处理技术的人才。后备人才的培养将是 SKA 各国发展潜力和持续动力的决定因素之一。在国家留学基金管理委员会（CSC）、科技部 973 计划、国家天文台 SKA 项目、外方匹配等多方筹措经费支持下，自 2013 年起，中国已先期启动 "中澳 SKA 联合博士生计划"，2015 年启动 "中英 SKA 联合培养计划"。截止到 2018 年 6 月，共 14 名中国学生在澳大利亚深造，7 名中国学生在英国深造。澳方负责人之一 Carole Jackson 教授给中方发函，高度评价中国学生的学术表现。中国科学院大学秦波研究员主持了国家留学基金管理委员会创新型人才国际合作培养项目 "平方公里阵射电望远镜（SKA）人才培养专项"，自 2017 年开始每年支持 10 名博士生或博士后到外方学习两年，项目持续 3 年共有 30 名学生有机会出国加入国际 SKA 核心科学组织参与前沿课题。中国已经组织了 4 届 "中国 SKA 暑期学校"，吸引了国内 300 多名学生、学者积极参与。中国学生已经在利用 SKA 先导项目，开始取得重要成果。首批派出的苏洪全同学，历时 2 年多，利用澳大利亚 SKA 先导性项目 MWA，获得了银河系弥漫同步辐射的三维分布图，这是迄今最完备的测量，同时给出 47 个电离氢区背后的同步辐射率，发表在 MNRAS。

第二批派出的薛梦瑶同学，正在从事利用 MWA 搜寻脉冲星的重要前沿工作，前期结果在中澳天文学会上做了成功展示。我国在澳大利亚 CSIRO 的博士后代实，已在利用 MWA 搜寻脉冲星的前沿领域产出成果。

4.3.2 ASKAP

ASKAP 是澳大利亚平方公里阵探路者的简称，由 36 面 12m 的天线构成，位于澳大利亚西部的 Murchison 天文台，由澳大利亚 "联邦科学与工业研究组织"（CSIRO，类似于中国科学院）下的 ATNF（类似于国家天文台）管理。SKA1-low 和 SKA1-mid 的一部分也将位于该台址。ASKAP 天线由中国电子科技集团公司第 54 研究所研制，其余设备由 ATNF 研制。ASKAP 的频率覆盖范围为 700~1 800MHz，即时带宽为 300MHz。

ASKAP 使用的馈源是相位阵馈源（Phase Array Feed, PAF），与传统馈源相比，相位阵馈源可以获得更大的视场。ASKAP 的视场是 $30\deg^2$，因而是一个理想的巡天望远镜。

ASKAP 拟进行的巡天项目有：连续谱巡天 EMU；河外中性氢巡天 WALLABY；中性氢吸收巡天 FLASH；偏振巡天 POSSUM；暂现源巡天 VAST；银河系和大小麦哲伦云中性氢谱线巡天 GASKAP；短时标暂现源巡天 CRAFT；河外中性氢深场巡天 DINGO。其中，EMU 和 WALLABY 是优先级最高的两个巡天，ASKAP 将确保它们顺利完成。

2019 年，ASKAP 全部 36 面天线将进入运行阶段，预期产生大量巡天数据，为 SKA1 科学目标积累宝贵的探索经验。

1. 参与 ASKAP 的意义

ASKAP 的相位阵馈源是激动人心的技术创新，极大地增加了望远镜视场。当然新技术有一定的风险，这也是 ASKAP 未被 SKA1 采纳的原因。但相位阵馈源仍有广阔的发展前景。德国 Effelsberg 100m 望远镜最近安装了由 ATNF 制造的相位阵馈源，英国 Jodrell Bank 也正在考虑向 ATNF 订购。荷兰和加拿大也在研发相位阵馈源，其中荷兰研发的相位阵馈源正在 WSRT 天线阵上调试。可以预期 SKA2 将会大量使用相位阵馈源。我们国家也需要研发相位阵馈源技术，一方面可以装备我国已有的大望远镜如 FAST 等，提高它们的巡天速度；另一方面为 SKA2 做好准备。参与 ASKAP 将有助于我国学习发展相应的技术。

ASKAP 每秒钟将产生大约 5.2 TB 的数据，如何快速处理这些数据？这为将来应对 SKA1 大数据提供了很好的实验平台。我们国家自己可以借机发展软件，并且应用于 ASKAP 的数据。

ASKAP 的科学目标与 SKA1 的大部分科学目标，如中性氢巡天、连续谱巡天和偏振巡天等，是一致的，只是灵敏度低一些。参与 ASKAP，我们一方面可以研究 SKA1 目标的可行性，另一方面发展相应的软件为 SKA1 做好准备。

2. 切入点实施方案

建议成立一个国内的 ASKAP 小组，统一协调 ASKAP 的相关事宜，具体有以下几个方面。

（1）加入 ASKAP 的巡天团队。大部分巡天项目都是开放的，只要能保证做出贡献，随时可以加入。目前，巡天团队里的国内学者很少。由于早期科学刚刚开始，现在加入正好可以接触数据，是非常好的时机。

（2）在上海建立 ASKAP 数据中心，存储和处理 ASKAP 数据，并对所有国内学者开放。

4.3.3　MeerKAT

1. MeerKAT 概况

MeerKAT，最初的名字叫卡鲁阵列望远镜（Karoo array telescope），是一个目前正在南非北开普省进行测试和验证的射电望远镜阵列。在 2018 年 SKA1 建成之前，它将一直是南半球最大、最灵敏的射电望远镜。MeerKAT 将用于研究宇宙磁场、星系演化、宇宙大尺度结构、暗物质和射电瞬变源的本质。它同时也是南非承担 SKA 阵列建设的技术演示。截至 2018 年 5 月，所有 64 个 13.5m 直径的碟形天线已经安装完成，目前正在进行验证测试。

MeerKAT 是一个包含 64 个碟状望远镜的阵列，这些望远镜的摆放位置可根据科学目标的需要进行移动，其中 48 个集中在直径约 1km 的核心区域，16 个在外围区域，阵列最长基线为 8km。每个望远镜的总结构高度为 19.5m，重 42t，具有 13.5m 有效直径的主反射面和 3.8m 直径的副反射面。其光路设计为偏置格里高利（offset Gregorian）布局，使得在接收电磁波的传播路径上没有支柱结构的阻挡，这确保了卓越的电磁波接收性能、灵敏度和成像质量。望远镜观测仰角范围为 $15° \sim 88°$，方位角范围为 $-185° \sim +275°$。每个望远镜可容纳多达四个接收机和安装在接收机上的模拟–数字转换机。信号被转换为数字数据，并通过埋地光缆发送到卡鲁阵列数据处理大楼（KAPB）内的相关器进行相关并产生观测数据。科学数据存储在 KAPB，一部分科学存档数据通过光缆发送并存储在开普敦。

作为 SKA 先导项目，MeerKAT 也设定了在 SKA1 建成前的独立观测计划，五年观测时间主要分配给以下十个项目：

（1）检验爱因斯坦的引力以及引力辐射理论 —— 通过对脉冲星/中子星的观测来实现；

（2）利用 MeerKAT 阵列观测遥远宇宙（Looking at the Distant Universe with the MeerKAT Array, LADUMA）—— 对宇宙早期中性氢气体的深度观测；

（3）利用 MeerKAT 搜索再电离时期的分子（MeerKAT Search for Molecules in the Epoch of Reionization, MESMER）—— 通过搜寻高红移（$z > 7$）宇宙中的 CO 分子来研究早期宇宙中分子氢扮演的角色；

（4）MeerKAT 原子氢及羟基的吸收线观测 —— 羟基吸收线的相对强度将给出早期宇宙中物理常数变化的线索；

（5）南天近邻星系 HI 观测（MeerKAT HI Observations of Nearby Galactic Objects: Observing Southern Emitters, MHONGOOSE）—— 研究不同类型的星系、暗物质和大尺度网状结构；

（6）MeerKAT 暂现源和脉冲星观测（Transients and Pulsars with MeerKAT, TRA-PUM）—— 搜索研究新的和奇异的脉冲星；

（7）利用 MeerKAT 对天炉座（Fornax）星系团进行 HI 观测 —— 研究星系团环境中的星系形成及演化；

（8）MeerKAT 高频银盘巡天（MeerKAT High Frequency Galactic Plane Survey, Meer-

GAL）——研究银河系结构、动力学、电离气体、复合线、星际分子以及脉泽；

（9）MeerKAT 国际 GHz 多层系外探索巡天（MeerKAT International GigaHertz Tiered Extragalactic Exploration Survey, MIGHTEE）—— 对宇宙中最早形成的射电星系的连续谱深度观测；

（10）寻找剧烈射电暂现源（The Hunt for Dynamic and Explosive Radio Transients with MeerKAT, ThunderKAT）—— 对于诸如伽马暴、新星、超新星以及不属于任何已知类型的暂现源的探测。

此外，MeerKAT 还将与世界各地所有主要的射电天文观测台一起参与全球甚长基线干涉测量（VLBI）运行，并将大大增加全球 VLBI 网络的灵敏度。MeerKAT 的其他潜在科学目标也包括参与搜索地外文明，并与美国国家航空航天局合作，从空间探测器下载信息等。

现阶段，MeerKAT 主要由设置在开普敦的南非射电天文台（The South African Radio Astronomy Observatory，前称 SKA South Africa Office）的团队进行技术支持和早期数据处理。后期科学数据分析工作也已经展开，除南非射电天文台的科学家外，位于开普敦的开普敦大学、西开普大学、东开普省的罗德斯大学的研究团队也实现了科研资源和人员的深度共享，南非 SKA 还在西开普大学投资新建了射电宇宙学研究中心。位于德班的夸祖鲁-纳塔尔大学也积极参与了 MeerKAT。

国际方面，欧洲国家在传统上与南非存在非常紧密的联系。南非 SKA 的正式工作人员中，南非当地人占比较少，绝大部分来自 SKA 的各欧洲成员国。南非 SKA 在决策、建设和运行过程中必然会受到来自欧洲国家非常深入的影响。相比之下，中国与南非在射电天文领域的合作尚处于起步阶段，目前在南非从事 SKA 相关研究的中国人只有个位数。尽管中国在 SKA 的上层管理机构中占有与其他创始国相等的权利份额，但是在 SKA 实际运行过程中，中国在南非能实际施加影响的第一线"战斗人员"与欧洲诸国相比几乎可以忽略不计。因此，投入更多的人力和精力深度参与，加强与南非 SKA 团队的联系，尽快全面掌握MeerKAT 以及未来 SKA 中频阵列的核心技术，刻不容缓、势在必行。

2. 与中国的合作研究计划

中国 FAST 和 MeerKAT 作为同样运行在射电中频的碟状望远镜，在观测技术、科学目标等方面具有很大的共性，而在观测特性上又各具优势。两者在脉冲星搜寻、脉冲星计时阵列、中性氢星系巡天、中性氢强度映射、重子声波振荡探测等研究领域存在非常宽广的合作空间。FAST 覆盖赤纬南纬 15° 到北纬 65° 的天区范围，而 MeerKAT 可覆盖赤纬南纬 90° 到北纬 35°。FAST 和 MeerKAT 的覆盖天区既有交集，又可相互补充。脉冲星计时、中性氢星系巡天和中性氢强度映射等科学问题的研究都可从两者数据的综合分析中获益（例如，提高信噪比、相互校准、扩大功率谱可测量波数范围）。具体研究课题如下所述。

1）脉冲星研究

目前已经发现超过 2 600 颗脉冲星，其中超过一半的脉冲星是在近 10 年内，由诸如GBT（Green Bank Telescope）、Parkes Telescope、Arecibo 等大型射电望远镜发现的。相比这些大型射电望远镜，FAST 具有更高的灵敏度，而且相比 Arecibo 射电望远镜有更大的观测天区；而 MeerKAT 同时具备大视场与高灵敏度的优势。两者联合观测，可以分别在南天区与北天区发现数目更多更微弱的脉冲星，为脉冲星的理论研究提供更多的研究样本。除此之外，对已知脉冲星，特别是毫秒脉冲星的持续观测，研究其周期的微小变化，从而探测时空中传播的引力波，也是目前重要的研究方向。

2）中性氢星系巡天

MeerKAT 与 FAST 都具有很高的角分辨率与探测灵敏度，可以探测到低红移单个星系中中性氢气体的 21cm 射电辐射信号。目前 Arecibo 射电望远镜针对 SDSS 星系样本中低红移星系进行了观测，已经探测到超过三万个河外星系中的中性氢信号，最高红移约 0.06。与 Arecibo 望远镜相比，FAST 与 MeerKAT 的角分辨率更高，更加灵敏，可观测天区更大，可以获得相当可观的低红移星系中性氢信号样本。

3）中性氢强度映射巡天

（1）FAST 与 MeerKAT 可以在单天线工作模式下进行中性氢强度映射巡天观测。对于 MeerKAT，由于其单天线直径只有 13m，在单天线工作模式下其角分辨率较低，但可以探测到中性氢信号在宇宙学大尺度上的涨落。而 FAST 300m 的有效口径，可以探测到小尺度的红移畸变等效应（如 Kaiser 效应、Finger-of-God 效应）。通过一年的积分观测，FAST 可以对物质功率谱的重子声波振荡信号有很好的限制。FAST 与 MeerKAT 两者相互补充，可以为暗能量演化、大尺度结构形成与演化等的研究提供大量的观测数据。

（2）MeerKAT 将参与全球 VLBI 运行，CVN 的各天文台可积极与其进行交流合作，有利于掌握技术和积累合作关系。

（3）建立联合数据处理中心的可能性。SKA 的首批科学数据将于 2025 年前后产出，从原始数据开始处理是很多发现性研究的必然途径，届时海量数据的洲际传输技术会有大的飞跃。为了实现海量原始数据的掌控，中国应当考虑和南非合作建立数据处理中心。这一数据处理中心的目的是对海量的观测数据按科学需求进行初步处理，使获得的次级数据的容量降低，从而减轻通过因特网传回国内的科学数据处理中心的压力。合作的可能方式包括直接建设联合数据处理中心，以及分享南非既有科学计算中心（如南非 CHPC）的机时等。

3. 共建科学团队

中国和南非同为金砖国家，均为国际合作大科学工程 SKA 参加国，特别是，南非是 SKA 台址国之一，将建设 SKA 中频阵列。双方在天文多个领域具有强烈的合作愿望和良好的合作前景。南非 MeerKAT 研究团队中的大部分科学家具有在欧洲大学和天文台从事研究的背景，与中国曾在欧洲学习、工作过的天文学家和技术人员具有良好的合作渊源，而在目前 MeerKAT 以及未来 SKA 的框架下继续保持长久稳定的合作符合双方的共同利益。

建立长期合作机制，实现双方学者定期学术交流访问，同时中国需向南非派驻博士生、博士后和青年学者，培养后备人才和完整梯队。设法促进更多的中国人在 SKA 南非办公室及其周边合作大学、研究机构中担任常任研究职位、核心工程技术职位，以在未来 SKA 运行的数十年时间内确保中国对 SKA 科学研究的主导地位不只是停留在所签署的文件上。

2015 年，实现双方互访及签署合作协议，并由南非科研基金会（NRF）与国家天文台（NAOC）共同资助设立系列双边研讨会。基于双方在宇宙学领域，特别是射电天文和计算宇宙学方面具有的共同的研究兴趣，2016 年，国家天文台和南非夸祖鲁–纳塔尔大学（UKZN）成立了计算天体物理联合中心（NAOC-UKZN Computational Astrophysics Center, NUCAC）。联合中心将在双方联合培养研究生、聘用联合博士后、望远镜资源共享、推进计算天体物理和宇宙学研究等方面起主导作用。期望联合中心的成立对促进中国–南非天文合作起到重要的推动作用。

目前该中心正在逐渐开展实质的科学方面的合作，意在建立一支双边射电天文学研究队伍。目前开展的活动包括：

（1）硕士和博士研究生交流项目。

（2）联合博士后项目，即"1+1+1"项目，第一年在中国或者南非，第二年对调，第三年取决于学生交流和经费情况。目前的联合博士后项目如表 4.3.1 所示。

表 4.3.1 目前的联合博士后项目

博士后人数	研究领域	参与项目或工作内容	南非导师和合作者	中国导师和合作者
2	21cm 宇宙学	MeerKAT, SKA, BINGO, HIRAX, HERA, Tianlai, FAST, 21CMA	Yin-Zhe Ma（马寅哲）, Jonathan Sievers, Kavilan Moodley（UKZN）, Mario Santos（UWC）	茅奕（清华大学） 陈学雷，武向平 （国家天文台）
2	计算天体物理学	SZ 效应，星系巡天，21cm 的数值模拟	Yin-Zhe Ma, Kavilan Moodley（UKZN）, Romeel Dave（UWC）	高亮，王杰，郭琦（国家天文台）
1	理论宇宙学及星系巡天	SDSS-III, SDSS-IV, TAIPAN	Yin-Zhe Ma, Kavilan Moodley（UKZN）, Roy Maartens（UWC）, Sergio Colafrancesco（Wits）	赵公博，陈学雷 （国家天文台）
1	FAST 中性氢巡天及 SKA 联合研究	FAST, SKA	Yin-Zhe Ma, Kavilan Moodley, Jonathan Sievers（UKZN）, Mario Santos（UWC）	李莉，武向平，陈学雷（国家天文台）

（3）研究人员交流计划。

（4）年度杰出科学家报告。此项活动我们每年邀请一位杰出中国天文学者来到南非的双边中心（NUCAC）做报告，同时做面向全社会的公众报告，并同时访问南非其他大学和科研院所。

（5）共同开展公众科普活动。

这些活动的根本目的在于，建立一支双边研究队伍，充分利用两国正在开展的大型巡天项目进行科学研究，并且加强两国年轻人之间的交流。

4.4 国内配套系统建设

根据国际上十年以来建造和运行一系列 SKA 探路者的经验和目前 SKA 的进展，以及结合我国的实际情况，我们不宜再开展大规模 SKA 验证系统的工程建设，而应该紧紧围绕中国 SKA 的科学目标、亟待掌握 SKA 核心数据处理这一迫切需求，有针对性地快速实施一些小规模的概念验证系统建设或对现有设备进行更新，为未来快速高效处理 SKA1 的观测数据，利用 SKA1 的观测数据取得重要科学发现而奠定基础。

如何把 SKA 的观测数据转化成科学发现，数据处理是关键中的关键。针对 SKA 的大视场、高动态、多波束、宽带、高频率和高时间分辨率等一系列特点，我们需要尽快建立成像和时变两种模式的数据处理软件，以实现我们既定的以宇宙黎明（CD）/再电离（EoR）探测和脉冲星搜寻/精确检验引力理论（包括引力波探测）这两大方向为牵引的中国 SKA 宏伟科学目标。

建设和运行 SKA 探路者低频设备 21CMA 使我们掌握了 SKA 技术和科学两方面的基本原理，对天线系统、接收系统、数字化系统、时间同步系统、信号传输系统、相关系统、数据存储系统等都有了比较深入的了解，在数据处理方面，我们对 RFI 去除、定标、校准、格点化、天空图像恢复、频率和空间响应函数、噪声分析、旁瓣抑制和消除等一系列方法都有不同程度的理解和使用，我们尚未完全掌握和完全没有掌握的关键技术以及实施方案如下所述。

（1）大视场的高动态成像技术：与世界其他同类 SKA 探路者设备一样，虽然历经十年的工作，但我们尚未完全获得动态范围达五个数量级的大视场图像，而这是探测宇宙再电离和宇宙黎明所必需的技术。对此，我们需要的不是再建新的设备，而是完善和改进我们的数据处理方法。

（2）数字化动态多波束技术：数字化多波束是 SKA 的一项新技术，将巨大提升 SKA 的巡天能力，同时也增强了 SKA 的动态范围和 RFI 的去除能力。我们已经掌握了模拟波束和扫描式数字波束，但尚未掌握动态数字波束技术。我们需要在 21CMA 开展有限的小规模试验，尽快完成动态数字多波束试验。我们试验的目的不是追求天文学的观测成果，而是通过试验数据完成动态多波束的成像和时域观测软件，掌握动态多波束的定标、校准、同步、干涉、边缘效应修正等一系列技术，在 SKA1 实际观测数据获取时，可以应用我们的数据处理软件取得科学发现。同时，我们将与国际上同类设备如 MWA2 进行合作和交流，培养能够处理 SKA 动态多波束数据的人才，与我们的国内试验互补。

（3）低频脉冲星搜寻技术：SKA1 的首要科学目标之一就是脉冲星搜寻并力图发现银河系几乎所有的脉冲星，进而利用脉冲星进行引力理论的精确检验，涉及脉冲星自身的物态、脉冲星双星系统，以及发现首例脉冲星–黑洞双系统等一系列极端和稀有引力系统。另外，SKA 希望通过大量毫秒脉冲星的测时而发现超大质量黑洞并合过程产生的引力波，开辟引力波天文学的另一个波段。然而，当 SKA1 把脉冲星搜寻的任务交由 SKA-low 去实施的时候，人们一直期望的低频大视场、多波束以及脉冲星的高亮度等优势并没有给脉冲星的大量发现带来生机，今天所有在 SKA 低频探路者设备上实施的脉冲星搜寻试验几乎都因极低的发现效率而告急，我们几乎还没有掌握低频波段的脉冲星搜寻技术。对于中国 SKA 科学团队而言，形势则更为严峻：我们从未在低频波段发现过脉冲星，还根本没有掌握低频波段搜寻脉冲星的技术，这成为实施我们制订的 "2+1" 宏伟科学目标的一个最大障碍。因此，我们必须在国内并通过国际合作，尽快启动低频脉冲星的搜寻试验。为此，我们要建立脉冲星的低频搜寻验证系统，且以射电阵列的方式予以实施而不是依靠单口径射电望远镜，改造21CMA 的有限单元是我们实现这一目标的最便捷方式。我们要验证时间同步、宽波段响应、高时间和频率分辨率、低频的消色散、低频的散射改正等一系列新技术，在有限灵敏度范围内首先完成对已有脉冲星的再证认，同时完成脉冲星搜寻的软件以便迎接 SKA1 的低频数据。

（4）数据存储和处理技术：SKA 不论是瞄准宇宙再电离/宇宙黎明的成像还是脉冲星的时域观测，都涉及大规模的数据采集、运输、存储和运算，虽然我们建设了诸如 21CMA 和天籁这样的中低频设备，接触和处理过类 SKA 的大数据，但距未来 SKA1 的数据规模仍然有两个数量级的差异。为提升中国在 SKA 的权重和国际地位，在中国应建设 SKA 区域中心，使之成为中国、亚太乃至国际 SKA 数据存储、运算和科学的中心。我们需要尽快完成 SKA 区域中心的概念设计和验证样机建设，在 SKA1 数据产出之时，完成建设中国 SKA 区域中心。

针对中国 SKA 的首要科学目标实施，我们迫切需要掌握的 SKA1 数据处理技术，以及组建和培养的人才队伍，未来五年我们将在中国建设和更新一些小规模的 SKA 概念和技术验证设备。同时，将着手论证和建设一个体量可观的 SKA 区域数据处理中心。这些小规模设备包括：

（1）21CMA 多波束试验系统和脉冲星观测系统。在 21CMA 五组天线阵列实现数字多波束，掌握大视场、高动态、多波束的成像技术；在有限灵敏度范围内和多波束试验中，实现低频脉冲星的观测，完成低频脉冲星搜寻软件。

（2）天籁升级系统。天籁阵列与 SKA 同属大 N 小 D 类型的射电干涉阵，形不似而神似，且本身具有重要的科学目标，适合作为 SKA 探路者，对 SKA 技术中真正有挑战性的大规模干涉阵列海量数据采集技术以及数据处理与分析方法（如干扰识别、定标校准、干涉成图、前景扣除等）进行探索和验证。为更好地进行 SKA 验证，建议进行下述升级：① 倍增现有柱形天线上的接收单元数以提高系统灵敏度；② 改进数据采集系统，搜寻快速射电暴；③ 在较大基线长度上增加两个柱面，以提高点源前景扣除能力，并实现快速射电暴的更精确定位。

（3）低频宇宙射线和中微子探测试验系统。在目前实施的 GRAND 前期试验基础上，组建 300 个单元的密集核心区域试验系统，提升灵敏度，利用极化等特性掌握排除前景和人为干扰的关键技术，极大地提升事例甄别能力，为使用 SKA 开展宇宙射线探测做充足的准备。

（4）宽带数字基带接收终端。利用波束合成的方法开展脉冲星测时观测，最困难的技术挑战是绝对时间的选取及系统差，目前国际上仅有的试验是 LEAP 计划，已取得了波束合成、偏振校准等试验的成功，但是尚无发表的长期测时观测数据来理解波束合成在时频系统导致的系统差。我们拟使用 21CMA 和 CVN 开展相关试验，通过在 2 个望远镜上部署宽带数字基带接收终端，和已有的接收机一起联测开展宽带波束合成观测脉冲星的试验，理解波束合成的绝对时间定标及其系统误差特性。

（5）SKA 区域中心。见第 5 章。

4.5 中国 SKA 科学队伍组织原则和结构

中国 SKA 科学团队的建设将遵循 SKA1 首要科学目标为导向的基本原则，体现顶层设计，尽快结束过去几年以来的 "无组织无纪律"、仅凭个人兴趣和一时兴趣、盲目参加国内外 SKA 活动的被动局面。在建设中国 SKA 科学团队的过程中，我们需清楚地认识到，实现

SKA1 的各项宏伟科学目标的核心任务是把 SKA1 的观测数据转化为科学。为此，我们必须首先建设一支以 SKA 数据处理为坚实基础的庞大的第一科研梯队，瞄准观测数据直接产生的天文发现，在激烈的国际竞争中捞得"第一桶金"；凡以 SKA1 数据应用为手段的基础科学研究，当属第二科研梯队的范畴，应予以相应经费的匹配和支持；凡依赖 SKA 整个工程完成后才能实现的科学目标，当属第三科研梯队，应予以积极鼓励和支持。

中国 SKA 科学团队建设需要随时应对 SKA1 建设阶段的可能变故，及时调整科研方向、队伍结构和经费比例。由于 SKA1 一些关键技术指标尚未最后确定，或在建设阶段可能出现调整，我们设定的优先科学目标必须随时予以调整。另外，科学的侧重点和热点问题在 SKA1 的建设阶段可能会发生变化，我们必须予以高度警惕。比如，目前 SKA1 优先科学目标之一的宇宙再电离功率谱测量，由于正在运行中的 SKA 探路者（LOFAR、MWA、PAPER、21CMA），特别是美国正在建设的 HERA，都可能先于 SKA1-low 获得第一发现，我们必须予以高度关注。另外，受经费制约，SKA1 前端超算中心的计算能力目前消减为 50Pflops，将会影响宇宙再电离的深度成像观测，甚至取消此重头戏的观测。

中国 SKA 的科学团队建设必须瞄准重点突破领域，在 SKA1 建设阶段，积极准备，在广泛参与 SKA1 科学目标的竞争和实现中，牵头 1~2 个具有中国特色的科学目标。例如，宇宙再电离的直接成像观测是目前所有 SKA 探路者设备和正在建设的 HERA 都无法实现的科学目标，是 SKA1-low 的最大优势，又是目前排名第一的优先科学目标。我们需要在五个定点成像观测区域中至少领衔一个天区。为此，我们要在未来五年内，组建一支以大视场和高动态低频成像为目标的科学数据处理队伍，注重与前景扣除技术的结合，先期利用 MWA 获得候选天区的观测数据进行实验和培训数据处理队伍，力争在此领域取得突破性进展。

中国 SKA 科学团队必须加强与国际大家庭的合作，积极学习各 SKA 成员国和射电大国的经验，特别注重与 SKA1-low 所在国澳大利亚和 SKA1-mid 所在国南非的合作，考虑建设海外 SKA 研究中心。我们已经在不同层面上开展了与 MWA、LOFAR、ASKAP、MeerKAT、LWA 的合作，有些已经升级为合作伙伴和正式成员，我们要积极利用好这些资源，为我们培养一支 SKA 的数据处理队伍。我们还应该清楚地意识到，SKA1-low 的宇宙再电离数据并未包含在目前所有工作包中，由于其庞大的数据量和运输的困难，观测数据将可能实时在澳大利亚保存和处理。为了实现我们既定的优先科学目标，我们应考虑在澳大利亚珀斯（Perth）建立中国 SKA 研究中心，这也符合目前中国拓展国际影响力的大战略，而 SKA 给我们提供了最佳的契机。

我们必须清醒地意识到，目前中国 SKA 科学团队貌似庞大，但真正掌握 SKA 所依赖的中低频射电干涉核心技术的人员很少（如自校准技术），参与 SKA 探路者的人员更少，全国掌握 SKA 时域变源探测和频域成像技术的人员加起来也不过超过 10 人，我们亟待在短时内培养一支能够处理 SKA 数据并达到一定规模的队伍。尽管我们已经在 SKA 框架下启动了一些国外人才计划，但除了人数偏少外，更重要的是盲目无计划，输出的学生都是按照对方设定的课题从事学位论文的研究，课题分散，未能形成合力。虽然这些人才能够在未来提高我们参与 SKA 的整体竞争力，但并不利于中国实现自己的优先科学目标。未来，我们需要顶层设计，有针对性地输出和输入人才，避免资源的浪费，在优先科学目标上形成巨大合力和国际竞争优势。人才培养还应立足国内，以上海天文台和国家天文台为中心，结合 SKA

区域科学和数据中心建设，联合一些知名大学形成若干有影响力的研究团队，特别注重 SKA 定向招生，培养后备人才。

中国 SKA 科学团队的主体是围绕科学目标自然形成并进一步组建的研究课题，目前暂定为十一个，随着中国参与 SKA 的进一步深入和随着国际 SKA 自身的发展，这些课题将会更新或重组。课题组成员不局限于国内（包括港澳台），任何有意与中国 SKA 科学团队合作的国际同行均可成为课题组成员。课题组暂设协调人和联络人，组织针对中国实施 SKA 相应科学目标的方案论证和队伍建设，在未来，中国 SKA 科学团队有常规科研经费后，将正式任命课题组组长。另外，尽管中国科学院是中国实施 SKA 科学目标的主要依托单位，但课题组的设置并不局限于中国科学院，而是对所有有志于从事 SKA 相关科学的研究人员完全开放。课题组成员和协调人随时可以调整、增补和退出，以便在 SKA 正式产生科学数据之时，我们会有多支活跃在相关科学前沿的小分队和生力军。我们积极鼓励一些有特色的课题不断充实 SKA 的研究方向，例如，新增课题十一，以利用低频射电技术来探测高能宇宙射线和中微子。

为了促进中国 SKA 科学团队在利用 SKA 这一大科学装置上多出成绩和出大成绩，我们在更高的层面设置了咨询委员会和学术委员会，其中咨询委员会将由科技部、中国科学院、相关高校等的高层管理人员和知名科学家组成，把控中国 SKA 科学研究的国内外政策、国际 SKA 形势、选题方向和管理运行模式，而学术委员会将由国内外知名科学家组成，对中国 SKA 科学团队的选题、进展、队伍和运行提出建议和督导。

参 考 文 献

http://www.ska.ac.za/

https://en.wikipedia.org/wiki/MeerKAT

第5章 SKA 区域中心建设

安 涛* 陈 肖 郭 铨 郭绍光 劳保强 陆 扬 吕唯佳 王玲玲
吴 晨 伍筱聪 张仲莉

5.1 概 要

追求宏伟科学目标的平方公里阵列射电望远镜（SKA）是天文学家迄今建造的最大科学实验装置，SKA 以其前所未有的超级灵敏、超大视场和超快巡天速度，将为人类认识宇宙带来革命性的发现和飞跃式的进步，将开启自然科学史的新纪元。我国参加 SKA 有国际政治关系和高新技术发展的考虑因素，但科学成果必定是首要关切。SKA 能否取得里程碑式的重大科研成果取决于 SKA 科学数据处理能力和科学分析研究水平。SKA 科学数据量十分庞大，已经远远超出了两个台址国数据处理中心的承受能力，而且在 SKA 建设规划中科学数据处理器（SDP）仅包含了数据预处理的功能，面向科学用户的数据深度分析及科学软件开发则要在区域数据中心完成。随着 SKA1 开工时间表的临近，建设多个区域性科学数据中心并使其协同工作已经被 SKAO 提上日程。区域数据中心作为整个工程的一个重要环节，直接关系到最终的科学成果，关系到我国参与 SKA 的科学回报。未来几年将是我国参加 SKA 的重大机遇期，也将是中国射电天文现有国际差距及时间紧迫感所带来的挑战期。在中国建设 SKA 区域中心将是中国参与 SKA 国际合作的实质性贡献，体现中国成为天文大国的责任担当，也为中国天文学实现跨越式发展提供了强大的支撑。上海市表达了承载中国 SKA 区域中心的愿望，并将其融入上海市建设具有全球影响力的科技创新中心的战略目标。在上海建设中国 SKA 区域中心，还将与澳大利亚、欧洲和南非区域中心形成呼应，为全世界 SKA 用户提供必要的计算资源、优质的科学产品和便捷的服务支持，助力中国科学家参与全球创新合作，为解决全人类共同关注的科学问题做出贡献。

5.2 背 景

SKA 望远镜分为两部分，其中约上百万个低频对数周期天线分布在澳大利亚西部沙漠，约 2500 个中高频碟形天线安置在南非及非洲 8 个国家，这两个台址是经过国际专家十余年综合评估论证后选定的最适合中低频射电天文观测的无线电宁静区域。SKA 望远镜总接收面积达 $1km^2$，这是"平方公里阵列"的命名由来。SKA 建成后，比目前世界上最大射电望远镜阵列的探测能力提高约 50 倍、观测效率提高约 10 000 倍，是当之无愧的超级望远镜。

SKA 建设经费预算为 65 亿欧元，分 3 个阶段实施：建设准备阶段（2012~2020 年）、建设第一阶段（即 SKA1，2021~2029 年）和全面建设阶段（即 SKA2，预计自 2030 年起）。2015

---

* 组稿人。

年主要成员国就 SKA1 阶段的基线设计方案达成一致意见，即 SKA1 阶段将完成大约 10%的建设任务，包括在南非建造 133 面 SKA1 碟形天线（另外将 SKA1 中频阵列先导项目 MeerKAT 的 64 面碟形天线整合进 SKA1），在澳大利亚建造约 13 万只低频阵列天线，另外在 SKA1 建设经费中调拨部分经费开展先进仪器计划，支持面向 SKA2 阶段的关键技术研发。目前各国都在抓紧组织和支持国内相关单位参与 SKA 研发工作，旨在通过参与 SKA 提升相关高新技术和前沿基础研究的科技创新能力。

SKA 科学数据处理是 SKA 的核心技术之一，在 SKA 的建设经费预算中 SKA 科学数据处理器（SDP）就占了 17.6%，可见其地位重要。SKA1 阶段的 SDP 超级计算机的理论峰值性能将达到约 300 Pflops，约为"天河 2 号"的 6 倍、"太湖之光"的 3 倍以上，考虑到计算效率和软件执行效率，实际需求将大大超出这个理论估算。研制如此庞大的计算机显然是任何一个国家都无力独自承担的，SKA 一定是一个国际合作大科学工程。目前包括中国在内的十多个国家的几十个科研团队参加了 SDP 的国际研发任务，还有更多的 IT 企业表达了强烈的兴趣，准备在工程建设阶段加入。SKA 强大的观测能力使得它不仅成为全球天文学家的关注焦点，E 级超算能力也是大国科技实力的集中展现，参与 SDP 的合作和竞争将有力地推动我国 E 级超算技术的进步，我国也已部署 E 级计算的原型系统研制计划。

国际上，澳大利亚和南非作为台址国已先期投资分别建造了 SKA 先导项目 MWA、ASKAP 和 MeerKAT，且仍在不断扩大对 SKA 的投入，澳大利亚和南非作为台址国必将各自拥有一个完整的科学数据中心，功能强大能够处理海量原始观测数据。赢得了 SKA 永久总部位于英国曼彻斯特附近的焦德班克，也提出在英国建设 SKA 数据中心的意向，目前英国剑桥大学牵头 SDP 研发任务。欧洲各国（主要是荷兰）在 SKA 的前期论证方面做了大量的工作，建造并运行探路者项目 LOFAR，实际上早在 2007 年，荷兰射电天文研究所（ASTRON）就与 IBM 公司联合建设了 LOFAR 的数据中心，采用了当时世界上最先进的 IBM "深蓝" 系列超级计算机，并针对 SKA 需求开展高新技术研发，2016 年，荷兰联合欧洲各 SKA 参与国提出建造 SKA 欧洲区域中心的建议。

我国是 SKA 创始国和正式成员国之一，在建设准备阶段中方团队承担的国际研发任务中发挥了重要作用，相关成果得到外方的高度肯定，科技部代表中国政府参加国际谈判，中方作用逐渐凸显。中国科学家独立地建设了新疆 21CMA（国际上最早建成的专门用于 "宇宙第一缕曙光探测" 的望远镜）和贵州 FAST（500m 大口径射电望远镜，曾是 SKA 的概念方案之一）两个 SKA 探路者项目，成功地研制了 SKA 数据处理原理样机，培养和锻炼了一批熟悉射电天文数据分析和望远镜运行的科研队伍。

为实现 SKA 的宏伟科学目标，确保 SKA 建成投入使用后，能使中国科学家获得与我国投入相匹配的科学回报，未来 2 年（2019~2020 年）的工作重点必将是围绕 SKA 优先科学方向开展科研团队培育、重点科学目标的前瞻研究、数据处理团队及平台建设、青年人才培养、国际化 SKA 科学研究平台建设等。SKA 的科学产出很大程度上取决于科学数据处理的能力，区域数据中心作为 SKA 整个工程的核心，承担数据深度分析任务，直接关系到最终的科学成果。在亚洲，印度也在积极推进科学数据中心的规划，日本和韩国的科学家都有意参加中国牵头建设的 SKA 区域中心，而中国是目前亚洲唯一一个签署 SKA 天文台公约的国家，是 SKA 政府间国际组织的创始成员国，也是持续投入最积极的亚洲国家，因此中国应该把握先机,尽快启动 SKA 区域中心建设,争取在 SKA 国际合作中的主导权。

2015 年,上海天文台率先提出建设 SKA 亚洲区域中心的建议,多次向科技部、上海市、中国科学院等的主管领导汇报关于建设 SKA 区域中心的想法和愿望,得到各级领导的重视和积极回应。上海市把 SKA 科学中心的建设列入上海市科技创新 "十三五" 规划,成为上海市明确计划部署和推进的项目之一。中国科学院先后部署了天文财政专项、引力波专项等与 SKA 科学直接相关的专项经费,中国科学院上海分院也把重点推进 SKA 作为重大工程项目之一。上海天文台制订研究所 "一三五" 规划,把 "推进 SKA 亚洲科学中心建设" 列在重点培育项目首位,并组建科研团队开展前瞻研究;积极参加科技部牵头组织的 "中国参加 SKA 第一阶段综合论证报告",牵头撰写 SKA 区域中心的内容;同国内外 SKA 研究机构加强合作,在关键技术研发、先导项目和原型系统等方面取得了一些成果,得到了国际同行的关注和认可,上海天文台在 SKA 科学数据处理工作包中的国际地位逐渐得到加强。2016 年 5 月,上海天文台承办 SKA 科学数据处理与高性能计算国际研讨会,期间上海天文台与 SKAO 总部签署了全方位合作的备忘录,显示出 SKAO 总部对上海天文台在科学数据处理工作成绩的肯定;上海天文台与澳大利亚 ICRAR 研究所(澳大利亚区域中心的牵头单位)签署合作备忘录,提出共同建设亚太区域中心的合作计划,共同致力于为全球科学家有效利用 SKA 数据取得创新性研究成果提供基本保障。2018 年 12 月,SKAO 总干事 Philip Diamond 教授就 SKA 区域中心一事专程访问上海并拜会上海市副市长吴清,向吴副市长表达了支持在上海建设 SKA 区域中心的态度,并赞扬了上海天文台在推进 SKA 数据中心原型系统方面的成果。

5.3　需 求 分 析

SKA 的产出很大程度上取决于科学数据处理的能力,由于历史原因,我国整体科技实力跟国际先进水平相比仍处于跟跑阶段,我国参加 SKA 项目面临着国际 SKA 长期积累以及全面快速推进与我国整体工作相对薄弱的严峻形势。为了快速实现从跟跑到并跑和领跑的跨越,我国科学界需要迅速积累经验,缩小和弥补与国际先进水平的差距,为此亟须在中国建设一个 SKA 区域中心,重点用以培养中国 SKA 科学队伍,掌握数据处理能力,优先利用 SKA1 的宝贵第一手数据开展科学研究,得到最大的科学产出。

建设中国 SKA 区域中国数据中心的需求和必要性具体体现在以下几方面。

(1)大规模数据处理的客观需求。SKA 可以说是一个 "软件" 望远镜,它的功能在很大程度上取决于对大规模数据处理的能力和方法的掌握与实现。EB 量级的数据量和 Eflops 的运算需求使得任何一个国家都不可能独立运行 SKA,建设区域性科学数据处理中心是确保 SKA 长期有效运行的必然选择。以第一阶段为例,每年将由 SKA 科学数据处理器产生 600 PB 的预处理数据,按 4 个区域中心计算,每个区域分中心将承担大约每年 150PB 的数据后期处理任务。

(2)确保 SKA 关键科学项目的有效执行。以 SKA 优先级最高的宇宙再电离成像为例,它需要对原始数据长期积累,反复进行计算和提升更新。世界上各射电天文大国(如美国、荷兰、澳大利亚等)不仅争相建设探路者项目,而且不遗余力地开发数据处理软件。拥有自主的数据处理能力和独立的科研平台,使用不受制于人的数据处理系统,才能保证我国科学家利用 SKA 数据做出独立的科学成果,有助于我国科学家主导 SKA 科学研究课题。

(3)面向未来培养 SKA 人才。通过建设中国 SKA 区域中心,进而建设 SKA 亚洲区域中心,积极参与国际团队的软件开发、SKA 架构设计、算法分析工作,培养一支国内 SKA 大数据分析和人工智能研究团队,逐步建设成为全球核心技术研发基地。SKA 亚洲区域中心的一个重要职能是培养核心算法和软件开发人才,以及现代大型数据处理软件开发人才,而这种复合型人才恰恰是国内目前严重缺乏的。依托 SKA 在上海汇聚具有国际视野的科技精英,可以打造全球人才高地,面向未来,培育青年后备人才;引领科学前沿,勇攀科学高峰,成为亚洲射电天文学的领导者。

(4)满足亚洲地区乃至全球科学用户的需求。目前,SKA 的主要参与国都在其研究机构附近规划区域数据中心,重点服务本地区用户,例如,基于 LOFAR 的荷兰数据中心,基于 ASKAP 和 MWA 先导项目的澳大利亚珀斯数据处理中心等。SKA 亚洲区域中心的建设不仅增强中国科学家取得突破性成果的优势竞争力,而且面向世界范围尤其是亚洲地区的科学家用户提供完备的科学产品服务,从而扩大中国的国际影响力和体现大国的国际责任。

(5)抓住先机,面向 SKA2 积极进行技术预研究和积累。由于 SKA2 将增加致密孔径阵列望远镜,真正成为下一代超级望远镜,这将带来许多全新的技术挑战。由于历史的原因,我国在 SKA1 阶段以跟跑并跑为主;通过 SKA1 阶段的努力,在中国 SKA 区域中心的平台下,提前开展 SKA2 原理样机、建立原型系统的工作,为能在 SKA2 阶段到来时引领 SKA 打下基础。

SKA 区域中心的重要性已经受到 SKAO 董事会的重视,被列为重要的议题,专门成立了 SKA 区域中心指导委员会,上海天文台安涛研究员经科技部任命作为中方代表参加该委员会。虽然 SKA 区域中心的经费不算在 SKA 总体经费内,而是由建设国另外提供资金,但是它作为一个载体,是相关参与成员与国际组织进行协同合作和相关授权的重要组成部分。SKA 各区域中心的协调分工和具体职能还在协调之中。我们提出建设中国 SKA 区域中心,将随着工程进展逐渐扩展成为 SKA 亚洲区域中心和 SKA 全球中心,其定位以及承载的功能是:世界一流的 SKA 科学中心、SKA 国际数据处理分中心、SKA 技术的全球核心研发基地、面向亚洲乃至全球用户的 SKA 科学服务中心。

5.4 建 设 意 义

中国 SKA 区域中心的建立将使我国具备与 SKA 投入相匹配的数据处理能力,从而有效利用好 SKA 望远镜,为我国射电天文科学研究和计算技术的发展提供支撑。同时也将有助于我国科学家优先开展宇宙学和脉冲星的研究,提高我国 SKA1 的科学产出,为取得具有国际影响力的创新性观测研究成果提供基本保障。中国 SKA 区域中心的建立还将产生进一步的社会效益,它将对我国高效能计算机体系结构创新、超级计算机超大规模应用能力及大数据理论和核心技术研究起到直接促进的作用。

中国 SKA 区域中心在全球 SKA 项目中将扮演十分重要的角色,它将为科学家提供共同协作基础结构和中间件工具来统一进行数据访问和计算资源,方便科学家访问数据与使用高性能计算和电子科研工具，为全球分布的科研项目及个人科学项目提供有力支持。

此外，SKA 望远镜的数据处理全规模量级在 Eflops 运算速率和 EB 量级数据量层面上，对此进行软件集成测试是非常必要的，以此为基础开展的高性能计算领域方面的技术可行性、软件扩展性、并行开发的周期预算、风险评估、经费预算等都是 SKA 进入工程化阶段的必要准备。中国 SKA 区域中心将带动我国高性能计算（HPC）和大数据技术的应用发展。HPC 系统的主要目的就是提高运算速度。对于处理 SKA 大规模科学问题和海量数据而言，系统的处理器、内存带宽、运算方式、系统输入/输出（I/O）、存储等都会直接影响到系统的运算速度。

我国拥有目前世界上排名前列的超级计算机 "太湖之光" 及 "天河 2 号"（曾长期雄霸高性能计算 HPC Top 500 首位）。目前 HPC 的发展趋势主要表现在网络化、体系结构主流化、开放和标准化、应用的多样化等方面。分布式计算和存储将是高性能计算机发展最重要的趋势，网格化会将分布于各地的计算机、数据、贵重设备、用户、软件和信息组织成一个逻辑整体。随着科研与工程应用程序的普及，HPC 系统能够满足大数据处理、基于云计算的架构、不断增长的数据流与新的综合系统设计需求。相比于我国 HPC 运算速度的快速提升，HPC 的应用需求并不饱满。虽然 HPC 系统已经广泛应用于科学研究、气象预报、计算模拟、军事研究、生物制药、基因测序、图像处理等项目，但这些应用领域的数据量和计算量均未能充分挖掘超级计算机的潜力。

SKA 作为 E 级计算和 EB 存储的典型科学应用，不仅数据量大，而且运算过程复杂，将会是超级计算机发展的强大推动力。具有高性能计算和大数据技术的强大数据处理能力的超级计算机，对于 SKA 的数据处理和分析提供了强有力的支撑平台。而 SKA 海量数据计算处理的规模和复杂度模拟测试对 HPC 超级计算机提出了更高的要求，如何提供一种更加高性能低功耗的计算架构，如何更加优化天文算法的性能，完成此类达到 SKA 区域中心要求的软件系统跻身世界一流水平，对我国超算行业的能力提升也会有巨大促进作用，也将推动我国 E 级超级计算机技术的进步。

5.5　建 设 内 容

中国 SKA 区域中心将承载（来自台址国的）SKA 海量数据的收集、存储、管理与发布等一系列与大规模数据相关的重要工作。在 SKA 的主要科学活动中，区域数据中心将会成为一个极为重要的平台。由于极高的空间分辨率及纳秒级的采样时间，SKA1 阶段的 SDP 将以每秒 10 Pbit 的速度从相关处理器（CSP）获得海量的观测数据。其采集数据之多，对相关数据处理的要求之高，都是前所未见。一个稳定与高效的区域数据中心是支持 SKA1 科学研究活动的必要前提。为了更好地服务于 SKA1 未来的科学研究活动，规划中的中国 SKA 区域中心，主要包含天文软件研发团队、数据中心运维团队和先进技术研发团队，三个团队将以 SKA 科学目标为指引，全力围绕 SKA 科学团队的科学研究活动，相互联系又各有不同的侧重点。中国 SKA 科学团队的组织管理框架参见第 4 章。中国 SKA 区域中心在 SKA 中国首席科学家武向平院士的领导下开展工作，功能定位逻辑关系见图 5.5.1。中国 SKA 区域中心的组织结构图见图 5.5.2。

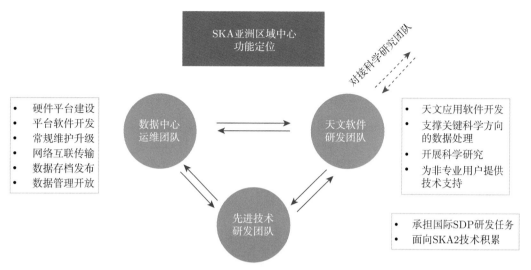

图 5.5.1 中国 SKA 区域中心逻辑关系图

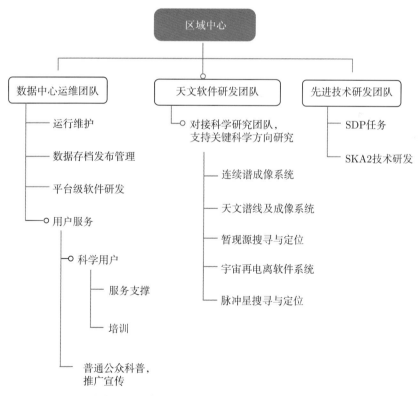

图 5.5.2 中国 SKA 区域中心的组织结构图

5.5.1 数据中心运维团队

数据中心运维团队将以分析和管理 SKA1 数据为主要任务。在科学团队的指引下,专注于 SKA 数据的传输、存储、管理与发布方面的工作,建设和运行数据中心,为科学团队提供一个坚实的支撑和服务平台。

数据中心计算平台的建设原则：在计算机及相关硬件技术高速发展的背景下，密切关注硬件发展趋势和 SKA1 未来的数据存储与处理的需要，搭建一个稳定且可持续扩展的硬件平台，以合理的成本保证当前的需求，并且为今后所需的扩展留下合理空间。我们既要避免当前平台性能过度开发建设，也要防止无法满足未来 SKA 科学研究对性能进一步提升的需求的情况出现。大数据平台在工业界已经大规模使用，用于商业活动，比如 Amazon Cloud Services、阿里云等。虽然以科学目标为导向的数据中心在根本需求上与商业或者工业大数据平台并不相同，但通过学习与交流，相信工业或者商业的平台在技术上必然有值得天文学家学习的地方，SKA 的科学数据处理工作联盟也积极与业界沟通，必将对 SKA 数据中心的建设起到有益的促进作用。

数据中心的任务包括以下几方面。

1）硬件平台建设

SKA 海量的观测数据将对现在的数据分析软件与方法提出新的挑战。数据中心将紧密对接科学团队，以 SKA 科学需求为牵引研制数据密集型计算平台以及平台支持软件，采用软硬件协同设计方案，为科学家用户提供必要的计算资源和数据服务，也为国际 SDP 的数据处理软件的开发与改进提供强有力的支持，为面向 SKA2 的关键技术集成测试提供支持。

2）平台软件开发

对于各个科学方向的研究，相关数据分析软件及自动化流程的开发将直接影响到科学研究的效率和精度，建立快速、稳定的开发流程，不断优化平台上的软件效率，开展大规模集成测试。数据中心所有的功能离不开各种技术的实现，所以数据中心运维团队还会与技术研发团队和天文软件研发团队紧密合作，共同发展与测试新的软件与硬件技术，如今很多计算平台的性能飞跃，都采用了计算机领域新的技术，例如，我国华为技术有限公司已经开发出具有自主知识产权的高级精简指令集（ARM）芯片，应用在高性能服务器。面对处理 SKA 海量数据这样高要求的目标，数据中心必须积极探索新计算技术，为未来数据中心性能的提高与发展做好准备。例如，现在已有的相关射电数据软件已经开始应用 GPU 来加速相关计算。再如，随着近来 FPGA 开发工具的日益发展，开发变得愈发简单，人们越来越多地尝试把 FPGA 纳入到高性能计算的平台上，构建 CPU+FPGA 的混合架构。FPGA 与生俱来的并行架构与高能效比的特点使得它特别适合在 SKA 数据处理这样的大规模计算平台中显示它的优势：提高相同的性能却消耗更少的能源。数据中心具体负责研发系统平台级软件以支撑数据中心稳定运行，如数据流管理系统、数据压缩技术、I/O 访存技术等。

（1）数据流管理系统。当前射电天文中最先进的数据分析软件系统所能处理的数据量与 SKA 第一阶段产生的数据量相比低了两到三个数量级，远不能满足 SKA 的数据处理需求。SKA 数据中心将致力于开发 SKA 数据流管理系统，为数据中心提供一个高效的分布式数据管理平台和具有良好拓展性的管线系统执行环境，以低功耗来支持连续的数据密集型科学数据处理，为 SKA 提供科学预处理产品。澳大利亚 ICRAR 研究所和上海天文台联合开发 SKA 数据流管理系统 DALiuGE，2016 年在"天河 2 号"超级计算机上进行了首次 DALiuGE 的大规模集成测试，完成了原理样机的概念性验证、扩展性实验、稳定性/鲁棒性实验，具备了应用到 SKA 数据中心的条件。

（2）数据压缩技术。SKA 产生的数据量巨大，数据的传输、存储和处理面临巨大的挑战，为了提高数据的传输速率和存储效率，一般先采用数据压缩技术对数据进行压缩编码。然而，目前在商业领域常用的数据压缩技术（包括 LZW 算法、RLE 算法、LZSS 算法和服务器压缩方法等）对 uv 可视度数据的压缩比并不高，需要进一步研究新型算法和技术。

（3）I/O 访存技术。SKA 由成千上万个天线组成，每天将产生 PB 量级的数据。为了解决计算和数据的挑战，普遍采用的射电天文数据处理方法是使用大规模集群或者超级计算机来替代台式机或者工作站。然而，在射电天文中传统使用的大多数软件包和数据格式没有良好的并行化。目前最广泛使用的射电天文软件包 CASA，虽然已经支持了并行操作，但是这种并行完全依赖于文件共享系统，当处理 SKA 量级数据时经常会出现混乱造成计算机系统崩溃。荷兰 ASTRON 研究所等开发了 CTDS（Casacore Table Data System），是针对 CASA 与 MS（Measurement Set）数据格式（SKA 将来的主要数据格式之一）建立的软件包，它可以内置到 CASA 核心库里，方便管理射电天文数据。CTDS 已经成功应用于 ALMA、JVLA 和 LOFAR 项目，但同一时间内只允许一个进程访问数据表进行写操作。这个短板极大地限制了该软件包在下一代大规模射电望远镜数据处理流水线中的二次开发。对于 SKA 将产生的海量多维数据，CTDS 目前的串行数据 I/O 将无法适用。

为了解决目前数据处理软件存储底层 I/O 并行问题，澳大利亚 ICRAR 研究所在 CTDS 的基础上引入并行 I/O 技术，研发出适用于 SKA 量级数据处理的首个并行 I/O 存储后台，该系统被命名为 AdiosStMan。上海天文台参加了此项研发工作，负责了扩展性、鲁棒性实验以及后期的系统升级和维护。在此基础上，上海天文台 SKA 团队进一步研究了三种 CTDS 并行方法，并分别在广州"天河 2 号"和澳大利亚 Pawsey 超级计算机中心上独立完成了验证性实验，使得该系统达到实际应用要求。

3）常规维护升级

建立科学、高效的数据中心及软件的日常维护与升级机制，推动数据中心性能的稳步提高。数据中心将更侧重在技术方面保证数据分析软件的研发能高效有序地进行。如前面提到的，SKA 的数据处理将涉及更新的技术与方法，积极学习与探索新的技术与方法将成为数据中心的一个工作重点。另外，科学应用软件的开发其特别之处在于不断的尝试与探索，所以软件开发的方向与进度有可能会经常改变，因此数据中心的一个重要任务是要建立一个完善的软件开发流程，相应的开发流程都有可靠的记录，任何改动都需有完善的文档记录，以免开发过程无法追踪。

4）网络互联传输

一方面要解决亚洲区域中心与其他区域中心之间的网络互联、数据传输和信息协同，如何将 SKA 的数据进行分发，特别是从台址将数据经过长距离传输到区域中心，需要对网络端进行精心的优化；另一方面要解决射电数据与其他波段数据库之间的共享。如今天文学正在进入一个大数据时代，各种天文数据的交流是今后多波段、多信使天文学时代的必然要求。所以数据中心的一个关键作用就是推动与建立 SKA 数据与其他波段数据中心之间的各种天文数据之间的交换与传输，尽可能地综合利用多波段、多信使的天文数据为 SKA 的科学研究活动贡献新的维度和全面视角。已有的例子如虚拟天文台，集中了多种模式的天文数据，给科学用户提供了一个无缝链接的合作环境。SKA1 的科学目标之一是利用脉冲星高精度计时检验引力及探测引力波，必然需要与其他波段的引力波数据合作，共同进行科学研究。中国 SKA 区域中心将建立合适的平台与交流的渠道，使 SKA 的科学研究用户能方便地使用尽可能多的数据。

5）数据存档发布

数据中心的最终目的是为了配合 SKA 科学研究，让科研用户能方便、自由、高效地利用 SKA 数据。数据中心将会建设一个规范的 SKA 数据存储、管理与发布平台，为科研用户以及非专业用户提供高效友善的用户使用界面。例如，SDSS 巡天使用了 SQL 数据库为用户提供方便、快速的查询与下载。类似的数据库还有数值模拟数据库 Millennium（http://gavo.mpa-garching.mpg.de/Millennium/）。中国 SKA 区域中心将会与 SKAO 积极沟通，参照已有这些数据库的先进经验，打造一个高效、友善的用户平台与界面。

6）数据管理开放

为了提供可供 SKA 科学计算进行的计算和存储资源，数据中心将根据 SKA 台站的不同科学目标进行相应的调整。数据中心数据管理系统的概念图见图 5.5.3。

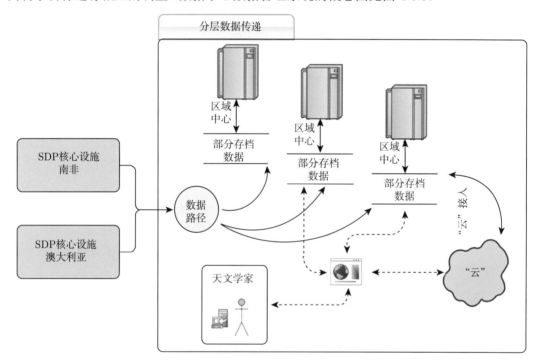

图 5.5.3　中国 SKA 区域中心的概念图（取自 SKA SDP 技术资料）

数据中心的数据管理主要分为两个方面的概念：存储和访问。分别对应下面两项工作内容：① 根据访问频率，对数据进行分类，进行分层存储。很自然地认为，所有的数据产品都是重要的，所以都需要长期保存，但是可以通过数据被访问的频率高低，即数据的热度来区分，将其放到访问速度较慢但价格低廉的存储区域还是放到访问速度较快但价格昂贵的区域。② 针对数据的内容及开放权限，将数据进行分级，实行分级访问，数据中心将包含多种数据产品（FITS 格式相关可视度数据、图像、频谱、脉冲星原始数据），不同的产品对不同的用户有用或有不同的开放权限，依此进行分级，实现分级访问和用户分流。

由图 5.5.4 可见，数据中心的数据管理系统可以分为 4 个层级：用户层（访问）、服务层（数据流系统）、数据层（SKA-low, SKA-mid 等望远镜）及设备层（存储、网络等）。SKA 将产生巨量的观测数据和科学输出，天文学家需要对这些数据进行存储、检索和管理。为了在区域数据中心处理如此大量的数据，天文学家开发了特定的归档系统 NGAS（Next Generation Archive System），它是面向望远镜产生的大数据流的下一代数据存档系统，该系统主要是为了应对射电望远镜和设备所输出的不断增长的数据。对于任何一个大型望远镜阵列，就算是单独的一个望远镜，面对数量巨大的观测数据，都需要一套稳定易用的数据归档系统。目前欧洲南方天文台（ESO）大约 98% 的数据已被迁移到 NGAS 系统上，该系统也被成功用于 MWA 及 ALMA 上。该系统有多项优点：使用标准的硬件，不需要额外的配置；使用 Python 编写，支持多线程及插件架构；通过 http 协议与服务器进行通信，并且支持元数据的同步。总体而言，NGAS 虽然是一个复杂的系统，但它可以管理大量的数据并易于在高并发的情况下进行数据检索，而且适合天文数据多维度的特点。

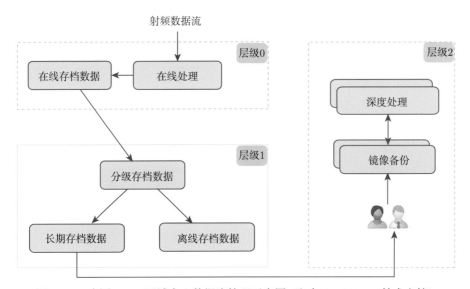

图 5.5.4 中国 SKA 区域中心数据流管理示意图（取自 SKA SDP 技术文档）

数据中心的开放服务包括了分别面向科学家和普通公众两个层级的服务。针对不同用户，将分别提供不同的工具供他们使用，每种工具都将有相应的使用说明及示例。除此之外，为了体现更好的应用效果，将定期举办用户培训，内容将包括背景介绍、原理说明、实战操作等，最大限度地推广 SKA 用户群。

数据中心开放服务的工作内容包括数据开放及提供数据分析工具和软件。提供的工具和软件需要既简单又灵活，简单到新手可用，灵活到资深用户可以根据自己需求提交和修改代码进行特定的分析。为此我们需要创建一个能满足所有用户需求的入口（比如搜索、图像可视化、表操作、绘图）；基于服务器及客户端的大数据集可交互的可视化工具；用户拥有自己的工作区，可以根据需求自己创建并使用自己的工具或环境等，用户可以在这里保存结果、运行代码或共享结果等。为了最大限度地与国际用户交互，可以考虑基于国际虚拟天文台提供的接口和框架，比如，天文数据检索语言 ADQL、TAP+ 表访问协议、UWS 通用工作服务模型、VOSpace 分布式存储接口、SAMP 简单应用信息协议、HiPS 格式、VOEvent 传输协议等。

以上主要是针对科学用户。另外,针对普通公众,数据中心需要建立与科学传播机构和科普单位(比如上海天文馆)的链接,普通公众可以通过天文馆的入口进入数据中心提供给公众的数据区,进行访问和简单的数据处理或分析。

5.5.2 天文软件研发团队

天文软件研发团队对接科学团队,为中国 SKA 区域中心提供重要的指导,它的有效运行是区域中心科研产出的重要保障。除了开展相应的科学研究之外(详见第 3 章),在区域数据中心建设阶段,天文软件研发团队的作用尤其关键,应优先进行基于海量预处理数据的顶层天文应用软件的开发,支撑关键科学方向的数据处理和应用,并最终为更多用户提供软件支持。该团队还应对数据中心运维团队和先进技术研发团队提供科学指导,以确定科学分析和数据存储的最优化形式,然后获得两个团队所负责的硬件平台支撑,以实现海量数据的流水线式处理。

天文软件研发团队对人员的素质要求很高,需要既会软件开发又懂天文的全面性人才。将设立团队负责人,从科学目标出发,结合 SKA 数据处理的几个关键技术,开发出一系列基于预处理数据的、具有普适性且易操作的顶层科研软件,以网上应用平台的方式提供给区域数据中心的用户。另外需要考虑不同科学方向对 SKA 低频和中频阵列有不同的针对性使用要求,比如宇宙黎明和再电离探测只需要使用低频阵,而脉冲星课题同时使用低频和中频阵。由于 SKA 低频和中频阵列都有各自独立的技术特点,在十一个科学小组之外还应设置针对不同阵列的技术人才,同时为多个科学小组的需要提供支持。

下面以“宇宙再电离探测”中最重要的成像研究为例,说明 SKA 干涉阵海量数据处理的特点。利用 SKA1-low 在 5~300 角分尺度上探测中性氢亮温度涨落的分布(探测灵敏度达 1mK 量级),对不同红移的 21cm 辐射观测,可揭示不同时期宇宙中的氢原子分布,从而描绘出第一代恒星和星系形成及气体再电离的复杂过程,为解决宇宙起源等重大问题提供重要信息和线索。直接成像是目前通用的方法,通常需要反卷积点扩展函数,以便从脏图(dirty map)中去除旁瓣等一系列干扰,以得到改正后的洁图(clean map),而这一步的计算量很大。通常 SKA 探路者项目会把所有的数据一次性读入再做傅里叶变换,但是鉴于 SKA 的海量数据,传统的处理方式显然已经不适用了,数据处理的并行化势在必行。虽然 SKA 数据在不同的频率上可以是相互独立的,相关处理在理论上可以分频率独立进行。但是如果涉及具体的实现,比如把数据存储为标准的 FITS(Flexible Image Transport System)格式或者 MS 格式时,这些过程很可能都会限制并行化的实现。在具体确定可能的并行化方案后,还需要测试各种方案的性能数据,比如 CPU 及内存的利用率、输入输出操作的带宽与延时等。这些性能评估数据将对数据中心的硬件平台的搭建提供关键的理论指导。另外,传统意义上的数据处理方法,比如 CLEAN,通常是基于局部重复迭代来去除波束。尽管现在已经有多种改进,但这些方法仍然缓慢,且依赖于经验参数的选择,所以难以用到 SKA 的海量观测数据上。为了适应类似于 SKA 的需要,人们已经在探索基于凸优化及稀疏感知,以及压缩感知的新型成像算法。这些新的成像算法将会有更好的成像质量,以及更容易应用到类似于 SKA 的海量数据上去。天文软件研发团队将积极投身这些新技术与新方法的探索和应用，以确保 SKA 相关的数据处理能高效地进行。

再以 "低频脉冲星搜寻和证认" 为例，展示数据处理的流程。脉冲星，特别是稳定的毫秒脉冲星的搜寻对引力波的探测有重要意义。人们通常首先在 SKA1-mid 阵的巡天观测中发现新的脉冲星，而在分辨率和灵敏度更低的 SKA1-low 暂时只做到了证认已知的脉冲星，在不久的将来会扩展应用到盲搜模式。如图 5.5.5 所示，首先从存储空间（MWA 利用 Pawsey tape）下载所需的观测数据，经过检查、按时间重新排序（recombine）、坏频率通道（RFI）去除等步骤处理非相干的观测数据备用（这步将在以后的数据中心平台完成）；然后将已知脉冲星表与 SKA 波束模型结合得到此次观测天区覆盖的脉冲星星表；然后，将前面备用的数据根据此星表中的每一颗脉冲星，逐个进行色散（dispersion）修正和光变曲线的叠加；此时，根据叠加光变曲线是否含有显著信号即可以判断是否有真实探测；对于探测到的源，再进一步确认其精确的周期、色散、流量和信噪比等，用于与高频数据的比较以便详细研究该脉冲星的性质。由此可见，由于该研究内容目的明确且流程清晰，提供的软件应易于操作且可以直接输出最终结果，并考虑将相关结果适时公布在网络平台，方便更多的科研人员直接进行科学考察和研究。根据不同科学小组的不同研究内容，流水线数据处理将进行至不同的阶段，需要同时考虑的是科学的复杂性、兼容性和可控性。

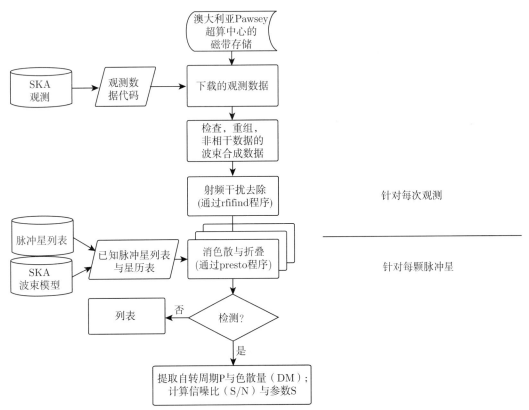

图 5.5.5　低频证认已知脉冲星的数据处理流程（参照 MWA 技术资料）

最后，处理 SKA 海量的数据需要与并行化相配套的快速可靠的自动化处理流程，因此需要详细的流程计划。比如，每天的数据在采集完传输到数据中心后，首先从频率上把数据分成若干份,可能需要把每天的相同频率的数据分别成像,然后再合并到一起,最后再根据需要把不同频率的成像叠加在一起。当设计好流程计划后,还要构建其他的处理脚本框架,完成设计的流程。在构建框架时尽量注意减少对特定硬件平台的依赖,以保证框架可靠、易用、易管理和易扩展。最后,对流程的每一步,都要设计具体的测试指标,比如,CPU 和内存的使用率、硬盘 I/O 的带宽与延时等。以便将来部署到数据中心时,能做到有据可依,方便进一步优化数据中心的性能。

5.5.3 先进技术研发团队

先进技术研发团队有两项主要职能:① 承担国际 SDP 研发任务,包括大视场成像、电离层校准、波束校准及全息成像、射电频率干扰消减、天体的快速识别技术、天空模型建立、数字波束合成、天文大数据挖掘、机器学习、天文数据可视化等,为科学研究提供有力的技术支持;② 不断积累各项核心技术的经验,为 SKA2 技术研发打下基础。技术团队按照研发任务划分,每一项研发任务都分配 1~2 名技术人员。主要研发任务如下所述。

1)大视场成像

SKA 的视场大、巡天速度快,是超越其他望远镜阵列和先导项目的优势所在,其几十度视场范围内源的数量庞大,如果要研究亮度较低的源,SKA 需要具备高动态范围的大视场成像能力。对于小视场成像,简单的二维快速傅里叶变换近似便可将 uv 可视度数据转化为图像。然而对于 SKA 综合孔径阵列成像,由于受到大视场、非共面、依赖方向的初始波束等因素的影响,w 项是不可以忽略的,因此传统的二维傅里叶变换方法不再适用。

为了解决 w 项问题,天文学家相继开发了几种大视场成像算法:三维傅里叶变换(3D FFT)、faceting、w-projection、w-stacking 和 w-snapshot。仿真实验表明,三维傅里叶变换方法虽然最简单,但是计算效率最低,计算量最大,在实际应用中很少使用;SKA 先导项目中已经采用了 faceting(LOFAR)和 w-projection 算法(ASKAP),其中 faceting 主要是将大视场分割成多个小视场,然后在每个小视场使用二维傅里叶变换方法成像,最后把所有小视场的图像拼接起来。这是目前比较常用的宽视场成像方法,但这种方法将使得以巡天为主要方式的 SKA 观测效率急剧下降,且边界效应突显。在 w-projection 成像方面,其拥有许多先进的特征,例如,在去卷积过程中的多尺度 CLEAN 和频谱形状拟合。然而,对于从天顶观测的较大 w 项,这种方法需要消耗大量的时间,并且对较大图像或者较高天顶角成像在实际操作中实现难度相当大,主要瓶颈在于,保存在内存里的 w 核的数量和大小都将变得异常巨大。w-stacking 算法效率较高,已经成功应用到澳大利亚 SKA 先驱者项目 MWA 中,但其成像质量以及算法通用性还需进一步考证。技术研发团队将分别研究这几种成像算法,并重点研究 w-snapshot 算法,后者可能是对 SKA 最有效的方法。

2)波束及电离层校准技术

数据在送至相关处理机之前,台站的各个天线的接收信号经过波束形成器进行相移和求和。这一步骤相当于在目标场位置形成一个虚拟的天线指向。这里比较关键的问题是,相对于传统的力学天线干涉仪而言,在观测频率相对较窄的频段,低频阵列干涉仪的波束校准不能在图像平面进行了,但波束校准必须在整个校准流程中加以考虑,即当格点化和去卷积时,在成像流程中都要反复进行校准,一个重要原因是主波束随着时间和频率的变化而变化,这会引起图像的畸变。

低频阵列数据校准面临的挑战主要有波束和电离层的校准。这是许多大型低频射电干涉仪共同的难点，通常称为 "方向依赖效应"（Direction-Dependent Effects，DDE）。

在 DDE 中最重要的一个因素是主波束的校准。主波束校准相当于寻找每个主波束的琼斯矩阵，这个矩阵是一个关于指向位置和频率的函数。目的是获取一个精确的波束模型，有效地远离主瓣。例如，LOFAR 中的高频段（HBA）主波束模型和低频段（LBA）主波束模型。目前开展的工作包括在模型中寻找站内天线之间的耦合。最近的一些结果表明，在 LBA 中获取这样的模型的可能性小于或等于 1%。

DDE 中的另一个重点是我们必须要了解和校准由电离层影响因素的组合与低频阵列站相关的宽视场引起的误差。频率小于 300MHz 的信号在 50~1 000km 的高空电离层会引起波前的时间延迟，这种延迟取决于电子密度及其涨落，导致到达阵列的入射平面波发生扭曲或畸变。传统的干涉仪，如 VLA，在频率小于 300MHz 时，电离层影响相位增益，此时波束宽度要比电离层的相移变化要小。在这种情况下，电离层可以认为是一个 DDE，相当于一个天线增益的标量乘法。电离层校准相当于寻找它的琼斯矩阵，这个矩阵是观测站和方向的函数。研究表明，在 74MHz 时电离层的影响可以建立一个位于一定高度以上的干涉仪的二维的时间依赖相屏模型。从这个方案可以发现，最佳拟合模型给出的电离层琼斯矩阵为所有各个站方向的函数。然而，此特征还没有完全在成像流程中实施，将是今后重点研究的一个内容。

3）全息成像

干涉阵列是开展高分辨率射电天文观测研究最为有效的工具之一，通过多个望远镜同时对空间目标源进行观测，然后汇总每个望远镜单元的观测数据，进行互相关处理得到可视度数据，接着在 uv 平面上进行网格化和傅里叶变换后即可得到目标天体的亮度分布图。在实际观测中，由于阵列单元数目的有限性以及在空间分布上的局限性，测得的可视度数据往往是真实天体图像的不完全采样（欠采样），因此得到的亮度分布图是真实目标源亮度分布与对应脏束卷积的结果，所以也称为 "脏图"。射电天文成像要解决的重点问题之一就是如何对上述脏图去卷积以尽可能去除脏束欠采样的影响，最大限度地恢复出原始图像。最大熵算法（MEM）和 CLEAN 算法是最常见的两种去卷积方法，但它们在算法实现的难易程度和计算复杂度上存在一定的局限性，无法适应大规模阵列成像的需求。全息去卷积技术以其较高的复原精度，近来得到广大学者的关注。目前国内外提出的全息去卷积方法在每一次迭代去卷积过程中，不仅需要重新计算可视度数据，而且需要重复代入全息天线波束进行网格化处理，天线的方向依赖增益信息和偏振效应也应在去卷积过程中被重复代入，这样虽然提高了图像复原的精度，但耗费的运算资源却大大增加。近年来提出了基于全息技术的图像快速复原技术，解决了射电天文图像快速复原问题，主要包括生成观测数据的全息脏图、计算全息映射函数和迭代去卷积过程等三个步骤。这一技术不仅保证了图像复原的精度，而且简化了迭代计算过程，达到了快速图像复原的目的。该图像复原算法可以有效兼顾运算速度和复原精度，为大规模综合孔径阵列的图像复原提供了一个有效的解决方案。

4）射电频率干扰消减

SKA 科学数据预处理的主要步骤包括带通增益校正和相位校正、相移、射频干扰消除、积分输出。因此射频干扰是 SKA 科学数据预处理中比较关键的环节之一。如果不能有效地消除射频干扰将影响到最终的成图质量，无法进行正确的科学目标分析，甚至导致一些科学成果误判或遗漏。此外，在 SKA 科学数据搜寻中也需要进行射频干扰消除，例如，脉冲星搜寻，有效抑制射频干扰能够提高脉冲星信噪比，得到更准确更清晰的脉冲星信号。所以，研究射频干扰消除抑制技术有助于实现 SKA 科学数据预处理和搜寻技术的跨越升级，极大地提升中国在该领域的研究水平和地位。

射频干扰抑制方法包括从射频干扰产生的途径抑制和从算法途径对射电干扰的抑制。目前国内外对射电天文中射频干扰的专门抑制算法较少，包括时频域阈值法、自适应噪声消除法（ANC）、空域切除法、后相干消除法和反符合技术法等。但在其他领域的干扰抑制算法较多，这些算法都可以用来借鉴，主要有传统滤波器滤波法、小波分解法、经验模态分解（EMD）法、基于高阶谱算法、奇异值分解（SVD）法、独立成分分析（ICA）法、维纳滤波、卡尔曼滤波及神经网络等方法。

5）天体的快速识别技术

作为 SKA 项目中管线系统的起始模块，成像及校准管线部分的初始化参数需要一些初始的射电亮源信息，这些信息也需要实时地反馈到管线系统的天空模拟部分。这种实时性不仅要求射电亮源的搜索及识别算法具有高效性，对搜索和识别的准确性也提出很高的要求。搜寻及识别的结果数据也将为后续的数据处理提供参数估计，利于数据的进一步证认，并为后续的深度数据分析和科学计算提供必要的输入信息。对天体的快速识别技术的研究，将使现有算法和软件在高效性、延展性、精准度等方面进一步满足 SKA 科学数据处理的需求。

射电天文学中天体搜索的大多数方法遵循背景估计与移除、亮源识别、亮源特性分析和编目等过程。在背景估计与亮源识别中，较为常见的做法涉及阈值处理、图像滤波器、泛洪填充算法等。针对亮源特性分析过程，一般采用单高斯拟合与多高斯拟合，并采取解混合和迭代拟合方法获取准确初始参数。

6）大数据处理关键技术

SKA 若以全规模投入运行，每秒产生的相关数据将达到 10TB 量级，SKA1 也每天将有 30~100PB 的数据量。面对海量数据，我们将面临许多实质性的挑战，例如，怎样记录、加工原始数据；怎样通过现代计算机硬件和网络系统存储、合并、获取数据；怎样快速有效地探索及分析数据并将这些数据可视化。目前，在天文学中进行数据挖掘和知识发现所用的学习方法几乎都是浅层结构学习方法，其局限在于，在有限样本和计算单元情况下对复杂函数的表示能力有限，针对复杂分类问题其泛化能力受到一定制约。

天文数据存在多种形态，组织方式迥异，数据之间的关系类型错综复杂。SKA 科学大数据计算也具有多重属性，即近似性（inexact）、增量性（incremental）和归纳性（inductive）。由于 SKA 数据本身的异构和噪声，很难按照传统精确处理的思路来进行大数据的挖掘，对数据挖掘与算法将会有更高的要求。

2006 年以来，机器学习领域中一个叫"深度学习"的研究领域开始受到学术界广泛关注，通过建立类似于人脑的分层模型结构，对输入数据逐级提取从底层到高层的特征，从而能很好地建立从底层信号到高层语义的映射关系。近年来，谷歌、微软、IBM、百度、华为等拥有大数据的高科技公司相继投入大量资源进行深度学习技术研发，深度学习可能是机器学习领域最近十年来最成功的研究方向。

深度学习算法与海量天文数据的融合必将成为一种必然。面对海量天文数据对存储、计算、带宽、软件，甚至工作模式等方面的需求，天文学家连同信息技术领域、计算机科学领域的专家共同应对大数据处理所带来的挑战。机器学习算法可以有效地应用于天文数据处理，经典的机器学习算法已经广泛地应用于天文数据处理，例如，人工神经网络（ANN）、决策树算法、支持向量机（SVN）、K 最近邻算法（KNN）以及最大期望算法（EM）等。机器学习已经被用于搜寻脉冲星，以后将会扩展至更多应用。

7）SKA2 关键技术的原理样机和验证实验

在研发 SKA1 关键技术的同时，由于 SKA2 将增加中频阵列望远镜，成为下一代超级望远镜，这将为我们带来许多全新的技术挑战。中国理应抓住先机，面向 SKA2 积极进行技术预研究和积累，研发原理样机、建立原型系统，争取在 SKA2 阶段到来时引领世界天文行业的发展。具体技术（不限于科学数据的后处理系统）包括：接收器（天线、接收机），网络（望远镜之间、望远镜–相关处理机、几大数据中心之间、区域数据中心同小型数据分中心之间），时间同步，台站监管，望远镜控制，科学数据长期存档管理，区域中心的相关技术升级。

5.6 实 施 条 件

中国是 SKA 首倡国之一，提出早期 SKA 工程设计概念 KARST（后来独立发展成为 FAST），是 SKA 两大技术路线之一 LDSN 的践行者。建于新疆的 21CMA 是世界上最早建成的 SKA 低频阵列探路者设施，其科学目标与 SKA 低频阵列的首要科学目标吻合，为中国参加 SKA 积累了经验、培养了人才，在射电天文数据的管理系统、综合孔径成像技术等方面完成了相关应用软件平台的研制，同时在平台上进行了科学应用研究，在科学数据处理的数据管理、算法开发、射电天文软件平台等方面积累了丰富的经验，有一定的技术领先优势。

目前中国已加入 SKA 建设准备阶段 10 个工作包联盟中的 7 个，其中在 SDP 工作包中，上海天文台、国家天文台、复旦大学、上海交通大学等国内十多家单位均有不同程度的参与，已经开展了广泛和深入的国际合作，并投入了大量人力资源和技术研发工作。中国可以说在科学大数据管理、分析、处理等方面积累了丰富的研究基础，并建设了一支经验丰富的数据科学家团队，在 CPU、GPU 等计算器件上进行了科学数据处理先期研究，已经开展了射电天文成像如 FFT、栅格化（Gridding）、卷积去卷积（Convolution deconvolution）等关键算法的研究，可为后续研究提供坚实的工作基础，能够弥补我国天文数据管理、成像算法、科学研究方面起步晚、人才少的不足。

在射电天文研究方面，我国已具备了一定基础，近年来研制了上海天马 65m 射电望远镜，内蒙古明安图射电日像仪，新疆 21CMA 和天籁实验阵列，以及世界最大的单天线望远镜 FAST。这些设备都在某些方面具有独特的优势，可以用这些设备先期开展试验观测，积累经验，检验技术，培养人才。

上海天文台在多层面持续推进 SKA 项目，取得了令人瞩目的进展。目前，上海天文台提出的 SKA 亚洲科学中心的建议已被列入了《上海市科技创新 "十三五" 规划（征求意见稿）》，成为上海市科学技术委员会明确计划部署和推进的项目之一，同时也被纳入中国科学院上海分院 2016 年重点推进的重大工程项目之一；上海天文台已成立了 SKA 亚洲科学数据中心筹建小组，"推进 SKA 亚洲科学中心建设" 被列为上海天文台 "十三五" 期间培育项目首位，入选中国科学院天文大科学中心前瞻项目，获得了中国科学院天文专项的资助。国家重点研发计划大科学装置专项部署了 "SKA 前期数据处理系统建设和相关科学预研"，由上海天文台牵头实施。

上海天文台开展了 SKA 科学与低频射电校准和成像的关键技术研究，取得了一些成绩，赢得了国际同行的重点关注，与国内外相关研究所建立了良好的卓有成效的合作关系，牵头的国内外合作项目有：与澳大利亚 ICRAR 研究所共同推进 SKA 亚太区域数据中心；与荷兰研究所和大学联合开展 SKA 低频科学研究和数据中心建设；与国家天文台 SKA 团队合作，参与国际 SKA 科学组织和关键科学目标工作组；积极参加科学数据处理工作包（SDP）的研发任务；与荷兰 ASTRON 研究所在 SKA 科学数据处理的管线系统方面开展全方位合作；与荷兰 JIVE 研究所联合开展信号处理机的电子学部分（UniBoard）研发；与荷兰 Leiden 大学天文台在低频数据校准、成像技术以及巡天科学方面开展合作；基于小规模 CPU 集群平台开发的软件相关处理机以及基于 FPGA 平台的硬件相关处理机，与目前 SKA 的相关处理器（CSP）在技术上有相通之处；正在开展基于 GPU 集群高速软件相关处理机的研发和基于 UniBoard2 开展硬件相关处理机的研发，在射电相关处理机研发方面处于国内领先地位；在探月工程一期和二期任务中成功研发并使用 e-VLBI 网对嫦娥系列月球探测器进行跟踪测量，其应用能力达到国际先进水平。通过以上国内外合作，上海天文台丰富和锻炼了相关经验，具备了主持国际大科学工程的能力和条件，拥有了一支技术先进、执行力强的工程技术队伍。

上海天文台超级计算资源作为首批十个所级中心之一加入中国科学院超级计算三层架构计算网格环境，经过 "十二五" 中国科学院修缮购置项目建设，超级计算能力已初具规模，被评为中国科学院超算环境年度优秀单位。上海天文台超算环境采用混合异构的集群系统，约有 4 000 个计算核，计算节点通过 56Gb Infiniband 高速互联，总计算能力为 150Tflops，并拥有 2PB 光纤存储能力。上海天文台依托中国科技网的高速科研网络，已经建立了上海与澳大利亚珀斯 SKA 数据中心之间最高速率为 3.2Gbit·s^{-1} 的互联，为未来 SKA 区域中心全球网络的管理和运行开启了先例。25m 射电望远镜每年参加 12 次、每次连续 28h 的实时 1Gbit·s^{-1} e-VLBI 国际联测，同时上海天文台已开始处理来自德国、日本、韩国、澳大利亚、意大利、南非和巴西等台站的观测数据，各站数据传输速率约 800Mbit·s^{-1}，积累了跨洲际大规模数据传输的经验。

在国际化人才培养方面，我国积极推进，也取得了很大进展：开展系列 SKA 中国暑期学校、天文学暑期讲习班等活动；实施中–澳 SKA 联合培养博士生计划；设立 "SKA 联合培养博士生" 专项，每年选派 30~50 名博士生赴国外联合培养；中–英联合 SKA 博士后、中–英联合实验室；中–澳天文联合中心；人才培育–青年学者中长期访问，希望争取中国留学基金管理委员会设立 "SKA 访问学者计划"，为青年学者赴国外 SKA 机构进行中长期研究提供支持。

5.7 建 设 计 划

（1）2017 年 1 月 ~2019 年 12 月：研制出中国 SKA 数据中心的原型系统，能够处理国内外 SKA 先导项目的数据。

初步考虑地点为上海天文台佘山科技园区。该园区具备完善便捷的周边交通体系，实验楼基础设施齐全，水电等公用设施管线齐全，配套设施资源，如给排水、消防、通信、食堂、宿舍等，与上海天文台园区共享。另外，上海天文台中心机房占地面积约 500m²，配备双路自动切换的供电系统、大功率的不间断电源、带有加湿功能的机房精密空调以及消防和安防系统，并部署了机房环境监控系统。

（2）2020~2024 年：建设 SKA 中国数据中心第一期，满足 SKA1 数据处理的技术要求，根据国际 SKA 组织的分工，承担 SKA1 的数据处理任务和研发任务。地点和总体规模遵照科技部和上海市的统一部署。

5.8 组织管理模式

中国 SKA 区域中心的组织机构由指导委员会、科学委员会、项目办公室、数据中心运维团队、天文软件研发团队和先进技术研发团队等构成，在中国 SKA 首席科学家领导下开展工作。

指导委员会是工程建设的领导机构，由建设主管单位（如科技部、上海市相关部门、中国科学院）、项目法人单位、共建单位的负责人组成。指导委员会负责项目建设期间的重大问题决策、协调建设过程中的重要事项。

科学委员会负责科学目标、重大技术路线和技术方案、重大关键技术问题、项目实施中的重大问题等，向指导委员会提供咨询意见，中国 SKA 首席科学家担任科学委员会主任。

区域数据中心设置区域中心主任和总工程师，负责数据中心的常规运行管理和技术研发。

项目办公室是日常工作机构，设主任 1 名和 1~2 名学术秘书。在工程建设阶段，办公室在首席科学家、主任和总工程师指导下，负责工程建设的组织与实施，负责制订完备的管理规章制度和技术规范并监督执行，组织和协调工程的各项建设工作、经费管理和计划管理等，定期向指导委员会汇报工程进展与重大事项。人事、财务、物资、后勤等工作由上海天文台相关部门承担。在运行阶段，办公室在区域中心主任和总工程师的指导下负责区域中心的日常管理，包括协调天文软件研发、数据中心运维、先进技术研发团队的科研活动等。

1）管理办法和措施

中国 SKA 区域中心借鉴国际大科学工程项目建设的成功经验，并根据项目特点和具体情况进行适当补充和完善，形成工程管理和规章制度，确保工程按工期、按设计指标、不超投资概算地完成建设。

2）计划进度管理

工程建设将实行严格的计划管理，根据总体进度要求，制订项目总体 CPM 计划（Critical Plan Method，关键路线），以此作为整个项目协调、调度的依据，并实施动态管理，根据实际进展，合理调整 CPM 计划。

3）经费管理

工程实施过程中，按工程项目各部分的工程节点、计划编制用款计划。在经费管理、课题核算和资产管理等方面严格执行相关财务制度的相关规定，经费开支的审批程序按照专项经费管理办法执行。

4）质量管理

整个项目的过程管理执行国家军用标准和项目牵头单位的质量管理文件的要求。在工程办公室设置质量管理人员，各分系统设立质量管理专职或兼职人员，配合整个项目的质量管理工作。

5.9　开放共享政策

SKA 作为国际大科学项目，中国 SKA 区域中心将建立开放共享制度，为国内外科研人员提供服务与科研环境。开放共享将遵循以下设计理念：

（1）以重要科学成果产出为导向。以学科的发展向重大科学成果产出需求为导向转变，吸引国内外更多的优秀科技工作者利用数据中心，产出重大成果。例如，成立用户管理委员会，设立专项科研基金等。

（2）规范开放共享制度的同时，采用灵活的开放共享模式，为用户提供更好的服务和科研条件，以进一步提高科研产出。建立面向个人用户与面向 SKA 各区域中心的开放共享制度，并根据项目的类别及规模，采用分类的开放共享模式，满足不同科研需求，为用户提供更完善的科研支持。在用户委员会的指导下，进一步充分发挥用户参与的积极性，形成用户重大产出为导向的运行机制。数据中心科研工作者，不断主动进行多方面探索，优化中心功能，以进一步促进高端成果产出。并进一步完善用户的统一信息共享平台，促进用户更好地利用数据中心。

（3）针对不同的关键科学及技术问题，组建相应的高水平科学及技术研发队伍，和用户深度合作，充分发挥数据中心的优势和特色，共同完成重大关键科学问题。

（4）建立以重大成果产出、用户服务为主要目标的考核机制。

（5）建立相应导向的绩效奖励机制，对数据中心高水平科研队伍予以鼓励，对科学中心开放和用户服务、拓展做出贡献的科研人员建立相应的奖励机制。

中国 SKA 区域中心将参照 SDP 及其他区域数据中心管理模式，统筹数据中心平台的运行开放工作，实行科学用户统一管理，围绕资源整合共享这一主线，通过制度建设、模式创新，实现资源统筹、用户共享。通过建立统一的管理机制，打造公开、公平、公正的开放共享平台，发展高水平用户群，完善用户服务体系，建立以科学为导向、用户满意参与考评的体系。

数据中心将建立科学委员会与用户委员会，指导和监督运行开放工作，进行学科方向的咨询和运行状态监督。由具有国际视野、熟悉科学发展前沿、有较深学术造诣的国内外知名科学家组成，负责听取用户意见和需求，监督数据中心运行和利用情况。

数据中心将建立大型巡天项目及个人科研项目等不同的课题模式,满足不同用户的科学研究需求,将点与面、基础与前沿研究有机结合起来;建立共用数据库存储数据,并在一定范围内开放数据供本地区科学家分析,另外,也针对有特定需求的项目开放数据供其他区域科学家分析;同时向用户提供大型科学仪器设备、计算与科研软件等支持,实现计算资源的共享;建立安全管理组织机构以及规章制度;建立用户档案管理。定期举办面向新用户的专题技术讲习班,通过理论联系实际的专题培训,促进科研人员充分掌握基本应用技术,提高科学中心的使用效率,促进成果产出。定期召开学术会议,举办暑期学校,加强数据中心与用户以及用户间的交流、合作,促进科学数据的开放使用、用户服务以及今后的发展,更好地发挥数据中心的作用。

数据中心还将建立适用于用户管理的组织架构和运行机制,实现开放共享,把为用户提供最佳的使用条件作为各项工作的宗旨和目标,坚持严格的管理来保证中心运行,采取普通课题、重点课题和紧急课题相结合的灵活机制保证用户课题的需要。

数据中心将构建用户管理组织,对数据中心的运行、改进、用户服务和课题管理等方面进行协调管理工作,建立用户专家组、用户小组、运行小组等,确保用户开放顺利进行,及时、高效地解决与用户相关的问题。将进行课题跟踪管理,对用户课题实行动态跟踪,及时了解用户最新研究成果,为鼓励用户多出成果、出好成果,建立相应的奖励机制。将建立用户网络信息系统,并在使用过程中不断对课题管理系统进行优化,更好地发挥用户网络信息的平台作用。

5.10　科学经济社会效益分析

SKA 超越了传统意义上的天文望远镜,它是信息技术时代的产物,可以说是世界上最大的数字化望远镜和软件望远镜,是全世界最高端信息技术的集大成者,凝聚着信息时代全世界人民的智慧。SKA 成功地将射电大文望远镜的干涉成像技术、电子信息技术、高速数字化技术、相控雷达技术、网络通信技术、计算机超算技术等结合起来,为高新技术产业注入了新的发展动力,由此带来了全球性的技术革命。

大数据技术是 SKA 数据处理的关键技术之一,也是牵动下一轮经济发展的引擎。天文大数据为信息技术产业树立了标杆:SKA 产生的数据流超越目前全世界因特网的总和;SKA 所处理的计算量是目前 "天河二号" 超级计算机的一百倍;SKA 数据传输所使用的光缆可以围绕地球两圈。

SKA 对中国具有重要的战略意义,SKA 的灵敏度是目前世界最强大望远镜的 50 倍 —— 换句话说,SKA 将是一架最灵敏的无源相控雷达。通过 SKA 的深度国际合作,围绕 SKA 数据处理的需求开展技术攻关,突破超大规模数字阵列校准、海量数据高速同步采集和快速处理、极微弱信号探测等关键技术,将全面提高我国信息技术及相关电子领域的科技创新能力,实现 "中国制造" 向 "中国智造" 的跨越。

SKA 区域中心的建设必将推动全世界信息技术产业的迅猛发展和技术革命,任何一个国家都不应错过这一难得的发展机会。作为一个制造业大国特别是信息技术领域的新兴国家,中国也一定是 SKA 主要建设国和受益国之一。SKA 需要中国的深度参与和合作,中国也需借助 SKA 的强大科学牵引和创新驱动实现科研和高新技术的提升。

参 考 文 献

安涛. 2017. 科技纵览, 11: 64-65
安涛, 武向平, 洪晓瑜, 等. 2018. 中国科学院院刊, 8: 871-876
中国参加平方公里降列射电望远镜（SKA）第一阶段综合论证报告
An T. 2019. Sci. China Phys. Mech. Astron., 62: 989531

致　　谢

　　谨此，对科技部，特别是科技部国际合作司、国家遥感中心以及中国 SKA 办公室，在过去 6 年间为推动中国参与 SKA 国际大科学工程所做出的巨大努力和贡献致以崇高的敬意和感谢。同时，衷心感谢中国科学院领导、中国科学院前沿科学与教育局对组建中国 SKA 科学团队所给予的坚强支持和鼓励。

　　特别感谢多次参与中国 SKA 科学方案论证的各部门领导、各科研院所的专家、国际 SKA 科学团队的科学家以及参与科学报告写作的所有同事和朋友。在中国 SKA 科学团队尚无前期经费投入的情况下，诸多同仁，无私奉献，以高度的责任感和使命感以及对科学的追求，于 2017 年 5 月完成了中国 SKA 科学报告的初稿，又经五次修订，终于完成中国 SKA 科学报告的第一版。最后感谢科技部中国 SKA 办公室、中国科学院先导专项 "多波段引力波宇宙研究"、科技部重点研发计划 "SKA 前期数据处理系统建设和相关科学预研究" 和中国科学院天文台站设备更新及重大仪器设备运行专项 (天文财政专项) 在写作、审阅和出版过程中给予的资助。

　　这是中国参与 SKA 的一个转折点，一个里程碑，一个新起点。

中国 SKA 首席科学家

2018 年 9 月 1 日